Gerhard Heß

Supply-Strategien in Einkauf und Beschaffung

Gerhard Heß

Supply-Strategien in Einkauf und Beschaffung

Systematischer Ansatz
und Praxisfälle

2., aktualisierte und überarbeitete
Auflage

GABLER

Bibliografische Information der Deutschen Nationalbibliothek
Die Deutsche Nationalbibliothek verzeichnet diese Publikation in der
Deutschen Nationalbibliografie; detaillierte bibliografische Daten sind im Internet über
<http://dnb.d-nb.de> abrufbar.

Prof. Dr. Gerhard Heß lehrt Allgemeine Betriebswirtschaftslehre, Logistik und Supply Management an der Georg-Simon-Ohm-Hochschule Nürnberg.

1. Auflage 2008
2., aktualisierte und überarbeitete Auflage 2010

Alle Rechte vorbehalten
© Gabler Verlag | Springer Fachmedien Wiesbaden GmbH 2010

Lektorat: Susanne Kramer | Renate Schilling

Gabler Verlag ist eine Marke von Springer Fachmedien.
Springer Fachmedien ist Teil der Fachverlagsgruppe Springer Science+Business Media.
www.gabler.de

Umschlaggestaltung: KünkelLopka Medienentwicklung, Heidelberg
Druck und buchbinderische Verarbeitung: MercedesDruck, Berlin

Printed in Germany

ISBN 978-3-8349-1991-5

Vorwort zur 2. Auflage

Die 15M-Architektur der Supply-Strategie® hat sich mittlerweile in der Unternehmenspraxis und in der Lehre sehr bewährt. So konnten seit dem Erscheinen der ersten Auflage weitere Praxisprojekte in der Industrie, im Handel, im Dienstleistungsbereich sowie in Konzernstrukturen auf Basis der 15M-Architektur® durchgeführt werden. In der Lehre wird das Konzept gleichermaßen in der Bachelor- wie auch in der Master-Ausbildung im Fach „Einkauf und Supply Management" erfolgreich eingesetzt. Darüber hinaus hat die 15M-Architektur® auch im berufsbegleitenden Masterstudiengang „Einkauf und Logistik / Supply Chain Management" den Praxistest bestanden. Der Versuch, ein ganzheitliches und modulares Konzept zur Formulierung und Implementierung von Supply-Strategien und zur nachhaltigen Entwicklung des strategischen Einkaufs vorzustellen, kann als gelungen eingestuft werden. Nicht zuletzt dokumentiert der schnelle Abverkauf der ersten Auflage den Erfolg.

Neben einigen Ergänzungen und Aktualisierungen wurden in der zweiten Auflage zwei Themen neu aufgenommen bzw. umfassend ergänzt:

■ Die 15M-Architektur® unterstützt nicht nur die Formulierung und Implementierung von Supply-Strategien, sondern dient auch **zur systematischen und nachhaltigen Entwicklung des strategischen Einkaufs.** Dieser Aspekt ist in den meisten Praxisprojekten sehr bedeutsam und wird deshalb im neuen Kapitel 5 (Teil 1) explizit behandelt. Es wird ausführlich eine bewährte Vorgehensweise zur Entwicklung des strategischen Einkaufs auf Basis der 15M-Architektur® vorgestellt. Da die 15M-Architektur® aufgrund der modularen Struktur auch sehr gut geeignet ist, den strategischen Einkauf divisionsübergreifend in Konzernstrukturen zu synchronisieren und zu entwickeln, wird auch auf die Besonderheiten bei der Entwicklung eines Konzerneinkaufs eingegangen. Darüber hinaus werden umfassend die Anforderungen und die Möglichkeiten einer Softwareunterstützung des strategischen Einkaufs mit der 15M-Architektur® aufgezeigt. Hierzu werden insbesondere die Ergebnisse unserer aktuellen Studie „Strategisches Supplier Relationship Management mit System – Best Practice und Realistic Vision" vorgestellt.

■ Die bereits vorhandenen Ausführungen zum **Risikomanagement** wurden erheblich vertieft. Dabei wird Risikomanagement nach wie vor nicht als ein eigenes Modul sondern als integraler Bestandteil jeder Supply-Strategie verstanden. In jedem Planungsschritt sind Chancen und Risiken zu identifizieren, zu bewerten und zu steuern. Ebenso sind Chancen und Risiken innerhalb der Strategieimplementierung zu beachten. Zum einen wurde das grundlegende Kapitel 6 in Teil 1 wesentlich erweitert. Ferner wurden bei der Vorstellung der 15M-Architektur® in Teil 2 die Risikoaspekte durchgängig herausgearbeitet.

Das Institut für Beschaffungsstrategie Prof. Dr. Gerhard Heß ist bemüht, Unternehmen bei der Entwicklung ihres strategischen Einkaufs umfassend und mit einer durchgängigen Systematik zu unterstützen. Auf Basis der 15M-Architektur der Supply-Strategie® werden hierzu drei strategische Stoßrichtungen verfolgt:

■ **Vertiefung des Prozessmodells der 15M-Architektur®:** Auf Basis der 15M-Architektur® werden die einzelnen Prozesse, Methoden und Instrumente nachhaltig vertieft und fortentwickelt. Beispielsweise wurde in den letzten beiden Jahren das Risikomanagement vertieft.

■ **Berufsbegleitende Weiterbildung für erfahrene Fach- und Führungskräfte im Einkauf:** In vielen Projekten stellt sich die Qualifizierung der Mitarbeiter im Einkauf als wesentlicher Erfolgsfaktor heraus. Hierzu bieten die Weiterbildungslehrgänge an der Georg-Simon-Ohm Hochschule Nürnberg eine Lösung. Mit dem Masterstudiengang „Einkauf und Logistik / Supply Chain Management", mit dem Zertifikatslehrgang „Beschaffung und Supply Chain Management" sowie mit dem Zertifikatslehrgang „Einkaufscontrolling" können Fach- und Führungskräfte in Einkauf und im Supply Management ihre Kompetenz rund um das Thema strategischer Einkauf fortentwickeln.

■ **Softwareunterstützung:** Die Entwicklung des strategischen Einkaufs im Unternehmen erfordert eine angemessene Softwareunterstützung. Ziel des Instituts ist es, die Unternehmen bei dieser Aufgabe umfangreich zu unterstützen. Aktuelle Informationen finden Sie auf der Homepage.

Aktuelle Informationen, Entwicklungen und Angebote rund um die Themen „Supply-Strategie" und „strategischer Einkauf" finden sich auf der Homepage des Instituts für Beschaffungsstrategie Prof. Dr. Gerhard Heß:

www.beschaffungsstrategie.de.

Nähere Informationen zu den berufsbegleitenden Weiterbildungslehrgängen an der Georg-Simon-Ohm Hochschule Nürnberg finden sich unter:

Masterlehrgang: www.master-einkauf.de

Zertifikatslehrgang: www.gso-bsm.de

Einkaufscontroller: www.einkaufscontroller.de.

Nürnberg, Januar 2010

Gerhard Heß

Vorwort zur 1. Auflage

Die Versorgung von Unternehmen mit Materialien und Dienstleistungen hat sich in den Zeiten der Globalisierung, des Netzwerkmanagements, der Internetökonomie und eines verschärften internationalen Kostendrucks zu einem strategischen Erfolgsfaktor entwickelt. Obwohl die Nachhaltigkeit dieses Trends kaum in Abrede gestellt wird, fehlt es an praxiserprobten Konzepten zur strategischen Entwicklung der Versorgung von Unternehmen. Das vorgestellte Konzept zur Entwicklung von Supply-Strategien in Einkauf und Beschaffung möchte diese Lücke füllen:

- Das Konzept ist aus vier Strategiebausteinen (Rahmen-, Markt- und Lieferantenstrategie und Controlling) mit 15 Modulen aufgebaut. Es ist umfassend und ganzheitlich angelegt. Viel Wert wird auf die Abstimmung und die Integration verschiedener Methoden und Instrumente gelegt. Da sich das Konzept als Bauplan für das Supply Management eignet, wird es als 15M-Architektur der Supply-Strategie® bezeichnet (15M steht für 15 Module).

  Ganzheitlich ist die 15M-Architektur® auch in Bezug auf die verschiedenen Aufgabenstellungen an der Lieferantenschnittstelle. Einkauf, Logistik, Qualität, Entwicklung und weitere Funktionen werden integriert betrachtet. Aus diesem Grund wird auch von einer Supply-Strategie und nicht von einer Einkaufs-, Logistik- oder Supply Chain-Strategie gesprochen.

- Strategisch ist das Konzept, da es die Voraussetzungen für den zukünftigen Erfolg des Unternehmens auf seinen Beschaffungsmärkten schafft. Während Absatzmarktstrategien in erfolgreichen Unternehmen weit verbreitet sind, fehlt es häufig an Marktstrategien auf den Beschaffungsmärkten. In Bezug auf die Bearbeitung der Beschaffungsmärkte fehlt in „mancher" Einkaufsabteilung sogar das marktorientierte Denken als Basis einer Marktstrategie.

- Das Konzept ist praxis- und umsetzungsorientiert, da es die Methoden und Instrumente der Supply-Strategie handlungsorientiert vorstellt und mit Tipps und Tricks zur Umsetzung ergänzt. In der Regel werden die systematischen Beschreibungen mit Praxisbeispielen erläutert.

Das Konzept wurde in Verbindung mit vielfältigen Praxisprojekten entwickelt und ist insofern umfangreich praxiserprobt. Namentlich möchte ich mich bei den Autoren und Gesprächspartnern zu den Praxisberichten bedanken. Ohne ihre Mitarbeit und Hilfe wäre die 15M-Architektur® nicht möglich geworden: Herr Manfred Laschinger, Leiter Materialwirtschaft der E-T-A Elektrotechnische Apparate Altdorf, und Herr Michael Frank, Leiter Einkauf der E-T-A Elektrotechnische Apparate Altdorf; Herr Reinhold Schindler, Global Commodity Manager bei Siemens A&D, und

Herr Matthias Schuster, Corporate Commodity Manager bei Siemens A&D; Herr Thomas Hümmer, Leiter Einkauf Mechanik bei der Cherry GmbH in Auerbach; Herr Christian Endlicher, Leiter Produktionsmaterial bei Satisloh GmbH Wetzlar; Herr Christoph Hippe, Leiter Materialwirtschaft bei Bühler Motor.

Eine zweite Quelle der Inspiration ist der Zertifikatslehrgang „Beschaffung und Supply Chain Management" an der Georg-Simon-Ohm Hochschule Nürnberg (ab Herbst 2008 auch als Masterstudium), der seit Jahren erfahrene Fach- und Führungskräfte aus Einkauf und Logistik über zwei Semester auf Hochschulniveau qualifiziert. Mein besonderer Dank geht an die Teilnehmer des Lehrgangs, die mit den tiefgehenden Fachdiskussionen sowie in der Ausarbeitung ihrer Seminararbeiten wesentlich zur Ausreifung der 15M-Architektur® beigetragen haben. Nicht zuletzt halfen über 50 Praxisdiplomarbeiten das Konzept facettenreich zu machen, da sehr unterschiedliche Anwendungssituationen beleuchtet werden konnten.

Last but not least möchte ich meinen Dank an Frau Petra Kalb und Herrn Marc Reed für die umfangreiche redaktionelle Unterstützung bei der Manuskripterstellung sowie Herrn Georg Philipski für das Cartoon in der Einleitung aussprechen.

Nürnberg, März 2008

Gerhard Heß

Inhaltsübersicht

X

Inhaltsverzeichnis

Teil 2: Die 15M-Architektur der Supply-Strategie® 85

Teil 3: Die Praxis der Supply-Strategie – Fallstudien und Praxisbeispiele zur 15M-Architektur® 383

Teil 1:
Grundlagen der Supply-Strategie

1 Einleitung: Nutzen und Aufbau

Stellen Sie sich vor, Sie sollen eine neue europäische Schnellbahnlinie von Madrid über Paris, Berlin und Warschau nach Moskau bauen. Sie wissen, dass diese Aufgabe 20 Jahre dauern wird und in einzelnen Streckenabschnitten realisiert werden muss. Damit die vorhandenen Schnellbahnstrecken sinnvoll berücksichtigt werden können und

Beide Projekte verdienen an sich höchste Anerkennung!

die einzelnen Abschnitte zusammenpassen, starten Sie mit einem Gesamtkonzept zur grundsätzlichen Streckenführung und zu wesentlichen organisatorischen und technischen Eckdaten. Anschließend können die Streckenabschnitte realisiert werden, die aktuell den größten Nutzen versprechen. Die Gesamtarchitektur gewährleistet, dass sich diese richtig einfügen lassen.

Stellen Sie sich vor, Sie sollen in einem Unternehmen einen strategischen Einkauf oder besser ein Supply Management aufbauen oder systematisch fortentwickeln. Sie wissen, dass diese Aufgabe mehrere Jahre dauern wird und schrittweise realisiert werden muss. Damit die vorhandenen Konzepte, Methoden und Systeme sinnvoll berücksichtigt werden

können und die einzelnen Verbesserungsprojekte zusammenpassen, starten Sie mit einer Gesamtarchitektur zum Aufbau ihrer Supply-Strategie. Anschließend können Sie die Bausteine und Module realisieren, die aktuell den größten Nutzen versprechen. Die Gesamtarchitektur gewährleistet, dass sich diese richtig einfügen lassen.

Nutzen:

Das vorliegende Praxishandbuch entwickelt ein Gesamtkonzept zur Formulierung und Implementierung von Supply-Strategien, d.h. von Strategien, um die Versorgung eines Unternehmens mit Gütern und Leistungen zu sichern und zu optimieren. In diesem Rahmen sind beispielsweise Lieferantenstrategien und Marktstrategien für die wesentlichen Beschaffungsmärkte auszuführen. Es muss die Verknüpfung zur Unternehmensstrategie hergestellt und eine Rahmenstrategie formuliert werden, in der zum Beispiel die Voraussetzungen für Global Sourcing oder für elektronische Beschaffungsprozesse geschaffen werden. Diese wenigen Aspekte lassen bereits erahnen, wie facettenreich Supply-Strategien sind. Das vorgestellte Gesamtkonzept ist aus 15 Modulen aufgebaut und wird deshalb als 15M-Architektur der Supply-Strategie® bezeichnet. Dabei steht 15M für 15 Module. Im Einzelnen werden folgende Ziele mit der 15M-Architektur® verfolgt:

- **Ganzheitlicher Ansatz:** In der Praxis des Supply Managements werden häufig einzelne Fragestellungen isoliert vorangetrieben. Zum Beispiel: „Wir steigern das Global Sourcing-Volumen" oder „wir reduzieren die Lieferantenzahl". Problematisch an dieser Vorgehensweise ist, dass wesentliche Abhängigkeiten und kritische Nebenwirkungen aus der Entscheidungsfindung ausgeblendet werden. Wird beispielsweise ein isoliertes Projekt zur Steigerung des Global Sourcing Volumens durchgeführt, können sich erhebliche Nachteile für die Technologieentwicklung eines Unternehmens ergeben, da die Lieferantenbasis ins ferne Ausland verlagert wird.

  In der 15M-Architektur® können – dem Anspruch nach – alle wesentlichen Fragestellungen einer Supply-Strategie systematisch eingeordnet und zueinander richtig in Beziehung gesetzt werden. Dies gilt gleichermaßen für neue Themen, so dass die 15M-Architektur® auch in einem dynamischen Umfeld zukunftssicher ist und neue Fragestellungen nicht zu Neustrukturierungen führen.

- **Praxisorientierung und Leitfadencharakter:** Die 15M-Architektur® ist lösungsorientiert nach Art eines Leitfadens aufgebaut. Welche Strategiebausteine sind in einer Supply-Strategie enthalten? Welche Schritte sind zur Ableitung – beispielsweise – einer Lieferantenstrategie notwendig? Wie soll im Rahmen der einzelnen Entscheidungen vorgegangen werden? Wie können die Ergebnisse dokumentiert und controllt werden? Vielfach werden konkrete Implementierungsvorschläge unterbreitet, zum Beispiel zum Aufbau eines Steckbriefes zur Entwicklung und Dokumentation von Marktstrategien bzw. von Lieferantenstrategien. Grundlegendes Ziel ist es dem Praktiker ein anspruchsvolles Instrument zur Formulierung und Implementierung von Supply-Strategien an die Hand zu geben.

  Dies klingt selbstverständlich, ist es aber im Supply Management nicht. Beispielsweise wird die Frage nach der optimalen Lieferantenzahl häufig diskutiert. Regelmäßig werden alternative Sourcing-Konzepte vorgestellt und die Vor- und Nachteile der verschiedenen Konzepte diskutiert. Eine konkrete Methodik zur Bestimmung der optimalen Lieferantenzahl in einem Beschaffungsmarkt findet sich hingegen bisher kaum.

▓ **Modularer Aufbau und Entwicklungsfähigkeit:** Mit der 15M-Architektur® können Supply-Strategien schrittweise aufgebaut werden. Die modulare Struktur der Architektur stellt sicher, dass in der Summe ein abgestimmtes und sinnvolles Ganzes entsteht. Beispielsweise wird im ersten Schritt eine Lieferantenbewertung, im zweiten Schritt Beschaffungsmarktstrategien für direkte Materialien und im dritten Schritt e-procurement usw. eingeführt. Die Bestimmung eines sinnvollen Entwicklungspfads im Unternehmen ist Gegenstand von Modul 15. Hierbei werden insbesondere auch die verfügbaren Management- und Mitarbeiterkapazitäten im Supply Management berücksichtigt.

▓ **Skalierbarkeit für KMU und für Großunternehmen:** Die 15M-Architektur® ist gleichermaßen in Kleinunternehmen mit nur einem strategischen Einkäufer, in Mittelbetrieben mit einigen strategischen Einkäufern und in Konzernstrukturen mit hunderten über die Welt verteilten Einkäufern einsetzbar. Um dieser Anforderung gerecht zu werden wurde die Architektur in verschiedenen Pilotprojekten erprobt: Von kleineren Unternehmen (vgl. Fallstudien zu den Firmen Satisloh und „Dust") über Mittelbetriebe (vgl. die Fallstudien zu den Firmen E-T-A und zu Cherry) bis hin zum Weltkonzern Siemens. Insbesondere in Modul 13 wird ausführlich auf die Verankerung der 15M-Architektur® in komplexen Organisationen eingegangen.

Zielgruppen:

Folgende Zielgruppen sollen unmittelbar angesprochen werden:

▓ **Fach- und Führungskräfte in Einkauf, Beschaffung und anderen Aufgabenfeldern der Supply Chain (Buy Side):** Sie erhalten ein systematisches Konzept zur Strukturierung des strategischen Supply Managements und zur schrittweisen Entwicklung von Supply-Strategien. Ferner bekommen Sie konkrete Hinweise zur Implementierung wesentlicher Konzepte, Methoden und Instrumente. Vielfältige Praxisbeispiele geben weitere Hinweise zur Umsetzung der 15M-Architektur®.

▓ **Praktiker in Weiterbildung zu Einkauf, Beschaffung und Supply Chain Management:** Das Konzept hat sich seit Jahren im berufsbegleitenden Weiterbildungslehrgang „Beschaffung und Supply Chain Management" für Praktiker auf Hochschulniveau der Georg-Simon-Ohm-Hochschule Nürnberg bewährt. Ab Herbst 2008 soll der Lehrgang auch als berufsbegleitender Masterstudiengang angeboten werden (vgl. www.gso-bsm.de sowie www.master-einkauf.de).

▓ **Studierende im Fach Betriebswirtschaft mit Spezialisierung in Logistik oder Einkauf:** Sie erhalten einen systematischen und praxisorientierten Überblick über die wesentlichen Fragestellungen im Supply Management. Insbesondere werden die Fragestellungen in einen lösungsorientierten Zusammenhang gestellt, so dass Sie anwendungsnahes Wissen aufbauen. Eine durchgängige Fallstudie ermöglicht die vorgestellten Konzepte selbst zu trainieren. Darüber hinaus illustrieren vielfältige Firmenberichte die „theoretischen" Konzepte des Supply Managements.

Aufbau:

In **Teil 1** werden die **Grundlagen der Supply-Strategie** geklärt. Hierzu soll zunächst am Fallbeispiel der Firma E-T-A ein gelungenes Beispiel zur Entwicklung einer Supply-Strategie vorgestellt und damit ein erstes praktisches Verständnis für Supply-Strategien geschaffen werden. Anschließend wird präzisiert, was unter einer Supply-Strategie zu verstehen ist. Insbesondere wird geklärt, weshalb besser von Supply statt von Einkauf und Beschaffung gesprochen wird und was das Strategische einer Strategie ist. Danach wird die 15M-Architektur® im Überblick vorgestellt. Neben dem Aufbau der Architektur wird ferner aufgezeigt, wie mit der 15M-Architektur® der strategische Einkauf im Unternehmen schrittweise aufgebaut bzw. entwickelt werden kann. Am Ende von Teil 1 wird in einem kleinen Exkurs erläutert, wie Fragen des Risikomanagements in der Architektur zu berücksichtigen sind.

Im **zentralen Teil 2** werden die 15 Module der **15M-Architektur der Supply-Strategie®** ausführlich besprochen und damit das Konzept zur Entwicklung einer Supply-Strategie in Einkauf und Beschaffung entfaltet.

In **Teil 3** wird die **Praxis der Supply-Strategie** mit Fallbeispielen illustriert. Das Beispiel der Firma E-T-A, das bereits als Einstiegsbeispiel in Teil 1 präsentiert wird, zeigt die mehrjährige Entwicklung zu einer mittlerweile umfassenden Supply-Strategie. In der Fallstudie zur Firma Siemens steht die Entwicklung von Supply-Marktstrategien als Basis einer gemeinsamen Vorgehensweise bei gebündelt beschafften Materialien im Mittelpunkt. Die Firmenberichte zur Firma Satisloh und zur Firma Cherry beschäftigen sich mit der Entwicklung von Supply-Marktstrategien. Die Fallstudie zur Firma Cherry geht darüber hinaus und illustriert auch die Verknüpfung zu den Lieferantenstrategien. Die Firma Dust (fiktiver Name, Beispiel anonymisiert) präsentiert eine Vorgehensweise eines kleinen Unternehmens mit nur ein bis zwei strategischen Einkäufern.

Abschließend soll auf die **Fallstudie zur Elektro AG** hingewiesen werden, die ein durchgängiges Beispiel der 15M-Architektur® präsentiert. In Teil 3 findet sich eine ausführliche Fallbeschreibung mit Fragestellungen, die für den Hochschulunterricht, insbesondere für Masterstudiengänge bzw. für fortgeschrittene Semester in Bachelor-Studiengängen, ausgelegt sind. In Teil 2 werden zu den einzelnen Modulen der 15M-Architektur® jeweils Lösungsvorschläge zur Fallstudie präsentiert. Diese sind allerdings auch ohne näheres Studium der Fallstudie verständlich, so dass sie auch Praktikern als durchgängiges Lehrbeispiel dienen können.

Mit dem folgenden Fallbeispiel der Firma E-T-A soll aus der Unternehmenspraxis heraus ein erstes Problemverständnis zur Entwicklung von Supply-Strategien vermittelt werden.

2 Entwicklung der Supply-Strategie bei E-T-A, Altdorf

Von Manfred Laschinger und Michael Frank

Innerhalb von drei Jahren hat E-T-A Elektrotechnische Apparate GmbH eine umfassende Supply-Strategie entwickelt und implementiert. Es soll folgend der Entwicklungspfad nachgezeichnet werden, weil damit hervorragend illustriert wird, wie ein mittelständisches Unternehmen schrittweise – entsprechend der jeweils verfügbaren Ressourcen – seine Supply-Strategie entwickeln kann. Mittlerweile sind alle 15 Module der 15M-Architektur der Supply-Strategie® nach Heß weitestgehend eingeführt, so dass die Fallstudie auch beispielhaft aufzeigt, wie eine „vollständige" Supply-Strategie in einem globalisierten mittelständischen Unternehmen funktionieren kann.

2.1 E-T-A Elektrotechnische Apparate GmbH

E-T-A Elektrotechnische Apparate GmbH ist ein mittelständisches Familienunternehmen mit Sitz in Altdorf bei Nürnberg. Im Jahr 2006 erzielte die E-T-A-Gruppe weltweit mit ca. 1400 Mitarbeitern einen Umsatz von 100 Mio. €, davon 69 % im Ausland. Als Weltmarktführer im Bereich elektronische und elektromechanische Geräteschutzschalter ist E-T-A in allen Schutzschalter-Technologien zu Hause. Dadurch entsteht den Kunden der besondere Vorteil, mit einem Lieferanten und einem Ansprechpartner alle Möglichkeiten des Marktes nutzen zu können. Weltweit in ca. 60 Ländern vertreten, konzentriert sich die E-T-A insbesondere auf Schutzschalteranwendungen in der Automation, der Telekommunikation, der Luftfahrt, für Wasserfahrzeuge, in der Verkehrstechnik und für Equipment.

Elektromechanische Geräteschutzschalter, die elektrische oder elektronische Systeme vor den Folgen von Überstrom und Kurzschluss schützen, stehen im Zentrum der Tätigkeit von E-T-A. Systemlösungen runden das Leistungsspektrum ab und werden in Zukunft an Bedeutung gewinnen. Abbildung 2-1 zeigt einige Beispiele aus dem überaus vielfältigen Produktspektrum von E-T-A.

Abbildung 2-1:   *Geräteschutzschalter und Stromwächter als Beispiele für das E-T-A-Produktspektrum*

Am Firmensitz Altdorf konzentrieren sich die Verwaltung, Vertrieb, Entwicklung, Qualitätsmanagement, Materialwirtschaft und ein Teil der Produktion. Weitere Fertigungsstätten sind in Hohenfels in der Oberpfalz, in Indonesien, Tunesien sowie in den USA. Die Materialwirtschaft ist in Einkauf, Disposition, Logistik und Zoll strukturiert. Der strategische Einkauf ist in die Supply-Bereiche „Kunststoffteile", „Elektronik", „Metall" und „Allgemeiner Einkauf" gegliedert und kauft weltweit gebündelt die direkten Materialien für alle Werke ein. Der Aufbau einer internationalen Einkaufsorganisation wird derzeit aktiv vorangetrieben. Beispielsweise wird aktuell in Shanghai ein IPO eröffnet.

Die Formulierung und Entwicklung der beschriebenen Supply-Strategie wurde im Wesentlichen von den Leitungen von Materialwirtschaft und Einkauf sowie den vier strategischen Einkäufern (zuzüglich eines externen Beraters) getragen. Im Jahr 2007 wurde eine strategische Einkäuferin eingestellt, die unter anderem auch den Prozess der Strategieformulierung und –implementierung assistierte.

2.2   Entwicklungspfad der Supply-Strategie

Entsprechend der verfügbaren Ressourcen wurde innerhalb von drei Jahren bei E-T-A eine umfassende Supply-Strategie aufgebaut. Im Folgenden soll der Entwicklungspfad skizziert und einige Hintergründe erläutert werden. Abbildung 2-2 zeigt den zeitlichen Verlauf im Überblick. Die dunklen Pfeile repräsentieren die Phase der Methodenentwicklung und der Implementierung. Die hellen Pfeile symbolisieren die Betriebsphase.

Abbildung 2-2: Entwicklungspfad der Supply-Strategie bei E-T-A

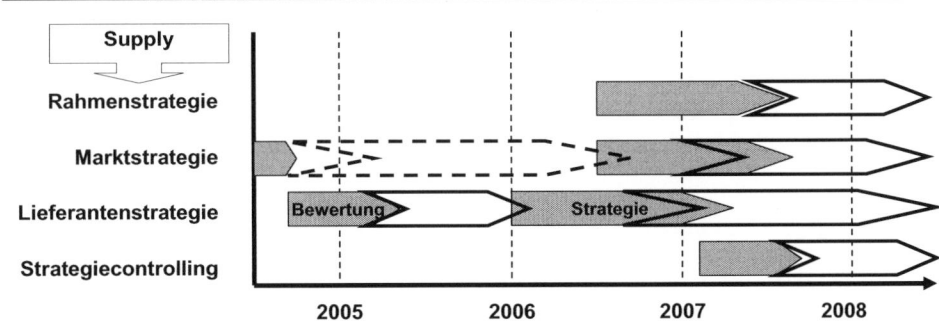

Ausgangssituation im Jahr 2003: In der Ausgangssituation war der Einkauf bei E-T-A traditionell geprägt. Die Lieferantenbasis war national orientiert und sehr solide. Aufgrund der Altersstruktur stand bei den Einkäufern ein Generationenwechsel ins Haus. Als fortschrittlich konnten seiner Zeit insbesondere das gut funktionierende Lieferantenportal, die Warengruppenschlüsselung auf Basis ecl@ss, der Zielabstimmungsprozess mit durchgängigen Zielvereinbarungen bis auf Ebene der einzelnen Einkäufer sowie moderne logistische Anlieferungskonzepte in der Beschaffungslogistik eingestuft werden.

Supply-Marktstrategie 2004: Im ersten Schritt wurde für die drei Supply-Bereiche der direkten Materialien (Kunststoffteile, Elektronik, Metall) eine Supply-Marktstrategie entwickelt. Dazu mussten die Supply-Märkte identifiziert, die strategischen Gestaltungsdimensionen und Handlungsoptionen analysiert und in Strategien umgesetzt werden. Parallel dazu wurden die Ergebnisse mit Hilfe der Portfoliobetrachtung überprüft. Die Ergebnisse wurden in einem Strategiepapier zusammengefasst, das als strategische Orientierung für den weiterhin eher operativ betriebenen Einkauf diente. Dieses Projekt förderte das Denken in strategischen Kategorien, insbesondere auch die Beschaffungsmarktorientierung. Eine konkrete Roadmap zur Strategieumsetzung wurde nicht erstellt, so dass die Umsetzung der Strategie nur indirekt erfolgen konnte. Aus diesem Grund wurde der Umsetzungspfeil in der Abbildung 2-2 nur gestrichelt eingezeichnet.

Lieferantenbewertung 2005: Kurz danach, im Herbst 2004, wurde das Projekt zur Neuentwicklung einer Lieferantenbewertung gestartet. Mit einer excelbasierten Lösung wurden im Frühjahr 2005 ca. 70 Lieferanten bewertet. Die Bewertung wurde cross-funktional zusammen mit der Logistik, der Qualität und der Entwicklung durchgeführt. Die Lieferantenbewertung wird jährlich wiederholt.

Lieferantenstrategie 2006: Nach der Einführung der Lieferantenbewertung kam es zu einer Zäsur in der Fortentwicklung der Supply-Strategie von fast einem Jahr. Am Firmensitz Altdorf wurde für 2 Mio. € ein neues Logistikzentrum zusammen mit einem neuen Verwaltungsgebäude für die Materialwirtschaft errichtet, so dass die Kapazitäten in der Materialwirtschaft ganz erheblich gebunden waren. Anfang 2006 wurde begonnen, ein umfassendes Konzept zur Lieferantenstrategie zu entwickeln, in dem (problemlos) die bisherige Lieferantenbewertung integriert werden konnte. Nach verschiedenen (nicht ganz einfachen) Pilotversuchen begann der Roll out nach der Lieferantenbewertung 2007. Das Konzept der Lieferantenstrategie wird in Kapitel 2.5 näher beschrieben.

Supply-Rahmenstrategie und Supply-Marktstrategien 2007: Anfang 2006 startete bei E-T-A unter dem Motto „E-T-A 2016 – Wir schaffen Zukunft" ein groß angelegtes Projekt zur Entwicklung einer langfristigen Unternehmensstrategie. Im Mittelpunkt standen die Erarbeitung von Geschäftsfeldstrategien auf den Absatzmärkten von E-T-A und die sich hieraus ergebenden unmittelbaren Konsequenzen für die Strategie. Die Strategie wurde bis Ende des Jahres 2006 formuliert. In 2007 wurde mit der Umsetzung begonnen.

Innerhalb dieses Rahmens war das Timing zur Entwicklung einer Supply-Strategie eine interessante Frage. Bei einem zu frühen Start würden wesentliche Rahmenvorgaben fehlen. Ein zu später Start würde die Strategieimplementierung im Supply Management verzögern und – noch gravierender – dazu führen, dass die „Interessen" des Supply Managements nicht hinreichend systematisch in den Strategieformulierungsprozess eingehen konnten. Der Kick-Off-Workshop erfolgte im Juli 2006 und der eigentliche Arbeitsstart im September, nachdem die Eckpunkte der Unternehmensstrategie weitestgehend feststanden.

Vor diesem Hintergrund erklärt sich auch der sehr lange Zeitraum bis zur Verabschiedung der Supply-Strategie im Juli 2007. Ein erster Entwurf zur Supply-Rahmenstrategie wurde nach der Verabschiedung der Unternehmensstrategie im Dezember 2006 fixiert und diente als strategischer Orientierungsrahmen, der allerdings selbst im Laufe des weiteren Strategieprozesses fortgeschrieben wurde. Beispielsweise erfolgte im Februar eine sehr enge Abstimmung zwischen dem etablierten Prozess zur Formulierung der persönlichen Ziele und den bereits vorliegenden strategischen Zielen.

Parallel dazu wurden von den strategischen Einkäufern die Supply-Marktstrategien entwickelt. Kapazitätsbedingt wurde je strategischer Einkäufer monatlich (nur) eine Marktstrategie erarbeitet. Zu beachten ist, dass ja auch noch zeitgleich die Aktivitäten zur Entwicklung der Lieferantenstrategien erfolgten. Die Supply-Rahmenstrategie und die Supply-Marktstrategien werden in den Kapiteln 2.3 und 2.4 skizziert.

Supply-Strategie-Controlling 2007: Das strategische Controlling wurde im Frühjahr 2007 erarbeitet und ab Juli 2007 flächendeckend praktiziert. Allerdings wurde bereits während des langen Strategieformulierungsprozesses die Maßnahmenumsetzung systematisch verfolgt.

2.3 Supply-Rahmenstrategie bei E-T-A

Mit der Supply-Rahmenstrategie erhalten Einkauf und Beschaffung – ausgerichtet auf die neue Unternehmensstrategie – ihre grundsätzliche strategische Orientierung. Mit strategischen Zielen und strategischen Projekten wird die Supply-Strategie konkretisiert und mit Roadmaps und einer Balanced Scorecard gesteuert.

Dokumentiert wird die Supply-Rahmenstrategie in einem Power Point-Foliensatz mit ca. 60 Folien. Der Umfang erklärt sich aus der doppelten Zielrichtung:

■ Einerseits werden im Foliensatz die gemeinsam erarbeiteten Strategien verbindlich dokumentiert. Dies erfordert einen entsprechenden Tiefgang.

■ Andererseits dient der Foliensatz auch der Präsentation der Supply-Strategie im Unternehmen gegenüber der Geschäftsleitung, gegenüber anderen Bereichen und gegenüber den Mitarbeitern. Dies führt dazu, dass auch methodische Folien, z.B. Aufbau einer Supply-Strategie enthalten sein müssen. (Zweckorientiert können einzelne Folien ausgeblendet werden.)

In Abbildung 2-3 findet sich die Struktur der Supply-Rahmenstrategie, wie sie dem Foliensatz zugrunde liegt. Folgend können natürlich nur einige wesentliche Eckpunkte erläutert werden:

Abbildung 2-3: *Aufbau der Supply-Rahmenstrategie bei E-T-A*

 **Beschaffungsstrategie 2007**

E-T-A - Einkauf
Agenda

1. Strategischer Rahmen

2. Strategische Ziele
    1. Ursache-Wirkungsketten und strategische Projekte
    2. Materialgruppenstrategien
    3. Lieferantenmanagement
    4. Aufbau Wertschöpfungspartner
    5. Internationalisierung des Einkaufs
    6. Projekteinkauf

3. Prozesse und Systeme

4. Strategieimplementierung und strategisches Controlling

- 4 -

▓ Im strategischen Rahmen werden die Markttrends der Absatzmärkte, die für die Supply-Strategie wesentlichen Eckpunkte der Unternehmensstrategie sowie die Basisstrategien skizziert. Beispiele von Basisstrategien sind:

(1) Neue und neuartige Materialgruppen für den Einkauf auf Basis der strategischen Neuausrichtung entwickeln

(2) Bewältigung des Wachstums, z.B. neue Lieferanten, Global Sourcing

(3) Internationalisierung des Einkaufs im Rahmen der Globalisierung von E-T-A

(4) Lieferantenpartnerschaften aufbauen, z.B. im Bereich Systemtechnik

Ebenso werden die Ziele im Einkauf vorgestellt. Aufgrund des seit Jahren erfolgreich betriebenen Zielmanagements kommt diesen Zielen eine große Bedeutung zu.

▓ Im zweiten Abschnitt werden die definierten Strategien – konkretisiert in strategischen Stoßrichtungen – vorgestellt. Derzeit verfolgt E-T-A in ihrer Supply-Strategie drei große strategische Stoßrichtungen, die sich auf (1) das Management von Materialgruppen und Lieferanten, (2) das Management des Wertschöpfungsnetzwerkes und (3) die Unterstützung des Produktentstehungsprozesses beziehen. Für jede strategische Stoßrichtung wird eine Strategy Map definiert und mit Kennzahlen operationalisiert. Abbildung 2-4 zeigt die Strategy Map zur ersten strategischen Stoßrichtung.

▓ Anschließend werden die wichtigsten Supply-Märkte definiert und mit ihren Eckpunkten vorgestellt. Mit dem Einkaufsportfolio werden die Supply-Märkte positioniert und priorisiert. Mit den sich ergebenden Normstrategien werden die über die Materialgruppensteckbriefe abgeleiteten Supply-Marktstrategien kritisch hinterfragt. Ferner erfolgt eine Übersicht über die wesentlichen strategischen Hebel in den einzelnen Beschaffungsmärkten.

▓ Danach wird die Vorgehensweise in den weiteren strategischen Projekten präsentiert. Konkret werden die neuen Prozesse im Lieferantenmanagement und die Eckpunkte bei der Gestaltung neuartiger Wertschöpfungspartnerschaften, bei der Internationalisierung des Einkaufs und in der Entwicklung des Projekteinkaufs jeweils mit wenigen Folien vorgestellt.

▓ Die wesentlichen Zielsetzungen in Bezug auf Prozessoptimierungen und Informations- und Kommunikationssysteme werden als Projekte definiert.

▓ Last but not least wird das Vorgehen zur Steuerung der Supply-Strategie im Kontext von E-T-A konkretisiert.

Die Supply-Rahmenstrategie, inklusive des Foliensatzes, sollte einmal jährlich im Herbst fortgeschrieben werden.

Abbildung 2-4: *Beispiel Strategy Map bei E-T-A*

2.4   Supply-Marktstrategie bei E-T-A

Für 17 Materialgruppen (= Supply-Märkte) in den drei Supply-Bereichen (Kunststoff-teile, Elektronik, Metall) werden Supply-Marktstrategien entwickelt. Angesichts der oben beschriebenen Kapazitätssituation versteht sich von selbst, dass die zugrunde liegenden Steckbriefe in der ersten Planungsrunde nicht zu kompliziert sein dürfen. Der Steckbrief - wie in Abbildung 2-5 dargestellt - umfasst 4 Seiten, die sich allerdings im konkreten Fall über mehrere Blätter erstrecken können. Der Aufbau orientiert sich an der Struktur einer Supply-Marktstrategie gemäß der 15M-Architektur® von Heß und bedarf hier keiner weiteren Erläuterung. Das vorgestellte Duroplast-Beispiel ver-deutlicht den Charakter der Supply-Marktstrategien, auch wenn es umfangreich ano-nymisiert und verkürzt wurde. Insbesondere wurden natürlich alle Zahlenangaben erheblich modifiziert.

Abbildung 2-5: *Supply-Marktsteckbrief bei E-T-A am Beispiel Duroplast (stark modifiziert)*

Materialgruppenstrategie	**Kunststoffe - Duroplast**		Facheinkäufer	**M. Plastik**	⚡ E-T-A®
Ausgabe-/Änd.Datum	10.4.2007		Freigabe	MFr/15.4.2007	
Seite 1 von 4			WGrp.-Nr.	Z99010100	Maßstab für Sicherheit

Marktanalyse

Marktsegmente	Technische Segmentierung: • Spritzgussverarbeitung • Spritz-Präge-Verarbeitung
Marktsituation – entwicklung	Duroplaste werden durch hochtemperaturfeste Thermoplaste substituiert. Der Markt für Duroplaste ist daher eher rückläufig.
Technologische Trends	Hochtemperaturfeste Thermoplaste sind zunehmend verbreitet und verdrängen Duroplaste. Herstellprozess weltweit vergleichbar.
Kapazitätsauslastung Allokation	Aufgrund des Rückgangs der Kapazitäten (weniger Anbieter) zunehmend kritische Versorgung.
Preisentwicklung Elastizitäten	Trotz der steigenden Rohstoffkosten (ca. 50-60% des Teilepreises) blieben die Preise in den letzten Jahren eher konstant.

Ziele und Kennzahlen

Jahre	EKV in Tsd.€	MPV in %	MPV in Tsd €	Verhandl.-erfolg in %	Verhandl.-erfolg in Tsd. €	Qualität A-Lieferanten1	Termintreue A-Lieferanten1	Mengen-treue A-Lieferanten1	Bestände in Tsd. €	Reichweite in Tagen
Ziel 2007	3.100	-1,0%	-16	-15,0%	-93	94%	90%	97%	603	70
2006	2.820	2,1%	30	-8,4%	-47	92%	85%	96%	674	86
2005	2.567	-1,6%	-21	-12,3%	-63	89%	78%	91%	692	97
2004	2.820	-1,8%	-25	-14,2%	-80					

Jahre	Lieferanten-zahl	Zahl der A-Lieferanten1	Zahl der Teile	Zahl der A-Teile2	Zahl der MS-Teile	Zahl der RV	RV-Quote	Global Sourcing-Quote		
Ziel 2007	20	5	350	30	10	5	90%	20%		
2006	22	9	345	42	3	3	85%	5%		
2005	25	12	330	45	2	1	78%	0%		
2004	27	12	300	43						

Zahl der Lieferanten mit 80 % des EKV; ² Zahl der Teile mit 80 % des EKV;

Materialgruppenstrategie	**Kunststoffe - Duroplast**		Facheinkäufer	**M. Plastik**	⚡ E-T-A®
Ausgabe-/Änd.Datum	10.4.2007		Freigabe	MFr/15.4.2007	
Seite 2 von 4			WGrp.-Nr.	Z99010100	Maßstab für Sicherheit

Gestaltungsdimensionen

	Analyse	Strategie
Objektstrategie • Standardisierung • TuT-Vielfalt • Make or Buy • Design • Kosten-/struktur	• Hohe Teilevielfalt, geringe Bedarfe .... • 67% Zeichnungsteile, 33% Standardprodukte • Zeitlich begrenztes Single-Sourcing (i.d.R. ein Werkzeug vorhand.) • Zulassungen (z. B. VDE, UL) bei den Teilen/Werkstoff erforderlich • Ausschließlich Einkaufsteile • Hoher Rohstoffkostenanteil (ca. 50 – 60% des Teilepreises) und hoher Nacharbeitungsaufwand	• Vorzugs-Werkstoffe für Neuprojekte definieren.
Lieferantenzahl und Lieferantenmacht	• „Selbstsicheres Verhalten" von Lieferant 1 erschwert strategische Entwicklungen, insbesondere läuft der „Alt-Teilebestand" nur auf den „alten" Werkzeugen von Lieferant 1.	• Verlagerung von Volumen • Aufbau eines zweiten qualifizierten Hauptlieferanten.
Partnerschaft	• Entwicklungspartnerschaft mit Lieferant 3 vorhanden • 50% Firmen-Beteiligung bei Lieferant 2 • Kooperation zwischen Lieferant 2 und Lieferant 5	• Vorgehen fortsetzen
Global Sourcing	• IPO Singapur • Rohmaterialbündelung über Drehscheibe Singapur • Lieferant 3 (Werkzeuge + Teileproduktion in China) • (Lieferant 4 (Werkzeugbau in China))	• Weiterer Ausbau Global Sourcing incl. Local Sourcing weltweit • Aufbau eines Lieferanten in Tunesien (Name)
Netzwerk (Vorlieferanten)	• Unterschiedliche Vormaterialpreise bei den Lieferanten	• Weitere Analyse: zentrale/eigene Vormaterialbeschaffung bzw. RV über alle Lieferanten prüfen
Bündelung der Nachfrage	• Generell mit anderen Firmen auf Vormaterialebene möglich •	• Prüfung mit welchen anderen Firmen (z. B. Name 1, Name 2) möglich/sinnvoll
Prozesse • Entwicklung • Bestellprozess • Logistik • QM	• Just-in Time-Prozess	• Systematischer Ausbau der Konsilagerbelieferung • Systematische Lieferantenfrüheinbindung in der Entwicklung (v.a. Neuentwicklung) • Abschluss von QSV's

Abbildung 2-5-Fortsetzung: *Supply-Marktsteckbrief bei E-T-A am Beispiel Duroplast (stark modifiziert)*

Materialgruppenstrategie	**Kunststoffe - Duroplast**	Facheinkäufer	**M. Plastik**
Ausgabe-/Änd.Datum	10.4.2007	Freigabe	MFr/15.4.2007
Seite 3 von 4		WGrp.-Nr.	Z99010100

E-T-A
Maßstab für Sicherheit

Lieferantenstrategien		
Stärken	**Schwächen**	**Strategie**
Lieferant 1		
• Sehr hohe Kompetenz in der Werkzeugherstellung und Teilefertigung • Verarbeitet Duro- und Thermoplaste	• Kapazitatsauslastung erreicht • Keine Kapazitätsausweitung geplant • Werkzeuge meist sehr teuer	• Optimierung des Teile-/Werkzeugspektrums
Lieferant 2		
• Rel. kostengünstig • Partnerschaft / Beteiligung besteht • Örtliche Nähe • Verarbeitet Duro- und Thermoplaste	• Nur durchschnittliche Kompetenz in der Duroplastfertigung, (Defizite im Werkzeugbau)	• (Unterstützung beim Ausbau des Werkzeugbaus)
Lieferant 3		
• Sehr guter Werkzeugbau • Verarbeitet Duro- und Thermoplaste • Werk in China (Duroplast ?) • Entwicklungspartnerschaft besteht	• Rückgang der Qualität • Planung verbesserungsbedürftig • Verschlechterung der Liefertermintreue • Werkzeuge meist sehr teuer • Keine Duroplastpressen mehr vorhanden	• Qualität und Liefertreue verbessern
Lieferant 4		
• Relativ hohe Kompetenz (Hochschule und angeschlossener Unternehmensverbund)	• Nur lokale Zusammenarbeit • Umfangreiches Lieferprogramm (Formenbau, Kunststoffteile, Stanz- und Biegeteile etc.), „Bauchladen"	• Zusammenarbeit ausbauen
Lieferant 5		
• Sehr gute Qualität • Sehr hohe Liefertermintreue	• Ungewisse Nachfolgeregelung • Technologisch gab es in den vergangenen Jahren keine Weiterentwicklung.	• Aufbauen oder Abbauen

Materialgruppenstrategie	**Kunststoffe - Duroplast**	Facheinkäufer	**M. Plastik**
Ausgabe-/Änd.Datum	10.4.2007	Freigabe	MFr/15.4.2007
Seite 1 von 4		WGrp.-Nr.	Z99010100

E-T-A
Maßstab für Sicherheit

	Strategische Stoßrichtungen in der Materialgruppe
1	Zweiten qualifizierten Hauptlieferanten in Deutschland aufbauen
2	Werkstoffstandardisierung (evtl. -substitution)
3	Qualifizierten lokalen Lieferanten für das Werk Tunesien aufbauen

	Roadmap	Termin
1	**Zweiten qualifizierten Hauptlieferanten in Deutschland aufbauen**	
	Marktanalyse (regional oder LCC) zur Identifikation eines geeigneten Lieferanten	II / 2007
	Freigabe des Lieferanten	II / 2007
	Pilotprojekt mit potenziellen Lieferanten (Neu- oder Ersatzprojekt)	IV / 2007
2	**Werkstoffstandardisierung (evtl. –substitution)**	**Termin**
	Analyse / Test von neuen und bestehenden Werkstoffen	III / 2007
	Definition von Standardwerkstoffen	III / 2007
	Einsatz bei Neu- und Weiterentwicklungen	IV/ 2007
3	**Qualifizierten lokalen Lieferanten für das Werk Tunesien aufbauen**	**Termin**
	Zusammenarbeit mit neuem Lieferanten (Name) etablieren (aktuelles Teilespektrum im Thermoplast-Bereich)	III / 2007
	Pilotprojekt im Duroplastbereich (Ersatzwerkzeug inkl. Teilefertigung)	IV / 2007
	Verlagerung der Teileproduktion von Deutschland nach Tunesien	I / 2008

2.5 Lieferantenstrategie bei E-T-A

Die Entwicklung der Lieferantenstrategie basiert auf der jährlichen Lieferantenbewertung, die seit 2005 jeweils im Februar stattfindet. Ca. 70 der 300 Lieferanten sind als SPK-Lieferanten definiert, d.h. als „Strategische Lieferanten" (= A-Lieferanten nach ABC-Analyse), „Potenziallieferanten" oder als „Kritische Lieferanten". Die SPK-Lieferanten werden gemeinsam in Einkauf, Qualität, Logistik und Technik nach folgenden Kriterien bewertet:

▪ **Einkauf:** Preisniveau und Preisentwicklung, Initiative zur Kostensenkung, Transparenz und Verständlichkeit der Kalkulation, Kompetenz und Schnelligkeit des Angebotswesens, Stammdatenpflege im Internet-Tool

▪ **Qualität:** Produktqualität, Kooperation und Fehlerbearbeitung bei Qualitätsangelegenheiten, QM-System, Qualität der Bemusterung, Umweltmanagement

▪ **Logistik:** Termin- und Mengentreue, Flexibilität bei Bestelländerungen, Bestelllosgrößen, Kooperation und Kompetenz bei Logistikkonzepten, Erreichbarkeit und Reaktionszeit, Einhaltung der Liefer- und Verpackungsvorschriften

▪ **Technik:** Technologiestand der Produkte und der Produktion, Know-how und Erfahrung in der Fertigung, Kooperationsbereitschaft, Informationsangebot über Produkte/Beratung, Datenaustausch mit CAD

Die Lieferanten werden im Einkaufsportal über Ihre Bewertungsergebnisse informiert und zur Stellungnahme aufgefordert, falls ein Einzelkriterium einen Erfüllungsgrad von unter 85 % aufweist.

Vor dem Hintergrund der Bedeutung des Lieferanten und seiner Leistungen in der Vergangenheit werden die Stellungnahmen der Lieferanten durch den Einkauf geprüft und (vorläufig) entschieden, ob der Lieferant überhaupt entwickelt werden soll und ggf. mit welcher Entwicklungsart:

▪ **Strategische Entwicklung:** Bei der strategischen Entwicklung werden in enger Zusammenarbeit mit dem Lieferanten die gemeinsamen strategischen Entwicklungsziele definiert und umgesetzt. Aus Kapazitätsgründen stellt die strategische Entwicklung eher die Ausnahme dar.

▪ **Eigenentwicklung:** Bei der Eigenentwicklung wird zwischen der Standardentwicklung und der erweiterten Entwicklung unterschieden. Bei der Standardentwicklung wird halbjährlich geprüft, ob der Lieferant die Versprechungen und Ziele seiner Stellungnahme auch einhält. Ist dies der Fall, sind keine weiteren Aktionen notwendig. Bei der erweiterten Entwicklung werden Ziele und Maßnahmen gemeinsam mit dem Lieferanten erarbeitet und vereinbart. Diese werden dann auf ihre Umsetzung hin quartalsweise überprüft.

▓ **Ausphasen:** Falls ein Lieferant ausgephast werden soll, ist vom Einkauf ein genauer Meilensteinplan auszuarbeiten.

Der Einkäufer erarbeitet je Lieferant schriftlich ein Entwicklungskonzept, das je nach Entwicklungsart unterschiedlich detailliert ausfallen soll. Das Konzept wird dann mit den cross-funktionalen Partnern aus Logistik, Technik und Qualität diskutiert und beschlossen.

Jenseits der regelmäßigen Entwicklungen gibt es noch die **Ad hoc-Entwicklungen**, falls ein Lieferant sich unterjährig stark verschlechtert oder falls es bei der Standardentwicklung erhebliche Umsetzungsschwierigkeiten gibt.

2.6 Supply-Strategie erfolgreich steuern

Aufgrund der Kapazität im Einkauf bei E-T-A muss die Steuerung der Strategie schlank gehalten werden. Im monatlichen Einkaufsmeeting werden mit der Balanced Scorecard konsequent die Fortschritte bei den strategischen Projekten verfolgt und das weitere Vorgehen nachjustiert. Die Supply-Marktstrategien und die Lieferantenstrategien werden mit konkreten Maßnahmen umgesetzt. Das Maßnahmencontrolling erfolgt monatlich. Die Fortentwicklung der Markt- und Lieferantenstrategien erfolgt quartalsweise, und zwar rollierend monatlich für ein Drittel der Strategien. Einmal jährlich werden alle Strategien grundsätzlich geprüft und fortgeschrieben oder neuformuliert. In Abbildung 2-6 findet sich der Planungs- und Controllingkalender von E-T-A.

Folgende Entwicklungen haben sich als besonders wertvoll herausgestellt:

▓ Die Kommunikation und damit die Abstimmung mit den Sparten, den internationalen Töchtern und den anderen Fachabteilungen über das gemeinsame strategische Vorgehen haben sich ganz erheblich verbessert.

▓ Im Denken und Handeln der strategischen Einkäufer hat sich mittlerweile eine tiefgehende strategische Orientierung verwurzelt, so dass das nach wie vor beherrschende operative Geschäft strategisch ausgerichtet wird. Dabei hat sich der lange Zeitraum von drei bis vier Jahren bis zum vollständigen Aufbau der Strategie als sehr hilfreich erwiesen, damit auch die persönliche Entwicklung der Mitarbeiter Schritt halten konnte.

Abbildung 2-6: *Planungs- und Controllingkalender der Supply-Strategie bei E-T-A*

 ## Beschaffungsstrategie 2007
Strategisches Controlling

Das strategische Controlling erfolgt im Rahmen eines Monatsmeetings im Einkauf mit folgenden Planungskalender:

Monat	Januar	Februar	März	April	Mai	Juni	Juli	August	September	Oktober	November	Dezember
BSC prüfen	BSC	BSC	BSC	BSC	BSC	BSC	BSC	BSC	BSC	BSC	BSC	BSC
ZAP prüfen			ZAP			ZAP			ZAP			ZAP
Magru strategien prüfen	x	x	Maßnahmen prüfen	x	x	Maßnahmen prüfen	x	x	Maßnahmen prüfen	x	x	Maßnahmen prüfen
Lieferanten strategien prüfen	Lieferanten bewertung	zeitgleich mit entsprech. Magru	zeitgleich mit entsprech. Magru	zeitgleich mit entsprech. Magru	zeitgleich mit entsprech. Magru	Lieferanten bewertung (intern)	zeitgleich mit entsprech. Magru	zeitgleich mit entsprech. Magru	zeitgleich mit entsprech. Magru	zeitgleich mit entsprech. Magru	zeitgleich mit entsprech. Magru	zeitgleich mit entsprech. Magru
Strategie Review		Abschluss							Kick off			
ZAP neu formulieren		Abschluss									Kick off	

Agenda des Monatsmeetings:	Dokumente:
1) BSC Kennzahlen interpretieren – Konsequenzen 2) BSC Maßnahmen prüfen und fortschreiben 3) ggf. ZAP-Ziele prüfen 4) ausgewählte Materialgruppenstrategien prüfen jede Strategie einmal im Jahr 5) ausgewählte Lieferantenstrategien prüfen Vorzugslieferanten möglichst einmal im Jahr	1) Strategiepapier (einmal jährlich) 2) BSC-Kennzahlen –Maßnahmen (monatlich) 3) ZAP-Datenbank 3) Materialgruppenstrategien (jährlich / Maßnahmen Quartal) 4) Lieferantenstrategien (jährlich / Maßnahmen Quartal)

- 65 -

▦ Die Qualität der Supply-Strategie konnte aufgrund der ganzheitlichen und systematischen Vorgehensweise ganz erheblich gesteigert werden: Vielfältige Aspekte und insbesondere sehr komplexe Abhängigkeiten werden bei der Strategieformulierung berücksichtigt. Diese werden in Strategie-Roadmaps und strategische Maßnahmen umgesetzt. Damit wird gleichzeitig (!) die Strategieformulierung qualitativ angereichert und die Strategieumsetzung vereinfacht, da man sich auf die wesentlichen Themen konzentriert.

▦ Schon kurz nach der Einführung der Lieferantenstrategie im Jahr 2007 kam es zu erheblichen Leistungsverbesserungen bei Lieferanten. Diese Entwicklung kann letztlich nur über eine höhere Managementattention beim Lieferanten aufgrund der systematischen Nachfrage und der „Androhung" eines fortlaufenden Controllings seitens E-T-A erklärt werden. Weitere Verbesserungen werden aufgrund der Zusammenarbeit erwartet.

Zu den Autoren:

Manfred Laschinger ist Leiter Materialwirtschaft bei E-T-A Elektrotechnische Apparate GmbH.

Michael Frank ist Leiter Einkauf bei E-T-A Elektrotechnische Apparate GmbH.

3 Begriff der Supply-Strategie

Was ist eine Supply-Strategie? Wenn das Wort „Supply-Strategie" nicht nur eine moderne und vielleicht gut vermarktbare Worthülse sein soll, müssen der Begriff klar definiert und die Relevanz für die Unternehmenspraxis aufgezeigt werden. Es muss deutlich werden, welche Fragestellungen der betrieblichen Praxis im Fokus stehen und welche grundsätzlichen Lösungswege eingeschlagen werden. Ausgangspunkt der Überlegung ist die neue Rolle von Einkauf und Beschaffung, die sich aus deren zunehmender strategischer Bedeutung ergibt.

Das erhebliche Einflusspotenzial von Einkauf und Beschaffung auf den Shareholder Value und die strategische Wettbewerbsposition eines Unternehmens wurde in den letzten Jahren „gebetsmühlenhaft" wiederholt. Dabei wurde (1) die durchschlagende Wirkung auf die Kostenposition stets betont, (2) der immense Beitrag zur Leistungsdifferenzierung häufig angesprochen und (3) der beachtliche Einfluss auf das betriebsnotwendige Kapital gelegentlich erwähnt:

1. **Beitrag zur Kostenposition:** In vielen Branchen beträgt die Wertschöpfungstiefe nur noch 30 bis 50 % des Umsatzes. 50 bis 70 % des Umsatzes werden somit als Leistungen in Beschaffungsmärkten bezogen. Der langfristige Trend einer Erhöhung des Zukaufanteils ist nach wie vor ungebrochen. Die Konsequenz für das Betriebsergebnis kann mit einer Studie von Bain&Company veranschaulicht werden (oV. 2002). In den sechs untersuchten Branchen ergab sich ein durchschnittlicher Materialanteil von 61 %. Dies führte bei einer angenommenen Einsparung von nur einem Prozentpunkt im Einkauf zu einer durchschnittlichen Steigerung des Betriebsergebnisses von 18%.

2. **Beitrag zur Leistungsdifferenzierung:** Der Beitrag von Einkauf und Beschaffung für die Einzigartigkeit der Leistung eines Unternehmens auf seinen Absatzmärkten wird durch die folgenden Beispiele illustriert: Ohne eine enge Einbindung von Lieferanten mit Just-in-Sequence-Belieferung wären kundenindividuell konfigurierte Automobile mit einer schier unendlichen Variantenvielfalt nicht vorstellbar. Rückrufaktionen aufgrund schadhafter Komponenten beschädigen leicht den Ruf als Qualitätsführer. Kurze Lieferzeiten oder ein hoher Servicegrad sind häufig nur mittels enger Lieferantenintegration (wirtschaftlich) umsetzbar. Ebenso können Produktinnovationen auf innovativen Komponenten der Lieferanten basieren. Gelingt es - zumindest für eine bestimmte Zeit - die Innovation vom Lieferanten exklusiv zu erhalten, können wesentliche Wettbewerbsvorteile aufgebaut werden.

3. **Beitrag zur Senkung des betriebsnotwendigen Vermögens:** Durch die Senkung des betriebsnotwendigen Vermögens können Einkauf und Beschaffung zur Steige-

rung des Shareholder Value beitragen. Beispielsweise verlagert die Fremdvergabe einzelner Leistungen sowie das Outsourcing ganzer Betriebsteile den Kapitaleinsatz sowie das damit verbundene Risiko entlang der Supply Chain auf Lieferanten. Ebenso kann das betriebsnotwendige Umlaufvermögen im Unternehmen und in der gesamten Supply Chain reduziert werden, wenn die partnerschaftliche Zusammenarbeit mit Lieferanten eine schnelle Reaktion auf unerwartete Nachfrageschwankungen ermöglicht.

Die strategische Relevanz von Einkauf und Beschaffung wird mittlerweile in vielen Unternehmen erkannt und akzeptiert. Aus dieser neuen Rolle heraus ergibt sich die Notwendigkeit, die Versorgung des Unternehmens ganzheitlich auszusteuern. Üblicherweise sind vielfältige Abteilungen an der Schnittstelle zum Lieferanten aktiv, z.B. der Einkauf, die Beschaffung, die Logistik, das Qualitätsmanagement, das Engineering, die Entwicklung. Nicht selten verfolgen diese Abteilungen allerdings eigene Interessen, die vielleicht sogar incentiviert sind und entsprechend nachdrücklich verfolgt werden. Für die Realisierung der oben angesprochenen Wettbewerbsvorteile ist jedoch ein abgestimmtes und einheitliches Vorgehen dringend erforderlich. Mit der konsequenten Verwendung des Begriffs „Supply" bzw. in Kombination „Supply Management" oder „Supply-Strategie" soll die ganzheitliche Sicht der Versorgung eines Unternehmens mit Gütern und Leistungen zum Ausdruck gebracht werden (Kapitel 3.1).

Aus der strategischen Bedeutung von Einkauf und Beschaffung folgt ferner, dass die Versorgungsfunktion des Unternehmens selbst strategisch ausgerichtet werden muss. Nur mit einer Strategie, die auf die Beschaffungsmärkte gerichtet ist, können die oben angesprochenen Voraussetzungen für den Erfolg der Wettbewerbsstrategie sichergestellt werden. In Kapitel 3.2 wird ein für die Praxis geeigneter Strategiebegriff entwickelt und die Verknüpfung zwischen Strategie und Supply-Strategie diskutiert.

3.1 Supply Management

Einfach ausgedrückt zielt „Supply Management" auf die ganzheitliche Betrachtung der Versorgung des Unternehmens mit Gütern und Leistungen (vgl. Arnold 1995a, S. 1 ff, Kaufmann 2002, S. 9 ff.).[1] Gerade die integrative Sichtweise unterscheidet Supply

---

1 Arnold zielt insbesondere auf die Integration von Beschaffung, Logistik und Materialwirtschaft. „Während Beschaffung funktional und marktbezogen betrachtet wird, steht bei der Logistik die Überbrückung von Raum und Zeit im Vordergrund. Demgegenüber wird die intern orientierte Materialwirtschaft ausschließlich objektbezogen (auf das Objekt Material) gesehen." (Arnold 1995a, S. 8). Umfassende Darstellungen zum Supply Management finden sich beispielsweise bei Eßig (2005) und in der umfassenden Artikelserie von Jahns in der Zeitschrift Beschaffung aktuell in den Jahren 2003 und 2004.

Management von den verknüpften Begriffen, wie Einkauf, Beschaffung, Beschaffungs-logistik, Materialwirtschaft oder Supply Chain Management. Eine nähere Abgrenzung der Einzelbegriffe findet sich in Tabelle 3-1.

Tabelle 3-1: *Begriffe im Bereich der Versorgung*
(Quellen: Kaufmann 2002, S.9 ff.; Arnold 1995a, S. 1 ff.; Schulte 2005, S. 2)

Die Begriffe im Bereich der Versorgung eines Unternehmens werden sehr uneinheitlich verwendet. Mit den folgenden Beschreibungen soll die Grundorientierung des jeweiligen Begriffs charakterisiert werden.

Begriff	Beschreibung
Beschaffung / Procurement	Beschaffung wird teils als umfassender Begriff der Versorgung, teils im Sinne einer marktbezogenen bzw. kaufmännischen Sicht der Versorgung des Unternehmens mit Gütern und Leistungen verstanden.
Einkauf / Purchasing	Einkauf wurde ursprünglich mit der operativen kaufmännischen Abwicklung von Versorgungsprozessen verbunden. Mit der Entwicklung zum strategischen Einkauf weitet sich der Fokus umfassend auf alle kaufmännischen und vertraglichen Aspekte in der Versorgung aus. Damit wird der Übergang zum Begriff der Beschaffung fließend. Teilweise werden die beiden Begriffe gleichgesetzt.
Logistik	Die Logistik konzentriert sich auf die Planung, Steuerung und Realisierung des (physischen) Materialflusses innerhalb und zwischen Unternehmen und die damit verbundenen Informations- und Zahlungsströme. Logistik ist nicht nur auf die Versorgung des Unternehmens beschränkt, sondern begleitet die gesamte Wertkette.
Material-wirtschaft	Im Rahmen der Materialwirtschaft wird die objektbezogene Sicht der Versorgung des Unternehmens mit Materialien betont. Während die klassische Materialwirtschaft sich auf die Versorgung des Unternehmens konzentriert, weitet die integrierte Materialwirtschaft den Fokus analog zur Logistik auf die gesamte Wertkette des Unternehmens aus.
Supply Chain Management	Im Supply Chain Management werden unternehmensübergreifende Wertschöpfungsketten bzw. Wertschöpfungsnetzwerke im Hinblick auf den Material-, Informations- und Geldfluss betrachtet und optimiert. Obwohl hierbei der Wettbewerb zwischen ganzen Supply Chains betont wird liegt der zentrale Fokus eher auf Logistikaspekten und den damit verbundenen IKT-Fragestellungen.

Die Integrationsleistung im Supply Management umfasst fünf Richtungen, die folgend kurz skizziert werden sollen (vgl. Abbildung 3-1):

▓ **Integration von Gestaltungsfeldern bzw. Einzelprojekten:** Die verschiedenen Hebel zur Optimierung der Versorgung eines Unternehmens müssen aufgrund ihrer vielfältigen Wechselwirkungen aufeinander abgestimmt werden. In der Unternehmenspraxis werden (gelegentlich) isolierte Projekte zu einzelnen Gestaltungsfeldern im Supply Management initiiert, z.B.: ein Projekt zur Reduzierung der Lieferantenzahl, ein Projekt zur Intensivierung des Einkaufs in China und Russland, ein Projekt zur Steigerung des e-Auktionsumsatzes, ein Projekt zur Einführung einer Lieferantenbewertung. Häufig gibt es wenig Abstimmung zwischen den Projekten. Vielmehr lösen sich die verschiedenen Projekte im Zeitverlauf ab. Ein Jahr steht Global Sourcing oben auf der Agenda. Im nächsten Jahr sind dann vor allem e-Auktionen umzusetzen.

Diese Vorgehensweise konzentriert zwar die Aufmerksamkeit in einer Organisation auf besondere Schwachpunkte. Trotzdem kann eine isolierte Optimierung einzelner Gestaltungsfelder nicht befriedigen, da die Wechselwirkungen der Hebel nicht beachtet und auf eine nachhaltige Optimierung im Laufe der Zeit verzichtet wird. Als erste Integrationsleistung im Supply Management müssen also alle Gestaltungsfelder im Supply Management aufeinander abgestimmt analysiert und optimiert werden.

▪ **Cross-funktionale Integration der Versorgungsprozesse:** Zur effektiven und effizienten Versorgung des Unternehmens mit Inputs sind vielfältige Prozesse erforderlich, z.B. der Bestellprozess, die Materialdisposition und -bereitstellung, die Qualitätssicherung, das Lieferantenmanagement. Die Interdependenzen zwischen diesen Prozessen sind vielfältig und intensiv. So bestimmt beispielsweise die Lieferantenauswahl und –entwicklung die Versorgungssicherheit und –qualität in den materialwirtschaftlichen Prozessen. „Günstige Lieferanten" können unter Total Cost-Gesichtspunkten eine schlechte Wahl sein, wenn die Prozess- und Folgekosten explodieren.

Im Supply Management werden die einzelnen Teilprozesse der Versorgung gemeinsam betrachtet und optimiert. Soweit nicht die verschiedenen Funktionen organisatorisch zusammengefasst werden können, muss eine cross-funktionale Zusammenarbeit der betroffenen Funktionen in den verschiedenen Versorgungsprozessen sichergestellt werden.

Neben der Integration der unmittelbaren Versorgungsprozesse sind die Schnittstellen zu den anderen Hauptprozessen des Unternehmens zu optimieren. Ein wesentliches Beispiel ist die Schnittstelle mit dem Entwicklungsprozess. Die technischen Spezifikationen beeinflussen ganz erheblich die Effizienz der Versorgungsprozesse. Man denke beispielsweise an den Grad der Materialstandardisierung. Aufgrund der oben aufgezeigten Bedeutung der Versorgung setzt sich heute zunehmend mehr die Einsicht durch, dass bereits bei der Gestaltung des Produktdesigns die Konsequenzen für den Versorgungsprozess zu berücksichtigen sind. Noch intensiver verknüpfen Entwicklungspartnerschaften mit Lieferanten den Entwicklungs- und Versorgungsprozess, da der Lieferant seine System- bzw. Teilekompetenz in den Entwicklungsprozess mit einbringt. Auf diese Weise macht sich das Unternehmen unmittelbar das Know-how seiner Lieferanten nutzbar.

Analog zur Entwicklung sind auch die übrigen Hauptprozesse, z.B. Marketing oder Produktion, mit der Versorgung abzustimmen. So kann beispielsweise die

Leistungsfähigkeit der Versorgung neue Marktchancen eröffnen, indem Produkte stärker individualisiert oder Lieferzeiten verkürzt oder flexibler gestaltet werden können.

Insgesamt zielt das Supply Management darauf ab, die einzelnen Teilprozesse der Versorgung untereinander und mit den weiteren Hauptprozessen im Unternehmen abzustimmen.

Integration der Organisationseinheiten: Die dritte Richtung der Integrationsleistung im Supply Management betrifft die gemeinsame Versorgung von Standorten oder Geschäftseinheiten eines Unternehmens bzw. von rechtlich selbständigen Geschäftsbereichen im Konzernverbund. Das richtige Maß an Zentralisierung und Dezentralisierung ist hierbei die entscheidende Frage, da den Synergien der Bündelung ganz erhebliche Bündelungskosten entgegen stehen können. Lead-Buyer-Konzepte und Materialgruppenmanagement sind zwei klassische Ansätze, um die Bündelung in Unternehmen voranzutreiben (vgl. Teil 2, Modul 13, insbesondere Kapitel 13.2).

Integration der Lieferanten und der Marktpartner: Die firmenübergreifende Zusammenarbeit entlang der Supply Chain stellt die vierte Integrationsaufgabe im Supply Management dar. Hierbei sind die Versorgungsprozesse und die damit verbundenen DV-Systeme firmenübergreifend zu entwickeln und zu optimieren. Unter Umständen sind auch die Vorlieferanten bzw. sogar mehrstufige Lieferketten in die Betrachtung einzuschließen. Dabei bereiten allerdings die netzwerkartigen Verflechtungen Schwierigkeiten, sobald Lieferanten und Vorlieferanten auch die Konkurrenten beliefern.

Eine besondere Herausforderung an der Lieferantenschnittstelle stellt das Management von Lieferantenpartnerschaften dar. Partnerschaften mit Lieferanten eröffnen ggf. erhebliche Kostensenkungspotenziale oder steigern die Leistungsfähigkeit der Supply Chain, z.B. durch eine flexiblere und schnellere Belieferung. Um diese Wettbewerbsvorteile zu realisieren sind jedoch meist langfristige beziehungsspezifische Investitionen notwendig und nicht selten wechselseitige Abhängigkeiten einzugehen.

Häufig sind neben Lieferanten auch verschiedene Dienstleister in der Versorgungskette des Unternehmens einzubinden, z.B. Logistikdienstleister oder Dienstleister im C-Teilemanagement. Diese Marktpartner sind ebenso in das Beziehungsmanagement des Unternehmens zu integrieren.

In den letzten Jahren wurde unter dem Begriff „Supply Chain Management" die „integrierte prozessorientierte Planung und Steuerung der Waren-, Informations- und Geldflüsse entlang der gesamten Wertschöpfungskette vom Kunden bis zum Rohstofflieferanten" (Kuhn, Hellingrath 2002, S. 10) und damit die Zusammenarbeit mit den Lieferanten intensiv thematisiert. Trotz dieser weiten Begriffsdefinition konzentrieren sich die konkreten Konzepte zum Supply Chain Management vornehmlich auf die logistischen Aspekte und hierbei insbesondere auf IT-Lösungen in der zwischenbetrieblichen Zusammenarbeit. So fokussiert sich das Supply Chain Management nur auf einen einzigen interessanten Aspekt im Rahmen des Supply Managements.

Im „Supplier Relationship Management" – einem weiteren aktuellen Ansatz an der Lieferantenschnittstelle – werden hingegen ursprünglich verstärkt die einkäuferischen Aspekte der Lieferantenbeziehung thematisiert. Auch hier stehen – analog zum Supply Chain Management – mittlerweile IT-Anwendungen im Vordergrund. Während ursprünglich operative Beschaffungsprozesse und die DV-technische Anbindung der Lieferanten an die Unternehmensprozesse im Fokus der SRM-Lösungen standen, haben sich die Systeme mittlerweile zur umfänglichen Unterstützung des operativen und strategischen Einkaufs entwickelt. (vgl. Teil 1, Kapitel 5.3 sowie Heß, Ettinger, Wesp 2010). In diesem Sinne geht das Supplier Relationship Management heute in einem umfassenden Supply Management auf.

■ **Integration in die Unternehmens- und Wettbewerbsstrategie:** Die Versorgung eines Unternehmens muss an der übergreifenden Unternehmens- und Wettbewerbsstrategie ausgerichtet werden. Hierbei ist allerdings auch zu beachten, dass

---

Abbildung 3-1:   *Integrationsleistungen im Supply Management*

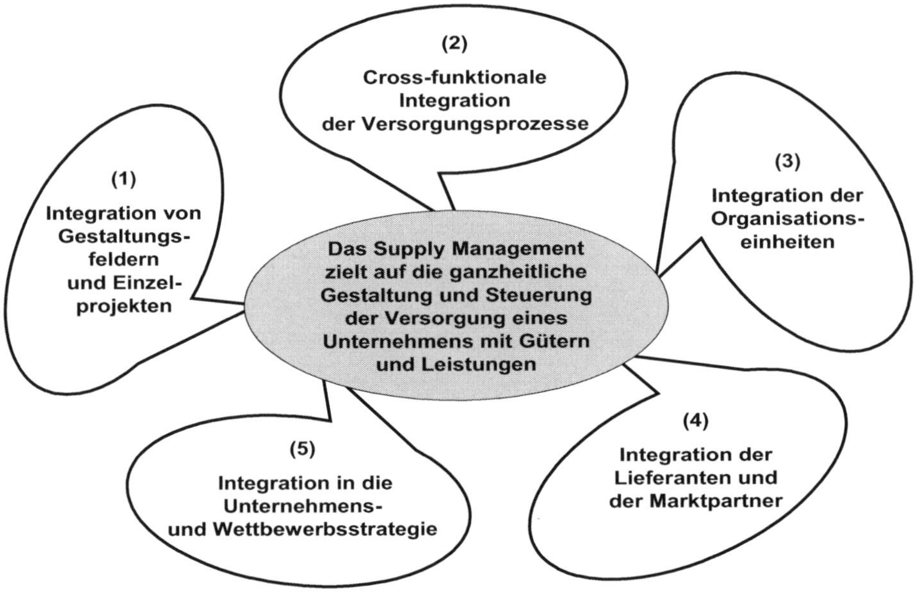

---

das Supply Management selbst ebenso den Möglichkeitsraum von Unternehmens- und Wettbewerbsstrategien ganz erheblich beeinflussen kann. Beispielsweise er möglichen neue Formen der Lieferantenintegration neue flexible Belieferungsmöglichkeiten auf dem Absatzmarkt des Unternehmens. Im nächsten Kapitel werden der zugrunde gelegte Strategiebegriff und die Verknüpfung zwischen Supply-Strategie und Unternehmens- und Wettbewerbsstrategie ausführlich thematisiert.

Neben den Integrationsleistungen ist für das Verständnis von Supply Management die Frage nach den betrachteten Inputs bedeutsam. Hierzu gibt es eine intensive theoretische Debatte zwischen einer umfassenden Sichtweise, die prinzipiell alle Inputs berücksichtigen möchte, und einer konzentrierten Sichtweise, die sich auf ein mehr oder weniger breites Spektrum zu beschaffender Ressourcen beschränkt (vgl. Arnold 1995 a, S. 3 f.). Ohne die theoretische Diskussion hier aufzunehmen kann festgestellt werden, dass sich in der betrieblichen Praxis die Ausweitung des Fokus auf neue Aufgabenfelder im Supply Management sehr bewährt hat. Man denke beispielsweise an Dienstleistungen. Eine vollständige Berücksichtigung aller Inputs des Unternehmens ist derzeit jedoch nicht zu erkennen. Die Versorgung des Unternehmens mit folgenden Gütern und Leistungen steht in den weiteren Überlegungen im Mittelpunkt:

- Direkte und indirekte Materialien

- Handelsware

- Dienstleistungen, inklusive Marketingleistungen

- Betriebsmittel bzw. Investitionsgüter

- Rechte und Lizenzen, darin auch Software

- Informationen

- Energie

Explizit sollen allerdings (derzeit) folgende Inputs aus den Überlegungen ausgeschlossen werden:

- Personal; Grenzfall sind Arbeitnehmerüberlassungen, die als Dienstleistungen im Supply Management zunehmend an Bedeutung gewinnen.

- Kapitalgüter; auch hier gibt es über Lieferantenkredite und cash-sparende Belieferungskonzepte interessante Grenzbereiche.

Der Bedeutungswandel des Einkaufs hin zu einer integrierten Versorgung des Unternehmens wird auch durch die Umfirmierung der „National Association of Purchasing Management (NAPM)", dem weltweit größten Supply Management Verband, zum „Institute for Supply Management™ (ISM)"verdeutlicht. Die Definition des ISM von „Supply Management" findet sich in Abbildung 3-2.

Abbildung 3-2:   *Begriff "Supply Management" des "Institute for Supply Management™" (Quelle: Cavinato 2006, S. 7 f.)*

"The identification, acquisition, access, positioning, and management of resources the organization needs or potentially needs in the attainment of its strategic objectives.

Taken apart, this definition of supply shows some greatly enhanced and value-contributing roles for the organization.

Identification refers to identifying opportunities in the marketplace, whether they are new materials, new technologies, unknown suppliers, or even different paradigms for creating the organization's products and services.

Acquisition is the act of obtaining, which is much broader than buying. It includes identifying and creating strategies for seeking and using sources. It means developing the appropriate relationships, acquisition methods, and chain processes that range from traditional buying to that of enabling others in the organization to develop and manage the process efficiently and effectively. It further extends to the creation and leadership role of very broad organization-to-organization interactions (inside and outside the organization).

Access means gaining use or potential use of something of value. This is often a search-and-interpretation role for potential suppliers, potential supply methods and services, and technologies that could be competitively used by the organization rather than have them go to competitors. It also means accessing resources and assets available in the market that the organization does not have and does not want to invest in but does want to use.

Positioning the organization for marketplace competitive advantage is a key strategic activity today. Like that of marketing and sales personnel who attempt to position the organization competitively in the demand marketplace, a mirror role is also needed on the supply side using macro- and microlevel marketplace intelligence tools to position the organization for long-run supply assurance, price/cost advantage, and innovation access. This is a greatly enhanced role from that of narrow supply base assessment, buying, and supplier management. Instead, this includes the leadership and management of suppliers and extends to that of positioning the organization favorably in the market.

Supply involves many processes. It is a cost takeout and product and service enhancement role. It involves a scan of all organizations and processes in the chain from original creation of products and services through to the organization obtaining and/or using the products and services and all the way out to the customer eventually acquiring and consuming them. This involves analyzing steps and flows, handlings, movements, transactions, costs, and information. Some organizations attain 20 to 30 percent cost takeout of the business by placing attention to this area. Up until a few years ago most organizations had no one overseeing these activities and costs. It requires viewing costs in a total sense whether it be those of the suppliers, the organization, and/or of customers. SAirGroup, for one, is accomplishing significant cost takeout by developing talent, expertise, processes, oversight, and leadership in this area.

The attainment of strategic objectives calls for a highly proactive role within the organization. Supply management is the one department that has vast networks of eyes, ears, and antennas on the supply market. Much of the advantage of this information and intelligence, however, tends not to go farther into the organization where it can be of additional competitive benefit. Most of these objectives must be championed. In an extraverted role, supply management has to develop and hone its influence and reach throughout the organization for greater contribution and impact."

Für die weitere Betrachtung kann unter *Supply Management die ganzheitliche Gestaltung und Steuerung der Versorgung einer Organisation mit Gütern und Leistungen* verstanden werden.

In erwerbswirtschaftlichen Unternehmen ist das Supply Management am „wohlverstandenen" Shareholder Value auszurichten und zu optimieren. Wohlverstanden ist hierbei in zweifacher Weise zu interpretieren: Zum einen sollte der Shareholder Value die mittel- bis langfristige Entwicklung des Unternehmens optimieren. Diese Langfristorientierung ist natürlich für die Formulierung einer Supply-Strategie eine grundlegende Voraussetzung. Zum zweiten sollten unternehmensethische Aspekte berücksichtigt werden. Beispielsweise dürfen menschenunwürdige Arbeitsbedingungen weder im eigenen Unternehmen noch bei den Zulieferfirmen akzeptiert werden. Ebenso darf Korruption – unabhängig davon, ob langfristig der Gewinn dadurch maximiert wird oder nicht – keinesfalls hingenommen werden. Die Wertebasis und die Ziele von Supply-Strategien werden in Teil 2, Modul 1 und 2 ausführlich erörtert.

3.2   Supply-Strategie

„Wenn dein Haus lichterloh brennt, dann ist es für Strategie zu spät." Dieses gnadenlose Bild charakterisiert hervorragend das strategische Problem von Unternehmen. In kritischen Krisensituationen geht es um das nackte Überleben. Wenn die operative Planung im besten Szenario bereits beachtliche Verluste ausweist, dann ist es meist für Strategie zu spät. In kritischen Unternehmenssituationen geht es in der Regel nur noch um die Rettung des Unternehmens und einiger Arbeitsplätze. In Sanierungsplänen werden Betriebsteile verkauft, das Management ausgewechselt, Arbeitsplätze abgebaut und hoffentlich neue Investoren gefunden.

Die grundlegende Aufgabe einer Strategie ist es, rechtzeitig die Voraussetzungen für den zukünftigen Erfolg des Unternehmens zu schaffen und somit wirtschaftliche Krisensituationen zu verhindern. Als Frage formuliert: Welche Voraussetzungen müssen heute geschaffen werden, um in zwei bis fünf Jahren über eine hervorragende Ausgangsposition im operativen Management zu verfügen? Dieses Grundverständnis von Strategie und damit von Supply-Strategie soll im Folgenden präzisiert werden: (1) Es soll der Vorsteuerungscharakter und die Langfristorientierung von Strategien sowie (2) deren Orientierung an Sachzielen und Einzigartigkeit veranschaulicht werden. (3) Auf dieser Basis können dann wesentliche Anforderungen an eine Supply-Strategie abgeleitet werden. (4) Abschließend wird ein systematischer Überblick über die grundsätzlichen (theoretischen) Ansätze zur Formulierung von Supply-Strategien skizziert und diskutiert.

(1)   **Vorsteuerungscharakter und Langfristorientierung von Strategien**

Die Notwendigkeit einer mittel- bis langfristigen Unternehmenssteuerung wird – wie oben im Bild des brennenden Hauses gezeigt – in einer Krisensituation überaus deutlich. Der Handlungsspielraum des operativen Managements ist beschränkt. Die Wettbewerbssituation in der Branche sowie die Wettbewerbsposition des Unternehmens innerhalb der Branche begrenzen die aktuellen Renditechancen. Nachhaltig hervorragende Ergebnisse können deshalb nur die Unternehmen realisieren, die im Vorfeld aktiv und systematisch die Voraussetzungen für den operativen Erfolg geschaffen haben. Beispielsweise schafft der Einstieg in neue attraktive Geschäftsfelder bzw. der Rückzug aus unattraktiven Geschäftsfeldern eine gute Ausgangsposition für das operative Management. Ebenso ermöglicht eine überlegene Kostenposition – man denke beispielsweise an Aldi oder Ryan Air – überdurchschnittliche Ergebnisse. Gälweiler (1986, S. 26) spricht in diesem Zusammenhang von Schaffung und Sicherung von Erfolgspotenzialen. Der Vorsteuerungscharakter einer Strategie besteht also darin, heute die Potenziale für den zukünftigen Erfolg zu schaffen bzw. zu sichern.

Veranschaulicht wird der Vorsteuerungscharakter von Strategien in Abbildung 3-3: Jedes Dreieck stellt das Renditepotenzial zu Beginn eines Geschäftsjahres dar. Im ersten Jahr (Start heute) führt ein hervorragendes operatives Management zu einer ansehnlichen Rendite, während ein wenig erfolgreiches Management mit einem geringen Gewinn abschließen würde. Aufgrund der Dynamik der Märkte wird sich die Ausgangssituation in einem Unternehmen ohne Strategie bzw. mit einer ungeeigneten Strategie von Jahr zu Jahr verschlechtern. So sinken von Jahr zu Jahr die Renditechancen. Nach einigen Jahren ist selbst im besten Fall mit Verlusten zu rechnen. Im Bild wird dieser Pfad durch die hellen Dreiecke und die gestrichelte Linie repräsentiert. Strategisch agierende Unternehmen (durchgezogenen Linie und dunkle Dreiecke) versuchen aktiv die Erfolgsvoraussetzungen zu gestalten, so dass sich die Erfolgspotenziale von Jahr zu Jahr verbessern.

Abbildung 3-3:   *Entwicklungspfad mit und ohne Strategie*

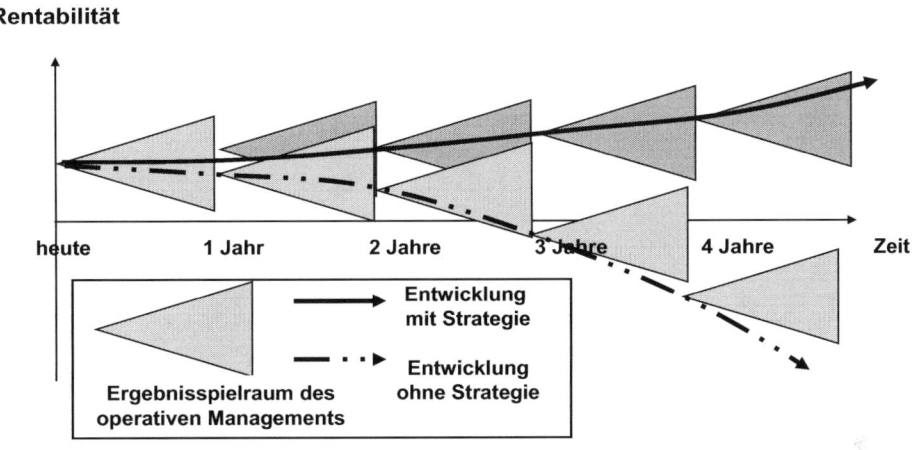

Strategie weist damit einen investiven Charakter auf, da die Entwicklung von Erfolgspotenzialen in der Regel Geld und wertvolle Managementkapazität kostet. Wer beispielsweise den Markteintritt in den chinesischen Markt plant, wird zunächst umfangreiche Marktstudien, Planungsüberlegungen, Managementbesprechungen, Dienstreisen und vieles mehr investieren müssen. Diese „Investitionen" reduzieren allerdings im aktuellen Geschäftsjahr den Gewinn, da viele Aufwendungen in Zeit und Geld nicht aktivierbar sind. So entsteht leicht eine Konkurrenz um knappe Managementkapazitäten zwischen dem operativen Management akuter Probleme im Tagesgeschäft und dem Aufbau von zukünftigen Erfolgspotenzialen. Nicht selten setzen sich die drängenden Fragen des Tagesgeschäftes durch, so dass sich strategische Projekte verzögern. Der investive Charakter von Strategien führt also nicht selten zu Implementierungsschwierigkeiten von Strategien. Soweit die Anreizsysteme des Unternehmens kurzfristige Umsatz-, Gewinn- oder Renditeziele betonen, verstärkt sich diese Gefahr.

Die Entwicklung von Erfolgspotenzialen muss in der Regel mehrjährig angelegt werden. Je nach Branche schwankt der Planungshorizont zwischen drei und fünfzehn Jahren. Mindestens drei Gründe sind für die Langfristorientierung verantwortlich:

▪ Grundsatzentscheidungen, z.B. über die Standorte, über die Wertschöpfungstiefe, über Produktlinien, wirken sich nicht nur auf aktuelle sondern auch auf zukünftige Erfolgspotenziale aus, so dass ein mehrjähriger Planungshorizont notwendig wird.

▪ Die Entwicklung von Erfolgspotenzialen kann mehrere Jahre beanspruchen. Die Strategie muss damit langfristig vorausplanen, um rechtzeitig mit dem Aufbau neuer Erfolgspotenziale zu beginnen.

▨ Ferner benötigt die Strategie aufgrund der zugrunde liegenden langfristigen Investitionen ein Mindestmaß an Stabilität. Jeder strategische Schwenk vernichtet getätigte Investitionen in die alte Strategie. Sollte sich ein Unternehmen beispielsweise wieder aus China zurückziehen, sind die entsprechenden Investitionen letztlich entwertet. Allerdings darf die geforderte Stabilität nicht zur Unbeweglichkeit führen. So können sich aktuell bietende Chancen einen kurzfristigen Schwenk in der Strategie veranlassen. Beispielsweise kann die Möglichkeit der Übernahme eines Wettbewerbers zum bisher nicht beabsichtigten Markteintritt in den USA führen. Nur im Rahmen einer langfristigen strategischen Planung kann zwischen Kontinuität und Diskontinuität der Strategie entschieden werden.

Zusammenfassend kann festgehalten werden: Die Strategie und ebenso die Supply-Strategie zielt auf die Schaffung und Sicherung von Erfolgspotenzialen, d.h. auf die Entwicklung einer möglichst günstigen Ausgangssituation für das operative Management der kommenden Jahre. Die Strategie und ebenso die Supply-Strategie haben damit einen vorsteuernden und investiven Charakter und sind langfristig angelegt.

(2)   Sachzielorientierung und Einzigartigkeit von Strategien

In den grundlegenden finanziellen Zielsetzungen unterscheidet sich eine Marmeladenfabrik nicht von einem High-Tech-Konzern. Beide Unternehmen werden nach Renditemaximierung, der Aufrechterhaltung der Liquidität und davon abgeleitet nach Gewinn-, Umsatz- und Kostenzielen gesteuert. Derartige rein finanzwirtschaftliche Zielkategorien, sogenannte Formalziele, müssen natürlich sachlich konkretisiert werden. Ein Renditeziel von 20 % ist schnell formuliert. Die Frage bleibt allerdings, mit welcher Vorgehensweise bzw. Strategie das Ziel realisiert werden soll.

In der **Strategie** wird festgelegt, mit welchen (Markt-)Leistungen die formalen Unternehmensziele erreicht werden sollen. Da es sich hierbei um markt- und kundenorientierte Ziele handelt wird von Sachzielen gesprochen. In der Strategie sind also die grundlegenden Sachziele des Unternehmens zusammengefasst. Hier wird eine Marmeladenfabrik (natürlich) völlig andere Wege wählen als das High-Tech-Unternehmen. Ja sogar die einzelnen Marmeladenfabriken werden ihren Erfolg gerade dadurch begründen, dass sie sich in ihrer Strategie von den Konkurrenten unterscheiden. Die Einzigartigkeit der gewählten Sachziele ist für den Strategieerfolg eine zentrale Voraussetzung.

Wesentliche Aufgabenfelder der Strategie sind:

▨ **Vision – Mission – Leitbild**: In der Vision, der Mission und dem Leitbild des Unternehmens erfolgt eine erste noch sehr allgemein gehaltene Ausrichtung des Unternehmens. Es wird eine sinnstiftende, motivierende und handlungsleitende Leitidee sowie der grundsätzliche Rahmen der Geschäftstätigkeit definiert (Müller-Stewens, Lechner 2001, S. 174 ff.).[2]

■ **Wettbewerbsstrategie:** Die Wettbewerbsstrategie (Business Strategy, auch Geschäftsfeldstrategie genannt) zielt auf die Entwicklung und Aufrechterhaltung dauerhafter Wettbewerbsvorteile innerhalb eines strategischen Geschäftsfeldes. Nach Porter (1983 und 1986) stehen zwei grundsätzliche Hebel zur Verfügung: (1) Die Entwicklung der Branchenattraktivität, indem die Marktsituation im Sinne der eigenen Zielsetzung beeinflusst wird; (2) der Auf- und Ausbau von Wettbewerbsvorteilen über die Entwicklung einer überlegenen Kostenposition bzw. von Differenzierungsvorteilen beim Kunden.

■ **Unternehmensstrategie:** Die Unternehmensstrategie (Corporate Strategy) beschreibt in Unternehmen mit mehr als einem strategischen Geschäftsfeld die geschäftsfeldübergreifende Strategie. Drei Steuerungsaufgaben stehen im Zentrum der Unternehmensstrategie: (a) Die Entwicklung von Kernkompetenzen, (b) die Realisierung von Synergien zwischen den strategischen Geschäftsfeldern und (c) das Portfoliomanagement.

Die **Supply-Strategie** ist eine Kernprozessstrategie[3], die auf den Versorgungsprozess des Unternehmens gerichtet ist. Sie hat die Vision, Mission und die Unternehmens- und Wettbewerbsstrategie in Hinblick auf den Versorgungsprozess zu konkretisieren. Beispielsweise folgt aus einer Differenzierungsstrategie, die auf besonders schnelle und zuverlässige Belieferungen der Kunden basiert, dass die Lieferanten flexibel und zuverlässig leisten müssen. Umgekehrt ergeben sich aus den Beschaffungsmärkten aber auch Rahmenbedingungen für die Unternehmens- und Wettbewerbsstrategie. Beispielsweise können monopolistische Marktstrukturen auf wichtigen Beschaffungsmärkten die Attraktivität einer Branche und die entsprechende Wettbewerbsstrategie beeinflussen.

---

[2] Inwieweit die Vision, die Mission und das Leitbild als Teil der Strategie oder der Strategie vorgelagert eingestuft werden, ist für die folgenden Überlegungen unerheblich.

[3] Häufig wird die nächste Konkretisierungsstufe der Wettbewerbsstrategie als Funktionalstrategien, z.B. Vertriebs-, Produktions-, Einkaufsstrategie, bezeichnet. Vgl. Hofer, Schendel 1978, S. 29; sowie Hungenberg 2000, S. 15. Da sich mittlerweile das prozessorientierte Denken in der Unternehmenspraxis umfangreich durchgesetzt hat, soll im vorliegenden Ansatz die Strategie prozessorientiert konkretisiert werden. Insofern wird folgend von Kernprozessstrategie gesprochen. Auch wenn die Prozessbezeichnungen sehr ähnlich wie die Funktionsbezeichnungen klingen, kann die Bedeutung dieses Unterschiedes kaum überschätzt werden. Im Rahmen der Funktionalstrategie entwickelt beispielsweise die Einkaufsabteilung grundlegende Vorgehensweisen in Bezug auf den eigenen Verantwortungsbereich. Eine einseitige Konzentration auf den Einkaufspreis und mangelnde Total Cost of Ownership-Überlegungen sind prominente Beispiele für eine fehlgeleitete Funktionalstrategie. Im Rahmen einer Kernprozessstrategie des Versorgungsprozesses wird eine Optimierung entlang der ganzen Prozesskette, also beispielsweise auch der logistischen Konsequenzen sowie der Konsequenzen im Engineering, berücksichtigt.

In diesem Sinne lassen sich die Forderung nach Sachzielorientierung und Einzigartigkeit einer Strategie auch unmittelbar auf die Supply-Strategie übertragen. Etwas ungewohnt ist dabei die Forderung nach Einzigartigkeit von Supply-Strategien. Allerdings ist zu hinterfragen, wie ein Unternehmen bei einer Wertschöpfungstiefe von nur 20 % bis 40 % gegenüber seinen Konkurrenten Wettbewerbsvorteile aufbauen kann, wenn sich die gesamte Versorgung wettbewerbsneutral verhält. Aufgrund der großen strategischen Bedeutung der Versorgung müssen Wettbewerbsvorteile gerade auch über die Versorgungskette geschaffen werden. Dies ist wiederum nur möglich, wenn sich die Supply-Strategie markant von der Strategie der Wettbewerber abhebt, also einzigartig ist.

Insgesamt kann Supply-Strategie folgendermaßen definiert werden: *Die Supply-Strategie zielt auf die Schaffung und Sicherung von Erfolgspotenzialen in der Versorgung des Unternehmens mit Gütern und Leistungen. Die Supply-Strategie umfasst dabei die wesentlichen langfristig angelegten Vorgehensweisen (Sachziele) zur Verbesserung der Kostenposition und der Differenzierung des Unternehmens und zur Entwicklung von Kernkompetenzen. Es geht also darum, heute die Voraussetzungen einer überlegenen Position in den Beschaffungsmärkten zu schaffen bzw. zu erhalten, damit das Unternehmen in zwei bis fünf Jahren über Wettbewerbsvorteile sowohl in seinen angestammten (Absatz-)Märkten wie auch in neuen (Absatz-)Märkten verfügt. In diesem Rahmen gilt es auch, sich richtig und rechtzeitig auf neue Beschaffungsmärkte vorzubereiten, sich aus obsoleten Beschaffungsmärkten zurückzuziehen und Synergien zwischen strategischen Geschäftsfeldern zu realisieren.* In Teil 2, Modul 1 wird die Verknüpfung zwischen den Aufgabenfeldern der Strategie und der Supply-Strategie ausführlich diskutiert.

(3)   **Wesentliche Anforderungen an eine Supply-Stratgie**

Für ein pragmatisches Konzept einer Supply-Strategie ergeben sich drei konkrete Anforderungen:

1. **Ganzheitlichkeit:** Aufgrund der starken Wechselwirkungen einzelner strategischer Gestaltungselemente muss eine Strategie ganzheitlich angelegt sein. Dieser Gedanke wurde bereits oben im Zusammenhang mit dem Verständnis zum Supply Management ausgeführt.

2. **Supply-Marktorientierung (= Beschaffungsmarktorientierung):** Ebenso wie die Wettbewerbsstrategie auf die Absatzmärkte gerichtet ist und dort dauerhafte Wettbewerbsvorteile aufzubauen sucht, ist die Supply-Strategie auf die Beschaffungsmärkte gerichtet, um mit einer einzigartigen Versorgung des Unternehmens Wettbewerbsvorteile zu realisieren. Diese Überlegung führt dazu, dass im vorliegenden Konzept die Supply-Marktstrategien im Zentrum der Überlegungen stehen.

    Dabei ist zu beachten, dass Unternehmen in der Regel auf sehr vielen und sehr heterogenen Beschaffungsmärkten aktiv sind. Man denke nur an die Breite des Beschaffungsspektrums eines Automobilherstellers. So sind beispielsweise Reifen,

Autoglas, Kabelbäume, Blech, Werkzeuge, Dienstleistungen jeweils auf völlig unterschiedlichen Beschaffungsmärkten zu beschaffen (vgl. Teil 2, Modul 4). Konsequenz für die Gestaltung des Konzeptes ist, dass die verfügbaren Ressourcen zur Entwicklung einer einzelnen Supply-Marktstrategie in der Regel eher gering sind. In Klein- und Mittelunternehmen betreuen einzelne Personen nicht selten über zehn Schlüsselmärkte. In Großunternehmen gibt es zwar häufig Marktspezialisten oder Marktteams, jedoch meist in sehr komplexen organisatorischen Strukturen. Insgesamt folgt für das Konzept, dass der Erstellungs- und Implementierungsaufwand für eine Supply-Marktstrategie und in Folge für Lieferantenstrategien sehr überschaubar bleiben muss.

3. **Dokumentation:** Eine saubere und gepflegte Dokumentation der Supply-Strategie ist aus folgenden Gründen von zentraler Bedeutung:

   o **Transparenz für alle Beteiligten:** Aufgrund der umfangreichen Integrationsanforderungen im Supply Management sind vielfältige Personen in die Entwicklung und Umsetzung der Strategie eingebunden. Ohne klare Dokumentation wird ein gemeinsames Verständnis der beteiligten Personen nicht möglich.

   o **Abgestimmtes Vorgehen:** Einheitliche Dokumentation vereinfacht die Abstimmung im Unternehmen. In größeren Unternehmen hilft die Dokumentation auch Supply-Marktstrategien auf der Leitungsebene zu präsentieren und somit sinnvoll in eine umfassende Supply-Strategie zu integrieren.

   o **Systematische Entwicklung der Strategie**: Ohne Dokumentation wird es nicht gelingen, die Strategie systematisch und nachhaltig fortzuentwickeln. Insbesondere wenn man bedenkt, dass ein Großteil der Arbeitskraft der beteiligten Personen in operativen Aufgaben gebunden ist, muss sichergestellt werden, dass trotz längerer Denkpausen nicht jedes mal die Strategie wieder von vorne entwickelt werden muss.

   o **Mitarbeiterwechsel:** Eine klar dokumentierte Supply-Strategie bzw. Supply-Marktstrategie vereinfacht den Mitarbeiterwechsel. Anhand der dokumentierten Strategie kann der neue Mitarbeiter in die neue Aufgabe eingearbeitet werden. Darüber hinaus haben sich die Templates zur Dokumentation der Strategie als hilfreich erwiesen, als eine strukturierte Übergabe versäumt wurde und der neue Mitarbeiter sich selbst in die neue Aufgabe hineinfinden musste.

Entsprechend der Bedeutung wird in den folgenden Ausführungen eine besondere Aufmerksamkeit auf die Dokumentation der Supply-Strategie gelegt. Die meisten Templates stehen auf der Homepage www.supply-strategie.de zum Download bereit.

(4)   **Ansätze zur Formulierung von Supply-Strategien**

Angesichts der aufgezeigten Bedeutung von Supply-Strategien haben Fragestellungen zur Beschaffungsstrategie in den letzten Jahren große Resonanz gefunden. So überrascht der geringe Konzeptionalisierungsgrad im Bereich der Supply-Strategien, der sich bei einer näheren Sichtung der Veröffentlichungen ergibt. So konstatiert Boutellier, Wagner und Wehrli (2003, S. 79) noch im Jahr 2003: "Strategien zeigen Wege zu neuen Zielen. Sie bleiben bis heute im Einkauf eher im Hintergrund."

Im Prinzip lassen sich vier Strömungen zur Behandlung des Strategieproblems in der Versorgung unterscheiden (vgl. ausführlich Heß 2004, S. 5 ff.). Diese sollen im Folgenden knapp skizziert und im Hinblick auf ihren Beitrag für die 15M-Architektur der Supply-Strategie® diskutiert werden:

1. **Partikulare Behandlung strategischer Einzelfragen:** Vielfach werden einzelne Fragestellungen einer Supply-Strategie isoliert diskutiert. Themen, die in der jüngeren Vergangenheit besonders intensiv behandelt wurden, sind beispielsweise das Lieferantenmanagement, Wertschöpfungspartnerschaften, Global Sourcing, Make-or-Buy, Entwicklungspartnerschaften, Bestimmung der Lieferantenzahl, verschiedene Aspekte des E-Procurement, Dienstleisterkonzepte der Materialversorgung oder Belieferungssysteme mit Kanban oder Just-in-Sequence. Hierbei werden meist die Handlungsoptionen strukturiert, die Vorteilhaftigkeit der Alternativen – mit oder ohne Situationsbezug – diskutiert und ggf. Umsetzungsempfehlungen aufgelistet. Natürlich ist die Konzentration auf eine spezifische Fragestellung eine zulässige Vorgehensweise, da nur so eine vertiefte Analyse möglich wird. In diesem Sinne wird im Folgenden auf diese Ansätze an geeigneter Stelle zurückgegriffen. Als systematischer Ansatz zur Formulierung einer Supply-Strategie genügen sie allerdings nicht. [4]

2. **Sourcing-Konzepte:** In den Sourcing-Ansätzen werden die Gestaltungsdimensionen einer Beschaffungsstrategie systematisiert und meist additiv diskutiert. Beispielsweise umfasst der Sourcing-Würfel von Corsten (1995) die Gestaltungsdimensionen Bezugsquellenzahl (single, dual, multiple), Ausdehnung der Märkte (global, local) und Komplexität der Objekte (element, modular). Die einzelnen Ausprägungen werden jeweils vorgestellt und die besonderen Chancen und Risiken diskutiert. Im Sinne einer Morphologie sollen die Firmen dann ihre Sourcing-

---

[4]   Ein Theorie- (und Praxis-)defizit liegt allerdings dann vor, wenn selbst in Arbeiten mit umfassendem Anspruch eine systematische Grundlegung fehlt und Beschaffungsstrategien als Summe von Einzelfragen behandelt werden. Als ein typischer Vertreter dieser Richtung kann Hahn / Kaufmann "Handbuch Industrielles Beschaffungsmanagement" eingestuft werden. Im Vorwort des ansonsten sehr empfehlenswerten Werkes formulieren die Autoren den sicherlich im großen Umfang erfüllten Anspruch des Sammelbandes: "Mit dem Handbuch Industrielles Beschaffungsmanagement wollen wir ein Grundlagenwerk vorlegen, das den "State of the Art" vorstellt." Hahn, Kaufmann (2002). Folgerichtig wird der zweite Teil mit insgesamt zehn Beiträgen beschaffungsstrategischen Themen gewidmet. Ein systematisches Konzept der Beschaffungsstrategie findet sich hingegen nicht.

Strategie als Kombination der Einzelstrategien entwickeln. Die Systematik von Arnold, dem sicherlich profiliertesten Vertreter des Sourcing-Konzeptansatzes, findet sich in Abbildung 3-4. Je nach Autor und Zweck werden die Zahl, die Systematisierung und die inhaltliche Ausgestaltung der Dimensionen verändert. Ein guter Überblick über die Sourcing-Konzeptansätze findet sich bei Lieberum (2002), der mit seinem 4-Ebenen-Modell versucht, die Sourcing-Konzepte zu strukturieren.

Abbildung 3-4: *Das Sourcing-Konzept nach Arnold*
(Quelle: Arnold, Eßig 2000, S. 126 ff.)

Lieferant (L)	Sole	Single	Dual	Multiple
Beschaffungsobjekt (O)	Unit	Modular		System
Beschaffungsareal (A)	Local	Domestic		Global
Beschaffungszeit (Z)	Stock	Demand Tailored		Just-in-Time
Beschaffungssubjekt (S)	Individual		Cooperative	
Wertschöpfungsort (W)	External		Internal	

Die Systematisierung der Gestaltungsdimensionen und ihrer Ausprägungen ist für die Entwicklung einer Supply-Marktstrategie hilfreich. Problematisch bleibt allerdings, dass wesentliche Gestaltungselemente nicht beachtet werden und dass die einzelnen Gestaltungselemente weitestgehend isoliert auf ihre Vorteilhaftigkeit hin erörtert werden. Eine integrierte Analyse der Gestaltungsdimensionen, insbesondere auch eine Verknüpfung zum strategischen Kontext, zur Unternehmensstrategie und zu den Beschaffungszielen, erfolgt kaum.

Ferner konzentrieren sich die Ansätze nur auf die Formulierung von Supply-Marktstrategien. Wesentliche Fragestellungen im Rahmen einer Supply-Strategie werden nicht behandelt, z.B. Definition und Segmentierung von Supply-Märkten oder Lieferantenstrategien.

3. **Portfolioansätze:** In den Portfolioansätzen werden die Beschaffungssituation im Supply-Markt sowie die Bedeutung des Supply-Marktes analysiert und stark abstrahiert bewertet. Auf dieser Basis werden Normstrategien vorgeschlagen, d.h. standardisierte Strategieempfehlungen, die für alle Materialien bzw. Supply-Märkte in einer vergleichbaren Marktsituation gelten. Klassisches Beispiel ist das Portfolio von Kraljic (1985), der die Beschaffungsobjekte nach deren Ergebniseinfluss und deren Versorgungskomplexität beurteilt (vgl. Abbildung 3-5).

Abbildung 3-5: Einkaufsportfolio nach Kraljic
(Quelle: Kraljic 1985, modifiziert)

Versorgungskomplexität	hoch	**Engpassartikel:** **Substitution bzw. Absicherung**	**Strategischer Artikel:** **Strategische Partnerschaft**
	niedrig	**Unkritische Artikel:** **Effizienz**	**Hebelartikel:** **Abschöpfen**
		niedrig hoch	
		Ergebniseinfluss	

Für strategische Materialien, die in beiden Dimensionen einen hohen Wert aufweisen, gilt beispielsweise die Normstrategie „Partnerschaft mit strategischen Lieferanten aufbauen". Unkritische Artikel, die über keinen wesentlichen Ergebniseinfluss und über eine niedrige Versorgungskomplexität verfügen, sollen möglichst effizient beschafft werden. Auch wenn die Normstrategien nach Kraljic weiter konkretisiert werden, bleiben sie für eine differenzierte Strategieempfehlung zu abstrakt. Versucht man die Strategieempfehlungen noch weiter zu konkretisieren, werden die Empfehlungen mehrdeutig. Bei der Beurteilung der Marktsituation werden nämlich verschiedenartige Merkmale in einem Scoringwert zusammengefasst, so dass sehr unterschiedliche Marktsituationen zum gleichen Wert führen und keine eindeutigen Strategieempfehlungen mehr möglich sind.

So können Portfolioansätze im Rahmen der Strategieformulierung nur als erste Vororientierung dienen. In diesem Sinne haben sich die Ansätze allerdings bewährt, indem sie als Querchecks die definierte Supply-Marktstrategie nochmals hinterfragen und somit Widersprüche oder blinde Flecken aufzudecken helfen (vgl. ausführlich Teil 2, Modul 8).

4. **Prozessansätze zur Formulierung und Implementierung von Supply-Strategien:** Normstrategien und standardisierte Strategieempfehlungen widersprechen der Idee der Einzigartigkeit von Strategien. Stehen einzigartige und differenzierte Strategien im Fokus, kann dem Management – im Sinne der Prozessansätze der Strategielehre – nur eine Vorgehensweise zur Formulierung und Implementierung einer Strategie an die Hand gegeben werden. Innerhalb des Prozessleitfadens kann das Management mit verschiedenen Hilfsmitteln unterstützt werden, z.B. Templates, die das Entscheidungsfeld strukturieren und die Dokumentation unterstützten, umfangreiche Checklisten, die bei einzelnen Schritten zu bedenken sind, Argumentationshilfen, Methoden oder Entscheidungstools zur Analyse einzelner Fragestellungen. Die inhaltliche Ausgestaltung der Strategie hingegen muss vom Management selbst erarbeitet werden.

Defizit der älteren Prozessansätze (bis Mitte der 90er Jahre) ist die zu geringe inhaltliche Konkretisierung der Entscheidungsunterstützung, da die umfangreichen Forschungsbemühungen im Beschaffungsmanagement der letzten Jahre noch nicht verfügbar waren. So bleiben diese Ansätze sehr formal, d.h. sie gehen kaum auf die konkrete Situation im Supply Management ein. [5]

Neue Prozessansätze, die zur Entwicklung einer Supply-Strategie auf die spezifischen Rahmenbedingungen der Beschaffung eingehen, sind selten. Interessante Ansätze, die die Diskussion in den letzten Jahren bereichert haben, sind:

o   Koppelmann (2004): Umfassender und differenzierter, aber auch sehr komplexer Ansatz, der sich um detaillierte Checklisten bemüht. (Zur detaillierten Diskussion vgl. Heß 2004, S. 15 ff.)

o   Appelfeller, Buchholz (2005): Der Ansatz konzentriert sich auf das Supplier Relationship Management und verknüpft Supply-Strategie mit den operativen Prozessen und der dv-technischen Unterstützung.

o   Krampf (2000): Origineller Ansatz, in dem die Formulierung der Supply-Marktstrategie, insbesondere die Sourcing-Strategie schrittweise durchgeführt wird. Der Ansatz konzentriert sich auf wenige Aspekte einer Supply-

---

[5]   Dies gilt teils auch für neuere Ansätze.

Marktstrategie in der Automobilindustrie. (Zur detaillierten Diskussion vgl. Heß 2004, S. 17 ff.)

o   Steele, Court (1996): Prozessorientierter Ansatz mit vielfältigen interessanten Konzepten und Methoden zur Supply-Strategie.

o   Laseter (1998): Strategieorientierter Ansatz, der insbesondere einzelne Strategiekonzepte mit guten Praxisbeispielen vorstellt.

o   Den Teilaspekt der Strategieimplementierung behandeln in der jüngeren Zeit Ansätze zur Einkaufs Balanced Scorecard (vgl. beispielsweise Engelhardt 2001 und 2003). Mit Hilfe einer Ursache-Wirkungs-Methodik werden strategische Ziele in handlungsorientierte Zielsetzungen und Maßnahmen konkretisiert. Auf diese Weise wird die Strategieimplementierung unterstützt. Die vorliegende 15M-Architektur® hat den Balanced Scorecard-Ansatz systematisch in den Prozess der Formulierung und Implementierung von Supply-Strategien integriert.

Die 15M-Architektur der Supply-Strategie® ist dem Prozessansatz verpflichtet. Dabei wird die grundlegende Struktur generisch entwickelt, anschließend konkretisiert und mit Instrumenten, Methoden, Checklisten und Templates inhaltlich angereichert. Die Erkenntnisse der partikularen Ansätze sowie der Sourcing-Konzepte werden jeweils an der geeigneten Stelle berücksichtigt. Die Portfolioansätze werden in der oben beschriebenen Weise zum Querchecken verwendet. Im folgenden Kapitel wird die 15M-Architektur der Supply-Strategie® im Überblick vorgestellt.

4 Die 15M-Architektur der Supply-Strategie® im Überblick

Die 15M-Architektur der Supply-Strategie® stellt einen systematischen und umfassenden Rahmen zur Formulierung und Implementierung von Supply-Strategien zur Verfügung. Sie ist aus vier Strategiebausteinen mit 15 Modulen aufgebaut, die jeweils einen in sich geschlossenen Teilaspekt der Supply-Strategie behandeln. Bevor in Teil 2 die einzelnen Strategiebausteine und Module mit den zugrunde liegenden Konzepten, Methoden und Instrumenten im Detail vorgestellt werden, soll im folgenden Abschnitt ein Überblick über die Gesamtarchitektur vermittelt werden:

- Es wird die Gesamtlogik der Architektur erläutert, d.h. insbesondere in welchem Verhältnis die vier Strategiebausteine zueinander stehen. Wie ist beispielsweise die Beziehung zwischen einer Supply-Marktstrategie und einer Lieferantenstrategie?

- Da die 15M-Architektur® ein ganzheitliches Konzept darstellt, müssen alle bedeutsamen Fragestellungen einer Supply-Strategie in der Architektur systematisch verortet werden. An welcher Stelle der Architektur ist beispielsweise über Fragen zum System Sourcing zu entscheiden?

- Welche grundsätzlichen Beziehungen bzw. Schnittstellen bestehen zwischen den einzelnen Fragestellungen bzw. zwischen den einzelnen Modulen? Wie sind beispielsweise die Ziele auf Ebene des gesamten Supply Managements mit den Zielen einzelner Supply-Märkte und einzelner Lieferanten zu verknüpfen? Im Detail werden die Querbeziehungen zwischen den Modulen allerdings erst in Teil 2 ausgearbeitet.

Der modulare Aufbau der 15M-Architektur® hilft – wie oben bereits ausgeführt – die Supply-Strategie schrittweise zu entwickeln. Unternehmen können entsprechend ihrer aktuellen Ausgangssituation einen firmenspezifischen Entwicklungspfad definieren. Sie können zunächst nur einzelne Strategiebausteine oder Module implementieren und sich dabei auf die besonders wertschöpfenden Schritte konzentrieren. Nach und nach kann die gesamte Architektur umgesetzt werden. Durch die Architektur wird sichergestellt, dass die einzelnen Teile zusammenpassen.

4.1 Die vier Strategiebausteine

Die grundlegende Struktur einer Supply-Strategie leitet sich aus der folgenden einfachen Überlegung ab (vgl. Abbildung 4-1, linke Seite): Ein Unternehmen ist auf einem bzw. einigen wenigen Absatzmärkten aktiv und verfolgt auf diesen Märkten (hoffentlich) eine Unternehmens- bzw. Wettbewerbsstrategie. Um seine Marktleistung zu erzeugen muss sich das Unternehmen wiederum selbst auf Supply-Märkten mit Materialien und Leistungen versorgen. Auch wenn in Abbildung 4-1 aus Darstellungsgründen nur drei Supply-Märkte aufgeführt sind, so sind Unternehmen üblicherweise in vielen und sehr heterogenen Supply-Märkten aktiv. In den einzelnen Supply-Märkten bieten in der Regel mehrere Lieferanten ihre Leistungen an. Im Bild werden die Lieferanten mit Hilfe der hellen Kreise innerhalb der Supply-Märkte symbolisiert. In dieser Überlegung wird die enge Verknüpfung zwischen den Absatz- und den Supply-Märkten deutlich. Der strategische und operative Erfolg auf den Absatzmärkten hängt maßgeblich von der richtigen Positionierung auf den Supply-Märkten, von der Leistungsfähigkeit der Lieferanten und von der Beziehung zwischen Unternehmen und seinen Lieferanten ab. Jedoch dürfen die einzelnen Supply-Marktstrategien und die einzelnen Lieferantenstrategien nicht voneinander unabhängig vorangetrieben werden. Vielmehr müssen die verschiedenen Supply-Marktstrategien auf die Unternehmens- und Wettbewerbsstrategie hin ausgerichtet und untereinander koordiniert werden. Gleiches gilt für die unterschiedlichen Lieferantenstrategien. Im Bild wird diese Koordinationsleistung dem Supply Management zugeordnet.

Abbildung 4-1:   *Ableitung der vier Strategiebausteine der 15M-Architektur®*

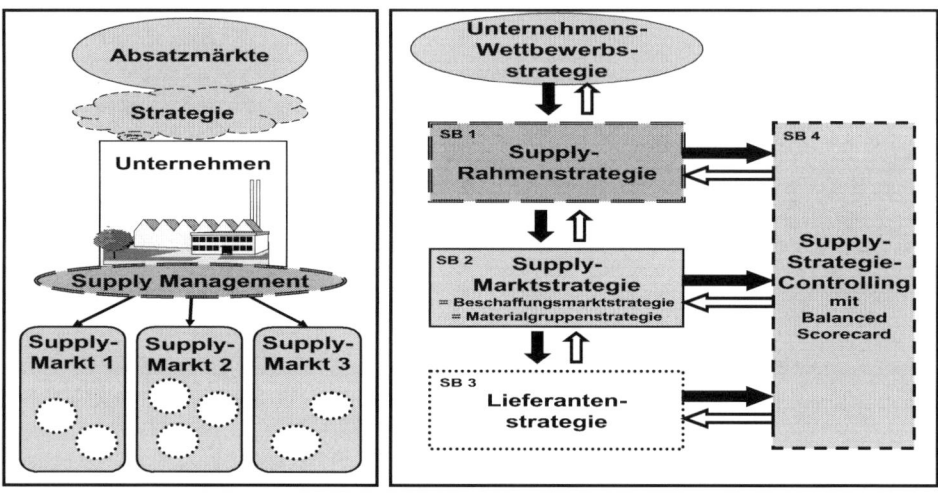

Auf Basis dieser generischen Überlegung lassen sich vier Strategiebausteine einer Supply-Strategie identifizieren (vgl. Abbildung 4-1, rechte Seite):

1. **Strategiebaustein 1 Supply-Rahmenstrategie:** In der Supply-Rahmenstrategie erfolgt die ganzheitliche Ausrichtung der Supply-Strategie. Hierbei lassen sich zwei Teile unterscheiden:

   Teil Direktion: In der Supply-Rahmenstrategie wird eine einheitliche Ausrichtung der Supply-Strategie entwickelt. Hierzu werden die Werte, Strategien und Ziele des Unternehmens nach den Konsequenzen für die Supply-Strategie hinterfragt. Innerhalb dieses Rahmens können dann einheitliche Zielvorgaben und strategische Grundorientierungen (= strategische Stoßrichtungen) für die Versorgung des Unternehmens abgeleitet werden. Hiermit ergibt sich ein Handlungsrahmen innerhalb dessen sich die Supply-Marktstrategien und die Lieferantenstrategien bewegen können. Darüber hinaus müssen die Supply-Märkte strukturiert und priorisiert werden. Insbesondere ist auch die Wertschöpfungstiefe zu bestimmen, auf der zugekauft werden soll. Sollen beispielsweise aus Sicht eines Automobilherstellers ganze Sitze oder einzelne Sitzkomponenten oder sogar einzelne Rohre, Stoffe, Polsterungen gekauft werden. Je nachdem, wie diese Entscheidung ausfällt, bewegt sich das Unternehmen auf völlig unterschiedlichen Märkten.

   Teil Koordination: Die einzelnen Supply-Marktstrategien und Lieferantenstrategien sind zu synchronisieren. Beispielsweise kann es in einem Mittelbetrieb sinnvoll sein, im Rahmen des Global Sourcing Schwerpunktländer zu definieren, um dort Einkaufsbüros vor Ort einzurichten. Der Aufbau eines flächendeckenden Netzes von Einkaufsbüros würde einen Mittelbetrieb meist überfordern. Die Festlegung solcher Schwerpunktländer muss – unter Berücksichtigung der Chancen und Risiken der verschiedenen Supply-Märkte – allerdings für das Unternehmen insgesamt erfolgen. Darüber hinaus bezieht sich die Koordination auch auf die Fortentwicklung des Supply-Managementsystems. Dieses trägt wesentlich zur Generierung und zur Sicherung von Erfolgspotenzialen bei, so dass die Entwicklung des Supply-Managementsystems Gegenstand der Supply-Rahmenstrategie ist.

   Der Teil Direktion umfasst die Module 1 bis 4. Der Teil Koordination besteht aus den Modulen 12 und 13. Die Trennung der Bereiche hat mehr didaktische Gründe. Der Direktionsteil muss zu Beginn vorgestellt werden, da die grundlegenden Vorgaben diskutiert werden. Die Koordination der Supply-Marktstrategien und der Lieferantenstrategien erfordert hingegen eine tiefe Kenntnis der zu koordinierenden Strategien, so dass die Diskussion sinnvoller Weise erst im Anschluss erfolgen kann.

2. **Strategiebaustein 2 Supply-Marktstrategie (= Beschaffungsmarktstrategie, Materialgruppenstrategie, Materialfeldstrategie, Commodity-Strategie):** In den Supply-Marktstrategien werden die Strategien für die wesentlichen Supply-Märkte formuliert. Je Supply-Markt wird eine Strategie entwickelt, die sich im Handlungs-

rahmen der Rahmenstrategie zu bewegen hat. Die Supply-Marktstrategien stellen das Herzstück der Supply-Strategie dar.

3. **Strategiebaustein 3 Lieferantenstrategie:** Im Rahmen der Lieferantenstrategie wird die strategische Vorgehensweise im Umgang mit jeweils einem Lieferanten entwickelt. Im Gegensatz zu großen Teilen der Literatur im Supply Management wird in der 15M-Architektur® sehr strikt zwischen den Lieferantenstrategien und der Sourcing-Strategie als Teil der Supply-Marktstrategie unterschieden. Zunächst sollte im Rahmen der Supply-Marktstrategie die „ideale" Marktstruktur identifiziert und dann im Anschluss die Auswahl und Entwicklung von geeigneten Lieferanten vorangetrieben werden. Beispielsweise wird in der Supply-Marktstrategie die optimale Zahl der Lieferanten pro Sachnummer oder pro Marktsegment definiert. Ferner können attraktive Lieferländer identifiziert bzw. die regionale Struktur der Lieferländer bestimmt werden. Ebenso wird die Frage nach der Vorteilhaftigkeit von partnerschaftlichen Lieferantenbeziehungen geklärt. Im Sinne der definierten Supply-Marktstrategie werden dann mit den bedeutenden Lieferanten Lieferantenstrategien vereinbart. Beispielsweise wird mit einem Lieferanten eine Entwicklungspartnerschaft aufgebaut. Oder: Es werden zwei osteuropäische Lieferanten für ein bestimmtes Marktsegment entwickelt.

4. **Strategiebaustein 4 Supply-Strategie-Controlling:** Die Umsetzung der Supply-Strategie muss mit besonderer Aufmerksamkeit begleitet werden. Aufgrund der hohen Komplexität, Ungewissheit und Langfristigkeit strategischer Entscheidungen sind nachträgliche Anpassungen in den Supply-Strategien als „normal" einzustufen und müssen aktiv gesteuert werden. Im Sinne einer strategischen Überwachung muss die Gültigkeit der Strategie stets im Auge behalten werden. Darüber hinaus führt der oben aufgezeigte investive Charakter von Strategien leicht dazu, dass „brennende" Probleme des Tagesgeschäftes strategische Aktionen verzögern bzw. ganz verdrängen. So müssen im Supply-Strategie-Controlling Umsetzungsschwächen sehr frühzeitig erkannt werden, um schnell reagieren zu können. Darüber hinaus sollte auch die Entwicklung des Supply-Strategie-Systems systematisch gesteuert werden.

In Konzernen mit dezentralem Einkauf bzw. mit dezentralem Supply Management kann die 15M-Architektur® besonders wirkungsvoll eingesetzt werden. In solchen Konzernstrukturen erstreckt sich die Supply-Strategie über verschiedene hierarchische Ebenen, z.B. Gesamtkonzern, Geschäftsbereich, Geschäftsfeld, Standorte, Werke. So muss eine zusätzliche Abstimmung der Supply-Strategie entlang der organisatorischen Dimension erfolgen. Mit einer einheitlichen Architektur der Supply-Strategie können die Supply-Strategie der verschiedenen Konzernebenen besonders wirkungsvoll miteinander verknüpft werden. In Modul 13 wird die Abstimmung von Supply-Strategien in Konzernstrukturen ausführlich diskutiert.

4.2 Die 15 Module der 15M-Architektur®

Die 15 Module der 15M-Architektur der Supply-Strategie® sind die zentralen Handlungsfelder, die in sich möglichst selbständig analysiert und gestaltet werden können. Trotz ihrer Eigenständigkeit weisen die Module eine logische Abfolge auf, die sich in der Nummerierung der Module widerspiegelt. Im Folgenden sollen die 15 Module mit ihren Fragestellungen und Schnittstellen überblicksartig skizziert werden (vgl. Abbildung 4-2):

Abbildung 4-2:   *Die 15 Module der 15M-Architektur der Supply-Strategie®*

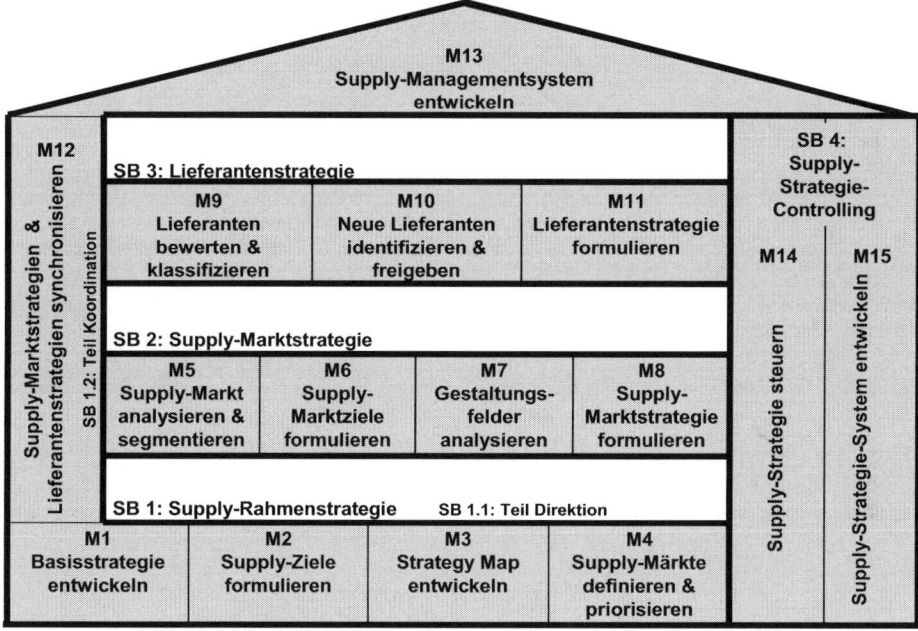

SB 1 Supply-Rahmenstrategie, Teil Direktion (Module 1 – 4):

In der Supply-Rahmenstrategie, Teil Direktion wird die grundlegende strategische Ausrichtung der Supply-Strategie definiert.

Modul 1: Basisstrategie entwickeln

In der Basisstrategie werden die im Unternehmen geltenden Werte sowie die strategische Ausrichtung des Unternehmens als Vorgaben für die Supply-Strategie konkretisiert. Damit wird der geforderte Beitrag der Supply-Strategie für den strategischen Erfolg des Unternehmens formuliert und der strategische Handlungsrahmen festgelegt, innerhalb dem sich die Supply-Strategie bewegen darf. Der Handlungsspielraum zur Entwicklung der Supply-Strategie sollte möglichst umfangreich sein. Formal gesehen enthält die Basisstrategie in der Regel eine überschaubare Liste mit qualitativen Zielen und Forderungen für die Supply-Strategie. Folgende Themenfelder sind in der Basisstrategie zu beachten:

- Es sind die Konsequenzen des Wertesystems für die Supply-Strategie zu identifizieren. Welche ethischen oder sozialen Richtlinien sind in der Supply-Strategie zu berücksichtigen? Beispielsweise sind eingegangene Verpflichtungen aus Sozialstandards auch von den Lieferanten einzuhalten.

- Zur Ausrichtung des Supply Managements kann eine Supply-Vision formuliert werden.

- Es ist der Beitrag der Supply-Strategie für die Unternehmens- und Wettbewerbsstrategie zu definieren. Beispielsweise muss die Supply-Strategie Wachstums- oder Internationalisierungsstrategien absichern oder durch die Einbindung von Lieferanten den Aufbau von Wettbewerbsvorteilen unterstützen.

Modul 2: Supply-Ziele formulieren

Neben der Basisstrategie wird die Supply-Strategie durch die Vorgaben von Geschäftszielen ausgerichtet. Geht man dabei von einem „wohlverstandenen" Shareholder Value aus, lassen sich die Supply-Ziele in folgende Kategorien strukturieren:

- Objektkosten, d.h. die Kosten für die Beschaffungsobjekte

- Prozesskosten, d.h. die Kosten für die Supply-Prozesse (Theoretisch exakt sind Objekt- und Prozesskosten ganzheitlich im Sinne einer Total Cost-Betrachtungen zu beurteilen.)

- Qualität der Beschaffungsobjekte in Bezug auf Fehlerfreiheit, Leistungsmerkmale und Innovation

- Qualität der Supply-Prozesse, z.B. Zuverlässigkeit und Pünktlichkeit der Versorgungsprozesse

- Bedarf an betriebsnotwendigem Vermögen

In Modul 2 werden diese Kategorien näher analysiert und dabei Vorgehensweisen und Kriterien zur Erfolgsmessung diskutiert.

Modul 3: Strategy Map entwickeln

Mit strategischen Stoßrichtungen und der Strategy Map wird die grundsätzliche Ausrichtung der Supply-Strategie formuliert und konkretisiert. Hierzu wird auf die Balanced Scorecard-Systematik von Kaplan, Norton (1997, 2001, 2004, 2006) zurückgegriffen, die sich auch im Supply Management sehr bewährt hat.

▨ Strategische Stoßrichtungen beschreiben sloganhaft eine strategische Entwicklungslinie, die mit besonderer Priorität verfolgt werden soll. Eine gute Supply-
Strategie wird ca. drei strategische Stoßrichtungen umfassen. Beispiel: „Wir wollen
einen wirkungsvollen Projekteinkauf etablieren." Die strategischen Stoßrichtungen
unterstützen ferner die interne und externe Kommunikation ganz erheblich und
sorgen für eine einheitliche Ausrichtung der Supply-Strategie.

▨ In der Strategy Map werden die strategischen Stoßrichtungen mit ca. 15 bis 20
strategischen Zielen konkretisiert und somit die Basis für ein wirkungsvolles Umsetzungscontrolling gelegt. Mit der Balanced Scorecard-Methodik wird strikt auf
die logische Verknüpfung der Ziele geachtet. Es wird eine Ursache-Wirkungskette
aufgebaut, so dass der Zusammenhang hergestellt wird zwischen den ursächlichen
strategischen Stellhebeln, die frühzeitig bewegt werden müssen, und den eigentlich angestrebten strategischen Wirkungen, die sich in der Regel erst mit zeitlichem
Verzug einstellen. Auf diese Weise kann die logische Konsistenz der geplanten
Supply-Strategie geprüft werden. Ferner ergibt sich so ein Frühwarnsystem, mit
dem Abweichungen in der Strategieumsetzung frühzeitig identifiziert werden
können.

Modul 4: Supply-Märkte definieren und priorisieren

Die Supply-Marktstrategien in Strategiebaustein 2 stehen im Zentrum der 15M-
Architektur®. Bevor die einzelnen Marktstrategien formuliert werden können, müssen
die relevanten Supply-Märkte definiert und priorisiert werden. Dabei wird eine dreistufige Strukturierung vorgenommen: (1) Supply-Bereiche, z.B. Kunststoff, (2) Supply-
Märkte, z.B. Thermoplaste, Duroplaste, Granulate, (3) Supply-Marktsegmente, z.B. im
Thermoplast-Markt Segmentierung nach Sichtteile und Nicht-Sichtteile. Die Untergliederung der Supply-Märkte in Marktsegmente erfolgt innerhalb der Supply-
Marktstrategie in Modul 5. Konkret werden in Modul 4 drei Fragestellungen diskutiert:

▨ Die benötigten Materialien und Leistungen müssen supply-marktorientiert strukturiert werden. Dabei ist die Frage der Definition und Abgrenzung von Supply-
Märkten zu diskutieren. Im Warengruppen- bzw. im Materialgruppenschlüssel
wird die Einteilung der Supply-Märkte konkret. Hierbei ist insbesondere auch zu
klären, inwieweit ein unternehmensspezifischer Schlüssel entwickelt oder ein
Standard, z.B. ecl@ss, verwendet werden soll.

▨ Auf welchen Supply-Märkten das Unternehmen aktiv ist, wird auch ganz wesentlich über die Wahl der Wertschöpfungstiefe beeinflusst. Der Zukauf komplexer Systeme erfolgt in anderen Supply-Märkten als der Zukauf einzelner Teile und Komponenten, die vom Unternehmen selbst montiert werden. In diesem Rahmen wird das Konzept des System Sourcing diskutiert.

▨ Die Priorisierung der Supply-Märkte kann mit Hilfe des klassischen Supply-Marktportfolios erfolgen. Über die Einordnung der Supply-Märkte nach den Dimensionen „strategische Bedeutung" und „Versorgungskomplexität" ergeben sich erste Einschätzungen zur strategischen Orientierung im Supply-Markt.

SB 2 Supply-Marktstrategie (Module 5 bis 8):

In der Supply-Marktstrategie wird die Strategie für einen Supply-Markt entwickelt. Dabei wird die Abstimmung innerhalb des Supply-Bereiches beachtet. Soweit Supply-Marktsegmente vorhanden sind, muss die Supply-Marktstrategie (stellenweise) nach Segmenten differenziert werden.

Modul 5: Supply-Markt analysieren und segmentieren

Basis der Supply-Marktstrategie ist die Analyse des Supply-Marktes. Der Detaillierungsgrad und damit der Aufwand der Analyse sind je nach Bedeutung des Marktes für das Unternehmen und der Verfügbarkeit von Ressourcen sehr unterschiedlich. Für den Stromeinkauf eines Energieunternehmens oder für die Beschaffung von Passagierflugzeugen bei der Lufthansa empfehlen sich beispielsweise umfangreiche und tiefgehende Analysen und ein Stab von Spezialisten. Hingegen wird sich ein Einkäufer eines mittelständischen Unternehmens, der für fünf Supply-Märkte zuständig ist, auf eine knappe Skizzierung wesentlicher Markttrends beschränken.

▨ Es wird eine Systematik zur Supply-Marktanalyse vorgestellt. Dabei werden die Bereiche Markt (z.B. Marktvolumen, Marktwachstum, Marktstruktur), Angebot und Lieferanten, Nachfrage und Abnehmer, Leistung, Gegenleistung und das allgemeine Marktumfeld unterschieden. Ferner sollten auch die wesentlichen Vormärkte, d.h. die Zuliefermärkte der Lieferanten (z.B. Alumarkt für Aluminiumguss), untersucht werden.

▨ Viele Supply-Märkte sind in sich so heterogen, dass keine einheitliche Supply-Marktstrategie formuliert werden kann. Diese Märkte sind in möglichst homogene Teilmärkte zu segmentieren. Die Supply-Marktstrategie kann dann für die einzelnen Supply-Marktsegmente differenziert werden. Während die Segmentierung in Absatzmärkten weit verbreitet ist, gibt es bisher nur wenige systematische Darstellungen zur Supply-Marktsegmentierung. In Modul 5 wird aufbauend auf der Branchensegmentierung nach Porter (1986) eine Methode zur Supply-Marktsegmentierung vorgestellt.

Modul 6: Supply-Marktziele formulieren

Für den betrachteten Supply-Markt sind die Supply-Marktziele zu formulieren. Um die Durchgängigkeit der Ziele von der Supply-Strategie zu den Supply-Marktstrategien und weiter zu den Lieferantenstrategien sicherzustellen, müssen die Ziele über diese Ebenen hinweg in der gleichen Weise strukturiert und definiert werden. Die Systematik wird bereits in Modul 2 ausführlich vorgestellt, so dass das besondere Augenmerk in diesem kleinen Abschnitt auf der Einbindung der Supply-Marktziele in den Gesamtrahmen der 15M-Architektur® liegt.

Modul 7: Gestaltungsfelder analysieren und strategische Optionen identifizieren

In Modul 7 wird eine umfassende Systematik zu den Gestaltungsfeldern einer Supply-Marktstrategie vorgestellt. Die Idee ist zunächst die Hebel im Supply-Markt einzeln zu analysieren und somit mögliche Handlungsoptionen zu identifizieren. Die Verdichtung der einzelnen Handlungsoptionen zu einer ganzheitlichen Strategie erfolgt in Modul 8. Es werden folgende Gestaltungsfelder unterschieden, für die dann jeweils Gestaltungshebel diskutiert werden:

- Das Gestaltungsfeld „Demand" mit den Hebeln Bedarfsmengenreduzierung, Bedarfsbündelung und Nachfragekooperation.

- Das Gestaltungsfeld „Beschaffungsobjekt" mit den Hebeln prozess- und kundenorientiertes Design, Substitution, Standardisierung der Teile und Reduzierung der Teilevielfalt; Ferner wird die Bestimmung der optimalen Wertschöpfungstiefe diskutiert soweit damit nicht der betrachtete Supply-Markt verlassen wird, z.B. Eigenfertigung oder Fremdvergabe der Nachbehandlung von Gussteilen.

- Das Gestaltungsfeld „Sourcing" mit den Hebeln Lieferantenbeziehung, Beschaffungsregion, Wertschöpfungsort, Netzwerksteuerung und Lieferantenzahl ist von zentraler Bedeutung und wird deshalb besonders tiefgehend betrachtet. Insbesondere wird auch ein Vorschlag zur Zusammenfassung der einzelnen Hebel zu einer abgestimmten Sourcing-Strategie diskutiert.

- Das Gestaltungsfeld „Entgelt" mit den Hebeln Open Book, Preisbildungsbasis (z.B. Kosten, Markt), Preisdruck, Preisdynamik und Timing, Leistungsanreize für den Lieferanten, Finanzierungsbeitrag.

- Das Gestaltungsfeld „Prozesse" zeigt einen Überblick über wesentliche Hebel zur Prozessverbesserung im Entwicklungsprozess, im strategischen Bestellprozess, in der Beschaffung und der Materialversorgung sowie im Qualitätsmanagement.

Ferner können Unternehmen auf das allgemeine Umfeld sowie auf die Branche Einfluss nehmen. Die entsprechenden Hebel werden bereits in Modul 5 skizziert.

Modul 8: Supply-Marktstrategie formulieren

Aus den vielfältigen Handlungsoptionen muss eine einheitliche Supply-Marktstrategie formiert werden.

▨ Mit der Balanced Scorecard-Systematik können analog zu Modul 3 strategische Stoßrichtungen und eine Strategy Map für den Supply-Markt formuliert werden. Falls dies zu aufwendig erscheint, können auch strategische Stoßrichtungen und wesentliche strategische Maßnahmen in Form einer Roadmap definiert werden.

▨ Die Position des Supply-Marktes im Supply-Marktportfolio (vgl. Modul 4) kann zur Überprüfung der identifizierten Strategie dienen. Sobald sich Abweichungen zwischen der Normstrategie des Portfolios und der entwickelten Supply-Marktstrategie ergeben, sind die Gründe kritisch zu hinterfragen und ggf. Konsequenzen zu ziehen.

SB 3 Lieferantenstrategie (Module 9 bis 11):

Die fallweise Suche nach dem jeweils besten Lieferanten verschenkt viele Erfolgspotenziale in der Zusammenarbeit mit den Lieferanten. Somit gehört die systematische Entwicklung der Lieferantenbasis zu den zentralen Aufgaben einer Supply-Strategie. In der Lieferantenstrategie werden die aktuellen Leistungen und Potenziale der einzelnen Lieferanten analysiert und darauf aufbauend eine Strategie gegenüber dem Lieferanten entwickelt. Wie bereits erwähnt bezieht sich eine Lieferantenstrategie jeweils auf die Strategie gegenüber einem konkreten Lieferanten.

Modul 9: Lieferanten bewerten und klassifizieren

Mit der Lieferantenbewertung soll die Leistung des Lieferanten in der Vergangenheit und sein Leistungspotenzial für die Zukunft beurteilt werden. Auf dieser Basis kann dem Lieferanten ein Status (z.B. Vorzugslieferant) zugewiesen werden, der den Umgang mit dem Lieferanten steuert. Im Einzelnen werden folgende Aspekte diskutiert:

▨ Es wird die Struktur der Lieferantenbewertung vorgestellt. Die Unterscheidung in vergangene Leistungen und zukünftige Leistungspotenziale erscheint geboten, da mit der Lieferantenbewertung die zukünftige Zusammenarbeit gestaltet werden soll. Es werden umfangreich mögliche Bewertungskriterien diskutiert und eine Bewertungsmethodik auf Basis der Scoringmethode ausgeführt.

▨ Es wird ein Vorschlag zur Strukturierung der Lieferantenklassifizierung beschrieben. Insbesondere werden auch die Konsequenzen aus der Klassifizierung für das Lieferantenmanagement skizziert.

▓ Abschließend wird der Prozess der Lieferantenbewertung und –klassifizierung vorgestellt. Hierbei ist die Kommunikation innerhalb des Unternehmens sowie zwischen Lieferant und Unternehmen sehr bedeutsam.

Modul 10: Neue Lieferanten identifizieren und freigeben

Ein besonders kritischer Prozess im Rahmen der Lieferantenstrategie ist die Suche und Freigabe neuer Lieferanten. Da es noch keine Erfahrungswerte in der Zusammenarbeit geben kann, erfolgt nur eine Bewertung der Leistungspotenziale des Lieferanten. Trotzdem wird empfohlen, die Lieferantenbewertung der aktuellen und der potenziellen Lieferanten mit einem durchgängigen System zu gestalten. Aufgrund der Bedeutung erfolgt die Beschreibung innerhalb eines eigenständigen Moduls.

Modul 11: Lieferantenstrategie formulieren

Die Lieferantenstrategie beschreibt die zukünftig angestrebte Position eines Lieferanten in der Versorgungskette des Unternehmens und die damit verbundenen Kosten-Leistungs- und Assetziele. Die Lieferantenstrategie sollte unternehmensintern cross-funktional definiert und anschließend mit dem Lieferanten abgestimmt bzw. vereinbart werden. Aufgrund des beachtlichen Entwicklungsaufwandes von Lieferantenstrategien ist es sinnvoll – je nach Bedeutung des Lieferanten – unterschiedlich intensive Entwicklungsprozesse zu definieren: Passive Lieferantenstrategie, begleitete Lieferantenstrategie, aktive Lieferantenstrategie. Folgende Themen werden vertieft:

▓ Es werden die Struktur und die Inhalte einer Lieferantenstrategie vorgestellt. Dabei wird insbesondere auf eine einfache und pragmatische Struktur der Lieferantenstrategie sowie auf die systematische Verknüpfung mit den anderen Modulen der 15M-Architektur® geachtet.

▓ Es wird der Prozess zur Formulierung einer Lieferantenstrategie beschrieben. Während in kleinen Unternehmen die Dokumentation der Lieferantenstrategie auf Excelbasis verwaltet werden kann, werden für komplexe Organisationsstrukturen Supplier Relationship Management-Systeme empfohlen.

▓ Die Zusammenarbeit mit Lieferanten und insbesondere die gemeinsame Entwicklung von Lieferantenstrategien setzen eine umfangreiche Kommunikation mit den Lieferanten voraus. Da viele grundlegende Themen in der Kommunikation für die bedeutenden Lieferanten vergleichbar sind, werden diese Anstrengungen in Lieferantenprogrammen gebündelt. Elemente solcher Programme sind beispielsweise Lieferantentage, Lieferantenportale oder Lieferantenpreise.

SB 1 Supply-Rahmenstrategie, Teil Koordination (Module 12 und 13):

In der Supply-Rahmenstrategie, Teil Koordination werden die Supply-Marktstrategien und die Lieferantenstrategien synchronisiert. Ferner erfolgt die Koordination über die Entwicklung des Supply-Managementsystems.

Modul 12: Supply-Marktstrategien und Lieferantenstrategien synchronisieren

Die Supply-Marktstrategien und die Lieferantenstrategien sollen zunächst möglichst eigenständig die Potenziale des Marktes bzw. des Lieferanten ausschöpfen. Dieser grundsätzlichen Freiheit sind allerdings Grenzen zu setzen, um eine ganzheitliche Ausrichtung und Optimierung der Supply-Strategie zu sichern. So müssen die Markt- und Lieferantenstrategie beispielsweise auf übergreifende Ziele wie der Verkürzung der Lieferzeit gegenüber dem Kunden ausgerichtet werden. Ferner können durch die Synchronisierung Synergien realisiert bzw. Ressourcen eingespart werden. Beispielsweise spart die Konzentration auf ausgewählte regionale Beschaffungsmärkte erhebliche Mittel in der Lieferantenbetreuung. Synergien werden ebenso durch einheitliche Prozessdefinitionen, Methoden oder Instrumente freigesetzt. Die Synchronisierung der Supply-Marktstrategien und der Lieferantenstrategien erfolgt üblicher Weise über Zielvorgaben, generelle Regeln oder über strategische Projekte, in denen übergreifende Vorgaben oder Systeme (z.B. Prozessdefinitionen oder DV-Systeme) entwickelt werden.

Modul 13: Supply-Managementsystem entwickeln

Ein hervorragendes Supply-Managementsystem führt zur erfolgreichen Steuerung der Leistungsprozesse im Supply Management und ist somit selbst eine wesentliche Voraussetzung für den zukünftigen Erfolg. Die Entwicklung des Supply-Managementsystems zielt also auf die Generierung und den Erhalt von Erfolgspotenzialen und ist somit Gegenstand der Supply-Strategie. Allerdings sprengt die umfassende Beschreibung des Supply-Managementsystems den Rahmen eines Praxislehrbuches zur Supply-Strategie. Ferner sind nur wenige Inhalte für die Situation im Supply Management spezifisch. Vor diesem Hintergrund werden selektiv zwei Aspekte beleuchtet und darüber hinaus die allgemeine Managementliteratur empfohlen.

- Es wird ein knapper Überblick über die wesentlichen Handlungsfelder im Supply-Managementsystem skizziert. Dieser Überblick wird nach den Managementfunktionen in Planung, Organisation, Personaleinsatz, Führung und Kontrolle strukturiert.

- Innerhalb einer komplexen Organisationsstruktur, z.B. in einem Konzern, bringt die Entwicklung einer Supply-Strategie ein schwieriges Integrationsproblem mit sich und wird deshalb ausführlich erörtert. Es werden die Anforderungen an die Integrationsleistung strukturiert. Insbesondere müssen eine vertikale, eine horizontale und eine cross-funktionale Abstimmung erfolgen. Als Integrationskonzepte werden die Zentralisierung im Supply Management, Lead-Buyer-Konzepte, Materialgruppenmanagement, Shared Services und Supply-Marktteams diskutiert. Ferner werden Vorgehensweisen zur organisatorischen Verankerung der Supply-Strategie in einer komplexen Organisation besprochen.

SB 4: Supply-Strategie-Controlling (Module 14 und 15):

Das Supply-Strategie-Controlling zielt auf die nachhaltige Entwicklung und Steuerung der Supply-Strategie. Hierbei werden zwei Ebenen unterschieden.

Modul 14: Supply-Strategie steuern

Im Sinne eines Regelkreisverständnisses müssen die Strategien formuliert, der Strategiefortschritt erfasst und Maßnahmen zur Nachjustierung der Strategie beschlossen werden. Dabei wird der Regelkreis als offen verstanden, da stets auch die Möglichkeit in Erwägung gezogen wird, dass sich neue strategierelevante Aspekte ergeben, die zu einer Umorientierung in der Supply-Strategie führen müssen.

- Es werden die Ziele und die grundsätzlichen Aufgaben beim Steuern der Supply-Strategie im Detail erläutert.

- Der Aufbau eines angemessenen Controllingsystems ist individuell an den Erfordernissen eines Unternehmens auszurichten. In der Praxis bereiten dabei insbesondere die vielfältigen Abstimmungsbedarfe zwischen den hierarchischen Ebenen, zwischen den verschiedenen Abteilungen oder den unterschiedlichen Standorten besondere Schwierigkeiten. Der Aufbau eines funktionierenden Controllingsystems wird am Beispiel der Bühler Motor GmbH exemplarisch vorgestellt.

- Der Umsetzungserfolg einer Supply-Strategie sollte mit Hilfe von Kennzahlen überwacht und gesteuert werden. Dies entspricht auch der Grundidee der Balanced Scorecard, ganz nach der Devise „You can´t manage, what you can´t measure."

Modul 15: Supply-Strategie-System entwickeln

Die Umsetzung der 15M-Architektur® bzw. der Aufbau eines Supply-Strategie-Systems ist ein langfristiger Prozess der schrittweise erfolgt. Einerseits wird die Zahl der implementierten Strategiebausteine und Module mit der Zeit steigen. Andererseits wird sich auch die inhaltliche Qualität in den einzelnen Modulen entwickeln. Dieser Entwicklungsprozess sollte sich nicht zufällig ergeben, sondern mit Modul 15 selbst Gegenstand einer systematischen Planung sein.

5 Nachhaltige Entwicklung des strategischen Einkaufs mit der 15M-Architektur®

Die 15M-Architektur der Supply-Stratgie® hilft den strategischen Einkauf im Unternehmen bzw. in Konzernstrukturen systematisch und nachhaltig aufzubauen bzw. zu entwickeln. Präzise ausgedrückt wird mit der 15M-Architektur® das Managementsystem im strategischen Einkauf systematisch und nachhaltig fortentwickelt. Dies veranschaulicht folgende beispielhafte Überlegung. Im Strategiebaustein Supply-Marktstrategie wird der Prozess zur Formulierung und Implementierung von Marktstrategien beschrieben. Analog wird beim Aufbau des Managementsystems im strategischen Einkauf ein Prozess definiert, mit dem die strategischen Einkäufer die Marktstrategien formulieren und implementieren. Gleiches gilt für die Rahmen- und die Lieferantenstrategien. Weitere Aufgaben im Managementsystem des strategischen Einkaufs sind einzelnen Gesaltungsfeldern innerhalb der Modulstruktur zugeordnet. Z.B. werden die Organisationsstruktur in Modul 13 und die Gestaltung der operativen Prozesse in Modul 12 in Verbindung mit Modul 7 besprochen.

Als logische Konsequenz gehen in nahezu jedem Projekt zur Einführung der 15M-Architektur® die Entwicklung der Supply-Strategie und die Entwicklung des Managementsystems im strategischen Einkauf Hand in Hand. Die Vorteile eines ganzheitlichen und modularen Ansatzes (vgl. Kapitel 1) gelten für die Entwicklung des Managementsystems im strategischen Einkauf gleichermaßen: (1) Explizite Berücksichtigung der wechselseitigen Abhängigkeiten zwischen den unterschiedlichen Gestaltungsfeldern (2) Schrittweise Vorgehensweise beim Aufbau des strategischen Einkaufs je nach verfügbarer Kapazität.

Während in den übrigen Ausführungen die Formulierug und die Implementierung der Supply-Strategie im Mittelpunkt stehen, zeigt dieses Kapitel explizit auf, wie Unternehmen mit der 15M-Architektur® ihr Managementsystem im strategischen Einkauf entwickeln können. Aus folgenden Gründen wurde dieser Wechsel des Blickwinkels in der zweiten Auflage eingefügt:

- Wie ausgeführt müssen die Entwicklung der Supply-Strategie und die Entwicklung des Managementsystems im strategischen Einkauf aufeinander abgestimmt vorangetrieben werden. Während die Formulierung und die Implementierung der Supply-Strategie explizit und umfassend dargestellt sind, bleiben die Ausführungen zum Managementsystem teils implizit oder sind über die verschiedenen Module verstreut (Schwerpunkte finden sich in den Modulen 13 und 15).

▓ Es gibt (nicht wenige) Unternehmen, die eher in den Kategorien des Management-systems als in den Kategorien der Strategie denken. Beispielsweise wird von Liefe-rantenbewertung und Lieferantenmanagement und weniger von Lieferantenstra-tegie gesprochen. Ferner werden ein Materialgruppenmanagement oder ein Lead-Buyer-Konzept eingeführt anstatt Supply-Marktstrategien formuliert. Insofern soll dieses Kapitel helfen, die neue Idee der Supply-Strategie mit den bekannten Kate-gorien zu verknüpfen und somit die Umsetzung zu vereinfachen.

Es sollen zunächst die grundlegenden Handlungsfelder des Managementsystems vorgestellt und mit der 15M-Architektur® verknüpft werden. Anschließend soll eine bewährte Vorgehensweise zur Entwicklung des strategischen Einkaufs mit Hilfe der 15M-Architektur® aufgezeigt werden (Kapitel 5.1). Zwei Fragestellungen sollen dar-über hinaus vertieft werden: Die Entwicklung des strategischen Konzerneinkaufs mit der 15M-Architektur® (Kapitel 5.2) sowie die Möglichkeiten einer Systemunterstüt-zung des strategischen Einkaufs mit Hilfe von Supplier Relationship Management-Software (Kapitel 5.3).

5.1 Handlungsfelder und Vorgehen bei der Entwicklung des strategischen Einkaufs

Handlungsfelder in der Entwicklung des Managementsystems

In Anlehnung an das Managementkonzept von Steinmann und Schreyögg (vgl. aus-führlich Modul 13; Steinmann, Schreyögg 2005 mit Referenz auf Koontz, O`Donnell 1955) lassen sich folgende Handlungsfelder in der Entwicklung des Managementsys-tems im strategischen Einkauf unterscheiden:

▓ **Performance Management (Planung und Kontrolle):** Ausgangspunkt ist die For-mulierung der Supply-Ziele, z.B. der Ergebnisbeitrag des Supply Managements in Form von Materialkostenveränderungen, von Termintreue der Lieferanten oder von Fehlerfreiheit zugekaufter Materialien (ausführliche Behandlung in Modul 2 Supply-Ziele). Die Ziele müssen in Richtung Materialgruppen und Lieferanten konkretisiert werden (ausführliche Behandlung in Modul 6 und in Modul 11). Ba-sis dazu ist die Supply-Planung, in der beispielsweise auf Ebene von Sachnum-mern die Käufe geplant werden (Modul 2).

Zur Realisierung der Ziele müssen strategische Stoßrichtungen, strategische Maß-nahmen und Aktivitäten abgeleitet werden. Dies entspricht der Formulierung und Implementierung der Rahmen-, Markt- und Lieferantenstrategien und liegt somit im Zentrum einer Supply-Strategie. Da bei der taktischen und operativen Umset-zung der Strategien Freiheitsgrade bestehen, geht das Performance Management allerdings über die strategische Steuerung hinaus. Beispielsweise werden in den

Lieferantenstrategien die grundlegenden Vorgehensweisen gegenüber Lieferanten festgelegt. Die konkrete Sourcing-Entscheidung, bei welchen Lieferanten zu welchen Konditionen gekauft wird, wird durch die Strategie nicht völlig festgelegt, sondern hat in der Regel erhebliche Freiheitsgrade. Das Performance Management hat den Ergebnisbeitrag im Supply Management über die strategische, taktische und operative Ebene hinweg zu steuern.

Sowohl die Umsetzung und die Wirksamkeit der Maßnahmen wie auch der Fortschritt bei den angestrebten Zielen muss im Supply-Strategie-Controlling überwacht werden. Ggf. sind die Maßnahmen feinzujustieren bzw. Korrekturmaßnahmen zu ergreifen (ausführliche Behandlung in Modul 14). Im Performance Management erfolgt also die zielorientierte Steuerung des Supply Managements.

▨ **Prozesse (Organisation, Ablauforganisation):** Im Managementsystem müssen die strategischen, taktischen und operativen Supply-Prozesse und die damit verbundenen Methoden und Instrumente definiert werden.

Die strategischen Supply-Prozesse zur Formulierung und Steuerung der Rahmenstrategie, inklusive des Performance Managements, der Marktstrategien und der Lieferantenstrategien, inklusive der Lieferantenbewertung und der Lieferantenauswahl, liegen im Zentrum der Supply-Strategie.

Die taktischen Prozesse, insbesondere der Sourcing-Prozess und der Vertragsmanagementprozess, sowie die operativen Prozesse, beispielsweise der Bestellprozess, der Katalogmanagementprozess, die Kanban- oder Just-in-Time-Prozesse, sind nicht unmittelbar Gegenstand der Supply-Strategie. Soll jedoch ein Prozess neu eingeführt oder grundsätzlich überarbeitet werden, ist dies eine strategische Aufgabe und innerhalb der Supply-Rahmenstrategie zu planen und zu steuern. Wird beispielsweise im Rahmen der Marktstrategie für Büroartikel bzw. für andere C-Teile die Einführung eines e-Katalog-Tools mit den dazugehörigen Prozessen als vorteilhaft angesehen, wird im Unternehmen ein (strategisches) Projekt zur Einführung von E-Katalogen in der Rahmenstrategie definiert (vgl. Modul 3 und Modul 12).

Darüber hinaus sollte es Aufgabe der Rahmenstrategie sein, eine Prozessarchitektur zu entwickeln, in der alle Prozesse im Supply-Management mit ihren wechselseitigen Abhängigkeiten festgelegt sind (vgl. Modul 3 und Modul 12).

▨ **Systeme (Organisation, Ablauforganisation):** Im Managementsystem müssen die Informations- und Kommunikationssysteme zur effizienten Abwicklung der Prozesse im Supply Management festgelegt werden (vgl. Modul 12 sowie die ausführliche Behandlung in Teil 1 Kapitel 5.3).

▨ **Strukturen (Organisation, Aufbauorganisation):** Im Managementsystem ist die Aufbauorganisation mit dem Geschäftsauftrag der Abteilungen und den Stellen- und Rollenbeschreibungen festzulegen. In Unternehmen mit mehreren Einkaufsabteilungen sind insbesondere die Fragen der Zentralisierung sowie der Bündelung in dezentralen Strukturen mit Hilfe von Materialgruppenmanagement oder Lead-Buying-Konzepten von großer Bedeutung und somit Gegenstand der Strategie (ausführliche Behandlung in Modul 13).

▨ **Organisationales Lernen (Organisation):** Im Managementsystem muss die Fähigkeit zu Veränderungsprozessen im Unternehmen systematisch gefördert werden (vgl. Modul 13).

▨ **Personal:** Im Managementsystem muss der Personaleinsatz gesteuert werden, z.B. die Anpassung der Personalkapazität, die Personalbeurteilung oder die Personalentwicklung (vgl. ausführlich Modul 13).

Eine besondere Herausforderung bei der Einführung der 15M-Architektur® stellt die **persönliche Kompetenzentwicklung im Supply Management** dar: Der Strukturwandel im Supply Management der Unternehmen ist in den letzten Jahren rasant und eröffnet den Unternehmen vielfältige Chancen, Wettbewerbsvorteile zu realisieren. Allerdings werden zur Nutzung dieser Chancen „Supply Manager" benötigt, die folgenden Rollen gerecht werden (Heß 2006, S. 76):

o   **Stratege,** um Zukunftschancen bzw. strategische Risiken in Supply-Märkten und in Lieferantenbeziehungen frühzeitig zu erkennen und zu nutzen bzw. abzusichern.

o   **Prozesseigner,** um komplexe Versorgungsprozesse im Unternehmen und in der zwischenbetrieblichen Supply Chain zu gestalten und zu steuern.

o   **Schnittstellenmanager,** um die vielfältigen Interessen an der Schnittstelle zwischen den Lieferanten und den verschiedenen Abteilungen im Unternehmen zu koordinieren.

o   **Change Manager,** um die notwendigen Veränderungsprozesse im Unternehmen und in der Supply Chain schnell und effektiv umzusetzen.

Um Mitarbeiter für die neuen Anforderungen zu qualifizieren muss gleichzeitig an der fachlichen und der persönlichen Entwicklung angesetzt werden. Aus diesem Grund erscheinen insbesondere Langzeitprogramme als Qualifizierungsmaßnahme sinnvoll, da sie mehrfache Lernschleifen (hören – diskutieren – ausprobieren – Ergebnisse diskutieren – verbessern usw.) und somit eine persönliche „Reifezeit" ermöglichen. Zur Veranschaulichung dient der berufsbegleitende Masterstudiengang „Einkauf und Logistik / Supply Chain Management" für Praktiker aus Einkauf und Logistik. Die beiden zweisemestrigen Studienabschnitte des Masterstudiengangs „Beschaffung und Supply Chain Management" sowie „Logistik und Supply Chain Management" können jeweils auch mit dem Studienziel Hochschulzertifikat belegt werden (vgl. Abbildung 5-1, www.master-einkauf.de; www.gso-bsm.de sowie www.gso-lsm.de; zum Überblick über weitere Lehrgänge in Einkauf und Logistik vgl. auch www.beschaffungsstrategie.de).

Abbildung 5-1:	*Berufsbegleitende Weiterbildung „Einkauf und Logistik / Supply Chain Management" als Masterstudiengang oder als Zertifikatslehrgang (Quelle und nähere Information: www.master-einkauf.de; www.gso-bsm.de oder www.gso-lsm.de)*

Ziel des Masterstudiengangs ist eine praxisnahe und systematische Qualifizierung zur Konzeption, zu Methoden und Instrumenten in Einkauf und Logistik / Supply Chain Management. Zielgruppen sind erfahrene Führungs- und Fachkräfte aus Einkauf und Logistik sowie anderen Aufgabenfeldern der Supply Chain, die sich praxisorientiert und auf Hochschulniveau qualifizieren möchten. Der Masterstudiengang setzt sich aus den zwei zweisemestrigen Studienabschnitten „Beschaffung und Supply Chain Management" sowie „Logistik und Supply Chain Management" sowie einer Masterarbeit zusammen. Die beiden Studienabschnitte können auch jeweils einzeln mit dem Studienziel eines Hochschulzertifikats belegt werden. Der erste Studienabschnitt soll im Folgenden beispielhaft vorgestellt werden.

Das Fachkonzept im 1. Studienabschnitt des Masterstudiengangs bzw. im Zertifikatslehrgang „Beschaffung und Supply Chain Management" umfasst alle wesentlichen Themenfelder im Supply Management und stellt insbesondere auch die Querbezüge zwischen den Fragestellungen her. Die zwölf Kurseinheiten (siehe Grafik) starten mit der Supply-Strategie. Hierauf setzt die Auswahl und Entwicklung der Versorgungsquellen auf (Lieferantenmanagement und Make-or-Buy-Entscheidung). Detailliert werden die wesentlichen Teilprozesse der Versorgung (fünf Kurseinheiten) und Managementthemen zur Steuerung der Versorgungskette behandelt. Die Systematik befähigt die Teilnehmer auch zukünftig neue Themenfelder sinnvoll zu verorten.

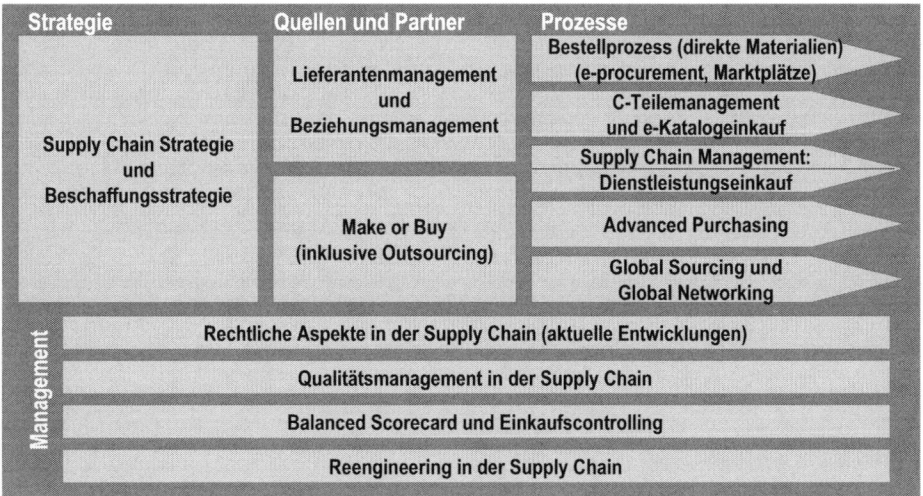

Insgesamt umfasst der 1. Studienabschnitt im Masterstudiengang bzw. der Zertifikatslehrgang zwölf zweitägige Veranstaltungen, jeweils freitags und samstags, die über ein Jahr verteilt sind. Damit ist der Lehrgang auch für auswärtige Teilnehmer oder Teilnehmer, die beruflich stark eingebunden sind, gut geeignet.

Im **Masterstudiengang** mit dem Abschluss Master of Arts „Supply Chain Management" sind mit dem zweiten Studienabschnitt nochmals 12 Kurseinheiten, die über zwei Semester verteilt sind, und eine Masterarbeit zu absolvieren.

Anwendungskonzept: Das Gelernte muss im Anwendungskontext der Teilnehmer trainiert werden. So können praxiserfahrene Dozenten Implementierungshilfen geben. Anwendungsnahe Lehrmethoden, wie Fallstudien und Fallübungen, bzw. eine betreute Projektarbeit, in der die Teilnehmer ein praktisches Problem ihrer täglichen Arbeit unter Beachtung der gelernten Konzepte und Methoden lösen, helfen beim Praxistransfer. Einzelne Projektarbeiten haben im Unternehmen des Teilnehmers bis sechsstellige Einsparpotenziale freigesetzt oder erheblich zur Steigerung der Wettbewerbsfähigkeit beigetragen (vgl. Heß, Lammer, Knorr 2007). Besonders förderlich ist ferner der Erfahrungsaustausch im Kreis der Lehrgangsteilnehmer.

Der **feste Teilnehmerkreis** in den Lehrgängen hat sich als sehr positiv erwiesen, da der persönliche und berufliche Hintergrund der Teilnehmer im Lehrgang bald bekannt ist. Damit können die Erfahrungen und Beiträge von den anderen Teilnehmern einfacher verstanden und somit besser diskutiert werden. Ferner können besonders bedeutsame Fragestellungen wiederholt eingebracht werden. Insgesamt gewinnt die Fachdiskussion, aber auch die persönliche Beziehung ganz erheblich an Tiefe.

Vorgehensweise in der Entwicklung des Managementsystems

Nach der Beschreibung der Handlungsfelder eines Managementsystems zur Steuerung des strategischen Einkaufs soll im Folgenden eine bewährte Vorgehensweise in der Entwicklung des Managementsystems im strategischen Einkauf vorgestellt werden. Dieser Abschnitt korrespondiert mit Modul 15, in dem die Entwicklung der Supply-Strategie behandelt wird.

Gap-Analyse: Im ersten Schritt muss die Ausgangslage und die grundlegenden Entwicklungsideen systematisch erfasst werden. Hierzu eignet sich die modulare Struktur der 15M-Architektur® als Gesprächsleitfaden hervorragend. Es sind folgende Fragen zu klären:

- Welche Module der 15M-Architektur® sind mit welchen Prozessen, Methoden, Systemen und Instrumenten bereits im Einsatz? Wie ist der Umsetzungsstand in der täglichen Praxis?

- Bei der Diskussion des aktuellen Standes ergeben sich Ideen zur Fortentwicklung, die systematisch erfasst werden sollten.

▓ Im Rahmen der Situationsanalyse ist auf die Begrifflichkeit zu achten. Welche Begriffe sind im Unternehmen bereits eingeführt und sollten beibehalten werden? Welche Begriffe fehlen und sollten durch die 15M-Terminologie ersetzt werden.

▓ Welche Ressourcen, insbesondere welche Personen mit welcher Qualifikation, stehen für eine Entwicklung zur Verfügung? Hieraus leitet sich die Geschwindigkeit bei der Umsetzung der 15M-Architektur® ab.

▓ Welche Organisationseinheiten sollen im ersten bzw. in weiteren Schritten in die Entwicklung einbezogen werden?

Die Gap-Analyse benötigt in der Regel einen Tag für die Analyse und einen halben Tag für die Diskussion und Überarbeitung der Ergebnisse. In der Summe liegt eine systematisch strukturierte Bestandsaufnahme des Managementsystems im Supply Management und darauf aufbauend eine erste Handlungsorientierung vor.

Rahmenstrategie: Im zweiten Schritt eignet sich die Formulierung einer Rahmenstrategie, um die weitere Vorgehensweise strukturiert festzulegen. Diese wird unten ausführlich vorgestellt (Module 1 bis 4, 12 und 13) und kann deshalb hier verkürzt mit Blick auf die Entwicklung des Managementsystems dargestellt werden. Folgende Themen werden behandelt:

▓ Zur Ermittlung der **grundsätzlichen strategischen Ausrichtung** werden die Basisstrategie (Modul 1) und die strategischen Stoßrichtungen, ggf. inklusive der Strategy Maps, (Modul 3) definiert. In einem ersten Entwurf sind ca. drei bis vier halbtägige Workshops sowie eine Durchsprache und Überarbeitung der Ergebnisse erforderlich. Im Sinne einer iterativen Vorgehensweise muss sich der entstandene Entwurf in den nächsten Schritten bewähren. Unter Berücksichtigung zusätzlicher Erkenntnisse ist dann innerhalb von zwei bis drei Monaten nochmals eine Überarbeitung vorzunehmen.

▓ Konkret wird die Entwicklung des Managementsystems in der **Definition und Priorisierung von strategischen Projekten**. Es wird empfohlen auch die Entwicklung des Performance-Management-Systems und der Organisationsstruktur bzw. die Formulierung und Implementierung von Markt- und Lieferantenstrategien als strategische Projekte zu verstehen. Mögliche Projekte werden zum großen Teil bereits bei der Bestandsaufnahme identifiziert. Darüber hinaus ergeben sich weitere Ideen bei der Formulierung der grundsätzlichen strategischen Ausrichtung.

Das Spektrum der strategischen Projekte kann sich auf alle Elemente des Managementsystems beziehen, wie die folgende beispielhafte Liste verdeutlicht.

o   Entwicklung eines Performance-Management-Systems im Einkauf, inklusive eines Einkaufscontrollings

o   Entwicklung von Materialgruppenstrategien und/oder Lieferantenstrategien und der dazugehörigen Prozesse des Materialgruppenmanagements bzw. des Lead-Buying sowie des Lieferantenmanagements o   Veränderungen in der Aufbauorganisation im Supply Management, z.B. Einführung von Materialgruppenmanagement

o   Einführung oder Verbesserung von Prozessen mit den dazugehörigen Systemen, z.B. E-Katalogeinkauf, Vertragsmanagement, E-Sourcing, Supplier Managed Inventory

o   Projekte, um strategische Ziele im Supply Management umzusetzen, z.B. Nutzung der Global Sourcing-Potenziale, Projekt zur Steigerung der Qualität von zugekauften Materialien

o   Projekte, die sich auf die Bereitstellung einer geeigneten Infrastruktur beziehen, z.B. Überarbeitung des Materialgruppenschlüssels oder Verbesserung der Datenqualität von Stamm- und Bewegungsdaten

o   Die Entwicklung des Managementsystems im Supply Management stellt selbst ein strategisches Projekt dar.

Aus der Vielzahl möglicher Projekte sind die bedeutensten auszuwählen und mit einem terminierten Meilensteinplan zu konkretisieren. Dabei ist auf die zur Verfügung stehende Kapazität zu achten. Deshalb müssen die Projekte soweit konzeptionalisiert werden, dass eine grobe Nutzen-, Kosten- und Zeiteinschätzung möglich wird. Es muss zumindest entschieden werden können, ob der Aufwand einer detaillierten Untersuchung gerechtfertigt ist. Aufgrund der üblichen Ressourcenknappheit bietet es sich oft an, Projekte schrittweise zu realisieren, d.h. zunächst mit einer kleinen Lösung zu beginnen.

Die aufgezeigten Schritte sind mit intensiver Kommunikation gegenüber der Geschäftsleitung und dem Führungskreis des Unternehmens, gegenüber den Mitarbeitern und eventuell auch gegenüber ausgewählten Lieferanten zu begleiten.

Der Aufwand für diesen Schritt hängt wesentlich von der Komplexität der Handlungssituation und von der Tiefe ab, mit der die strategischen Projekte ausgearbeitet werden. Im Ergebnis liegt mit den strategischen Projekten ein Handlungsplan vor, wie der strategische Einkauf entwickelt werden soll. Hierin sind auch die Vorstellungen zur Entwicklung des Performance Management, einer angestrebten Organisationsstruktur und der Markt- und Lieferantenstrategien skizziert.

Die Rahmenstrategie fixiert somit – systematisch aus der strategischen Ausrichtung des Supply Managements abgeleitet – den Plan für die Entwicklung des Supply Managements und sollte (meist in Power-Point oder im SRM-Tool) dokumentiert werden.

Die definierten **strategischen Projekte** sind mit den Methoden des Projektmanagements **umzusetzen und zu überwachen**. Hierzu helfen ein Kennzahlen- und ein Maßnahmencontrolling. Die Rahmenstrategie sollte jährlich überarbeitet werden.

5.2 Anmerkungen zur Entwicklung eines Konzerneinkaufs

Die 15M-Architektur® hat sich auch besonders bei der Entwicklung eines strategischen Einkaufs in Konzernstrukturen bewährt.[6] Konkret sind Unternehmen mit mehreren dezentralen Einkaufsabteilungen gemeint, in denen eine zentrale Einkaufsabteilung Synergien einer gemeinsamen Vorgehensweise realisieren soll.

Die grundsätzliche Vorgehensweise verläuft analog zur Beschreibung im vorausgehenden Kapitel 5.1 mit der Besonderheit, dass sich sowohl die Situationsanalyse als auch die strategische Ausrichtung auf die unterschiedlichen Divisionen beziehen. Damit steigt natürlich der Kommunikationsaufwand. An dieser Stelle hilft der Einsatz der 15M-Architektur® insofern, dass ein systematisches Ordnungsraster und eine gemeinsame Sprache angeboten und somit die gemeinsame Verständigung zwischen den Divisionen und der Zentrale stark vereinfacht wird.

Betrachtet man folgend die Aufgaben einer zentralen Einkaufsabteilung im dezentralisierten Einkauf wird die Bedeutung einer gemeinsamen Struktur und einer gemeinsamen Sprache sehr deutlich:

- **Synergien durch gebündelten Einkauf:** Es sollen Materialkosten und Prozesskosten reduziert werden, indem gemeinsam benötigte Materialien divisionsübergreifend beschafft werden. Wesentliche Voraussetzungen eines gebündelten Einkaufs sind eine gemeinsam geteilte Materialgruppenstruktur, gemeinsame Bündelungsgremien mit den dazugehörigen Prozessen (z.B. Marktstrategien sowie Materialgruppenmanagement, Lead-Buying, Shared Service, vgl. Modul 13) und gemeinsame Schnittstellen zu verknüpften Prozessen (z.B. Vertragsmanagement oder Lieferantenmanagement).

- **Synergien durch einheitliche Prozesse und Systeme:** Es sollen Bündelungsvorteile durch einheitliche Gestaltung und zentrale Steuerung ausgewählter Prozesse mit den dazugehörigen Systemen, Methoden und Instrumenten realisiert werden. Besonders geeignet für eine divisionsübergreifende Vorgehensweise sind beispielsweise die folgenden Prozesse: Entwicklung von Marktstrategien (inklusive Materialgruppenmanagement, Lead-Buying, Shared Services), Lieferantenmanagement, Einkaufscontrolling, Sourcing-Prozess, Vertragsmanagement oder e-Katalogeinkauf, Stammdatenpflege. Direkte Vorteile ergeben sich aus der Kostendegression bei den Entwicklungskosten der Prozesse, Methoden und Instrumente, aus der Kostendegression bei der Anschaffung und der Pflege der DV-Systeme sowie der Sicherung der Mindestqualität in den zentral betriebenen Prozessen. Ferner ergeben sich erhebliche Ausstrahlungseffekte auf die anderen Aufgaben. Beispielsweise

---

6   Besonderer Dank gilt an dieser Stelle Herrn David Schertenleib, CPO von AFG Arbonia-Forster-Holding AG, für die anregende Diskussion zur Entwicklung und für die gemeinsame Erprobung der folgenden Gedanken.

führt ein gemeinsames Lieferanten- oder Vertragsmanagement zu einer Verbesserung und einer Vereinfachung der Abstimmung im Rahmen des gebündelten Einkaufs. Zweites Beispiel: Gemeinsam geteilte Prozesse vereinfachen die Personalentwicklung und fördern das Wissensmanagement (vgl. die folgenden beiden Spiegelstriche).

▓ **Synergien durch ein geteiltes Wissensmanagement:** Wie bereits angedeutet kann ein zielgerichteter Informations- und Erfahrungsaustausch zwischen den Divisionen organisiert werden. Folgende Beispiele veranschaulichen den Nutzen:

o Preisvergleiche und Informationen über Preisentwicklungen ausgewählter Materialien oder Commodities

o Länderinformationen, z.B. Marktzugang, Risiken, Lieferantenbasis

o Identifikation neuer leistungsfähiger Lieferanten

o Informationen zur Leistungsfähigkeit oder zu Schwächen ausgewählter Lieferanten

o Frühzeitiges Erkennen von Lieferantenrisiken, ggf. ein gemeinsames Lieferantenrisikomanagement

o Informationen über Verträge

Jenseits dieser konkreten Beispiele hilft ein Einkäufernetzwerk im Unternehmen, neuartige Probleme schnell und effizient zu lösen.

▓ **Synergien in der Personalentwicklung:** Eine gemeinsame Sprache sowie gemeinsame Prozesse, Systeme, Methoden und Instrumente unterstützen die Personalentwicklung, beispielsweise durch divisionsübergreifende Schulungen, durch divisionsübergreifende Karrierepfade oder durch gemeinsame problemorientierte Workshops.

▓ **Transparenz durch ein durchgängiges Risikomanagement und Einkaufscontrolling:** Ein divisionsübergreifendes Risikomanagement und Einkaufscontrolling hilft das Gesamtunternehmen zu steuern und ist deshalb für die Konzernleitung von vitalem Interesse. Der Aufbau eines durchgängigen Ziel- und Berichtssystems setzt allerdings gemeinsame Strukturen und eine gemeinsame Sprache voraus.

Der Beitrag der 15M-Architektur® zur Entwicklung eines Konzerneinkaufs kann wie folgt zusammengefasst werden: In einem divisionalisierten Unternehmen mit dezentralen Einkaufsabteilungen können in der Regel über eine zentrale Einkaufskoordination ganz erhebliche Synergien realisiert werden. Hierzu sind allerdings erhebliche Abstimmprozesse zwischen den beteiligten Divisionen und der Zentrale notwendig, die in der Regel beachtliche Transaktionskosten verursachen. Mit Hilfe der 15M-Architektur® wird eine gemeinsame Systematik und Sprache bereit gestellt, die diese Transaktionskosten erheblich reduzieren und somit die Realisierung der angesprochenen Synergien stark vereinfachen.

5.3 Anmerkungen zur Supplier Relationship Management-Software

In Großunternehmen mit einer komplexen divisionalisierten Einkaufsorganisation sind die Zahl der relevanten Supply-Märkte, die Zahl der Lieferanten sowie die Zahl der an der Strategieformulierung beteiligten Personen und Abteilungen so groß, dass eine DV-Unterstützung unerlässlich ist. Vodafone (o.V. 2007, 48) berichtet beispielsweise von 2.400 Beteiligten im Lieferantenmanagement. Siemens (Hoffmann, Lumbe 2002, S. 649) spricht von ca. 6.000 verfügbaren Lieferantenbewertungen, ca. 2.000 Lieferanten in Optimierungsprogrammen und ca. 4.000 aktiv Beteiligte, die weltweit verteilt sind. In einem solchen Umfeld ist ohne Softwareunterstützung keine wirkungsvolle Strategie möglich.

In mittelständigen Unternehmen haben sich bei der Einführung der 15M-Architektur® Lösungen auf Basis des Microsoft Office-Pakets (Excel, Word, Power Point) sehr bewährt. Insbesondere in der Startphase, wenn noch nicht alle Module implementiert sind, sind die Office-Produkte einfach und flexibel einzusetzen. Mit zunehmender Reife der Supply-Strategie steigt die Zahl der Strategien und der beteiligten Personen. Darüber hinaus muss der Übergang vom Projektcharakter während der Einführungsphase der Supply-Strategie hin zu einem effektiven und effizienten Managementprozess gemeistert werden. Um die Kräfte auf die wesentlichen Aufgaben der Strategieentwicklung konzentrieren zu können, empfiehlt es sich auch für mittelständische Unternehmen, ab einer gewissen Reife der Supply-Strategie eine geeignete Software einzuführen. Da in guten Softwareprodukten interessante Analysetools integriert sind, kommt noch ein Mehrwert hinzu.

Die Software zur Unterstützung des strategischen Einkaufs firmiert heute unter dem Begriff **Supplier Relationship Management-Software** (kurz SRM-Software). Im Folgenden soll zunächst auf den Begriff SRM und SRM-Software eingegangen werden. Anschließend soll im Sinne einer Typisierung die vorhandene Software strukturiert werden. Abschließend soll der grundlegende Aufbau der Software skizziert werden und gezeigt werden, wie die einzelnen Bausteine der 15M-Architektur® mit Hilfe der strategischen SRM-Systeme unterstützt werden können. Die folgenden Ausführungen basieren auf der Studie „Strategisches Supplier Relationship Management mit System – Best Practice und Realistic Vision" des Instituts für Beschaffungsstrategie Prof. Dr. Gerhard Heß (Heß, Ettinger, Wesp 2010; nähere Informationen dazu und Bezug der Studie über die Homepage des Instituts für Beschaffungsstrategie unter **www.beschaffungsstrategie.de**).

In der Studie wird auf Basis der 15M-Architektur® ein Prozessmodell zur Softwareunterstützung des strategischen Einkaufs abgeleitet. Für die identifizierten Prozesse werden die Potenziale einer Softwareunterstützung analysiert und Best-Practice-Lösungen der SRM-Softwareanbieter vorgestellt. Darüber hinaus werden realistische Visionen einer möglichen Softwareunterstützung entwickelt. Methodische Basis der

Analyse sind sieben teils ganztägige halbstrukturierte Interviews mit Vertretern (meist Geschäftsführung) namhafter SRM-Anbieter.

Zur Entwicklung des Begriffs Supplier Relationship Management-Software

Die Bezeichnung „Supplier Relationship Management" signalisiert, dass die Gestaltung und Steuerung der Beziehung eines Unternehmens mit seinen Lieferanten im Zentrum des Ansatzes stehen. Dabei sollen alle relevanten Abteilungen (z.B. Einkauf, Logistik, Qualität, Entwicklung) und – falls möglich – die Lieferanten selbst explizit beteiligt werden. Die abteilungs- und unternehmensübergreifende Gestaltung und Steuerung der Supply Chain soll zu Kosten-, Leistungs- und Finanzierungsvorteilen führen. Bei näherer Betrachtung lassen sich mindestens drei Sichtweisen unterscheiden (vgl. Appelfeller, Buchholz 2005, insbesondere S. 3 ff.; Hildebrand, Koppelmann 2000):

(1) Supplier Relationship Management analog Customer Relationship Management

Bei der ersten Sichtweise steht der Beziehungsaspekt der Lieferantenbeziehung im Mittelpunkt. Ganz bewusst wird das Wort „Supplier Relationship Management" analog zum „Customer Relationship Management" konstruiert, das als Vorläufer gesehen wird und als Vorbild dienen soll. Die sorgfältige Pflege sowie die gezielte Gestaltung und Steuerung der Lieferantenbeziehung sind die zentralen Gestaltungsaufgaben. Supplier Relationship Management ist in dieser Sicht nahezu identisch mit dem Begriff Lieferantenmanagement.

Im Mittelpunkt stehen gleichermaßen Verhaltensaspekte, wie die Frage nach Partnerschaft oder machtbasiertem Umgang mit Lieferanten, sowie die Prozesse zur Steuerung der Lieferantenbeziehung, insbesondere die Kommunikation mit den Lieferanten, Lieferantenfreigabe, Lieferantenbewertung, Lieferantenklassifizierung und (zumindest dem Anspruch nach) Lieferantenentwicklung. DV-Aspekte werden als technisch nachgeordnet betrachtet und bestenfalls als Implementierungsproblem am Rande angesprochen.

(2) IT-technisch geprägtes SRM

Dieses Verständnis wurde seit Ende der 90er Jahre von Lösungsanbietern der IT-Branche geprägt, die im SRM ein neues lukratives Geschäftsfeld identifizierten. Unter der Überschrift SRM werden insbesondere die internetbasierten Beschaffungslösungen zusammengefasst. Dazu zählen beispielsweise die dv-technische Anbindung von Lieferanten per EDI, um unterschiedliche Prozesse in der Zusammenarbeit mit den Lieferanten zu automatisieren, z.B. Bestellabwicklung, Collaboration, elektronische Kataloge. Insgesamt sind diese Lösungen weitgehend operativ ausgerichtet. Die Hinwendung zu den eher strategischen SRM-Prozessen fand erst in der nächsten Stufe statt, der dritten Sichtweise.

(3) SRM im Sinne des integrierten Beschaffungsmanagement

Die dritte Sichtweise verfolgt eine umfassende und systematisch integrierte Gestaltung und Steuerung der gesamten Lieferantenbeziehung. Sie umfasst damit die ersten beiden Sichten:

▨ Die Ansätze werden um die strategischen SRM-Prozesse, wie beispielsweise das Materialgruppenmanagement erweitert. Letztlich wird unterstellt, dass die Lieferantenbeziehung von der übergreifenden Supply-Strategie sowie von der Materialgruppenstrategie vorgesteuert wird. Allerdings muss einschränkend angemerkt werden, dass die explizite Ausrichtung des gesamten SRM an der Supply-Strategie zwar gefordert wird, jedoch in der Praxis eher noch visionär einzuschätzen ist.

▨ In diesem Rahmen erhalten das Einkaufscontrolling und die Spend-Analyse einen neuen Stellenwert. Eine systematisch integrierte Gestaltung und Steuerung der Lieferantenbeziehung verlangt auch eine systematische Ausrichtung an den Zielen und ein umfassendes Procurement Performance Management.

▨ Mittlerweile werden unter dem Begriff SRM häufig auch ganz allgemein herkömmliche ERP- bzw. Data-Warehouse-Systeme verstanden, wenn sie über Workflow- und Internetkomponenten verfügen. Für die heute angebotenen Softwarelösungen stehen zumeist die unternehmensübergreifende Integration und die Ganzheitlichkeit des Ansatzes im Vordergrund.

Insgesamt ergibt sich somit ein sehr weites und umfassendes Verständnis von SRM und in Folge von SRM-Software, das dem weiten Verständnis von Supply-Strategie auf Basis der 15M-Architektur® entspricht. In diesem Sinne wird Supplier Realtionship Management als umfassende strategieorientierte, cross-funktionale und unternehmensübergreifende Gestaltung und Steuerung der Prozesse an der Lieferantenschnittstelle verstanden. Ein derart weites Verständnis von SRM führt dazu, dass SRM-Software **mit internet-basiertem Supply Management** gleichgesetzt werden kann. So wäre es unserer Einschätzung nach angemessener, von „Supply Management-Systemen" anstatt von SRM-Systemen zu sprechen. Da dieser Begriff allerdings in der Praxis nicht eingeführt ist, soll weiterhin von SRM-Systemen gesprochen werden.

Typisierung der SRM-Software

Bei der Wahl einer SRM-Lösung ist zunächst eine Entscheidung über den Charakter der Software zu treffen. Folgende Dimensionen sind zu beachten:

▨ **Konfiguration:** Zu unterscheiden ist zwischen (1) elektronischen Marktplätzen und (2) Supplier Portalen (= Einkaufsportalen).

   o Auf **elektronischen Marktplätzen** treffen viele Lieferanten via Internet auf viele einkaufende Unternehmen. Dies hilft Transaktionskosten zu sparen, da unterschiedliche Abnehmer-Lieferantenbeziehungen auf gleichartige Prozesse zurückgreifen. Da Marktplätze in der Regel von einem unabhängigen Dienstleister betrieben werden, können sich Bündelungsvorteile in Betrieb und Pflege der Software ergeben.

   o   **Supplier Portale bzw. Einkaufsportale** verfolgen eine Zusammenführung einzelner Anwendungssysteme im Einkauf auf einer Plattform (Brenner, Wegner 2007, S. 9). Die Kommunikation mit dem Lieferanten erfolgt browserbasiert über das Internet. Dabei stehen einem einkaufenden Unternehmen mehrere Anbieter gegenüber. Der zentrale Vorteil liegt für das einkaufende Unternehmen darin, dass es die Zusammenarbeitsprozesse mit seinen Lieferanten unternehmensindividuell optimieren kann.

▨ **Funktionsumfang**: Zu unterscheiden ist zwischen (1) Nischen- und (2) Komplettanbietern.

   o   **Nischenanbieter:** Die Nischenanbieter sind Spezialisten für einzelne Prozesse des strategischen SRM, beispielsweise für das Lieferantenmanagement bzw. für das Einkaufscontrolling und das Spend-Management. Erfolgreiche Anbieter verfügen in ihrer Nische in der Regel über Best-Practice-Lösungen. Da sich derzeit ein Trend zu umfangreicheren und verstärkt integrierten Lösungen erkennen lässt, dehnen die Nischenanbieter ihr Aufgabenspektrum aus und sind bemüht, die weißen Flecken ihres Angebotes mit Partnerschaften abzudecken.

   o   **Komplettanbieter:** Die Komplettanbieter streben danach, ergänzend zu den ERP-Systemen, das gesamte Spektrum im strategischen und operativen Einkauf aus einer Hand abzudecken.

▨ **Zielgruppe:** Zu unterscheiden sind SRM-Lösungen für die Zielgruppen (1) Großunternehmen (DAX, Fortune 1000) und (2) mittelständische Unternehmen.

Die SRM-Lösungen, die für eine komplexe internationale Einkaufsorganisation eines Großunternehmens geeignet sind, sind in der Regel für mittelständische Unternehmen in der Implementierung zu kompliziert und im Betrieb zu aufwändig. So lassen sich Lösungen für den Mittelstand von Lösungen für Großunternehmen gut unterscheiden. Trotz dieses Grundsatzes sind die meisten Anbieter bemüht die Grenze zwischen Mittelstand und Großunternehmen zu ihren Gunsten zu verschieben. Unternehmen mit einem Fokus auf Großunternehmen werben zunehmend um kleinere mittelständische Unternehmen. Ebenso betreuen Hersteller mit der Zielgruppe Mittelstand auch Großunternehmen.

▨ **Implementierungsvarianten:** Zu unterscheiden sind (1) ein eigenes Hosting, (2) ein ASP-Betrieb (ASP = Application Service Provider) und (3) eine Marktplatzlösung (vgl. Appelfeller, Buchholz 2005, S. 19 f.):

o **Eigenes Hosting:** Bei dieser Variante kauft ein Unternehmen die Lizenz[7], um eine SRM-Software auf eigenen Rechnern zu installieren. Nach der Installation besteht für den Kunden die Möglichkeit, die Software nach den eigenen Bedürfnissen anzupassen.

o **Hosting einer SRM-Standardsoftware durch einen ASP (Application Service Provider):** Bei dieser Variante erfolgt das Hosting der SRM-Software durch einen ASP, der die Nutzung der Software gegen Gebühr zur Verfügung stellt (on demand, Software-as-a-Service). Die bereitgestellte Software ist dabei in der Regel eine Eigenentwicklung des ASP. Kunden haben oft auch die Möglichkeit die Software nach den eigenen Bedürfnissen anzupassen.

o **Elektronischer Marktplatz:** Elektronische Marktplätze wurden bereits oben erläutert. Wie bereits ausgeführt ist die Gestaltbarkeit der Prozesse bei Marktplatzlösungen gegenüber den vorausgehenden Varianten tendenziell geringer. Dafür bieten aber Marktplätze in der Regel eine Vielzahl von bereits eingebundenen Lieferanten an.

Aufbau und Unterstützungsleistung der SRM-Software

Zur Unterstützung der Formulierung und der Steuerung einer Supply-Strategie sollte eine SRM-Software über folgende Elemente verfügen:

▪ **Prozessmodell zur Formulierung und Steuerung der Supply-Strategie:** In der SRM-Software müssen die Prozesse zur Formulierung und Steuerung der vier Strategiebausteine einer Supply-Strategie unterstützt werden. Zu jedem Strategiebaustein sind die folgenden fünf Schritte abzubilden, die am Beispiel der Marktstrategie erläutert werden sollen (vgl. ausführlich Modul 14 Supply-Strategie-Controlling):

o **Analyse der aktuellen Situation:** Beispielsweise muss in der Marktstrategie die Marktsituation, die aktuelle Lieferantenbasis oder die Ausgangssituation zu den Gestaltungsfeldern der Marktstrategie strukturiert abgebildet werden. Hierzu sollten geeignete Analysetools angeboten werden, wie z.B. der Einsatz von aussagekräftigen Portfolien.

o **Performance Management:** Beispielsweise müssen die Ziele für die Supply-Märkte aus den Zielen der Supply-Strategie abgeleitet und mit Hilfe von Kennzahlen überwacht werden.

o **Formulierung der Strategie:** Beispielsweise müssen bei der Formulierung der Marktstrategie die benötigten Informationen bereitgestellt und Handlungsoptionen der Strategie aufgezeigt werden. Die Verdichtung und Priorisierung der Handlungsoptionen zu strategischen Stoßrichtungen und strategischen

---

7 Eigenentwicklungen einer SRM-Software sind auch an dieser Stelle einzuordnen.

Maßnahmen müssen – wenn auch als kreativer Akt nur bedingt automatisierbar – unterstützt werden.

o **Dokumentation:** Die Strategie ist strukturiert zu dokumentieren.

o **Steuerung der Strategieumsetzung:** Im Performance Management und in der Maßnahmensteuerung muss der Fortschritt der Strategieumsetzung und die Wirksamkeit der Strategie überwacht werden. Seitens der Software sind die benötigten Informationen strukturiert bereitzustellen. Entsprechend der erreichten Situation sind die weiteren Umsetzungsschritte zu identifizieren. Diese sind wiederum durch die Software zu steuern.

Dieser regelkreisorientierte Prozess der Strategieformulierung und –umsetzung gilt für alle vier Strategiebausteine (Rahmenstrategie, Marktstrategie, Lieferantenstrategie, Controlling). In Abbildung 5.2 findet sich ein SRM-Prozessmodell, das aus der 15M-Architektur® abgeleitet wurde (vgl. die ausführliche Argumentation in Heß, Ettinger, Wesp 2010, S. 27 ff.). Dabei ist zu beachten, dass einige Prozesse, die analytisch getrennt sind, in der SRM-Software verknüpft werden sollten. Beispielsweise werden die Definition der Ziele, die Planung (= Ableitung der Soll-Werte Modul 2 für die Rahmenstrategie, Modul 6 für die Marktstrategie und Modul 11 für die Lieferantenstrategie) und die Überwachung der Ziele (Ist-Werte Modul 14) in der 15M-Architektur® analytisch getrennt. In einer SRM-Software hingegen sollten die Zieldefinition, die Planung und die Zielüberwachung in einem Modul integriert erfolgen. Ebenso empfiehlt es sich, die strategischen Programme zur Synchronisierung der Markt- und Lieferantenstrategien (Modul 12), zur Entwicklung des Supply-Managementsystems (Modul 13) sowie zur Entwicklung des Supply-Strategie-Systems (Modul 15) softwaretechnisch in Modul 3 (Strategy Map entwickeln) zu behandeln. Damit soll die softwaretechnische Struktur der Rahmenstrategie vereinfacht werden.

Abbildung 5-2: *SRM-Prozessmodell auf Basis der 15M-Architektur®*
(Quelle: Heß, Ettinger, Wesp 2010, S. 40.)

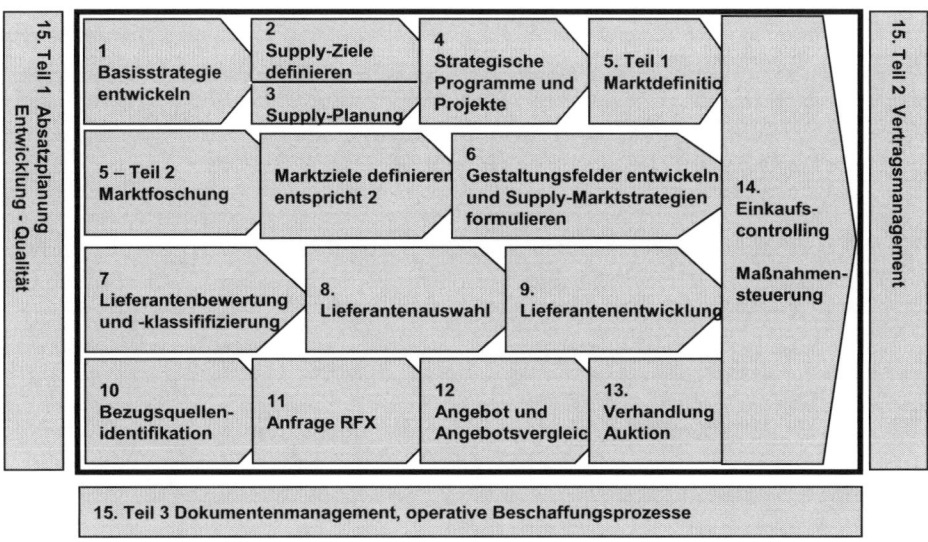

Im Folgenden sollen die Potenziale einer Softwareunterstützung in den strategischen SRM-Prozessen – auf Basis der sieben analysierten SRM-Anbieter - knapp skizziert werden (vgl. ausführlich Heß, Ettinger, Wep 2010).

o **Rahmenstrategie, Prozess 1 bis 5 Teil 1:** Die Rahmenstrategie wird bisher nur bei wenigen Anbietern explizit unterstützt und befindet sich auch dort noch eher in den Anfängen. In den Prozessen 2 und 3 wird das Performance Management behandelt. Während von einigen Anbietern umfangreiche Systeme zur Spend-Analyse und zum Spend-Management angeboten werden, wird die Fortentwicklung zum Performance Management softwaretechnisch nicht als Standard angeboten. Bei guten Systemen sind die Anwender allerdings in der Lage, mit Hilfe der Software ein eigenes Performance Management System aufzubauen. Die Steuerung von strategischen Programmen und strategischen Maßnahmen im Rahmen eines Maßnahmencontrollings (Prozess 4 und Prozess 14) wird derzeit von mehreren Anbietern mit hoher Priorität vorangetrieben.

o **Marktstrategie, Prozess 5 Teil 2 bis 6:** Die Formulierung und Steuerung von Marktstrategien werden nur in wenigen SRM-Lösungen unterstützt. Neben der Möglichkeit, die Marktstrategien systematisch zu dokumentieren, werden insbesondere verschiedene Portfoliomethoden als Basis der Strategieformulierung bereitgestellt. Zum Zeitpunkt der Studie wurde von keinem Anbieter ein inhaltliches Modell zur Analyse der Gestaltungsfelder und zur Identifikation von Handlungsoptionen offeriert. Beachtenswert ist, dass bereits die Strukturierung der Märkte in den SRM-Lösungen sehr unterschiedlich gehandhabt wird. In guten Lösungen ist eine mehrstufige Strukturierung möglich und es können Märkte mit gleichartigen Anforderungen (z.B. Dienstleistungen) gruppiert werden.

o **Lieferantenstrategie, Prozesse 7 bis 9:** Die Qualität der Angebote zur Lieferantenstrategie ist sehr breit gefächert. In guten SRM-Lösungen werden die in der 15M-Architektur® angelegten Anforderungen sehr umfangreich erfüllt. Die zielorientierte Steuerung der Lieferantenbeziehung bietet – zumindest im Standard der untersuchten Lösungen – allerdings erhebliche Verbesserungspotenziale. Vorsicht ist ferner geboten, da in einigen Lösungen unter der Funktion Lieferantenmanagement nur die Möglichkeit besteht, die Ergebnisse der Lieferantenbewertung zum Lieferanten zu kommunizieren. Die Bewertung selbst muss in einem anderen DV-System erfolgen.

o **Sourcingprozess, Prozess 10 bis 13:** Der Sourcingprozess bezieht sich auf die Anfrage, die Angebote der Lieferanten, den Angebotsvergleich und die Verhandlungen in Form von Auktionen. Da im Sourcingprozess die Umsetzung der Vorgaben der Markt- und Lieferantenstrategie im Mittelpunkt steht und der Planungshorizont eher nur mittelfristig einzustufen ist, wird der Sourcingprozess als taktisch klassifiziert und in der 15M-Architektur® nicht explizit behandelt. In den SRM-Lösungen hingegen nimmt der Sourcingprozess als Bindeglied zu den operativen Prozessen häufig eine prominente Stellung ein und wurde deshalb in der Studie mit berücksichtigt. Soweit die untersuchten SRM-Lösungen den Sourcingprozess anbieten, stellt er ein Herzstück dar und wird in hoher Qualität unterstützt.

o **Einkaufscontrolling, Prozess 14:** Das Einkaufscontrolling sollte auf einer tiefgehenden Spendanalyse basieren und eine (kennzahlenbasierte) Zielesteuerung und eine Maßnahmensteuerung beinhalten. Die Zielesteuerung wurde bereits oben im Zusammenhang mit der Rahmenstrategie erläutert. Das Maßnahmencontrolling wurde von einigen SRM-Anbietern als kritisches Modul erkannt und steht derzeit im Fokus der Fortentwicklung der Systeme. Entsprechend optimistisch waren die Ankündigungen. Zum Zeitpunkt der Studie war die Qualität der Lösungen sehr breit gestreut. Selbst die guten Lösungen ließen noch erhebliche Wünsche offen.

o **Vor- und nachgelagerte Prozesse, Prozess 15:** Da sich die Studie nur auf die strategischen SRM-Prozesse bezieht, werden die Schnittstellen zu den vor- und nachgelagerten Prozesse nur am Rande betrachtet. Insbesondere bei den nachgelagerten Prozessen, z.B. Vertragsmanagement, operative SRM-Prozesse wie der Bestellprozess oder der e-Katalogeinkauf, werden seitens der Komplettanbieter ausgereifte Lösungen angeboten.

■ **Datenbasis:** Für die beschriebenen Prozesse benötigen die SRM-Lösungen eine umfangreiche Datenbasis in Form von Datenbanken. Die Datenbasis der ERP-Systeme genügt an dieser Stelle nicht, da einerseits im System erarbeitete Daten strukturiert dokumentiert und andererseits Daten aus verschiedenen ERP-Systemen zusammengespielt und verdichtet werden müssen. Beispiele für die Datenbasis sind die Markt- oder die Lieferantendatenbank.

Die Bedeutung der Datenbasis soll am Beispiel der **Lieferantendatenbank** illustriert werden. Die zentrale Lieferantendatenbank integriert alle strategisch relevanten Informationen zu den Lieferanten. So werden beispielsweise die Lieferantenbewertungen aller Beteiligter in der Datenbank verwaltet. Ebenso werden die Lieferantenverträge oder die Selbstauskünfte der Lieferanten zentral vorgehalten. Dies ist Voraussetzung für standort- und abteilungsübergreifende Workflows und Auswertungen. Ferner werden aus den unterschiedlichen ERP-Systemen umfassend die für das Lieferantenmanagement erforderlichen Daten zusammengefasst, z.B. Einkaufsvolumina, Auswertungen zur Lieferzeit, Liefertermintreue oder zu Qualitätskennzahlen. Soweit notwendig können in der Datenbank historische Daten gespeichert werden, um so die Entwicklung der Leistung von Lieferanten sichtbar zu machen.

Darüber hinaus werden auch Informationen durch den Lieferanten in die zentrale Datenbank eingepflegt, beispielsweise Unternehmensstammdaten oder Aussagen zu den Kapazitäten oder den Fertigungsmöglichkeiten. Um eine umfassende Sicht vom Lieferanten zu erhalten werden als dritte Quelle Informationen durch Wirtschaftsauskünfte verfügbar gemacht, beispielsweise D&B-Informationen, Zahlungsverhalten oder Kreditwürdigkeit.

Um im gesamten Unternehmen einheitliche und konsistente Lieferantenstammdaten zu sichern, werden im Rahmen der Lieferantendatenbank auch zentral die Lieferantenstammdaten gepflegt (Master Data Management). Alle Bereiche des Unternehmens übernehmen ihre Daten aus dem zentralen Stammdatenpool. Mit diesem Vorgehen erhöht sich nicht nur die Datenqualität, sondern es reduziert sich auch der Arbeitsaufwand für die Datenpflege.

■ In den **Workflows** werden komplexe Arbeitsabläufe zur Erarbeitung einer Strategie oder eines Teilbereichs einer Strategie im System festgelegt und gesteuert. Am Beispiel der Lieferantenbewertung kann die Arbeitsweise eines SRM-Workflows veranschaulicht werden. Die Bewertung der einzelnen Lieferanten kann cross-funktional von Mitarbeitern erfolgen, die räumlich weit entfernt sitzen. Dabei werden die Mitarbeiter vom System turnusgemäß oder nachdem ein bestimmtes Ereignis eingetreten ist (z.B. Abschluss einer komplexen Belieferung) zur Abgabe ihrer Bewertung aufgefordert. Sollte die Bewertung nach einer definierten Frist nicht erfolgt sein, wird der Mitarbeiter angemahnt. Interessant ist, dass die Bewertungen kommentiert werden können bzw. müssen (je nach Systemeinstellung). Ferner können die Bewertungen mit Belegen hinterlegt bzw. verlinkt werden, d.h. mit

Dokumenten verknüpft werden, die die Hintergründe von Abwertungen aufzeigen und in späteren Beurteilungen bzw. im Lieferantengespräch zur Verfügung stehen sollen. Im nächsten Schritt des Workflows werden die Bewertungsergebnisse vom zuständigen Einkäufer interpretiert. Ggf. können in diesem Rahmen nochmals weitere Informationen und Begründungen angefordert werden. Die freigegebene Bewertung wird dem Lieferanten zur Verfügung gestellt mit der Bitte um Kommentierung. Insbesondere wird der Lieferant aufgefordert Maßnahmen zur Beseitigung von Schwachpunkten vorzuschlagen. Dieser Schritt kann einfach über das Lieferantenportal erfolgen. Anschließend müssen vom zuständigen Einkäufer zusammen mit den Kollegen in den beteiligten Abteilungen Konsequenzen eingeleitet werden, beispielsweise Verbesserungsmaßnahmen, die Korrektur der Lieferantenklassifizierung oder die Initiierung einer aktiven Lieferantenentwicklung. Vom System kann der Workflow überwacht werden, d.h. überprüft werden, ob Maßnahmen definiert und mit dem Lieferanten vereinbart wurden. Ferner kann die Umsetzung von Maßnahmen – sogar unternehmensübergreifend in der Zusammenarbeit mit den Lieferanten – gesteuert werden.

Bereits an diesem kleinen Beispiel wird deutlich, in welcher Form SRM-Tools die Arbeit von Supply-Marktteams in räumlich und organisatorisch dezentralen Unternehmen unterstützen können. Firmenspezifisch können weitere bedeutsame Workflows definiert werden.

6 Risikomanagement in der Supply-Strategie

Das Management strategischer Risiken hat in den letzten Jahren stark an Bedeutung gewonnen. Hierfür sind neben gesetzlichen Regelungen wie das Gesetz zur „Kontrolle und Transparenz im Unternehmensbereich" (1997) oder der „Sarbanes Oxley Act" (2002) das wiederholte Auftreten von Wirtschaftskrisen verantwortlich, in denen beispielsweise Lieferanteninsolvenzen und in Folge Versorgungsengpässe für viele Unternehmen existenzbedrohend wurden. Darüber hinaus steigern – wie in Kapitel 6.1 gezeigt wird – die meisten Optimierungsmaßnahmen im Supply Management die Versorgungsrisiken, so dass der Zielkonflikt zwischen Leistungssteigerung und Risikovermeidung zu einer zentralen Frage der Supply-Strategie wird. Somit müssen die strategischen Risiken in der Versorgung des Unternehmens, d.h. die Risiken der Supply-Strategie, gesteuert werden. Im Gegensatz zur üblichen Herangehensweise an das Management der strategischen Risiken wird allerdings dringend empfohlen, kein eigenes Risikomanagement aufzubauen. Vielmehr sollte das Risikomanagement integraler Bestandteil jeder Planung und Steuerung sein. In der Konsequenz ist in der 15M-Architektur® kein eigenständiges Modul zum Risikomanagement vorgesehen. Das Management von Risiken wird innerhalb der 15 Module als Teil der jeweiligen Planungs- und Steuerungsaufgabe behandelt.

Es soll zunächst das Verständnis von Risiken, aber auch von Chancen geschärft werden (Kapitel 6.1). Anschließend kann das Management von Chancen und Risiken in der Supply-Strategie diskutiert werden (Kapitel 6.2).

6.1 Zum Verständnis von Chancen und Risiken

Ist ein Marktwachstum von 5 % ein Risiko oder eine Chance? Ist eine Time-to-Market von 3 Jahren ein Risiko oder eine Chance? Hat sich bei einer Termintreue von 75 % ein Risiko oder eine Chance realisiert? Diese Fragen lassen sich so nicht entscheiden, da sich die Einordnung einer möglichen Entwicklung als Risiko oder als Chance an den Erwartungen bzw. an der Planung bemisst.

Wurde in der Planung ein Marktwachstum von 8 % zugrunde gelegt, handelt es sich um ein Risiko, falls ein Ereignis das Marktwachstum auf 5 % beschränken sollte und somit die Erwartungen nicht erfüllt werden. Umgekehrt stellt die Aussicht auf ein 5%-iges Marktwachstum in stagnierenden Märkten eine herausragende Chance dar.

Allgemein betrachtet ist Planung als geistige Vorwegnahme zukünftigen Geschehens immer ungewiss. Sie muss deshalb von expliziten bzw. impliziten Annahmen ausgehen und kann darauf aufbauend Erwartungen über die anzustrebende Zukunft entwickeln. Risiken bezeichnen in diesem Zusammenhang die Möglichkeit negativer Abweichungen von den Planungsgrundlagen mit der Konsequenz negativer Abweichungen bei den angestrebten Zielsetzungen (zum Risikobegriff vgl. beispielsweise Denk, Exner-Merkelt 2005, S. 28 ff., Kless 1998, Schütz 1999, S. 92 ff.).

Diese Beziehung zwischen Planung und Risiko gewinnt in den letzten Jahren an Bedeutung, da die Optimierung im Supply Management regelmäßig durch eine Erhöhung der Planungsunsicherheit erkauft werden muss. Beispielsweise führen Global Sourcing und insbesondere die Beschaffung in Emerging Procurement Markets häufig zu Kostenvorteilen. Gleichzeitig erhöhen sich die Komplexität der Supply Chain und damit die Risiken von Versorgungsengpässen. Es ist unsinnig, sich in der Supply-Marktstrategie für Global Sourcing zu entscheiden und anschließend im Risikomanagement Maßnahmen zur Absicherung von Risiken zu beschließen. Vorteilhaft ist es hingegen, im Rahmen der Supply-Marktstrategie direkt die Kostenvorteile und die kostenerhöhenden Absicherungsmaßnahmen gegeneinander abzuwägen. Weitere Beispiele zeigen wie allgegenwärtig die risikosteigernde Wirkung von strategischen Optimierungsmaßnahmen ist:

- Die **Synchronisierung der Supply Chains** über Just-in-Time oder Just-in-Sequence erhöhen die Flexibilität und reduzieren erheblich die Bestände. Gleichzeitig können bereits kleine Störungen in der Lieferkette einen Dominoeffekt erzeugen, der sehr leicht das gesamte System zum Erliegen bringt.

- **Single Sourcing und Partnerschaften** ermöglichen teils gravierende Bündelungsvorteile, führen aber leicht in die Katastrophe, falls der Single-Source-Lieferant nicht liefern kann bzw. will oder aufgrund seiner Machtposition die Preise erheblich erhöht.

- **Entwicklungspartnerschaften** reduzieren die Time-to-Market und verteilen Investitionsrisiken, steigern allerdings gleichzeitig die Gefahr des Know-how-Abflusses und der Abhängigkeit vom Lieferanten.

- **Modularisierung** der Produkte und in Folge der Bezüge helfen individuelle Produkte zu vertretbaren Kosten anbieten zu können. Kleine Fehler können allerdings zu erheblichen Rückrufaktionen bereits ausgelieferter Produkte führen.

- **Verkürzung der Produktlebenszyklen** hilft die aktuellen Marktanforderungen zu treffen und somit im Innovationswettbewerb zu gewinnen, bedeutet aber häufige (risikobehaftete) Produktanläufe.

Wohlverstandenes Risikomanagement setzt deshalb bereits während der Formulierung der Supply-Strategie an und versucht kritische Planannahmen und Planprämissen zu identifizieren, zu hinterfragen und zu steuern. Diese Schritte sind integraler Bestandteil des Planungsprozesses. In diesem Zusammenhang verlangen allerdings existenzbedrohende Risiken mit eher geringer Wahrscheinlichkeit besondere Beachtung, beispielsweise:

- **Katastrophen in der Supply-Chain** (z.B. Feuer, Erdbeben, Hochwasser, Terroranschläge, Flugzeugabsturz): Was passiert, falls die Produktion eines A-Lieferanten aufgrund eines Erdbebens ausfällt?

- **Risiken in der Transportkette:** Was wird unternommen, falls beispielsweise die Belieferung mit LKW aus Spanien heraus nicht mehr möglich ist, da die Straßen – über längere Zeit hinweg - in Frankreich blockiert sind.

- **Qualitätsrisiken:** Wie wird bei einem versteckten Serienfehler eines Zukaufteils reagiert?

- **Insolvenzrisiko:** Was passiert bei Insolvenz bzw. bei Insolvenzgefahr eines bedeutsamen Lieferanten?

- **Preis- und Nachfrageschwankungen:** Welche Konsequenzen ergeben sich, falls aufgrund von Entwicklungen im Absatzmarkt die Nachfrage um 20 % steigt oder sinkt? Was passiert bei gravierenden Preisveränderungen von Kaufteilen?

Existenzbedrohende Risiken mit sehr geringer Eintrittswahrscheinlichkeit bleiben leicht unbeachtet. Einerseits sind risikovermeidende Maßnahmen sehr aufwändig und überfordern die Spielräume eines strategischen Einkäufers. Beispielsweise muss eine Second Source in einem anderen Land aufgebaut oder hohe Sicherheitsbestände vorgehalten werden. Andererseits nährt die geringe Wahrscheinlichkeit die Hoffnung, dass dieses Risiko sich niemals realisieren wird. Auch wenn die Risikoidentifikation und die Risikosteuerung im Rahmen der Planung erfolgen sollte, sollte trotzdem seitens der übergeordneten Hierarchieebenen eine gesonderte Berichterstattung gefordert werden. Damit soll sicher gestellt werden, dass existenzbedrohende Risiken hinreichend beachtet werden. Ferner muss auch der zusätzliche Aufwand für risikobegrenzende Maßnahmen bzw. der Verzicht auf risikosteigernde Optimierungsmaßnahmen seitens der Hierarchie akzpetiert und in den Zielvorgaben berücksichtigt werden.

Ebenso wie das Risikomanagement integraler Bestandteil der Formulierung einer Supply-Strategie sein sollte, sollte die Risikosteuerung in der **Strategieumsetzung** integriert sein. Im Vollzug der Planung werden regelmäßig Planabweichungen zu Korrekturmaßnahmen führen, d.h. während der Umsetzung muss die geplante Vorgehensweise nachjustiert werden. In diesem Rahmen werden allerdings nicht nur Planabweichungen der Vergangenheit beachtet, sondern ebenso analysiert, ob sich weitere Risiken erkennen lassen, um hierauf frühzeitig zu reagieren. Eine besondere Schwierigkeit der Risikoüberwachung liegt allerdings darin, völlig unvorhergesehene Entwicklungen frühzeitig zu erkennen, wie am Beispiel der Titanic veranschaulicht wird (vgl. Abbildung 6-1).

Abbildung 6-1:	*Beispiel „Untergang der Titanic"*
	(Quelle: www.Risknet.de, Zugriff am 13. März 2008)

Im Jahre 1907 schrieb E. J. Smith: "Wenn mich jemand fragt, wie ich am besten meine Erfahrungen aus 40 Jahren auf hoher See beschreiben würde, so könnte ich diese Frage lediglich mit 'unspektakulär' beantworten. Natürlich gab es schwere Stürme, Gewitter und Nebel, jedoch war ich nie in einen Unfall jeglicher Art verwickelt, der es wert wäre, über ihn zu berichten. Ich habe während dieser langen Zeit kaum ein Schiff in Seenot erlebt ... Ich habe weder ein Wrack gesehen noch bin ich selbst in Seenot geraten oder habe ich mich sonst in einer misslichen Lage befunden, die in irgendeiner Form drohte zum Desaster zu werden."

„Am 14. April 1912 lief der britische Luxusdampfer Titanic kurz vor Mitternacht auf der Jungfernfahrt von Liverpool nach New York auf einen Eisberg auf und sank. Das Schiff galt wegen seiner 16 wasserdichten Abteilungen als unsinkbar, unglücklicherweise durchbohrte der Eisberg fünf davon. Überhöhte Geschwindigkeit, blindes Vertrauen in die Technik und ein riesiger Eisberg verursachten das Inferno. Von den 2220 Personen kamen 1513 ums Leben ... einer davon war der Kapitän. Sein Name war E. J. Smith."

Offenkundig hat sich im Beispiel das Risiko realisiert und die Planungen von E. J. Smith, heil ans Ziel zu kommen, haben sich nicht erfüllt. Intransparent ist hingegen die Gemengelage der Planungsgrundlagen und deren Fehleinschätzungen, die zum Unglück geführt haben. Zu unterscheiden sind dabei explizite und implizite Planungsgrundlagen. Eine explizite Planannahme war, dass das Schiff aufgrund seiner 16 wasserdichten Abteilungen als unsinkbar galt. Diese Annahme war den Beteiligten bewusst und verursachte entsprechend leichtfertige Handlungen. Die Möglichkeit von Eisbergen in den befahrenen Gewässern wurde nicht bedacht und damit implizit unterstellt, dass es keine gibt.

Die Überlegungen zum **Chancenmanagement** verlaufen völlig analog. Chancen können über die Möglichkeit positiver Abweichungen von den Planungsgrundlagen und somit von den Zielsetzungen definiert werden. Die Planung wird üblicher Weise nicht vom besten vorstellbaren Fall ausgehen, sondern gewisse Vorsicht walten lassen. Trotzdem wird das Management im Planvollzug versuchen, erkannte Chancen zu nutzen. Analog zum Risikomanagement wird auch während der Umsetzungsphase aktiv nach neuen Chancen gesucht, die es zu realisieren gilt.

Zusammenfassend kann festgestellt werden, dass das Chancen- und Risikomanagement in der Strategieformulierung und –implementierung integriert sein sollte. Bevor im nächsten Abschnitt der Prozess des Chancen- und Risikomanagements etwas näher beleuchtet wird, sollen noch drei begriffliche Präzisierungen vorgenommen werden:

▓ Der Risikobegriff wird gleichermaßen für die **Risikoursachen** wie für die **Risiko-folgen** verwendet. Im Beispiel werden sowohl die Risikoursache eines zu geringen Marktwachstums wie die Risikofolge eines zu geringen Gewinns als Risiko bezeichnet.

▓ Zu beachten ist, dass die **Grenzziehung zwischen Chancen und Risiken** nicht immer eindeutig ist, da mit einzelnen Entwicklungen gleichermaßen positive wie negative Abweichungen einhergehen können und der Nettoeffekt nicht sicher beurteilt werden kann. Beispiel: Mit einem erhöhten Marktwachstum werden die Umsätze steigen, aber gleichzeitig auch neue Wettbewerber angelockt, die zu einem erhöhten Wettbewerb führen, so dass die Gewinne zurückgehen können.

▓ Bedeutsam ist auch die Unterscheidung zwischen **endogenen** und **exogenen** Chancen und Risiken. Endogene Chancen und Risiken liegen vor, falls die Ursachen in der Person oder der Organisation des Planungssubjekts begründet sind. Jede Planung unterstellt Annahmen über das Leistungspotenzial des Planungssubjektes (kurz: Planannahmen). Diese müssen allerdings nicht zutreffen und stellen damit eine Chance oder ein Risiko dar. Beispiel: Für die Entwicklung eines neuen Produktes werden sechs Monate veranschlagt. Ein Risiko liegt darin, dass das Entwicklungsteam die angestrebte Entwicklungszeit nicht einhalten kann, ohne dass hierfür externe Gründe verantwortlich sind.

Liegen die Chancen und Risiken außerhalb des Verantwortungsbereiches des Planungssubjektes, wie zum Beispiel die oben angesprochene Konjunkturentwicklung, wird von exogenen Chancen und Risiken gesprochen. Planungsgrundlagen, die sich auf exogene Chancen und Risiken beziehen, werden folgend als Planprämissen bezeichnet. [8]

6.2 Das Management von Chancen und Risiken in der Supply-Strategie

Zur Steuerung von Chancen und Risiken im Rahmen der Planung und Implementierung der Supply-Strategie können folgende Prozessschritte unterschieden werden: Während der Strategieformulierung sind die Chancen und Risiken zu identifizieren, zu bewerten und zu bearbeiten. Im Rahmen der Strategieimplementierung sind die Planannahmen und die Planprämissen zu überwachen und zu steuern. Darüber hinaus sind die Planungsgrundlagen in Hinblick auf (neue) implizite Chancen und Risi-

---

[8]   Zwischen exogenen und endogenen Chancen bzw. Risiken kann es zu Abgrenzungsproblemen kommen. Man denke beispielsweise an ein Feuer, das durch Fahrlässigkeit von Mitarbeitern verursacht wurde. Derartige Abgrenzungsfragen sind allerdings in den folgenden Ausführungen nicht problematisch.

ken ungerichtet zu überwachen (vgl. Abbildung 6-2 sowie Denk, Exner-Merkelt 2005, S. 73 ff.).

Chancen und Risiken der Strategie identifizieren

Im Rahmen der Strategieformulierung müssen die wichtigsten Planungsgrundlagen identifiziert und je nach Bedeutung mehr oder minder intensiv analysiert werden. Beispiel: Der Planung liegt eine Steigerung des Marktvolumens um 3 % zugrunde. Dabei wird allerdings auch ein zwei- bzw. auch ein vierprozentiges Wachstum für denkbar gehalten. Diese Chancen und Risiken gilt es näher zu betrachten, indem beispielsweise die Treibergrößen oder Frühindikatoren identifiziert werden. Hiermit wird die Basis für die nächsten Schritte, die Risikobewertung und –steuerung gelegt. Ziel der Risikoidentifikation ist es allerdings nicht, alle Chancen und Risiken vollständig zu erfassen. Vielmehr müssen die Chancen und Risiken erkannt werden, die als besonders kritische Planungsgrundlagen einzustufen sind.

Abbildung 6-2:   *Prozess des Chancen- und Risikomanagements*

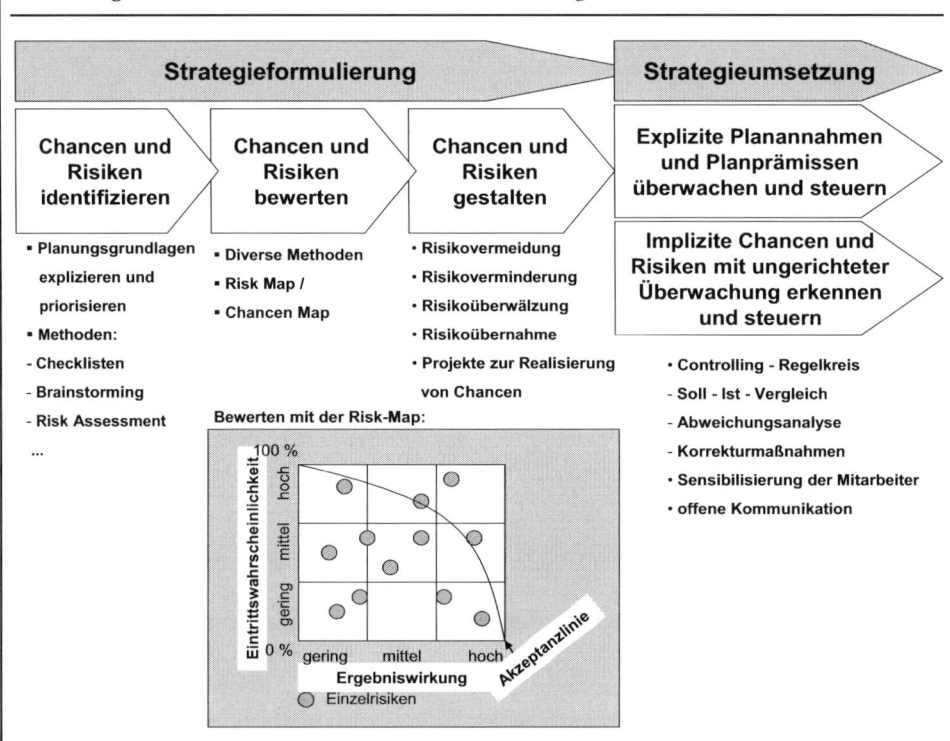

Die größte Schwierigkeit in dieser Phase liegt darin, neuartige oder besonders ungewöhnliche Chancen und Risiken im Rahmen der Strategieformulierung zu identifizieren, wie beispielsweise der Eisberg im Titanicbeispiel. Folgende Methoden haben sich bewährt:

- Checklisten auf analytischer sowie auf empirischer Basis (vgl. Abbildung 6.3)

- Brainstorming bzw. Brainstormingworkshops

- Risk Assessment (Kombination von Checkliste und offener Beurteilung)

- Fehlerbaummethode

- FMEA (Fehler Möglichkeits- und Einfluss-Analyse)

Abbildung 6-3: *Checkliste zu Supply-Risiken*
(Quelle: Moder 2008, insbesondere S. 97 ff. und S. 198 ff.)

In einer umfangreich angelegten Studie identifiziert und beschreibt Moder auf Basis einer Literaturrecherche 36 zentrale Supply-Risiken. Diese werden im Rahmen einer Unternehmensbefragung nach „Eintrittswahrscheinlichkeit" und „Schwere des Auftretens" bewertet. Mit Hilfe einer Faktorenanalyse werden sieben hinter den Risiken liegende Faktoren identifiziert:

Faktor	Risiko
Fehlende Flexibilität in der Supply Chain	1. **Nachfrageänderungen** auf der Absatzseite
	2. **Flexibilität:** Mangelnde Flexibilität eines Mitglieds der Supply Chain, die Leistungen qualitäts-, mengen- oder zeitmäßig anzupassen
	3. **Marktpreise:** Preisänderungen, z.B. bei Rohstoffpreisen, beeinflussen die Wettbewerbsfähigkeit
	4. **Abhängigkeit** von einem Lieferanten, z.B. Monopolstellung des Lieferanten, Patente des Lieferanten, technologische Alleinstellungsmerkmale
	5. **Beschaffungslogistik:** z.B. fehlerhafte Planungen, unzureichende Zusammenarbeit mit den Logistikdienstleistern
	6. **Rohmaterial:** Allokationsrisiko bei Rohmaterialien und Komponenten
	7. **Disposition:** z.B. zu hohe kapitalintensive Lagerhaltung, unzureichender Abgleich mit dem Produktionsprogramm

	8. **Single Source:** Risiken, die auf der Entscheidung für Single Source beruhen
	9. **Fluktuation:** z.B. Know-how-Verlust aufgrund von Mitarbeiterfluktuation bei einem Mitglied in der Supply Chain
	10. **IT-Systeme:** IT-Ausfall und andere IT-bezogene Risiken
Fehlende Einkaufsstrategie bei der Lieferantenauswahl	11. **Lieferantenauswahl:** Auswahl eines ungeeigneten Lieferanten
	12. **Produktivität:** Mangelnde Produktivität bei einem Lieferanten, z.B. aufgrund unzureichender Wartung oder unzureichender Maschinenbelegungsplanung
	13. **Prozesse:** Störungen oder unzureichender Output aufgrund instabiler Prozesse
	14. **Reserveteile:** Fehlende Ersatzteile für Maschinen
	15. **Ramp-up:** Störungen im Neuanlauf von Produkten
	16. **Personalrisiko:** Fehler seitens Mitarbeiter
	17. **Risikomanagement:** Risiken aufgrund unzureichendem Risikomanagements eines Mitglieds der Supply Chain
	18. **Zusammenarbeit:** Störungen in der Zusammenarbeit, z.B. späte Kommunikation von Nachfrageänderungen
	19. **Vertrag:** Vertragsbezogene Lieferstörungen, z.B. Vertragsbruch, fehlende Garantie der Mutterfirma
	20. **Global Sourcing:** Risiken aufgrund des Sourcing in Low-Cost-Ländern, z.B. kulturelle Barrieren, fehlende Infrastruktur
Fehlende Liquidität in der Supply Chain	21. **Firmenstruktur:** z.B. Verkauf durch Mutterfirma, An- und Verkauf von Standorten, Änderung der strategischen Geschäftsfelder, Verlagerungen
	22. **Veralterung:** Neue Technologien führen zur Veralterung der alten Technologien, z.B. Abkündigung von Produkten
	23. **Liquidität:** Risiken aufgrund kritischer finanzieller Situation bei Lieferanten, Insolvenz, keine Investitionen
Fehlende Einhaltung von ethischen und gesetzlichen Standards	24. **Moralische Standards:** Risiken durch Nichteinhaltung von moralischen Standards, z.B. Kinderarbeit, Gesundheits- und Umweltschutz
	25. **Geistiges Eigentum:** z.B. Weitergabe von Betriebsgeheimnissen, Patentverletzungen, Plagiate
	26. **Betrug:** Untreue und Betrug durch Mitglieder in der Supply Chain
Politische Risiken	27. **Arbeitskämpfe:** Risiken von Störungen durch Arbeitskämpfe im Supply-Netzwerk

	28. **Politik:** Politische Risiken, z.B. Steuer, Zoll, Embargo, Local-Content-Anforderungen
	29. **Währung:** Währungsrisiken
	30. **Import-/ Exportkontrolle:** Negative Auswirkungen durch Import- und Exportkontrollen, z.B. neue Zollanforderungen
Risiken der Infrastruktur	31. **Volkswirtschaft:** z.B. Risiken durch unzureichende Qualifikation von Mitarbeitern, schlechte Rahmenbedingungen, Rechtssicherheit
	32. **Technologische Wettbewerbsfähigkeit:** Risiko, dass ein Mitglied im Supply-Netzwerk technologisch nicht wettbewerbsfähig ist
	33. **Investitionen:** Risiken aufgrund mangelnder Investitionen in F&E sowie in Anlagen
Sonstige Risiken	34. **Katastrophen:** z.B. Brand, Erdbeben, Hochwasser
	35. **Krieg / Terrorismus:** z.B. Anschläge
	36. **Produkthaftung:** Risiken, die durch Produkthaftungsfälle beim Kunden auftreten, z.B. Rückrufaktionen

Chancen und Risiken der Strategie bewerten

Im zweiten Schritt sind die Konsequenzen zu ermitteln und zu bewerten, falls sich die Chancen bzw. die Risiken realisieren, d.h. falls sich bestimmte Planungsgrundlagen als nicht richtig herausstellen sollten. Das Spektrum der Bewertungsmethoden ist sehr breit, so dass eine Darstellung den Rahmen dieser Abhandlung sprengen würde.

Üblich ist es allerdings die Eintrittswahrscheinlichkeit sowie die Ergebniswirkung abzuschätzen und in der sogenannten Risk Map bzw. Chance Map abzubilden (vgl. Abbildung 6-2). Je nach Datenbasis werden die beiden Dimensionen qualitativ in gering, mittel und hoch eingeteilt oder mit Prozentsätzen oder Eurowerten bewertet. Damit kann das Chancen- und Risikopotenzial der Strategie visualisiert werden.

Chancen und Risiken der Strategie gestalten

Aus der Beurteilung der Chancen und Risiken müssen Konsequenzen für die Strategieformulierung gezogen werden. Hierbei hat sich in Bezug auf den Umgang mit Risiken folgende Einteilung gut bewährt:

▨ **Risikovermeidung:** Es wird auf strategische Maßnahmen verzichtet, um bestimmte Risiken zu vermeiden. Beispielsweise führt die Angst vor Versorgungsengpässen zum Verzicht, bestimmte Materialien aus China zu beziehen. Eine Variante ist es, kritische strategische Entscheidungen zu verzögern und damit die Planung flexibel zu halten. Beispielsweise werden Werkzeuge für Zulieferteile selbst finanziert und

Jahres- statt Mehrjahresverträge abgeschlossen. Auf diese Weise werden Abhängigkeiten von Lieferanten vermieden und die Vergabe kann in den folgenden Jahren wieder frei erfolgen. Aus den Beispielen ist ersichtlich, dass die Vermeidung von Risiken teils zu Einbußen im durchschnittlich erwarteten Zielerreichungsgrad führt.

▨ **Risikoverminderung:** Durch geeignete strategische Maßnahmen können Risiken vermindert werden. Das Methodenspektrum zur Risikoverminderung ist im Rahmen einer Supply-Strategie breit gefächert und wird in Teil 2 intensiv diskutiert. Drei Beispiele sollen die Breite des Spektrums illustrieren: Bei der Bestimmung der optimalen Lieferantenzahl werden Risikoaspekte gegen Wirtschaftlichkeitsaspekte abgewogen. Ebenso hilft eine regionale Streuung von Lieferanten das Versorgungsrisiko zu reduzieren. Eine Erhöhung der Lagerreichweite in Just-in-Time-Prozessen mindert ebenso Versorgungsrisiken.

▨ **Risikoüberwälzung:** Bestimmte Risiken können entlang der Supply Chain – mit oder ohne Zahlungsausgleich – verlagert werden. Auch hier zeigen einige Beispiele, wie intensiv diese Thematik innerhalb der Supply-Strategie verankert ist: Systemlieferanten übernehmen regelmäßig Risiken (und gleichzeitig Gewinnchancen) in Bezug auf die von ihnen erbrachten Entwicklungsleistungen. Oder: Konsignationslagerstrategien verlagern das Bestandsrisiko auf den Lieferanten. Gewisse Abnahmegarantien können dieses Risiko des Lieferanten allerdings ein wenig abfedern. Insgesamt ist in vielen Zulieferbeziehungen ein Trend festzustellen, Risiken auf Lieferanten zu überwälzen, indem fixe und damit risikobehaftete Kosten durch leistungsabhängige variable Kosten ersetzt werden.

▨ **Risikoübernahme:** Bestimmte Risiken werden sehenden Auges akzeptiert und im Rahmen der Strategieimplementierung vorsichtig überwacht und gesteuert.

Bezüglich erkannter Chancen gilt es zu prüfen, ob „gehofft und gewartet" werden soll oder ob aktiv Maßnahmen zur Erschließung der Chancen ergriffen werden sollen. Beispielsweise wird man die Konjunkturentwicklung eher passiv abwarten und sobald sich erste Anzeichen der Konjunkturbelebung ergeben, schnell handeln. Hingegen kann man aktiv ein Pilotprojekt zur Erschließung der RFID-Technologie initiieren, um mögliche Chancen im Materialversorgungsprozess zu realisieren.

Explizite Planannahmen und Planprämissen überwachen und steuern

Im Rahmen der Umsetzung der Supply-Strategie gilt es die expliziten Planannahmen und die expliziten Planprämissen zu überwachen und zu steuern. Da sich die Planungsgrundlagen in den Planzielen widerspiegeln, gibt die regelmäßige Überprüfung des Planfortschrittes bereits erste Hinweise auf die richtige Einschätzung der Planungsgrundlagen. Darüber hinaus sollten die wichtigsten Planannahmen und Planprämissen auch direkt überwacht werden. Als Treibergrößen weisen sie gegenüber den Planzielen häufig einen zeitlichen und sachlichen Vorlauf aus. Die Prognose der

Konjunkturentwicklung lässt frühzeitig einen Umsatztrend prognostizieren. Ergeben sich im Soll-Ist-Vergleich Abweichungen, so sind geeignete Steuerungsmaßnahmen zu ergreifen. Das Spektrum der Maßnahmen von der Risikovermeidung bis zur Risikoübernahme wurde bereits vorgestellt. Im Extremfall kann sogar ein Neuaufriss der Planung notwendig sein.

In einer Strategieumsetzung mit der Balanced Scorecard – wie sie der 15M-Architektur® zugrunde gelegt wird – sind explizite Planannahmen grundsätzlich berücksichtigt. Planprämissen sind in der Balanced Scorecard ursprünglich nicht enthalten, können aber ohne Schwierigkeiten integriert werden.

Implizite Chancen und Risiken mit ungerichteter Überwachung erkennen und steuern

Besondere Schwierigkeiten bereiten die impliziten, also nicht bekannten bzw. bewussten Chancen und Risiken. Da hier gerade keine Kontrollstandards etabliert werden können und da die impliziten Chancen und Risiken sich in der Regel gerade nicht im Nahbereich der Erwartungen bewegen, ist deren frühzeitige Identifikation gleichermaßen bedeutsam und schwierig.

Damit völlig neuartige Gefährdungen der Strategie oder völlig innovative Chancen erkannt werden, sollten die Führungskräfte und die Mitarbeiter im Hinblick auf die Supply-Strategie sensibilisiert werden. Darüber hinaus werden Kommunikationsstrukturen im Unternehmen benötigt, die von einzelnen Mitarbeitern erkannte Chancen und Risiken schnell bewerten helfen. Nur so wird eine schnelle und flexible Reaktion möglich. Im Rahmen partnerschaftlicher Zulieferbeziehungen sollten analoge Strukturen firmenübergreifend aufgebaut werden.

Die Balanced Scorecard arbeitet mit möglichst exakten Kontrollstandards. Damit wird sie den Anforderungen einer ungerichteten Überwachung dem ersten Anschein nach nicht gerecht. Bei näherer Betrachtung erscheint der Controllingprozess einer Balanced Scorecard allerdings zur strategischen Überwachung gut geeignet (vgl. Teil 2, Kapitel 14.1): Im Rahmen der Strategieformulierung mit der Balanced Scorecard werden die Mitarbeiter detailliert mit der Strategie vertraut gemacht. Besonders vorteilhaft ist der hohe Grad an gemeinsam geteiltem Strategieverständnis, der sich durch die gemeinsame Entwicklung der Balanced Scorecard ergibt. In dieser Weise sensibilisiert sind die Mitarbeiter in der Lage, in ihrem Umfeld Strategiegefährdungen sowie innovative Chancen zu identifizieren. Die Leitfrage in diesem Zusammenhang lautet: Gibt es Entwicklungen, die die Strategie und die Balanced Scorecard-Ziele bedrohen, bzw. gibt es relativ zur Strategie und zur Balanced Scorecard neue interessante Chancen? Bei den monatlichen Durchsprachen der Balanced Scorecard-Ergebnisse muss dann die Zeit und der Raum geschaffen werden, über diese neuen Erkenntnisse bzw. Entwicklungen zu diskutieren.

Teil 2:
Die 15M-Architektur
der Supply-Strategie®

Im zweiten Teil werden die 15 Module der 15M-Architektur der Supply-Strategie® im Detail vorgestellt. Zu jedem Modul werden die grundlegenden Zielsetzungen und Fragestellungen zusammen mit wesentlichen Analysemethoden und Instrumenten erläutert. Tipps zur Implementierung runden die Überlegungen ab. Dabei wird auch besonderes Augenmerk auf die Dokumentation der Supply-Strategie gelegt. Aus unserer Erfahrung mit vielfältigen Praxisprojekten hat sich gezeigt, dass in der Regel die sechs Typen von Dokumenten gemäß Tabelle 0-1 genügen. Ferner sei nochmals darauf hingewiesen, dass die einzelnen Strategiebausteine oder Module isoliert bzw. schrittweise eingeführt werden können. In Modul 15 werden typische Entwicklungspfade einer Supply-Strategie aufgezeigt. Insgesamt soll ein fundierter Praxisleitfaden entstehen, gleichsam der Bauplan und das Handwerkszeug zur Formulierung und Implementierung einer Supply-Strategie nach der 15M-Architektur®.

Tabelle 0-1: *Dokumente einer Supply-Strategie*

SB*	Dokument	Einheit	Form
1	Supply-Rahmenstrategie	Geschäftseinheit	ppt-Präsentation
2	Supply-Marktsteckbrief	je Beschaffungsmarkt	Word-Dokument
3	Lieferantenbewertung	Geschäftseinheit	Excel-Dokument
	Lieferantenstrategie intern	je A-Lieferant	Excel-Dokument
	Lieferantenstrategie extern	je A-Lieferant	Excel-Dokument
4	Supply Balanced Scorecard	Geschäftseinheit und für wichtige Einheiten	Excel-Dokument

* Strategiebaustein

Mit der Fallstudie „Supply-Strategie Elektro AG" soll die Entwicklung einer Supply-Strategie an einem durchgängigen Beispiel illustriert werden. Die Fallstudie kann in zweierlei Weise verwendet werden:

1. **Fallstudie für den Hochschulunterricht:** Eine umfassende Fallbeschreibung mit Leitfragen findet sich in Teil 3, Kapitel 1. Die Leitfragen können im Hochschulunterricht bearbeitet und diskutiert werden. Lösungsskizzen zu den Leitfragen finden sich in Teil 2 bei den jeweiligen Modulen. Dabei können einzelne Fragestellungen, z.B. Ausarbeitung einer Supply-Marktstrategie oder einer Lieferantenstrategie, isoliert bearbeitet werden.

2. **Illustration zur Implementierung:** Die Lösungsskizzen zur Fallstudie in den einzelnen Modulen veranschaulichen – auch ohne vorheriges Studium der Fallbeschreibung in Teil 3 – die Anwendung und Dokumentation des jeweiligen Moduls. In Modul 1 findet sich eine knappe Einführung in die Fallsituation.

Strategiebaustein 1: Supply-Rahmenstrategie Teil 1: Direktion

In der Supply-Rahmenstrategie werden die strategischen Weichenstellungen auf Ebene einer Geschäftseinheit getroffen. Dabei wird zunächst in den Modulen 1 bis 4 die strategische Ausrichtung der Supply-Strategie (= Supply-Rahmenstrategie Teil Direktion) behandelt. Nach der Vorstellung der Entwicklung von Supply-Marktstrategien und Lieferantenstrategien kann im Teil Koordination der Supply-Rahmenstrategie (Modul 12 und 13) deren Synchronisierung erfolgen sowie Fragen zur Gestaltung des Supply-Managementsystems diskutiert werden.

Die Trennung der Supply-Rahmenstrategie in die Teile Direktion und Koordination ist notwendig. So setzt die Formulierung von Markt- und Lieferantenstrategien einerseits klare Vorgaben voraus. Diese definieren den Handlungsrahmen bei der Entwicklung der Markt- und Lieferantenstrategien und sind deshalb vorab zu besprechen. Andererseits müssen die Markt- und Lieferantenstrategien untereinander abgestimmt werden, um wesentliche Synergien zu realisieren. Dieser Arbeitsschritt erfordert allerdings ein detailliertes methodisches Verständnis der Markt- und Lieferantenstrategie, so dass er erst anschließend in den Modulen 12 und 13 diskutiert werden kann. In der Praxis laufen die Prozesse zur Entwicklung der Supply-Rahmenstrategie, der Supply-Marktstrategie und der Lieferantenstrategien allerdings nicht sequentiell, sondern eher parallel ab.

Im Teil Direktion der Rahmenstrategie wird die Supply-Strategie mit dem Wertesystem und der Strategie des Unternehmens verknüpft (Modul 1). Danach sind die Supply-Ziele zu formulieren (Modul 2) sowie die grundsätzliche strategische Ausrichtung mit Hilfe der Strategy Map festzulegen (Modul 3). Abschließend werden die relevanten Supply-Märkte definiert und priorisiert (Modul 4).

Die 15M-Architektur der Supply-Strategie®
SB1: Rahmenstrategie Teil 1: Direktion

M1 Basisstrategie entwickeln	M2 Supply-Ziele formulieren	M3 Strategy Map entwickeln	M4 Supply-Märkte definieren & priorisieren

1   Modul 1: Basisstrategie entwickeln

Die Supply-Strategie ist ein Teil der Unternehmensstrategie und im Führungssystem des Unternehmens eingebettet. Allerdings ist dort häufig der Bezug zur Supply-Strategie nicht klar herausgearbeitet. Welche Anforderungen an eine Supply-Strategie ergeben sich beispielsweise aus der Wettbewerbsstrategie, in den chinesischen Markt bzw. in ein neues Geschäftsfeld einzutreten? In der Basisstrategie werden die Vorgaben und die Randbedingungen zusammengefasst, die bei der Formulierung der Supply-Strategie zu beachten

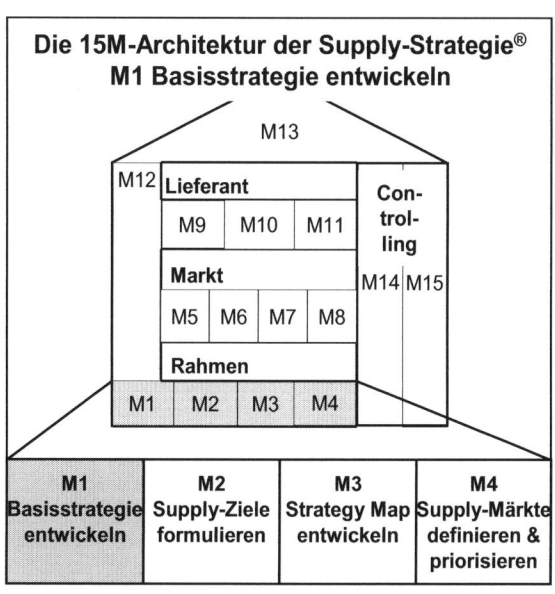

Die 15M-Architektur der Supply-Strategie®
M1 Basisstrategie entwickeln

sind. Folgende drei Themenkomplexe sind für die Basisstrategie typisch:

1. **Wertesystem – Code-of-Conduct:** Angesichts vielfältiger Betrugs- und Korruptionsskandale der letzten Jahre hat die Bedeutung einer starken werteorientierten Führung im Unternehmen deutlich zugenommen. Viele Firmen haben ihre Führungsgrundsätze in Form von „Code-of-Conducts" formuliert. Diese Führungsgrundsätze gelten grundsätzlich auch im Supply Management und für die Supply-Strategie. Im Rahmen der Basisstrategie sind wesentliche Konsequenzen herauszuarbeiten. Verpflichtet sich ein Unternehmen im Code-of-Conduct beispielsweise auf menschenwürdige Arbeitsbedingungen der Mitarbeiter, kann in der Basisstrategie die Sicherstellung gleicher Bedingungen bei den Zulieferern gefordert werden.

2. **Supply-Vision:** In der Vision wird ein wünschenswertes Zukunftsbild zur Motivation und Orientierung der Mitarbeiter vermittelt. Gerade weil sich das Supply Management in vielen Unternehmen neu formiert und positioniert, ist eine Supply-Vision häufig empfehlenswert.

3. **Unternehmens- und Wettbewerbsstrategie:** Die Unternehmens- und die Wettbewerbsstrategie steckt den Rahmen für die Supply-Strategie ab. Dieser ist vorsichtig zu analysieren und in der Basisstrategie zu beschreiben. Beispielsweise kann der Einstieg in neue Absatzmärkte, den Einstieg in neue Beschaffungsmärkte erforderlich machen.

Zu beachten ist, dass die Basisstrategie den Rahmen der Supply-Strategie absteckt, aber keinesfalls den strategischen Handlungsspielraum unnötig einschränken darf. Zu enge Vorgaben verhindern kreative Lösungen, da die unmittelbar befassten Mitarbeiter nicht ihr spezifisches Know-how in den Strategiefindungsprozess einbringen können. Auch die Anpassungsfähigkeit der Strategie bei neuen strategischen Herausforderungen kann stark behindert werden. Häufig werden strategiebedrohende Entwicklungen zunächst von den Mitarbeitern Vor-Ort erkannt. Last but not least können als unsinnig eingestufte Strategievorgaben die Motivation der Mitarbeiter beschädigen.

1.1 Konsequenzen aus dem Wertesystem

Die Wirtschaft ist keine ethikfreie Zone. Nicht jede Handlung ist moralisch erlaubt, auch wenn sie den Gesetzen entspricht. Kaum jemand wird heute diesen Thesen widersprechen, zu sehr haben Skandale zu „Verbrechen" gegen Menschenrechte, Ökologie oder Integrität (z.B. Korruption oder unverhältnismäßige Bereicherung) die Schlagzeilen auch angesehener Wirtschaftszeitungen beherrscht. Bei aller Kontroverse im Detail und trotz aller Unzulänglichkeit in der Umsetzung bemühen sich Unternehmen (zunehmend mehr?) um den Spagat zwischen wirtschaftlichen Eigeninteressen und gesellschaftlicher Verantwortung. Die Ansatzpunkte zur Umsetzung sind so vielfältig, dass eine systematische Darstellung den Rahmen dieser Untersuchung sprengen würde. Eine weit verbreitete Vorgehensweise zur ethischen Ausrichtung von Unternehmen ist in der Etablierung von Führungsgrundsätzen bzw. neudeutsch von Codes-of-Conduct zu sehen. Hierin verpflichten Unternehmen sich und ihre Mitarbeiter gleichzeitig auf wirtschaftliche und gesellschaftliche Werte.

Die Deutsche Telekom beispielsweise verpflichtet sich und ihre Mitarbeiter in ihrem Code-of-Conduct „Gemeinsam Werte leben. Zusammen Werte schaffen" zu „Handeln nach Gesetz und Ethik" (www.telekom3.de). Auf ca. 15 Seiten werden die Führungsgrundsätze konkretisiert. Dabei bezieht sich die Deutsche Telekom auch auf übergreifende international anerkannte Richtlinien und Sozialstandards, wie zum Beispiel den Global Compact, eine Initiative der UN (siehe Kasten), oder auf die Sozialstandards der Internationalen Arbeitsorganisation (ILO, www.ilo.org).

Abbildung 1-1: *UN Global Compact: The Ten Principles*
         (Quelle: www.unglobalcompact.org)

Human Rights

▨ Principle 1: Businesses should support and respect the protection of internationally pro-
claimed human rights; and

▨ Principle 2: make sure that they are not complicit in human rights abuses.

Labour Standards

▨ Principle 3: Businesses should uphold the freedom of association and the effective recogni-
tion of the right to collective bargaining;

▨ Principle 4: the elimination of all forms of forced and compulsory labour;

▨ Principle 5: the effective abolition of child labour; and

▨ Principle 6: the elimination of discrimination in respect of employment and occupation.

Environment

▨ Principle 7: Businesses should support a precautionary approach to environmental chal-
lenges;

▨ Principle 8: undertake initiatives to promote greater environmental responsibility;

▨ Principle 9: encourage the development and diffusion of environmentally friendly technologies

Anti-Corruption

▨ Principle 10: Businesses should work against all forms of corruption, including extortion and
bribery.

Die Konsequenzen für das Supply Management und die Supply-Strategie bleiben im Rahmen eines Code-of-Conduct meist sehr abstrakt und sehr indirekt. Als markanteste Verpflichtung im Code-of-Conduct der Deutschen Telekom ist die folgende Regelung zu den Lieferantenbeziehungen einzustufen: „Wir streben partnerschaftliche Geschäftsbeziehungen zu unseren Lieferanten an, basierend auf Ehrlichkeit, Vertrauen und Verbindlichkeit." Aussagen zur Ökologie und Sozialstandards im Rahmen der Versorgung werden nur mittelbar angesprochen, wie das folgende Beispiel veranschaulicht: „Die Deutsche Telekom Gruppe verpflichtet sich zu nachhaltigem Wirtschaften und entspricht damit einer weltweiten Erkenntnis, dass Wirtschaft, Gesellschaft und Ökologie gleichrangig zu behandeln sind."

Im Rahmen der Basisstrategie sind derartige Verpflichtungen in Bezug auf die Supply-Strategie zu interpretieren, zu konkretisieren und zu priorisieren. Folgende Themenkomplexe sind typische Beispiele in Basisstrategien:

▓ **Fairer und vertrauensvoller Umgang mit Lieferanten und Partnern**: Billigt man den anderen Marktteilnehmern grundsätzlich ein Recht auf Leben und Entfaltung ihrer wirtschaftlichen Interessen zu, wird man Mindestregeln eines fairen Wettbewerbs akzeptieren. Dies gilt gleichermaßen für den Absatzmarkt im „Kampf" um die Kunden, wie für die Beschaffungsmärkte im „Kampf" um günstige Inputs. Diese Mindestregeln sind im Umgang mit Lieferanten und Partnern zu konkretisieren.

Problematische Verhaltensweisen gegenüber Lieferanten können beispielsweise „nachträgliche Rabattaktionen" sein, d.h. Lieferanten werden aufgefordert vielleicht sogar gezwungen, trotz verhandelter Verträge nachträglich erhebliche Rabatte zu gewähren. Eine einseitige Überwälzung von Bestands- oder Investitionsrisiken auf den Lieferanten oder Preisdiktate, die gerade die variablen Kosten decken, sind kritisch zu prüfen. „Diebstahl" von geistigem Eigentum oder unlautere Verwendung von vertraulichen Informationen sind weitere inakzeptable Verhaltensweisen. Generell ist ein Machtmissbrauch auszuschließen, der sich einseitig über (vertragliche) Abmachungen hinwegsetzt oder Vereinbarungen diktiert, die dem Lieferanten nicht einmal mittelfristig eine überlebensfähige Position gewähren.

Die Vorgabe „fair und vertrauensvoll mit Lieferanten und Partnern umzugehen" wirkt sich beispielsweise im Beziehungsmanagement (Modul 7, Kapitel 7.3) und bei der Formulierung von Lieferantenstrategien (Modul 9 bis 11) aus.

▓ **Einhaltung ökologischer Standards:** Ökologische Standards können durch Vorgaben in Bezug auf kritische Inputs, z.B. Verzicht von Lacken mit organischen Lösungsmitteln, sowie in Bezug auf die ökologische Orientierung in den Beschaffungsprozessen, z.B. Intensivierung von Bahntransporten, konkretisiert werden.

Die Vorgaben können sehr konkret sein: „Es soll im Beschaffungsprozess grundsätzlich auf Einwegverpackungen verzichtet werden." Abstrakte Formulierungen müssen in der Supply-Strategie konkretisiert werden: „Der Belieferungsprozess ist unter ökologischen Gesichtspunkten zu optimieren" oder „Die Forderungen des Ökozertifikats ISO 14.000 sind einzuhalten."

▓ **Einhaltung von sozialen Standards:** Analog zu ökologischen Standards können auch soziale Standards fixiert werden.

▓ **Verpflichtung der Lieferanten auf soziale und ökologische Standards:** Ein besonders kritischer Aspekt ist die Verpflichtung von Lieferanten auf soziale und ökologische Standards. Wer soziale und ökologische Standards ehrlich akzeptiert, muss deren Umsetzung in vorgelagerten Stufen der Supply Chain sicherstellen. Entsprechend dieser Forderung sind Lieferanten – und auch deren Vorlieferanten – auf die Einhaltung der Standards zu verpflichten und zu überwachen. Eine entsprechende Vorgabe in der Basisstrategie wird sich umfangreich in den Lieferantenstrategien (Modul 9 bis 11) niederschlagen.

Insbesondere die Überwachung mit Hilfe von Audits übersteigt schnell die verfügbaren Ressourcen. Zum einen kann schon allein die Zahl der Betriebe, die zu auditieren sind, den Rahmen sprengen. So spricht das Versandhandelsunternehmen Otto beispielsweise von 1.500 bis 2.000 Lieferanten mit bis zu 6.000 Betrieben in der Supply Chain (Merk 1998). Zum anderen sind gerade in den sogenannten Emerging Procurement Markets die wirtschaftlichen Rahmenbedingungen so intransparent, dass wirkungsvolle Auditierungsprozesse besonders aufwendig sind.

Trotz dieser Schwierigkeiten gibt es erfolgreiche Beispiele: So berichtet die KarstadtQuelle AG Mitte 2006 von ihrer Teilnahme an der Gemeinschaftsinitiative „Business Social Compliance Initiatve" mit dem Ziel, gemeinsam Lieferanten in den wachstumsstarken, exportorientierten Ländern Asiens und Osteuropas in den Branchen Textil, Sportartikel und Spielwaren in Hinblick auf Einhaltung sozialer Mindeststandards zu überprüfen. Bis Ende 2007 sollten Lieferanten im Wert von zwei Drittel des Gesamtumsatzes auditiert sein (Hildebrandt 2006).

▦ **Bekämpfung von Korruption:** Korruption ist grundsätzlich zu bekämpfen. Im Vorgehen sind allerdings aktive Bestechung zur Unterstützung von Vertriebszielen und passive Bestechung auf der Beschaffungsseite strikt zu unterscheiden. Passive Bestechung von Mitarbeitern ist eindeutig gegen die Firma gerichtet und als Untreue einzuordnen. Eine Basisstrategie „Bekämpfung von Korruption in der Beschaffung" ist insbesondere im Supply Managementsystem (Modul 13) einzuordnen.

In der Basisstrategie sind besonders kritische Vorgaben aus dem Wertesystem für die Supply-Strategie zu benennen und zu konkretisieren. In der Summe ergibt sich eine überschaubare Zahl von Statements (ca. 1 bis 10 Statements) zu werteorientierten strategischen Rahmenbedingungen. Soweit notwendig können einzelne Statements näher erläutert werden. Beispielsweise können Praktiken, die als Bestechung zu interpretieren sind, näher beschrieben werden.

Abschließend sei angemerkt, dass sich in ethisch besonders kritischen Konfliktfällen Dialogforen mit Stakeholdern bewährt haben. In diesen werden gemeinsam mit externen Stakeholdern ethische Standards entwickelt, die dann Gegenstand der Basisstrategie sein können. Beispielsweise setzt sich die Firma PUMA mit wesentlichen Stakeholdergruppen seit 2003 jährlich in Kloster Banz zusammen, um die Umsetzung und Überwachung wesentlicher Sozialstandards zu vereinbaren (Hengstmann, Seidel 2005). Dabei wurden unter anderem die Verbesserung von Standards für die Arbeitssicherheit bei Lieferanten von PUMA sowie die Eliminierung von Lieferanten, die nachhaltig soziale Standards nicht einhalten, vereinbart. In den Folgejahren wurden Projekte durchgeführt, in denen die Umsetzung der vereinbarten Sozialstandards länderspezifisch erfolgte.

1.2 Supply-Vision formulieren

„Wir werden in einem Jahrzehnt auf dem Mond landen." Mit dieser Vision hat der amerikanische Präsident John F. Kennedy im Jahre 1961 die amerikanische Nation mobilisiert und die technologische Führungsposition gegenüber der Sowjetunion behauptet und ausgebaut. Am 20. Juli 1969 wurde der Traum wahr und der erste Mensch betrat den Mond.

Eine Vision ist eine „großartige Idee" bzw. eine Leitidee, die für die nächsten fünf bis zehn Jahre das eigene Denken und Handeln richtungsweisend bestimmt. Gute Visionen weisen folgende vier Eigenschaften aus: (1) Sie sind sinnstiftend, d.h. sie ermöglichen Individuen, sich mit der Organisation zu identifizieren. Letztlich geht es darum, an einer guten Sache mitzuarbeiten. (2) Sie sind identitätsbildend, d.h. sie schweißen Teams und die Mitarbeiter einer Unternehmung zu einer Einheit zusammen. (3) Sie sind handlungsleitend, weil sie den Maßstab für die eigenen Strategien und Handlungen setzen. (4) Sie sind mobilisierend. Sie begeistern, da es um eine gute Sache geht, und jeder engagiert sich, um die gute Sache voranzutreiben.

Wird eine eigenständige Supply-Vision überhaupt benötigt? Kann eine Supply-Vision nicht sogar kontraproduktiv sein, wenn es im Unternehmen eine Unternehmensvision gibt? Diese Fragen sind vorsichtig zu klären, bevor mit der Entwicklung einer Supply-Vision gestartet wird. Für eine eigenständige Supply-Vision können folgende Argumente sprechen:

▪ In vielen Unternehmen muss sich das Supply Management noch formieren und etablieren. Häufig sind vielfältige Abteilungen an der Lieferantenschnittstelle tätig, deren Selbstverständnis sehr unterschiedlich ist. Reibungsverluste sind dann an der Tagesordnung. Im Unternehmen und von den Partnern werden diese Abteilungen häufig nicht als Einheit gesehen, teils sogar gegeneinander ausgespielt und teils im Entscheidungsprozess übergangen. In einer solchen Situation hilft der identitätsbildende Charakter einer Vision.

Ein Beispiel: In einem Konzernunternehmen mit Projektgeschäft gab es bis 1995 keine zentrale Einkaufsfunktion. Das gesamte Supply Management wurde in den großen Kundenprojekten abgewickelt. Mangelnde Bündelung und Konflikte zwischen den Projekten um knappe Ressourcen waren die Konsequenz. In mehreren Schritten wurde ein Supply Management mit über 50 Mitarbeitern aufgebaut. Dieses kämpfte allerdings mit erheblichen Akzeptanzproblemen aufgrund noch zu geringer Fachkompetenz, Problemen in den Prozessen und eines ganz erheblichen Imageproblems im Unternehmen. Gerade das Imageproblem führte zu einer Stimmung der Unzufriedenheit unter den Mitarbeitern. In dieser Situation wurde die folgende Supply-Vision geboren: „Wir begeistern die Projektleiter mit einer sicheren, flexiblen und kostengünstigen Versorgung". Anmerkung: Die Projektleiter wurden als die „Kunden" des Supply Managements identifiziert.

▨ Ist das Supply Management gut etabliert, stehen eher marktorientierte Supply-Visionen im Vordergrund wie einige Kernaussagen aus den Supply-Visionen von Automobilherstellern unterstreichen: Die Supply-Vision von BMW zielt beispielsweise darauf ab, zusammen mit den weltbesten Lieferanten wirtschaftlich zum besten und faszinierendsten Produkt zu gelangen. Die Vision von Ford Europe orientiert sich daran, die „highest quality supplier with the newest technology valued by the customers at the lowest possible costs" zu gewinnen (Jahns 2003, S. 29).

Grundsätzlich hilft eine Supply-Vision – im Sinne der vier Eigenschaften einer guten Vision – das Supply Management zu formieren (Identität), dem Supply Management eine Richtung zu geben (Sinn), die Supply-Strategie (handlungsleitend) auszurichten und die Mitarbeiter zu mobilisieren.

Trotz dieser klaren Chancen, die eine Supply-Vision bietet, sollte die Einführung kritisch geprüft werden. So darf natürlich kein Widerspruch zu einer übergreifenden Unternehmensvision entstehen. Darüber hinaus erfordern die Entwicklung und die Umsetzung einer Supply-Vision umfangreiche Ressourcen. Die Mitarbeiter im Supply Management sind möglichst umfangreich einzubinden. Ebenso sind andere Abteilungen und eventuell sogar wesentliche Lieferanten an der Visionsentwicklung zu beteiligen. Eine breite Akzeptanz ist eine zentrale Voraussetzung für den Erfolg der Supply-Vision. Im Rahmen der Umsetzung müssen die Mitarbeiter über die Bedeutung der Supply-Vision umfassend (durch die Führungskräfte) informiert werden. Zentral für den Umsetzungserfolg ist ferner, dass die Führungskräfte die Supply-Vision nachhaltig vorleben und einfordern. Falls derzeit nicht der „unternehmerische" Wille und/oder die Ressourcen verfügbar sind, sollte die Entwicklung einer Supply-Vision verschoben werden. Der modulare Aufbau der 15M-Architektur® ermöglicht es, eine Strategie nach der Verfügbarkeit von Ressourcen schrittweise zu entwickeln.

1.3 Konsequenzen aus der Unternehmens- und Wettbewerbsstrategie

Die Supply-Strategie konkretisiert die Unternehmens- und die Wettbewerbsstrategie in Bezug auf die Versorgung des Unternehmens. Insofern sollte als Startpunkt jeder Supply-Strategie der strategische Rahmen sowie der erwartete Beitrag der Supply-Strategie zur Unternehmens- und Wettbewerbsstrategie herausgearbeitet werden. Dabei darf die Verknüpfung allerdings nicht als eine Fixierung der Supply-Strategie missverstanden werden. Ganz im Gegenteil: Es sollten nur die wesentlichen strategischen Orientierungen und Prioritäten als strategischer Handlungsrahmen der Supply-Strategie formuliert werden. Darüber hinaus sollte ein ganz erheblicher strategischer Handlungsspielraum für die Ausgestaltung der Supply-Strategie erhalten bleiben.

In der Regel ergeben sich ca. drei bis zehn knappe, qualitativ formulierte Statements, mit denen die wesentlichen Vorgaben der Unternehmens- und Wettbewerbsstrategie für die Supply-Strategie definiert werden. Abbildung 1-2 zeigt die Basisstrategie eines mittelständischen Chemieherstellers, dessen Strategie auf internationales Wachstum ausgerichtet ist (vgl. Fallbeschreibung in Teil 3, Kapitel 5). Die drei Statements zielen auf das Verhältnis von Qualität und Kosten, auf wachstumsbedingte Risiken der Versorgungssicherheit sowie auf die Herausforderung für das Supply Management, die Globalisierung des Unternehmens mitzugehen.

Abbildung 1-2:   *Basisstrategie des mittelständischen Chemieherstellers „Dust" (Auszug) (siehe Teil 3, Kapitel 5)*

▓ Qualität und Kostenposition sichern
Die Qualität der Produkte und damit die Qualität der Einsatzstoffe und der einzukaufenden Materialien haben bei „Dust" erste Priorität. Dies wird insbesondere durch die umfassende Registrierungs- und Zulassungsprozesse der Endprodukte sowie durch die Lieferantenfreigabe sichergestellt. Das Qualitätsziel ist heute auf hohem Niveau realisiert. Die Renditeforderung der Unternehmensstrategie bedeutet für den Einkauf, die Supply-Strategie auf Kostenoptimierung auszurichten. Dabei dürfen allerdings keine Einbußen oder Risiken in Bezug auf die Qualität akzeptiert werden.

▓ Wachstum absichern
Das hohe Wachstumsziel von „Dust" muss bei kritischen Rohstoffen und Produktionsmaterialien abgesichert werden. Hierbei sind die langen Zulassungsprozesse zu beachten. Gleichzeitig ergeben sich Chancen für neuartige Sourcing-Strategien.

▓ Internationalisierung begleiten
Im Zuge des geplanten internationalen Wachstums von „Dust" sind der Einkauf in den einzelnen Materialgruppen zu globalisieren und die Einkaufsprozesse zu internationalisieren. Auch im Rahmen der Globalisierung ist das Primat der Qualität zu beachten.

Die Vorgaben aus der Unternehmens- und Wettbewerbsstrategie für die Basisstrategie abzuleiten, hat sich regelmäßig als unproblematisch erwiesen, selbst wenn in der Unternehmens- und Wettbewerbsstrategie keine oder nur sehr indirekte Hinweise enthalten waren. Meist genügt es die Kernaussagen der Strategie zu diskutieren und nach den Konsequenzen für die Supply-Strategie zu hinterfragen. Soweit ein Strategiepapier im Unternehmen vorliegt, sollte man sich daran orientieren. Die Schwierigkeiten ergeben sich eher in den Folgeschritten, wenn die strategischen Anforderungen in der Supply-Strategie konkretisiert und umgesetzt werden. Beispielsweise ist die Forderung, die Supply-Kompetenz in neuen Beschaffungsmärkten aufzubauen, die für ein neues Geschäftsfeld im Unternehmen benötigt werden, einfach formuliert. Anspruchsvoll ist es allerdings, nachfolgend die relevanten Beschaffungsmärkte zu definieren (Modul 4) und jeweils eine Supply-Marktstrategie zu entwickeln (Module 5 bis 8).

Ohne Verknüpfung zur Unternehmens- und Wettbewerbsstrategie fehlt der Supply-Strategie die Basis. So sei nochmals mahnend angemerkt, keinesfalls auf diesen kleinen Arbeitsschritt zu verzichten.

Im Folgenden werden die fünf zentralen Aufgabenfelder der Strategie beschrieben und typische Beispiele für Inhalte einer Basisstrategie aufgezeigt. Damit kann die Diskussion zur Basisstrategie strukturiert werden. Ferner sollen einige inhaltliche Anregungen gegeben werden.

Bei der Diskussion der Basisstrategie ist zwischen der geschäftsfeldübergreifenden Unternehmensstrategie (in Unternehmen mit mehr als einem Geschäftsfeld) und der Wettbewerbsstrategie für jeweils ein bestimmtes Geschäftsfeld zu unterscheiden (vgl. Teil 1, Kapitel 3.2). Auf Ebene der Unternehmensstrategie ist der Beitrag der Supply-Strategie (1) zur Entwicklung von Kernkompetenzen, (2) zum Portfoliomanagement und (3) zur Realisierung geschäftsfeldübergreifender Synergien zu betrachten. (vgl. Abbildung 1-3). Auf Ebene der Wettbewerbsstrategie ist der Beitrag der Supply-Strategie (4) zur Entwicklung von Wettbewerbsvorteilen und (5) zur Optimierung der (absatzseitigen) Branchenstruktur zu unterscheiden (vgl. Abbildung 1-4).

1. **Entwicklung von Kernkompetenzen:** Kernkompetenzen sind grundsätzliche Fähigkeiten eines Unternehmens, die sinnvoll gebündelt werden müssen, um damit vielfältige zukünftige Marktchancen zu eröffnen (Prahalad, Hamel 1990 und Hamel, Prahalad 1997). Hierbei können Kernkompetenzen technisch (Beispiel: Beherrschung der Lasertechnologie), marktlich (Beispiel: Fähigkeit, Marktstandards zu setzen) oder organisatorisch (Beispiel: Überragendes Projektmanagement komplexer Kundenprojekte) begründet werden. Nach der Grundidee des Kernkompetenzmanagements werden in dynamischen Märkten nur Unternehmen neue Marktchancen nutzen können, die im Vorfeld die benötigten Kernkompetenzen bereits aufgebaut haben. Wer beispielsweise im Zeitpunkt der Entstehung des Marktes für Digitalfotografie nicht schon über die notwendigen Kernkompetenzen verfügte, konnte im Markt keine führende Position mehr übernehmen. Hamel / Prahalad vergleichen das Kernkompetenzmanagement mit einem Marathonlauf. Die Wettbewerbsstrategie, also der Wettbewerb um Marktanteile und Marktposition, entspricht dabei den letzten 100 Metern. Wer nach 42 km Lauf nicht vorne im Feld ist, wird im Sprint keine Rolle spielen (Hamel, Prahalad 1997, S. 278 f.).

Nach klassischer Überzeugung dürfen Kernkompetenzen nicht outgesourct werden, um die zukünftige Wettbewerbsposition nicht zu gefährden. Damit wären Kernkompetenzen kein Gegenstand der Supply-Strategie, bestenfalls im Sinne von Tabuthemen, die in der Strategieentwicklung nicht vorangetrieben werden dürfen.

In jüngerer Zeit wird dieser Grundsatz allerdings innerhalb der Diskussion um das Netzwerk- und Clustermanagement kritisch hinterfragt. Um die Innovationskraft des Unternehmens zu stärken sollen Kompetenznetzwerke mit Lieferanten und Dienstleistern aufgebaut werden. Insbesondere sollen Spezialisten in industriellen Clustern (bekannte Beispiele für industrielle Cluster sind Biotechnologie in Martinsried bei München, Medizintechnik in Erlangen oder Opto-Elektronik in Jena) eingebunden werden, um an der Spitze der technologischen Entwicklung zu stehen. Die Entwicklung von Kompetenznetzwerken ist Gegenstand der Supply-Strategie. Die enge, vertrauensvolle und möglichst exklusive Bindung stellt dabei eine besondere Herausforderung für das Supply Management dar. Die Fragen zur Clustereinbindung sind im Rahmen der Supply-Ziele (Modul 2), der Make-or-Buy-Entscheidung (Modul 4) und der Supply-Marktstrategie (insbesondere Module 7 und 8) näher zu behandeln. In der Basisstrategie sollten die Kompetenzfelder benannt werden, in denen Kompetenznetzwerke entwickelt werden sollen.

2. **Portfoliomanagement:** Im Portfoliomanagement wird die Frage entschieden, in welchen Geschäftsfeldern das Unternehmen aktiv sein möchte. Grundsätzliche Handlungsalternativen sind insbesondere die Identifikation und der Markteintritt in für das Unternehmen attraktive Branchen, die Entwicklung und der Ausbau von aktuellen Geschäftsaktivitäten sowie der Rückzug aus unattraktiven Branchen. Aus der gewählten Portfoliostrategie ergeben sich unmittelbare Konsequenzen für die Bedeutung von Supply-Märkten. So muss in der Supply-Strategie parallel zum Aufbau oder Ausbau von Geschäftsfeldern der Kompetenzaufbau in den hierzu bedeutsamen Supply-Märkten intensiv vorangetrieben werden. Ebenso ist auch der Ausstieg aus Beschaffungsmärkten mit erheblichen Risiken verbunden, die es abzufedern gilt. In der Basisstrategie sind die jeweiligen Anforderungen an die Supply-Strategie zu definieren.

3. **Realisierung geschäftsfeldübergreifender Synergien:** Die Realisierung von Synergien zwischen strategischen Geschäftsfeldern gehört zu den verlockenden und gleichzeitig immens schwierigen Aufgaben einer Unternehmensstrategie. Im Bereich des Supply Managements werden regelmäßig enorme Synergiepotenziale vermutet, so dass deren Realisierung zu den wichtigen Aufgabenfeldern einer Supply-Strategie gehört. Konkret werden beispielsweise Einkäufe über konzernweite Rahmenverträge oder einen Zentraleinkauf gebündelt. Materialgruppenmanagement, Lead-Buyer-Konzepte und Shared Service-Konzepte schaffen die organisatorische und dv-technische Basis zur unternehmensweiten Zusammenarbeit (vgl. Modul 13). Als weitere Beispiele sind die unternehmensweite Abstimmung von Vorzugsmaterialien oder Plattformkonzepten zu nennen (vgl. Modul 7, insbesondere Kapitel 7.2). In der Basisstrategie können Pfade der Realisierung von Synergien vorgegeben werden.

Abbildung 1-3: *Typische Beispiele für Basisstrategien auf Ebene der Unternehmensstrategie*

Beispiele im Kernkompetenzmanagement:

▓ Stärkung der Innovationskraft durch die Entwicklung eines Kompetenznetzwerkes für ...

▓ Verkürzung der Time-to-Market durch System- und Entwicklungspartnerschaften mit ...

▓ Aufbau und Entwicklung von Partnerschaften zur Entwicklung des Projektgeschäftes

Beispiele im Portfoliomanagement:

▓ Entwicklung der Beschaffungskompetenz für die neue Automotive-Division, d.h. es sind die neuen Supply-Märkte zu entwickeln.

▓ Absicherung der Lieferantenbasis in Bezug auf die hohen Wachstumsziele

▓ Absicherung der Lieferantenbasis in Bezug auf den Ausstieg aus dem Markt für ...

▓ Entwicklung eines globalen Supply-Netzwerkes entsprechend der Globalisierung des Unternehmens

Beispiele zur Realisierung von Synergien:

▓ Realisierung von Bündelungsvorteilen über die verschiedenen Beteiligungsunternehmen

▓ Realisierung von Bündelungsvorteilen in der Zusammenarbeit mit Auslandstöchtern in ...

▓ Integration der Supply-Aktivitäten von a mit b im Rahmen der Übernahme von a

4. **Entwicklung von Wettbewerbsvorteilen:** Die Wettbewerbsstrategie zielt auf die Entwicklung und Aufrechterhaltung möglichst dauerhafter Wettbewerbsvorteile innerhalb eines strategischen Geschäftsfeldes. In seinem Klassiker "Wettbewerbsvorteile" unterscheidet Porter zwei grundsätzliche Wege zum Aufbau und Erhalt von Wettbewerbsvorteilen: Kostenführerschaft und Differenzierung (Porter 1986). Die Idee der Kostenführerschaft beruht darauf, dass ein Unternehmen mit marktüblichen Leistungen trotz Wettbewerbsdruck und Preisverfall profitabel arbeiten kann, wenn es die beste Kostenposition hat. Die Bedeutung der Supply-Strategie zur Optimierung der Kostenposition ist bei einer Wertschöpfungstiefe von unter 50 % offenkundig.

Im Rahmen der Differenzierungsstrategie werden den Kunden einzigartige Leistungen geboten, für die sie bereit sind, mehr als die damit verbundenen Kosten zu bezahlen. Die Supply-Strategie kann im Rahmen der Differenzierungsstrategie durch überdurchschnittlich fehlerfreie und/oder überlegene Leistungen von Lieferanten zu einer einzigartigen Leistungsfähigkeit des eigenen Produktes beitragen. Zunehmend wichtiger werden in vielen Branchen darüber hinaus prozessbezogene Leistungskriterien, wie zum Beispiel sehr kurze Lieferzeiten, hohe Flexibilität, absolute Termintreue oder Lieferqualität.

Um Wettbewerbsvorteile aufbauen zu können, muss die Supply-Strategie stets auch die Exklusivität sowie die Überlegenheit der eigenen Position relativ zur Position der Wettbewerber im Auge behalten. Dieser Blickwinkel ist im Supply Management ungewohnt. In der Basisstrategie sind ferner das Verhältnis von Qualität und Kosten zu klären (vgl. das Beispiel Basisstrategie eines mittelständischen Chemieherstellers in Abbildung 1-2) und der wesentliche Beitrag der Supply-Strategie zur Erlangung von Wettbewerbsvorteilen herauszuarbeiten.

5. **Optimierung der Branchenstruktur:** Im Rahmen der Wettbewerbsstrategie muss ein Unternehmen auf sein strategisches Umfeld passiv reagieren bzw. aktiv einwirken. Mit seinem Konzept der Branchenstrukturanalyse bietet Porter (1983) ein Konzept zur Analyse und Optimierung der eigenen Branche. Nach diesem Konzept kennzeichnen fünf Wettbewerbskräfte die Attraktivität der Branche: (1) Rivalität unter bestehenden Unternehmen, (2) Bedrohung durch neue Konkurrenten (3) Verhandlungsstärke der Abnehmer (4) Verhandlungsstärke der Lieferanten und (5) Bedrohung durch Ersatzprodukte.

Offenkundig hat die Supply-Strategie großen Einfluss auf die Entwicklung der Verhandlungsposition der Lieferanten. Aber auch auf die anderen Strukturkräfte kann die Supply-Strategie erheblichen Einfluss ausüben. Beispielsweise können hervorragende Partnerschaften mit Lieferanten den Markteintritt neuer Wettbewerber erschweren. Durch die Verlagerung von Kapazitäten auf Lieferanten können Fixkosten reduziert und somit die Rivalität einer Branche verringert werden. Selbst die Verhandlungsstärke der Abnehmer kann mit Hilfe der Supply-Strategie reduziert werden, wenn durch exklusive Leistungen von Lieferanten dem Kunden einzigartige Leistungen geboten werden. Abbildung 1-4 zeigt typische Beispiele für Basisstrategien auf Ebene der Wettbewerbsstrategie.

Abbildung 1-4:   *Typische Beispiele für Basisstrategien auf Ebene der Wettbewerbsstrategie*

Beispiele zur Erlangung von Wettbewerbsvorteilen

▓ Realisierung der besten Kostenposition auf den Zuliefermärkten zur Unterstützung der Kostenführerschaftsstrategie (Die beste Kostenposition versteht sich relativ zu den eigenen Wettbewerbern.)

▓ Sicherung exklusiver Leistungen im Markt für ...

▓ Frühzeitige Bereitstellung der neuen Technologie X in Zusammenarbeit mit Lieferanten

▓ Lieferanteneinbindung zur Realisierung einer Just-in-Sequence-Philosophie

▓ Einführung eines Projekteinkaufes zur Reduzierung der Time-to-Market

▓ Optimierung der Kostenposition auf den Zuliefermärkten für die Nische ...

Beispiele zur Optimierung der Branchenstruktur

▓ Reduzierung der Abhängigkeiten in den Zulieferbranchen abc

▓ Verhinderung von Überkapazitäten des Unternehmens durch Flexibilität bei den Zulieferern

▓ Verhinderung des Markteintritts von Wettbewerbern durch Exklusivverträge in den Branchen ..

▓ Reduzierung der Verhandlungsstärke der Abnehmer durch Sicherung exklusiver Leistungen im Markt für ...

1.4 Fallbeispiel Elektro AG

Am Fallbeispiel der Elektro AG Geschäftsfeld „Leistungsantriebe" (kurz Elektro LA oder LA) soll die 15M-Architektur der Supply-Strategie® durchgängig illustriert werden, indem zu den 15 Modulen jeweils die Strategie der Elektro LA beschrieben wird. Eine ausführliche Fallbeschreibung mit Fragestellungen für die Fallstudiendiskussion im Hochschulunterricht findet sich in Teil 3, Kapitel 1. Die einzelnen Lösungsskizzen zu den Modulen sind allerdings so geschrieben, dass sie das Studium der Fallbeschreibung in Teil 3 nicht voraussetzen. Angemerkt sei, dass es zu den „Musterlösungen" natürlich auch hervorragende Alternativlösungen gibt. Wesentliche Aspekte der Ausgangssituation der Elektro AG sind folgend kurz skizziert:

Die Elektro AG ist ein Elektrokonzern mit fünf Geschäftsfeldern. Der Jahresumsatz von 5 Mrd. € wird von 26.000 Mitarbeitern erwirtschaftet. Im Geschäftsfeld „Leistungsantriebe" werden große Elektromotoren ab 10 kW bis in den Megawattbereich hergestellt, beispielsweise für Industrieanwendungen, Anlagenantriebe in Walzwerken, Schiffsmotoren, Antriebe für Schienenverkehrsfahrzeuge, Pumpenantriebe in der Ölförderung. LA erzielt mit 5.800 Mitarbeitern einen Umsatz von 1 Mrd. €. Die Wertschöpfungstiefe beträgt 40 %, so dass sich das Einkaufsvolumen auf 600 Mio. € beläuft.

Der Umsatz von LA ist global verteilt mit Schwerpunkten in Europa und den USA. Der asiatische Markt, insbesondere China, ist stark expansiv. Südamerika und Russland werden als Zukunftsmärkte gesehen, deren Entwicklung allerdings noch mit erheblichen Fragezeichen versehen ist. Der Sitz von LA und der größte Fertigungsstandort sind in Deutschland. Darüber hinaus ist die Fertigung noch stark auf Europa mit drei weiteren Standorten und den USA konzentriert. In China ist eine neue Fabrik im Aufbau. Ein weiterer Standort ist in Rumänien geplant.

Bei der Elektro AG werden das Supply Management und damit die Supply-Strategie auf Ebene der fünf Geschäftsfelder verantwortet. So empfiehlt es sich, in jedem Geschäftsfeld eine eigenständige Supply-Rahmenstrategie zu entwickeln. Darüber hinaus werden auf der Konzernebene geschäftsfeldübergreifende Synergien realisiert, z.B. durch die Bündelung von Bedarfen und durch die Entwicklung übergreifender Prozesse, Methoden und Instrumente. So wird beispielsweise konzernweit ein Lieferantenportal betrieben und eine einheitliche Vorgehensweise im Lieferantenmanagement bzw. im Rahmen der Erfolgsmessung sichergestellt. Vor diesem Hintergrund sollte auch auf Konzernebene eine Supply-Rahmenstrategie formuliert werden. Um das Beispiel allerdings nicht zu kompliziert zu gestalten, konzentriert sich die Fallbeschreibung auf die Supply-Rahmenstrategie der Elektro LA.

▓ **Beschreiben Sie die Basisstrategie der Elektro LA.**

In Abbildung 1-5 ist die Basisstrategie der Elektro LA zusammengefasst. Die Basisstrategie umfasst einerseits zwei Statements, die sich auf das Wertesystem der Elektro AG beziehen, und andererseits vier strategiebezogene Statements. Nähere Hinweise zu einer Supply-Vision finden sich im Fall nicht.

Abbildung 1-5:   *Elektro LA: Basisstrategie*

Supply-Rahmenstrategie 2008	
Elektro AG ✵ **Leistungsantriebe**	**Basisstrategien**
	Wertesystem: Aus dem Code of Conduct und aus der Teilnahme der Elektro AG am Global Compact der Vereinten Nationen leiten sich folgende Basisstrategien ab.
	1. **Es wird grundsätzlich ein fairer und vertrauensvoller Umgang mit Lieferanten und Partnern gepflegt.**
	2. **Die Sozialstandards des Global Compact sind von allen Lieferanten einzufordern.**
	Strategie: Aus der Unternehmens- und Wettbewerbsstrategie leiten sich die Basisstrategien für die Ausrichtung des Unternehmens auf seinen Beschaffungsmärkten ab.
	3. **Versorgungssicherheit und Flexibilität:** Sicherung der Versorgung mit den benötigten Inputs trotz starken Marktwachstums und gleichzeitig Absicherung gegenüber zukünftigen Marktschwankungen.
	4. **Globalisierung des Supply Managements,** insbesondere auch zur Versorgung der neuen Standorte in China und ggf. in Rumänien.
	5. **Einzigartigkeit der Kostenposition im Einkauf** schafft Wettbewerbsvorteile.
	6. **Lieferzeit in den Absatzmärkten:** Lösungen in den relevanten Supply-Märkten entwickeln, um die Lieferzeit in den Absatzmärkten um 50% zu verkürzen.

Am Beispiel der Elektro LA soll – wie bereits betont – die Entwicklung einer Supply-Strategie illustriert werden. Da allein die Supply-Rahmenstrategie leicht 50 Folien umfassen kann, muss eine Konzentration auf wesentliche Themen erfolgen. Weitere Inhalte sowie die Struktur der Rahmenstrategie können nur überblicksartig angesprochen werden. Der Foliensatz zur Supply-Rahmenstrategie kann wie folgt starten:

▨ Titelblatt

▨ Zielsetzung der Supply-Strategie

▨ Architektur der Supply-Strategie (= Vorstellen der 15M-Architektur®)

▨ Gliederung

▨ Allgemeine Marktentwicklung auf den Absatzmärkten der Elektro LA

▨ Wesentliche Eckpunkte der Unternehmensstrategie der Elektro LA

▨ Basisstrategie (vgl. Abbildung 1-5) mit Wertesystem, Vision und Strategie

2 Modul 2: Supply-Ziele formulieren

Ohne Ziele gibt es keine Optimierung! Die Supply-Strategie soll den zukünftigen Wertbeitrag des Supply Managements für das Unternehmen entwickeln und sichern. In den Supply-Zielen wird der angestrebte Wertbeitrag[9] des Supply Managements (und damit der Supply-Strategie) konkretisiert und festgelegt. Nach einer Studie von A.T. Kearney setzt sich die Wertorientierung in der Beschaffung von Großunternehmen nachhaltig durch. So stieg der Anteil der Unternehmen, die Wertgenerierung in der Beschaffung als Ziel formulieren, von 28 % im Jahr 1999 auf 66 % im Jahr 2004 (vgl. Wagner, Weber 2007, S. 29).

Die 15M-Architektur® geht davon aus, dass sich erwerbswirtschaftliche Unternehmen und damit auch das Supply Management am „wohlverstandenen" Shareholder Value ausrichten. In den Shareholder Value-Ansätzen orientiert sich die Unternehmenssteuerung konsequent an den Interessen der Aktionäre bzw. der Eigentümer. Wie oben bereits ausgeführt ist „wohlverstanden" in zweifacher Weise zu interpretieren: Zum einen dominiert die mittel- bis langfristige strategische Entwicklung des Unternehmens deren kurzfristige „Ausbeutung". Zum zweiten werden unternehmensethische Aspekte berücksichtigt. In begründeten Ausnahmefällen werden die Interessen von Stakeholdern auch dann befriedigt, wenn dies zu einer Einbuße beim Shareholder Value führt (vgl. Modul 1). Solche Ausnahmen stellen nicht das grundsätzliche Prinzip einer Shareholder Value-Orientierung in Frage.

So komplex die Berechnungsmethoden in den verschiedenen Shareholder Value-Ansätzen auch sind, die Grundidee ist einfach. Das Management hat den Shareholder Value dann gesteigert, wenn die Kapitalrendite (nach Steuern vor Zinsen) über den Kapitalkosten des Unternehmens liegt. Die wesentlichen Zielgrößen, um die Kapitalrendite zu beeinflussen, sind die Umsätze, die Auszahlungen und das betriebsnotwendige Vermögen. Bei der Berechnung der Kapitalkosten gehen die Fremd- und die Eigenkapitalkosten gewichtet mit dem Anteil des Eigen- bzw. Fremdkapitals am Gesamtkapital ein. Bei der Ermittlung der Eigenkapitalkosten werden verschiedene Risikokomponenten berücksichtigt. In sogenannten Treiberbäumen können die Hebel zur Steigerung des Shareholder Value identifiziert werden, indem die oben beschriebenen Einflussgrößen konkretisiert werden. Beispielsweise können Auszahlungen in verschiedene Auszahlungsarten aufgesplittet werden.

---

[9] Es sei darauf hingewiesen, dass trotz der sprachlichen Nähe das „Wertesystem" des Unternehmens, in dem die normativen Werte definiert werden (vgl. Modul 1), vom „Wertbeitrag" bzw. von der „Wertorientierung", der eine reine shareholderorientierte Rendite darstellt, strikt zu unterscheiden ist.

Soll der Shareholder Value direkt zur Steuerung einzelner Hauptabteilungen, z.B. Sales, Produktion oder Supply Management, herangezogen werden, ergeben sich kaum lösbare Zurechnungsprobleme. Worauf ist beispielsweise eine Umsatzsteigerung zurückzuführen? Auf eine überlegene Vertriebsleistung, auf ein wettbewerbsstarkes technisches Konzept oder auf die grandiose Einbindung von Zulieferern, die Lieferzeiten unter einer Woche ermöglicht? Weshalb können Sicherheitsbestände an Inputmaterialien nicht reduziert werden: Weil vom Marketing eine ausufernde Variantenpolitik betrieben wird, oder weil die Lieferzeiten der Zulieferer zu lange sind und die Flexibilität in der Lieferkette zu gering ist. Auch bei der Zuordnung der Auszahlungen gibt es erhebliche Abgrenzungsprobleme, die insbesondere in der Trennung von Kostenverantwortung und Kostenverursachung begründet liegen: Die Spezifikationen werden in der Technik festgelegt. Wenn daraufhin weltweit nur noch ein Lieferant in Frage kommt, werden die einkäuferischen Spielräume eng. Der Einkauf wiederum ist für die Einbindung der Lieferanten zuständig. Bei Qualitätsproblemen sind die Kostenkonsequenzen bis in den Vertrieb hinein zu spüren.

Aufgrund dieser Zurechnungsprobleme wird es nur schwerlich gelingen, ein durchgängiges, d.h. mathematisch mit dem Sharholder Value des Unternehmens verknüpftes Zielsystem im Supply Management zu installieren. Pragmatisch betrachtet empfiehlt sich ein System mit steuerbaren Zielkategorien, das zumindest logisch mit dem Shareholder Value-Treiberbaum verknüpft ist. Dabei sind auch die Ziele zu berücksichtigen, die sich indirekt über die Leistungen an die internen und externen Kunden auf den Shareholder Value auswirken. Beispielsweise ermöglicht eine termintreue Anlieferung der Lieferanten eine zeitgerechte Produktion und Auslieferung der Produkte und erhöht damit mittelbar den Umsatz.

Zur Analyse der Ziele werden diese einerseits nach der Zielart in Kosten-, Qualitäts- und Vermögens-Ziele[10] und andererseits nach dem Zielobjekt in Objekt- und Prozess-Ziele strukturiert. Die sich ergebenden sechs Felder werden in folgender Weise näher betrachtet (vgl. Abbildung 2-1): [11]

---

[10] An dieser Stelle sollte von der Betrachtung der Auszahlungen auf die Optimierung von Kosten gewechselt werden. Der Shareholder Value ist eigentlich an den Zahlungsströmen und damit an den Auszahlungen interessiert. Im Supply Management kann dieses Ziel vereinfacht in zwei Teile zerlegt werden: Die Kosten, also der bewertete Werteverzehr, sowie das betriebsnotwendige Vermögen.

[11] Large (2000) S. 42 ff. analysiert umfangreich empirische Untersuchungen zu Zielen in der Beschaffung und kommt zum Schluss, „dass die drei Beschaffungsziele „angemessene Qualität", „hohe Versorgungssicherheit" und „niedrige Beschaffungskosten" wohl in dieser Reihenfolge das Wirken im strategischen Beschaffungsmanagement bestimmen." Vergleicht man diese Ziele mit dem vorliegenden Ansatz erkennt man die Defizite in der Beschaffungspraxis.

Abbildung 2-1:   *Übersicht über Supply-Ziele*

	Objekt	Prozess	
Kosten	**Objektkosten:** z.B. MKV; Verhandlungserfolge	**Prozesskosten:** z.B. Transportkosten Bestellkosten	**Total Cost of Ownership**
Qualität	**Objektqualität:** z.B. Leistung, Menge, Fehlerfreiheit Innovation	**Prozessqualität:** z.B. Lieferzeit, Termintreue, Lieferqualität	
Betriebs- notwendiges Vermögen	**Anlagevermögen:** z.B. Lager, DV-Systeme **Working Capital:** z.B. Bestände, Vorfinanzierungen		

MKV = Materialkostenveränderung

- **Objektkosten:** Die Einflussnahme auf die Kosten der Beschaffungsobjekte stellt in vielen Einkaufsabteilungen heute die zentrale Zielsetzung dar. Insofern wird in diesem Zusammenhang von Planung und Messung des Einkaufserfolges gesprochen. Auch wenn die folgenden Zielkategorien aktuell an Gewicht gewinnen, bleiben die Kosten der Beschaffungsobjekte weiterhin von zentraler Bedeutung.

- **Prozesskosten und Total Cost of Ownership:** Prozesskosten sind die Kosten, die durch die Prozessabwicklung verursacht werden. Viele Firmen haben mittlerweile die Bedeutung der Prozesskosten erkannt. Aufgrund vielfältiger Ausstrahlungseffekte erscheint es allerdings notwendig, die Gesamtkosten (Total Cost of Ownership) einzelner Entscheidungen bzw. Entscheidungsfelder im Auge zu behalten. In Bezug auf die Supply-Strategie ist dies allerdings eine schwierige, bisher kaum umgesetzte Aufgabe.

- **Objekt- und Prozessqualität:** Die Supply-Strategie unterstützt ferner auch die Bereitstellung differenzierter Marktleistungen durch überlegene Qualität der Objekte und der Versorgungsprozesse. Dabei ist die Qualität ein vielschichtiger Begriff, der gleichermaßen Fehlerfreiheit wie Leistungsstärke und Innovation umfasst. Die Objektqualität bezieht sich auf die Überlegenheit der Beschaffungsobjekte. Die Prozessqualität ermöglicht eine differenzierte Versorgung des Kunden durch besondere Leistungen in den Versorgungsprozessen, z.B. durch kurze Lieferzeiten oder durch eine hohe Liefertermintreue.

- **Betriebsnotwendiges Vermögen:** Zur Optimierung des Shareholder Values muss das Supply Management das betriebsnotwendige Vermögen reduzieren. Dabei erscheint eine Trennung nach Objekt und Prozess nicht sinnvoll. Beispielsweise ist das notwendige Working Capital für Sicherheitsbestände beiden Kategorien zuordenbar.

Bevor an Hand dieser vier Kategorien die Formulierung der Supply-Ziele näher betrachtet wird, sollen noch einige grundsätzliche Fragestellungen zur Formulierung von Supply-Zielen angesprochen werden:

Aufbau von Wettbewerbsvorteilen: Aus dem strategischen Denken in Wettbewerbsvorteilen folgt, dass die Zielsetzungen (eigentlich) relativ zum strategischen Wettbewerb bestimmt werden müssen. Eine gute Kostenposition allein genügt nicht. Wettbewerbsvorteile ergeben sich nur dann, wenn die Kostenposition auf den Beschaffungsmärkten besser ist als die der Wettbewerber. Gleiches gilt natürlich auch für die Qualität und für das betriebsnotwendige Vermögen. Als pragmatische Vorgehensweise empfiehlt sich, im Rahmen der Zielformulierung die Zielwerte angesichts der Wettbewerbssituation zu definieren. Aufgrund der Bedeutung sollten die Zielwerte möglichst mit Hilfe von Benchmarks ermittelt werden.

Der strategische Planungshorizont ist häufig drei bis fünf Jahre, in einigen Branchen sogar über zehn Jahre. Für diesen Zeitraum sollten die Zielwerte der Supply-Ziele festgelegt und jährlich rollierend fortgeschrieben werden. Aufgrund des erheblichen Planungsaufwandes ist diese (theoretische) Forderung häufig nicht umsetzbar. Selbst wenn keine langfristigen Zielwerte festgelegt werden können, wird über die Definition und Priorisierung der wesentlichen Zielkategorien die strategische Ausrichtung maßgeblich bestimmt.

Cash Out-Quote[12]: Nach wie vor gehen in vielen Unternehmen wesentliche Einkaufsvolumina am Einkauf vorbei (Maverick Buying), insbesondere jenseits der direkten Materialien in Einkaufsfeldern wie Marketing, IT, Logistik oder Investgütern. Der Schaden aufgrund nicht oder schlecht gebündelter und verhandelter Vergaben sowie Folgekosten in der Nachkaufphase sind typische Problemfelder des Maverick Buyings. Insofern ist die Cash Out-Quote, Anteil des Einkaufs mit Bestellbezug zum gesamten Einkaufsvolumen, eine interessante Zielgröße, die die Verbreitung des Supply Managements im Unternehmen zum Ausdruck bringt. Eine Cash Out-Quote von 70 % und mehr kann als in Ordnung und eine Quote von über 90 % als hervorragend eingestuft werden.

Unterscheidung zwischen Zielen und Treibern: In den Supply-Zielen wird – wie oben ausgeführt – der Beitrag festgelegt, den das Supply Management zum Erfolg des Unternehmens beisteuern soll. Häufig werden in Unternehmen Supply-Ziele und Treibergrößen vermischt. Treibergrößen beschreiben die Hebel, mit denen die Supply-Ziele realisiert werden sollen. Typische Beispiele solcher Treibergrößen sind die Reduzierung der Lieferantenzahl oder die Steigerung des Global Sourcinganteils. Mit diesen Treibergrößen sollen meist die Prozess- oder Objektkosten reduziert werden. Der

---

12 Die Cash-out-Quote bezeichnet den Anteil der Ausgaben mit Bestellbezug, d.h. die Ausgaben, die über den Einkauf abgwickelt werden.

Wertbeitrag von Treibergrößen wirkt somit nur indirekt über die eigentlichen Zielgrößen. Die Vermischung von Supply-Zielen und Treibergrößen ist problematisch, da damit nicht mehr trennscharf zwischen den Zielsetzungen der internen und externen Kunden sowie den frei wählbaren Handlungsoptionen des Supply Managements zur Realisierung dieser Ziele unterschieden wird.

Flexibilität: Ein weiteres häufig genanntes Supply-Ziel ist die Flexibilität, z.B. Mengenflexibilität, Lieferterminflexibilität, regionale Flexibilität (vgl. Koppelmann 2004, S. 117 ff.). Im Rahmen des Supply Managements wird neuerdings auch von Agilität (= Fähigkeit die Lieferkette in kurzer Zeit umzubauen, z.B. weil sich Technologien oder Terms-of-Trade verändert haben) und Reagibilität (= Fähigkeit auf Nachfrageimpulse entlang der Supply Chain zu reagieren, vgl. den bekannten Forrester-Effekt) gesprochen.

Die Einordnung der Flexibilität ist schwierig. Sie ist einerseits eine sehr generelle Treibergröße zur Erreichung der Supply-Ziele und ist somit für das Supply Management von besonderer Bedeutung. Andererseits leistet sie selbst keinen eigenständigen Wertbeitrag für das Unternehmen. Sie hilft vielmehr trotz Schwankungen der Rahmenbedingungen die Supply-Ziele zu erreichen. Aus dieser Überlegung heraus soll die Flexibilität nicht als eigenständige Zielgröße behandelt werden, wohl wissend, dass es auch gute Gründe gibt, die Flexibilität im Rahmen der Supply-Ziele zu erörtern.

Berücksichtigung des Risikos: Bei der Planung der Zielwerte werden Risikoaspekte (natürlich) beachtet: Wer eine Liefertermintreue von 85 % anstrebt, unterstellt geradezu, dass nicht alles gelingen wird. Wer einen Einkaufserfolg von 1 Million € plant, wird nicht vom besten denkbaren Fall sondern von einer realistischen Mischung aus Erfolg und Misserfolg ausgehen. Die Maßnahmen zur Steuerung der Risiken sind zentraler Gegenstand in den folgenden Modulen. Beispiel: Die Frage „was sollte unternommen werden, um die Liefertermintreue zu verbessern" wird in Modul 7 und Modul 11 erörtert. In diesem Sinne spielt auch das häufig genannte Ziel der „Versorgungssicherheit" eine bedeutende Rolle.

Darüber hinaus könnte man im Rahmen der Planung der Supply-Ziele das Risiko durch Schwankungsbereiche der Zielwerte zum Ausdruck bringen. Beispiel: Der Einkaufserfolg wird mit 90 % Wahrscheinlichkeit zwischen 1,4 Millionen € und 1,5 Millionen € liegen. Dieser Ansatz erscheint uns theoretisch interessant, pragmatisch bestenfalls visionär, so dass er im Folgenden nicht weiter verfolgt wird.

Incentivierung: Soweit im Supply Management leistungsabhängige Lohnbestandteile gezahlt werden, ist auf eine enge Verknüpfung zwischen den Supply-Zielen und den Leistungszielen zu achten. Keinesfalls dürfen zwei parallele Zielsysteme aufgebaut werden (vgl. Modul 13).

2.1 Objektkosten senken

Bei der Formulierung der Ziele für die Objektkosten muss zwischen kostenorientierten und leistungsorientierten Zielen unterschieden werden. Kostenorientierte Ziele gehen von einer definierten bzw. gleichbleibenden Leistung aus und versuchen die Kosten zu verbessern. Leistungsorientierte Ziele hingegen versuchen über die Optimierung der Beschaffungsobjekte die Objektkosten zu reduzieren. Abbildung 2-2 gibt einen Überblick über die Ansätze zur Messung der Objektkosten und damit zur Zielformulierung bei den Objektkosten.

Abbildung 2-2:   *Ansätze zur Messung und zur Zielformulierung von Objektkosten*

Bei den **kostenorientierten Ansätzen** lassen sich vier grundsätzliche Vorgehensweisen unterscheiden:

Materialkostenveränderung Basis Vorjahr: Wird eine Leistung über mindestens zwei Jahre identisch beschafft, kann die Kostenentwicklung ausgewertet werden. Üblicherweise wird die Kostenveränderung ((Kosten laufendes Jahr – Kosten Vorjahr) : Kosten Vorjahr) mit der Menge im laufenden Jahr bewertet bzw. mit dem Anteil am Einkaufsvolumen im laufenden Jahr gewichtet. Somit ergibt sich die Kostenveränderung bzw. der Einkaufserfolg im aktuellen Einkaufsvolumen. Ein einfaches Rechenbeispiel findet sich in Abbildung 2-3.

Abbildung 2-3: Rechenbeispiel zur Berechnung der Materialkostenveränderung

	Laufendes Jahr			Vorjahr			Menge LJ*	
	Menge	Kosten	Wert	Menge	Kosten	Wert	Kosten VJ	MKV
Teil 1	10	5	50	15	4	60	40	25%
Teil 2	20	5	100	15	4	60	80	25%
Teil 3	30	10	300	0		0	0	---
Teil 4	40	10	400	20	12	240	480	-16,70%
Teil 5	50	10	500	60	12	720	600	-16,70%
Summe	vergleichbar		1050				1200	-12,50%

- Die Materialkostenveränderung von Teil 1 beträgt 25 %, d.h. die Kosten steigen um 25 %.
- Teil 3 geht nicht in die Berechnung der gesamten Materialkostenveränderung ein, da kein Vorgänger existiert.
- Über alle Teile hinweg ergibt sich eine (gewichtete) Materialkostenveränderung von -12,5 %. Dabei wird für alle relevanten Teile (1,2,4,5) der Wert des laufenden Jahr mit dem Wert aus Menge laufendes Jahr und Kosten Vorjahr verglichen.

So einfach die Grundidee ist, bereitet die Umsetzung einige Schwierigkeiten:

▨ Welche Kostenbestandteile sollen den Objektkosten zugerechnet werden? Kritische Größen sind beispielsweise: Teuerungszuschläge aufgrund von Rohstoffpreisentwicklungen, Transport-, Verpackungs- oder Versicherungskosten.

▨ Wie sollen Materialan- bzw. ausläufe berücksichtigt werden? Im ersten Jahr werden hochpreisig einige Muster besorgt und im zweiten Jahr beginnt die Serie. Die Materialkostenveränderung ist in solchen Fällen immens. Analog ergeben sich Preiseffekte im Auslauf, wenn nur noch kleine Mengen für Ersatzteile besorgt werden. Ähnliche Probleme folgen aus marktbedingten Volumensänderungen.

▨ Unterschiedliche Währungen müssen auf eine Berichtswährung umgerechnet werden. Die Frage bleibt allerdings, ob Währungseffekte aufgrund von Wechselkursschwankungen herausgerechnet werden sollen oder in der Auswertung enthalten bleiben.

▨ Eine dv-technische Auswertung setzt durchgängig gepflegte Sachnummern voraus. Jenseits der direkten Materialien bereitet diese Voraussetzung häufig Probleme. Gute DV-Programme ermöglichen, Vorgänger- und Nachfolgerbeziehungen zu definieren, so dass neue Modelle ohne wesentliche Leistungsveränderung (Beispiel nur neue Modefarbe) aufeinander bezogen werden können.

▨ Zu beachten ist ferner, dass die Auswertung der Materialkostenveränderung stets auf Basis gezahlter Rechnungen und keinesfalls auf Basis von Bestellungen erfolgen sollte. Zu weit können diese Größen voneinander abweichen. Zu weit würden somit die ausgewiesenen Einkaufserfolge von den Ergebnissen der Gewinn- und

Verlustrechnung abweichen. Das Supply Management könnte schnell seine Glaubwürdigkeit im Unternehmen verlieren.

Materialkostenveränderung Basis Zielpreis: Analog kann die Materialkostenveränderung gegenüber einer Plangröße ausgewertet werden. Hierzu sollten für einzelne Sachnummern die Zielpreise und Zielmengen budgetiert werden (vgl. Abbildung 2-4). Alternativ können die Zielpreise der Beschaffungsobjekte aus der Planung von Kundenprojekten oder mit Hilfe der Target Costing-Methodik abgeleitet werden. Viele der oben aufgeführten Probleme können damit beseitigt bzw. reduziert werden. Beispielsweise werden keine Vorgängerbeziehungen mehr benötigt. An- und Auslaufprobleme sind somit auch lösbar. Problematisch sind allerdings die benötigte hohe Beschaffungsmarkt- und Planungskompetenz sowie der ganz erhebliche Planungsaufwand einzuschätzen.

Abbildung 2-4:   *Beispiel: Führen mit Einkaufsbudgets (Wagner, Weber 2007, S.18)*

„Für ein deutsches Unternehmen in der sehr wettbewerbsintensiven und zyklischen Konsumgüter-Elektronikindustrie haben Preisreduzierungen eine entsprechend hohe Priorität. Jährliche Preisreduzierungen in Größenordnungen von rund 5 % sind für Unternehmen in dieser Branche notwendig, um dem Druck auf die Verkaufspreise etwas entgegensetzen zu können. Das Unternehmen geht bei der periodischen Planung und Kontrolle der Beschaffung folgendermaßen vor:

▓ Zunächst werden auf Basis der Einkaufspreise bis September des laufenden Jahres die Zielpreise für das nächste Jahr diskutiert. Beteiligt sind hier die strategische Beschaffung, das Controlling und der Vorstand.

▓ Anschließend vereinbart der Vorstand gemeinsam mit der strategischen Beschaffung eine bestimmte Zielsetzung (zum Beispiel 5 % Preisreduzierung) bezogen auf das Beschaffungsvolumen des kommenden Jahres.

▓ Wenn im September jeden Jahres die Erstellung des Budgets beginnt werden diese Materialpreise individuell pro Sachnummer unter der Berücksichtigung der Gesamtzielsetzung und der Marktentwicklung als so genannte Standardpreise festgeschrieben (Einkauf und Controlling), auch wenn diese erst noch mit den Lieferanten verhandelt oder Maßnahmen zur Materialpreisreduzierung umgesetzt werden müssen.

▓ Auf Basis der Wareneingänge wird dann die Differenz zwischen dem Standardpreis und dem tatsächlichen Einkaufspreis als so genannte Preisdifferenz fortgeschrieben (Controlling).

▓ Die strategische Beschaffung in Summe und jeder einzelne Einkäufer für die von ihm verantwortete Materialgruppe haben ihr Ziel erreicht, wenn am Jahresende die kumulierten Preisdifferenzen „0" betragen."

▓ Die Abweichungen werden unterjährig mindestens zweimal überprüft, so dass ggf. rechtzeitig Maßnahmen ergriffen werden können. Haben sich die Marktverhältnisse so geändert, dass die Ziele nicht mehr zu halten sind, muss notfalls eine Anpassung der Ziele erfolgen.

Verhandlungserfolge: Der Ausweis von Verhandlungserfolgen ist ein weiterer Ansatz zur Formulierung von Zielwerten bei den Objektkosten. Hierzu wird beispielsweise die Differenz zwischen dem besten unverhandelten Angebot – es sollten drei schriftliche Angebote vorliegen – und dem Bestellpreis ausgewiesen. Alternativ kann auch die Differenz zu einem vorher ermittelten Zielpreis gemessen werden. Die errechneten Einsparungen werden über eine Liste je Einkäufer bzw. je Materialfeld ausgewertet. Bei der Umsetzung sind folgende Aspekte zu berücksichtigen:

■ Bei Rahmenverträgen werden die Verhandlungserfolge erst mit der Nutzung des Rahmenvertrages ergebniswirksam. Deshalb dürfen die Erfolge in den einzelnen Perioden nur im Umfang der jeweiligen Rahmenvertragsnutzung ausgewiesen werden.

■ Die Auswertung kann sich schwierig gestalten. Beispielsweise, wenn in der Verhandlungsphase der Leistungsumfang angepasst wird, sind Korrekturrechnungen notwendig. Eine Beschränkung auf Anfragen mit einem Mindestvolumen erscheint ratsam.

■ Wie wird mit einer abgewehrten Preiserhöhung umgegangen? Dürfen Erfolge der Kostenvermeidung in die Auswertung mit aufgenommen werden?

■ Besonders kritisch ist zu beurteilen, dass die ausgewiesenen Erfolge nicht in der Gewinn- und Verlustrechnung zu finden sind. Trotz beachtlicher Verhandlungserfolge kann es zu erheblichen Preiserhöhungen kommen. Die Aussagen zur Leistung des Supply Managements verlieren damit schnell an Akzeptanz.

■ Ferner wird an dieser Vorgehensweise die Manipulierbarkeit durch den Einkauf kritisiert.

Indexabweichung: Bei den vorausgehenden Methoden wird kritisch angemerkt, dass die Leistung des Supply Managements eigentlich erst in der Differenz zur Marktpreisentwicklung zu beurteilen ist. Beispielsweise ist eine Preiserhöhung um 10 % bei Stahlprodukten eine hervorragende Leistung, wenn im gleichen Zeitraum die Marktpreise um 20 % gestiegen sind. Umgekehrt ist eine Preissenkung von 10 % in einem Markt mit 20 % Preisverfall inakzeptabel schlecht. Um dieses Problem zu lösen, sollen die Objektkosten relativ zu den Marktpreisentwicklungen gespiegelt werden. Insbesondere in Commodity-Märkten (Rohstoffe, Stahl) sind geeignete Indices auf Ebene von Materialgruppen oder Sachnummern vorhanden. Damit können diese als Zielpreis zur Berechnung der Materialkostenveränderung herangezogen werden. Beispielsweise zeigt der BGR-Preisindex (BGR = Bundesanstalt für Geowissenschaften und Rohstoffe) die Preisentwicklung wichtiger Rohstoffe (z.B. Kupfer, Blei) aus Sicht deutscher Unternehmen (www.bgr.bund.de). Die Stahlpreisentwicklung (Index 2001 = 100) wird beispielsweise am Indikator der Schrottpreisentwicklung in Frankreich, Deutschland, Italien, Spanien und UK von der schweizer Firma Ancotech veröffentlicht (www.ancotech.com).

Bei den **leistungsorientierten Zielsetzungen** werden Einsparungen bei den Objektkosten über eine Optimierung der Beschaffungsobjekte angestrebt. Dies erfolgt in der Regel über Verbesserungsmaßnahmen, wie z.B. Wertanalysen oder Design-to-Cost-Maßnahmen (vgl. Modul 7, Kapitel 7.2). Die Zielformulierung und Erfolgsmessung solcher Maßnahmen empfiehlt sich mit Hilfe der Härtegradsystematik vorzunehmen (vgl. Tabelle 2-1 sowie in der Fallstudie zur Elektro AG in Kapitel 2.5 die Abbildung 2.6). Je nach Projektfortschritt können die finanziellen Projektergebnisse zunehmend zuverlässiger eingeschätzt werden. Dies wird durch den Härtegrad zum Ausdruck gebracht. Ein tatsächlicher Erfolg liegt allerdings erst dann vor, wenn die Maßnahmen ergebniswirksam werden. Dies kann teilweise lange Zeit in Anspruch nehmen, falls beispielsweise optimierte Materialien in kundenspezifischen Projekten mit mehreren Jahren Laufzeit zum Einsatz kommen. Diese Vorgehensweise ergänzt sehr gut die Ermittlung von Materialkostenveränderungen auf Basis Vorjahr, da bei der Härtegradsystematik vor allem Materialien ohne Vorgängerbeziehungen betrachtet werden.

Tabelle 2-1:   *Beispiel Härtegradsystematik zur Messung der Objektkosten*

Härtegrad	Definition	Beispiel
HG 1	Ziel formuliert	50.000 € durch Materialeinsparung Gehäuse
HG 2	Idee vorhanden	Lieferantenworkshop zur Materialoptimierung
HG 3	Maßnahme ausgearbeitet	Workshop durchgeführt; Material konstruiert
HG 4	Maßnahme umgesetzt	Neues Gehäuse bestellt
HG 5	Maßnahme ergebniswirksam	Neues Gehäuse beim Lieferanten bezahlt

Zur Formulierung der Ziele bei den Objektkosten können verschiedene Methoden kombiniert werden. Jedoch sollten keinesfalls die Verhandlungserfolge mit den Ergebnissen der anderen Methoden zusammengefasst werden. Hierzu ist die Berechnungsgrundlage zu unterschiedlich.

2.2   Prozesskosten und Total Cost senken

In bestimmten Materialgruppen können die Kosten der Versorgungsprozesse die Objektkosten weit übersteigen. Viel diskutiertes Beispiel sind C-Teile, bei denen Objektkosten von wenigen Euros leicht Prozesskosten von 100 € bis 200 € gegenüberstehen. Aber auch in anderen Materialfeldern sind die Prozesskosten nicht vernachlässigbar. Schimanek (2003, S. 399) berichtet beispielsweise von 571 € Bestellkosten bei Serienmaterial in der Petrochemie. Trotz ihrer Bedeutung werden die Prozesskosten nur in wenigen Unternehmen systematisch berücksichtigt. Dies mag von nicht unerheblichen Messproblemen herrühren.

Die **Prozesskostenrechnung** stellt einen ersten Ansatz zur Planung und Messung der Prozesskosten zur Verfügung. Folgende Vorgehensweise wird vorgeschlagen:

1. **Versorgungsprozesse definieren:** Im ersten Schritt müssen die Versorgungsprozesse strukturiert und definiert werden. Hierzu werden üblicherweise top-down Hauptprozesse in Teilprozesse zergliedert und bottom-up Einzelaktivitäten in den Abteilungen identifiziert und zu Prozessen verdichtet. Eine kritische Frage in diesem Zusammenhang ist die Tiefengliederung: Wie detailliert werden die einzelnen Prozesse in Teilprozesse zergliedert?

2. **Cost Driver identifizieren:** Für jeden relevanten Prozess muss eine Kosteneinflussgröße, der sogenannte Cost Driver, identifiziert werden. Innerhalb eines bestimmten Geltungsbereiches wird eine (lineare) Abhängigkeit der Prozesskosten vom Cost Driver unterstellt. Entwickeln sich beispielsweise im Bestellprozess die Bestellkosten mit der Zahl der Bestellungen, so ist die Zahl der Bestellungen der Cost Driver. Wenn also 10.000 Bestellungen 300.000 € kosten, dann kosten 11.000 Bestellungen 330.000 €. Ein zweites Beispiel: Im Lieferantenmanagement wird die Zahl der A-Lieferanten häufig der zentrale Cost Driver sein.

3. **Prozesskosten ermitteln:** Zur Ermittlung der Prozesskosten müssen die Kosten den einzelnen Prozessen zugeordnet werden. Dies ist meist eine schwierige und aufwendige Aufgabe, die hier nicht detailliert ausgeführt werden kann. (Zur genauen Vorgehensweise vgl. beispielsweise Remer (2005)).

4. **Zahl der Cost Driver ermitteln:** Die Zahl der Cost Driver ist zu ermitteln. Im Beispiel: Wie viele Bestellungen wurden durchgeführt?

5. **Prozesskostensätze ermitteln:** Die Division der Prozesskosten durch die Zahl der Cost Driver ergibt die Prozesskostensätze, d.h. die Kosten für eine Prozessdurchführung. Im Beispiel: Eine Bestellung kostet 30 € (300.000 € : 10.000 Bestellungen).

Die vorgestellte Vorgehensweise kann gleichermaßen mit Ist-Werten wie mit Planwerten durchgeführt werden. In diesem Zusammenhang können Zielvorgaben berücksichtigt werden. Am Beispiel der Betreuung von A-Lieferanten kann die Planung der Prozesskosten demonstriert werden: Die Zahl der A-Lieferanten (Cost Driver) soll von 250 auf 200 verringert werden. Ebenso können beabsichtigte Prozessverbesserungen zur Senkung der Prozesskostensätze führen. Aufgrund neuer Tools sollen die Betreuungskosten eines A-Lieferanten von 8.500 € pro Jahr auf 8.000 € pro Jahr reduziert werden. Damit kann eine Zielsetzung formuliert werden: Die Kosten der Lieferantenbetreuung soll im nächsten Jahr von 250 * 8.500 € = 2.125.000 € auf 200 * 8.000 € = 1.600.000 € gesenkt werden.

Werden alle wesentlichen Versorgungsprozesse nach dem vorgestellten Schema geplant, ergibt sich die Zielsetzung für die Versorgungsprozesskosten. Leider sind bei der Implementierung eines solchen Systems ganz erhebliche Umsetzungsbarrieren zu überwinden. So bereitet beispielsweise die Suche nach einem geeigneten Cost Driver häufig Schwierigkeiten. Teils ist die Beziehung zwischen dem Cost Driver und der Kostenentwicklung nicht hinreichend linear, oder es sind mehrere Einflussgrößen zu beachten. Die Zuordnung der Kosten zu den Teilprozessen bereitet häufig erhebliche

Probleme, insbesondere wenn mehrere Abteilungen mit dem Prozess betraut sind. Für umfangreiche Systeme ist der Planungsaufwand meist immens und wird nicht selten als prohibitiv eingestuft. Sollte der Planungsaufwand einer systematischen Prozesskostenplanung als (derzeit) zu hoch eingeschätzt werden, gibt es zwei pragmatische Auswege, die auch kombiniert werden können:

▓ Es werden die Prozesskostenarten ausgewählt, die im Unternehmen als besonders wichtig angesehen werden und die mit vertretbarem Aufwand aus der Kostenrechnung ermittelt werden können. Für diese Kostenarten sind Ziele zu definieren. Ggf. können auch über Cost Driver Prozesskostensätze ermittelt und beplant werden. Tabelle 2-2 gibt einen systematischen Überblick über ausgewählte Prozesskostenarten in der Versorgung.

Tabelle 2-2: Kostenkategorien der Versorgung (vgl. Arnolds, Heege, Röh, Tussing 2010, S. 7 f)

Kostenkategorien	Beispiele für Unterkategorien
Objektkosten (zum Abgrenzungsproblem siehe oben)	Preis * Menge inklusive aller Preisnebenbedingungen: Mengenrabatte, Mindermengenzuschläge, Verpackung, Transport- und Versicherungskosten, Zahlungsweise (Skonto), Treue- und Funktionsrabatte, Boni
Bestellabwicklungskosten	Personal- und Sachkosten der Bestellabwicklung, inklusive IT (z.B. elektronische Kataloge, Lieferantenplattformen)
Qualitätsmanagementkosten	Personal- und Sachkosten für die Qualitätssicherung und -prüfung
Belieferungskosten (Logistik)	Personal- und Sachkosten der Disposition, inklusive IT
	Transport- und Versicherungskosten (soweit nicht in den Objektkosten)
	Aufwendungen zur Verhinderung von Versorgungsengpässen, z.B. Eilbelieferungen, Sondertransporte
Bevorratungskosten	Lagerkosten: Raum- und Personalkosten, Lagereinrichtung, z.B. Miete, Beleuchtung, Heizung, Instandhaltung, Handlingskosten
	Lagerbestandskosten: Verzinsung, Versicherung, Schwund, Verderb, Veralterung
Materialgruppen- und Lieferantenmanagement	Kosten Materialgruppenmanagement
	Kosten Lieferantensuche
	Kosten Lieferantenbewertung und –strategie, Audits, Lieferantenkommunikation

▓ Es werden die Zielwerte über realisierte Erfolge bei Prozessverbesserungsmaß-
nahmen festgelegt. Beispielsweise kann die Einführung eines Lieferantenportals, in
dem Lieferanten ihre Stammdaten selbst pflegen, zu erheblichen Einsparungen im
Lieferantenmanagement führen. Diese können bewertet und controllt werden.
Zum Controlling empfiehlt sich eine Härtegradsystematik, die oben in Kapitel 2-1
(Tabelle 2-1) bereits vorgestellt wurde.

Grundlegendes Problem jeder Prozesskostenbetrachtung sind die Ausstrahlungseffekte auf andere Zielbereiche: So kann die Reduzierung von Prozesskosten zu erheblichen
Steigerungen bei den Objektkosten führen. Einsparungen im Lieferantenmanagement
werden beispielsweise aufgrund mangelhafter Verhandlungsprozesse leicht durch
Preissteigerungen bei den Beschaffungsobjekten überkompensiert. Ebenso kann es zu
unerwünschten Konsequenzen bei der Objekt- bzw. Prozessqualität kommen. Ein
„kaputt gespartes" Lieferantenmanagement kann beispielsweise zu einer suboptima-
len Lieferantenbasis und damit zu überhöhten Produktmängeln oder einer schlechten
Lieferperformance führen. Darüber hinaus ergeben sich ganz erhebliche Interdependenzen zu Prozesskosten außerhalb der Versorgung. Mangelhafte oder verspätete
Lieferungen der Lieferanten erhöhen bekannterweise schnell die Produktions- sowie
die Distributionskosten.

Mit dem **Total Cost of Ownership-Ansatz** werden alle (wesentlichen) Kostenkonsequenzen einer Entscheidung oder eines Entscheidungsfeldes ganzheitlich beurteilt.
Empirische Studien zeigen, dass die Gesamtkosten einer Beschaffung leicht die Objektkosten um ein mehrfaches übersteigen (Ellram 2002, S. 660 ff.). Typische Total Cost-
Betrachtungen zielen allerdings meist nur auf konkrete Entscheidungen, wie z.B: Sollte
eine Geschäftsaktivität fremd vergeben oder selbst hergestellt werden? Welcher Lieferant sollte unter Beachtung aller Kosten bei einer Vergabeentscheidung gewählt werden? Welches Land ist unter Total Cost-Gesichtspunkten das günstigste Lieferland?

Im Sinne der entscheidungsorientierten Kostenanalyse werden in Total Cost-Analysen
alle (wesentlichen) entscheidungsrelevanten Kosten identifiziert und bewertet. Entscheidungsrelevant sind Kosten dann, wenn Sie nicht bei allen Entscheidungsalterna-
tiven identisch anfallen. In diesem Zusammenhang können auch Opportunitätskosten,
d.h. entgangene Gewinne, berücksichtigt werden. Somit können also auch Umsatzein-
bußen aufgrund mangelhafter Objekt- und Prozessqualität in die Kostenbetrachtung
eingehen. Die besondere Schwierigkeit liegt nun gerade in der Identifikation und
Bewertung der einzelnen Kostenbestandteile. Dies wird deutlich, wenn man sich die
entscheidungsrelevanten Kosten eines einfachen Angebotsvergleichs etwas näher
anschaut (vgl. Tabelle 2-3).

Tabelle 2-3:   *Total Cost of Ownership im Angebotsvergleich. (Ellram 2002, S. 666)*

Pretransaction Components	Transaction Components	Postransaction Components
Identifying need	Price	Line fallout
Investigating sources	Order placements / preparation	Defective finished goods rejected before sale
Qualifying sources	Delivery / transportation	Field failures
Adding supplier to internal systems	Tariffs/ duties	Repair / replacement in field
Education: supplier in firm`s operating; firm in supplier`s operations	Billing / payment	Customer goodwill / reputation of firm
Contracting process	Inspection	Cost of repair parts
	Return of parts	Cost of maintenance and repairs
	Follow-up and correction	Cost of disposal
		Disposal

Fraglich bleibt allerdings, inwieweit das Total Cost-Konzept auf umfassende Systeme angewendet werden kann, d.h. im Rahmen der Supply-Strategie für die Zielsetzung des Supply Managements insgesamt bzw. für einzelne Supply-Marktstrategien oder Lieferantenstrategien. Trotz aller, vielleicht auch teils berechtigter Skepsis (vgl. z.B. Large 2000, S. 47) erscheint das Total Cost-Konzept als ein bisher kaum genutzter Ansatz zur Steuerung von Supply-Strategien mit ganz erheblichem Potenzial. Die Zusammenstellung einiger wesentlicher Kostenkategorien dürfte mit vertretbarem Aufwand möglich und insgesamt auch nützlich sein, ganz nach der alten Devise „Mondschein ist besser als Nacht". Eine schrittweise Verbesserung wird nach und nach Licht in die Prozessoptimierung bringen. Die kritische Frage ist nur, ob sich ein akzeptables Verhältnis von Steuerungsaufwand und Nutzen herstellen lässt. (Zur Beurteilung dieser Frage sollten Sie sich die dritte oder vierte Auflage dieses Werkes besorgen.)

2.3   Objekt- und Prozessqualität steigern

Die Entscheidung zwischen Differenzierung und Kostenführerschaft gehört zu den zentralen strategischen Entscheidungen auf Unternehmensebene. Die Konsequenzen für die Supply-Strategie müssen im Rahmen der Basisstrategie und der Supply-Ziele geklärt werden. Insbesondere sind Zielvorgaben notwendig, in welchem Verhältnis die Optimierung der Kosten zur Optimierung der Qualität stehen sollte. Gelegentlich getroffene „Managemententscheidungen", beides zu optimieren, sind wenig hilfreich, da sich das Management in einem solchen Fall im klassischen Zielkonflikt zwischen Qualität und Kosten nur um die Entscheidung drückt.

Die Qualitätsziele der Supply-Strategie zielen, – direkt oder indirekt – auf die Differenzierung des Unternehmens bei seinen Kunden. Ein direkter Beitrag zur Differenzierung kann beispielsweise durch exklusive Komponenten mit außergewöhnlicher Leistungsfähigkeit oder durch unvorstellbar kurze Lieferzeiten bei Handelsware entstehen. Indirekt trägt die Supply-Strategie zur Differenzierung bei, falls optimale Voraussetzungen für andere Abteilungen und damit für den Differenzierungserfolg des Unternehmens geschaffen werden. Beispielsweise trägt die Exzellenz der Lieferantentermintreue und der Lieferantenflexibilität zu einer hervorragenden Lieferfähigkeit und Termintreue des Unternehmens bei. Im Falle einer erfolgreichen Differenzierung ergibt sich eine Differenzierungsprämie, da die zusätzlichen Einnahmen für die „bessere" Leistung die Kosten der Zusatzleistung übersteigen.

Der Qualitätsbegriff bringt zum Ausdruck, inwieweit eine Leistung den Anforderungen der Kunden bzw. allgemeiner der Stakeholder entspricht. Aus dieser Definition wird deutlich, dass der Maßstab zur Beurteilung der Qualität die Kundenzufriedenheit bzw. besser die Kundenbegeisterung sein muss. Innovative Firmen haben die Relevanz des Kunden zumindest in der Logistik bereits erkannt. Beispielsweise erhielt die Bosch-Siemens-Hausgeräte GmbH im Jahr 2006 den prestigeträchtigen Deutschen Logistikpreis für ihr Konzept des Total Customer Care in der Ersatzteildistribution. Im Zentrum der Optimierung stehen bei der BSH GmbH die Endkunden, die Kundendiensttechniker und die verbundenen Händler. In großen Teilen Europas ist beispielsweise die Reparatur defekter Hausgeräte bereits am Tag nach der Schadensmeldung möglich, und dies schon beim ersten Besuch des Kundendiensttechnikers. Jeder berufstätige Kunde, dessen Kühlschrank schon einmal im Sommer defekt war, wird diesen Service schätzen. Die strikte Kundenorientierung im Supply Management ist heute in vielen Unternehmen noch visionär, jedoch deshalb nicht weniger bedeutsam, wenn man den Wertschöpfungsanteil der Zulieferer bedenkt. Dieses Thema wird sich (unserer Einschätzung nach) in den nächsten Jahren in den Unternehmen als eine kritische Fragestellung durchsetzen.

Zur Formulierung und zur Messung der Qualitätsziele werden in der Regel die zentralen Kundenanforderungen identifiziert, operationalisiert und als Zielsetzungen formuliert. Darüber hinaus können Kundenzufriedenheitsabfragen bei den internen und externen Kunden durchgeführt werden.

Im Rahmen der Formulierung von Zielen zur **Objektqualität** lassen sich drei Betrachtungsebenen unterscheiden:

- **Fehlerfreiheit:** Liegen eindeutige Spezifikationen der Zulieferleistungen vor, erwartet der Kunde, dass diese Spezifikationen eingehalten werden. Entsprechend dieser Zielsetzung werden Qualitätsziele bei direkten Materialien beispielsweise mit ppm-Raten (ppm = parts per million) formuliert, d.h. Zahl fehlerhafte Teile pro einer Million ausgelieferter Teile. Alternativ werden sogenannte Qualitätskennzahlen definiert, in denen eine Auswertung von Spezifikationsabweichungen nach Zahl und Fehlergewicht zum Ausdruck kommt. Obwohl die spezifikationsgerechte Versorgung des Unternehmens eigentlich nur das kleine Einmaleins des Supply Managements darstellt, gibt es hier in vielen Unternehmen noch einen ganz erheblichen Handlungsbedarf.

- **Leistung:** Bei wesentlichen Beschaffungsobjekten sind nicht nur die Spezifikationen einzuhalten, sondern die kritischen Leistungskriterien zu optimieren. Im Automobilbau ist beispielsweise die Gewichtsreduktion bei Komponenten ein Leistungskriterium, das zu optimieren ist. Die Verbesserung der Versorgung in Hinblick auf kritische Leistungskriterien sollte in die Zielsetzung der Supply-Strategie eingehen.

- **Innovation:** Darüber hinaus zielt die Supply-Strategie auf innovative Lösungen bei den Beschaffungsobjekten. Bedenkt man nochmals kurz die sinkende Wertschöpfungstiefe von Unternehmen, so wird die Bedeutung von Innovationen seitens der Zulieferer für die Innovationsfähigkeit des Unternehmens deutlich. Dabei sollten Innovationen möglichst frühzeitig und möglichst exklusiv dem Unternehmen zur Verfügung stehen.

Ziele der **Prozessqualität** beziehen sich auf die Leistungsfähigkeit der Versorgungsprozesse. Im Fokus steht, dem Endkunden – direkt oder indirekt – eine differenzierte Versorgung mit Leistungen zu bieten. (Bei der Objektqualität geht es im Gegensatz dazu um eine Versorgung mit differenzierten Leistungen.) Angemerkt sei, dass zeitliche Aspekte, z.B. Termintreue oder besonders kurze Lieferzeiten, zur Prozessqualität gehören.[13] Die Ziele der Prozessqualität sollten für jeden Kernprozess einzeln analysiert und formuliert werden. Tabelle 2-4 gibt einen Überblick über typische Ziele der Prozessqualität.

---

[13] Theoretisch exakt sind hier nur Prozessleistungen zu berücksichtigen, die beim externen Kunden zur Differenzierung führen. Prozessleistungen, z.B. fehlerfreie Anlieferungen, die „nur" höhere Kosten in den Folgeprozessen verursachen, sind hingegen im Rahmen der Total Cost zu betrachten. In der Praxis lässt sich diese Unterscheidung meist nicht präzise umsetzen, so dass folgend sämtliche Prozessleistungen gemeinsam betrachtet werden.

Tabelle 2-4:   *Typische Ziele der Prozessqualität (vgl. Modul 7, Kapitel 7.5)*

Prozesse	Beispiele für Ziele der Prozessqualität
Entwicklungsprozess	• Time-to-Market für Komponenten / Module / Systeme • Variantenvielfalt bei Modulen • Innovationskennzahl
Strategischer Bestellprozess	• Wiederbeschaffungszeit / Lieferzeit • Änderungsflexibilität • Reaktionsfähigkeit • Agilität
Beschaffung und Materialversorgung	• Liefertermintreue • Lieferfähigkeit / Versorgungssicherheit / Servicegrad / Wunschtermintreue • Mengentreue • Anlieferqualität / Lieferqualität • Informationsqualität
Qualitätssicherung	• First Passed Yield

Aufgrund der Verschiedenartigkeit der Beschaffungsobjekte bereitet die Formulierung von Qualitätszielen auf Ebene der Supply-Rahmenstrategie häufig Schwierigkeiten. Wie sollen für eine Million Schrauben (M5*30, verzinkt) und für eine Gasturbine pro Jahr gemeinsame Qualitätsziele aufgestellt werden? Folgende Alternativen stehen zur Wahl:

▓ Einschränkung oder Differenzierung der Ziele nach Materialbereichen, z.B. nur für direkte Materialien oder nur für direkte A-Materialien.

▓ Formulierung eines generischen Zieles in Form einer Qualitätskennzahl, die einen Wert zwischen 0 % und 100 % aufweisen kann. Die konkrete Definition und Messung erfolgt für jeden Supply-Markt spezifisch. Da jede Materialgruppe einen Qualitätswert zwischen 0 und 100 aufweist, kann ein gewichteter Durchschnitt errechnet werden, auf den dann ein Qualitätsziel bezogen werden kann.

▓ Soweit eine differenzierte Lieferantenbewertung vorliegt (vgl. Modul 9), hat es sich sehr bewährt, über eine Zusammenfassung der Lieferantenbewertungen von Lieferanten Aussagen über Qualitätsziele zu definieren. Dies ist besonders sinnvoll, falls die Lieferantenbewertung cross-funktional ausgeführt wird. Wird beispielsweise für jeden Lieferanten von der Logistikabteilung differenziert die Logistikleistung bewertet, so ergibt die Aggregation über alle Lieferanten eine Kennzahl für die Logistikleistung im Supply Management. Vorsicht ist allerdings geboten, in diesem Fall die Ziele zur Incentivierung heranzuziehen. Zu leicht könnte sonst eine zu positive Bewertung erfolgen.

Auf Ebene einzelner Supply-Marktstrategien (insbesondere Modul 6) und der Lieferantenstrategien (insbesondere Modul 11) können Qualitätsziele konkreter formuliert werden.

2.4   Betriebsnotwendiges Vermögen senken

Um die Versorgung des Unternehmens zu sichern, werden in der Regel Vermögenswerte und damit liquide Mittel bzw. Kapital benötigt. Typische Beispiele für einen Kapitalbedarf im Supply Management finden sich in Tabelle 2-5.

Tabelle 2-5:   *Beispiele für Kapitalbedarf im Supply Management*

Vermögensart	Beispiel für Kapitalbedarf im Supply Management
Umlaufvermögen (Working Capital)	• Lagerbestände • Vorfinanzierung im Cash-to-Cash Zyklus
Anlagevermögen	• Lager und Lagereinrichtungen • Transportmittel und Transporthilfsmittel • Büroimmobilien • Softwaresysteme

Die Einflussnahme der Supply-Strategie auf das betriebsnotwendige Vermögen ist vielfältig. Zu den besonders potenzialträchtigen Hebeln gehören in vielen Unternehmen die Lagerbestände, die mit diversen Gestaltungshebeln (vgl. Modul 7, insbesondere Kapitel 7.5) reduziert werden können. Über die Zahlungskonditionen können die Lieferanten ganz erheblich zur Verringerung des benötigten Working Capital beitragen. Müssen Lieferantenrechnungen beispielsweise erst bezahlt werden, wenn die Ware bereits vom Kunden bezogen und bezahlt ist, wird in diesem Prozess kein Working Capital benötigt. Der Vorfinanzierungszeitraum im Geschäftsprozess wird als Cash-to-Cash-Zyklus bezeichnet (vgl. Modul 7, insbesondere Kapitel 7.4).

Im Rahmen des Anlagevermögens stellt sich die Frage, inwieweit die Investitionen überhaupt notwendig sind. Beispielsweise werden nach Einführung einer wirkungsvollen Kanbanversorgung keine Wareneingangslager mehr benötigt. Ferner ist zu klären, wer das Vermögen finanziert. Beispielsweise bietet der Logistikdienstleister Simon Hegele ein innovatives Konzept an, in dem er für seine Kunden nicht nur die logistische Versorgung, sondern auch die ganze Finanzierung übernimmt (vgl. www.hegele.de).

Natürlich werden wesentliche Finanzierungsüberlegungen nicht (allein) im Supply Management getroffen. Beispielsweise wird das Supply Management nicht (allein) über die Frage „Leasing oder Kauf von Büroimmobilien oder Betriebseinrichtungen" entscheiden. Darüber hinaus ist auch die Zuordnung von betriebsnotwendigem Vermögen zum Supply Management nicht immer ganz unproblematisch. Trotzdem sollten in den Supply-Zielen Zielsetzungen zum betriebsnotwendigen Vermögen berücksichtigt werden. Schließlich ist das betriebsnotwendige Vermögen ein wesentlicher Bestandteil des Shareholder Values und muss somit in der Supply-Strategie optimiert werden.

2.5 Fallbeispiel Elektro AG

▓ **Beschreiben Sie die Supply-Ziele der Elektro LA**

Die Supply-Ziele der Elektro LA (Elektro AG Geschäftsfeld Leistungsantriebe) sind in der Supply-Rahmenstrategie zusammengefasst (vgl. Abbildung 2-5 und Abbildung 2-6). Grundsätzlich soll das Supply Management umfassend die Versorgung der Elektro LA betreuen und optimieren. Dies wird über das Ziel „Steigerung der Cash-Out-Quote" zum Ausdruck gebracht (Abbildung 2-5).

Die Objektkosten werden über die Materialkostenveränderung auf Basis des Vorjahrs geplant und gesteuert. Im Planjahr werden insgesamt eine Materialkostenveränderung (MKV) von -2,2 % und ein Einsparvolumen von 9,9 Mio. € angestrebt.[14] Die Planungen werden auch für die zehn bedeutsamsten Supply-Märkte ausgewiesen.

---

[14] Zu beachten ist, dass nicht einfach Einkaufsvolumen * MKV = Einsparvolumen gerechnet werden darf. Die Berechnung lässt sich aus den vorhandenen Angaben nicht rekonstruieren, da der Mengeneffekt nicht ausgeführt ist. Ferner ist auch nicht bekannt, in welchem Umfang Vorgänger- Nachfolgerbeziehungen vorliegen.

Abbildung 2-5:   *Supply-Ziele der Elektro LA Teil 1*

Supply-Rahmenstrategie 2008

Elektro AG

Leistungsantriebe

Supply-Ziele (Supply Marktorientierte Ziele)

Cash Out Quote		
Vorjahr	Planjahr	Prognose
75%	80%	85%

	Einkaufsvolumen in T €			MKV in %			MKV in T €			Bestandsoptimierung in T €		
	Vorjahr	Planjahr	Prognose	Vorjahr	Planjahr	Prognose	Vorjahr	Planjahr	Prognose	Bestand	OP	Bestand - OP
Supply	571.000	600.000	664.000	-1,3%	-2,2%	-2,4%	2.345	3.145	1.249	30000	13280	16720
Guss	87.600	91.300	95.800	-2,6%	-1,3%	-2,6%	-1.836	-950	-1.993	3560	1916	1644
Elektroblech	68.900	72.500	81.300	12,0%	12,0%	10,0%	6.530	7.777	7.580	1625	700	925
Kupfer	54.200	60.300	69.300	8,6%	7,6%	3,0%	3.729	3.191	1.559	2460	1386	1074
Metal Parts	57.400	59.700	62.400	-2,2%	-1,0%	-2,0%	-1.010	-478	-874	3201	1248	1953
Walzläger	30.800	32.000	35.300	-4,5%	-4,0%	-5,2%	-1.109	-896	-1.468	2541	706	1835
Isolierstoffe	29.500	31.900	33.400	-1,6%	-1,0%	-2,0%	-322	-255	-501	1025	668	357
Sensorik	27.400	30.600	32.500	-4,9%	-3,0%	-2,0%	-1.072	-643	-488	2410	650	1760
Wellen	20.400	22.300	24.600	2,4%	2,0%	1,0%	385	357	197	652	492	160
Belüftungssy	15.300	16.400	17.900	3,6%	2,0%	-1,5%	409	246	-215	1890	358	1532
Fittings	9.400	10.200	11.200	-1,3%	-2,0%	-1,5%	-98	-163	-134	1980	224	1756

	Lieferzeitindex			Liefertermintreue in %			QKZ in %			Mengentreue in %		
	Vorjahr	Planjahr	Prognose	Vorjahr	Planjahr	Prognose	Vorjahr	Planjahr	Prognose	Vorjahr	Planjahr	Prognose
Supply	1,00	0,97	0,90	85,0%	90,0%	95,0%	90,0%	95,0%	97,0%	91,0%	95,0%	97,0%
Guss	1,00	0,99	0,90	75,0%	80,0%	90,0%	84,0%	90,0%	95,0%	90,0%	93,0%	95,0%
Elektroblech	1,00	0,98	0,90	80,0%	85,0%	90,0%	75,0%	80,0%	85,0%	85,0%	90,0%	95,0%
Kupfer	1,00	0,95	0,90	86,0%	90,0%	95,0%	98,0%	99,0%	99,0%	95,0%	97,0%	99,0%
Metal Parts	1,00	1,05	1,00	98,0%	99,0%	99,0%	97,0%	99,0%	99,0%	96,0%	99,0%	99,0%
Walzläger	1,00	0,80	0,70	97,0%	99,0%	99,0%	99,0%	99,0%	99,0%	86,0%	90,0%	95,0%
Isolierstoffe	1,00	0,87	0,80	54,0%	70,0%	85,0%	86,0%	90,0%	95,0%	96,0%	99,0%	99,0%
Sensorik	1,00	1,20	1,10	87,0%	90,0%	95,0%	75,0%	85,0%	90,0%	85,0%	90,0%	95,0%
Wellen	1,00	0,95	0,90	87,0%	90,0%	95,0%	98,0%	99,0%	99,0%	97,0%	99,0%	99,0%
Belüftungssy	1,00	0,97	0,90	86,0%	90,0%	95,0%	97,0%	99,0%	99,0%	95,0%	97,0%	98,0%
Fittings	1,00	0,90	0,80	93,0%	95,0%	99,0%	96,0%	97,0%	98,0%	93,0%	95,0%	97,0%

MKV = Materialkostenveränderung   QKZ = Qualitätskennzahl

Die Beschaffungsobjektkosten sollen ferner intensiv über Maßnahmen zur Leistungssteigerung und Kostensenkungen verbessert und deren Umsetzung mit Hilfe einer Härtegradsystematik überwacht werden (vgl. Abbildung 2-6). Ebenso werden mit der Härtegradsystematik auch Maßnahmen zur Senkung der Prozesskosten gesteuert. Beispielsweise werden für das Planjahr 2008 Einsparungen in Höhe von 27 Mio. € angestrebt. Davon sind zum Zeitpunkt der Planung (1. Januar 2008) bereits 12 Mio. € ergebniswirksam realisiert (HG 5). Für weitere 8 Mio. € Einsparung im Jahr 2008 sind die Maßnahmen bereits umgesetzt. Allerdings sind die Wirkungen noch nicht im Ergebnis angekommen (HG 4). Für das Folgejahr 2009 sind Einsparungen in Höhe von 29 Mio. € geplant.

Von einer umfassenden Prozesskostenrechnung bzw. einer umfassenden Total Cost-Steuerung wird (derzeit noch) aufgrund des zu hohen Planungsaufwands abgesehen.

Abbildung 2-6:   *Supply-Ziele der Elektro LA Teil 2*

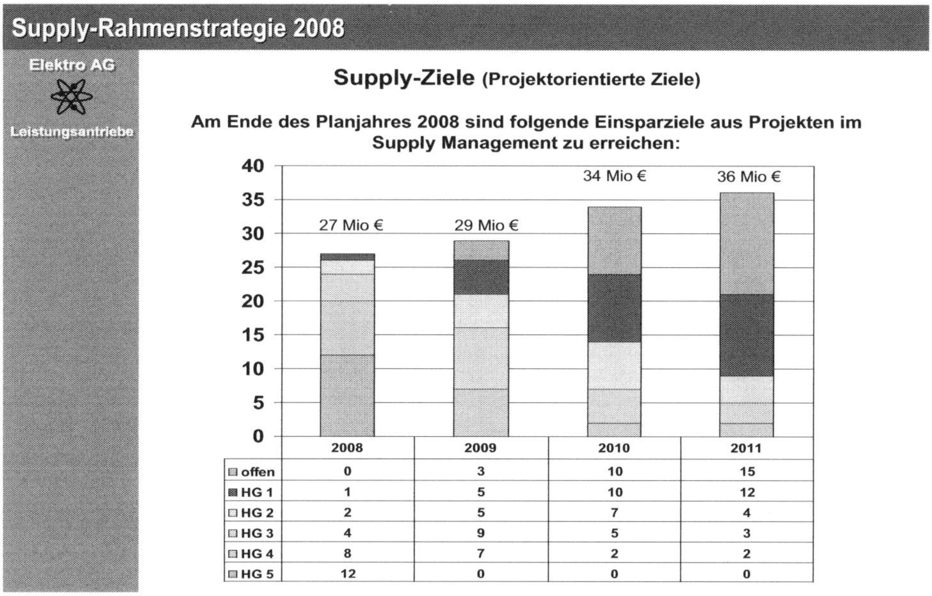

Supply-Rahmenstrategie 2008

Elektro AG

Leistungsantriebe

Supply-Ziele (Projektorientierte Ziele)

Am Ende des Planjahres 2008 sind folgende Einsparziele aus Projekten im Supply Management zu erreichen:

	2008	2009	2010	2011
⊟ offen	0	3	10	15
▦ HG 1	1	5	10	12
⊡ HG 2	2	5	7	4
⊟ HG 3	4	9	5	3
⊟ HG 4	8	7	2	2
⊟ HG 5	12	0	0	0

(27 Mio €, 29 Mio €, 34 Mio €, 36 Mio €)

Die Qualität der Beschaffungsobjekte (vgl. Abbildung 2-5) wird über eine Qualitäts-kennzahl definiert, die für jeden Wareneingang ermittelt wird und auf die gesamte Materialgruppe und auf die gesamte Beschaffung aggregiert wird. Die Qualität der Beschaffungsprozesse wird über die drei Kennzahlen „Lieferzeit", „Liefertermintreue" und „Mengentreue" definiert. Bei der Lieferzeit wird über Indexbildung die ange-strebte Verkürzung der Lieferzeiten gemessen. Insgesamt ist der Ansatz noch als sehr selektiv zu beurteilen. Eine Auswertung der Lieferantenbewertung ist im Gespräch aber noch nicht umgesetzt.

Auch das betriebsnotwendige Vermögen wird bisher nur selektiv gesteuert, indem Ziele in Bezug auf die Differenz zwischen den Beständen und den offenen Posten bei Lieferantenrechnungen für die einzelnen Materialgruppen sowie insgesamt im Supply Management definiert werden. Damit wird ein wesentlicher Teil des beschaffungssei-tig beeinflussbaren Umlaufvermögens betrachtet.

Verbesserungsfähig ist das vorgestellte System insofern, da die Ziele noch nicht in Form von Wettbewerbsvorteilen (relativ zu den Konkurrenten) formuliert sind.

Jenseits der vorgestellten Ziele könnten spezielle Treibergrößen verfolgt werden. Ggf. sind diese im Foliensatz der Supply-Rahmenstrategie aufzunehmen:

▨ Treibergrößen, z.B. Global Sourcing-Volumen

3 Modul 3: Strategische Stoßrichtungen und Strategy Map entwickeln

Nachdem mit Modul 1 der strategische Handlungsrahmen und mit Modul 2 der Erfolgsbeitrag der Supply-Strategie für das Unternehmen und seine Kunden fixiert ist, wird in Modul 3 die grundsätzliche Vorgehensweise festgelegt, wie die strategischen Ziele erreicht werden sollen. Diese grundsätzlichen Vorgehensweisen werden als „strategische Stoßrichtungen" bezeichnet. Sie können mit der „Strategy Map" konkretisiert werden. Folgende Anforderungen sind hierbei zu berücksichtigen:

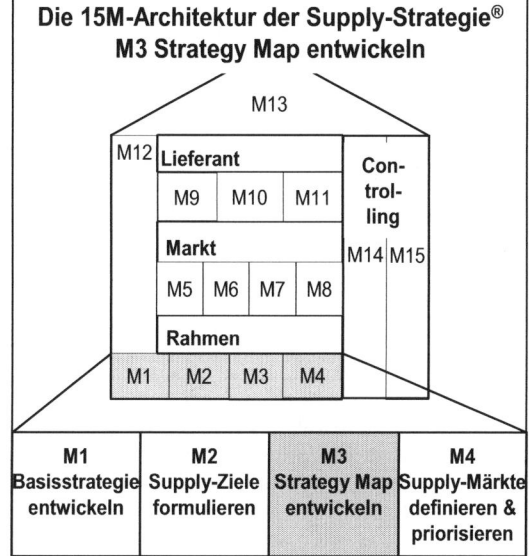

- **Die strategische Richtung definieren:** Zunächst muss die langfristige und grundlegende strategische Ausrichtung festgelegt werden. Damit soll die „best mögliche" Zukunft gewählt werden, in die dann konsistent investiert wird. Auch wenn die strategische Ausrichtung in den strategischen Stoßrichtungen erhebliche Gestaltungsfreiräume offen lässt, erhalten die Mitarbeiter einen ersten allgemeinen strategischen Maßstab, an dem sie sich orientieren können. Dabei ist es besonders bedeutsam – aber im Unternehmen häufig auch sehr kontrovers diskutiert – zwischen den verschiedenen Handlungsoptionen zu priorisieren und zu selektieren, d.h. eindeutige Entscheidungen zu treffen, welche Wege bevorzugt bzw. insbesondere welche möglichen Wege nicht gegangen werden sollen.

- **Die Strategie in Aktion setzen:** Die Strategie muss in Aktion gesetzt werden, d.h. konsistent in Teilziele und Maßnahmen zerlegt werden. Hierbei muss die Verknüpfung zwischen strategischen Aktionen und der strategischen Wirkung sichtbar und damit kommunizierbar werden. Die Strategy Map hat sich für diese Aufgabe als Instrument bewährt. Interessant ist in diesem Zusammenhang auch der sogenannte „reality check". Beim Herunterbrechen der Strategie wird deutlich, ob die strategische Grundidee realistisch ist oder ob Zeit und/oder Ressourcen zu deren Umsetzung nicht genügen.

▨ **Die Strategie umsetzen und steuern:** Die nachhaltige Entwicklung der Strategie sowie strategische Lernprozesse müssen unterstützt werden. Dazu sind Teilziele und Meilensteine soweit zu konkretisieren, dass frühzeitig Umsetzungsschwierigkeiten der Strategie, insbesondere auch eine ungenügende Umsetzungsgeschwindigkeit erkannt und entsprechende Gegenmaßnahmen ergriffen werden können. In der strategischen Planung wird der Maßstab für das strategische Controlling gelegt.

Die ersten drei Anforderungen lassen sich mit dem Bild der Reiseplanung gut veranschaulichen: Wenn jemand von Hamburg nach München reisen möchte, wird er sich zunächst grundsätzlich über mögliche Verkehrsarten und die grundsätzliche Reiseroute orientieren. Bei der Konkretisierung der Reiseplanung wird auch geprüft, ob die zeitlichen und kostenmäßigen Anforderungen erfüllt werden können. Darüber hinaus sollte die Reiseroute so detailliert bekannt sein, um den Reisefortschritt laufend zu überprüfen. Auf der Fahrt von Hamburg nach München sollte spätestens in Flensburg eine Kurskorrektur erfolgen.

▨ **Die Managementkommunikation unterstützen:** Von zentraler Bedeutung ist es ferner, ein gemeinsames Strategieverständnis im Management zu entwickeln. Nicht selten gibt es im Management erhebliche Differenzen über den strategischen Kurs, die jede Strategieimplementierung in Frage stellen (vgl. auch unten Abbildung 3-2). Auf Basis eines gemeinsamen Strategieverständnisses kann die Supply-Strategie dann an die betroffenen Mitarbeiter kommuniziert werden, und zwar von jedem Vorgesetzten mit den gleichen Inhalten. Nicht zuletzt wird im Unternehmen so eine Kultur des ziel-, strategie- und planorientierten Handelns unterstützt bzw. geschaffen.

Diese Anforderungen werden – nach unserer Erfahrung aus vielen Praxisprojekten – durch die Vorgehensweise der Balanced Scorecard sehr gut unterstützt. So basiert das präsentierte Konzept zur Entwicklung der Supply-Strategie auf der Balanced Scorecard-Logik. Zunächst soll die Grundidee der Balanced Scorecard vorgestellt und in das Konzept der Supply-Strategie eingepasst werden (Kapitel 3.1). Anschließend sollen mit der Entwicklung der strategischen Stoßrichtungen (Kapitel 3.2) sowie der Strategy Map (Kapitel 3.3) die ersten beiden strategiebildenden Schritte diskutiert und am Fallbeispiel Elektro AG veranschaulicht werden (Kapitel 3.4).

3.1 Grundidee der Balanced Scorecard[15]

Die Balanced Scorecard wurde Anfang der neunziger Jahre durch den Harvard-Professor Robert S. Kaplan und den Unternehmensberater David P. Norton mit dem Ziel entwickelt, die Strategieimplementierung in Unternehmen zu unterstützen. Die Grundidee „Translating Strategy to Action" zielt auf ein durchgängiges und ausgewogenes Zielsystem, mit dem Strategien schrittweise bis auf messbare strategische Einzelziele und strategische Maßnahmen heruntergebrochen werden. Auch wenn die Stärke der Balanced Scorecard in der Implementierung von Strategien liegt, hilft sie auch im Prozess der Strategieformulierung die strategischen Ziele zu konkretisieren und zu priorisieren. Insofern unterstützt die Balanced Scorecard auch die Entwicklung der Strategie. So wird die Balanced Scorecard-Methodik bereits in Modul 3 und nicht erst im Strategie-Controlling (Modul 14) vorgestellt.

Bei einer Strategieentwicklung mit der Balanced Scorecard werden drei Regelkreise unterschieden (vgl. Abbildung 3-1):

1. **Im Zielsetzungsloop** werden die Strategien in strategische Einzelziele und Maßnahmen heruntergebrochen und laufend auf ihre Gültigkeit hin überprüft. Der Zielsetzungsloop wird gleich näher betrachtet.

2. **Im Umsetzungsloop** werden die beschlossenen Maßnahmen ausgeführt und monatlich die Wirkung bei den definierten Kennzahlen gecheckt. Bei erheblichen Planabweichungen werden Korrekturmaßnahmen ergriffen. Der Umsetzungsloop wird in Modul 14 diskutiert.

3. **Im Entwicklungsloop** wird die mehrjährige Entwicklung des Balanced Scorecard-Einsatzes im Unternehmen gesteuert. Es wird unterstellt, dass es kaum einem Unternehmen gelingen kann, ein vollkommenes Balanced Scorecard-System innerhalb eines Jahres aufzubauen. Die schrittweise Entwicklung des Supply-Strategie-Systems ist Gegenstand von Modul 15.

---

[15] In der Flut an Literatur zur Balanced Scorecard sind die grundlegenden Werke von Kaplan, Norton (1997), (2001), (2004) und eingeschränkt (2006) sowie das sehr differenzierte Werk von Horváth & Partner (2004) zu empfehlen. Viele Ideen der folgend präsentierten Methodik beruhen auf diesen Werken.

Abbildung 3-1:   Triple Loop der Balanced Scorecard-Entwicklung
(Quelle: Horváth&Partners 2004, S. 304, stark modifiziert)

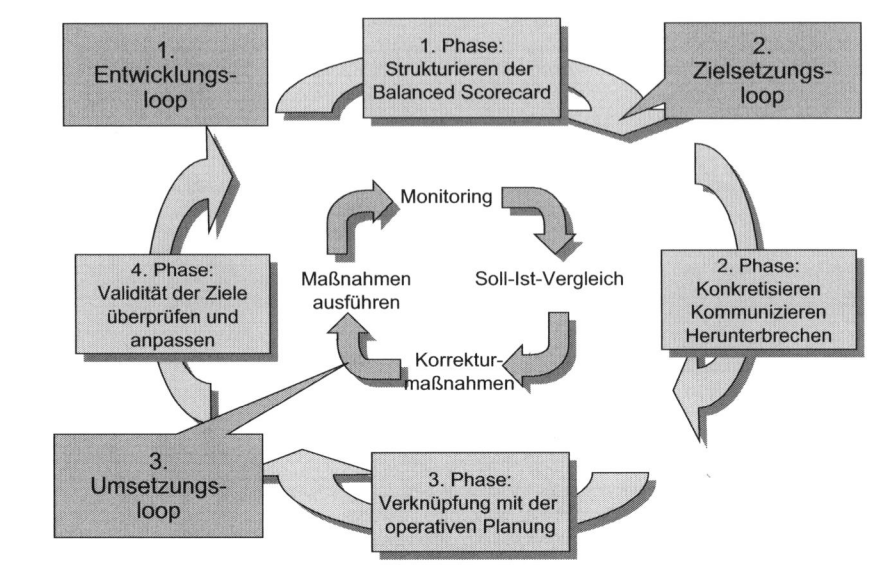

Im **Zielsetzungsloop** wird die Strategie bis auf Ebene von Kennzahlen und Maßnahmen konkretisiert und die Strategieentwicklung gesteuert. Es werden vier Phasen unterschieden:

1. Phase: Die **Strukturierung der Balanced Scorecard** erfolgt in zwei Schritten. Zunächst wird die Strategie in den strategischen Stoßrichtungen fokussiert und anschließend mit der Strategy Map in strategische Ziele und deren Wirkungsbeziehungen zerlegt. Hierbei ist strikt auf die Verknüpfung mit den anderen Modulen der Supply-Strategie zu achten. Alle wesentlichen strategischen Ziele der Rahmenstrategie sollten in der Balanced Scorecard enthalten sein. Umgekehrt sollten auch alle Ziele der Balanced Scorecard in mindestens einem anderen Modul eine wesentliche Rolle spielen. Jede Abweichung ist kritisch zu hinterfragen. Konkret müssen also die Basisstrategien (Modul 1), die strategischen Ziele (Modul 2) sowie die Entwicklung neuer Supply-Märkte (Modul 4) in der Balanced Scorecard zu finden sein. Ferner sind die Ziele in der Balanced Scorecard zu berücksichtigen, die sich aus der Synchronisierung der Supply-Marktstrategien und der Lieferantenstrategien (Modul 12) ergeben sowie zur Entwicklung des Supply Managementsystems (Modul 13) dienen. Je nach Bedeutung gehen die Ziele als strategische Stoßrichtung oder als ein Ziel in der Strategy Map in die Balanced Scorecard ein. Die Struk-

turierung der Supply-Rahmenstrategie mit strategischen Stoßrichtungen und einer Strategy Map wird in diesem Kapitel (Modul 3) detailliert beschrieben.

2. Phase: Die strategischen Ziele aus Phase 1 sind **zu konkretisieren, zu kommunizieren und herunterzubrechen**. Die strategischen Ziele der Strategy Map sind üblicherweise noch relativ abstrakt formuliert, z.B. „die Einbindung von Lieferanten in den Entwicklungsprozess intensivieren" oder „die Liefertermintreue der Lieferanten steigern". Diese Ziele sind mit strategischen Projekten (vgl. Module 12 und 13) und mit Kennzahlen zur Zielverfolgung (Modul 14) zu konkretisieren. Phase 2 verlangt die breite Einbindung von Mitarbeitern, so dass spätestens zu diesem Zeitpunkt eine intensive Kommunikation einsetzen muss.

Werden in einem Unternehmen auf mehreren Ebenen Balanced Scorecards definiert, so ist auf deren Verknüpfung, die sogenannte **Kaskadierung** der Balanced Scorecard zu achten. Diese erfolgt von der Unternehmensstrategie über die Supply-Rahmenstrategie, auf die Supply-Marktstrategien und letztlich auf die Lieferantenstrategien. Dabei ist die Frage zu klären, ob Ziele und Kennzahlen mathematisch nach unten gereicht werden. Beispielsweise kann der Ergebnisbeitrag des Einkaufs aus dem Unternehmenserfolg abgeleitet werden. Dieses Ergebnisziel kann dann auf einzelne Supply-Märkte und weiter auf einzelne Lieferanten aufgeteilt werden. Meistens lässt sich allerdings keine mathematische sondern nur eine sachlogische Verknüpfung zwischen den verschiedenen Balanced Scorecard-Ebenen herstellen.

Zwei weitere schwierige Fragen der Kaskadierung werden unten in Modul 13, insbesondere Kapitel 13.2, diskutiert: (1) Soweit mehrere Abteilungen für bestimmte Teilprozesse der Supply Chain zuständig sind, ist zu klären ob die Balanced Scorecards abteilungsorientiert oder abteilungsübergreifend aufgebaut werden. Abteilungsspezifische Balanced Scorecards führen leicht zu Schnittstellenproblemen, so dass abteilungsübergreifende Balanced Scorecards zu empfehlen sind. Dies setzt allerdings einen erheblichen Reifegrad der Organisation in Bezug auf eine cross-funktionale Zusammenarbeit voraus. (2) In Konzernstrukturen wird die Kaskadierung um eine weitere Dimension angereichert. So können leicht zwei bis drei hierarchische Ebenen Einkaufsverantwortung und damit jeweils eine eigenständige Supply-Rahmenstrategien haben, die aufeinander abzustimmen sind. In parallelen Geschäftsfeldern werden zu den jeweils relevanten Supply-Märkten Marktstrategien aufgebaut. Diese sind zur jeweiligen Rahmenstrategie und im Sinne des Materialgruppenmanagements mit den entsprechenden Supply-Marktstrategien der anderen Geschäftsfelder abzustimmen. Die Einbindung der Lieferantenstrategien folgt analog. Es wird deutlich, dass hier ein nicht triviales Koordinationsproblem vorliegt. Die Fallstudien zur Elektro LA sowie zur Firma Siemens in Teil 3 veranschaulichen diese Fragestellung.

3. Phase **Verknüpfung mit der operativen Planung:** Die strategischen Ziele der Balanced Scorecard sind mit der Budgetierung sowie ggf. mit den Mitarbeiterzielen

zu verknüpfen. Dieses Thema ist in Modul 13 bei der Gestaltung des Supply Managementsystems zu lösen.

4. Phase: **Validität der Ziele überwachen:** Die Gültigkeit der Balanced Scorecard-Ziele ist laufend zu überwachen. So sollte im Rahmen des monatlichen Umsetzungsloops auch die Validität der Balanced Scorecard-Ziele gecheckt und im Extremfall Anpassungen vorgenommen werden (vgl. Modul 14).

Die Balanced Scorecard ist ein generisches Instrument, das ursprünglich zur Implementierung von Unternehmensstrategien entwickelt und mittlerweile in vielen Anwendungsfeldern adaptiert wurde. Bevor die Strukturierung der Supply-Rahmenstrategie diskutiert wird, sollen wesentliche Einsatzfelder der Balanced Scorecard im Rahmen des Supply Managements kurz skizziert werden:

▪ **Strukturieren und Implementieren der Supply-Rahmenstrategie:** Vgl. hierzu die Fallstudie zur Elektro LA am Ende dieses Kapitels sowie die Fallbeispiele zu den Firmen E-T-A (Teil 1, Kapitel 2) sowie Dust (Teil 3, Kapitel 5).

▪ **Strukturieren und Implementieren einer Supply-Marktstrategie:** Vgl. hierzu Modul 8 sowie die Fallstudien zur Elektro AG und zur Firma Siemens (Teil 3, Kapitel 2).

▪ **Strukturieren und Implementieren von Lieferantenstrategien:** Insbesondere in bedeutsamen strategischen Lieferantenpartnerschaften können mit Hilfe der Balanced Scorecard die gemeinsamen Ziele formuliert und anschließend überwacht werden. Als Standardinstrument zur Steuerung aller Lieferantenstrategien erscheint der Formulierungs- und Umsetzungsaufwand allerdings zu hoch (vgl. Modul 11).

▪ **Strukturieren und Implementieren von Strategien in Wertschöpfungsnetzwerken:** Von Richert (2006) wird vorgeschlagen, eine Balanced Scorecard als unternehmensübergreifendes Instrument zur Koordination der Netzwerkinteressen einzusetzen. Dieser Ansatz weist eine starke Parallelität zur Steuerung von Lieferantenstrategien auf.

3.2   Strategische Stoßrichtungen entwickeln

Nach der allgemeinen Vorstellung der Balanced Scorecard-Methodik soll die Entwicklung einer Supply-Rahmenstrategie mit Hilfe der Balanced Scorecard-Systematik diskutiert werden. Im ersten Schritt werden strategische Stoßrichtungen definiert und im zweiten Schritt mit den Strategy Maps konkretisiert.

Eine strategische Stoßrichtung markiert sloganhaft eine strategische Entwicklungslinie mit besonderer Priorität für das Supply Management. Beispiele für strategische Stoßrichtungen auf Ebene der Supply-Rahmenstrategie sind:

- Wir beschleunigen den Produktentstehungsprozess durch die Fortentwicklung unserer Entwicklungspartnerschaften.

- Wir optimieren die Kostenposition bei direkten Materialien auf Basis Total Cost of Ownership.

- Wir verbessern unsere Kostenposition durch die Intensivierung von Global Sourcing.

- Wir steigern die Effektivität und Effizienz der Beschaffung bei indirekten Materialien.

An diesen Beispielen wird deutlich, dass strategische Stoßrichtungen noch sehr allgemein formuliert sind. Sie fixieren die grundsätzlichen Richtungen und betonen die Prioritäten in der Supply-Strategie. Jeder Mitarbeiter im Supply Management sollte die strategischen Stoßrichtungen auswendig präsent haben. Damit entsteht ein gemeinsames Verständnis zur strategischen Orientierung im Unternehmen.

Üblicherweise sollte eine Strategie mit ca. drei strategischen Stoßrichtungen beschrieben werden. Bei Supply-Marktstrategien oder Lieferantenstrategien, für die nur eine Person verantwortlich zeichnet, sollten ca. zwei strategische Stoßrichtungen genügen.

Zur Formulierung der strategischen Stoßrichtungen hat sich folgende Vorgehensweise bewährt, die sehr frühzeitig im Strategieformulierungsprozess beginnt und erst gegen Ende ihren Abschluss findet:

1. Relativ frühzeitig im Prozess der Strategieformulierung werden die verantwortlichen Supply-Manager nach Ihren Vorstellungen zu den strategischen Stoßrichtungen befragt. Dies kann in Einzelgesprächen, in einem Gruppengespräch oder mit Hilfe einer Kartenabfrage erfolgen (vgl. Abbildung 3-2). Die SWOT-Analyse (Strengths – Weaknesses – Opportunities – Threads) ist ein weiteres Instrument, mit dem die Ableitung der strategischen Stoßrichtungen unterstützt werden kann. Die Ergebnisse werden thesenhaft auf drei bis fünf strategische Stoßrichtungen verdichtet.

Abbildung 3-2:   *Einstiegsfrage zur Entwicklung strategischer Stoßrichtungen*

Die Einführung einer Balanced Scorecard startet in einem Unternehmen in der Regel mit einer Vorstellung des Instrumentes im verantwortlichen Managementkreis. Selbst wenn das Instrument mittlerweile den meisten Managern schon bekannt ist, ist auf ein einheitliches Verständnis zu achten.
Zum Einstieg in die Präsentation soll jeder Teilnehmer (üblich sind 5 bis 10 Personen) auf drei Moderationskarten die zentralen strategischen Zielsetzungen des betreffenden Bereiches schrei-

ben. Allgemeine Formalziele, z.B. Kosten senken, Umsatz steigern, Gewinn maximieren sind verboten, da sie nicht strategisch sind. Die Karten werden von den Teilnehmern vorgestellt und vom Moderator geclustert an eine Moderationswand gepinnt.

In den über zehn Durchführungen dieses „Spiels" ist es dem Autor noch nie passiert, dass die strategischen Ziele auf den Karten auch nur ansatzweise aufeinander abgestimmt waren. Dieses Ergebnis schafft zunächst die Einsicht, dass eine Balanced Scorecard zur Abstimmung eines gemeinsamen Strategieverständnisses notwendig ist. Darüber hinaus sind die geclusterten Ziele eine hervorragende Ausgangsbasis zur Diskussion über die strategischen Stoßrichtungen. Bisher ist es immer innerhalb kürzester Zeit gelungen, aus den Clustern die wesentlichen strategischen Stoßrichtungen zu destillieren.

2. Im folgenden Strategieformulierungsprozess werden die vorformulierten strategischen Stoßrichtungen auf ihre Gültigkeit hin getestet. So zielt die strategische Analyse darauf ab, „blinde Flecken" zu identifizieren. Hinweise für kritische Nachfragen liegen ferner vor, wenn es zwischen den aktuellen Tätigkeiten der Mitarbeiter und den strategischen Stoßrichtungen zu große Differenzen gibt, wenn also Mitarbeiter sich mit strategierelevanten Themen beschäftigen oder persönliche Ziele mit strategischem Charakter haben, die nicht von den strategischen Stoßrichtungen abgedeckt werden. Ebenso sollten Formulierungen in strategischen Stoßrichtungen hinterfragt werden, wenn sich keine entsprechende Resonanz in den aktuellen Aktivitäten der Mitarbeiter findet.

3. Ab einem bestimmten Reifegrad werden die Strategy Maps formuliert und dem gleichen Test unterzogen, wie unter 2. beschrieben. Damit wird die Qualität der strategischen Stoßrichtungen intensiv getestet.

4. Nähert sich der Strategieformulierungsprozess dem Ende werden die strategischen Stoßrichtungen und die Strategy Maps nochmals einem Konsistenztest unterzogen und sprachlich und inhaltlich optimiert.

3.3   Strategy Map entwickeln

Die strategischen Stoßrichtungen werden konkretisiert, indem mit der Balanced Scorecard-Methodik eine Strategy Map entwickelt wird. Dabei hat sich die ursprüngliche Vorgehensweise nach Kaplan Norton als logisch konsistent erwiesen und pragmatisch hervorragend bewährt. Es empfiehlt sich zunächst für jede strategische Stoßrichtung einzeln eine Strategy Map abzuleiten, da sonst schnell der Überblick im Ursache-Wirkungsbezug verloren geht. Mit vier Perspektiven werden die strategischen Stoßrichtungen in konkretere Ziele überführt:

1. **Finanzen:** An welchen Finanzzielen wird der Umsetzungserfolg der strategischen Stoßrichtung nachvollziehbar?

2. **Kunden:** Was soll bei den Kunden erreicht werden, damit die Finanzziele und damit die strategische Stoßrichtung realisiert werden?

3. **Prozesse:** Welche Verbesserungen müssen bei den Prozessen angestrebt werden, damit die Kundenziele, in Folge die Finanzziele und letztlich die strategische Stoßrichtung erfüllt werden können?

4. **Lernen und Entwickeln:** Welche Voraussetzungen bei Mitarbeitern, in den Informations- und Kommunikationssystemen, in der Entwicklung von Produkten oder in der Organisation sind zu schaffen, damit die Prozessziele, Kundenziele usw. realisiert werden können?

An den vorausgehenden Formulierungen wird der strikte Ursache-Wirkungszusammenhang zwischen den Zielen deutlich. Die Ziele der Lern- und Entwicklungsperspektive sind die Basis für die Prozessziele. Diese wiederum sind die Voraussetzung für die Kundenziele und diese für die Finanzziele. Abstrakt betrachtet handelt es sich bei der Balanced Scorecard-Methodik um ein Input – Throughput – Outputschema: Diese eher abstrakten Betrachtungen sollen mit einem kleinen fiktiven Beispiel mit realem Kern illustriert werden. In diesem Rahmen soll auch auf einige Besonderheiten bei der Anwendung der Balanced Scorecard-Methodik im Supply Management eingegangen werden.

Im Beispiel handelt es sich um ein Unternehmen im Sonderfahrzeugbau, das meist in kleinen Serien (fünf bis dreißig Fahrzeuge) nach Kundenspezifikation liefert. Auch die meisten Fahrzeugkomponenten sind umfangreich kundenspezifisch zu designen. Jeder Kundenauftrag wird als Projekt abgewickelt. Vor diesem Hintergrund ist die termingerechte und fehlerfreie Belieferung mit Komponenten eine zentrale Herausforderung im Supply Management und wird als eine von drei strategischen Stoßrichtungen formuliert. Dabei wird die Beherrschung von Anlaufproblemen bei den ersten drei Fahrzeugen hervorgehoben. Somit ergibt sich die strategische Stoßrichtung: „Wir sichern die termingerechte und fehlerfreie Belieferung mit Komponenten, insbesondere in der Anlaufphase der Projekte" (vgl. Abbildung 3-3).

Abbildung 3-3:   *Beispiel Strategy Map für ein Unternehmen im Sonderfahrzeugbau*

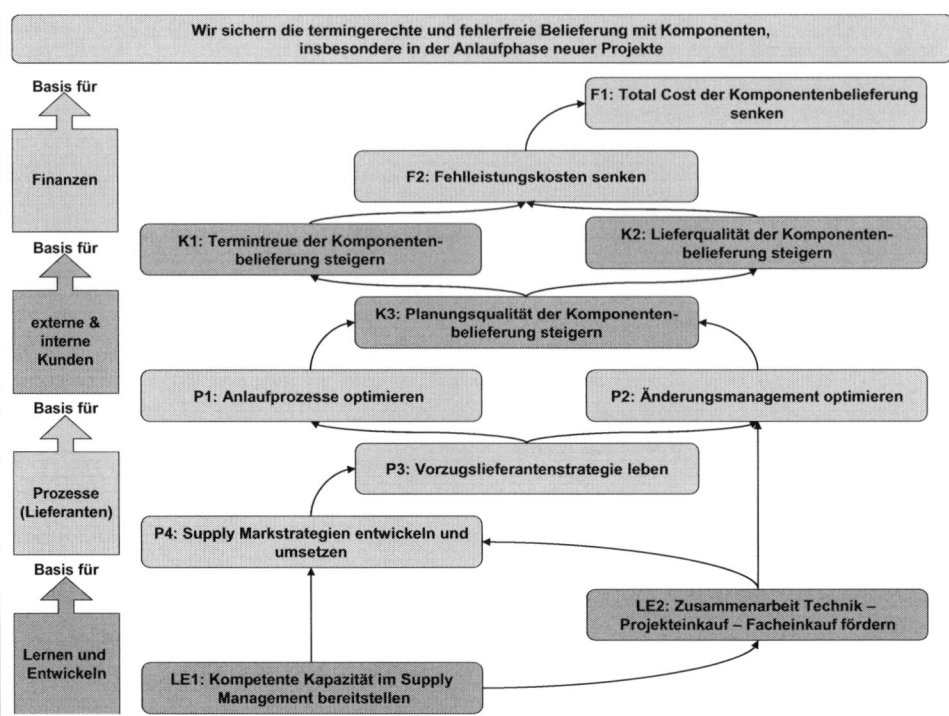

▓ **Kunde:** Die Kundenziele Termintreue (K1) und Lieferqualität (K2) bei der Komponentenbelieferung sind unmittelbar aus der strategischen Stoßrichtung ableitbar. Ursächlich für diese Ziele ist die Planungsqualität (K3). Die Kunden sind nicht nur am Endergebnis interessiert, sondern auch daran, dass der vorgelagerte Planungsprozess reibungslos funktioniert. Beispielsweise interessieren möglichst frühzeitig korrekte Bereitstellungsinformationen oder die problemlose Abwicklung der Qualitätsdokumentation.

An diesem Beispiel wird ein Anwendungsproblem der Strategy Map im Supply Management deutlich. Wer sind die Kunden? Meist liefert das Supply Management an interne Kunden, z.B. die Produktion, die Auftragsplanung oder im Entwicklungsprozess die Technik. Bei Handelsware können aber auch externe Kunden im Fokus stehen. Sobald es um einen grundsätzlichen Beitrag zur Unternehmensstrategie oder zum Unternehmensergebnis geht, ist die Unternehmensleitung „Kunde" des Supply Managements. Letztlich ist der Kunde der, der mit den Resultaten weiterarbeitet bzw. dem die Ergebnisse der Supply-Strategie nützen. So ist die Frage nach den internen und externen Kunden der Supply-Strategie von zentraler Bedeutung.

- **Prozesse:** Um die aufgezeigten Kundenziele zu realisieren, muss die Lieferanteneinbindung in die Anlaufprozesse (P1) sowie in das Änderungsmanagement (P2) stark verbessert werden. Hierzu wurden vielfältige Maßnahmen definiert. Im Rahmen der Analyse wurde deutlich, dass die Suche nach den „preisgünstigsten" Lieferanten zu einem häufigen Lieferantenwechsel und in direkter Folge zu gravierenden Abwicklungsproblemen führte. So wurden Vorzugslieferantenstrategien (P3) bei den wesentlichen Komponenten als ein zentraler Hebel für die Verbesserung der Komponentenbelieferung gesehen. Die Lieferantenstrategien sollten systematisch aus der Marktsituation heraus entwickelt werden und deshalb auf Supply-Marktstrategien (P4) basieren.

- **Lernen und Entwickeln:** Die aufgezeigten Prozesse beinhalten kritische Schnittstellen zwischen den Projekten, die jeweils am individuellen Projekterfolg orientiert sind, dem Facheinkauf, der projektübergreifend an einer langfristigen (partnerschaftlichen) Entwicklung von Lieferanten interessiert ist, und der Engineeringabteilung, die sich insbesondere an der technischen Machbarkeit und Entwicklung orientiert. Mit umfangreichen organisatorischen Lösungen und intensiver Teamentwicklung sollte die Zusammenarbeit verbessert werden (LE2). Da der strategische Einkauf stark an Bedeutung gewonnen hatte, galt es, die Kapazität durch persönliche Mitarbeiterentwicklung sowie durch Aufbau neuer Mitarbeiter zu steigern (LE1).

- **Finanzen:** Die finanzielle Wirkung wird mit einer spezifisch definierten Kennzahl zu „Fehlleistungskosten" (F2) erfasst und in den Total Cost der Komponentenbelieferung (F1) konsolidiert. Die Total Cost-Zielsetzung wurde ebenso aus den anderen strategischen Stoßrichtungen gespeist.

Bei Supply-Strategien, die auf eine Steigerung der Leistung oder auf Innovation abzielen (vgl. Modul 2), gibt es allerdings folgende Problematik zu beachten: Wird beispielsweise durch exklusive Komponenten oder durch einzigartige Lieferzeiten aufgrund einer außergewöhnlichen Lieferanteneinbindung eine Umsatz- oder Gewinnsteigerung angestrebt, bleibt der Zusammenhang zwischen der Supply-Strategie und den Finanzzielen meist nur indirekt. Die Komponenten gehen (nur als kleiner Teil) in das Produkt ein bzw. die Lieferanteneinbindung wird auch nur einen unter mehreren Wettbewerbsvorteilen betreffen. Man kann zwar mit geeigneten Bewertungsverfahren, den Ergebnisbeitrag einzelner Leistungen herausarbeiten. Jedoch wird der hierzu erforderliche Aufwand in der Regel den Nutzen übersteigen. Alternativ kann als Indikator das Einkaufsvolumen der exklusiven Komponenten gemessen werden. Auch dieser Weg befriedigt allerdings nur bedingt, schon allein deshalb, weil mit „schlechten" Preisen das Einkaufsvolumen und damit die Leistung steigen würde. Letztlich empfiehlt es sich häufig, pragmatisch das Fehlen von umsatz- bzw. gewinnorientierten Finanzzielen zu akzeptieren.

Unabhängig davon können natürlich die Kostenkonsequenzen einer qualitätsorientierten Supply-Strategie verfolgt werden. Die Einbindung von Lieferanten zur Steigerung der Belieferungsflexibilität, darf jedoch nicht zur (unkontrollierten) Kostensteigerung führen.

Bei der Entwicklung von Strategy Maps im Supply Management sind folgende weitere Aspekte zu beachten:

▦ In der Literatur wird die Wahl der Perspektiven diskutiert. Insbesondere wird für das Supply Management die Einführung einer Lieferantenperspektive bzw. einer Kooperationsperspektive vorgeschlagen. Diese Vorgehensweise erscheint theoretisch fragwürdig und pragmatisch nicht sinnvoll.

Die Kooperation ist ein Aspekt innerhalb der Lern- und Entwicklungsperspektive und sollte dort verankert werden. Auch wenn es eine Situation geben kann, in der die Zusammenarbeit zentral ist, wäre es gefährlich, auch für die Zukunft über die Perspektivenwahl den Blickwinkel einzuengen.

Mit den Prozessen des Lieferantenmanagements werden Lieferanten entwickelt oder gesteuert. Wenn dies gelingt, werden also die Prozessziele erreicht (vgl. beispielsweise P3 Vorzugslieferantenstrategie in Abbildung 3-3). Bestenfalls können Lieferanten mit ihren Leistungen direkt die Kunden des Supply Managements beglücken (vgl. beispielsweise K1 Termintreue in Abbildung 3-3). Ein eigenständiger Charakter der Lieferanten, der eine eigene Perspektive rechtfertigt, ist allerdings nicht zu erkennen.

▦ Die Strategy Maps der einzelnen strategischen Stoßrichtungen sind zu einer Strategy Map zu konsolidieren. Dabei sind insbesondere die Verknüpfungen zwischen den Zielen herzustellen und Redundanzen zu beseitigen. Dieser Integrationsschritt stellt unserer Erfahrung nach keine besondere Schwierigkeit dar. Eine integrierte Strategy Map sollte möglichst zwischen 15 und 20 bzw. höchstens 25 Ziele enthalten. Die Balanced Scorecard zwingt also zur strikten Priorisierung der Ziele. Ein Beispiel einer integrierten Strategy Map findet sich unten im Beispiel zur Elektro LA.

▦ Bei der Ableitung der Strategy Map ist auf die Ausgewogenheit zu achten. Nicht umsonst wird von einer „Balanced" Scorecard gesprochen. Die Ausgewogenheit bezieht sich auf vier Aspekte: (1) Den oben bereits aufgezeigten Ursache-Wirkungszusammenhang. (2) Die Ausgewogenheit zwischen den vier Perspektiven: Nicht selten findet sich in der Anfangsversion eine Perspektive unter- bzw. überrepräsentiert. (3) Eine ausgewogene Mischung zwischen Früh- und Spätindikatoren: So werden frühzeitig Fehlentwicklungen erkennbar und trotzdem geht die langfristige Orientierung nicht verloren. (4) Gleichermaßen Finanz- und Sachziele: Ursprünglich hatten Finanzziele das Controlling dominiert.

▦ Zur Ableitung der Strategy Map haben sich Workshop-Konzepte gut bewährt (vgl. Abbildung 3-4). Natürlich sind die Ziele der Strategy Map immer noch sehr allgemein. So empfiehlt es sich, für jedes Ziel einen Ziel-Owner zu benennen, der für das Ziel geeignete Kennzahlen identifiziert und konkrete Maßnahmen verantwortet. Strategische Ziele sind erst dann wirklich verstanden, wenn es gelingt mindestens eine zielführende Kennzahl und Maßnahmen zu definieren. Bewährt haben sich auch kleine Teams, die für verknüpfte Ziele gemeinsam die Verantwortung übernehmen. Diese Phase wird bei der erstmaligen Formulierung einer Balanced Scorecard leicht drei Monate in Anspruch nehmen. In Modul 14 wird detailliert eine Vorgehensweise zur Definition von Kennzahlen und von strategischen Maßnahmen vorgestellt.

Abbildung 3-4:   *Workshop-Konzept zur Formulierung von Strategy Maps*

Es gibt verschiedene Vorgehensweisen zur Ableitung von Strategy Maps. Folgende Methode hat sich gut bewährt. Die Teilnehmer sollten die Balanced Scorecard-Methode kennen. Eine Information sollte spätestens am Vortag vor dem Workshop erfolgen. Die strategischen Stoßrichtungen sind bereits definiert.

▨ Brainstorming zur ersten strategischen Stoßrichtung im Karten-Zuruf-Verfahren mit der Leitfrage: Was ist für die Umsetzung der strategischen Stoßrichtung bedeutsam. Karten-Zuruf-Verfahren besagt, dass die Workshop-Teilnehmer ihre Ideen einbringen. Diese werden vom Moderator auf Moderationskarten visualisiert. Gemäß der Brainstormingmethode sollte nicht diskutiert werden. (ca. 30 bis 60 Minuten)

▨ Sortieren der Karten nach der Balanced Scorecard-Methode. Dabei sollte deutlich zwischen Zielen, Maßnahmen und Kennzahlen unterschieden werden. Für die Strategy Map interessieren zunächst nur Ziele. Sprachlich sollten die Ziele stets aus einem Substantiv und einem Verb bestehen. In dieser Phase beginnt die Diskussion über Einzelziele. (ca. 60 bis 120 Minuten)

▨ Definition des Ursache-Wirkungszusammenhangs und Auffüllen von Lücken: Hierbei ist auf die Ausgewogenheit der Balanced Scorecard zu achten. Spätestens in dieser Phase sollten erste Konkretisierungen zu den Zielen diskutiert werden, d.h. insbesondere erste Ideen zu Kennzahlen und Maßnahmen gesammelt werden. (ca. 90 bis 150 Minuten)

▨ Ergebnisse zusammenfassen, Verantwortlichkeiten definieren und weiteres Vorgehen festlegen. (ca. 60 Minuten)

▨ Zur Ableitung von drei Strategy Maps sollte man sich 1,5 bis 2 Tage Zeit nehmen. Der Aufwand kann erheblich reduziert werden, wenn im Vorfeld des Workshops – unter Mitwirkung des Verantwortlichen - bereits Entwürfe zu den Strategy Maps erstellt werden. Bei dieser Vorgehensweise besteht allerdings die Gefahr, dass die Strategy Maps zu schnell abgenickt werden und anschließend die Identifikation der Beteiligten fehlt.

▨ Darüber hinaus empfiehlt es sich die Strategy Map im Volltext auf drei bis sieben Seiten zu beschreiben (= BSC Story). Es ist schwierig, sich die Hintergründe und die Verknüpfungen zwischen den Zielen zu merken, insbesondere wenn die Strategy Map im Workshop erarbeitet wurde. (Der damit verbundene Aufwand verhindert allerdings nicht selten das an sich vernünftige Vorgehen.) Insgesamt umfasst die Balanced Scorecard damit folgende Dokumente:

 o ppt-Dokument mit strategischen Stoßrichtungen und Strategy Map

 o doc-Dokument mit BSC-Story

 o xls-Dokument mit Kennzahlenverfolgung, Ampelschaltung und Kennzahlendefinition (vgl. Modul 14)

 o xls-Dokument oder anderes Verfahren zur Maßnahmenverfolgung

3.4 Fallbeispiel Elektro AG

▓ **Definieren Sie die strategischen Stoßrichtungen sowie die Strategy Map der Elektro LA**

Für die Elektro LA können drei strategische Stoßrichtungen formuliert werden. Folgend werden die strategischen Stoßrichtungen mit ihrer Strategy Map jeweils kurz skizziert. Eine zusammenfassende Visualisierung findet sich in Abbildung 3-5.

1. **Aufbau und Entwicklung von Vorzugslieferanten auf Basis materialgruppenspezifischer Sourcing-Strategien zur nachhaltigen Steigerung der Supply-Ziele.**

Die Leistungsfähigkeit der Lieferantenbasis ist bei der Elektro LA unbefriedigend. Im Supply-Markt für Elektrobleche wird dies sehr deutlich. Auch in den meisten anderen Supply-Märkten ist die Situation nicht wesentlich besser. Zur nachhaltigen Leistungssteigerung im Supply Management wird (für die meisten Materialgruppen) allerdings nicht nur die Verbesserung der Lieferanten, sondern auch die Intensivierung der Zusammenarbeit mit den Lieferanten in Form von Vorzugslieferantenstrategien angestrebt (vgl. Modul 7).

Basis ist die Entwicklung materialgruppenspezifischer Sourcing-Strategien (P1)[16], auf deren Basis dann Lieferantenstrategien formuliert werden (P2). Dazu müssen die Mitarbeiter befähigt werden (LE1). Mit den Lieferantenstrategien sollen insgesamt die in Modul 2 formulierten Supply-Ziele realisiert werden: Auf der Leistungsseite sind der Lieferzeitindex (K1), die Mengentreue (K2), die Qualitätskennzahl (K3) und die Termintreue (K4) sowie auf der Kostenseite die Beschaffungsobjektkosten auf Basis Materialkostenveränderung (F1), die Objekt- und Prozesskosten auf Basis von Verbesserungsmaßnahmen (F2) sowie die Bestände (F3) zu optimieren. Letztlich gehen diese Ziele in die Total Cost of Ownership (F5) ein. Ferner münden die einzelnen Kundenziele (K1 bis 4) in die Zufriedenheit der internen Kunden (K5).

---

[16] P1 steht für Prozessziel 1 und stellt die Verknüpfung zur Strategy Map in Abbildung 3-5 her. LE = Ziel der Perspektive Lernen und Entwickeln; K = Kundenziel; F = Finanzziel;

2. **Sicherung kurzer Lieferzeiten im Absatzmarkt durch Flexibilität in der Supply Chain.**

In der Fallbeschreibung wird der angestrebte Wettbewerbsvorteil betont, sich mit einer Verkürzung der Lieferzeit bei den Kunden erheblich von den Wettbewerbern abzuheben. Hierzu müssen die Voraussetzungen im Supply Management geschaffen werden.

Der Einstieg in die Strategy Map läuft analog zur ersten strategischen Stoßrichtung über die Supply-Marktstrategien (P1) und die Lieferantenstrategien (P2). Auf dieser Basis müssen – in enger Abstimmung mit den Lieferanten – die Belieferungsprozesse beschleunigt und flexibilisiert werden (P3). Hierzu ist natürlich eine über alle Materialgruppen abgestimmte Vorgehensweise erforderlich (vgl. Modul 12). Besondere Beschleunigungspotenziale bieten sich bei kundenspezifischen Lösungen, da insbesondere das Anpassungsengineering bisher sehr zeitaufwändig ist. Mit der Einbindung der Lieferanten in den Entwicklungsprozess (P4) soll das Supply Management seinen Beitrag leisten. Die betroffenen Kundenziele sind analog der ersten strategischen Stoßrichtung. Zu den Finanzzielen besteht eher ein Konfliktverhältnis, so dass diese im Auge zu behalten sind.

3. **Globalisierung der Lieferantennetzwerke zur Kostensenkung und zur Unterstützung der Globalisierung der Elektro LA.**

Der Globalisierungsprozess der Elektro LA ist durch die Globalisierung der Lieferantennetzwerke zu unterstützen. Beispielsweise sollte die neue chinesische Fertigung auch möglichst lokal versorgt werden. Darüber hinaus sollen natürlich auch die Kostensenkungspotenziale durch Global Sourcing ausgeschöpft werden. Insgesamt handelt es sich um eine sehr komplexe strategische Stoßrichtung.

Der Einstieg über materialgruppenspezifische Sourcing-Strategien (P1) und Lieferantenstrategien (P2) läuft unter besonderer Beachtung der globalen Ausrichtung analog zur ersten und zweiten strategischen Stoßrichtung. Parallel dazu muss eine globale Organisation mit entsprechenden Einkaufsbüros (LE2) aufgebaut und der globale Einkaufsprozess (P5) und der globale Belieferungsprozess (P6) optimiert werden. Als Erfolgsindikator sollte das Global Sourcing-Volumen steigen (F4). Die kundenorientierten Ziele (K1 bis 5) und die Entwicklung bei den Prozesskosten (F2) und bei den Beständen (F3) sind im Rahmen neuer globaler Beschaffungsprozesse eher gefährdet und müssen deshalb überwacht werden. Ein positiver Effekt sollte sich bei den Materialkosten (F1) ergeben.

Die einzelnen Zielsetzungen werden im Rahmen der folgenden Module näher ausgearbeitet. Für jedes Ziel sollten ein bis zwei Kennzahlen definiert werden (vgl. Modul 14).

Der Foliensatz zur Supply-Rahmenstrategie könnte folgenden Aufbau haben:

▨ Methodik zur Balanced Scorecard (1-2 Folien)

▨ Strategische Stoßrichtungen, ggf. mit kurzer Erläuterung

▨ Strategy Maps der einzelnen strategischen Stoßrichtungen

▨ Strategy Map Zusammenfassung (vgl. Abbildung 3-5).

Abbildung 3-5:   *Elektro LA Strategische Stoßrichtungen und integrierte Strategy Map[17]*

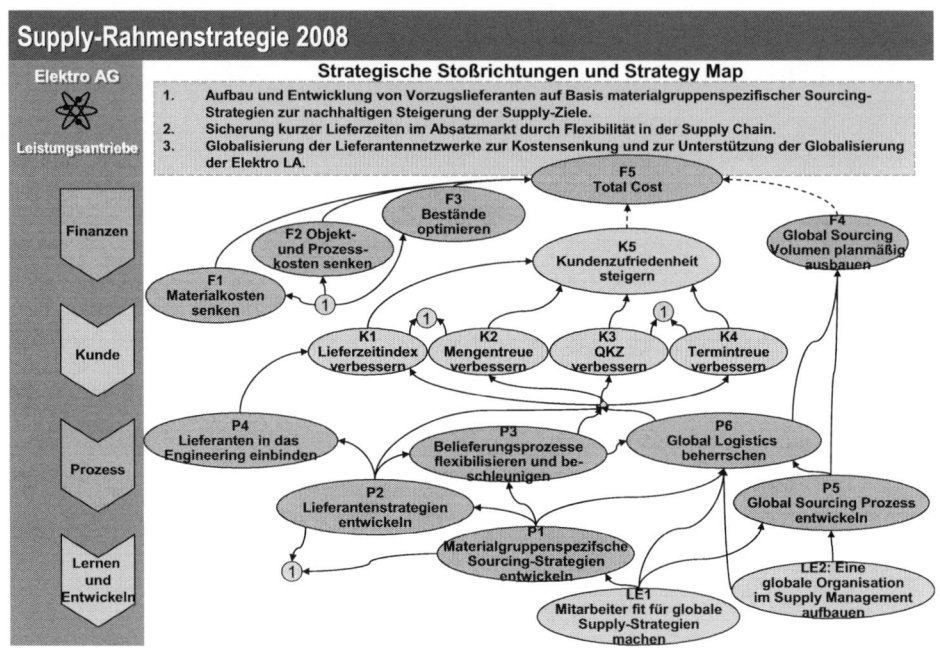

---

[17] Die 1 im kleinen Kreis hilft die Verknüpfungen einfach darzustellen. Würden alle Pfeile zwischen den Zielen eingezeichnet, ergäbe sich ein heilloses Pfeilgewirr.

4 Modul 4: Supply-Märkte definieren und priorisieren

Eine Supply-Strategie ist auf die Supply-Märkte ausgerichtet, d.h. strategische Wettbewerbsvorteile auf den Beschaffungsmärkten sollen zur Entwicklung von strategischen Wettbewerbsvorteilen auf den Absatzmärkten beitragen (vgl. Teil 1). Um entsprechende Supply-Marktstrategien in Strategiebaustein 2 (Module 5 bis 8) herausarbeiten zu können, müssen zunächst innerhalb der Rahmenstrategie die Beschaffungsmärkte definiert und priorisiert werden.

Die Bedeutung und die Schwierigkeit dieses Schrittes werden deutlich, wenn man sich die extreme Komplexität und Heterogenität der

Die 15M-Architektur der Supply-Strategie®
M4 Supply-Märkte definieren & priorisieren

		M13	
M12	**Lieferant**		Con-
	M9	M10	M11	trol-
	Markt		ling
			M14 M15
	M5	M6	M7	M8	
	Rahmen		
	M1	M2	M3	M4	

M1	M2	M3	M4
Basisstrategie entwickeln	**Supply-Ziele formulieren**	**Strategy Map entwickeln**	**Supply-Märkte definieren & priorisieren**

Beschaffungsaufgabe vor Augen führt. Dies soll am Beispiel einer Autofabrik illustriert werden.

100.000 Beschaffungsartikel – und das ist noch keine ungewöhnliche Zahl – sind auf einer Vielzahl von Supply-Märkten zu besorgen. Allein ein Auto besteht aus 10.000 bis 20.000 Teilen. Das Beschaffungsspektrum reicht dabei von Stahlblechen, über komplexe Komponenten (z.B. Bremssystem, Schließsystem), Lacke, Glas bis hin zu einfachen DIN- und Normteilen. Abbildung 4-1 gibt am Beispiel eines Mercedes CL einen kleinen Eindruck über die Breite des Teilespektrums. Jenseits der direkten Materialien werden beispielsweise Betriebsstoffe, Energie, Investitionsgüter, Dienstleistungen oder Marketingleistungen benötigt.

Voraussetzung für die Entwicklung wirkungsvoller Supply-Marktstrategien ist es, die relevanten Beschaffungsmärkte klar zu definieren, zu strukturieren und die Beschaffungsobjekte zuzuordnen. Ferner sind die Supply-Märkte auszuwählen, für die eine Strategie entwickelt werden soll. Folgende drei Fragestellungen sollen vertieft werden:

1. **Definition von Supply-Märkten:** Wie wird ein Supply-Markt von anderen Märkten abgegrenzt? Wie können – aufgrund der Vielzahl relevanter Märkte – die Supply-Märkte systematisiert werden?

2. **Unternehmensstrategische Make-or-Buy-Analyse:** Auf welchen Supply-Märkten soll gekauft werden? In Abhängigkeit auf welcher Wertschöpfungsstufe die Beschaffung stattfindet, ist das Unternehmen auf völlig unterschiedlichen Supply-Märkten aktiv. Beispiel: Je nachdem, ob ganze Sitzsysteme gekauft werden oder einzelne Stoffe, Rohre, Polsterungen usw., sind völlig unterschiedliche Supply-Märkte relevant.

3. **Priorisierung der Supply-Märkte:** Für welche Supply-Märkte soll eine eigenständige Supply-Marktstrategie ausgearbeitet werden?

Abbildung 4-1: Teilespektrum Mercedes CL
(Quelle: Automobilwoche Spezial 2006, mit freundlicher Genehmigung der Crain Communications GmbH)

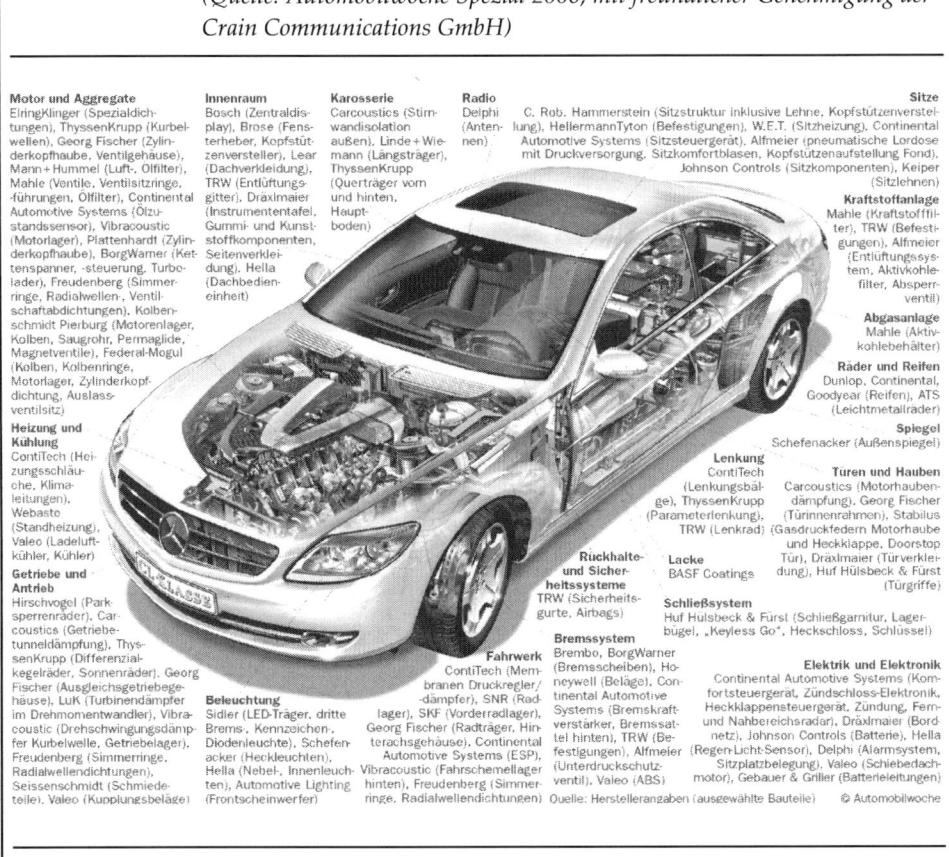

4.1 Definition der Supply-Märkte

Das Zusammentreffen von Angebot und Nachfrage bestimmter Güter oder Leistungen wird als Markt bezeichnet. Beispielsweise fasst der Markt für Thermoplaste alle Anbieter und Nachfrager thermoplastischer Kunststoffteile zusammen. Eine Supply-Marktstrategie für Thermoplaste zielt entsprechend darauf ab, die Situation des Unternehmens bei der Versorgung mit Thermoplaste zu optimieren und dabei möglichst eine Position aufzubauen, die besser ist als die Situation der Wettbewerber. So einfach dieser Grundgedanke ist, so schwierig ist die konkrete Strukturierung der Beschaffungsmärkte: Welche Güter und Leistungen gehören zum gleichen Markt? Wo beginnt ein neuer Markt?

In der volkswirtschaftlichen und insbesondere in der wettbewerbsrechtlichen Literatur wird die Frage nach der Branchendefinition breit diskutiert und letztlich über marktseitige Substitutionsbeziehungen beantwortet. Von einem Markt wird dann gesprochen, wenn nachfrage- oder angebotsseitige Substitutionsbeziehungen und damit eine hohe Kreuzpreiselastizität vorliegen. Bei einer hohen Kreuzpreiselastizität bewirkt die Preisänderung eines Gutes eine wesentliche Nachfrageänderung bei einem anderen Gut. Beispielsweise führt eine zehnprozentige Preiserhöhung bei BMW zu einer erheblichen Nachfrageerhöhung bei Mercedes. Die Fahrzeuge beider Marken sind also einem Markt zuzurechnen. Auch wenn eine methodisch exakte Ermittlung der Kreuzpreiselastizität in der Praxis nur selten möglich sein wird, können diese Überlegungen bei einer pragmatischen Vorgehensweise zur Strukturierung der Supply-Märkte hilfreich sein.

In der Praxis können die direkten Materialien beispielsweise mittels einer Stücklistenauflösung strukturiert und dann mehr oder minder systematisch zu Materialfeldern zusammengefasst werden. Bei indirekten Materialien werden in analoger Weise gleichartige Leistungen geclustert. Tabelle 4-1 gibt einen Überblick über typische Strukturierungskriterien bei der Bildung von Materialfeldern. In der Praxis finden sich oft Mischformen der verschiedenen Kriterien.

Tabelle 4-1:   *Strukturierungskriterien bei der Definition von Supply-Märkten*

Kriterium	Erklärung, Beispiel
stofforientiert	z.B. nach Rohstoffarten: Kupfer, Kohle, Stahl
funktionsorientiert	= modul- bzw. problemorientiert, z.B. Bremssystem, Cockpit (vgl. ausführlich Kapitel 4.2)
verfahrensorientiert	z.B. Dreh- Fräs- Guss- oder Stanzteil
produktorientiert	z.B. Kabel, Rohre (unabhängig vom Material)

Standardisierungsgrad	z.B. Standardteile (DIN- Normteile); Katalogware des Lieferanten, kundenspezifische Materialien, auftragsspezifische Materialien
verwendungsorientiert	nach Fertigungsstufe der Verwendung, z.B. Rohbau, Montage für die Bildung von Supply-Marktstrategien eher ungeeignet
erzeugnisorientiert	nach der Verwendung im Enderzeugnis für die Bildung von Supply-Marktstrategien eher ungeeignet
wertorientiert	z.B. C-Teile

Der Test, ob Materialien einem Beschaffungsmarkt zuzurechnen sind, kann über „vermutete" Substitutionsbeziehungen und Kreuzpreiselastizitäten erfolgen:

▨ **Nachfrageseitige Substitution** bedeutet, dass das einkaufende Unternehmen zwischen zwei Materialien wechseln kann. Werkzeugmaschinen verschiedener Hersteller sind in der Regel austauschbar, falls sie die gleiche Funktion erfüllen. Es kann aber auch hohe Substitutionsbeziehungen zwischen völlig unterschiedlichen Technologien geben. Beispielsweise sind Dienstreisen mit Bahn, Auto oder Flugzeug in bestimmten Entfernungsbereichen substitutiv und somit einem gemeinsamen Markt zuzurechnen.

▨ **Angebotsseitige Substitution** bedeutet, dass der Hersteller keine grundsätzliche Präferenz hat, ob er Material A oder Material B verkauft. Zwei zeichnungsgebundene Gussteile sind für einen Käufer keinesfalls austauschbar. Der Gießerei hingegen wird die zu gießende Form „relativ" egal sein, zumindest solange sie auf den gleichen Gussverfahren beruhen. An dieser Stelle hilft zur Abgrenzung eines Beschaffungsmarktes häufig der Test, inwieweit die Lieferantenbasis identisch ist oder sich unterscheidet.

▨ In den beiden beschriebenen Fällen liegt jeweils auch eine **hohe positive Kreuzpreiselastizität** vor. Im ersten Fall führt die Preissenkung (Preiserhöhung) eines Produktes zur Nachfragesteigerung (Nachfragerückgang) beim anderen Gut (Kreuzpreiselastizität der Nachfrage). Im zweiten Fall ergibt sich eine starke Reaktion beim Angebot eines Gutes, wenn sich der Preis des anderen Gutes verändert.

▨ Zu beachten ist, dass strikt komplementäre Leistungen mit einer **hohen negativen Kreuzpreiselastizität** auch zu einem Beschaffungsmarkt zusammengefasst werden. Beispielsweise besteht zwischen Hardwarepreisen von Maschinen und deren Wartungsverträgen häufig eine enge Beziehung. Die Hersteller „verschenken" ihre Maschinen, da der Profit anschließend in der Wartung liegt. Preisänderungen bei den Wartungsverträgen wirken sich also auch auf die Maschinennachfrage aus. In einer solchen Situation sollte sich die Supply-Marktstrategie auf das gesamte Paket beziehen.

Ein weiteres Problem liegt darin, dass die Substitutionsbeziehungen zwischen Materialien nicht digital die Ausprägungen „vorhanden" oder „nicht vorhanden" aufweist, sondern eher graduell stärker oder schwächer ausgeprägt sind. Um die Strukturierung nicht zu kompliziert zu machen, empfiehlt sich folgende dreistufige Einteilung:

1. Der **Supply-Bereich** fasst mehrere Supply-Märkte zusammen, zwischen denen leichte Verknüpfungen bestehen. Beispielsweise wird der Supply-Bereich „Kunststoffteile" durch eine gemeinsame Technologie geprägt. Supply-Bereiche sollten organisatorisch gemeinsam abgewickelt werden.

2. Der **Supply-Markt** ist die zentrale Ebene für die eine Supply-Marktstrategie erstellt werden sollte. Der Markt für Thermoplaste sowie der Markt für Granulate sind zwei Märkte im Supply-Bereich Kunststoffteile.

3. Die **Supply-Marktsegmente** untergliedern den Supply-Markt in Teilmärkte, zwischen denen mittlere Substitutionsbeziehungen bestehen. Bei Thermoplaste kann beispielsweise zwischen Sichtteilen mit hochqualitativer Oberfläche und Nicht-Sichtteilen unterschieden werden. Jedes Segment ist in sich relativ homogen. Zwischen den Segmenten bestehen allerdings mehr oder minder starke Wechselwirkungen. So sollte die Segmentstrategie innerhalb der Supply-Marktstrategie abgehandelt werden. Die Segmentierung von Supply-Märkten wird in Modul 5 näher betrachtet.

Die Struktur der Beschaffungsmärkte wird im Materialgruppen- bzw. Warengruppenschlüssel des Unternehmens dokumentiert. Dieser ist bei der erstmaligen Entwicklung einer Supply-Strategie ggf. auszuarbeiten oder zu überarbeiten. Hierbei ergibt sich in der Praxis allerdings oft das Problem, dass der Materialgruppenschlüssel auch zu anderen Zwecken verwendet wird und nicht radikal marktorientiert aufgebaut ist. Ferner kann eine Überarbeitung die Umschlüsselung der Beschaffungsobjekte erforderlich machen und damit einen ganz erheblichen Arbeitsaufwand verursachen. Geht man allerdings dieser Mühe aus dem Weg, werden wesentliche strategische Analysen nicht oder nur mit erheblichem manuellem Aufwand möglich.

Eine wichtige Frage in diesem Zusammenhang ist, ob im Unternehmen ein individueller Materialgruppenschlüssel entwickelt oder auf einen Standardschlüssel zurückgegriffen werden soll. Bekannte (kostenfreie) Klassifikationsstandards sind beispielsweise e-Cl@ss (www.eclass.de), UNSPSC (www.unspsc.org) oder ETIM (www.etim.de). E-Cl@ss geht beispielsweise auf eine branchenübergreifende Initiative der deutschen Industrie aus dem Jahr 2000 zurück und strukturiert die Warengruppen in vier hierarchische Ebenen. Stand 2007 (Version 5.1) waren 25 Sachgebiete, 480 Hauptgruppen, 4.300 Gruppen und 22.400 Untergruppen definiert. Zur einfachen und detaillierten Suche sind 11.300 Standardmerkmalsleisten sowie 51.200 Synonyme definiert. Mit umfangreicher Software werden die Schlüsselung im Unternehmen sowie die Schlüsselsuche unterstützt. Ein Überblick über die wichtigsten Klassifikationsstandards gepaart mit einer guten Auswahlhilfe findet sich unter www.prozeus.de.

Beim Vergleich zwischen einem firmenspezifischen Schlüssel und einem Standard sprechen für die Individuallösung die exakte Orientierung an den Anforderungen im

Unternehmen sowie die leichtere Anpassung bei neuen Materialgruppen. Insbesondere kann die Marktorientierung auch präziser umgesetzt werden. Argumente für einen Standard sind der erheblich geringere Erstellungs- und Pflegeaufwand, die Vereinfachung bei der unternehmensübergreifenden Kommunikation sowie bei unternehmensübergreifenden Benchmarks (vgl. beispielsweise Oberbörsch 2006, S. 357 ff.).

4.2 Bestimmung der Wertschöpfungstiefe und System Sourcing

Die Wahl der Wertschöpfungstiefe hat wesentlichen Einfluss auf die Supply-Märkte, in denen das Unternehmen aktiv ist. Dies wird am Beispiel der Zulieferpyramide für Sitze in der Automobilindustrie deutlich (vgl. Abbildung 4-2) (vgl. Andreßen 2006, Freudenberg 2002, Wolters 2002):

Abbildung 4-2:   *Lieferpyramide am Beispiel Sitzsysteme im Automobilbau*

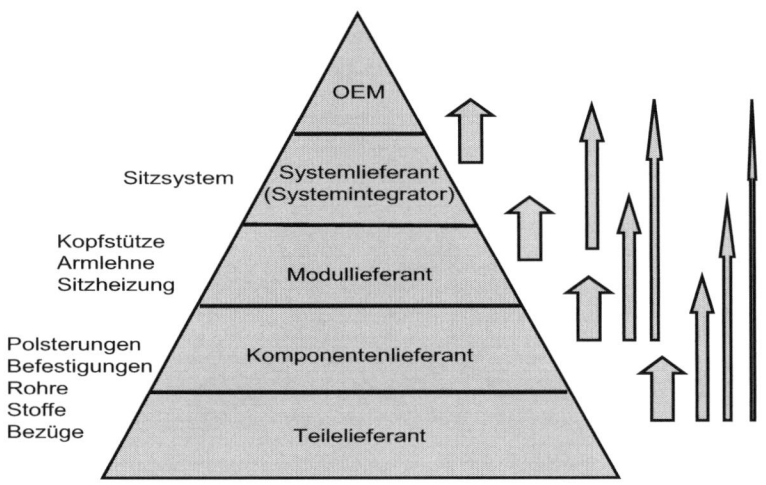

▨ **Systemlieferant (System Sourcing):** Ein Systemlieferant (hier synonym: Systemintegrator) übernimmt die umfassende Verantwortung für Technik, Qualität, Kosten und Termine ganzer Sitzsysteme. Dabei werden Systeme funktionsorientiert abgegrenzt, d.h. der Systemlieferant hat das „technische" und „kaufmännische" Funktionieren im Rahmen des Gesamtsystems (Auto) zu verantworten. Auf Basis des Lastenheftes entwickelt der Systemlieferant „sein" System bis zu den definierten Schnittstellen, z.B. mechanische Verankerung der Sitze im Fahrzeug oder elektrische und elektronische Verknüpfung für Sitzheizung oder Sitzeinstellung. Er montiert und produziert zusammen mit den Vorlieferanten die Sitze. Dabei ist es in der Regel ihm überlassen, ob er selbst die Aktivitäten ausführt oder koordinierend Vorlieferanten aussteuert. Ferner verantwortet er das Qualitätsmanagement und die termingerechte Anlieferung der Sitze an das Montageband des Kunden.

- **Modullieferant (Modular Sourcing):** „Module sind komplette, einbaufertige Baugruppen, die durch eine eindeutige und physisch-logistische Abgrenzbarkeit gekennzeichnet sind." (Arnold 2007, S. 24) Beispiele sind Sitzkomponenten, wie Kopfstützen oder Armlehnen, die Sitzheizung oder Sitzsteuergeräte. Über die Varianz der Module und der Möglichkeit, die einzelnen Varianten zu kombinieren, ergibt sich die Varianz des Systems. Ein Modullieferant sollte in der Regel in den Entwicklungsprozess eingebunden sein, ohne allerdings eine umfassende Systemverantwortung wie ein Systemlieferant zu übernehmen. Seine zentrale Verantwortung liegt vielmehr in der fehlerfreien und kostengünstigen Produktion sowie in der termingerechten Anlieferung der Module.

Anmerkung: Das Beispiel Handbremse eines Fahrrads veranschaulicht die nicht ganz einfache Unterscheidung zwischen System und Modul besonders treffend: Das Bremssystem setzt sich aus verschiedenen Modulen und (Komponenten) zusammen, z.B. Bremshebel am Lenker oder Bremsbacken am Hinterrad. Diese sind einzelne physische Einheiten, die auch in der Montage verbaut werden. Hingegen steht beim Bremssystem insgesamt die Funktion im Vordergrund, d.h. dass die Bremse angemessen bremst. Das Zusammenspiel der Module sowie die Schnittstellen zum Fahrrad sind hierbei besonders beachtenswert. Angemerkt sei ferner, dass die Begriffe Systemintegrator, Systemlieferant und Modullieferant in Praxis und Literatur sehr unterschiedlich verwendet werden. Die Pfeile in Abbildung 4-2 symbolisieren die Lieferbeziehungen und zeigen, dass einzelne Stufen der Lieferpyramide übersprungen werden können.

- **Komponenten- und Teilelieferanten (Component und Unit Sourcing):** Klassisch ist die Beschaffung von Komponenten oder Teilen, z.B. Sitzgestelle, Rohre, Befestigungen, Polsterungen, Stoffbezüge. Die technischen Spezifikationen werden üblicherweise vom Abnehmer definiert und meist auch überwacht. Kosten, Termin und Qualität nach Vorgabe des Kunden sind die zentralen Steuergrößen der Komponenten- und Teilelieferanten.

Kauft ein Automobilhersteller also beispielsweise bei einem Systemlieferanten fertig montierte Sitzgruppen, inklusive der Systementwicklung, Systembetreuung sowie der gesamten logistischen Abwicklung, ist er auf völlig anderen Supply-Märkten tätig, als wenn er die Sitzmontage selbst übernimmt und somit Polsterungen, Rohre, Sitzbefestigungen sowie Sitzheizungen beschafft.

Die Entscheidung über die Zusammenarbeit mit Systemlieferanten bzw. allgemeiner ausgedrückt über die Wertschöpfungstiefe (synonym: unternehmensstrategische Make-or-Buy-Entscheidung) weist natürlich weit über das Supply Management hinaus und ist regelmäßig der Unternehmensleitung zugeordnet. Dabei sollte das Supply Management allerdings intensiv eingebunden werden, einerseits zur Analyse der Alternative „Buy" und andererseits zur Analyse der vorgelagerten Supply-Märkte bei der Alternative „Make".

Eine detaillierte Betrachtung der unternehmensstrategischen Make-or-Buy-Analyse würde den Rahmen dieser Arbeit sprengen. Insofern werden im Folgenden die drei am weitesten verbreiteten (theoretischen) Ansätze zur Entscheidungsfindung nur sehr knapp skizziert. Dabei sollen insbesondere die Aspekte herausgearbeitet werden, die bei der Formulierung einer Supply-Strategie sowie bei der Entscheidung über System und Modular Sourcing von besonderem Interesse sind.

Zuvor sei noch kurz angemerkt, dass von der Make-or-Buy-Entscheidung auf unternehmensstrategischer Ebene die Entscheidung über die Vergabe einzelner (kleiner) Wertschöpfungsschritte an Lieferanten strikt zu unterscheiden ist. Beispiele: Soll die mechanische Nachbearbeitung von Gussteilen – z.B. Bohrungen – selbst durchgeführt oder zugekauft werden? Oder sollen Auftragsspitzen einzelner Bearbeitungsschritte an einen Lieferanten vergeben werden? Diese durchaus auch sehr bedeutsamen Fragestellungen werden im Rahmen der Supply-Marktstrategie entschieden (vgl. Modul 7).

Ansatz 1: Wettbewerbsstrategie: Bei der unternehmensstrategischen Make-or-Buy-Entscheidung stehen strategische Potenzialbetrachtungen gegenüber mittelfristigen Erfolgsrechnungen (vgl. die strukturgleichen Überlegungen zur Make-or-Buy-Betrachtung in Modul 7, Kapitel 7.2.3) im Vordergrund. Mit der Wertkettenanalyse nach Michael E. Porter (1986) kann untersucht werden, ob Lieferanten bei Erstellung einer Leistung einen grundsätzlichen Kosten- oder Leistungsvorteil haben. Typische Beispiele solcher Vorteile liegen vor, wenn Lieferanten...

- größere Economies of Scale in Entwicklung oder Produktion aufweisen,

- Synergien mit anderen Produkten, z.B. im Einkauf, Produktion, Entwicklung, realisieren können,

- durch eine gleichmäßigere Kapazitätsauslastung Bedarfsschwankungen glätten,

- über eine überlegene Qualität aufgrund von Vorteilen in der Lern- und Erfahrungskurve verfügen,

- trotz marktbedingter Fixkosten bereit sind, mengenabhängige Preise anzubieten, und sich somit ganz erheblich am Investitionsrisiko des Abnehmers beteiligen.

Unternehmensstrategisch kann es aber auch sinnvoll sein, in einen Zuliefermarkt einzusteigen oder nachhaltig tätig zu bleiben, dann wenn

▨ der Zuliefermarkt an sich eine attraktive Branche darstellt. Beispielsweise verfügt der Reiseveranstalter TUI über ca. 300 Hotels und Clubs oder über eine Kreuzfahrtflotte. Oder: In vielen konsumnahen Branchen steigt der Handel mit Handelsmarken ins Produktgeschäft ein.

▨ Lieferanten eine zu große Machtposition besitzen und diese auch ausspielen. In diesem Fall kann die Rückwärtsintegration in die Lieferantenbranche ein (letzter) Ausweg sein, sich aus der Zwangslage zu befreien (vgl. Modul 7, Kapitel 7.3).

Hierbei ist allerdings sehr vorsichtig die Frage zu stellen, ob man sich nicht zu sehr von seinem Kerngeschäft fortentwickelt. Dies führt zum 2. Ansatz.

Ansatz 2: Kernkompetenzmanagement: (Zum Begriff der Kernkompetenz vgl. Modul 1): Leistungen, die zur Entwicklung der eigenen Kernkompetenzen dienen, sollten grundsätzlich selbst ausgeführt werden – so zumindest die herrschende Meinung. Beispielsweise sind Linsensysteme und Objektive Kernprodukte, mit denen Canon seine Kernkompetenzen „Feinoptik" und „Mikroelektronik" trainiert und entwickelt (Prahalad, Hamel 1990 nach Müller, Prangenberg 1997, S. 120). Canon geht dabei soweit, dass sie nicht nur die Schlüsselkomponenten sondern auch wesentliche Bauteile selbst fertigt, bis hin zu den Formen zur Herstellung von Linsen (The Canon Story, in: www.canon.com).

Alle Materialien, die nicht die Kernkompetenzen betreffen, sollten nach „Günstigkeit" zugekauft oder selbst hergestellt werden. Dabei wird allerdings nach der Devise „Do what you can do best, outsource the rest" (Arnolds, Heege, Röh, Tussing 2010, S. 258) meist unterstellt, dass geeignete Lieferanten aufgrund ihrer Kernkompetenzen über ein höheres Leistungspotenzial verfügen. Gerade System- und Modullieferanten sind vor allem durch besonders profilierte Kernkompetenzen ausgewiesen. Hierin wird auch ein zentraler Grund für den Trend zur abnehmenden Wertschöpfungstiefe gesehen. Einzig Fremdbezugsbarrieren, z.B. personalpolitische Restriktionen oder Kompetenzdefizite bei Lieferanten, verhindern eine schnelle Verlagerung zu Lieferanten. Langfristig sollte sich das Unternehmen auf seine Kernkompetenzen konzentrieren.

Unabhängig davon, ob man dieser strikten Lesart des Kernkompetenzmanagements „wirklich" folgen möchte, soll der Ansatz in Richtung Supply Management zweifach relativiert werden: (1) So ist es gut vorstellbar, dass System- oder Modullieferanten auch Leistungen besser anbieten können, die zu den Kernkompetenzen des Unternehmens zählen. Im Sinne einer Supply Chain-Optimierung wäre dann eine Verlagerung anzuraten. (2) Ferner sollte im Rahmen des Supply Managements der Blickwinkel ausgeweitet und nicht nur die firmeneigenen Kernkompetenzen, sondern alle wesentlichen Kernkompetenzen in der Supply Chain gesteuert werden. Letztlich gewinnt im Wettbewerb die beste Supply Chain und nicht das beste Unternehmen. Beide Felder führen allerdings zu einer auf Innovation und Leistung ausgerichteten Lieferantenpartnerschaft im Sinne von System und Modular Sourcing. In diesem Rahmen wird die exklusive Sicherung der Kernkompetenzen innerhalb der eigenen Supply Chain zu einem zentralen Erfolgskriterium.

Ansatz 3: Transaktionskostenanalyse: Die volkswirtschaftlich orientierte Transaktionskostentheorie ist an der Frage interessiert, welche Transaktionen innerhalb eines Unternehmen (Make) und welche über Märkte (Buy) gesteuert werden (sollen) (vgl. Williamson 1975 sowie Picot 1991). Als zentrale Entscheidungsgrößen werden dabei die unterschiedlichen Transaktionskosten der beiden Steuerungsmechanismen identifiziert (vgl. Tabelle 4-2).

Tabelle 4-2:   *Beispiele für Transaktionskosten (Picot 1991)*

Kostenart	Beispiele in der Hierarchie	Beispiele im Markt
Anbahnungskosten	Mitarbeitersuche	Lieferantensuche
Vereinbarungskosten	Arbeitsvertrag	Rahmen- bzw. Kaufvertrag
Abwicklungskosten	Planung; Führung	Abstimmung mit Lieferanten
Kontrolle	Überwachung der Mitarbeiter	Überwachung auf Fehler
Anpassung	Neue Planung	Vertragsanpassung

Je nach Art der benötigten Leistung unterscheiden sich die Transaktionskosten, so dass Hierarchie (Make) oder Markt (Buy) zum vorteilhaften Steuerungsmechanismus wird. Dabei wird die Art der Leistung insbesondere nach ihrer Spezifität sowie nach der Unsicherheit in der Entscheidungssituation bestimmt: [18]

■ **Spezifität:** Spezifität beschreibt den Zuschnitt der Leistung auf einen spezifischen Verwendungszweck, so dass damit spezifische Investitionen verbunden sind. Eine geringe Spezifität der Leistung (z.B. Norm- und DIN-Teile, Büromaterialien, Standardwerkzeuge) spricht für Zukauf, da die marktliche Abstimmung einfach ist. Hingegen erzeugen spezifische Leistungen sehr hohe Transaktionskosten bei einem Marktbezug, da ein Lieferant sich umfangreich (vertraglich) absichern wird, bevor er kundenspezifische Investitionen tätigt. In einer solchen Situation sind die Transaktionskosten bei Eigenfertigung geringer.

■ **Unsicherheit:** Grad der Unsicherheit in der Umwelt und im Verhalten der Akteure ist die zweite Einflussgröße auf die Make-or-Buy-Entscheidung. Hohe Unsicherheit spricht in der Tendenz für Eigenfertigung, da eine Steuerung innerhalb des Unternehmens keine Detailregelungen benötigt und die Anpassung bei ungeplanten Entwicklungen einfacher ist.

Bei mittlerer bis hoher Spezifität und Unsicherheit wird Kooperation bzw. **Lieferantenpartnerschaft** als das Steuerungsprinzip mit den geringsten Transaktionskosten

---

[18] Die dritte Einflussgröße „Wiederholhäufigkeit" spielt für die Make-or-Buy-Entscheidung nur eine nachrangige Rolle, so dass auf sie hier nicht näher eingegangen werden soll (vgl. detailliert Djabarian 2002, S. 47 ff.).

empfohlen (Williamson 1991 sowie Arnold, Eßig 1997). Auch wenn – so ein zentraler Kritikpunkt an der Transaktionskostentheorie – die Berechnung der Transaktionskosten nicht gelingt, können über qualitative Statements Aussagen zum vorteilhaften Steuerungsprinzip „Hierarchie", „Partnerschaft" oder „Markt" entwickelt werden.

In Bezug auf die Entscheidung über die Wertschöpfungstiefe sowie zu System und Modular Sourcing empfiehlt es sich, die drei vorgestellten Ansätze zu verknüpfen und gleichermaßen Aspekte der Wettbewerbsstrategie, der Kernkompetenzen, die auf Innovation und Produktionskosten zielen, sowie der Transaktionskosten zu berücksichtigen. Dabei ist die Verknüpfung kaum „mathematisch rechenbar" sondern nur sachlogisch vorstellbar.

4.3 Überblick und Priorisierung der Supply-Märkte

Nachdem die Supply-Märkte des Unternehmens definiert sind, müssen die strategisch bedeutsamsten Märkte ausgewählt werden, für die eine Supply-Marktstrategie (gemäß Strategiebaustein 2) entwickelt werden soll. Zur Priorisierung von Supply-Märkten erscheint das Supply-Marktportfolio gut geeignet, das auf dem klassischen Einkaufsportfolio von Kraljic (1985) (vgl. auch Appelfeller, Buchholz 2005, S. 53 ff.) basiert. Neben der Priorisierung wird mit dem Supply-Marktportfolio für die einzelnen Supply-Märkte eine erste grundlegende strategische Orientierung (Normstrategie) ermittelt. In der Supply-Rahmenstrategie empfiehlt es sich ferner einen Überblick über die Supply-Märkte und deren wichtigsten Kennzahlen zu geben.

Im Supply-Marktportfolio werden Beschaffungsmärkte des Unternehmens nach zwei Dimensionen bewertet und in ein Vier-Quadrantenschema eingeordnet (Abbildung 4-3):

- **Strategische Bedeutung:** Die strategische Bedeutung eines Supply-Marktes für das Unternehmen wird meist nach dem Einkaufsvolumen im Markt bestimmt. Die Grenzziehung zwischen niedrig und hoch ist dabei etwas willkürlich. Bewährt hat es sich alle A-Märkte nach der ABC-Analyse als hoch und die B- und C-Märkte als niedrig einzustufen.

  Bei dieser Vorgehensweise bleibt jedoch die Einordnung von innovationsträchtigen Supply-Märkten mit geringem Einkaufsvolumen problematisch. Ggf. muss das Innovationspotenzial des Supply-Marktes in die Bewertung mit aufgenommen werden.

Abbildung 4-3:   Supply-Marktportfolio
(Quelle: Kraljic 1985, modifiziert)

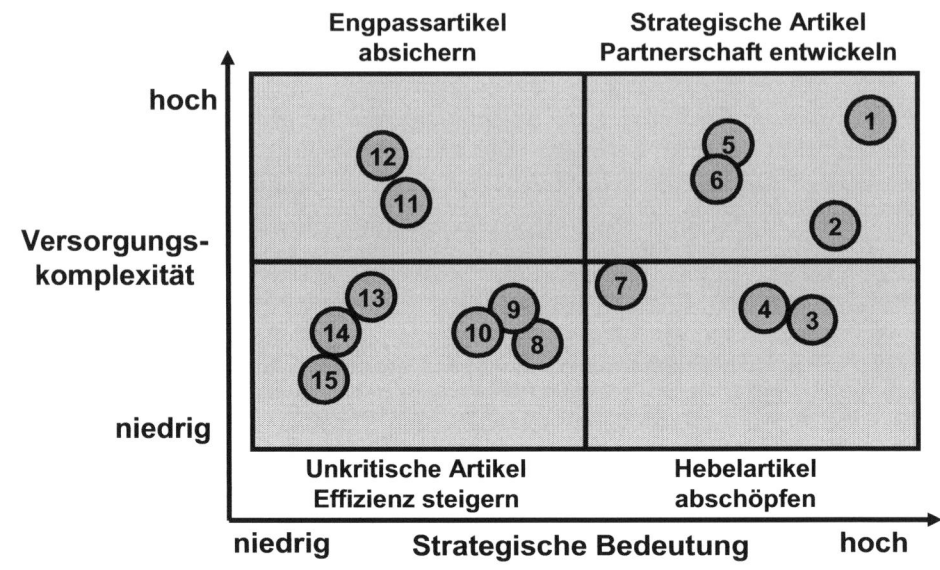

Versorgungskomplexität: Mit der Dimension der Versorgungskomplexität wird die strategische Situation im Beschaffungsmarkt analysiert. Die Bewertung erfolgt üblicherweise mit Hilfe eines Scoringmodells. In Abbildung 4-4 findet sich ein Beispiel, das sich in verschiedenen Projekten bewährt hat. In diesem Beispiel werden Kriterien zur Beurteilung der Angebotsmacht im Markt sowie zur Einschätzung von Versorgungsrisiken (jeweils mit 50 % gewichtet) bewertet. Dieses grundsätzliche Modell (Download unter www.supply-strategie.de) kann (und soll) an die spezifische Situation des Unternehmens angepasst bzw. auch intensiv verfeinert werden.

Anmerkung zum Verständnis von Risikomanagement (vgl. Teil 1, Kapitel 6): In der Bewertungstabelle werden wesentliche Risiken im Supply-Markt identifiziert. Diese sind im Rahmen der Supply-Marktstrategie (Strategiebaustein 2) intensiv zu steuern.

Abbildung 4-4: Kriterien zur Bestimmung der Versorgungskomplexität

Angebotsmacht

		0 Punkt	1 Punkte	2 Punkte	Punkte
Beschaffungs-marktstruktur	Anzahl der Anbieter	Viele Anbieter: Polypol	Wenige Anbieter: Oligopol	Ein bis zwei Anbieter: Monopol	1
	Weitere Anbieter am Markt verfügbar	Ja, sofort	Ja, mittelfristig	nein, bestenfalls langfristig	1
	Abhängigkeit der Technologie	Keine Abhängigkeit	Werkzeuge oder Lizenzen sind für die Produktion notwendig	Lieferant hat technologisches Monopol	1
Lieferanten-Abnehmer-struktur	Abnehmeranteil am Lieferantenumsatz	Hoher Anteil am Umsatz der Hauptlieferanten	Geringer Anteil aber mit anderen Abnehmern bzw. Branchen vergleichbar	Umsatzanteil ist geringer als der anderer Abnehmer bzw. anderer Branchen	1
	Möglichkeit zur Eigenfertigung	Eigenfertigung einfach möglich	Eigenfertigung möglich, aber beachtliche Investitionen	Eigenfertigung nicht oder nur mit sehr hohen Investitionen möglich	1
	Kapazitätsauslastung des Lieferanten	Keine Kapazitätsprobleme zu erwarten	Gelegentliche temporäre Kapazitätsengpässe	Häufige oder zyklische Kapazitätsengpässe	1
	Summe der Angebotsmacht			von 0 bis 12 Punkte	50%

Versorgungsrisiko

		0 Punkt	1 Punkte	2 Punkte	Punkte
Spezifität	Anforderungen an technische Zusammenarbeit mit dem Lieferanten	Keine Lieferanten-früheinbindung erforderlich	Lieferantenfrüheinbindung vorteilhaft, aber nicht dringend erforderlich	Umfangreiche Lieferanten-früheinbindung dringend notwendig	1
	Standadisierungsgrad des Produktes	Commodity oder Standard	Lieferantenspezifische Produkte	Zeichnungsgebunden	1
	Änderungshäufigkeit	Wenig und vorhersehbar	Gelegentlich, selten zeitkritisch	Häufig und komplex, teils auch zeitkritische Änderungen	1
	Risiko bei Elementarereignissen (Kosten/Termin)	Gering	Mittel	Hoch	1
Komplexität und Unsicherheit im Beschaffungsmarkt	Transfer von Teilen zu anderen Lieferanten möglich (Kosten Termin)	Leicht möglich	Bedingt und mittelfristig möglich	Bestenfalls nur langfristig möglich	1
	Technologische Komplexität = potentielle Qualitäts-probleme der Leistung	Geringe technologische Komplexität	mittlere technologische Komplexität	Hohe technologische Komlexität	1
	Technologische Entwicklung des Beschaffungsgutes	Stagnierend bis langsam	Mittlere Entwicklung	Dynamische Entwicklung	1
	Zukünftige Nachfrage-entwicklung am Markt	Stagnierend	Langsam bis saisonal	Dynamisch und starke Volatilität	1
	Logistische Komplexität = potentielle log. Probleme	Geringe logistische Komplexität	Mittlere log. Komplexität; potentiell erheblicher logistischer Schaden	Hohe logistische Komplexität mit ggf. sehr erheblichen potentiellen Schaden	1
	Abhängigkeit von Vorlieferanten	Keine Probleme bei Vorlieferanten	Unkritische Abhängigkeiten von Vorlieferanten	Kritische Abhängigkeiten von Vorlieferanten	1
	Summe des Versorgungsrisikos			von 0 bis 20 Punkte	50%

Versorgungskomplexität gesamt

					50%

Aus der Einordnung in die vier Quadranten ergibt sich für den Supply-Markt eine Normstrategie im Sinne einer ersten strategischen Orientierung:

▓ **Strategische Artikel** mit hoher Bedeutung und Komplexität sollten gemeinsam mit Partnern gesteuert werden.

▓ **Hebelartikel** mit hoher Bedeutung und niedriger Komplexität sollten preisorientiert abgeschöpft werden.

▓ **Engpassartikel** mit niedriger Bedeutung und hoher Komplexität sollten in Hinblick auf die Versorgung abgesichert werden.

▓ **Unkritische Artikel** mit niedriger Bedeutung und Komplexität sollten möglichst effizient beschafft werden.

Die Normstrategien können nach den Gestaltungsfeldern einer Supply-Marktstrategie (Kapitel 7.3) ausdifferenziert werden. Beispiel: Welche Konsequenzen ergeben sich für den Standardisierungsgrad bzw. für die Globalisierung der Beschaffung? Diese Ausdifferenzierung sowie eine kritische Beurteilung des praktischen Nutzens von Normstrategien werden im Rahmen der Ableitung von Supply-Marktstrategien in Modul 8 diskutiert.

Für die **Entwicklung von Supply-Marktstrategien** ist nun aber weniger die aktuelle Bedeutung der Supply-Märkte entscheidend, sondern vielmehr deren Entwicklung in den nächsten zwei bis drei Jahren. Folgende Beispiele veranschaulichen dies:

▓ Absatzplanungen eines Geschäftsfeldes signalisieren einen Nachfrageboom in den nächsten Jahren und in Folge einen rasanten Bedeutungszuwachs in bestimmten Supply-Märkten.

▓ Auf Basis der Unternehmensstrategie soll ein neues Geschäftsfeld aufgebaut werden. Damit können völlig neue Supply-Märkte relevant werden. Eine frühzeitige Kompetenzentwicklung im Markt kann sinnvoll sein.

▓ Aufgrund von Technologieentwicklungen werden aktuelle Supply-Märkte degenerieren und neue Märkte an Bedeutung gewinnen.

Vor diesem Hintergrund empfiehlt es sich, ein Supply-Marktportfolio mit Prognosewerten (Prognosehorizont zum Beispiel 3 Jahre) zu erstellen. Die Veränderung wird besonders transparent, wenn wie in Abbildung 4-5 die aktuelle und die zukünftige Situation zusammengefasst werden. Die grauen Kreise zeigen die aktuelle Situation und die weißen die Prognosesituation an. Beispielsweise wird das Einkaufsvolumen in Markt 3 stark zurückgehen. Die Komplexität in Markt 7 wird voraussichtlich stark zunehmen. Die Märkte 16 und 17 werden sich in den nächsten Jahren neu entwickeln, während die Märkte 5 und 6 aus dem Portfolio ausscheiden werden.

Abbildung 4-5: *Entwicklung des Supply-Marktportfolios: heute und in 3 Jahren*

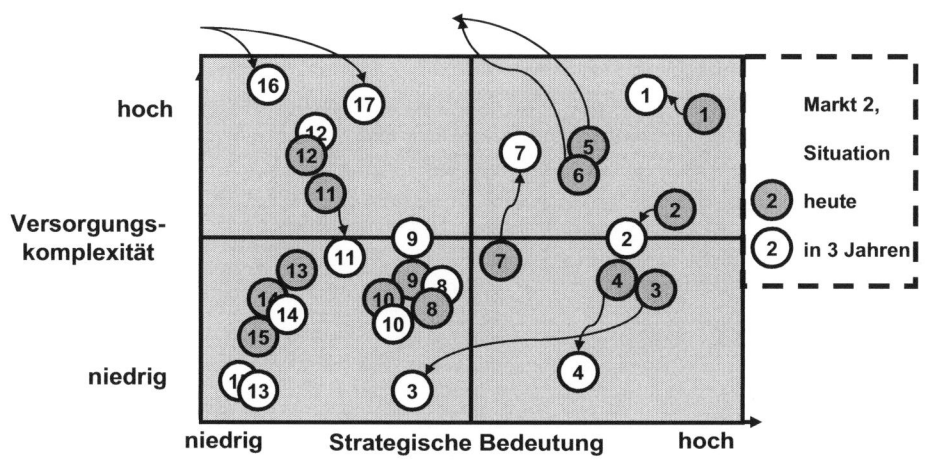

Die Anstrengungen, die zur Erschließung oder zur Entwicklung von Supply-Märkten unternommen werden müssen, hängen ganz wesentlich von der im Unternehmen bereits verfügbaren Marktkompetenz sowie von der Marktdynamik ab. Diese beiden Dimensionen werden im Supply-Markt Entwicklungsportfolio abgebildet und führen zu vier Handlungsfeldern (vgl. Abbildung 4-6). Beispielsweise sind Märkte im Feld „Challenge" durch eine starke Marktdynamik und wenig Marktkompetenz im Unternehmen gekennzeichnet und erfordern somit höchste Aufmerksamkeit.

Abbildung 4-6: *Supply-Markt Entwicklungsportfolio*

		Interner Entwicklungsbedarf:
Keep up	**Challenge**	• **Strategische Bedeutung**
○	○ ○	• **Wachstum**
		• **Neue Technologie**
Optimize	**Market Entry**	• **Neue Anwendung**
○	○	

Externe Entwicklungsgeschwindigkeit (y-Achse)
Interner Entwicklungsbedarf (x-Achse)

Externe Entwicklungsgeschwindigkeit
• **Technologie**
• **Marktwachstum**
• **Marktstrukturen**

Als Zusammenfassung von Modul 4 sollte eine Liste der Supply-Märkte erstellt werden, für die eine Supply-Marktstrategie entwickelt werden soll. Es empfiehlt sich ferner in der Supply-Rahmenstrategie für diese Märkte wesentliche Eckpunkte in einer Tabelle zusammenzufassen, auch wenn die Angaben natürlich auch in der Supply-Marktstrategie enthalten sind. In dieser Tabelle kann je Markt eine Zeile mit folgenden Informationen enthalten sein:

- Marktbezeichnung und –nummer

- Verantwortlichkeiten, z.B. strategischer Einkäufer, ggf. zuständige Personen in Logistik, Qualitätswesen und Entwicklung

- Einkaufsvolumen der letzten 2 Jahre, Planwert aktuelles Jahr und Prognosewert

- Anzahl Sachnummern

- Anzahl Lieferanten

- Materialkostenveränderungen in der Vergangenheit bzw. in der Planung

- Lieferantentermintreue

- ...

Als Beispiel sei auf die Tabelle im Fallbeispiel Elektro AG in Kapitel 4.4 verwiesen.

Darüber hinaus kann die Risikoposition der Supply-Märkte mit einer Risk Map (vgl. Teil 1, Abbildung 6-2) visualisiert werden. Mit der Scoringmethode werden die Risiken der einzelnen Supply-Märkte in Hinblick auf ihre Ergebniswirkung und auf ihre Eintrittswahrscheinlichkeit bewertet. Aus der Position der einzelnen Supply-Märkte in der Risk Map können die unter Risikogesichtspunkten besonders kritischen Märkte identifiziert werden. Darauf hin kann deren Supply-Marktstrategie korrigiert werden, um kritische Risiken abzusichern.

4.4 Fallbeispiel Elektro AG

- **Beurteilen Sie die beiden Vorschläge (a) den Stanzvorgang der Elektrobleche bzw. (b) die Fertigung der Läufer insgesamt an einen Lieferanten fremd zu vergeben.**

Ein Elektromotor wandelt elektrische Energie in mechanische Energie um. Er besteht – einfach ausgedrückt – aus zwei Teilen, dem fixen Ständer im Gehäuse und dem beweglichen Läufer, der sich wiederum aus einer Welle, einem Stapel von Blechen und Wicklungen zusammensetzt. Die Bleche werden aus den sogenannten Coils (= Rolle von Blech) ausgestanzt und zu einem Blechstapel zusammengefügt. (Zur detaillierten Beschreibung und Bild vgl. Teil 3, Kapitel 1). In der Diskussion ist, inwieweit (a) der

Stanzvorgang an Lieferanten bzw. (b) die ganze Läuferfertigung an einen Systemlieferanten fremd vergeben werden soll. Eine detaillierte Beantwortung der Frage ist aus
den vorliegenden Fallunterlagen nur bedingt möglich.

Wettbewerbsstrategische Prüfung: Es ist aufgrund der Größe und der Erfahrung der
Elektro LA nicht zu erwarten, dass Lieferanten erhebliche (!) Kosten- oder Leistungsvorteile realisieren können. Diese Aussage muss natürlich präzise überprüft werden.
Angemerkt sei, dass es nicht sinnvoll erscheint, auf dem Supply-Markt selbst als Ver-
käufer aktiv zu werden. Das Stanzen von Blechen ist (absatzseitig) zu weit vom eigentlichen Kernmarkt entfernt. Komplette Läufer als Systemlieferant anzubieten, bedeutet,
ein zentrales Kernprodukt an die eigene Konkurrenz zu veräußern und scheidet deshalb als Alternative aus.

Kernkompetenzprüfung: Die mechanische Bearbeitung und insbesondere die kompletten Läufer zählen zu den Kernprodukten, mit denen die Kernkompetenzen der
Elektro LA fortentwickelt werden. Nach klassischer Vorstellung kommt eine Fremdvergabe somit keinesfalls in Frage. Unter einem ganzheitlichen Supply Chain-
Blickwinkel, wäre eine Verlagerung trotzdem erwägenswert, wenn Lieferanten diesen
Wertschöpfungsschritt besser und/oder billiger durchführen können. Dazu gibt es
allerdings keine Hinweise.

Transaktionskostenanalyse: Die Spezifität der Läuferfertigung ist hoch, die des
Stanzvorgangs mittel bis hoch, da die Stanzmaschinen durchaus auch für andere Zwecke einsetzbar sind. Die Unsicherheit ist von mittel bis hoch einzuordnen. In der Konsequenz ist unter Transaktionskostengesichtspunkten die Läuferfertigung unter
„Make" und der Stanzvorgang an der Grenze zwischen „Cooperate" oder „Make"
einzuordnen.

Erste Überlegungen weisen in die Richtung, dass beide Aktivitäten weiterhin selbst
hergestellt werden sollten. Eine nähere Überprüfung der Vorteile einer Partnerschaft
zur Fremdvergabe des Stanzvorgangs sollte trotzdem erwogen werden.

▨ **Erstellen und interpretieren Sie das Supply-Marktportfolio der Elektro LA.**

In Abbildung 4-7 findet sich ein Überblick über die zehn wichtigsten Supply-Märkte
der Elektro LA, für die jeweils eine Supply-Marktstrategie erstellt werden soll. Die
Übersicht ist nach der Höhe des Einkaufsvolumens sortiert. Alternativ wäre auch eine
Ordnung nach den Supply-Bereichen vorstellbar. Ferner könnten auch die wesentlichen Marktsegmente mit aufgeführt werden.

Zur Erstellung des Supply-Marktportfolios werden

▨ die strategische Bedeutung der Materialgruppen mit Hilfe der ABC-Analyse über
deren Einkaufsvolumen und

▨ die Versorgungskomplexität mit Hilfe der Scoring-Methodik (vgl. Abbildung 4-4)
ermittelt. Dabei ergibt sich die Versorgungskomplexität aus dem gleichgewichteten
Durchschnitt von Angebotsmacht und Versorgungsrisiko (vgl. Abbildung 4-7).

Abbildung 4-8 zeigt das Supply-Marktportfolio für die zehn bedeutsamsten Supply-Märkte.

Für die strategischen Artikel (Guss, Elektroblech, Kupfer) werden eine besondere Aufmerksamkeit und strategische Partnerschaften mit Lieferanten empfohlen. Für Metal Parts als Hebelartikel wird eine Abschöpfungsstrategie vorgeschlagen. Bei Wellen und Sensorik ist das strategische Ziel die Absicherung der Risiken. Bei unkritischen Artikeln wie Belüftungssysteme und Fittings sollte die Beschaffungseffizienz gesteigert werden. Walzläger und Isolierstoffe sind in einer eher indifferenten Lage. Zu beachten ist, dass über die Auswahl der Materialgruppen keine Engpassmaterialgruppen aus der Betrachtung verloren gehen. Der Verzicht auf weitere unkritische Materialgruppen kann im Rahmen einer strategischen Analyse hingenommen werden. Natürlich dürfen dadurch C-Teilestrategien nicht vergessen werden.

Abbildung 4-7: *Übersicht über die Supply-Märkte der Elektro LA*

Supply-Rahmenstrategie 2008

Elektro AG

Leistungsantriebe

Supply-Markt Übersicht

| Supply Markt | Name | Einkaufsvolumen in Mio. € | | | Versorgungskomplexität | | | MKV | | Lieferanten | | Sachnum. |
		Wert	Anteil	Anteil kum.	Macht	Risiko	Gesamt	in %	in T €	Zahl	A-Liefer.	Zahl
Supply		600.000						-2,2%	3.145	867	189	
Guss	Hr. Müller	91.300	15%	15%	75%	75%	75%	-1,3%	-950	52	15	432
Elektroblech	Fr. Maier	72.500	12%	27%	92%	55%	74%	12,0%	7.777	12	7	34
Kupfer	Hr. Schulz	60.300	10%	37%	75%	58%	67%	7,6%	3.191	6	3	876
Metal Parts	Fr. Buyer	59.700	10%	47%	50%	23%	37%	-1,0%	-478	78	22	568
Walzläger	Fr. Sauer	32.000	5%	53%	58%	45%	52%	-4,0%	-896	4	1	35
Isolierstoffe	Hr. Schnell	31.900	5%	58%	42%	36%	39%	-1,0%	-255	38	12	987
Sensorik	Hr. Schön	30.600	5%	63%	75%	85%	80%	-3,0%	-643	23	7	123
Wellen	Fr. Groß	22.300	4%	67%	84%	63%	74%	2,0%	357	9	2	267
Belüftungssy	Hr. Klein	16.400	3%	70%	42%	23%	33%	2,0%	246	43	9	2619
Fittings	Hr. Grün	10.200	2%	71%	25%	28%	27%	-2,0%	-163	65	23	2171

Abbildung 4-8:   *Supply-Marktportfolio der Elektro LA*

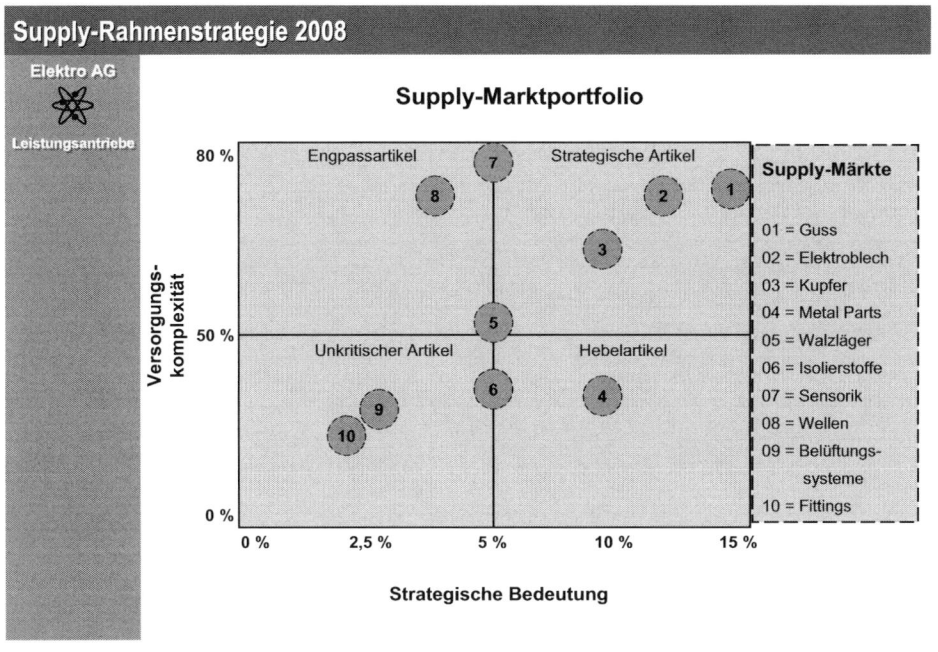

Eine detaillierte Interpretation des Supply-Marktportfolios erfolgt in Modul 8. Für die Supply-Rahmenstrategie werden folgende Folien vorgeschlagen:

▦ Übersicht über die Supply-Märkte (Vgl. Abbildung 4-7)

▦ ggf. Betrachtung kritischer Make-or-Buy-Entscheidungen

▦ Methodik des Supply-Marktportfolios (Theorie: vgl. Abbildung 4-3 und 4-4)

▦ Supply-Marktportfolio (vgl. Abbildung 4-8)

▦ Supply-Markt Entwicklungsportfolio (vgl. Abbildungen 4-5 und 4-6)

▦ Übersicht über die Supply-Marktstrategien in wesentlichen Supply-Märkten (vgl. Modul 8)

Strategiebaustein 2: Supply-Marktstrategie

Die Supply-Marktstrategie beschreibt die Strategie eines Unternehmens auf einem Beschaffungsmarkt. Die Leitfrage lautet: Welche Voraussetzungen müssen heute im Supply-Markt geschaffen werden, damit die zukünftige Wettbewerbsposition des Unternehmens gesichert bzw. verbessert werden kann? Wie bereits ausgeführt finden sich in der Unternehmenspraxis auch die Bezeichnungen „Beschaffungsmarktstrategie", „Materialgruppenstrategie", „Materialfeldstrategie" oder „Warengruppenstrategie". Diese Begriffe sollen zum Begriff der Supply-Marktstrategie synonym verwendet werden.

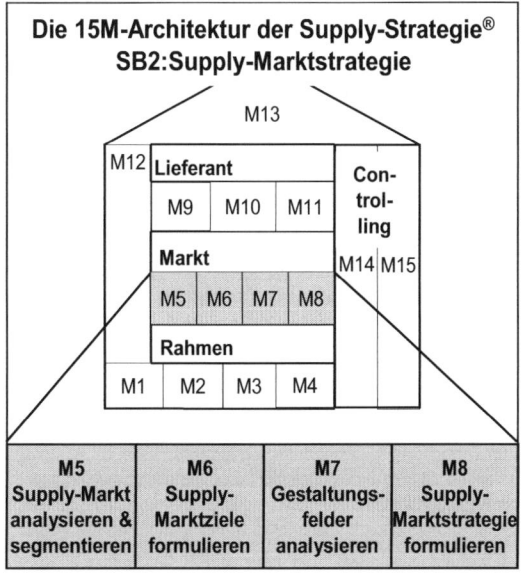

Die Supply-Marktstrategie setzt eine eindeutige Marktdefinition (Modul 4) voraus und hat sich an der Basisstrategie (Modul 1), den Supply-Zielen (Modul 2) und der Strategy Map (Modul 3) auszurichten. Im ersten Schritt werden die Struktur und die Entwicklung des Supply-Marktes analysiert. Soweit notwendig, wird der Supply-Markt segmentiert (Modul 5). In Modul 6 werden die Supply-Marktziele definiert. Dies erfolgt möglichst analog zur Formulierung der Supply-Ziele in Modul 2. Aus Sicht des Unternehmens werden dann die Gestaltungsfelder der Supply-Marktstrategie analysiert und hieraus resultierende strategische Handlungsoptionen identifiziert (Modul 7). In Modul 8 findet die Verdichtung zur Supply-Marktstrategie statt, indem strategische Stoßrichtungen, Roadmaps und ggf. eine Strategy Map formuliert werden. In diesem Rahmen wird auch der Beitrag des Supply-Marktportfolios mit seinen Normstrategien zur Entwicklung der Supply-Marktstrategie diskutiert. Die einzelnen Supply-Marktstrategien sind zu synchronisieren. Dieser Schritt erfolgt innerhalb der Supply-Rahmenstrategie, Teil Koordination in Modul 12.

In jedem Modul sind Chancen und Risikoaspekte zu beachten. In Modul 5 werden Marktchancen und –risiken analysiert. In Modul 6 zeigen beispielsweise die Entwicklung der Zielsetzungen sowie weitere Risikoindikatoren, ob sich Risiken ankündigen. Bei der Analyse der Gestaltungsfelder (Modul 7) sind die jeweils verknüpften Chancen und Risiken zu bewerten und bei der Wahl der strategischen Stoßrichtungen und der strategischen Maßnahmen (Modul 8) zu berücksichtigen.

Die Ausführungen werden am Beispiel Elektroblech-Marktstrategie der Elektro LA illustriert. Die Beschreibung zu den Modulen 5 bis 8 wird zusammengefasst am Ende von Modul 8 in Kapitel 8.3 präsentiert.

Jede Supply-Marktstrategie sollte in einem Supply-Marktsteckbrief dokumentiert werden. Detaillierte Beispiele von Supply-Marktsteckbriefen finden sich in der Fallstudie Elektro LA sowie in den Fallstudien zur E-T-A (Teil 1, Kapitel 2) und zu Siemens A&D (Teil 3, Kapitel 2).

5 Modul 5: Supply-Markt analysieren und segmentieren

Eine fundierte Supply-Marktstrategie reflektiert und beeinflusst ggf. die aktuellen Entwicklungen im Supply-Markt. Ein profundes Verständnis des Beschaffungsmarktes ist dabei (natürlich) eine zentrale Voraussetzung. So müssen zunächst die Marktentwicklungen – losgelöst vom Unternehmen – hinreichend detailliert recherchiert und analysiert werden. Hierbei stellt sich jedoch sehr schnell die Frage nach dem Aufwand, den man für diese (generelle) Marktanalyse zu betreiben bereit bzw. in der Lage ist.

Die Spannweite der Tiefe der Supply-Marktanalysen in der Pra-

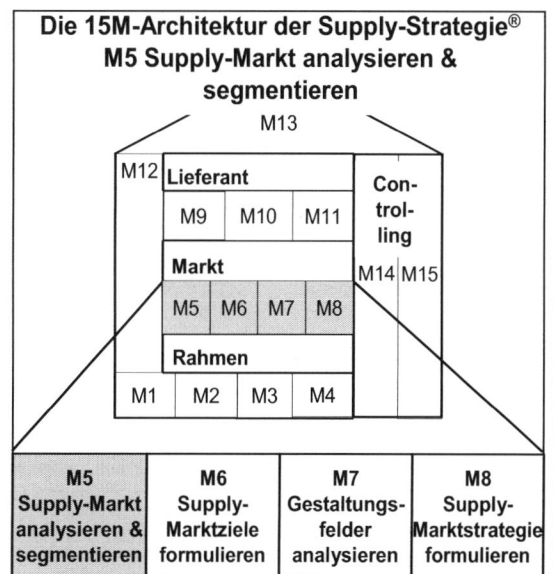

xis ist immens und bewegt sich zwischen einer umfassenden und tiefgehenden Marktstudie und Marktbeobachtung einerseits und einer groben Einschätzung auf Basis des (zufällig) vorhandenen Marktwissens. Beispielsweise werden hauptamtliche Einkäufer in Unternehmen der Energiewirtschaft, die umfangreich Strom zukaufen, die Energiemärkte intensiv analysieren. Am anderen Ende des Spektrums sind vielleicht strategische Einkäufer in Mittelbetrieben zu sehen, die für mehrere Supply-Märkte rundum verantwortlich sind und somit für eigenständige Marktrecherchen kaum Zeit haben. In diesem Fall kann sich die Marktanalyse auf die folgenden Punkte konzentrieren (vgl. auch die Fallbeschreibung zur E-T-A in Teil 1, Kapitel 2):

- **Marktsituation und -entwicklung:** Wodurch lassen sich die aktuelle Marktsituation und deren Entwicklung am treffendsten beschreiben. Zwei Beispiele zeigen den Charakter solcher Aussagen: (a) „Der Markt ist fragmentiert, d.h. durch viele mittelständische Anbieter geprägt, und weist nur ein leichtes Nettowachstum auf." (b) „Aufgrund des Markteintritts von Herstellern aus Fernost haben sich in den letzten zwei Jahren erhebliche strukturelle Veränderungen ergeben. Insbesondere die europäischen Anbieter sehen sich einem intensiven Ausleseprozess gegenüber." Die mit der Marktentwicklung verbundenen Chancen und Risiken sind explizit zu identifizieren und in Hinblick auf ihre Konsequenzen zu bewerten. Die explizite Betrachtung und Bewertung von Chancen und Risiken gilt auch für die folgenden Analysekriterien.

▓ **ggf. Marktsegmente:** Definition und Beschreibung der Supply-Marktsegmente (vgl. Kapitel 5.2)

▓ **ggf. Lieferantenübersicht:** Soweit es sich um einen Markt mit einer überschaubaren Zahl großer Lieferanten handelt, ist ein Überblick über die Hauptlieferanten vorzunehmen.

▓ **Technologie und Technologieentwicklung:** Soweit nicht bereits in der Analyse zu den Marktsegmenten geschehen, sind wesentliche Technologiesegmente knapp zu skizzieren. Ferner sind wesentliche technologische Entwicklungen aufzuzeigen.

▓ **Allokation und Preisentwicklungen:** Von besonderem Interesse ist die Einschätzung, inwieweit im Markt die Gefahr von Lieferengpässen besteht. Eng damit verbunden ist die Frage nach wesentlichen Preisschwankungen. Letztlich geht es darum, ob der Markt sich bei Nachfrageimpulsen agil mengenmäßig anpassen kann, oder – wenn dies nicht der Fall ist – das Marktgleichgewicht über Preisschwankungen hergestellt wird. Aus der Beurteilung dieser Frage ergeben sich erhebliche Konsequenzen für die Supply-Marktstrategie.

▓ **Kritische Zuliefermärkte:** Gibt es kritische Zuliefermärkte? Wenn ja, welche sind dies? Hierbei sind Zuliefermärkte insbesondere dann kritisch, wenn sie wesentlichen Einfluss auf die Preise, auf die Verfügbarkeit oder die Leistung der Produkte im betrachteten Markt haben. Beispielsweise entwickeln sich die Preise von Kunststoffteilen mit den Granulat- und damit mit den Rohölpreisen. Die kritischen Zuliefermärkte sind zu benennen und im Fokus zu behalten.

▓ **Sonstiges:** Gibt es weitere Faktoren, die die Marktentwicklung wesentlich beeinflussen, beispielsweise rechtliche oder ökologische Entwicklungen?

Die systematische Gewinnung und Aufbereitung von Informationen über die Supply-Märkte und ihrer Segmente ist Aufgabe der Beschaffungsmarktforschung. Diese unterscheidet zwischen der Marktanalyse und der Marktbeobachtung. Während die Marktanalyse zu einem Zeitpunkt die aktuelle und die zukünftige Marktsituation und ihre Konsequenzen für das Unternehmen in der Tiefe erforscht und interpretiert, zielt die Marktbeobachtung auf die Erfassung der Marktentwicklungen. In der 15M-Architektur der Supply-Strategie® werden die beiden Modalitäten folgendermaßen berücksichtigt: In der jährlichen Strategieformulierung werden – soweit sinnvoll – tiefgehende Marktanalysen, inklusive der Analyse von Entwicklungstrends, durchgeführt und als Basis der Strategie zugrunde gelegt. In diesem Zusammenhang werden kritische und risikobehaftete Analysefelder in den Supply-Märkten identifiziert. Diese werden im laufenden Jahr im Rahmen der Strategieimplementierung und des Strategie-Controlling systematisch verfolgt und beobachtet. Sollten sich ungeplante Entwicklungen ergeben, erfolgt im Rahmen der strategischen Steuerung eine Nachjustierung der Supply-Strategie, im Extremfall sogar ein Neuaufwurf (vgl. Modul 14). Eine detaillierte Diskussion der Methoden, Prozesse und Informationsquellen der Beschaffungsmarktforschung finden sich beispielsweise bei Arnolds, Heege, Röh, Tussing (2010, S. 51 ff.) oder bei Large (2009, S. 97 ff.).

Nach diesem knappen Überblick wird im Folgenden eine detaillierte Systematik der Analysefelder in der Supply-Marktanalyse vorgestellt (Kapitel 5.1). Aufgrund der teils sehr differenzierten Situation in vielen Supply-Märkten muss bei der Marktanalyse und folgend in der Supply-Marktstrategie zwischen Supply-Marktsegmenten unterschieden werden. In Kapitel 5.2 werden die Grundidee und die Vorgehensweise der Supply-Marktsegmentierung beschrieben. In der Fallstudie zur Elektro LA findet sich eine einfache Marktanalyse und –segmentierung zur Illustration der Methoden (vgl. Kapitel 8.3).

5.1 Analysefelder der Supply-Marktanalyse

Ein Markt ist das Zusammentreffen von Angebot und Nachfrage. Aus dieser einfachen Überlegung lässt sich die Struktur der Marktanalyse ableiten (vgl. Abbildung 5-1). So sind die Anbieter und die Nachfrager mit ihrer Leistung und Gegenleistung zu betrachten. Darüber hinaus interessieren die Intensität und die Eigenschaften der Marktbeziehungen sowie deren Entwicklung (in Abbildung 5-1 mit der Bezeichnung Markt zusammengefasst). Ferner sind das allgemeine Marktumfeld und kritische Zuliefermärkte mit ihren Konsequenz für den betrachteten Markt zu analysieren. Im Folgenden werden die einzelnen Analysefelder näher betrachtet. [19] Es sei an dieser Stelle nochmals daran erinnert, dass bei allen Kriterien auch die darin enthaltenen Chancen und Risiken identifiziert und bewertet werden müssen.

---

[19] Vgl. auch Arnolds, Heege, Röh, Tussing 2010, S. 54 ff., Large 2009, S. 97 ff. sowie Appelfeller, Buchholz 2005, S. 33 ff.

In jüngster Vergangenheit wird vorgeschlagen die Branchenstrukturanalyse nach Porter (1984) als Methode der Supply-Marktanalyse zu verwenden. Hierzu werden die Rivalität der Zulieferbranche, die Verhandlungsposition der Abnehmer (= das einkaufende Unternehmen), die Möglichkeit der Markteintritte neuer Lieferanten, Substitutionsprodukte sowie die Verhandlungsposition der Vorlieferanten betrachtet (vgl. Appelfeller, Buchholz 2005, S. 35 ff. sowie Büsch 2007, S. 51 ff. und 113 ff.).

Insgesamt ist die Branchenstrukturanalyse von Porter zur Beurteilung der Branchenattraktivität sehr zielführend. So kann ihre Verwendung sinnvoll sein, wenn eine extrem tiefgehende Marktanalyse durchgeführt werden soll. Im Normalfall erscheint die folgend vorgeschlagene Systematik im Rahmen der Supply-Marktanalyse einfacher und aussagekräftiger. Natürlich werden wesentliche Teile der Branchenstrukturanalyse von Porter in der Betrachtung berücksichtigt, z.B. Analyse der Verhandlungsmacht sowie der Rivalität.

Abbildung 5-1:   *Analysefelder der Supply-Marktanalyse*

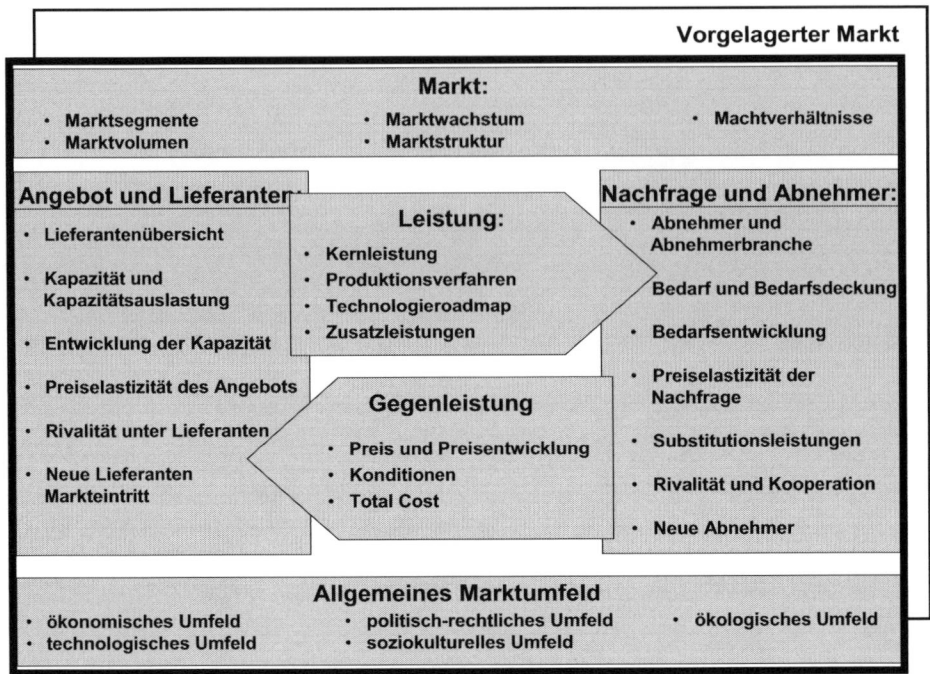

Markt:

- **Marktsegmente:** Der Markt ist in sich homogene Segmente einzuteilen (vgl. Kapitel 5.2). Hier ist insbesondere auch zu klären, ob es sich um einen globalen Weltmarkt handelt, oder ob – aufgrund hoher Transportkosten oder mangelnder Transportierbarkeit der Leistung – es sich um regional autonome Marktsegmente handelt.

- **Marktvolumen:** Welches Umsatzvolumen wird im Markt getätigt? Soweit es sich um Leistungen handelt, die einen einheitlichen Mengenindikator aufweisen, ist auch das Absatzvolumen in Mengeneinheiten auszuweisen, z.B. Tonnen Stahl, Stück Reifen. Es empfiehlt sich das Umsatz- und Absatzvolumen nach Marktsegmenten, nach Produktions- sowie nach Verbrauchsregionen und nach Qualitäten und Anwendungen aufzusplitten.

- **Marktwachstum:** Wachstumsprognosen sowie das Marktwachstum in der Vergangenheit sind analog zur Struktur bei den Volumensbetrachtungen zu ermitteln.

▨ **Marktstruktur:** Die Marktstruktur gibt erste Hinweise zur Verhandlungsposition im Markt. Typische Strukturen sind Monopol (= ein Anbieter), Oligopol (= wenige Anbieter), Polypol (= viele Anbieter), Monopson (= ein Nachfrager) oder Oligopson (= wenige Nachfrager). Auch hier ist es sinnvoll, nach Segmenten zu unterscheiden.

▨ **Machtverhältnisse:** Die Stärke der Verhandlungsmacht zwischen Anbietern und Nachfragern gibt Hinweise, inwieweit die beiden Marktparteien ihre Interessen im Konfliktfall durchsetzen können. Die Analyse der Lieferanten- und der Abnehmermacht wird in Modul 7 (Kapitel 7.3) ausführlich behandelt.

Leistung:

▨ **Kernleistung:** Es muss die Kernleistung mit den wesentlichen im Markt vorkommenden Qualitäten bzw. Qualitätskriterien beschrieben werden, z.B. verschiedene Stahlsorten.

▨ **Produktionsverfahren:** Wenn es im Markt verschiedene Produktionsverfahren gibt, die unterschiedliche Eigenschaften aufweisen, sind diese zu beschreiben. Z.B. ist im Markt für Thermoplaste zwischen den Fertigungsverfahren Spritzguss, Extrusion, Rotation, Tiefziehen usw. zu unterscheiden.

▨ **Technologie-Roadmap:** Bezüglich der Produkt- sowie der Produktionstechnologien sollte eine Abschätzung erfolgen, wann welche Technologien verfügbar sind und im Unternehmen eingesetzt werden können.

▨ **Zusatzleistungen:** Welche Zusatzleistungen, z.B. in Bezug auf Information, Lieferzeit, Termintreue, Logistik, Service oder Angebot zusätzlicher Wertschöpfungsschritte, sind im Markt verfügbar. Welche Leistung ist üblicherweise zu erwarten?

Gegenleistung:

▨ **Preis und Preisentwicklung:** Hier stehen mit Preisbeobachtung und -prognosen, Preisstrukturanalyse oder Preisbenchmarks ein umfangreiches Methodenarsenal zur Verfügung.

▨ **Konditionen:** Welche Zahlungs- und Lieferkonditionen sind im Markt üblich bzw. realisierbar?

▨ **Total Cost:** Welche Kostenarten, die durch das Supply Management beeinflusst werden können, sind im Supply-Markt wesentlich und müssen beachtet werden? Welche Kosten entstehen üblicherweise bei diesen Kostenarten?

Angebot und Lieferanten:

▓ **Lieferantenübersicht:** Es ist eine Übersicht über die Anbieter und über die Anbietersegmente zu erstellen. Je nach Marktsituation können die größten Lieferanten einzeln aufgezählt werden oder nicht. In fragmentierten Märkten können einzelne Lieferanten kaum untersucht werden. In diesem Fall ist die Lieferantenstruktur näher zu betrachten. Die Kriterien zur Analyse einzelner Lieferanten werden in den Modulen 9 bis 11 im Detail ausgeführt.

▓ **Kapazität und Kapazitätsauslastung:** Welche Kapazität ist am Markt verfügbar und wie ist diese Kapazität ausgelastet. Saisonale und konjunkturelle Schwankungen sind zu analysieren. Ab welcher Kapazitätsauslastung hat ein durchschnittliches Unternehmen der Branche seine Gewinnschwelle erreicht? Hierbei empfiehlt es sich wieder nach Segmenten, Regionen oder unterschiedlichen Qualitäten zu unterscheiden.

▓ **Entwicklung der Angebotskapazität:** Wie entwickelt sich die Angebotskapazität insgesamt und in den einzelnen Segmenten?

▓ **Preiselastizität des Angebots:** Was passiert bei einer Steigerung der Nachfrage? Kann die neue Nachfrage schnell befriedigt werden oder erfolgt die Anpassung über eine Steigerung der Preise. Insbesondere bei kapitalintensiver Produktion (z.B. Stahlherstellung, Bergbau) oder langen Produktionszyklen (z.B. Landwirtschaft, Viehzucht) werden Bedarfssteigerungen schnell zu Preiserhöhungen und/oder Marktverknappungen führen. In diesem Fall sollten vom Supply Management frühzeitig Absicherungsstrategien geprüft werden.

▓ **Rivalität unter den Lieferanten:** Die Rivalität unter den Lieferanten, d.h. inwieweit die Lieferanten sich untereinander eher kooperativ und kollusiv oder eher konkurrierend begegnen, hat erhebliche Konsequenzen für die Supply-Marktstrategie. In Modul 7 wird die Rivalität unter Lieferanten näher behandelt und auch die Einflussnahme auf die Rivalität diskutiert.

▓ **Neue Lieferanten (Markteintrittsbarrieren):** Die Gefahr neuer Wettbewerber diszipliniert auch Monopolisten und stärkt die Abnehmermacht erheblich. Insofern wird in Modul 7 die Frage behandelt, wie Eintrittsbarrieren reduziert bzw. umgangen werden können.

Nachfrage und Abnehmer:

▓ **Abnehmer und Abnehmerbranchen:** Eine Übersicht über die Abnehmerbranchen und, soweit möglich, über die wesentlichen Abnehmer (z.B. Bahngesellschaften im Lokomotivmarkt) ist die Basis für die weitere Analyse der Nachfrage. Wichtig ist es, die Struktur des Bedarfs in den verschiedenen Branchen zu verstehen, um ggf. strukturelle Vor- und Nachteile zu identifizieren. Am Markt für Displays wird ein

Unternehmen des Spezialmaschinenbaus aufgrund der geringen Stückzahlen und der benötigten Spezifität der Leistung erhebliche Wettbewerbsnachteile gegenüber Produzenten von Computern oder Taschenrechnern aufweisen. Ähnliches gilt am Markt für Autoverglasung im Verhältnis zwischen Herstellern von Bussen und Herstellern von Personenwagen. Ferner interessiert auch, inwieweit es zwischen den Abnehmern Konkurrenz um knappe Kapazitäten bei Lieferanten gibt.

- **Bedarf und Bedarfsdeckung:** Welche Bedarfe bzw. welchen Anteil am Gesamtvolumen des Marktes haben die einzelnen Abnehmer bzw. Abnehmergruppen? Wie zuverlässig erfolgt derzeit die Bedarfsdeckung? Gibt es saisonale oder konjunkturelle Schwankungen? Hierbei empfiehlt es sich, nach Segmenten, Regionen oder Qualitäten zu unterscheiden.

- **Bedarfsentwicklung:** Wie entwickelt sich der Bedarf insgesamt und in den einzelnen Segmenten?

- **Preiselastizität der Nachfrage:** Analog zur Preiselastizität des Angebots interessiert ebenso, wie die Nachfrage auf Preisänderungen reagiert.

- **Substitutionsleistungen:** Gibt es für die verschiedenen Abnehmer zu den Marktleistungen Substitutionsmöglichkeiten?

- **Rivalität und Kooperation:** Welches Verhalten zeigen potenzielle Nachfragekonkurrenten? Zeigen sie eher konkurrierendes Verhalten und versuchen ihre Position zu Lasten anderer Nachfrager im Markt zu optimieren? Oder gibt es Ansatzpunkte mit anderen Abnehmern zu kooperieren, z.B. durch Bündelung im Einkauf oder in Bezug auf Lagerhaltung und/oder in Anlieferungsprozessen.

- **Neue Abnehmer:** Droht der Markteintritt neuer Abnehmer, der das aktuelle Gleichgewicht aus den Fugen geraten lässt? Der Markteintritt asiatischer, insbesondere chinesischer Unternehmen hat beispielsweise die Rohstoffmärkte in den Jahren seit 2005 aus dem Gleichgewicht gebracht und zu empfindlichen Verknappungen geführt. Wohl dem, der das frühzeitig erkannt hatte.

Allgemeines Marktumfeld:

Das allgemeine Marktumfeld hat erhebliche Auswirkungen auf einen Supply-Markt und muss deshalb intensiv analysiert werden. Insbesondere lassen sich grundlegende Entwicklungen häufig im allgemeinen Umfeld schon zu einem Zeitpunkt erkennen, zu dem in der Branche selbst noch nichts zu spüren ist. Die große Kunst ist es, in den vielfältigen, häufig widersprüchlichen Entwicklungen und schwachen Signalen diejenigen mit besonderer Relevanz für den betrachteten Supply-Markt möglichst frühzeitig zu identifizieren und die Konsequenzen für den Markt richtig zu prognostizieren.

Angesichts der Globalisierung der Beschaffungsmärkte steigt die Komplexität dieser Aufgabe immens. Dies zeigt folgendes Beispiel mit realem Kern: Ein Unternehmen benötigt für die Produktion einen Spezialkleber, den es ausschließlich in den USA gibt. Aufgrund von Gefahren beim Transport wurde ein Einsatzstoff und in Folge der Klebstoff insgesamt in den USA per Gesetz verboten. Die Frage ist, wie frühzeitig der Einkauf von einem solchen Verbot erfährt. Sollte man diese Entwicklung erst mitbekommen, wenn der Hersteller auf eine neue Bestellung mit einer Absage reagiert, ist wertvolle Zeit für den Aufbau neuer Lieferanten in anderen Ländern oder für die Umstellung der eigenen Produktion verloren. Bei der folgenden Diskussion der Analysefelder im allgemeinen Marktumfeld können nur einige Aspekte exemplarisch angesprochen werden.

- **Ökonomisches Umfeld:** Aus der volkswirtschaftlichen Analyse gilt es Konsequenzen für die zukünftige Versorgungslage des Unternehmens, insbesondere die Preisentwicklung, für Lieferengpässe oder Lieferzeiten abzuleiten. Vor allem die konjunkturelle Entwicklung ist für die Versorgungssituation in vielen Märkten entscheidend. Zunächst ist zu prüfen, inwieweit der Supply-Markt konjunktursensitiv reagiert. Falls dies der Fall ist, sind die Konsequenzen zu prognostizieren. Besonders kritisch kann es sein, wenn die verschiedenen Nachfragebranchen unterschiedlichen Konjunkturzyklen unterliegen. Dann kann es leicht passieren, dass im Zeitpunkt, wenn im eigenen Absatzmarkt die Konjunktur anzieht, andere Nachfragerbranchen den Supply-Markt bereits leer gekauft haben (vgl. auch die Fallstudie Elektro LA).

- **Technologisches Umfeld:** Während in der oben angeführten Technologie-Roadmap konkrete Technologien in der Branche diskutiert werden, werden hier eher grundlegende technologische Entwicklungen beobachtet.

- **Politisch-rechtliches Umfeld:** Wesentliche Aspekte des politisch-rechtlichen Umfeldes sind beispielsweise die politische Berechenbarkeit und Stabilität in einem Land, gesellschaftsrechtliche Normen zur Unternehmensverfassung, die Durchsetzbarkeit vertraglicher oder rechtlicher Ansprüche, die Steuergesetzgebung oder die Einfachheit von Genehmigungsverfahren.

- **Soziokulturelles Umfeld:** Gibt es Entwicklungen im sozialen oder kulturellen Umfeld, die Rückwirkungen auf die betrachtete Branche haben. Beispielsweise können aufgrund neuer Sozialstandards, z.B. Kinderarbeit, Tierversuche, Gentechnologie bei Lebensmitteln, gewisse etablierte Vorgehensweisen im Markt zukünftig nicht mehr akzeptiert sein. Ferner ist die soziokulturelle Infrastruktur, z.B. das Bildungsniveau und die Bildungsintensität, beachtenswert.

- **Ökologisches Umfeld:** Welche gesetzlichen oder technischen Veränderungen sind bei den in der Branche relevanten Umweltstandards zu erwarten? Welche Konsequenzen resultieren hieraus? Darüber hinaus können ökologische Chancen und Risiken auch jenseits der gesetzlichen Vorgaben aktiv gesucht und im konkreten Handeln berücksichtigt werden, falls dies aus dem Wertesystem des Unternehmens heraus gefordert wird (Vgl. Modul 1).

Kritische Zuliefermärkte

Zuliefermärkte sind immer dann in der Marktanalyse (intensiv) zu berücksichtigen, wenn sie Versorgungsengpässe, kritische Preiserhöhungen oder –schwankungen bzw. wesentliche Entwicklungen bei den Marktleistungen verursachen können. Natürlich kann eine tiefgehende Analyse der vorgelagerten Märkte schnell die Kapazität im Supply Management sprengen, so dass hier regelmäßig ein pragmatischer Kompromiss notwendig ist. Die Analysefelder sind die gleichen wie im Supply-Markt selbst. Die Fragestellung lautet: Welche Konsequenzen ergeben sich aus den Entwicklungen am Zuliefermarkt für den Supply-Markt und damit für das einkaufende Unternehmen?

5.2 Segmentierung des Supply-Marktes

Bei der Supply-Marktanalyse und bei der Formulierung einer Supply-Marktstrategie kommt es häufig vor, dass keine eindeutigen Aussagen möglich sind, sondern in verschiedenen Teilbereichen des Supply-Marktes sich ein sehr unterschiedliches Bild ergibt. Die Aussage „Das kann man so generell nicht sagen" signalisiert regelmäßig, dass in einem Supply-Markt Marktsegmente existieren, in denen unterschiedliche Strategien verfolgt werden sollten. Während die Markt- oder Branchensegmentierung im Rahmen der Unternehmensstrategie weit verbreitet ist, wird die systematische Anwendung in den Supply-Märkten bisher eher vernachlässigt und auch in der einschlägigen Literatur eher selten diskutiert. Insofern sind die Gedanken dieses Abschnittes eher als Diskussionsbeitrag denn als fertiges Konzept zu verstehen.

Im Folgenden soll in Anlehnung an die Konzepte der Branchensegmentierung und der strategischen Gruppen von Michael E. Porter ein Konzept zur Supply-Marktsegmentierung vorgestellt und dessen Anwendung diskutiert werden. Ein kleines Einstiegsbeispiel dient zur Illustration (Laseter 1998, S. 79 ff.):

Ein Elektronikunternehmen der Automobilzulieferindustrie segmentiert seine Supply-Marktstrategie im Markt für digitale Halbleiter nach der Stufe, die die Halbleiter im Produktlebenszyklus einnehmen, und nach der benötigten Bedarfsmenge. So ergeben sich vier Supply-Marktsegmente mit folgenden Strategien:

▪ **Reife Produkte mit großem Volumen:** Benötigte Komponenten, die sich in der Reifephase ihres Produktlebenszyklus befanden, bezogen sich meist auf einen Industriestandard und waren somit hochgradig austauschbar. Kernelement der Strategie war der Preiswettbewerb, der insbesondere über Jahrespreisverhandlungen geführt wurde. Diese wettbewerbsorientierte Vorgehensweise war in der Industrie akzeptiert und behinderte auch nicht die grundsätzlich auf Partnerschaft ausgerichtete Supply-Marktstrategie.

▓ **Reife Produkte mit kleinem Volumen:** Bei Komponenten mit nur kleinem Volumen stellte sich der Aufwand für Jahrespreisverhandlungen relativ zu den Einsparpotenzialen als zu hoch heraus. So wurde versucht jeweils bereichsweise mehrere Komponenten gebündelt einzukaufen und über Mehrjahresvereinbarungen mit festgelegter jährlicher Preissenkung die Transaktionskosten zu senken. Die Kernstrategie zielte also auf die Abwicklungseffizienz.

▓ **Produkte in der Degenerationsphase:** Wechselten Produkte aus der Reifephase in die Degenerationsphase zogen sich viele Lieferanten sehr schnell zurück. In der Konsequenz wurde das Angebot knapp und die Preise waren kaum mehr verhandelbar. Der Einkauf konnte zufrieden sein, wenn er überhaupt die Versorgung sichern konnte. Ein schneller Rückzug aus dem Segment war kaum möglich, da die Komponenten in die eigenen Produkte hineinkonstruiert waren. Kernstrategie in diesem Segment war es, durch intensive Marktanalyse sehr frühzeitig zu erkennen, wenn eine Komponente in die Degenerationsphase wechselt, um so sehr frühzeitig das Ausphasen dieser Komponenten einzuleiten.

▓ **Produkte in der Einführungs- und Wachstumsphase:** In dieser Phase spielt sich der Innovationswettbewerb ab, der für Wettbewerbsvorteile auf dem Absatzmarkt von zentraler Bedeutung ist. Insofern wurde dieses Segment als zentral angesehen und auch mit besonderem Nachdruck betreut. Die Kernstrategie in diesem Segment zielte auf intensive und langfristige Partnerschaften mit Lieferanten, die in unterschiedlichen Technologiesegmenten jeweils besonders innovativ waren. Die Preise wurden auf Basis der Volumensentwicklung kostenorientiert vereinbart.

Das Beispiel veranschaulicht die Grundidee der Supply-Marktsegmentierung. Der Halbleitermarkt ist zu heterogen, um mit einer einheitlichen Strategie angegangen zu werden. Insofern müssen in sich möglichst homogene Marktsegmente gebildet werden, auf denen je eine spezifische Strategie verfolgt wird. Von besonderem Interesse sind dabei die Kriterien, nach denen die Segmentierung durchgeführt wird.

Im Folgenden soll eine Vorgehensweise zur Definition strategierelevanter Marktsegmente vorgestellt werden. Hierzu wird zunächst kurz die (klassische) Branchensegmentierung von M. Porter (1986, S. 300 ff.) betrachtet: Diese erfolgt aus Lieferantensicht und ist auf die Absatzmärkte gerichtet. Porter strukturiert die Branche nach Produktvarianten und Abnehmern. Bei den Abnehmern werden gleichermaßen Abnehmersegmente, z.B. Abnehmerbranchen, Vertriebskanalsegmente und geographische Segmente unterschieden. In der Produkt-Abnehmer-Matrix werden die Matrixfelder zu Branchensegmenten zusammengefasst, die mit gleicher oder ähnlicher Strategie bedient werden können (vgl. Abbildung 5-2, rechte Seite). Die zentrale strategische Entscheidung zielt ferner auf die Auswahl der Branchensegmente, die bezüglich ihrer Branchensituation besonders attraktiv sind und in denen das Unternehmen aufgrund seiner besonderen Stärken Wettbewerbsvorteile realisieren kann. Für die gewählten Branchensegmente wird je eine eigene Marktstrategie entwickelt.

Abbildung 5-2:   *Branchensegmentierung nach Porter (1986, S. 300 ff.)*

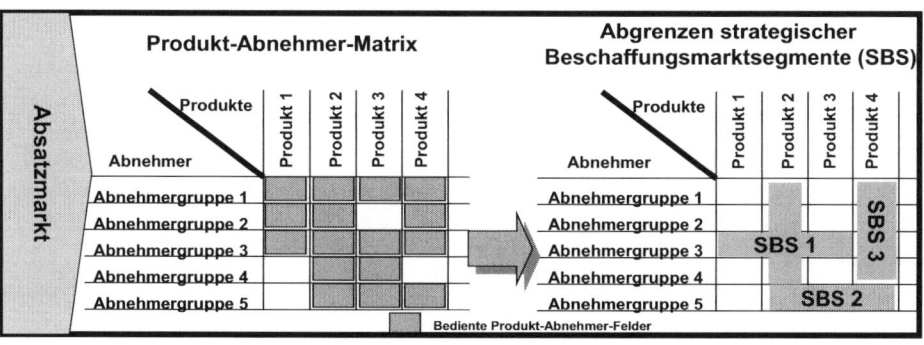

Überträgt man diesen Gedanken von Porter auf die Supply-Märkte, ergibt sich folgende Logik: Im Rahmen der Supply-Marktstrategie erfolgt die Branchensegmentierung aus Sicht des Abnehmers, der Leistungen zu seiner Bedarfsdeckung bei Lieferanten kauft. In diesem Rahmen sind alle Anforderungen an die Leistungen einzubeziehen, d.h. sowohl die Produkteigenschaften, die Anforderungen an Dienstleistungen und Zusatzleistungen. Analog zur Branchensegmentierung von Porter ergibt sich somit eine Anforderungen-Lieferanten-Matrix (vgl. Abbildung 5-3).

Abbildung 5-3:   *Supply-Marktsegmentierung*

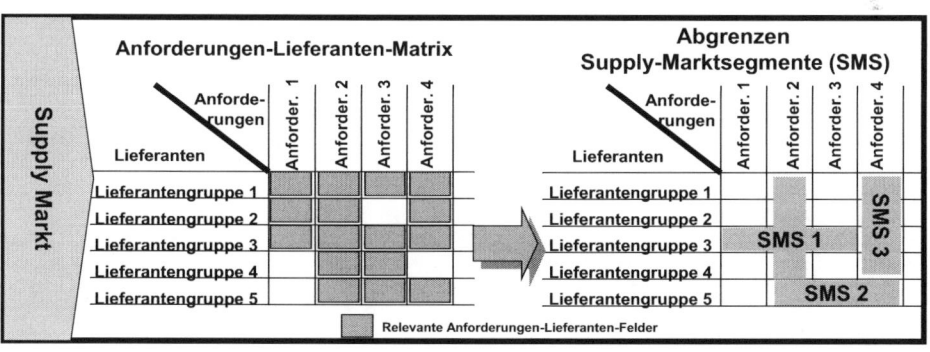

Erste Dimension: Segmentierung der Anforderungen

Zur Segmentierung der Anforderungen gibt es in vielen Branchen eine branchenweit akzeptierte Einteilung, die allerdings häufig rein technisch orientiert ist. Es ist jedoch kritisch zu hinterfragen, ob eine rein technisch orientierte Struktur tatsächlich zur

Unterscheidung von Marktstrategien geeignet ist. Im oben ausgeführten Beispiel zum Halbleitermarkt gibt es vielfältige technische Kategorisierungen zu Halbleitern, die allerdings unter strategischen Gesichtspunkten wenig aussagekräftig sind, da sie marktorientierte Aspekte, z.B. das Qualitätsniveau oder die Art der Versorgungsprozesse, nicht berücksichtigen.

Typische Kategorien zur Bildung von Anforderungssegmenten sind (vgl. auch Porter 1986, S. 310 ff.):

- **Leistungsmerkmale, Qualität, Innovation, besondere Spezifikationen:** Die Produkte unterscheiden sich bezüglich wesentlicher Leistungskategorien, z.B. Nutzlast bei LKWs oder Bildschirmdiagonale bei Displays. Der Umgang mit innovativen Produkten kann sich deutlich von dem mit reifen Produkten unterscheiden, wie das Halbleiterbeispiel gezeigt hat.

- **Preis-Qualitäts-Niveau:** Häufig kann das Preisniveau als eine Zusammenfassung vielfältiger Leistungsmerkmale gesehen werden. Beispielsweise wird im PKW-Markt zwischen Unter-, Mittel-, Ober- und Luxusklasse unterschieden. Dabei wird deutlich, dass es nur „nettes" Wunschdenken ist, gleichzeitig niedrige Kosten und höchste Leistung realisieren zu wollen. Im Regelfall muss eine Entscheidung für **ein** Preis-Qualitätsniveau getroffen werden.

- **Physische Größe:** Beispielsweise spielt bei Stanz- und Biegeteilen die physische Größe eine wesentliche Rolle. Große Computergehäuse stellen andere Anforderungen an die Lieferanten als kleine Teile im cm-Bereich.

- **Produkttechnologie:** Diesel- oder Elektrogabelstapler mögen als Beispiel dienen.

- **Fertigungsverfahren:** Bei Thermoplaste (Kunststoffteile) wird beispielsweise zwischen Spritzguss, Tiefziehen, Extrusion oder Insert Molding (mit Einlegeteilen) unterschieden.

- **Rohmaterial:** Beispielsweise wird im Gussbereich zwischen Eisen-, Sphäro-, Stahl- oder Aluguss unterschieden. Die beiden Kriterien „Rohmaterial" und „Fertigungsverfahren" sind häufig voneinander abhängig.

- **Bedarfsmenge:** Im oben ausgeführten Beispiel zum Halbleitermarkt wurden in der Reifephase für Produkte mit kleinen und solchen mit großen Bedarfsmengen verschiedene Strategien gewählt.

- **Standardisierungsgrad:** Die Marktstrategie unterscheidet sich häufig zwischen standardisierten Produkten, die meist bei unterschiedlichen Lieferanten zu beziehen sind, und kunden- oder zeichnungsgebundenen Teilen.

- **Regionale Struktur des Bedarfs:** Handelt es sich um globale oder lokale Bedarfe. Beispielsweise können technische Marktstandards sich im internationalen Kontext auf unterschiedliche technische Normen beziehen (vgl. Koppelmann 2004, S. 229).

▓ **Prozessleistungen und Prozesskosten:** Die vielfältigen Leistungs- und Kostenkategorien in den Prozessen können zur Segmentierung herangezogen werden. Diese wurden bereits in Modul 2 diskutiert. Beispielsweise können der Grad an Flexibilität, die Lieferzeit oder –verfügbarkeit oder der Grad an Termintreue als Segmentierungskriterium dienen. Ebenso können zusätzliche Leistungen im Entwicklungsprozess zur Segmentierung herangezogen werden.

▓ **Gekoppelter oder ungekoppelter Verkauf:** Als Beispiel mögen Mobiltelefone mit und ohne Vertrag oder Softwarelizenzen mit und ohne Wartungsvertrag dienen.

Die Anforderungssegmente werden mit den wichtigsten Segmentierungskriterien gebildet. Dabei ist darauf zu achten, dass die Einteilung nicht zu filigran bzw. zu komplex wird. In einem Projekt zur Segmentierung des Gussmarktes hat es sich als sinnvoll (und völlig ausreichend) herausgestellt, nach den Fertigungstechnologien zu segmentieren. In einem anderen Projekt zum Markt für Kunststoffteile genügte eine Einteilung nach Fertigungstechnologien verknüpft mit der Preis-Qualitäts-Dimension. Wie wichtig ein Kriterium im Rahmen der Segmentierung ist, ergibt sich daraus, wie stark es sich auf die Wertkette bzw. auf die strategische Ausrichtung der Lieferanten auswirkt. So finden sich in unterschiedlichen Anforderungssegmenten häufig auch unterschiedliche Lieferanten. Vor der näheren Betrachtung der Lieferantensegmentierung sollen kurz zwei weitere Aspekte angesprochen werden:

▓ Die Freiheit sich auf besonders attraktive Anforderungssegmente zu konzentrieren besteht im Supply Management nur eingeschränkt. Die Entscheidung über die Anforderungen fällt weitestgehend außerhalb des Supply Managements beispielsweise in der Entwicklung oder im Marketing. Trotzdem wird die Supply-Strategie darauf hinarbeiten, sich aus besonders unattraktiven Segmenten zurückzuziehen. Im oben beschriebenen Beispiel zum Halbleitermarkt versucht das Unternehmen sich aus dem Segment „Degenerationsphase" zurückzuziehen. Ferner zielt nicht selten eine Supply-Marktstrategie darauf ab, den Standardisierungsgrad der Produkte zu steigern. Damit soll meist auch das einkäuferisch eher unattraktive Segment firmenspezifischer Leistungen verlassen werden.

▓ Zu beachten ist ferner, dass nicht jede (technische) Spezialisierung gleich als Marktsegment definiert werden darf. Häufig genügt es, die benötigten (technischen) Spezialisierungen zu identifizieren und im Rahmen der Sourcing-Strategie sicherzustellen, dass auch geeignete Lieferanten in der Lieferantenbasis vorhanden sind (vgl. Modul 7, Kappitel 7.3).

Zweite Dimension: Segmentierung der Lieferanten

Häufig beschränkt sich heute die Supply-Marktsegmentierung auf die Anforderungssegmentierung. Auch das oben ausgeführte Eingangsbeispiel hat sich nur auf die Segmentierung der Anforderungen konzentriert. In diesem Fall wird im Rahmen der Sourcing-Strategie nach den besten Quellen zur Bedarfsdeckung gesucht.

Allerdings verliert derzeit diese klassische Sichtweise an Bedeutung. Dies wird an Beispielen, wie Vorzugslieferantenstrategien oder das Management von C-Teilen über einen Dienstleister deutlich. In diesen beiden Beispielen steht die Zusammenarbeit mit dem Lieferanten über der Optimierung der Bedarfsdeckung in einzelnen Anforderungssegmenten. So werden die dominierenden Branchensegmente lieferantenseitig gebildet und die Supply-Marktstrategie über alle Anforderungssegmente hinweg lieferantenseitig formuliert. Beispielsweise kann die Supply-Marktstrategie nach Vorzugslieferanten, Distributoren, Spezialisten und Anbietern in Emerging Procurement Markets ausdifferenziert werden.

Diese Überlegung führt zur zweiten Dimension, zur Segmentierung der Lieferanten. Es empfiehlt sich die Lieferanten nach ihrer strategischen Situation oder ihrer Strategie zu segmentieren. Zur Analyse empfiehlt sich somit das Konzept der strategischen Gruppen von Michael Porter an (Porter 1984, S. 173 ff.). Mit den folgenden Dimensionen lassen sich die vielfältigen Strategien der Lieferanten meist erfassen:

- **Produkt- und Prozessqualität sowie Preisniveau:** Welches Preis-Qualitätsniveau bietet der Lieferant?

- **Spezialisierung bzw. technologische Kompetenz:** Bietet der Lieferant das gesamte Spektrum an oder konzentriert er sich auf einzelne Anforderungssegmente? In welchen Feldern hat er seine Kernkompetenzen?

- **Wertschöpfungsstufe und vertikale Integration:** Handelt es sich um einen Hersteller oder um einen Distributor? Beschränkt der Lieferant seinen Absatz auf bestimmte Abnehmer? Welche Wertschöpfungsstufen werden vom Lieferanten selbst ausgeführt oder zumindest koordiniert?

- **Dienstleistungen und Servicegrad:** Bietet der Lieferant Dienstleistungen an, ggf. in welchem Umfang?

- **Kostenposition:** Hat der Lieferant eine führende Kostenposition oder nicht?

- **Technologievorsprung:** Ist der Lieferant Innovator oder Imitator? Dies kann sich sowohl auf die Produkt- wie auf die Produktionstechnik beziehen.

- **Beziehung zum Gesamtunternehmen:** Ist das Unternehmen eigenständig oder Teil eines Konzerns? Im ersten Fall ist die Ressourcenstärke kritisch zu beurteilen. Im zweiten Fall sind insbesondere die Unabhängigkeit der Einheit sowie die langfristigen Strategien zur Konzernentwicklung zu beobachten.

- **Größe und Macht:** Welche Größe hat das Unternehmen und damit welche Ressourcenbasis? Wie ist die Machtposition des Lieferanten?

- **Regionale Struktur:** Handelt es sich um ein globales Unternehmen mit Standorten weltweit, um ein globales und weitestgehend zentralisiertes Unternehmen oder um ein regionales Unternehmen? Ggf. in welcher Region ist es zuhause?

▦ **Beziehungen zu einheimischen und zu ausländischen Regierungen:** Hat das Unternehmen besondere Beziehungen in bestimmten Ländern?

Bilden von Supply-Marktsegmenten

Ist die Anforderungen-Lieferanten-Matrix definiert, werden die Felder, die mit einer gemeinsamen Supply-Marktstrategie angegangen werden sollen, zu Supply-Marktsegmenten zusammengefasst. Meist orientiert sich die Segmentbildung an einer der beiden Dimensionen, d.h. an den Anforderungssegmenten oder den Lieferantensegmenten. In Ausnahmefällen sind allerdings auch Kombinationen möglich.

Für jedes Segment ergibt sich dann eine in gewissem Unfang eigenständige strategische Situation, so dass eine bis zu einem gewissen Grad eigenständige Strategie definiert werden muss. Wird das Verbindende der einzelnen Marktsegmente allerdings zu gering sollte eher von zwei Märkten und nicht mehr von zwei Marktsegmenten eines Marktes gesprochen werden. Dabei sind beide Übergänge (a) zwischen einem homogenen Markt und einem zu segmentierenden Markt sowie (b) zwischen Marktsegmenten eines Marktes und mehreren getrennten Märkten fließend.

6 Modul 6: Supply-Marktziele formulieren

Nach der mehr oder minder kompakten Analyse und Segmentierung des Supply-Marktes sind die Supply-Marktziele zu formulieren. Es muss der Beitrag definiert werden, den der Supply-Markt im Rahmen der Supply-Strategie für das Unternehmen leisten soll. Letztlich geht es an dieser Stelle insgesamt um die Verknüpfung zwischen der Supply-Strategie und der Supply-Marktstrategie. Abbildung 6-1 visualisiert die Beziehung zwischen der Supply-Rahmenstrategie und der Supply-Marktstrategie.

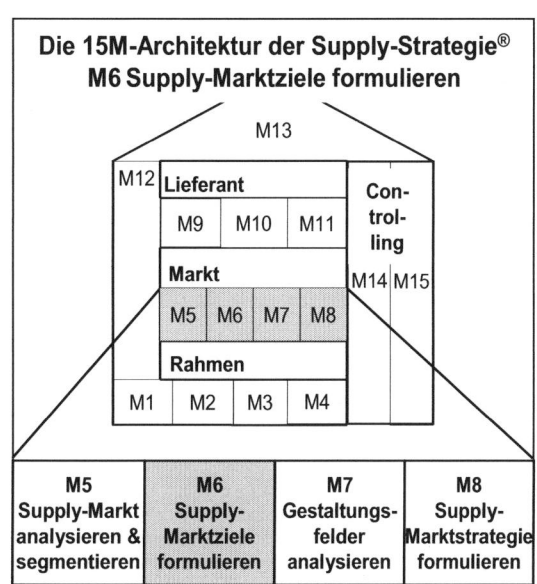

Die Supply-Marktstrategie muss sich an den Vorgaben der Basisstrategie, der Supply-Ziele und der Supply Balanced Scorecard ausrichten (vgl. oberer Teil in Abbildung 6-1):

- **Basisstrategie:** Die Vorgaben der Basisstrategie gelten für die Supply-Strategie insgesamt und müssen deshalb bei der Ziel- und bei der Strategieformulierung in den einzelnen Supply-Märkten berücksichtigt werden. Da die Basisstrategie allerdings bereits in den Supply-Zielen und der Supply Balanced Scorecard berücksichtigt ist, bleibt dieser Zusammenhang meist nur indirekt.

Abbildung 6-1: *Verknüpfung zwischen Supply-Rahmenstrategie und Supply-Marktstrategie*

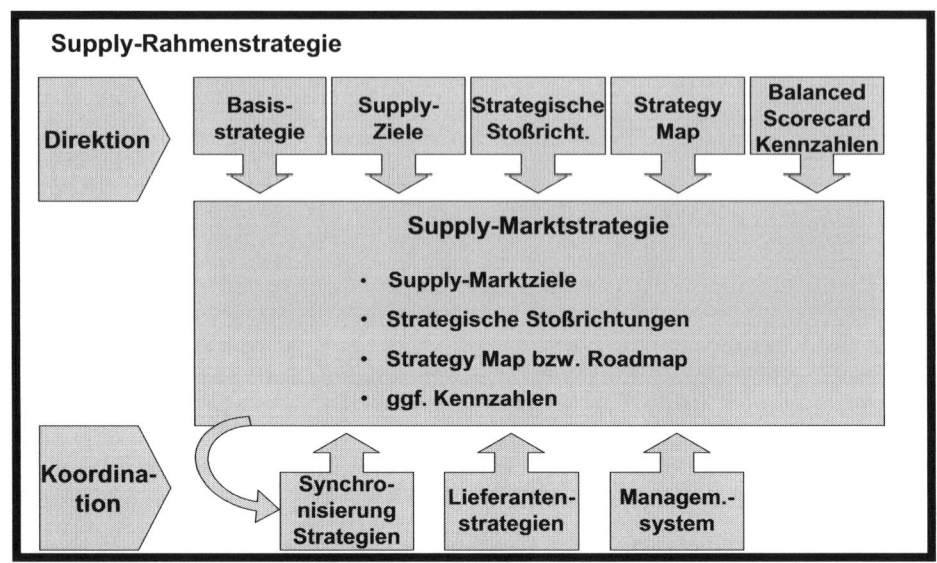

■ **Supply-Ziele:** Die Supply-Ziele sind von zentraler Bedeutung für die Formulierung der Supply-Marktziele. Der Zusammenhang kann „mathematisch rechnerisch" oder sachlogisch hergestellt werden. Im ersten Fall wird der Anteil einzelner Supply-Märkte zur Erreichung der Supply-Ziele ermittelt und für die einzelnen Märkte als Zielvorgaben formuliert. Beispielsweise können die angestrebten Materialkostenveränderungen auf die einzelnen Märkte heruntergerechnet werden. Ein sachlogischer Zusammenhang liegt vor, falls der Beitrag ohne mathematische Verknüpfung abgeleitet wird. So folgt beispielsweise aus dem (generellen) Ziel, die Qualität der Zulieferteile zu steigern, dass die technische Leistungsfähigkeit der Materialien im betrachteten Supply-Markt um 5 % steigen soll.

■ **Strategische Stoßrichtungen, Strategy Map und Balanced Scorecard-Kennzahlen:** Aus der übergreifenden Supply-Strategie mit ihren strategischen Stoßrichtungen können sich Konsequenzen für die Supply-Marktziele ergeben.

Zum einen beziehen sich strategische Stoßrichtungen unmittelbar auf Supply-Ziele, aus denen sich – wie im letzten Spiegelstrich dargestellt – Supply-Marktziele mathematisch oder sachlogisch ableiten lassen. Beispielsweise können sich aus der strategischen Stoßrichtung „Einen Beitrag zur Flexibilisierung in der absatzseitigen Supply-Chain leisten" Konsequenzen für die Lieferzeiten im Supply-Markt ergeben. Die Lieferzeit ist – wie in Modul 2 ausgeführt wurde – eine typische Zielgröße in den Supply-Zielen.

Zum anderen können Treibergrößen[20] der Supply-Rahmenstrategie zu Zielsetzungen im Supply-Markt werden. Beispielsweise kann aus der strategischen Stoßrichtung „Die Zusammenarbeit mit Lieferanten in der Entwicklung intensivieren" für einen Supply-Markt das Ziel folgen, das Einkaufsvolumen mit Entwicklungspartnern zu erhöhen.

Ferner erfolgt in der Supply-Rahmenstrategie, Teil Koordination, eine Abstimmung mit den anderen Supply-Marktstrategien, den Lieferantenstrategien und mit dem Managementsystem (vgl. unterer Teil in Abbildung 6-1). Aus der Abstimmung folgen Restriktionen für die Supply-Marktstrategie. Beispielsweise kann die Koordination der Supply-Marktstrategien zu einer Beschränkung auf die regionalen Beschaffungsmärkte Asien und USA führen. Für die Zielsetzungen auf Marktebene ergeben sich hieraus ggf. Ergebniseinbußen. Wenn beispielsweise Südamerika kein bevorzugter Beschaffungsmarkt des Unternehmens darstellt, fallen ggf. bestimmte Einspareffekte um x % geringer aus. Insofern können sich aus der Koordination der Supply-Märkte Konsequenzen für das Zielausmaß im Supply-Markt ergeben. Die Koordination der Supply-Märkte wird in den Modulen 12 und 13 ausführlich diskutiert.

Für die Formulierung der Supply-Marktziele ergibt sich aus diesen Überlegungen heraus folgende konkrete Vorgehensweise:

▨ Zunächst werden aus den Supply-Zielen die Supply-Marktziele abgeleitet. Die Systematik zur Zielformulierung ist exakt die gleiche wie auf Ebene der Supply-Ziele. Insofern sei auf Modul 2 und dort insbesondere auf die Übersicht in Abbildung 2-1 verwiesen, die in Abbildung 6-2 nochmals wiederholt wird. Wie in Modul 2 bereits angesprochen wurde, können auf Ebene der Supply-Marktziele die Zielsetzungen häufig sehr viel präziser formuliert werden. Beispielsweise können die relevanten Total Cost-Kategorien oder die Messung der Qualität innerhalb eines Marktes mit homogenen Produkten sehr viel exakter bestimmt werden. Insbesondere können auch Indikatoren für Chancen und Risiken als Treibergrößen definiert werden, z.B. die Zahl der Single Source Teile im betreffenden Supply-Markt.

---

[20] Treibergrößen sind Zielsetzungen, die den (internen und/oder externen) Kunden des Supply Managements nicht unmittelbar interessieren. Vielmehr helfen Sie die eigentlichen Ziele zu treiben. Beispielsweise ist die Produktion an einer pünktlichen Bereitstellung der Materialien interessiert. Die Lieferantentermintreue ist in diesem Zusammenhang eine Treibergröße, die die pünktliche Bereitstellung fördert, jedoch aber die die Produktion nicht unmittelbar interessiert. Die Pünktlichkeit könnte z.B. auch über Sicherheitsbestände oder bessere Prognoseverfahren gesteigert werden. Zur Bedeutung und zur Definition von Mess- und Treibergrößen vgl. Modul 14, Kapitel 14.3.

Abbildung 6-2:   *Übersicht über die Supply-Marktziele (vgl. Modul 2, Abbildung 2-1)*

	Objekt	**Prozess**	
Kosten	**Objektkosten:** z.B. MKV; Verhandlungserfolge	**Prozesskosten:** z.B. Transportkosten Bestellkosten	**Total Cost of Ownership**
Qualität	**Objektqualität:** z.B. Leistung, Menge, Fehlerfreiheit Innovation	**Prozessqualität:** z.B. Lieferzeit, Termintreue, Lieferqualität	
Betriebs- notwendiges Vermögen	**Anlagevermögen:** z.B. Lager, DV-Systeme **Working Capital:** z.B. Bestände, Vorfinanzierungen		

MKV = Materialkostenveränderung

▨ Darüber hinaus wird der Beitrag identifiziert, der im betrachteten Supply-Markt für die Umsetzung der strategischen Stoßrichtungen und der Strategy Map des Unternehmens geleistet werden muss. Bei der Bestimmung der Zielwerte müssen die Restriktionen aus den anderen Bereichen der Supply-Strategie berücksichtigt werden.

Die Supply-Marktziele werden im Steckbrief zur Supply-Marktstrategie dokumentiert. Als Beispiele können die Fallstudie zur Elektro AG in Kapitel 8 sowie die Fallbeispiele zu den Firmen E-T-A (Teil 1, Kapitel 2) bzw. Siemens A&D (Teil 3, Kapitel 2) dienen. Soweit ein umfangreiches Zielmanagement bzw. ein fundiertes Einkaufscontrolling existiert, gehen die Supply-Marktziele auch in diese Systeme als Zielvorgaben ein. Auch zu diesen Aspekten sei auf die beiden Fallstudien zu den Firmen E-T-A und Siemens A&D verwiesen.

7 Modul 7: Gestaltungsfelder analysieren und strategische Optionen identifizieren

Nach der allgemeinen Analyse des Supply-Marktes und der Definition der Supply-Marktziele wird die Supply-Marktstrategie formuliert. Hierzu sollte parallel eine Bottom-up- und eine Top-down-Vorgehensweise eingeschlagen werden.

Die Bottom-up-Vorgehensweise analysiert systematisch alle relevanten Gestaltungsfelder einer Supply-Marktstrategie und ermittelt mögliche Handlungsoptionen. Die identifizierten Handlungsoptionen sind zu priorisieren und aufeinander abzustimmen. Dabei sind strategische Konflikte aufzulösen bzw. zu entscheiden.

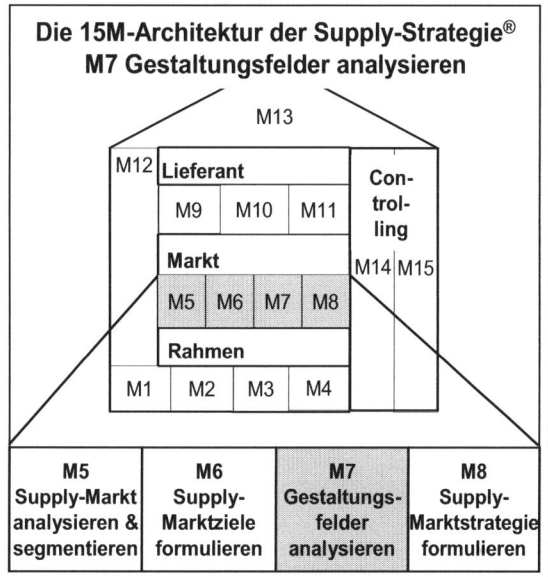

Die 15M-Architektur der Supply-Strategie®
M7 Gestaltungsfelder analysieren

Insbesondere ist zwischen Optimierungsmaßnahmen und den damit verbundenen Risiken sowie zwischen den identifizierten Risiken und den Maßnahmen zur Risikosteuerung abzuwägen. In der Summe ergeben sich möglichst ein bis drei strategische Stoßrichtungen für den Supply-Markt.

Die Top-down-Vorgehensweise formuliert zunächst im Sinne der Supply Balanced Scorecard-Systematik, die in Modul 3 ausführlich vorgestellt wurde, die ein bis drei wichtigsten strategischen Stoßrichtungen für den Supply-Markt mit der Leitfrage: „Was sind die beherrschenden strategischen Entwicklungslinien im Supply-Markt". Für die strategischen Stoßrichtungen wird eine Strategy Map abgeleitet. Ferner empfiehlt es sich, mit dem Supply-Marktportfolio (vgl. Modul 4) und den darüber definierten Normstrategien die eingeschlagenen Strategien auf Plausibilität hin zu hinterfragen.

Diese beiden Wege erfolgen iterativ verschränkt: Wird die Supply-Marktstrategie von einem oder mehreren Marktexperten entwickelt, sollte relativ schnell eine erste Top-down-Runde gedreht werden. Anschließend werden die Gestaltungsfelder bottom-up analysiert und strategische Handlungsoptionen identifiziert. Dabei wird mit folgenden Leitfragen stets die Stimmigkeit mit den Ergebnissen der Top-down-Vorgehensweise geprüft: Sind alle interessanten Handlungsoptionen in der Strategy Map enthalten? Wenn nein, weshalb nicht? Sind die Hauptpfade der Top-down-Strategie realistisch und umsetzbar oder nur ein schöner Wunschtraum? Abschließend wird die Supply-Marktstrategie über Maßnahmen und ggf. Kennzahlen konkretisiert.

Modul 7 beschreibt die Bottom-up-Vorgehensweise. Insbesondere wird eine Systematik zur Analyse der Gestaltungsfelder eines Supply-Marktes vorgestellt und wesentliche Handlungsoptionen diskutiert. Modul 8 umfasst die Top-down-Betrachtung mit der Diskussion typischer Strategiemuster, mit der Anwendung des Supply-Marktportfolios sowie der Strategieformulierung in Form einer Supply Balanced Scorecard oder einer Roadmap. Am Ende von Modul 8 wird die Supply-Marktstrategie für Elektroblech aus der Fallstudie Elektro LA vorgestellt.

Die folgende Bottom-up-Analyse beginnt zunächst mit einem Überblick über die Gestaltungsfelder einer Supply-Marktstrategie. Anschließend werden die einzelnen Felder ausführlich diskutiert.

Die Analyse der Gestaltungsfelder einer Supply-Marktstrategie geht von folgender einfacher Überlegung aus, die im inneren Kasten der Abbildung 7-1 visualisiert ist. Ein Unternehmen fragt Beschaffungsobjekte bei Lieferanten (= Quellen) nach und hat dafür eine Gegenleistung (Entgelt = Preis und Konditionen) zu erbringen. Die Abwicklung dieser Transaktion erfordert verschiedene Prozesse und spielt sich in einem Markt mit vielfältigen Rahmenbedingungen ab. Jedes angesprochene Element ist bis zu einem gewissen Grad gestaltbar und wird deshalb als „Gestaltungsfeld" der Supply-Marktstrategie bezeichnet. In jedem Gestaltungsfeld stehen verschiedene Hebel zur Verfügung, mit denen im Supply-Markt Erfolgspotenziale erhalten bzw. aufgebaut werden können. Beispielsweise sind die Standardisierung der Teile sowie die Reduzierung der Teilevielfalt zwei Hebel im Gestaltungsfeld Beschaffungsobjekt (vgl. äußerer Kranz der Abbildung 7-1):[21]

---

[21] In den Sourcing-Ansätzen der Beschaffungsstrategie werden die Gestaltungsfelder einer Beschaffungsmarktstrategie umfassend, aber meist nur additiv diskutiert. Beispielsweise umfasst der Sourcing-Würfel von Corsten die Gestaltungsdimensionen Bezugsquellenzahl (single, dual, multiple), Ausdehnung der Märkte (global, local) und Komplexität der Objekte (element, modular) (vgl. Corsten 1995, S. 573 ff.). Hervorzuheben ist ferner die Sourcing-Toolbox von Arnold (vgl. insbesondere Arnold, Eßig 2000 sowie Arnold 2007, S. 20 ff.). Je nach Autor und Zweck werden die Zahl, die Systematisierung und die inhaltliche Ausrichtung der Dimensionen verändert. Lieberum gibt einen Überblick über wesentliche Sourcing-Ansätze (vgl. Lieberum 2002, S 17 ff.). Ferner sei an dieser Stelle die Einkaufspotenzialanalyse von Wildemann erwähnt, die wesentliche Gestaltungsfelder des Einkaufs identifiziert (vgl. Wildemann 2002 und 2008).

Abbildung 7-1:   Übersicht über die Gestaltungsfelder und Hebel einer Supply-
                    Marktstrategie

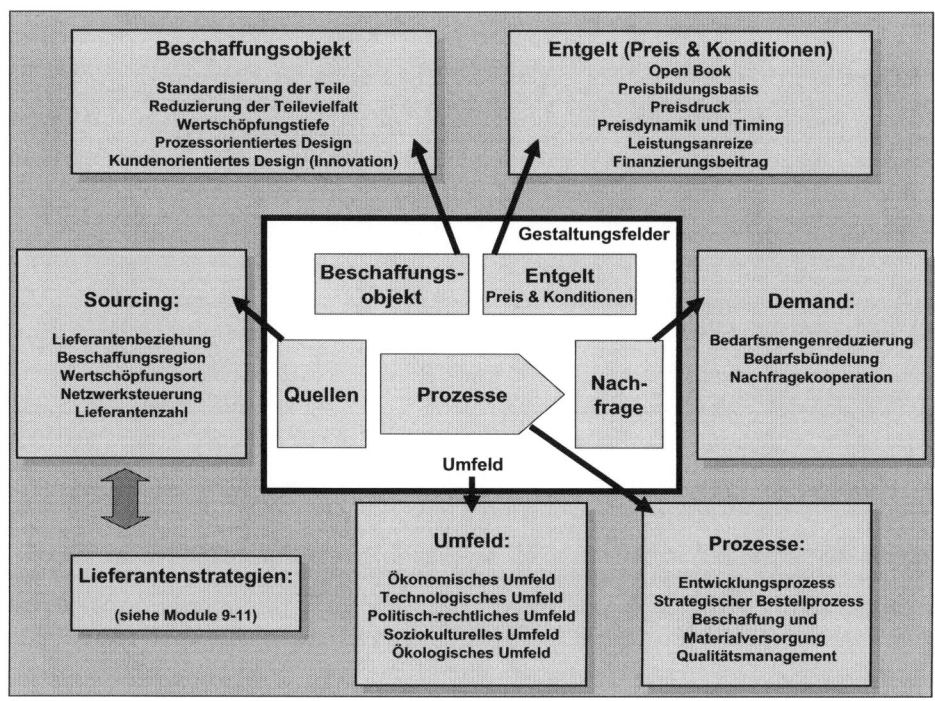

▨ **Demand:** Im ersten Schritt muss die Nachfrage des Unternehmens im Supply-
Markt erfasst und optimiert werden. Dabei wird zunächst im Gestaltungsfeld Demand der Bedarf mengenmäßig betrachtet. Ein erster Hebel zielt auf die Reduzierung der Bedarfsmengen. Ferner ist die Bündelung der Bedarfe innerhalb einer
Organisationseinheit zu prüfen, z.B. inwieweit mit Rahmenverträgen Bedarfe über
mehrere Perioden zusammengefasst werden sollen. Darüber hinaus ist der gebündelte Einkauf mit anderen Bedarfsträgern innerhalb und außerhalb des Unternehmens ein dritter Hebel.

▨ **Beschaffungsobjekt:** Im Gestaltungsfeld „Beschaffungsobjekt" werden die Anforderungen an das Design der zu beschaffenden Leistungen kunden- bzw. kostenorientiert optimiert. Zwei besonders bedeutsame Hebel sind dabei von zeichnungsgebundenen Teilen auf Lieferanten- oder Marktstandards umzusteigen bzw. über
Plattformkonzepte oder über die Formulierung von Firmenstandards die Teilevie-
falt zu reduzieren. Die Veränderung der Wertschöpfungstiefe im Sinne der Make-

or-Buy-Entscheidung ist ein weiterer Hebel im Gestaltungsfeld „Beschaffungsobjekt".

▓ **Sourcing:** Ein, häufig sogar das zentrale Gestaltungsfeld einer Supply-Marktstrategie ist das Gestaltungsfeld „Sourcing", in dem die Struktur des Lieferantenmix optimiert wird. Beispielsweise sind Fragen nach Partnerschaft oder transaktionsorientiertem Einkauf oder nach der Regionalstruktur im Lieferantenmix zu entscheiden. Weitere Fragen sind: Soll der Lieferant eventuell sogar auf dem Werksgelände produzieren und oder montieren (= Wertschöpfungsort)? Sollen vom Unternehmen die Vorlieferanten mit ausgesteuert werden? Auf Basis dieser Analysen kann dann die optimale Lieferantenzahl abgeschätzt werden.

Hinzuweisen ist an dieser Stelle nochmals auf den Unterschied zwischen Lieferantenstrategie, d.h. eine Strategie gegenüber einem ganz konkreten Lieferanten, und der Entwicklung der Sourcing-Struktur, in der die optimale Lieferantenstruktur unabhängig von konkreten Lieferanten bestimmt wird. Natürlich gibt es zwischen diesen beiden Aufgabestellungen wechselseitige Abhängigkeiten.

▓ **Entgelt (Preis & Konditionen):** Grundsätzlich wird man versuchen Preise und Konditionen langfristig günstig zu gestalten. Dabei ist allerdings auch die Wirkung auf die Absicherung der Qualität und der Versorgung sowie auf das betriebsnotwendige Vermögen zu beachten. Bedeutsame Hebel sind beispielsweise die Bereitschaft zur Transparenz (Open Book) als Basis einer gemeinsamen Optimierung von Preis und Konditionen, die Wahl von Markt oder Kosten als Preisbildungsbasis, die Intensität des Preisdrucks oder die Einführung leistungsabhängiger Preisbestandteile.

▓ **Prozesse:** Vielfältige Hebel finden sich in der Gestaltung der Prozesse. Man denke beispielsweise an die Lieferantenfrüheinbindung im Rahmen des Entwicklungsprozesses, an die Materialsteuerung mit Kanban oder Just-in-Time oder an eine Abwicklung über Konsignationslager oder mit Hilfe von Supplier-Managed-Inventory-Konzepten.

▓ **Umfeld:** Soweit das Unternehmen auf das marktliche Umfeld Einfluss ausüben kann, sind auch die Umfeldkriterien an dieser Stelle zu berücksichtigen. Hierbei sind die großen Entwicklungen und Trends nicht oder nur für Großunternehmen beeinflussbar. Man denke beispielsweise an das Ökobewußtsein der Verbraucher in der Autobranche oder an Gesetzesvorhaben. Die Stärke von Klein- und Mittelbetrieben im kommunalen und regionalen Umfeld darf allerdings nicht unterschätzt werden.

Bei der vorgeschlagenen Analyse ergeben sich (vielfältige) Redundanzen. Beispielsweise hängt die partnerschaftliche Lieferantenbeziehung häufig eng mit Vorteilen bei der Prozessgestaltung zusammen. Man denke nur an Just-in-Time-Belieferungen, die in der Regel partnerschaftliche Lieferantenbeziehungen voraussetzen. Diese Redundanz ist nicht als Schwäche des Analysekonzeptes zu sehen, sondern – ganz im Gegenteil – hilft eine sichere Diagnose und eine zielführende Strategie zu entwickeln. Dies mag die Metapher „Diagnoseverfahren eines guten Arztes" veranschaulichen. Ein Arzt wird bei wesentlichen Untersuchungen seine Diagnose auf mehrere, teils redundante Diagnoseverfahren stützen. Bevor er seine Therapie entwickelt, schaut er in den Hals, tastet die Lymphknoten ab und macht ein Ultraschallbild.

Bei der Analyse der Gestaltungsfelder und der Hebel sind die verbundenen Chancen und Risiken explizit zu berücksichtigen. Welche Risiken ergeben sich beispielsweise bei der Definiton von Vorzugstypen (z.B. verwendete Granulate), wenn in Folge der Optimierung ein technisches oder logistisches Problem im Material nicht nur 1 % sondern 10 % der Abverkaufsprodukte trifft. Im Rahmen der Risikoanalyse sind auch die Möglichkeiten der Risikosteuerung zu identifizieren und zu bewerten, so dass die Handlungsoptionen unter Berücksichtigung der Risikoaspekte ganzheitlich beurteilt werden können. Die Risikoposition eines Supply-Marktes kann – wie oben ausgeführt - mit der Risk Map visualisiert werden (vgl. auch Modul 4, Kapitel 4.3).

Im Folgenden werden die einzelnen Gestaltungsfelder mit ihren Hebeln im Detail besprochen. Hierzu werden mögliche Ausprägungen der Hebel und deren Vor- und Nachteile diskutiert. Ferner werden – soweit erforderlich und verfügbar – Analyse- und Entscheidungsmethoden beim Einsatz des Hebels skizziert. Zur Analyse des Gestaltungsfeldes „Umfeld" wird auf Modul 5 (Kapitel 5.1) verwiesen, da dort die grundlegende Struktur bereits ausgeführt wurde.

7.1 Gestaltungsfeld Demand

Startpunkt der Analyse ist die Betrachtung des Bedarfs im Supply-Markt. Hierbei wird zwischen der Bedarfsmenge und dem Leistungsdesign analytisch getrennt. Während die benötigte Menge Gegenstand des Gestaltungsfeldes „Demand" ist, werden im Gestaltungsfeld „Beschaffungsobjekt" die Anforderungen an das Leistungsdesign behandelt, d.h. die Art und Beschaffenheit der Beschaffungsobjekte. Diese Einteilung empfiehlt sich, da sich sowohl die einkäuferischen Hebel als auch die Verantwortlichkeiten stark unterscheiden können.

Im Gestaltungsfeld „Demand" gilt es (unnötige) Bedarfe zu reduzieren, mit Hilfe sinnvoller Bündelung und Einkaufskooperation die Verhandlungsposition zu stärken und Versorgungsprozesse zu optimieren. Basis dieser Hebel ist ein gut funktionierendes Bedarfsmanagement, das möglichst weitgehende Transparenz zu den mittel- bis langfristigen Bedarfen im Supply-Markt sowie klare und verbindliche Verantwortlichkeiten in der Bedarfsermittlung schafft. Hierauf soll vor der Diskussion der Hebel zunächst eingegangen werden.

Bedarfsplanung: Die Kenntnis der mittel- bis langfristigen Bedarfe ist eine zentrale Voraussetzung jeder Supply-Strategie, da die Ausgestaltung der strategischen Hebel im Gestaltungsfeld „Demand" wie auch in den anderen Gestaltungsfeldern wesentlich von den Bedarfsmengen abhängt. Beispielsweise rechnen sich partnerschaftliche Lieferbeziehungen oder Global Sourcing-Aktivitäten erst ab einem bestimmten Beschaffungsvolumen. Der Bedarf wird als Bedarfsvolumen in Geldeinheiten und/oder – soweit die Bedarfsobjekte hinreichend homogen sind – als Bedarfsmengen in physischen Einheiten (z.B. Energie in kW/h oder Guss in Tonnen) geplant. Die Planung ist dabei mehrdimensional zu strukturieren: [22]

▓ Bedarfe nach Fristigkeit (z.B. aktuelles Jahr, Folgejahr, usw.)

▓ Bedarfe in den einzelnen Marktsegmenten, ggf. heruntergebrochen auf einzelne Sachnummern

▓ Bedarfe nach Bedarfsregionen (z.B. Bedarf in Asien, USA, Europa) bzw. nach Bedarfsorten (z.B. Werk A, Werk B)

▓ Bedarfe nach Bedarfsträgern (z.B. Geschäftseinheit A, B, C oder Produktlinie A, B, C)

▓ Bedarfe nach Einsatzbereichen (z.B. Produktion, Ersatzteile, F&E-Materialien, Ausstellungsmuster)

Theoretisch können die Analysedimensionen vollständig kombiniert werden. Praktisch wird man sich aufgrund des Planungsaufwandes auf wenige wesentliche Planungsdimensionen und eine angemessene Tiefengliederung beschränken. Grundsätzlich können folgende Herangehensweisen an die Bedarfsplanung unterschieden werden:

▓ **Absatzorientierte Planungen:** Auf Basis der Vertriebsplanung können die Produktionsplanung und die Bedarfsplanung im Sinne einer Stücklistenauflösung abgeleitet werden. Inwieweit bei dieser Vorgehensweise Bedarfszahlen ermittelt werden können, die für Rahmenverträge und Beschaffungsprozesse hinreichend zuverlässig sind, ist branchen- und unternehmensspezifisch sehr unterschiedlich. Problematisch können bereits die Zuverlässigkeit oder die Auflösung und Tiefengliederung der Vertriebsprognose sein. Erfolgt die Vertriebsprognose nicht auf Variantenebene, können für die entsprechenden Komponenten natürlich keine Bedarfszahlen abgeleitet werden. Je individueller und je spezifischer die Produkte sind – z.B. im Anlagenbau – desto schwieriger sind aussagekräftige Bedarfszahlen zu generieren.

▓ **Extrapolative Planungen** beruhen auf der Fortschreibung von Vergangenheitsbedarfen, ggf. mit einem (Wachstums-)Faktor modifiziert. Produktneuanläufe oder

---

[22] Angemerkt sei, dass die Bedarfsplanung in Bezug auf einzelne Lieferanten kein Input in die Analyse des Gestaltungsfeldes „Demand" ist, sondern erst als Ergebnis der Lieferantenstrategie in Modul 11 resultiert.

andere Strukturbrüche bereiten bei dieser Vorgehensweise besondere Schwierigkeiten.

▨ **Kombinierte Methoden,** z.B. Produktlebenszyklusplanung in der Ersatzteilversorgung: Über den Lebenszyklus hinweg sind Ersatzteilbedarfe aus der Vergangenheit bekannt. Dieser Verlauf wird über die Absatzplanung eines neuen Produktes justiert.

▨ **Budgetorientierte Planung,** in der die Bedarfsmenge über Budgetvorgaben der Unternehmensleitung fixiert wird. Beispielsweise bestimmt das vorgegebene Marketingbudget den (finanzierbaren) Bedarf an Marketingleistungen.

Diese grundlegenden Vorgehensweisen müssen in Bezug auf die Anforderungen in den verschiedenen Supply-Märkten konkretisiert werden. Man denke beispielsweise an die Ermittlung von Lastprofilen als Basis für den Energiekauf oder an Wirtschaftlichkeitsbetrachtungen zur Ermittlung von Investitionsbudgets bei Infrastrukturmaßnahmen.

Auf zwei Aspekte soll in diesem Zusammenhang hingewiesen werden:

▨ Die Planungsqualität der Bedarfsplanung ist nicht selten unbefriedigend und stellt somit eine erhebliche Beschränkung für eine wirkungsvolle Supply-Marktstrategie dar. So kann die Verbesserung der Planungsmethodik selbst Gegenstand der Supply-Strategie werden. Alternativ können Unsicherheiten, die aus einer unzureichenden Bedarfsplanung folgen, auf Lieferanten abgewälzt werden, indem von diesen besondere Flexibilität verlangt wird. Neben der mittel- bis langfristigen Planung des Bedarfs erfolgt eine Feinplanung in der Disposition. Verbesserungsideen zu den Dispositionsmethoden sind dem Gestaltungsfeld „Prozess" zugeordnet.

▨ In der Unternehmenspraxis wie auch in der Beschaffungstheorie wird nahezu ausnahmslos davon ausgegangen, dass der Absatz den limitierenden Faktor im Planungssystem des Unternehmens darstellt. Allerdings kann in nachhaltigen Allokationsphasen – wie z.B. ansatzweise im Jahre 2007 in verschiedenen Rohstoffmärkten – die Beschaffung der Materialien zum Engpass werden. Damit dreht sich die Planungsphilosophie um und die Verfügbarkeit von Leistungen wird zum Ausgangspunkt der Absatzplanung. Eine Planung auf Basis dieser Planungsprämisse muss Gegenstand einer eigenständigen Abhandlung sein und soll deshalb im Folgenden nicht weiter vertieft werden.

Bedarfsverantwortung: Neben der Bedarfsplanung ist die Bedarfsverantwortung eindeutig zu bestimmen. In der Regel liegt die Verantwortung für die Absatzplanung im Vertrieb bzw. im Marketing. Soweit die Bedarfe hieraus abgeleitet werden können – z.B. häufig bei direkten Materialien – liegt die Bedarfsverantwortung ebenso im Vertrieb. Falls die Bedarfsauslösung allerdings nicht eindeutig mit Hilfe einfacher mathematischer Algorithmen erfolgen kann, ist die Verantwortlichkeit zu klären. Weitere Schwierigkeiten können sich beispielsweise ergeben, falls die Bedarfe aufgrund kundenspezifischer Entwicklungen von Marketing und F&E gemeinsam beeinflusst werden. Nicht selten gibt es in einem solchen Umfeld keine mittel- bis langfristigen Bedarfsplanungen mit der Konsequenz, dass eine wesentliche Inputgröße einer effektiven Supply-Marktstrategie fehlt.

Bei Nicht-Produktionsmaterialien liegt die Bedarfsverantwortung meist in der Hand der entsprechenden Fachabteilung. Markante Beispiele sind der Einkauf von Facility-Management-Leistungen, von Investitionsgütern für die Produktion oder von IT-Dienstleistungen. Nur in ausgewählten – meist eher wenig komplexen – Warengruppen übernimmt das Supply Management die Bedarfsverantwortung, z.B. für Büromaterialien.

Eine besondere Ausnahme stellt der Handel dar, da hier im Commodity Management häufig die Vertriebs- und Einkaufsverantwortung zusammengefasst sind und damit die Bedarfsplanung auch eindeutig verankert ist.

Während das Supply Management nur in Ausnahmefällen die Bedarfsverantwortung trägt, hat es erhebliche Gestaltungsspielräume die Bedarfsmengen zu beeinflussen bzw. zu bündeln. Hierbei stehen drei Hebel zur Verfügung:

▪ **Bedarfsmengenreduzierung:** Die Bedarfe können gleichermaßen in den Warengruppen hinterfragt werden, in denen das Supply Management die Bedarfsverantwortung hat und in denen es keine Bedarfsverantwortung hat. Ziel ist es in beiden Fällen, unnötige Bedarfe zu vermeiden.

▪ **Bedarfsbündelung:** Innerhalb einer Organisationseinheit ist der Bündelungsgrad bei der Auftragsvergabe gestaltbar.

▪ **Nachfragekooperation:** Über die Kooperation mit anderen Organisationseinheiten im Unternehmen oder mit anderen Firmen kann das Supply-Volumen gesteigert werden. Damit kann die Verhandlungsposition gegenüber Lieferanten verbessert und erhebliche Synergien realisiert werden.

7.1.1 Bedarfsmengenreduzierung

Die Verringerung des Bedarfs stellt einen besonders starken Hebel dar, soweit er eingesetzt werden kann. Dabei zielt ein erster Ansatz auf technisch orientierte Verbrauchsreduzierungen. Der Einsatz von Maschinen mit reduziertem Energieverbrauch bzw. technische Verfahren, die weniger Materialeinsatz verlangen, sind zwei anschauliche Beispiele.

Insbesondere bei Nicht-Produktionsmaterialien kann es allerdings genügen, den Verbrauch an Leistungen transparent zu machen und den wirtschaftlichen Einsatz kritisch zu hinterfragen, um die Bedarfswünsche zu disziplinieren und damit das Bedarfsvolumen zu reduzieren. So konnte beispielsweise in einem großen Dienstleistungsunternehmen der Bedarf an Beraterleistungen merklich reduziert werden, nachdem das Beratungsvolumen der einzelnen Bedarfsträger berichtet wurde und darüber hinaus klare Regeln zur Genehmigung aufgestellt wurden.

7.1.2 Bedarfsbündelung

In welcher Weise und mit welcher Intensität sollen die Bedarfe innerhalb einer Organisationseinheit gebündelt beschafft werden? Das Spektrum reicht von der Einzelbestellung bis zu einem mehrjährigen Rahmenvertrag, der sich beispielsweise über die Beschaffung ausgewählter Teile über alle Produktlinien an allen Standorten bezieht. Zu beachten ist, dass das Wort „Bündelung" mit völlig unterschiedlichen Bezugsobjekten verwendet wird. Beispielsweise kann eine Bündelung in Hinblick auf die Lieferanten oder in Bezug auf Vorzugsmaterialien vorgenommen werden. In diesem Abschnitt wird die Bedarfsbündelung der Nachfrager betrachtet. Abbildung 7-2 gibt einen Überblick über die drei Bündelungsdimensionen auf der Nachfrageseite:

- **Bedarfszeitraum:** Für welchen Zeitraum sollen die Bedarfe gebündelt beschafft werden? Ausprägungen dieser Dimension sind beispielsweise die kurzfristige Beschaffung auf dem Spotmarkt, die Beschaffung in einzelnen Tranchen, Jahresverträge oder sogar Mehrjahresverträge.

- **Programmbreite:** Welches Leistungsspektrum soll gemeinsam beschafft werden? Die Beschaffung kann sich auf einzelne Sachnummern, zusammengefasste Kits, ganze Segmente oder Materialgruppen beziehen. Darüber hinaus können auch mehrere Materialgruppen gebündelt bezogen werden. Dies ist beispielsweise im Rahmen des C-Teilemanagements üblich.

- **Bedarfsträger und Einsatzbereiche:** Für welche Bedarfsträger bzw. für welche Einsatzbereiche sollen Bedarfe zusammengefasst werden? Beispielsweise kann für jeden Auftrag bzw. im Projektgeschäft für jedes Projekt die Beschaffung isoliert vorgenommen werden. Es können die Bedarfe für einzelne oder für mehrere Produktlinien oder für mehrere Bedarfsregionen bzw. Werke gebündelt beschafft werden. Darüber hinaus können Materialien verschiedener Einsatzbereiche, z.B. Produktion, Ersatzteile, Vertriebsmuster, einzeln oder gemeinsam beschafft werden. Die Bündelung über mehrere Organisationseinheiten oder Unternehmen hinweg wird im folgenden Hebel „Nachfragekooperation" behandelt.

Abbildung 7-2: Bündelungsdimensionen und Beispiele

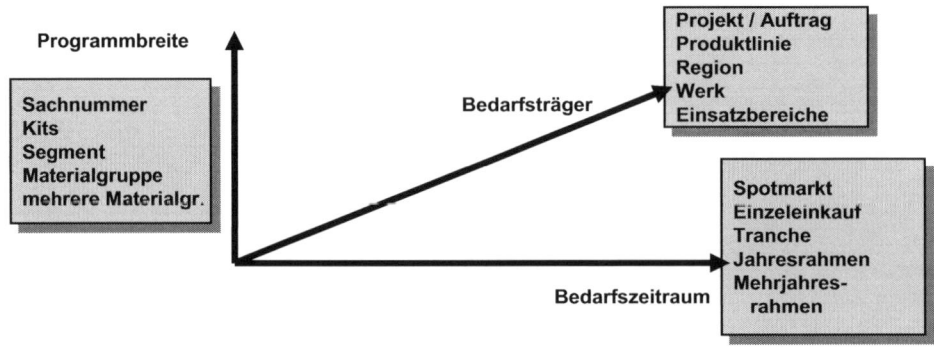

Innerhalb eines Supply-Marktes ist der Bündelungsgrad über diese drei Dimensionen festzulegen. Beispielsweise stehen im Rahmen der Energiebeschaffung folgende Alternativen zur Wahl: (1) Vollstromversorgung aller Standorte und aller Leistungen aus einer Hand (2) Portfoliomanagement, in dem einzelne Leistungsarten getrennt optimiert werden (3) Beschaffung in Tranchen, z.B. viermal jährlich wird eine Stromtranche eingekauft (4) Beschaffung am Spotmarkt. Je nach Markt- und Unternehmenssituation verändert sich die Vorteilhaftigkeit der einzelnen Möglichkeiten.

Die Bündelung konkretisiert sich bei der Auftragsvergabe: Es können mehrere Einzelaufträge zu umfangreichen Aufträgen zusammengefasst werden. Meist empfiehlt sich der Abschluss von Rahmenverträgen, da damit der operative Abruf hinreichend flexibel bleiben kann (vgl. auch Abschnitt 7.3.1 Lieferantenbeziehung). Mit der Zusammenfassung von einzelnen Bedarfen werden folgende Ziele angestrebt:

- **Stückkostendegression:** Soweit sich aufgrund der größeren Stückzahlen eine Kostendegression ergibt, kann mit geringeren Objektkosten gerechnet werden.

- **Erhöhung der Versorgungssicherheit:** Durch langfristige und umfassende vertragliche Bindungen kann die Versorgung, insbesondere in Allokationsphasen, abgesichert werden.

- **Stärkung der Verhandlungsposition:** Aufgrund des größeren Einkaufsvolumens verbessert sich die Verhandlungsposition gegenüber den Lieferanten. Je nach Interesse kann diese Stärke für unterschiedliche Ziele genutzt werden, z.B. zur Reduzierung der Objektkosten, aber auch zur Erhöhung der Versorgungssicherheit.

Diesen Vorteilen stehen jedoch auch Risiken gegenüber:

- **Mangelnde Optimierung:** Zusammenfassung von Bedarfen verhindert die Optimierung der einzelnen Beschaffungsvorgänge. Sind beispielsweise im Markt Preisschwankungen und ein saisonales Überangebot üblich, können Spotmarkt- oder

Einzelbeschaffungen zu günstigeren Durchschnittspreisen führen. Ebenso verhindert die gebündelte Beschaffung von verschiedenen Materialien einen jeweils optimalen Bezug (vgl. hierzu das Vorzugslieferantenkonzept in Abschnitt 7.3).

▨ **Mangelnde Flexibilität:** Aufgrund langfristiger Vertragsbindungen kann auf ungeplante Entwicklungen nicht hinreichend flexibel reagiert werden. Auch die eingegangenen wechselseitigen Abhängigkeiten können Anpassungen schwierig machen. So wird der Lieferantenwechsel oder auch die Verlagerung an andere Standorte schwieriger und zeitaufwendiger.

Der Steuerungsaufwand und somit die Prozesskosten müssen in der konkreten Situation beurteilt werden. Einerseits ist der Aufwand für den Abschluss und die Kontrolle von Rahmenverträgen nicht zu unterschätzen. Andererseits können die Abwicklungskosten der operativen Bestellungen drastisch sinken.

7.1.3 Nachfragekooperation

Die Zusammenarbeit im Supply Management über Organisationsgrenzen hinweg kann die Verhandlungsposition erheblich stärken und interessante Synergiepotenziale eröffnen (vgl. Arnold, Eßig 1997, Boutellier, Zagler 2000, Eßig 2007, Rüdrich, Kalbfuß, Weißer 2004). Dabei sind zwei Formen zu unterscheiden:

▨ **Eine Einkaufskooperation mit Lead-Buyer-Konzepten, Materialgruppenmanagement und Shared Services** zielt auf die gemeinsame Supply-Marktbearbeitung verschiedener Organisationseinheiten im Konzern. Beispielsweise bündelt Siemens die Aktivitäten in ausgewählten Supply-Märkten sowohl auf Konzern- wie auch auf Bereichsebene (vgl. Schindler, Schuster Teil 3, Kapitel 2 sowie Boutellier, Zagler 2000, S. 39 f.). Die einzelnen Konzepte werden dabei je nach Intensität der angestrebten Zusammenarbeit angewendet. Eine nähere Beschreibung der Konzepte erfolgt in Modul 13 (Kapitel 13.2).

▨ **Eine Einkaufskooperation mit anderen Unternehmen** ist eine freiwillige Zusammenarbeit im Supply Management zwischen zwei oder mehreren Unternehmen. Der Grad der juristischen Formalisierung kann zwischen einer wenig formalisierten und strukturierten Zusammenarbeit bei einzelnen Beschaffungsvorgängen bis hin zur Gründung eines gemeinsamen Unternehmens gehen. Kartellrechtliche Grenzen sind zu beachten, so dass Einkaufskooperationen eher bei kleineren und mittleren Unternehmen praktiziert werden (vgl. Büsch 2007, S. 161 f.).

Neben der klassischen bilateralen Einkaufskooperation von Unternehmen haben sich weitere Formen der Zusammenarbeit etabliert: In Einkaufsgenossenschaften haben sich die einkaufenden Unternehmen einen genossenschaftlichen Rahmen der Zusammenarbeit gegeben. Einkaufsdienstleister hingegen treten als Unternehmen auf, die für andere Unternehmen einkäuferische Aktivitäten gebündelt durchführen. In Bezug auf die übernommenen Aufgabenstellungen verschwimmen die Grenzen zwischen Einkaufskooperation, Einkaufsdienstleistung und klassischen Händlern sowie E-Procurement-Marktplätzen.

Die strategische Zielsetzung und Implementierungsprobleme sind in den angesprochenen Konzepten im Kern identisch, so dass eine gemeinsame Behandlung möglich ist. Damit eine Zusammenarbeit sinnvoll und nicht durch zu umfassende Reibungsverluste geprägt ist, sollte bei der Partnerwahl auf folgende Gemeinsamkeiten geachtet werden (Büsch 2007, S. 162):

- **Beschaffungs-Fit,** d.h. weitreichende Übereinstimmungen in den zu beschaffenden Leistungen

- **Fundamentaler Fit,** d.h. vergleichbare Leistungsfähigkeit, so dass die Kooperation zur Win-Win-Situation führen kann

- **Strategischer Fit,** d.h. vergleichbare Zielsetzungen im Supply-Markt sowie möglichst keine Konkurrenzbeziehungen zwischen den Partnern

- **Kultureller Fit,** d.h. die Unternehmenskulturen müssen zueinander passen; Regionale Nähe kann insbesondere in der Anlaufphase hilfreich sein.

Nachfragekooperationen intensivieren die Bündelungswirkung, so dass die im vorausgehenden Abschnitt ausgeführten Zielsetzungen der Bedarfsbündelung (Stückkostendegression, Versorgungssicherheit, Verhandlungsposition) hier ebenso gelten, allerdings wirkungsvoller verfolgt werden können. Darüber hinaus können Synergien aus der Zusammenarbeit erzielt werden:

- **Know-how:** Durch das größere Einkaufsvolumen können die Supply-Manager sich verstärkt spezialisieren, insbesondere in Bezug auf Produkt- und Marktkenntnisse.

- **Methoden:** Es können markt-spezifische Einkaufsmethoden entwickelt und betrieben werden, z.B. Methoden zur Preisprognose im Supply-Markt oder Linear Performance Pricing zur Ermittlung von Vorgabepreisen.

- **Prozesskosten:** Erhebliche Prozesskosteneinsparungen sind vorstellbar. Beispielsweise werden sich mit der Kooperation die Zahl der Verhandlungsprozesse und die Zahl der Lieferantengespräche erheblich reduzieren, da nicht mehr jeder Partner für sich verhandelt.

- **Prozessqualität:** Aufgrund der erhöhten Kompetenz und Kapazität des Einkäufers können einzelne Prozesse verbessert bzw. überhaupt erst möglich werden. Beispielsweise können in der Kooperation globale Supply-Märkte intensiver erschlossen werden. Ebenso gewinnt das Lieferantenmanagement an Qualität.

Die Entwicklung und die Steuerung einer Supply-Strategie im Rahmen der Zusammenarbeit zwischen Organisationseinheiten im Konzern und in Einkaufskooperationen sollten mit Hilfe der 15M-Architektur der Supply-Strategie® erfolgen. Sollen beispielsweise einzelne Supply-Marktstrategien gemeinsam vorangetrieben werden, empfiehlt sich die in den Modulen 5 bis 8 beschriebene Vorgehensweise meist in Verknüpfung mit der Entwicklung der Lieferantenbasis (Module 9 bis 11) sowie des Supply-Strategie-Controlling (Module 14 und 15). Damit wird auch deutlich, dass im Rahmen einer Nachfragekooperation grundsätzlich alle Gestaltungsfelder und Hebel einer Supply-Marktstrategie relevant sein können. Angemerkt sei, dass in diesem Fall der Hebel Nachfragekooperation im Gestaltungsfeld „Demand" auf eine Ausweitung bzw. Einschränkung der vorhandenen Kooperationspartner abzielt. Ein ausführliches Beispiel zur Ableitung einer Supply-Marktstrategie über mehrere Organisationseinheiten im Konzern findet sich bei Schindler und Schuster (vgl. Teil 3, Kapitel 2 „Der Strategic Material Segment Guide bei Siemens Automation and Drives"). Wird eine umfassendere Nachfragekooperation angestrebt, empfiehlt sich darüber hinaus, gemeinsam eine Supply-Rahmenstrategie abzuleiten.

Neben den oben angesprochenen Nachteilen einer gebündelten Beschaffung (mangelnde Optimierung, mangelnde Flexibilität) können Nachfragekooperationen eine Reihe weiterer Probleme bereiten (Boutellier, Zagler 2000):

- **Abstimmungsaufwand und Schnelligkeit der Anpassung:** Ein zentrales Problem stellen die in der Regel sehr aufwendigen Abstimmungsprozesse zwischen den beteiligten Einheiten dar. So ist beispielsweise aufgrund unterschiedlicher Materialschlüsselungen und -bezeichnungen oft schon die Identifikation gemeinsamer Materialien schwierig. Sobald die Materialien technisch etwas anspruchsvoller sind, kann aufgrund unterschiedlicher Anforderungen die Entwicklung gemeinsamer Bedarfsplanungen und gemeinsamer Rahmenverträge sehr anspruchsvoll werden. Aufgrund dieser und weiterer Klärungen können schnell mehrere Workshops notwendig werden. Sind die Standorte der Beteiligten zudem auch noch räumlich verteilt, explodiert der Abstimmungsaufwand. Darüber hinaus werden selbst kleine Anpassungen, z.B. aufgrund von Veränderungen in der Nachfrage einzelner Beteiligter, mühsam und langwierig.

- **Abgleich von Interessenskonflikten:** Aus den individuellen Zielsetzungen der Beteiligten können schnell handfeste Interessenskonflikte entstehen. Beispielsweise können die Leistungspotenziale von Lieferanten oder deren Standorte von den Beteiligten unterschiedlich beurteilt werden. In Allokationsphasen kann ein Verteilungskampf zwischen den Partnern entstehen. Die Angst die besten Lieferanten in die Kooperation einzubringen und mit den Partnern teilen zu müssen, belastet nicht selten die Kooperationsatmosphäre.

- **Partnerschaftsrisiken, insbesondere Know-how-Verlust:** An den vorausgehend beschriebenen Problemen kann eine Kooperation scheitern. In der Konsequenz sind dann die getätigten Investitionen in die Entwicklung der Partnerschaft abzuschreiben. Darüber hinaus können dann eingegangene Abhängigkeiten erhebliche Schwierigkeiten verursachen. Beispielsweise kann die Verlagerung von Know-how ins Bündelungsgremium dazu führen, dass in der einzelnen Einheit kein entsprechendes Markt-Know-how mehr verfügbar ist und ggf. mühsam wieder aufgebaut werden muss. Eine detaillierte Auseinandersetzung mit Partnerschaftsrisiken findet sich im Rahmen der Diskussion der Lieferantenpartnerschaften in Abschnitt 7.3.1.

▓ **Widerstand durch Lieferanten:** Verständlicherweise werden die Lieferanten versuchen die Einkaufskooperation zu beschädigen. Ist deren Verhandlungsposition stark genug, können sie Preiszugeständnisse auf Basis von Volumenseffekten mit dem Argument verweigern, dass durch die Zusammenarbeit für den Lieferanten keinerlei Mengeneffekt entsteht. Damit kann schnell die Bereitschaft seitens der Nachfrager gebrochen werden, sich auf aufwendige Abstimmprozesse einzulassen. Darüber hinaus können Partnerschaften zerbrechen, wenn einzelne Partner durch die Lieferanten bevorzugt behandelt werden. So kann leicht die notwendige Vertrauensbasis ausgehöhlt werden.

Insgesamt sind in einer Nachfragekooperation nicht zu unterschätzende Abstimmungskosten zu erwarten. Somit muss ein erhebliches Einkaufsvolumen und Kostensenkungspotenzial vorliegen, damit sich die Zusammenarbeit rentieren kann. Darüber hinaus muss mit einer detaillierten Kosten-Nutzen-Kalkulation und einer laufenden Kontrolle die Wirtschaftlichkeit der Kooperation überwacht werden (vgl. Rüdrich, Kalbfuß, Weiser 2004, S. 78 ff.).

7.2 Gestaltungsfeld Beschaffungsobjekt

Während im Gestaltungsfeld „Demand" die Mengenkomponente und insbesondere die Mengenbündelung der Bedarfe betrachtet wurden, konzentriert sich das Gestaltungsfeld „Beschaffungsobjekt" auf die Sachkomponente der Objekte, d.h. die Art und Beschaffenheit der Beschaffungsobjekte. In vielen Unternehmen lässt sich aktuell der Trend einer zunehmenden Mitwirkung des Supply Managements im Rahmen des Anforderungsmanagements feststellen.

Noch vor kurzer Zeit war dieser Blickwinkel im Rahmen des Supply Managements eher ungewöhnlich (vgl. beispielsweise Koppelmann 2004, S. 181), da die Kompetenz zur Definition der Beschaffungsobjekte in der Entwicklung und im Marketing beheimatet ist. Die Entwicklung übernimmt die Verantwortung für ein innovatives und funktionierendes Produktdesign und das Marketing für die Marktfähigkeit der Produkte. In beiden Fällen folgen aus den Anforderungen an die Marktleistung des Unternehmens mehr oder minder unmittelbar Konsequenzen für die benötigten Beschaffungsobjekte, so dass Entwicklung und/oder Marketing das Lasten- und Pflichtenheft der einzukaufenden Leistungen festlegen. Teilweise werden dabei sogar die Lieferanten direkt oder über die Vorgabe von Spezifikationen indirekt festgelegt. Auch bei indirekten Materialien ist die klassische Sichtweise die, dass der Bedarfsträger weiß, was für seine Arbeit am besten geeignet ist und der Einkauf „unhinterfragt" die gewünschten Materialien oder Dienstleistungen möglichst kostengünstig zu beschaffen hat. Einzig beim Bedarf unbedeutender indirekter Materialien, z.B. Büromaterialien, darf der Einkauf auch bezüglich der Auswahl der Beschaffungsobjekte mitbestimmen.

Diese klassische Sichtweise wird durch die neue Rolle des Supply Managements stark relativiert, da das Supply Management seine Supply-Marktkompetenz in den Definitionsprozess der Beschaffungsobjekte mit einbringen soll. Dabei sollte das Supply Management seine besondere Aufmerksamkeit auf folgende Aspekte richten:

- Welche Konsequenzen ergeben sich auf die Wettbewerbsposition und die Verhandlungsposition des Unternehmens im Supply-Markt? So kann es beispielsweise sinnvoll sein, die Spezifikationen so zu formulieren, dass mehrere Lieferanten anbieten können bzw. dass ein Lieferant gute Chancen bekommt, der als Gegengewicht zu einem zu mächtigen oder unzuverlässigen Lieferanten aufgebaut werden soll.

- Welche Konsequenzen ergeben sich auf die Prozessleistung sowie die Total Cost, insbesondere auf die Prozesskosten im Rahmen der Versorgung? Beispielsweise kann unnötige Spezifität der Leistung die Prozesskosten immens in die Höhe treiben.

- Darüber hinaus werden Lieferanten – wie an anderer Stelle ausgeführt – zunehmend stärker in Entwicklungsprozesse eingebunden, um deren spezifisches Knowhow zu nutzen. In diesem Zusammenhang ist ein professionelles Lieferantenmanagement notwendig, um die Partnerschaft mit ihrer Gefahr von Abhängigkeiten und Risiken zu steuern.

Damit kein Missverständnis entsteht: Trotz dieser Entwicklung bleibt die führende Position bei der Definition der Beschaffungsobjekte weiterhin in Entwicklung und Marketing. Es werden allerdings die Anforderungen verstärkt berücksichtigt, die aus den Supply-Märkten und den Supply-Prozessen resultieren. In der Konsequenz sollte das Supply Management frühzeitig in den Entwicklungsprozess eingebunden sein, um die angesprochenen Aufgaben im Produktentstehungsprozess wahrzunehmen. Sehr bewährt hat sich beispielsweise die Organisationsform eines Projekteinkaufs, der in den wesentlichen Entwicklungsprojekten des Unternehmens eingebunden ist und die Schnittstelle zum Facheinkauf bzw. zu den Lieferanten verantwortet. Alternativ werden cross-funktionale Teams der beteiligten Abteilungen zur Analyse und Optimierung der Beschaffungsobjekte gebildet. Folgende Hebel kommen dabei zum Einsatz und werden in den nächsten Abschnitten näher betrachtet:[23]

- Prozess- und kundenorientiertes Design und Substitution

---

[23] Im Handel bzw. beim Kauf von Handelsware besteht ein unmittelbarer Bezug zwischen dem Kauf und dem Verkauf der Ware. In diesem Zusammenhang ergeben sich im Gestaltungsfeld Objekt weitere marketingorientierte Hebel , z.B. die Sortimentspolitik, die Markenpolitik.

▘ Standardisierung der Teile und Reduzierung der Teilevielfalt

▘ Bestimmung der optimalen Wertschöpfungstiefe

7.2.1 Prozess- und kundenorientiertes Design und Substitution

Im Anforderungsmanagement wird das Design der zu beschaffenden Leistungen nach den Anforderungen der Kunden und der Prozesse optimiert. Das Supply Management sollte bei seiner Mitwirkung im Anforderungsmanagement einerseits sein Know-how zum Supply-Markt und zu den Supply-Prozessen einbringen und andererseits die Voraussetzungen schaffen, dass frühzeitig das Know-how der Lieferanten genutzt werden kann. Gerade der zweite Aspekt birgt große Chancen, da die Lieferanten zu den Beschaffungsobjekten sehr oft über besondere Kernkompetenzen verfügen. Die Hebel lassen sich in drei Aktionsfelder strukturieren.

(1)   Prozessorientiertes Design

Das Design der Beschaffungsobjekte muss auf die Supply-Prozesse hin ausgerichtet werden, um die Prozessleistung und die Prozesskosten zu optimieren. Die folgenden Schlagworte und Beispiele veranschaulichen das Potenzial dieses Hebels:

▘ **Standardisierung der Teile und Reduzierung der Teilevielfalt:** Diese beiden Ansatzpunkte werden aufgrund ihrer Bedeutung im folgenden Abschnitt ausführlich behandelt.

▘ **Angemessenheit der Qualität:** Nicht selten werden aus einer zu geringen Kenntnis der Beschaffungsobjekte gepaart mit dem Wunsch einer technischen (und somit persönlichen) Absicherung die Leistungsspezifikationen der Beschaffungsobjekte durch die Entwickler (viel) zu hoch angesetzt. Dies treibt einerseits die Beschaffungsobjektkosten in die Höhe und kann andererseits zu erheblichen Prozessproblemen führen. Überzogene Qualitätsstandards können leicht verfehlt werden, so dass Rückweisungen in der Qualitätssicherung schnell Versorgungsengpässe nach sich ziehen. Deren vorsorgliche Absicherung verursacht wiederum erhebliche Prozesskomplexität und Prozesskosten. Insbesondere die frühzeitige Einbindung von Lieferanten in den Designprozess kann zur richtigen Dimensionierung der Leistungsspezifikationen führen.

▘ **Design-to-Logistics:** Die richtige Dimensionierung der Abmaße der Beschaffungsobjekte oder die richtigen Anforderungen an die Verpackung und somit an die Lager- und Stapelbarkeit der Objekte sind Beispiele für ein logistikgerechtes Design von Beschaffungsobjekten.

(2)   Kundenorientiertes Design und Innovation

Bei der Entwicklung eines marktfähigen und innovativen Produktdesigns kommt es regelmäßig auf das Design der Beschaffungsobjekte an – man denke nochmals an die sinkende Wertschöpfungstiefe und den steigenden Zukaufanteil in vielen Märkten. Mit folgenden Konzepten wird dieser Hebel konkretisiert:

- **Kostenorientierte Ansätze:** Die klassische Wertanalyse, Design-to-Cost-Ansätze oder das Target Costing sind Ansätze, die ein marktgerechtes Produktdesign anstreben und dabei vornehmlich die Optimierung der Kostenposition und weniger die Suche nach innovativen Lösungen im Auge haben. Alle drei Konzepte sind sehr ausdifferenziert und können hier nur in ihrer Grundidee skizziert werden.

  Die Wertanalyse (vgl. z.B. Bronner, Herr 2006) geht von den Funktionen des Produktes bzw. des Beschaffungsobjektes aus und analysiert, ob die Funktionen kostengünstiger erfüllt oder sogar ganz eliminiert werden können. Ferner wird nach wertsteigernden neuen Funktionen des Produktes gesucht.

  Design-to-Cost- und noch expliziter Target Costing-Ansätze (vgl. z.B. Seidenschwarz 1993) suchen auf Basis umfangreicher Marktforschung ein wettbewerbsfähiges Preis-Leistungsverhältnis. Vom definierten Zielpreis erfolgt eine retrograde Kalkulation des Gewinns, der Gemeinkosten bis zu den Herstell- und Beschaffungsobjektkosten. Somit ergibt sich ein Zielpreis für die einzelnen Beschaffungsobjekte, den es im Designprozess zu erreichen gilt.

- **Kundennutzen- und Innovationsorientierte Ansätze:** Hier stehen neben der Kostenorientierung auch innovative und kundennutzenorientierte Lösungen der Beschaffungsobjekte im Vordergrund. Konzepte wie das System Sourcing und das Cluster Sourcing zielen regelmäßig auf ein solches Design. Allerdings weisen diese Konzepte weit über das Gestaltungsfeld „Beschaffungsobjekt" hinaus. Da die Einführung von System Sourcing in der Regel zu einer Verschiebung der relevanten Beschaffungsmärkte führt, wurde dieses Konzept bereits in Modul 4 vorgestellt.

(3)   Substitution:

Es kann sinnvoll sein, das benötigte Beschaffungsobjekt durch andere zu ersetzen,

- falls der Beschaffungsmarkt eine geringe Marktattraktivität aufweist, z.B. aufgrund der Monopolstellung des Lieferanten oder aufgrund absehbarer Allokationsphasen.

- falls gesetzliche Verbote des Beschaffungsobjektes oder eines seiner Bestandteile (z.B. lösungsmittelhaltige Lacke) drohen.

Seitens des Supply Managements können Substitutionsprozesse initiiert oder durch Marktwissen unterstützt werden. Angemerkt sei, dass sich über Substitution die Relevanz des betrachteten Beschaffungsmarktes verschieben kann.

7.2.2 Standardisierung der Teile und Reduzierung der Teilevielfalt

Die Standardisierung der Teile und die Reduzierung der Teilevielfalt sind zwei eng verbundene Aspekte, die im Rahmen der Optimierung des prozessorientierten Designs betrachtet werden. Aufgrund ihrer Bedeutung werden sie im Folgenden näher analysiert.

(1)   Standardisierung der Teile

Die Standardisierung der Teile zielt auf den Grad der Spezifität einzelner Materialien ab. Folgende Abstufungen sind üblich:

- DIN- und Normteile, die durch Normungsgremien definiert sind.

- Markt- bzw. Industriestandards, die sich im Markt defacto als Standard entwickelt haben.

- Lieferantenstandards (Katalogware), die von einem Lieferanten für (alle) seine Kunden angeboten werden.

- Firmenstandards bzw. Plattformteile, die für das betrachtete Unternehmen bzw. für einige Produktlinien im Unternehmen gelten. Eine besondere Spielart, die insbesondere in der Automobilindustrie zur Anwendung kommt, sind „Carry-over-Parts". Hierunter versteht man Teile, die nur mit kleinen Anpassungen in anderen Produktlinien zum Einsatz kommen (Beispiel Airbagmodul im Lenkrad, das in verschiedenen Fahrzeugen technisch gleich ist, sich allerdings im sichtbaren Firmenlogo unterscheidet, vgl. www.wikipedia.org, Schlagwort: „Plattform (Automobil)" oder „Gleichteil", Zugriff am 4.9.2007).

- Zeichnungsteile, die kundenspezifisch für bestimmte Anwendungen entwickelt werden. (Firmenstandards und Plattformteile können allerdings auch zeichnungsgebunden sein.)

- Werkzeuggebundene Zeichnungsteile, für die zusätzlich spezifische Werkzeuge hergestellt werden.

(2)   Reduzierung der Teilevielfalt bzw. Varianz der Teile

Bei der Teilevielfalt steht der Grad der Wiederverwendung von Teilen in verschiedenen Anwendungen im Vordergrund mit der Konsequenz, dass über die Wiederverwendung von Teilen die Zahl der aktiven Teile reduziert werden soll. Ein Ziel der oben angesprochenen Standardisierung der Teile ist die Wiederverwendung der Teile, so dass die beiden Konzepte nicht voneinander unabhängig sind. Deutliches Beispiel ist die Verwendung von Plattformstrategien im Automobilbau. So basieren beispielsweise der VW Golf, der VW Jetta, der Seat Leon, der Audi A3 und weitere Fahrzeuge auf der gleichen Plattform. Damit können umfassende Module, wie z.B. die Vorder- und Hinterachse, die Lenkung und Lenksäule, die Schaltung, gemeinsam verwendet werden. In Tabelle 7-1 sind wesentliche Kennzahlen zur Analyse des Standardisierungsgrades und der Teilevielfalt zusammengestellt.

Tabelle 7-1: *Analyse des Standardisierungsgrades und der Teilevielfalt*

Analyse des Standardisierungsgrades:

▓ Zahl Zeichnungsteile bzw. Anteil Zeichnungsteile, ggf. kann eine Gewichtung über das Einkaufsvolumen erfolgen.

▓ Zahl der werkzeuggebundenen Teile bzw. der Anteil der werkzeuggebundenen Teile, ggf. kann eine Gewichtung über das Einkaufsvolumen erfolgen.

▓ Zahl der Werkzeuge: Diese Zahl interessiert aufgrund des großen Aufwandes und des großen Risikos im Zusammenhang mit Werkzeugen.

▓ Zahl der Teile, für die es nur ein einziges Werkzeug gibt. Die Erstellung eines zweiten Werkzeuges ist häufig unrentabel. Allerdings ergeben sich besondere Risiken bei Teilen mit nur einem Werkzeug.

Analyse der Teilevielfalt:

▓ Anzahl Teile in der Materialgruppe

▓ Anteil Neuteile in einer neuen Produktlinie bzw. in einem neuen Produkt, ggf. über Herstell- und Einkaufskosten gewichtet

---

Aus Sicht des Supply Managements wird meist angestrebt, den Standardisierungsgrad in Richtung Firmen-, Lieferanten- bzw. Marktstandard zu steigern und die Teilevielfalt zu senken, da damit oft folgende Vorteile verbunden sind:

▓ Die **Entwicklungskosten bzw. die Entwicklungszeiten** können durch Rückgriff auf Standards oder durch die Wiederverwendung von Teilen sinken.

▓ Die **Bestellabwicklung und die Materialsteuerung** werden aufgrund einer geringeren Teilezahl und einer geringeren Spezifität vereinfacht. Damit ergibt sich auch eine höhere Versorgungssicherheit.

▓ Durch die Bündelung der benötigten Materialien ergibt sich beim Lieferanten eine **Stückkostendegression**, die zur Reduzierung der Produktionskosten führt. Diese Kostenvorteile sollten zum Großteil an das Unternehmen weitergegeben werden.

▨ Die **Lagerhaltungs- und Bestandskosten** sinken aufgrund geringerer Sicherheitsbestände. Durch die geringeren Bestände und der Mehrfachverwendung von Teilen reduziert sich auch das Verschrottungsrisiko.

▨ Die **Ersatzteilversorgung** vereinfacht sich durch Rückgriff auf Standards wie auch aufgrund einer geringeren Teilevarianz.

Diesen Vorteilen stehen Barrieren oder Nachteile gegenüber, die meist von Marketing und Entwicklung vertreten werden. Hieraus ergibt sich potenziell ein Zielkonflikt zwischen Supply Management einerseits und Marketing und Entwicklung andererseits:

▨ Die Verwendung von Standards und die Wiederverwendung von Teilen stoßen an **technische Grenzen**. Der notwendige Aufwand, um Teile wieder verwendbar zu konstruieren ist nicht zu unterschätzen. Häufig führt der Zeitdruck in Entwicklungsprojekten auch dazu, dass die Möglichkeiten einer Wiederverwendbarkeit nicht völlig ausgenutzt werden. Darüber hinaus gibt es auch heute noch Entwicklungsabteilungen, die nicht hinreichend sensibel mit dem Thema umgehen.

▨ Die Verwendung von Standards kann **innovationshemmend** sein, da nicht das aktuell technisch und marktlich Mögliche ausgeschöpft wird. Auch dieses Problem kann zu Akzeptanzschwierigkeiten in der Entwicklung und im Marketing führen.

▨ Ferner können **Marketingaspekte** entgegenstehen, falls der Einsatz von Standardkomponenten und die Wiederverwendung von Teilen Differenzierungspotenziale vernichten.

▨ In ähnlicher Weise können bei der Verwendung von Markt- oder Lieferantenstandards auch auf dem Supply-Markt keine **Wettbewerbsvorteile** aufgebaut werden.

Zwei Aspekte seien abschließend angemerkt: Zum einen muss die Frage des Eigentums an Werkzeugen bzw. an Zeichnungen vorsichtig bedacht sein. Während sich im Konfliktfall mit einem Lieferanten schon die Verlagerung von eigenen Werkzeugen als schwierig herausstellen kann, kann der Lieferantenwechsel vielleicht sogar unmöglich werden, falls der Lieferant der Eigentümer des Werkzeuges ist. Eine solche Abhängigkeit kann erhebliche Konsequenzen für die Verhandlungsposition nach sich ziehen.

Zum zweiten lassen sich die aufgezeigten Vorteile der Standardisierung auch dadurch erreichen, dass bei den Vormaterialien Vorzugsmaterialien, d.h. also Standards definiert werden. Beispielsweise ist die Vielfalt verwendeter Granulate bei Kunststoffteilen oder eingesetzter Stahlsorten im Werkzeugbau oft eher historisch oder persönlich statt technisch bedingt.

7.2.3 Bestimmung der optimalen Wertschöpfungstiefe

Die Bestimmung der optimalen Wertschöpfungstiefe ist ein weiterer Hebel zur Gestaltung der Beschaffungsobjekte innerhalb (!) des Supply-Marktes. Große Outsourcing-Entscheidungen, z.B. der Übergang auf ein umfangreiches System Sourcing, führen in der Regel zur Verschiebung der relevanten Supply-Märkte und wurden deshalb innerhalb der Supply-Rahmenstrategie in Modul 4 ausführlich diskutiert. Im Rahmen einer Supply-Marktstrategie wird nun die Verlagerung „kleinerer" Wertschöpfungsschritte behandelt, die sich innerhalb eines Marktes bewegt. Soll beispielsweise die mechanische Nachbearbeitung von Gussteilen, z.B. polieren oder ausführen von Bohrungen, im Unternehmen oder vom Lieferanten vorgenommen werden? Oder sollen im Sinne einer verlängerten Werkbank Auslastungsspitzen von Lieferanten abgefangen werden?

Analog zu den folgenden Entscheidungskriterien solcher Make-or-Buy-Entscheidungen können auch Outsourcing-Entscheidungen zu verbundenen Dienstleistungen beurteilt werden: Sollen beispielsweise beschaffungslogistische Transporte oder Lagerungen selbst oder in Verantwortung des Lieferanten ausgeführt werden? Soll der Lieferant seine Waren vorkommissioniert anliefern? Soll der Lieferant die Warendisposition übernehmen (Supplier-Managed-Inventory)? Wer führt die Instandhaltungsmaßnahmen an einer neu zu beschaffenden Maschine durch?

Angemerkt sei, dass die Grenzziehung zwischen verbundenen Dienstleistungen und Bestandteile des eigentlichen Beschaffungsobjektes schwer fällt. Man denke nur an Montagedienstleistungen bzw. daran, dass Dienstleistungen eigenständige Beschaffungsobjekte sein können und somit zwischen den eigentlichen und den verbundenen Dienstleistungen zu trennen wäre. Ohne eine exakte Grenzziehung hier herausarbeiten zu wollen, kann vereinfacht festgestellt werden, dass die verbundenen Dienstleistungen darauf abzielen, die Prozesse zur Nutzung der eigentlichen Beschaffungsobjekte zu unterstützen. Insofern werden die verbundenen Dienstleistungen unten im Gestaltungsfeld „Prozesse" näher betrachtet.

Zur Beurteilung der Wertschöpfungstiefe empfiehlt es sich, auf Basis der entscheidungsorientierte Kostenanalyse einen Alternativenvergleich durchzuführen. Diese Thematik ist in der Literatur sehr ausführlich behandelt (vgl. beispielsweise Männel 1981 sowie Arnolds, Heege, Röh, Tussing 2010, S. 265 ff.). Folgende Vorgehensweise wird vorgeschlagen:

▨ **1. Schritt: Definition der Handlungsalternativen**

Neben den beiden grundlegenden Alternativen, Zukauf oder Eigenfertigung, kann es weitere Alternativen geben, die betrachtet werden sollen, z.B. Teilverlagerungen.

▨ **2. Schritt: Analyse der entscheidungsrelevanten Kosten**

Die grundsätzliche Leitfrage lautet: Welche Kosten entstehen, wenn ich mich für eine Alternative entscheide, die nicht bei allen anderen Alternativen in gleicher

Weise entstehen? Es werden also nur die Positionen mit unterschiedlichen Kosten in den betrachteten Alternativen berücksichtigt. Dadurch kann der Beurteilungsaufwand stark reduziert werden. Gegenüber der klassischen Kostenrechnung ergeben sich allerdings einige interessante Abweichungen (vgl. Abbildung 7.3).

Abbildung 7-3:   *Kriterien der entscheidungsorientierten Kostenanalyse zur Bestimmung der Wertschöpfungstiefe*

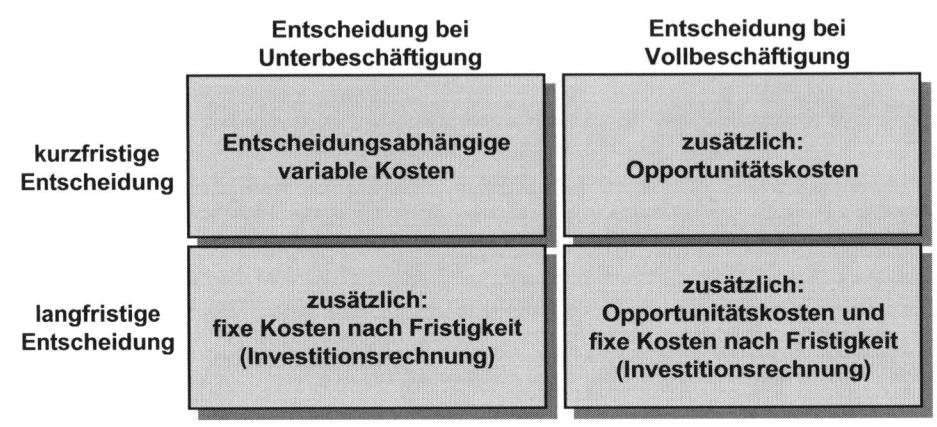

Geht man von einer kurzfristigen Betrachtung bei Unterbeschäftigung aus, d.h. bei freien Kapazitäten, werden die entscheidungsabhängigen variablen Kosten (bewertet zu Grenzkosten) der Alternativen verglichen.

Sind bestimmte Kapazitäten ausgelastet (Abbildung 7-3 rechte Seite), so müssen auch die entgangenen Gewinne einer alternativen Produktion als Opportunitätskosten berücksichtigt werden. Wird beispielsweise eine Engpassmaschine in der Alternative Zukauf frei, so dass alternative Produkte produziert werden können, so muss deren Ertrag im Kostenvergleich als Opportunitätskosten der Alternative Eigenfertigung berücksichtigt werden. Analog müssen allerdings auch entgangene Gewinne beachtet werden, falls bei der Alternative Zukauf zusätzliche Gegengeschäfte möglich werden. Hierbei handelt es sich um Opportunitätskosten der Alternative Eigenfertigung.

Interessant ist auch die Behandlung von Fixkosten bei langfristigen Betrachtungen (Abbildung 7-3 untere Zeile). Kann beispielsweise in der Alternative Zukauf Lagerfläche eingespart werden, so sind deren Kosten nur dann im Alternativenvergleich zu beachten, falls die Fläche anderweitig nutzbringend eingesetzt oder veräußert werden kann. Steht die Halle leer und verursacht die gleichen Kosten wie in der Alternative Eigenfertigung, ergibt sich keine relevante Kostendifferenz. Bei der Betrachtung von Fixkosten ist deren Fristigkeit entscheidend, d.h. wie lange die Fixkosten fix sind bzw. wann sie abgebaut werden können.

Ebenso können Einsparungen bei Gemeinkosten behandelt werden. Auch hier ist die Frage entscheidend, wann und wie die Kosten abgebaut werden können. Geht beispielsweise ein Mitarbeiter im relevanten Gemeinkostenbereich in zwei Jahren in den Ruhestand, so dass in zwei Jahren die entsprechenden Kosten dann tatsächlich entfallen, ist die Kostenreduktion erst nach zwei Jahren entscheidungsrelevant.

3. Schritt: Kostenvergleich

Die entscheidungsabhängigen Kosten der verschiedenen Alternativen werden verglichen. Bei der langfristigen Betrachtung können sich über die Zeit unterschiedliche Kostenwirkungen ergeben, z.B. aufgrund von Anfangsinvestitionen in den Aufbau oder in die Stilllegung einer Maschine. So ergibt sich eine Zahlungsreihe der Auszahlungsüberschüsse und –defizite der einen, relativ zur anderen Alternative. Zur Beurteilung dieser Zahlungsreihe und damit der Vorteilhaftigkeit der Alternativen können die Methoden der Investitionsrechnung verwendet werden. Eine Leitfrage kann lauten: Welche Amortisationsdauer ist bei einer mit Anfangsinvestitionen verbundenen Verlagerung des Wertschöpfungsschrittes zum Lieferanten relativ zur Eigenfertigung zu erwarten?

4. Schritt: Qualitativer Vergleich

Im Gegensatz zu den umfassenden Outsourcing-Entscheidungen dominieren bei „kleinen" Make-or-Buy-Entscheidungen, die sich innerhalb eines Supply-Marktes bewegen, meist Kostenbetrachtungen. Jedoch lassen sich auch in diesem Zusammenhang nicht alle relevanten Zielgrößen mit vertretbarem Aufwand kostenmäßig beurteilen. Sollte beispielsweise der Lieferant eine geringere Liefertreue aufweisen als man der eigenen Produktion zutraut, können zwar einige Kostenkategorien ermittelt werden, z.B. Vertragsstrafen, die zu zahlen sind. Andere Kosten sind allerdings nicht vollständig quantifizierbar, z.B. Opportunitätskosten, die sich aus der Abwanderung verärgerter Kunden zur Konkurrenz ergeben.

Zur Beurteilung müssen also weitere kostenmäßig nicht bewertbare Entscheidungskriterien berücksichtig werden. Mögliche Kriterien beziehen sich auf die Zielgrößen im Supply-Markt, z.B. Objektqualität, Prozessqualität, Liefertermintreue, Liquiditätsaspekte usw. (vgl. Modul 6). Ferner sind wesentliche Treibergrößen zu beachten, wie z.B. die Auswirkung auf die Wettbewerbs- und Verhandlungsposition im Supply-Markt, Gefahren des Know-how-Verlustes oder die Flexibilität in der Zulieferung.

5. Schritt: Entscheidung für die vorteilhafte Alternative

Um die vielfältigen Entscheidungskriterien zu verknüpfen und so zu einer eindeutigen Entscheidung zu gelangen, empfiehlt sich der Einsatz der Scoring-Methode.

7.3 Gestaltungsfeld Sourcing

Das Gestaltungsfeld „Sourcing" analysiert und optimiert die Struktur des Lieferantenmix im Supply-Markt. Beispielsweise wird die regionale Struktur der Lieferanten betrachtet. Inwieweit soll der Bedarf aufgrund von Transportkosten oder Versorgungsrisiken lokal bedient werden? Sollen asiatische oder osteuropäische Lieferanten aufgebaut und entwickelt werden? Weitere intensiv diskutierte Fragen zielen auf die optimale Lieferantenzahl sowie auf die Bedeutung von Lieferantenpartnerschaften im Supply-Markt.

Die Analyse und Optimierung des Gestaltungsfeldes „Sourcing" hilft Erfolgspotenziale im Supply-Markt systematisch zu identifizieren. Die Leitfrage lautet: Welche Potenziale bietet eine Entwicklung bzw. eine Umschichtung in der Struktur des Lieferantenmix? Bei der Betrachtung des Gestaltungsfeldes werden sowohl die aktuelle Lieferantenbasis des Unternehmens wie auch die am Markt verfügbaren Lieferanten analysiert. Darauf aufbauend wird dann die optimale Struktur des Lieferantenmix ermittelt, ohne dass in diesem Schritt bereits Strategien für einzelne Lieferanten entwickelt werden. Diese sind Gegenstand des Strategiebausteins 3 „Lieferantenstrategien".

Das Zusammenspiel zwischen den marktorientierten Sourcing-Überlegungen und den Lieferantenstrategien sollen die beiden folgenden Beispiele verdeutlichen:

▪ Die Marktanalyse zeigt, dass unter Total-Cost-Gesichtspunkten eine Beschaffung aus China heraus interessant, allerdings mit beachtlichen Risiken behaftet ist. Derzeit ist unter den fünfzehn Lieferanten des Beispiel-Unternehmens im Supply-Markt ein chinesischer Lieferant. Auf Basis dieser Analyse ergibt sich die Sourcing-Strategie, die Beschaffung aus China heraus leicht zu intensivieren und einen zweiten chinesischen Lieferanten aufzubauen. Mit dieser Aussage der Supply-Marktstrategie startet die Lieferantenstrategie und versucht (im Rahmen der nächsten konkreten Projekte) einen geeigneten zweiten chinesischen Lieferanten zu identifizieren und zu entwickeln.

▪ Verfügt das Unternehmen in einem Supply-Markt über fünf Lieferanten, die alle aufgrund schlechter Leistungen sowie mangelndem Interesse als Entwicklungspartner bisher nicht in Frage kamen, kann trotzdem die Supply-Marktstrategie zum Ergebnis kommen, dass partnerschaftliche Zusammenarbeit vorteilhaft wäre und im Markt zumindest <u>ein</u> Entwicklungspartner aufgebaut werden sollte. In der Lieferantenstrategie sollten dann intensive Anstrengungen zur Entwicklung einer Partnerschaft unternommen werden, sei es bei den bisher bestehenden unwilligen Lieferanten oder durch den Aufbau eines neuen Lieferanten.

Sollten jedoch aufgrund der Marktstruktur und marktweiter Verhaltensweisen der Lieferanten solche Partnerschaften überhaupt nicht vorstellbar sein, muss sich die Supply-Marktstrategie anders orientieren.

Im Zusammenspiel von Supply-Marktstrategie und Lieferantenstrategien sind strategische Lernprozesse üblich. So können beispielsweise fehlgeschlagene Versuche, eine Lieferantenpartnerschaft zu entwickeln, zur Erkenntnis führen, dass derzeit im Markt keine Partnerschaften möglich sind.

Angemerkt sei, dass die zweistufige Vorgehensweise mit Stufe 1 marktorientierte Sourcing-Strategie und Stufe 2 Lieferantenstrategie zur Entwicklung einzelner Lieferanten in der Praxis nicht flächendeckend üblich ist. Nicht selten suchen Supply-Manager ohne Berücksichtigung einer Sourcing-Strategie unmittelbar die beste Quelle für den gerade aktuellen Bedarf. Eine solche, wenig strategische Vorgehensweise verwundert, wenn man bedenkt, dass die Suche, Auswahl und Steuerung der Lieferanten eine der „Königsdisziplinen" im Supply Management ist.

Bevor die einzelnen Hebel im Gestaltungsfeld detailliert analysiert werden, sollte eine Übersicht über die aktiven Lieferanten des Unternehmens und die Lieferanten im Markt erstellt werden. In Abhängigkeit der Zahl potenzieller Lieferanten im Markt, können die Lieferanten einzeln oder nur über Strukturinformationen, z.B. durchschnittliche Größe der Lieferanten, regionale Verteilung oder Verteilung nach Segmenten, beschrieben werden.

Ferner empfiehlt es sich, mit einer Risk Map (vgl. Teil 1, Abbildung 6.2) die Risikosituation der aktiven Lieferanten des Unternehmens zu veranschaulichen. Hierzu werden im Rahmen der Lieferantenbewertung (vgl. Modul 9) die Risiken der Lieferanten nach Bedeutung und Eintrittswahrscheinlichkeit bewertet und in die Risk Map eingetragen. Die Bedeutung des Lieferanten (z.B. über das Einkaufsvolumen gemessen) kann über die Größe oder die Farbe des Kreises in der Risk Map zum Ausdruck gebracht werden. Mit der Risk Map kann die Risikosituation in der Lieferantenbasis des jeweiligen Supply-Marktes beurteilt werden. In der Konsequenz sind Maßnahmen, z.B. Aufbau von Second Sources oder von Sicherheitsbeständen, zu ergreifen.

Die fünf Hebel im Gestaltungsfeld „Sourcing" werden folgend näher betrachtet:

- Lieferantenbeziehung

- Beschaffungsregion

- Wertschöpfungsort

- Netzwerksteuerung

- Lieferantenzahl

7.3.1 Lieferantenbeziehung

Die Wahl des Charakters der Lieferantenbeziehung stellt einen, häufig sogar den zentralen Gestaltungshebel einer Supply-Marktstrategie dar. Dabei kommt der partnerschaftlichen Geschäftsbeziehung im Gegensatz zur klassischen transaktionsorientierten Beziehung in den letzten Jahren eine besondere Aufmerksamkeit zu, bisweilen wird sie fast missionarisch umworben. Als Themenschwerpunkte werden in der Literatur zum Supply Management der Charakter partnerschaftlicher Zulieferbeziehung, Einsatzfelder und besondere Vorteile von Partnerschaften sowie – mit starker Anlehnung an die Marketing-Literatur – die Gestaltung der Abnehmer-Lieferantenbeziehung behandelt.[24]

Die Gestaltung der Lieferantenbeziehung ist ein komplexes und vielschichtiges Thema, das analog zu menschlichen Beziehungen stets die Einzigartigkeit und die individuelle Historie der Beziehung beachten muss. Bei der Entwicklung der Lieferantenstrategie (Module 9 bis 11) steht die individuelle Lieferbeziehung mit ihrem spezifischen Charakter im Mittelpunkt der Betrachtung. Im Rahmen der Supply-Marktstrategie geht es hingegen darum, von der einzelnen Lieferantenbeziehung zu abstrahieren und grundlegende Beziehungstypen zu identifizieren und deren Vorteilhaftigkeit für den jeweiligen Supply-Markt zu beurteilen. Die Leitfrage lautet: Welchen Charakter sollten die Lieferantenbeziehungen im Supply-Markt haben? Hierbei stellt eine Mischung von Beziehungstypen innerhalb eines Marktes eher den Normalfall dar, d.h. beispielsweise, dass ein bis zwei Entwicklungspartnerschaften, ca. fünf Vorzugslieferanten und die Abfederung von Bedarfsspitzen über den Spotmarkt eine typische Konstellation sein kann (vgl. aus Marketingsicht Diller, Ivens 2004, S. 265).

Eine erste weit verbreitete Einteilung der Lieferantenbeziehung kann nach der Kontrollstruktur und der Dauer der Lieferantenbeziehung erfolgen (vgl. Abbildung 7-4):

---

[24] Als Vertiefungsliteratur vgl. beispielsweise Stölzle 1999 und 2007, Large 2006, Marbacher 2001, S. 95 ff. und Hildebrandt, Koppelmann 2000. Ferner sei auf das interessante Konzept der IMP-Group zur Konzeptionalisierung der Abnehmer-Lieferanten-Interaktion verwiesen: IMP-Group 2002.

Abbildung 7-4: *Typen von Lieferantenbeziehungen*

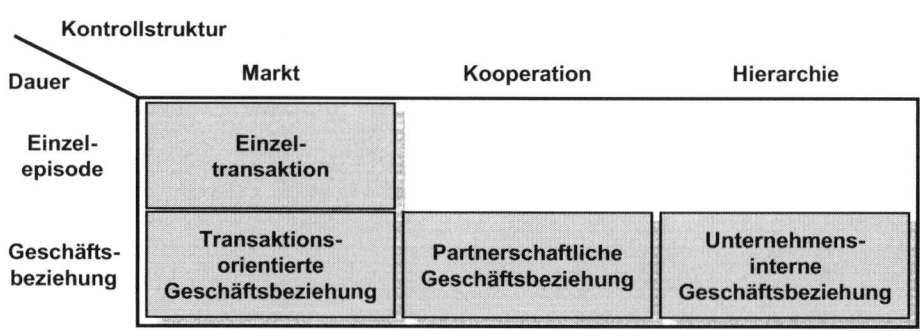

Die **transaktionsorientierte Lieferantenbeziehung** entspricht dem „klassischen Einkauf" und kann in Einzeltransaktionen und transaktionsorientierte Geschäftsbeziehung eingeteilt werden. Bei Einzeltransaktionen kommt es zu einem einmaligen Geschäftskontakt, beispielsweise durch Kauf auf dem Spotmarkt oder bei der Beschaffung von außergewöhnlichen Investitionsgütern. Bedeutsamer sind transaktionsorientierte Geschäftsbeziehungen, die über lange Zeit bestehen können und bei denen es immer wieder, ja sogar laufend zu Transaktionen, d.h. Käufen bzw. Leistungsbezügen, kommt.

Das Besondere dieses Beziehungstyps liegt darin, dass jede Transaktion weitestgehend unabhängig von weiteren zukünftigen Transaktionen verstanden und (kurzfristig) optimiert wird. Damit wird die Verhandlung mit dem Lieferanten zum Nullsummenspiel. Jeder Verhandlungserfolg des Lieferanten geht unmittelbar zu Lasten des einkaufenden Unternehmens und umgekehrt. In der Konsequenz dominiert deshalb opportunistisches Verhalten der beiden Transaktionspartner, die beide versuchen die eigene Verhandlungsposition (= Machtposition) zu stärken. In Folge dessen wird das einkaufende Unternehmen versuchen, den Wettbewerb zwischen den Lieferanten zu steigern, deshalb häufig Lieferanten zu wechseln und durch möglichst weitgehende Geheimhaltung den Abfluss des Know-hows zu verhindern.

Die **partnerschaftliche Geschäftsbeziehung** zielt auf eine langfristige Zusammenarbeit mit (ausgewählten) Lieferanten. Nicht die opportunistische Optimierung der einzelnen Transaktion, sondern die Realisierung transaktionsübergreifender Verbundvorteile steht im Fokus dieses Beziehungstyps. Die Grundidee ist, dass eine freiwillige kooperative Zusammenarbeit über mehrere Transaktionen hinweg für beide Partner vorteilhaft sein kann, d.h. also eine klassische Win-Win-Situation darstellt. Somit entsteht ohne Zwang die benötigte Stabilität der Lieferbeziehung. Der Nutzen einer partnerschaftlichen Zusammenarbeit beruht auf drei Grundlagen, die im Folgenden näher betrachtet werden: (1) Wechselseitige Anpassung, (2) Möglichkeit zum Ressourcenverbund und (3) Möglichkeit zu spezifischen Investitionen.

(1) Wechselseitige Anpassung: Allein die Definition von Vorzugslieferanten, mit denen über längere Zeit zusammengearbeitet wird, ermöglicht die wechselseitige Anpassung der Prozesse und der Beschaffungsobjekte und führt zur Routinisierung in der Zusammenarbeit. Folgende Beispiele zum Qualitätsmanagement veranschaulichen dies: Die Vorzugslieferanten kennen und verstehen die benötigten Qualitätsnachweise im Entwicklungsprozess, so dass die Zahl der Nachfragen, der Abweichungen und in Folge der Verzögerungen im Entwicklungsprozess stark zurückgeht. Ebenso kann das einkaufende Unternehmen im Laufe der Zeit eine Anpassung seiner Produkte im Hinblick auf die Spezifikationen der Beschaffungsobjekte vornehmen. Umgekehrt können Lieferanten mittelfristig – teils auch ohne spezifische Investitionen – besondere Leistungsspezifikationen des Kunden in ihre Standardprodukte einfließen lassen. Akute Qualitätsabweichungen sind einfacher zu lösen, da die Ansprechpartner der beiden Unternehmen sich persönlich gut kennen und über ein umfangreiches Verständnis für die Produkte und Produktion des Partners verfügen. Vergleichbare Vorteile ergeben sich in allen anderen Prozessen der Zusammenarbeit, insbesondere im Bestellprozess, in der Materialversorgung oder im Zahlungsverkehr. Insgesamt kann also eine Vorzugslieferantenstrategie zu erheblichen Vorteilen bei Prozessleistungen und –kosten sowie bei der Qualität und den Kosten der Beschaffungsobjekte führen.

(2) Möglichkeit zum Ressourcenverbund: An der Schnittstelle zwischen Lieferant und Kunde werden häufig die gleichen Ressourcen in beiden Unternehmen vorgehalten. Typische Beispiele sind das technische Know-how zum Beschaffungsobjekt, die Durchführung der Qualitätssicherung beim Lieferanten und im Wareneingang des Kunden oder die Disposition der Beschaffungsobjekte. Eine Bündelung dieser Ressourcen bei einem Partner kann zu ganz erheblichen Einsparungen und ebenso zu Leistungsverbesserungen führen. Allerdings ergeben sich dadurch Abhängigkeiten zwischen den Geschäftspartnern, die nur in einer partnerschaftlichen Geschäftsbeziehung ausgesteuert werden können. Wird beispielsweise der Lieferant in den Entwicklungsprozess eingebunden und somit die eigenen Kompetenzen zum Beschaffungsobjekt stark reduziert, ist eine langfristig zuverlässige Lieferantenbeziehung notwendig, um nicht plötzlich ohne Know-how zum Beschaffungsobjekt dazustehen.

(3) Möglichkeit zu spezifischen Investitionen: Optimierungen in der Zusammenarbeit erfordern häufig spezifische Investitionen, die nur in einer konkreten Kunden-Lieferanten-Beziehung genutzt werden können. Der Aufbau einer Just-in-Sequence-Belieferung erfordert beispielsweise Investitionen in die Software zum Datenaustausch bzw. zur Planung und Steuerung, in den Aufbau der logistischen Prozesse und nicht zuletzt in den Produktionsanlauf. Diese Investitionen sind partnerspezifisch, da ein Transfer auf andere Kunden-Lieferantenbeziehungen nur sehr eingeschränkt möglich ist. So gehen am Ende der Zusammenarbeit diese Investitionen weitestgehend unter. Konsequenz ist, dass sich spezifische Investitionen nur im Rahmen einer langfristigen partnerschaftlichen Zulieferbeziehung amortisieren und somit nur unter dieser Vorraussetzung getätigt werden können. Tabelle 7-2 gibt einen Überblick über typische Ansatzpunkte spezifischer Investitionen im Rahmen partnerschaftlicher Zulieferbeziehungen.

Tabelle 7-2: *Typische Einsatzbereiche partnerschaftlicher Lieferantenbeziehungen*

Bereich	Beispiele
Entwicklung	- System Sourcing - Advanced Purchasing (Lieferantenfrüheinbindung), z.B. zur Vermeidung von Spezifität - Wertanalyse, Design-to-Cost oder Target-Costing - Simultaneous Engineering
Logistik	- Synchronisierung der Prozesskosten, z.B. Kanban, Just-in-Time, Just-in-Sequence, Supplier-Managed-Inventory - Optimierung des physischen Materialflusses, z.B. Abstimmung der Transportbehälter bzw. -systeme
Produktion	- Integration von Produktion und Montage, vgl. den Hebel Wertschöpfungsort - Zusammenarbeit in der Lokalisierungsstrategie - Verlagerung der Produktion in Emerging Procurement Markets, vgl. den Hebel Beschaffungsregion. - Kontinuierlicher Verbesserungsprozess (KVP)
Qualität	- Qualitätssicherungsvereinbarungen - Ship-to-Line (keine doppelte Qualitätsprüfung) - Aufbau von Qualitätsregelkreisen
Einkauf	- Gemeinsamer Bezug von Vormaterialien - Ausgleich von Preisschwankungen - Pilotierung von Einkaufsinstrumenten

Die **unternehmensinterne Geschäftsbeziehung** – der dritte Beziehungstyp in Abbildung 7-4 – besteht zwischen zwei wirtschaftlich selbständigen Organisationseinheiten eines Unternehmens, falls eine Einheit von der anderen Inputs bezieht. Für die Gestaltung der Lieferantenbeziehung ist insbesondere die Frage entscheidend, inwieweit die einkaufende Organisationseinheit zum unternehmensinternen Kauf verpflichtet ist. Ist sie völlig frei, auch bei Konkurrenten die Ware zu beziehen, unterscheidet sich die Lieferantenbeziehung nicht wesentlich von den oben beschriebenen Formen. Der Zwang zum internen Bezug kann graduell abgestuft sein: Von einer Empfehlung, über eine dringende Empfehlung, über Last Call-Optionen, so dass der interne Lieferant auf Wunsch zu den Konditionen des besten externen Angebots den Auftrag erhält, bis hin zur Vorgabe und zum Zwang, den gesamten Bedarf oder einen wesentlichen Teil intern zu beziehen. In diesem Fall handelt es sich meist um eine „Zwangspartnerschaft", die einerseits besondere Vorteile bietet. So können die unten beschrieben Kontrollmechanismen der Partnerschaft eher einfach gestaltet werden. Vereinfachte Abrechnungen mit leichten Unschärfen würden im schlimmsten Fall den Gewinn nur von einer zur anderen Organisationseinheit verschieben. Anderseits birgt eine Zwangspartnerschaft besondere Risiken insofern, dass die Überwachung der Effizienz der Belieferung schwierig sein kann und die persönliche Ergebnisverantwortung der beteiligten Personen zu intensiven Konflikten führen kann. Sehr leicht kann ein entsprechender Konflikt eskalieren. Das Lieferantenmanagement konzerninterner Lieferantenbeziehungen ist eine interessante, aber bisher nur wenig erforschte Fragestellung. Die Frage, ob unternehmensinterne Wertschöpfung aufgebaut oder abgebaut werden soll, wurde bereits im Rahmen der übergreifenden Make-or-Buy-Entscheidung in Modul 4 skizziert.

Bei der Entscheidung zwischen partnerschaftlicher und transaktionsorientierter Lieferantenbeziehung sind zunächst die oben beschriebenen Partnerschaftspotenziale zu analysieren und zu bewerten. Die Leitfrage lautet: Welche Vorteile können durch eine Partnerschaft realisiert werden? Diesen Vorteilen sind die unten ausgeführten Schwierigkeiten partnerschaftlicher Lieferantenbeziehungen gegenüberzustellen. Aufgrund des Steuerungsaufwandes sollte eine Partnerschaft nur angestrebt werden, wenn besondere Vorteile zu erwarten sind.

Die **Steuerung der Lieferantenbeziehung** erfolgt auf Basis von Verträgen, Macht, Attraktivität, Vertrauen und Commitment: Die grundlegende Basis einer Geschäftsbeziehung sind Rahmen- und Kaufverträge. Beim Aushandeln der Verträge sowie zur Lösung von Regelungsdefiziten in den Verträgen, die sich in langfristigen Geschäftsbeziehungen nicht vermeiden lassen, kommt es auf die weiteren Steuerungsmechanismen an. Macht kennzeichnet hierbei die Chance, die Verhandlung sowie die Vorgehensweise bei Regelungsdefiziten im Sinne der eigenen Zielsetzung zu beeinflussen. Hingegen zielt die Attraktivität darauf ab, den Lieferanten durch die besondere Attraktivität der Geschäftsbeziehung für das einkaufende Unternehmen zu „begeistern". Dabei spielen Vertrauen und Commitment eine wichtige Rolle. Vertrauen eines Unternehmens bezeichnet die Erwartung, dass sich der Partner fair, kooperativ und kompetent verhalten wird. Komplementär verhält sich das Commitment, d.h. die Bindungskraft eines Unternehmens an die Geschäftsbeziehung. Im Rahmen der Supply-Marktstrategie ist die aktuelle Basis der Steuerungsmechanismen zu analysieren und Ansatzpunkte zu deren Fortentwicklung zu ermitteln. In der Lieferantenstrategie erfolgt dann die Feinjustierung für die einzelnen Lieferantenbeziehungen. Im Folgenden werden die Ansatzpunkte zur Analyse und Gestaltung der Steuerungsmechanismen von Partnerschaften zunächst einzeln und anschließend in ihrer Verknüpfung besprochen:

■ **Rahmenverträge:** Neben Kaufverträgen empfiehlt es sich, zur Absicherung langfristiger Geschäftsbeziehungen Rahmenverträge beispielsweise zu folgenden Themen abzuschließen: Allgemeine Einkaufsbedingungen, Geheimhaltungsvereinbarungen mit Know-how Nutzung, Qualitätssicherungsvereinbarungen, Logistikvereinbarungen, Verpackungs- und Lieferspezifikationen, Vereinbarungen zur Verpflichtung, Produkthaftpflichtversicherungen oder Rückholversicherungen abzuschließen, Werkzeugverträge. In der Supply-Marktstrategie müssen die „Pflichtverträge" im Supply-Markt definiert und deren Realisierung sichergestellt werden. Zur effizienten Abwicklung empfiehlt es sich, ein systematisches Vertragsmanagement aufzubauen.

■ **Macht** (vgl. Porter 1983, S. 50 ff. und Kraljic 1985, S. 9 ff.): Die Verhandlungsstärke des einkaufenden Unternehmens und der Lieferanten sowie das Machtverhältnis von Abnehmer und Lieferant zueinander bestimmen die Lieferantenbeziehung. Tabelle 7-3 gibt einen Überblick über die wesentlichen Machtgrundlagen von Lieferanten sowie exemplarisch Ansatzpunkte zu deren Reduzierung. Die Kriterien zur Beurteilung der Abnehmermacht können analog gebildet werden und verhalten sich spiegelbildlich. Im Rahmen der Supply-Marktstrategie sind die Machtgrundlagen zu identifizieren und nach geeigneten Vorgehensweisen zur Veränderung des Machtverhältnisses zu suchen. Zur Illustration hat sich das Abnehmer-Lieferantenmacht-Portfolio sehr bewährt (vgl. Abbildung 7-5), in dem das Machtverhältnis der einzelnen Abnehmer-Lieferantenbeziehungen eingezeichnet ist. Die Kreisfläche ist proportional zum Einkaufsvolumen.

Tabelle 7-3: Machtgrundlagen der Lieferantenmacht und Beispiele strategischer Handlungsoptionen

Lieferantenmacht ist hoch, wenn	Beispiele strategischer Handlungsoptionen
Beschaffungsobjekt am Markt knapp ist, zeitweise Allokationsphasen vorliegen und/oder keine Substitutionsprodukte vorhanden sind.	- Suche nach Substitutionsprodukten (Bedarf reduzieren) - Entwicklung neuer Lieferanten - Bezug über neue regionale Märkte (Global Sourcing) - Mehrjahresverträge
wenige Lieferanten verfügbar sind. (Wettbewerbssituation im Markt, z.B. Monopol oder Oligopol)	- Entwicklung neuer Lieferanten - Bezug über neue regionale Märkte (Global Sourcing) - Bündelung der Nachfrage - Wettbewerb zwischen Lieferanten intensivieren

Fortsetzung Tabelle 7-3

Lieferantenmacht ist hoch, wenn	Beispiele strategischer Handlungsoptionen
das Einkaufsvolumen bzw. die Branche für den Lieferanten nur eine geringe Bedeutung hat.	- Bündelung der Nachfrage durch Einkaufskooperation bzw. durch Reduzierung der Lieferantenzahl - Mehrjahresverträge
ein hoher Grad an Produktdifferenzierung vorliegt. (z.B. technologischer Vorsprung des Lieferanten) bzw. geringe Standardisierung der Leistungen	- Standardisierungsgrad steigern - Entwicklung neuer Lieferanten - Partnerschaft im Differenzierungsbereich eingehen - Mehrjahresverträge
hohe Umstellungskosten der Abnehmer und niedrige Umstellungskosten der Lieferanten vorliegen.	- Verwendung von Industriestandards - Werkzeuge im Eigentum des Abnehmers - Freigabe alternativer Lieferanten - Aufbau spezifischer Investitionen des Lieferanten fordern
eine geringe Glaubwürdigkeit einer angedrohten Rückwärtsintegration des Abnehmers bzw. eine hohe Glaubwürdigkeit einer angedrohten Vorwärtsintegration des Lieferanten vorliegt.	- Rückwärtsintegration vorbereiten bzw. exemplarisch praktizieren, ggf. in anderen Supply-Märkten - Umfangreiche Abwehrmaßnahmen gegenüber Newcomer, z.B. Vergeltungsmaßnahmen gegenüber dem Newcomer
die Abnehmer nur wenig informiert sind.	- Beschaffungsmarktforschung intensivieren - Entwicklung einer Supply-Marktstrategie (nach der 15M-Architektur®)

Abbildung 7-5:   *Abnehmer-Lieferantenmacht-Portfolio*
           (Quelle: Kraljic 1985, S. 12)

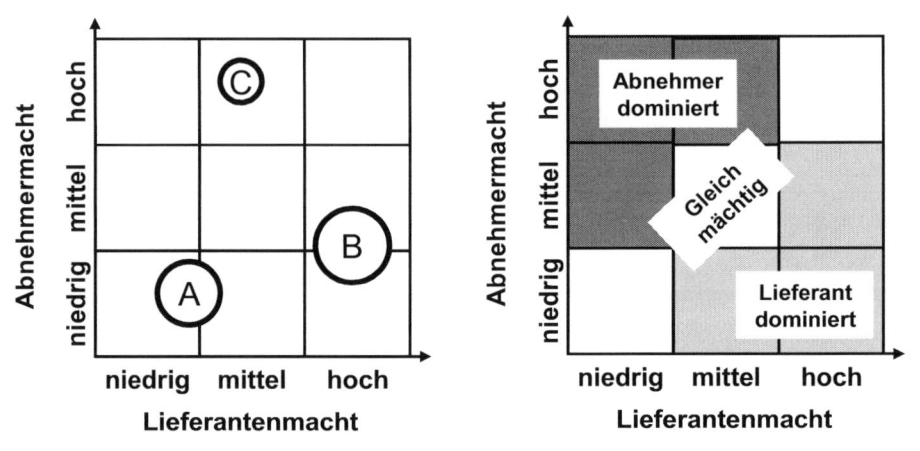

▩ **Attraktivität:** Die Bereitschaft eines Lieferanten sich für eine Geschäftsbeziehung zu engagieren, hängt wesentlich auch davon ab, inwieweit der Lieferant die Geschäftsbeziehung als attraktiv einschätzt. Dabei wird ein Lieferant die Attraktivität der Geschäftsbeziehung insbesondere nach folgenden Gesichtspunkten beurteilen:

Rendite: Wie stark ist der Preisdruck (vgl. die Ausführungen zum Gestaltungsfeld Entgelt, Kapitel 7.4) und welche Rendite ist in der Geschäftsbeziehung zu erwarten? Dabei spielt auch die Dauerhaftigkeit der Geschäftsbeziehung eine wichtige Rolle.

Kostenposition: Wie wirkt sich die Geschäftsbeziehung auf die Kostenposition des Lieferanten aus? Beispielsweise verbessern Synergien oder Volumenseffekte häufig die Kostenposition eines Lieferanten. Hingegen können kleine Losgrößen oder kleine Auftragsvolumina die Komplexität im Geschäft erhöhen und so die Kostenposition verschlechtern.

Differenzierung: Die Beziehung zu besonders innovativen Abnehmern oder Abnehmern mit einem besonderen Markenimage erhöhen auch die Innovationskraft und die Reputation des Lieferanten. Beispielsweise ist es eine „Auszeichnung", Lieferant von BMW oder von Porsche zu sein, und steigert die Erfolgschancen in anderen Geschäftsbeziehungen.

Auch wenn der Blickwinkel etwas ungewöhnlich sein sollte, ist es eine wichtige Aufgabe der Supply-Strategie, die Geschäftsbeziehung für (ausgewählte) Lieferanten attraktiv zu gestalten. Der Grad der Attraktivität ist Gegenstand strategischer Überlegungen. Insbesondere wenn die Machtbasis sehr schwach ist, spielt die Attraktivität eine besondere Rolle. So wurde beispielsweise der Abschluss von Mehrjahresverträgen als eine Option empfohlen, falls die Machtbasis sehr gering ist.

▩ **Vertrauen** (vgl. Marbacher 2001, S. 106 ff.)**:** Vertrauen in Geschäftsbeziehungen bedeutet, dass die beiden Geschäftspartner die Wahrscheinlichkeit opportunistischen Verhaltens des jeweils anderen als gering einschätzen. Dies führt zu einem reduzierten Kontrollaufwand in der Geschäftsbeziehung, d.h. zur Vereinfachung der Vertragsverhandlung sowie der Überwachung der Vertragserfüllung. Hierbei erstreckt sich das Vertrauen auf die folgenden Themen:

Contractual Trust bezieht sich auf die Einhaltung der Verträge, und zwar nicht nur in ihrem Wortlaut, sondern insbesondere im Geiste der Geschäftsbeziehung. Dies gilt auch dann, wenn es für einen Partner in einer einzelnen Transaktion vorteilhaft sein sollte, gegen den Vertrag zu verstoßen.

Competence Trust zielt auf das Vertrauen, dass der Geschäftspartner über Kompetenz und Kapazität verfügt die vereinbarten Leistungen zu erfüllen.

Goodwill Trust umfasst die Bereitschaft des Geschäftspartners – auch jenseits der Verträge – das Wohl der Geschäftsbeziehung und sogar das des Partners zu fördern.

Vertrauen muss schrittweise entwickelt werden und benötigt Zeit. So muss sich die vertrauensvolle Zusammenarbeit mit einem Lieferanten zunächst in kleinen Themen beweisen, bevor intensive Vertrauensbeziehungen eingegangen werden. Wesentliche Aspekte bei der Entwicklung von Vertrauen sind der Eindruck der Integrität des Geschäftspartners sowie dessen Verlässlichkeit, die Reziprozität des Verhaltens, d.h. die Bereitschaft zum Vertrauensvorschuss, oder die ökonomische Betroffenheit des Partners im Falle eines Scheiterns der Geschäftsbeziehung (vgl. Stölzle 2007, S. 153 f.). Umgekehrt können kleine Missachtungen der Vertrauensbeziehung umfangreichen Schaden anrichten. Beispielsweise kann ein wenig Opportunismus oder die Verweigerung auch nur eines kleinen Vertrauensvorschusses leicht eine vertrauensvolle Beziehung beschädigen. Ja es kann sogar zu negativen Ausstrahlungseffekten auf andere Lieferantenbeziehungen kommen.

Zu beachten ist, dass die Entwicklung der vertrauensvollen Lieferantenbeziehung nicht nur auf der Ebene des Leistungsaustausches (Leistung gegen Gegenleistung) erfolgt, sondern ganz wesentlich den Informationsaustausch und die soziale Dimension berücksichtigen muss (IMP-Group 2002, S. 26 f.). Gerade die persönliche Kommunikation und die persönlichen Erlebnisse mit den Ansprechpartnern beim Lieferanten sind die Basis für die Entwicklung von Vertrauen. Dieser Aspekt wird heute in vielen Unternehmen unterschätzt. Das Unternehmen Bosch Diesel Systeme bezieht in einem interessanten Projekt sogar die Kulturdimension zur Beurteilung und zur Entwicklung der Lieferantenbeziehung mit ein (vgl. Abbildung 7-6).

Abbildung 7-6:   *Bewertung der Beziehungsebene zur Auswahl partnerschaftlicher Lieferantenbeziehungen (Quelle: Neumann, Werner, Heß 2007)*

Kulturelle Gemeinsamkeiten sind auf der Beziehungsebene für den Erfolg partnerschaftlicher Geschäftsbeziehungen von zentraler Bedeutung. Mit dem sogenannten WIRK-Modell wurde bei Bosch Diesel Systems die Kongruenz der Unternehmenskultur zwischen Bosch und den Hauptlieferanten analysiert. Dabei steht WIRK für Wachstumsorientierung, Innovationsorientierung, Regelorientierung und Kundenorientierung und beschreibt die kulturellen Hauptdimensionen in der Zusammenarbeit mit Lieferanten. Abnehmer-Lieferantenbeziehungen mit „zusammenpassenden Kulturprofilen" zeigten eine deutlich bessere Beziehungsqualität mit vielfältigen positiven Konsequenzen für die Zusammenarbeit. Die Ergebnisse der Analyse können nun auch im Rahmen der Auswahl von Lieferanten herangezogen werden, mit denen partnerschaftliche Geschäftsbeziehungen aufgebaut werden sollen. So dient der kulturelle Fit als ein wichtiges Auswahlkriterium im Rahmen der Partnerwahl.

▨ **Commitment** Stölzle (2007, S. 154): Commitment bezeichnet die innere Verpflichtung gegenüber der Lieferantenbeziehung und führt zu dessen Stabilisierung. Commitment kann sich durch bewährtes Vertrauen, durch besondere Kulanz oder

Hilfsbereitschaft des Geschäftspartners in der Vergangenheit oder ganz einfach durch persönliche Sympathie oder positive gemeinsame Erlebnisse entwickeln.

In den verschiedenen Typen der Lieferantenbeziehung wirken die Steuerungsmechanismen unterschiedlich. In der transaktionsorientierten Geschäftsbeziehung, in der von opportunistischem Verhalten auszugehen ist, dominiert zunächst die Vertragsgestaltung. Mit ihr soll eine Absicherung gegen opportunistisches Verhalten erfolgen. Darüber hinaus steht die Entwicklung der eigenen Machtposition im Fokus, da somit günstige Verträge ausgehandelt und durchgesetzt werden können. Allerdings darf auch in transaktionsorientierten Geschäftsbeziehungen nicht die transaktionskostensenkende Funktion der Attraktivität und des Vertrauens unterschätzt werden. So ist häufig auch in transaktionsorientierten Beziehungen das Vertrauen in die Leistungsfähigkeit und Leistungswilligkeit des Lieferanten bedeutsam. Umgekehrt hat der Lieferant auch Interesse seine Vertrauenswürdigkeit unter Beweis zu stellen, da die entsprechende Reputation auf zukünftige Transaktionen und auf Transaktionen mit anderen Geschäftspartnern ausstrahlt.

Verträge sind auch im Rahmen der partnerschaftlichen Geschäftsbeziehung eine wesentliche Basis. Trotzdem können die eingegangenen Abhängigkeiten sowie die notwendigen spezifischen Investitionen nur unzureichend vertraglich abgesichert werden. Insofern nimmt in partnerschaftlichen Geschäftsbeziehungen die Attraktivität, das Vertrauen und in Folge das Commitment eine dominierende Stellung ein. Jedoch sind selbst gut funktionierende Partnerschaften in der Regel keine machtfreien Zonen. Obwohl beide Partner das gemeinsame Interesse im Auge haben und durchaus auch dem Partner Gutes zukommen lassen, bestehen im Bereich des gemeinsam erwirtschafteten Ergebnisses Verteilungsspielräume, die oft mehr oder weniger machtbasiert entschieden werden. In „wahren" Partnerschaften sollte allerdings das Machtverhältnis in etwa ausgeglichen sein oder vom mächtigeren Partner nur mit großer Sensibilität genutzt werden. Ein zu einseitiger Einsatz von Macht, kann leicht als Vertrauensbruch empfunden werden und die Partnerschaft beschädigen. Trotz dieser Einsicht gibt es „ausbeuterisch" angelegte Partnerschaften, die weitgehend über Macht gesteuert werden und dem schwächeren Partner bestenfalls ein Existenzminimum gewähren. In der Automobilzulieferindustrie wurden häufig Stimmen laut, die eine solche Situation beklagen (vgl. Tabelle 7-4). Es ist offenkundig, dass eine derartige Situation nicht stabil sein kann und somit auch den mächtigeren Partner bedroht. Im Folgenden soll unter einer partnerschaftlichen Geschäftsbeziehung die vertrauensdominierte Beziehung gemeint sein.

Tabelle 7-4:   *Unfaire Praktiken in der europäischen Automobilzulieferindustrie (Quelle: Aßländer, Roloff 2010)*

Die folgenden in der Praxis verbreiteten Beispiele unfairer Praktiken wurden im Rahmen eines Interviews mit Repräsentanten eines mittelständischen Zulieferbetriebs der Automobilindustrie erhoben. Die Identität der Firma und der Interviewpartner wurde aufgrund befürchteter Repressalien geheim gehalten. Zeitpunkt der Interviews war November 2008.

Kategorie unfairer Praktiken	Beispiele
Kaufmännische Praktiken	„Quick Savings": Einmalzahlungen der Lieferanten an die Autohersteller, um einen Auftrag zu bekommen.
	„Savings on current Account": Zusätzliche jährliche Rückvergütungen in Höhe von 3 % bis 5 % des Auftragsvolumens. Durchgesetzt über Androhung einer Abnahmesperre, falls der Forderung nicht nachgegeben wird.
	„Open Book": Durch die Offenlegung der Kalkulation der Lieferanten werden aggressive Kosteneinsparungen gegenüber den Lieferanten durchgesetzt.
	Unberechtigte Reklamationen der Produktqualität, um Preisnachlässe zu erzwingen
	Bei unerwarteten Reduzierungen der Rohstoffpreise werden die Produktpreise neu verhandelt, trotz geltender Verträge und langfristiger Lieferverpflichtungen gegenüber den Vorlieferanten. Bei unerwartet steigenden Rohstoffpreisen sind diese vom Lieferanten abzufangen.
Vertragsgestaltung / Abwälzung von Risiken	Generalklauseln im Rahmenvertrag, die es dem Kunden erlaubt nahezu alle Vertragsklauseln nachträglich und einseitig zu ändern, z.B. „Buyer reserves the right at any time to direct changes, or cause Seller to make changes, to drawings and specifications of the goods or to otherwise change the scope of the work covered by this contract including work with respect to such matters as inspections, testing or quality control, and Seller agrees to promptly make such changes (...) This contract may only be modified by a contract amendment issued by Buyer."
	Vertragsbrüche, gegen die - aufgrund des Abhängigkeitsverhältnisses vom Kunden - nicht vorgegangen werden kann. Z.B. wurden vertraglich zugesicherte Erstattungen von Investitionen (im Falle einer Kündigung durch den Kunden) nicht gezahlt. Im Klagefall drohte der Ausschluss aus weiteren Ausschreibungen.
	Über „Dekaden" festgeschriebene Preise für Ersatzteillieferungen führen zu einer unangemessenen Überwälzung der Kosten- und der Preisrisiken auf den Lieferanten.

Fortsetzung Tabelle 7-4

Kategorie unfairer Praktiken	Beispiele
Weitergabe vertraulicher Informationen	Zwang der Offenlegung von Produktionsdaten im Detail gegenüber Mitbewerbern aus Low-Cost-Countries, um diese als Wettbewerber zu befähigen. Alternativ: Reklamation eines mängelbehafteten Teils, um produktionstechnische Details zu erhalten. Das mängelbehaftete Teil stammt allerdings vom Konkurrenten aus einem Low-Cost-Country. Ziel ist es, den Wettbewerber zu qualifizieren.
	Weitergabe von Produktions-Know-how an Tochterfirmen der Automobilhersteller. Die Automobilhersteller unterhalten teils hunderte von Tochterunternehmen in Low-Cost-Countries.

Während die größte Gefahr der transaktionsorientierten Geschäftsbeziehung darin besteht, wettbewerbsrelevante Vorteile nicht wahrzunehmen, sind bei partnerschaftlichen Geschäftsbeziehungen besonders Gefahren aus mangelnder Leistungsfähigkeit und mangelnder Leistungswilligkeit des Partners zu beachten. Letztlich kann Vertrauen enttäuscht werden und die Folgekosten können leicht explodieren. Auch eine „schleichende" Untreue, die im kleinen Maße stattfindet und lange Zeit unentdeckt bleibt, kann großen Schaden anrichten. Ferner können auch die Steuerungskosten einer partnerschaftlichen Geschäftsbeziehung unterschätzt werden. Man denke beispielsweise an den Aufwand, die Preise und die Preisentwicklungen transparent zu halten. So kann der scheinbare Vorteil leicht vom Steuerungsaufwand überkompensiert werden.

7.3.2 Beschaffungsregion

Die regionale Struktur der Lieferanten (Arnold (2000) spricht von Arealstrategie) stellt einen zweiten bedeutsamen Hebel im Gestaltungsfeld „Sourcing" dar. Umfassend ist die Diskussion zum Schlagwort „Global Sourcing" und intensiv sind die Anstrengungen in der Industrie die Versorgung zu globalisieren.[25] Durch die Öffnung und die Entwicklung der osteuropäischen und asiatischen Märkte, insbesondere in China, und durch die steigende Effizienz globaler Transport- und Kommunikationssysteme wurde in den letzten Jahren ein Wettlauf zur Erschließung sogenannter Low Cost Countries bzw. Emerging Procurement Markets in Gang gesetzt. Die Realisierung eines

---

[25] Aus den unzähligen Quellen zum Global Sourcing seien folgende exemplarisch hervorgehoben: Boutellier, Locker 1998, S. 133 ff., Kaufmann 2001, Koppelmann 2004, S. 204 ff.; Krokowski 1998, 2007 und 2009, Locke 1996; Menze 1993, Kleemann 2006 sowie das Global Sourcing-Portal: www.supply-markets.com

Lohnkostenvorteils von teils über 95 % war häufig die zentrale Triebfeder für die Global Sourcing Aktivitäten vieler Unternehmen.

Für die Identifikation der optimalen räumlichen Struktur im Rahmen einer Supply-Marktstrategie ist dieser Ansatz zu eng. Die Motivation bei der Planung der räumlichen Verteilung der Lieferanten beschränkt sich nicht nur auf die Kostenoptimierung, sondern kann sich ebenso auf Leistungsvorteile, die Erschließung von Absatzmärkten sowie auf die Reduzierung des betriebsnotwendigen Vermögens beziehen. Bei der Strategieformulierung sollten stets alle Ziele im Auge behalten werden. Dieser Aspekt wird im zweiten Schritt näher beleuchtet.

Zunächst ist jedoch die Begrifflichkeit zu schärfen. Die gängigen Schlagworte wie „Global Sourcing", „International Sourcing", „Domestic Sourcing" oder „Local Sourcing" beinhalten mindestens drei Dimensionen, die in der Diskussion nicht selten vermengt werden:

■ **Regionales Suchfeld:** Welche regionalen Märkte werden im Auswahlprozess berücksichtigt?

■ **Bezug zum Bedarfsträger:** Wie ist die räumliche Relation zwischen Lieferant und Bedarfsträger zu gestalten?

■ **Regionale Verteilung:** Wie sind die Bezugsquellen über die Welt verteilt?

Diese drei Dimensionen zur Gestaltung der Beschaffungsregion sollten zunächst einzeln betrachtet und anschließend simultan festgelegt werden, weil sie nicht voneinander unabhängig sind.

(1) Regionales Suchfeld

Im Rahmen der Supply-Marktstrategie muss der Betrachtungsradius des regionalen Suchfeldes festgelegt werden. Welche Regionen der Erde kommen überhaupt als Lieferland des betroffenen Materials in Frage? Grundsätzlich können folgende Abstufungen unterschieden werden:

■ Bei der **globalen Suche** wird der gesamte Weltmarkt, eventuell unter Ausschluss einzelner nicht zugänglicher Märkte, als potenzieller Markt analysiert.

■ Die **internationale Suche** beschränkt sich auf ausgewählte Länder.

■ Die **domestic Suche** konzentriert sich auf die Heimatmärkte. Dieser Begriff ist etwas weiter als die nationale Suche, da eine Firma mehrere Standorte haben kann. Ferner werden kulturell verwandte Länder, z.B. Skandinavien, Deutschland und Österreich, hierunter subsumiert.

■ Bei der **lokalen Suche** werden nur Lieferanten im lokalen Umfeld der Verbrauchsorte in Erwägung gezogen.

Im Rahmen der Global Sourcing Euphorie wird regelmäßig der Weltmarkt als Suchfeld propagiert. Für große globalisierte Konzerne, wie z.B. Siemens oder Volkswagen, ist dieser Ansatz (mit Einschränkungen) üblich und sinnvoll. Bereits in Mittelbetrieben kann es kaum möglich sein, die ca. 200 Länder der Erde systematisch zu bearbeiten. So ist unter wirtschaftlichen Gesichtspunkten das Suchfeld für bestimmte Materialgruppen zu beschränken. Die Abstimmung der supply-marktübergreifenden Länderauswahl erfolgt in Modul 12.

Brodersen (2000 und 2003, vgl. auch Koppelmann 2004, S. 215 ff.) schlägt ein Modell zur Beschaffungsmarktauswahl vor, mit dem das Suchfeld schrittweise eingeengt werden kann (vgl. Abbildung 7-7). In jeder Stufe werden Märkte als ungeeignet herausgefiltert, so dass für die Folgestufe, die präziser und damit aufwendiger ist, weniger Märkte übrig bleiben. Brodersen unterscheidet vier Selektionsfilter:

- In der **Vorauswahl** wird die grundsätzliche Eignung einzelner Länder überprüft. Typische Vorauswahlkriterien sind: Produktionsmöglichkeiten bzw. -erlaubnis im Land sowie Exporterlaubnis aus dem Land. Ferner können unternehmenspolitische Vorentscheidungen, z.B. in Bezug auf politische, ethische oder religiöse Gesichtspunkte, bestimmte Regionen als mögliche Zielländer ausschließen bzw. vorgeben. Unternehmenspolitische Vorgaben werden in der Basisstrategie (vgl. Modul 1) für die Beschaffungsmarktstrategie festgelegt. Darüber hinaus können sich aus der Abstimmung zwischen den verschiedenen Supply-Marktstrategien Einschränkungen für den einzelnen Supply-Markt ergeben (vgl. Modul 12). Häufig ist eine Konzentration auf eine überschaubare Zahl von Beschaffungsländern wirtschaftlich.

- **Entscheidungssituationsunabhängige Makrokriterien** beziehen sich auf Risikoaspekte des Landes, die weitestgehend außerhalb des konkreten Supply-Marktes liegen, durch die Firmen kaum beeinflussbar sind, aber erheblich die Planungssicherheit beeinträchtigen können. Beispiele sind die politische Stabilität, die Entwicklung der Terms of Trade, die Inflationsrate, Wechselkursschwankungen, Zinsentwicklungen, Streikanfälligkeit, Gefahren aus der natürlichen Umwelt (z.B. Erdbeben).

- **Entscheidungssituationsabhängige Makrokriterien** zielen auf die Beurteilung des Supply-Marktes im betrachteten Lieferland. Die Entscheidungskriterien Total Cost-Vorteile, Differenzierungsvorteile, Zugang zu Absatzmärkten und Anforderungen an den Kapitalbedarf werden unten detailliert analysiert.

- Als **Mikrokriterien** können Machtaspekte analysiert werden, also insbesondere wie sich das Spannungsfeld von Angebots- und Nachfragemacht darstellt.

Über die vier Stufen kann das regionale Suchfeld schrittweise eingeschränkt werden. Die ersten beiden Stufen identifizieren die Länder, die überhaupt in die nähere Analyse einbezogen werden. Stufe drei und vier filtern Länder heraus, die für den Supply-Markt interessant sind.

***

Abbildung 7-7:   *Stufenmodell zur Identifikation regionaler Beschaffungsmärkte*
(Quelle: Brodersen 2003, S. 36, modifiziert)

***

***

(2)   Bezug zum Bedarfsträger

Während die erste Dimension das Suchfeld auf interessante Märkte einschränkt, beziehen sich die zweite und dritte Dimension auf die anstrebenswerte geographische Verteilung der Lieferanten. Dabei ist zunächst die relative Lage des Lieferortes zum Bedarfsort bedeutsam. Zu beachten ist, dass es nicht um die Nationalität des Lieferanten geht, sondern um den Standort der Fertigung. So kann beispielsweise im Rahmen einer guten Partnerschaft ein Lieferant weltweit eine lokale Versorgung sicherstellen oder durch Verlagerung von Teilen seiner Aktivitäten in die Emerging Procurement Markets, die entsprechende Kostenposition für das Unternehmen realisieren. Folgende Ausprägungen sind zu unterscheiden:

▨ Beim **globalen Bezug** spielt die Relation zwischen Bedarfsträger und Produktionsort keine Rolle. Die Lieferanten können an jedem beliebigen Ort der Erde platziert sein.

▨ Der **internationale Bezug** unterscheidet sich vom globalen Bezug insofern, dass das regionale Suchfeld von vorne herein auf ausgewählte Länder eingeschränkt wird.

▨ Beim **domestic Bezug** sollten sich die Lieferanten in den Heimatmärkten der jeweiligen Verbrauchsorte befinden.

▓ Beim **lokalen Bezug** sind die Produktionsstandorte der Lieferanten in lokaler Nähe relativ zum Bedarfsort. Welche Entfernung zu akzeptieren ist, hängt von verschiedenen Faktoren ab. Als Richtgröße können 30 bis 50 Kilometer gelten.

(3)   Regionale Verteilung

Der Grad der weltweiten regionalen Verteilung analysiert, ob im Supply-Markt eher gebündelt von einem Lieferort aus oder eher gestreut beschafft werden soll. Hierbei sind folgende Ausprägungen zu unterscheiden:

▓ **Weltweit gestreut** bis **multilokal** bezeichnet eine Beschaffung von vielen verschiedenen Produktionsorten.

▓ **Zentraler Bezug** bündelt die Beschaffung auf einen oder ggf. wenige Beschaffungsorte.

Bei der Verknüpfung der beiden Dimensionen (Bezug zum Bedarfsträger und regionale Verteilung) können vielfältige Muster identifiziert werden, die in der praktischen Umsetzung beachtet werden müssen. Zur folgenden Diskussion der Vorteilhaftigkeit genügt es, die wesentlichen Extremkonstellationen zu identifizieren:

▓ **Global Sourcing:** Die Beschaffungsregion ist global, d.h. der Lieferort ist unabhängig vom Bedarfsort und kann weltweit gestreut sein. Sollte aufgrund des Suchfeldes nur eine Länderauswahl in Frage kommen, kann auch von **International Sourcing**[26] gesprochen werden. Da Global Sourcing und International Sourcing sich nur graduell in ihren Vor- und Nachteilen unterscheiden, werden die beiden Strategien im Folgenden zusammen erörtert.

▓ **Central Sourcing:** Die Beschaffungsregion ist zentral, d.h. der Lieferort ist zentralisiert, jedoch unabhängig vom Bedarfsort.

▓ **Local Sourcing:** Die Beschaffungsregion ist lokal, d.h. der Lieferort ist jeweils in lokaler Nähe zum Bedarfsort. Das **Domestic Sourcing**, bei dem die Beschaffungsregion auf die Heimatmärkte beschränkt wird, verhält sich analog zum Local Sourcing, so dass die beiden Strategien gemeinsam behandelt werden.[27]

---

[26] In der Literatur wird häufig die strategische Intension des Global Sourcing als Differenz zum operativ verstandenen International Sourcing definiert (Arnold 1995, S. 106 ff.). Jedoch entsteht der Eindruck, dass auch hier das eingeschränkte Suchfeld als Unterschiedskriterium herangezogen wird.

[27] Falls ein Unternehmen einen Hauptstandort und einige Nebenstandorte aufweist, bereitet eine zu formale Einordnung etwas Schwierigkeiten. In dieser Situation sollte eine Belieferung vom Hauptstandort an die weltweiten Satelliten trotzdem dem Local Sourcing (bzw. dem Domestic Sourcing) zugeordnet werden. Entsprechend sollte die Belieferung vom Standort einer Nebenfabrik als Central Sourcing eingeordnet werden.

Nachdem die Handlungsoptionen bei der Wahl der Beschaffungsregion begrifflich geschärft sind, soll eine Methodik vorgestellt werden, mit der die Vorteilhaftigkeit der einzelnen Handlungsoptionen beurteilt werden kann. Zunächst werden die Vorteile der beiden Alternativen Global Sourcing und Local Sourcing gegenüber gestellt. Dabei können drei grundsätzliche Motivationen für Global Sourcing identifiziert werden: Total Cost-Vorteile, Differenzierungsvorteile und die Erschließung neuer Absatzmärkte. Darüber hinaus sind bei der Wahl der Regionalstrategie die Konsequenzen für das betriebsnotwendige Vermögen zu beachten (vgl. Arnolds, Heege, Röh, Tussing 2010, S. 206 ff.). Anschließend wird der optimale Zentralisierungsgrad festgelegt.

(1)   Total Cost-Betrachtung

In vielen Unternehmen ist derzeit die vorherrschende Motivation für Global Sourcing, Kostenvorteile in Low Cost Countries bzw. Emerging Procurement Markets auszuschöpfen. Eine reine Beschränkung auf die Objektkosten genügt dabei allerdings nicht, da sich in der Regel beim Global Sourcing erheblich höhere Prozesskosten ergeben. Eine Daumenregel besagt, dass beim Global Sourcing die Vorteile bei den Objektkosten mindestens 20 % bis 30 % ausmachen müssen, damit Global Sourcing vorteilhaft ist. Eine systematische Entscheidung über die Regionalstrategie und zur Auswahl geeigneter Lieferländer setzt also eine Total Cost-Betrachtung voraus. Typische Kostenvorteile von Global Sourcing sind:

- **Faktorkostenvorteile**, insbesondere bei Löhnen und in Bezug auf Energie und Umweltschutzauflagen: Im Jahr 2007 betrugen die durchschnittlichen Arbeitskosten in Deutschland pro Stunde 28,18 € (Statistisches Bundesamt) während beispielsweise in Polen nur ein Fünftel und in China weniger als ein Euro zu zahlen war. Insbesondere bei wenig automatisierbaren (und einfachen) Arbeiten mit hohem Lohnanteil ist Global Sourcing im Vorteil.

- **Intensivierung des Wettbewerbs:** Global Sourcing eröffnet neue Beschaffungsquellen und trägt somit zur Intensivierung des Wettbewerbs bei. Insbesondere bei ursprünglich lokal geschützten Märkten können ganz erhebliche Preissenkungen erzielt werden.

- **Staatliche Standortvorteile** können auf Steuer- bzw. Subventionsvorteilen in einzelnen Beschaffungsregionen beruhen. Teilweise sind diese Vorteile über einen geeigneten Ländermix sogar kombinierbar.

- **Versorgungssicherheit:** Aufgrund der Streuung der Beschaffungsregionen können Risiken abgefedert werden. Beispielsweise versetzte das verheerende Erdbeben im Jahr 1999 in Taiwan den Speicherchipmarkt in ganz erhebliche Turbulenzen, da keine regionale Risikostreuung vorherrschte.

- **Ausgleich von Währungsrisiken:** Falls das Export- und Importvolumen in einem Währungsraum ausbalanciert sind, besteht kein Währungsrisiko und es sind keine weiteren Währungsabsicherungen mehr notwendig.

Typische Kostenvorteile von Local Sourcing sind:

▓ **Steuerungskosten:** Nahezu alle Prozesse der Auftragsabwicklung sind im lokalen Umfeld weniger komplex, so dass sich deren Steuerung um Größenordnungen vereinfacht. Herausragende Beispiele sind die Bestellabwicklung, das Lieferantenmanagement, die logistische Abwicklung oder das Qualitätsmanagement. Im Falle von Global Sourcing werden für diese Prozesse in der Regel lokale Stützpunkte, z.B. International Procurement Offices, notwendig, die ganz erhebliche Kosten verursachen. Kulturunterschiede können die Steuerungsprobleme einer globalen Zusammenarbeit noch erheblich verschärfen.

▓ In der Konsequenz verringern sich im Falle von Local Sourcing die **Versorgungsrisiken** und damit **Fehlmengenkosten**.

▓ Durch **Lieferantenpartnerschaften** können interessante Maßnahmen zur Kostensenkung realisiert werden (vgl. Abschnitt 7.3.1). Der Aufbau partnerschaftlicher Zulieferbeziehungen wird durch lokale Nähe stark vereinfacht.

▓ **Kosten für Transporte, Verpackung, Versicherungen und Verzollung** entfallen oder sind im Rahmen des Local Sourcing erheblich geringer.

▓ **Bestandskosten:** Aufgrund der geringeren Entfernung und der geringeren Transportrisiken genügt in der Regel ein erheblich geringerer Sicherheitsbestand, so dass die Bestandskosten erheblich sinken können.

▓ Es ist **keine Absicherung von Währungsrisiken** auf dem Beschaffungsmarkt notwendig (vgl. aber die oben angesprochene Kompensation von Währungsrisiken auf den Absatz- und den Beschaffungsmärkten).

Beim Total Cost-Vergleich von Local und Global Sourcing sowie in Folge bei der Total Cost-Beurteilung unterschiedlicher Zielländer können erhebliche Kostenbestandteile sowie viele kostenrelevante Entwicklungen nicht eindeutig geplant werden und gehen somit als Risiken ein. Insofern hat sich eine Portfoliodarstellung mit den Achsen Kostenposition und Risikoposition der Gesamtstrategie sowie der Beschaffung aus einzelnen Ländern sehr bewährt (vgl. Abbildung 7-8). Dabei kann die Kreisfläche das aktuelle Einkaufsvolumen im Markt symbolisieren. Ferner empfiehlt es sich, mit einem Pfeil die jeweilige Marktentwicklung anzugeben. Die Vorteilhaftigkeit für die notwendigen Investitionen zur Markterschließung entscheidet sich ja nicht nach der heutigen sondern vor allem nach der zukünftigen Marktsituation. Beispielsweise wird in Land A die Kostenposition zwar steigen, aber gleichzeitig auch das Risiko erheblich zurückgehen. Eine richtige Prognose für die Situation in drei oder fünf Jahren sprengt in der Regel jeden vernünftigen Aufwand. Angemerkt sei, dass im Rahmen der Strategieformulierung die Risiken in den Beschaffungsländern identifiziert werden. Die Überwachung und Steuerung der Länderrisiken sind Gegenstand des Supply-Strategie-Controlling (Modul 14).

Abbildung 7-8:   *Das Kostenposition –Risikoposition-Portfolio für einen Supply-Markt*

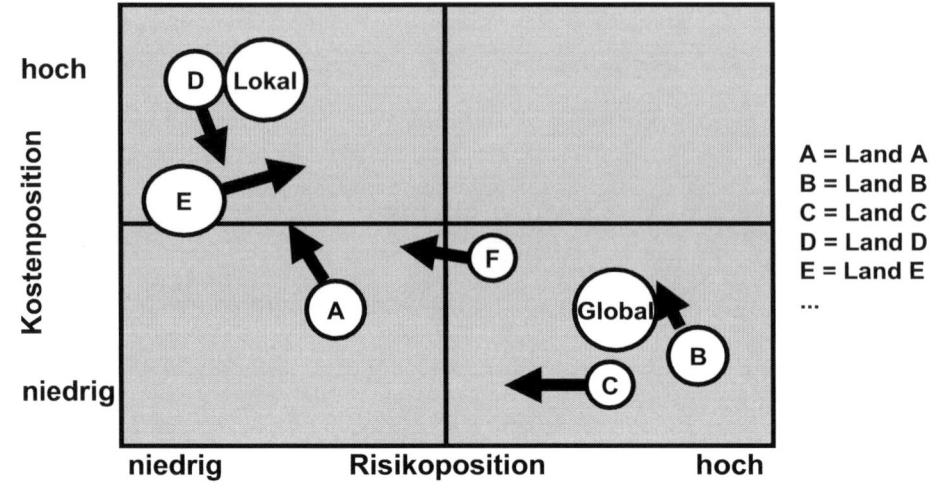

---

(2)   Differenzierungsvorteile

Global Sourcing kann auch zur Differenzierung der Unternehmensleistung führen, indem ein wesentlicher Beitrag zur Objekt- und/oder Prozessqualität geleistet wird. Typische Treibergrößen der Differenzierung in Richtung Global Sourcing sind:

▨ **Verfügbarkeit:** Sind die benötigten Materialien bzw. bestimmte überlegene Qualitäten nur außerhalb des Heimatmarktes verfügbar, ist Global Sourcing zwingend erforderlich. Klassisch ist diese Situation für viele Rohstoffe. Ebenso konzentrieren sich High-Tech-Branchen auf bestimmte Länder der Erde. Doch gibt es mittlerweile auch Low-Tech-Branchen, die sich aufgrund der Kostenunterschiede in ausgewählte Länder zurückgezogen haben.

▨ **Anbindung an die weltweite Know-how-Entwicklung:** Die weltweite Know-how-Entwicklung findet häufig in Industrieclustern statt. Beispielsweise ist Deutschland für Windkraft, Chemie, Landmaschinen oder Schienenfahrzeuge bekannt, bzw. Jena für Optik oder Erlangen für Medizintechnik (Schiele 2003, S. 17). Unternehmen, die an der weltweiten technologischen Entwicklung teilhaben wollen, müssen mit Firmen des jeweiligen Clusters eng kooperieren und entsprechend global beschaffen. Allerdings ist dieses Argument sehr ambivalent, da gleichzeitig der enge Kontakt zu den Lieferanten die räumliche und kulturelle Nähe verlangt. Ohne regelmäßigen und engen Kontakt wird es nur sehr schwer gelingen, am Lieferanten-Know-how teilzuhaben (Schiele 2003, S. 237 f.).

- **Versorgungssicherheit:** Die Risikostreuung beim Global Sourcing führt auch zur Versorgungssicherheit und damit zur Differenzierung bei den eigenen Kunden, die Lieferfähigkeit und –zuverlässigkeit schätzen. Der Beitrag des Global bzw. des Local Sourcing zur Versorgungssicherheit wurde bereits im Rahmen der Total Cost-Analyse ausgeführt.

- **Aufbau eines internationalen Images** kann insbesondere über den Bezug internationaler Marken erreicht werden.

Typische Treibergrößen der Differenzierung in Richtung Local Sourcing sind:

- **Qualitätsprobleme und Qualitätsimage** beim Sourcing in den sogenannten Emerging Procurement Markets werden von Unternehmen häufig als das zentrale Problem des Global Sourcing benannt.

- Der Aufbau **partnerschaftlicher Zulieferbeziehungen** kann auch zur Differenzierung beitragen. Auf das Problem, dass Industriecluster außerhalb des Heimatmarktes liegen können, aber gleichzeitig Partnerschaften nach lokaler Nähe verlangen, wurde bereits hingewiesen.

- Geringere **Gefahr des Know-how-Abflusses:** Gerade im internationalen Kontext – sicherlich in Abhängigkeit des Ziellandes – erhöht sich die Gefahr des Know-how-Abflusses.

- **Flexible Logistiklösungen,** z.B. Just-in-Time oder Just-in-Sequence, setzen in der Regel lokale Nähe voraus. In vielen gesättigten Märkten können sich Firmen gerade durch logistische Extraleistungen von den Wettbewerbern abheben.

- **Inkompatibilitäten bei Normen und Standards** können zu Fallstricken des Global Sourcing und somit ein Argument für Local Sourcing werden.

- Geringere **Versorgungsrisiken** aufgrund der vereinfachten Prozesse können zur Differenzierung beitragen. (Allerdings kann – wie oben ausgeführt – die Versorgungssicherheit auch durch Global Sourcing gesteigert werden, falls regionale Risiken gestreut werden können.)

- **Ökologische Zielsetzungen** in der Basisstrategie sprechen meist für die lokale Nähe zwischen Lieferanten und Abnehmer.

(3) Erschließung neuer Absatzmärkte

Global Sourcing kann ferner zur Erschließung neuer Absatzmärkte beitragen. Wesentliche Treibergrößen sind:

- **Local Content-Forderungen:** In Märkten, in denen öffentliche Finanzierungen üblich sind, werden häufig Forderungen nach lokaler Wertschöpfung laut. Bekanntes Beispiel ist der Buy American Act, nach dem für bestimmte Waren ein Mindestanteil an Local Content verlangt wird. Soweit in den Zielmärkten eigene Fertigungsstätten existieren kann Local Sourcing zur Realisierung der Local Content-Forderungen beitragen. Ansonsten sind Global Sourcing-Aktivitäten notwendig.

In abgeschwächter Form sehen sich Global Player, wie Daimler oder Siemens, der Forderung gegenüber, in ihren Hauptabsatzmärkten auch lokale Wertschöpfung zu realisieren. Ganz nach der Devise: Wer in 200 Ländern der Erde verkaufen will, muss auch vor Ort Präsenz zeigen und mit lokaler Wertschöpfung zum Sozialprodukt beitragen.

■ **Gegengeschäfte:** Der globale Einkauf kann die Basis für Gegengeschäfte sein, insbesondere wenn in den Zielländern Devisen knapp sind oder bewirtschaftet werden.

■ **Aufbau von Marktkenntnissen:** Global Sourcing kann ein erster Schritt sein, um in einem Markt – ohne zu großes Risiko – Marktkenntnisse aufzubauen und damit den Markteintritt im Absatzmarkt vorzubereiten.

(4)   Auswirkung auf das betriebsnotwendige Vermögen

Neben Kosten- und Leistungsgesichtspunkten und die Konsequenzen für die Erschließung neuer Absatzmärkte ist der Kapitalbedarf an Anlage- und Umlaufvermögen zu beachten (vgl. Modul 2.). In der Regel erhöht sich mit der Globalisierung der Kapitelbedarf. Insbesondere erhöhen sich in der Regel die Bestände und damit das Umlaufvermögen, weil Versorgungsrisiken abzusichern sind.

Mit einem Scoring-Modell können die verschiedenen Beurteilungskriterien für den Supply-Markt sowie für die einzelnen Marktsegmente bewertet werden. Zur graphischen Veranschaulichung empfiehlt sich eine Zusammenfassung auf zwei Achsen (vgl. Abbildung 7-9). Auf der Horizontalen werden die Total Costs und die Kapitalanforderungen dargestellt. Links von der Mitte ist Local oder Domestic Sourcing bzw. rechts von der Mitte ist Global bzw. International Sourcing vorteilhaft. Auf der Vertikalen werden die Differenzierung und Aspekte der Markterschließung abgebildet. Marktsegmente in den beiden Quadranten links unten bzw. rechts oben sind somit seitens der Strategieempfehlung eindeutig: Für Segment A links unten empfiehlt sich Local Sourcing bzw. für Segment B rechts oben Global Sourcing. Die beiden anderen Quadranten führen auf der Qualitäts- und Kostendimension zu unterschiedlichen Empfehlungen. Dabei weisen Segmente nahe der Mitte, wie z.B. Segment C, keine starken Präferenzen in die eine oder andere Richtung auf. Dagegen muss bei Segment D zwischen den Qualitätsanforderungen, die Richtung Local Sourcing weisen, und der Kostenposition, die Global Sourcing nahe legt, entschieden werden.

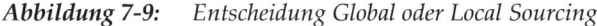

Abbildung 7-9:   *Entscheidung Global oder Local Sourcing*

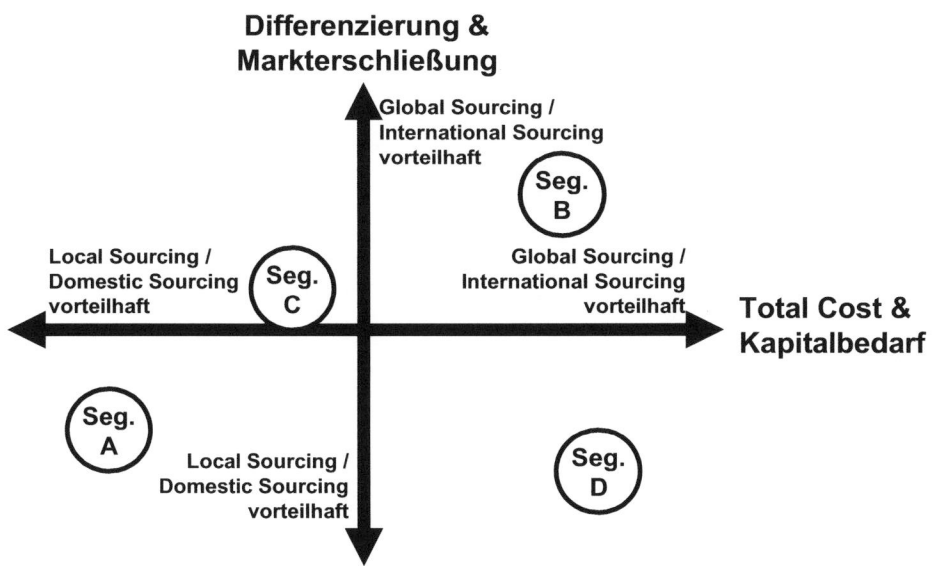

Neben der Frage einer lokalen bzw. globalen Beschaffung ist die **Frage der regionalen Verteilung der Lieferorte** zu entscheiden. Wie oben ausgeführt kann zwischen einer zentralen Beschaffung von einem bzw. wenigen Lieferorten und einem Bezug von weltweit gestreuten Produktionsorten unterschieden werden.

Für eine Zentralisierung sprechen Bündelungsvorteile, die sich beispielsweise über eine Fixkostendegression, über die Erfahrungskurve oder über eine Verringerung des betriebsnotwendigen Vermögens erzielen lassen. Ferner steigt in der Regel die Prozesseffizienz und –qualität. Gegen eine Zentralisierung sprechen beispielsweise Aspekte der Versorgungssicherheit bzw. der Verzicht auf vielfältige Chancen, die sich aus der dezentralen lokalen oder globalen Versorgung ergeben. Die Chancen und Risiken der Bündelung werden im Rahmen der Diskussion um die optimale Lieferantenzahl (Abschnitt 7.3.5) sowie um die Nachfragekooperation (Kapitel 7.1.3) ausführlich dargestellt, so dass an dieser Stelle auf eine Präzisierung verzichtet wird.

Zusammenfassend soll die **Vorgehensweise zur Analyse und Entscheidung über die Regionalstrategie** innerhalb des Supply-Marktes betrachtet werden:

▓ Im ersten Schritt wird das grundsätzliche Global Sourcing Potenzial abgeschätzt. Sind im Supply-Markt die oben aufgezeigten Vorteile von Global Sourcing zu erwarten oder sprechen wesentliche Argumente für Local Sourcing? Meist genügt zu dieser Einschätzung eine erste Vorstellung zu möglichen Lieferländern und eine grobe intuitive Beurteilung anhand der folgenden Kriterien:

Local Sourcing empfiehlt sich für Supply-Märkte, wenn

o die Logistikkosten relativ hoch in Bezug zum Warenwert sind, z.B. großvolumige oder schwere Teile bzw. C-Teile.

o schnelle Abstimmung oder Lieferung erforderlich ist, z.B. aufgrund einer großen Varianz der Baugruppen oder bei zeitkritischen Dienstleistungen (z.B. Reparaturen).

o intensive Zusammenarbeit mit den Lieferanten in Bezug auf Produkt- oder Prozessoptimierungen vorteilhaft ist, z.B. Cluster Sourcing oder Just-in-Sequence-Belieferung.

Global Sourcing empfiehlt sich, wenn die Anforderungen des Local Sourcing nicht vorliegen und wenn

o die Arbeitskosten einen wesentlichen Anteil ausmachen. Gleiches gilt für andere Faktorkosten mit international gespreizten Kostensätzen.

o die Leistungen standardisiert sind und höchstens eine mittlere Komplexität aufweisen.

o das Einkaufsvolumen den zusätzlichen Steuerungsaufwand rechtfertigt.

▓ Im zweiten Schritt sollte der Zentralisierungsgrad beurteilt werden.

▓ Die weitere Präzisierung hängt vom identifizierten Alternativenrahmen ab. Werden beispielsweise Global Sourcing-Potenziale gesehen, müssen potenzielle Länder identifiziert werden, indem das Suchfeld konkretisiert wird. Die nähere Länderwahl kann dann auf Basis einer feineren Analyse zu den oben beschriebenen Kriterien – also zu Total Cost, zur Differenzierung, zur Erschließung von Absatzmärkten und zum Kapitalbedarf – erfolgen. Die Auswahl der Lieferanten folgt im Rahmen des Lieferantenmanagements (Module 9 bis 11).

In Abbildung 7-10 findet sich ein kleines Beispiel, das von der Unternehmensberatung Hoffmann & Zachau berichtet wird.

Abbildung 7-10: *Beispiel Beschaffungsregion von Kugellagern*
(Quelle: Füchtenbusch 2005)

In der Ausgangssituation werden Spezialkugellager fast ausschließlich in Deutschland und Westeuropa beschafft. Einfache Standardkugellager kommen aus Westeuropa, der Türkei und zu 10 % aus China. Im Rahmen der Global Sourcing-Analyse werden China, Türkei und Rumänien als attraktive Länder für Standardkugellager identifiziert. Für Spezialkugellager sind neben dem Top-Standort Türkei Ungarn und Polen interessante Alternativen. Eine vollständige Verlagerung scheitert schon allein an der Kapazitätssituation in der Türkei. Als Strategie wurden die Standardkugellager nach Rumänien und China, in die Clusterregion Ningbo verlagert. Dadurch konnte in der Türkei Kapazität für Spezialkugellager geschaffen werden und von Westeuropa und Deutschland in die Türkei verlagert werden. Unter Total Cost-Betrachtung ergaben sich Kosteneinsparungen in Höhe von 12 %.

7.3.3 Wertschöpfungsort

Üblicherweise produzieren Lieferanten an eigenen Produktionsstandorten. Mit dem Hebel „Wertschöpfungsort" wird dies allerdings hinterfragt, da eine räumliche und organisatorische Integration des Lieferanten Potenziale bezüglich der Prozessintegration und der Nutzung der Infrastruktur öffnet. Folgende Ausprägungen werden unterschieden: [28]

- **Extern:** Der Lieferant führt seine Wertschöpfung an einem eigenen Wertschöpfungsort aus. Dies ist der „Normalfall".

- **Zulieferpark (Industriepark):** Ein Zulieferpark ist eine organisierte Ansiedlung von Lieferanten in der unmittelbaren Nähe des Kunden oder sogar auf dessen Werksgelände (vgl. Becker 2005 sowie Gareis 2002). Dabei wird die Fertigungsinfrastruktur zur Verfügung gestellt, die neben den Werkshallen das Facility Management, Logistikdienstleistungen bis hin zur Kantine umfassen kann. Zwischen dem Kunden, dem Betreiber des Industrieparks und dem Lieferanten, der sich im Zulieferpark ansiedelt, wird regelmäßig eine mittel- bis langfristige Bindung eingegangen.

  Becker identifiziert im Jahr 2004 38 europäische Zulieferparks in der Autoindustrie. Der Zulieferpark von Audi in Ingolstadt – beispielsweise – grenzt unmittelbar an das Audiwerk und ist direkt mit der Montagelinie über eine Brücke verbunden, so dass keine öffentlichen Straßen tangiert werden. Im Jahr 2004 waren in den Hallen mit einer Gesamtfläche von 170.000 qm 17 Lieferanten und 3 Logistikdienstleister aktiv. Wesentliche Lieferumfänge, die über den Zulieferpark abgewickelt wurden, waren beispielsweise die Leitungsstränge (Dräxlmaier), Frontend und Abgasanlage (Faurecia), Kraftstofftanks (verschiedene Lieferanten) sowie der Dachhimmel (Lear).

---

[28] Arnold (1995) unterscheidet external und internal.

Ein weiteres Paradebeispiel eines Industrieparks mit einer sehr weitgehenden Integration von Lieferanten in den Produktions- und Montageprozess ist die Smart-Montage in Hambach (Abbildung 7-11). Angemerkt sei, dass eine Vorgehensweise mit solcher Tragweite weit über die Supply-Marktstrategie hinausweist und auf Ebene der Unternehmensstrategie zu entscheiden ist.

Abbildung 7- 11: *Smart-Montage in Hambach*
(Quelle: www.wikipedia.de, Schlagwort: Smartville am 1.11.2007
Werksbild nach Ihme 2006, S. 306, leicht modifiziert)

Die Smart-Produktion in Hambach weist mit ca. 10 % die geringste Wertschöpfungstiefe in der Autoindustrie auf. Rund um die Montagehalle in Hambach haben sich die wesentlichen Lieferanten mit ihren Produktionsstätten angesiedelt. Die größten Zulieferer sind auf dem Werksgelände integriert und montieren am Montageband die Teilsysteme. Magna International montiert das Chassis aus Teilen, die aus Sindelfingen angeliefert werden. Siemens VDO verantwortet das Cockpit und die Elektrik, inklusive der Kabelbäume. ThyssenKrupp Automotive liefert die Antriebstechnik und Magna Door Systems die Türen und Klappen. Die Gebäude wurden von der Micro Car Corporation errichtet und den Zulieferern zur Verfügung gestellt. Die folgende Skizze zeigt das Fabriklayout sowie den Montagefluss:

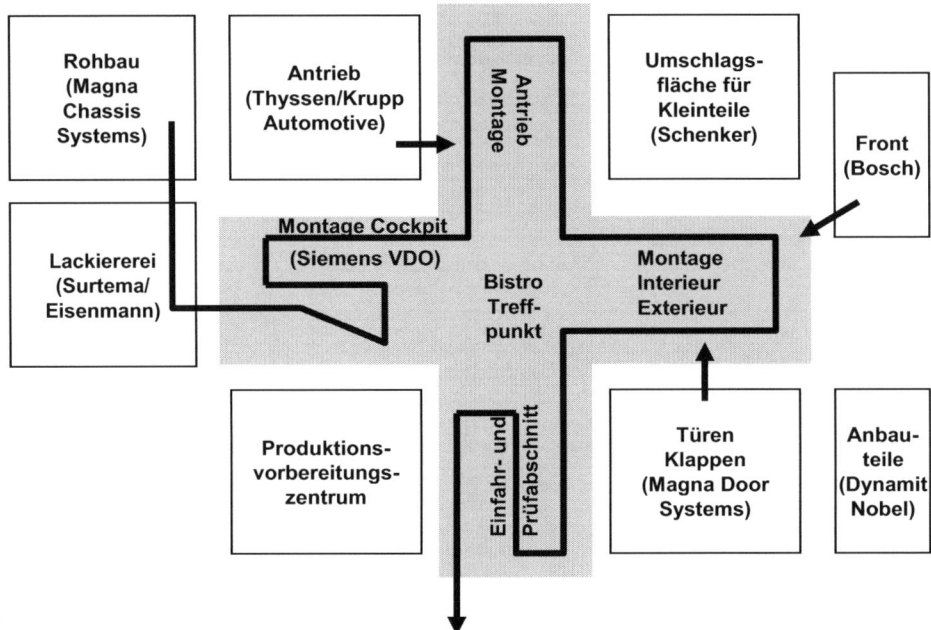

In dem kreuzförmig angelegten Gebäude in der Mitte des Bildes befindet sich das Montageband, das von den darum liegenden Gebäuden aus direkt mit Just-in-Time- und Just-in-Sequence-Steuerung beliefert wird. Damit kann die Smart-Montage (nahezu) ohne Pufferlager realisiert werden. Die Zulieferer verantworten die gesamte Prozesskette von der Bereitstellung der Module bis zu deren sachgerechter Montage.

▧ **Intern[29]:** Der Lieferant produziert oder montiert am Standort bzw. im Werk des (einkaufenden) Unternehmens. Im Gegensatz zum Zulieferpark handelt es sich nicht um eine organisierte Ansiedlung der Lieferanten. Das Spektrum möglicher Motivationen ist breit gestreut.

So kann einem kleinen (präferierten) Lieferanten die Fertigungsinfrastruktur zur Verfügung gestellt werden, falls er ansonsten überfordert ist, im Rahmen der Globalisierung des Kunden eine eigene ausländische Fertigung aufzubauen. Beispielsweise erhält ein Lieferant für Stanzteile im neuen chinesischen Werk eine kleine Halle für zwei Stanzmaschinen, um das Werk lokal zu versorgen.

Ferner sind vielfältige Dienstleistungen notwendigerweise am Standort des Kunden auszuführen. Beispiele sind nach außen vergebene Dienstleistungen, wie Reinigung oder Wareneingang, Wartungsarbeiten an Anlagen und Maschinen, Handwerkerleistungen (z.B. Elektriker- oder Malerarbeiten) oder die Sicherstellung des Warennachschubs vor Ort, z.B. Regalservice im Handel oder im Rahmen des C-Teilemanagements. In diesen Beispielen ist eine Make-or-Buy-Entscheidung zu treffen. Die Frage des Wertschöpfungsortes hingegen ist durch den Charakter der Leistung in den meisten Fällen festgelegt.

Die interne Wertschöpfung sowie die Zulieferparklösung bieten aufgrund der räumlichen Nähe zwischen Kunde und Lieferant die oben diskutierten Vorteile von Local Sourcing. Darüber hinaus lassen sich drei weitere Bündel an Vorteilen erkennen:

▧ **Die Bereitstellung der Infrastruktur** kann die lokale Ansiedlung unterstützen bzw. zum Teil überhaupt erst ermöglichen. Auch große Lieferanten werden nur bestimmte Wertschöpfungsumfänge lokal ausführen können. Beispielsweise werden grundlegende Produktionsschritte häufig zentralisiert, um Skaleneffekte nutzen zu können. Die Lokalisierung anderer Wertschöpfungsschritte hingegen muss im Einzelfall kalkuliert werden. Insbesondere letzte Montageschritte, um großvolumige Teile zerlegt transportieren zu können (z.B. Tanks) oder um hinreichend flexibel auf Bedarfsanforderungen reagieren zu können (z.B. bei sehr großer Variantenvielfalt) können nicht grundsätzlich beurteilt werden. Gelingt es mit der Bereitstellung einer gemeinsamen Infrastruktur die Infrastrukturkosten und insbesondere auch die Risiken einer zu langfristigen Investition zu reduzieren, kann eine Verlagerung in die Nähe des Kunden vorteilhaft sein. Damit können die folgend aufgezeigten Integrationsvorteile genutzt werden.

▧ **Integration und Optimierung der Montageprozesse:** Mit der Reduzierung der Wertschöpfungstiefe erhöht sich die Zahl der Schnittstellen in der Supply-Chain gravierend. Dies erfordert im Umkehrschluss eine enge und möglichst reibungslose Zusammenarbeit der Beteiligten in der Supply-Chain. Das Zulieferparkkonzept,

---

[29] Die Grenzziehung zwischen internem Wertschöpfungsort und Zulieferpark ist nicht ganz unproblematisch. Abgrenzungskriterien können der Grad der räumlichen Trennung zwischen Kunde und Lieferant sowie die Rechtsstruktur des Betreibers sein.

aber auch im Falle interner Wertschöpfung, kann die Durchgängigkeit der Prozesse erheblich verbessert werden: Die Anlieferkonzepte können aus einem Guss entwickelt werden. Mit Hilfe interner Fördermittel (z.B. fahrerlose Transportsysteme, Elektroschlepper, Hängebahnen) können die Teile vom Lieferanten direkt an den Verbauort geliefert werden. Aufgrund der Nähe fallen geringe Transportkosten an und Transportrisiken sind fast vollkommen auszuschließen. Die Verkehrsströme zum Werk können optimiert werden. Eine enge und flexible informatorische Anbindung für Disposition und Lieferabruf mit Steuerzeiten im Minutenbereich sind realisierbar. Somit kann auf Störungen in der Montage extrem kurzfristig reagiert werden. Ferner kann das Pay-on-Production-Prinzip tendenziell einfacher angewandt werden, nach dem die Lieferanten gemäß dem Produktionsausstoß beim Kunden bezahlt werden.

▪ **Lieferantenbindung und Risikoübernahme:** Aufgrund der notwendigen Investitionen und erheblicher Umstellungskosten können Lieferanten nicht ohne weiteres ausgewechselt werden. Meistens führt dies zu einer längeren Bindung und Verträgen, die zumindest defacto mehrjährige Laufzeiten aufweisen. Im Gegenzug ist es allerdings üblich, dass die Lieferanten auch ganz erhebliche Teile des Auslastungs- bzw. letztlich des Marktrisikos übernehmen. Die Kombination Übernahme von Marktrisiken gegen Kundenbindung kann beiderseitig als vorteilhaft eingestuft werden.

Probleme bei internen Wertschöpfungsorten oder Zulieferparks können sich aus der sehr engen Partnerschaft ergeben, die oben bereits ausgeführt wurden. Auch auf die potenziellen Nachteile von Local Sourcing wurde bereits hingewiesen. Ferner ist der Aufbau eines Zulieferparks mit ganz erheblichen Investitionen verbunden.

7.3.4 Netzwerksteuerung

Im klassischen Einkauf wählt und managt der Lieferant seine Vorlieferanten eigenverantwortlich. Mit zunehmender Bedeutung des Supply Chain Managements und damit verbunden mit der Verantwortungsübernahme für die Gesamtoptimierung des Wertschöpfungsnetzes rückt der Leistungsbeitrag der Vorlieferanten verstärkt ins Bewusstsein. Mit dem Hebel der Netzwerksteuerung wird nun geprüft, ob bzw. inwiefern ein Unternehmen sich um die Vorstufen in der Supply Chain kümmern sollte.

Dabei kann ein Unternehmen einerseits durch Vorgabe von Regeln, Prozesse oder DV-Systeme teils erheblichen Einfluss auf die Zusammenarbeit des Lieferanten mit seinen Vorlieferanten ausüben. Andererseits können Vorlieferanten festgelegt werden. In beiden Fällen kann das Unternehmen eine aktive oder passive Rolle in Bezug auf Kommunikation und die Interaktion mit den Vorlieferanten übernehmen. Aus der Kombinatorik der beiden Dimensionen ergeben sich vier Vorgehensweisen, die folgend diskutiert werden sollen (vgl. Abbildung 7-12):

Abbildung 7-12: Formen der Netzwerksteuerung

	passiv	aktiv
Festlegung des Vorlieferanten	**Vorgegebener Vorlieferant**	**Zentral verhandelter Vorlieferant**
Aussteuerung des Vorlieferanten	**Vorgaben für Vorlieferantenmanagement**	**Zentral ausgesteuerter Vorlieferant**

- **Vorgegebener Vorlieferant:** Dem Lieferanten können bestimmte Vorlieferanten als verpflichtend vorgegeben werden. Dies kann produkttechnische Gründe haben, falls das Vormaterial in der Konstruktion eindeutig bestimmt werden muss. Beispielsweise müssen bei der Konstruktion von (kritischen) Kunststoffteilen in der Autoindustrie die zu verwendenden Granulate festgelegt werden. Nicht selten wird damit bereits der Vorlieferant eindeutig bestimmt. Die Verwendung eines alternativen Granulates wäre zwar möglich, erhöht aber die Zulassungskosten erheblich. In abgeschwächter Form können Leistungsspezifikationen im Produkt (beabsichtigt oder nicht) den Vorlieferanten determinieren. Neben technischen Gesichtspunkten können auch vertriebliche Gründe eine Rolle spielen, falls der Kunde auf bestimmte Vormaterialien, z.B. mit Markenname, wert legt. Ebenso kann ein Unternehmen oder ein Kunde auf bestimmte Vorlieferanten bestehen, falls diese sich in deren Eigentum befinden.

Aus den aufgezeigten Gründen kann die Vorgabe von Vorlieferanten zwar notwendig sein, birgt aber die Gefahr monopolistischer Verhandlungsspielräume in sich. Gerade in einer Konstellation, in der die Lieferanten eher klein und die Vorlieferanten eher stark sind, ergeben sich dadurch erhebliche Risiken. Beispielsweise sind die Produzenten von Kunststoffteilen meist mittelständische Firmen und müssen die Granulate von den großen Chemiefirmen, wie z.B. BASF oder Du Pont, beziehen. In einer solchen Situation sind keine Verhandlungsspielräume zu erwarten.

- **Zentral verhandelter Vorlieferant:** Um die gesamte Nachfrage verschiedener Lieferanten gegenüber dem bzw. den Vorlieferanten zu bündeln, kann das einkaufende Unternehmen die Preise und Konditionen mit den Vorlieferanten verhandeln und dann seinen Lieferanten anbieten. So können Skaleneffekte realisiert werden. Damit der Bündelungseffekt zum Tragen kommt, müssen die Lieferanten auf den entsprechenden Vorlieferanten verpflichtet werden. Mit dieser Vorgehensweise können ggf. auch die oben aufgezeigten Probleme mit monopolistischen Verhandlungsspielräumen „vorgegebener Vorlieferanten" gelindert werden.

- **Vorgaben für Vorlieferantenmanagement:** Risiken können sich in einer Supply-Chain schnell über mehrere Stufen fortpflanzen. Eindrucksvolles Beispiel lieferte im Jahr 2007 der Spielwarenhersteller Mattel mit mehreren umfangreichen Rückrufaktionen von Spielzeug, das aufgrund bleihaltiger Farben für Kinder gesundheitsgefährdend war. Der Ursprung des Problems lag allerdings nicht direkt bei den chinesischen Lieferanten, sondern bei den Vorlieferanten der Farbe und den zu geringen Sicherheitsvorkehrungen der chinesischen Lieferanten (vgl. beispielsweise Die Welt vom 13. September 2007). Der Schaden, insbesondere auch der Imageschaden, traf allerdings insbesondere Mattel.

An diesem Beispiel wird deutlich, dass die ausschließliche Steuerung der unmittelbaren Lieferanten zu kurz greifen kann. Letztlich können alle vorstellbaren Risiken zur Produktqualität und zur Versorgung ihren Ursprung bei den Vorlieferanten haben. Man denke beispielsweise daran, wie sich der Konkurs eines kritischen Vorlieferanten oder Versorgungsengpässe bei Vorlieferanten in der Supply Chain auswirken können. Um diese Gefahren zu verringern, können die Lieferanten auf Regeln zur Aussteuerung der Vorlieferanten verpflichtet werden, wie das Beispiel von Mattel illustriert: „Was tut Mattel, um auf diese Situation angemessen zu reagieren? Hinsichtlich unserer Herstellungsverfahren haben wir auf der Stelle ein dreistufiges Prüfsystem eingeführt: Zunächst verlangen wir, dass ausschließlich Farben zertifizierter Zulieferer verwendet werden <u>und</u> dass jede Farbcharge bei jedem einzelnen Lieferanten zu testen ist. Zweitens verschärfen wir die Kontrollen innerhalb unseres Produktionsprozesses in den Produktionsstätten unserer Lieferanten und erhöhen die Anzahl unangekündigter Stichproben. Drittens testen wir jeden Produktionslauf von fertigen Spielzeugen, um sicherzustellen, dass die Spielzeuge, bevor sie unsere Kunden erreichen, sämtliche Standards erfüllen. Wir haben persönliche Treffen mit allen unseren Lieferanten durchgeführt, um sicherzustellen, dass diese unsere verschärften Verfahren sowie unsere Forderung nach strikter Einhaltung verstehen." (www.mattel.com/safety/de Seitenabruf am 3.11.2007)

Das Beispiel lässt allerdings auch erahnen, dass der Aufwand zur Aussteuerung der Vorlieferanten sehr schnell den leistbaren Steuerungs- und Überwachungsaufwand übersteigt.

Die Vorgaben zur Steuerung der Vorlieferanten können allerdings nicht nur auf Risiken, sondern auch auf die Nutzung von Chancen in der Supply Chain abzielen. Beispielsweise kann ein mehrstufiges System zur Steuerung der Bestände, der Kapazitäten oder der Produktionsplanung die Kosten in der Supply Chain senken und die Flexibilität erhöhen. Auch zur Nutzung solcher Vorteile kann es sinnvoll sein, dass die Vorlieferanten mit ausgesteuert werden. Das Spektrum möglicher Chancen ist vergleichbar zum Spektrum der Chancen in der Zusammenarbeit mit den direkten Lieferanten, so dass die gesamte Analyse zu den Gestaltungsfeldern, also das gesamte Modul 7, auch auf Ebene der Vorlieferanten angewendet werden müsste. Unter Beachtung des damit verbundenen Aufwandes wird man sich auf wesentliche Aspekte konzentrieren.

■ **Zentral ausgesteuerte Vorlieferanten:** Aufgrund des angesprochenen immensen Aufwandes werden üblicherweise die Lieferanten ihre Vorlieferanten, ggf. nach Vorgaben des Kunden, selbst aussteuern. In besonders bedeutsamen Fällen hingegen kann die Aufgabe vom Unternehmen unmittelbar wahrgenommen werden. Beispielsweise können Zulassungen von oder Audits bei Vorlieferanten selbst durchgeführt werden. Wie im letzten Punkt angesprochen, können potenziell alle Gestaltungsfelder und Hebel einer Supply-Marktstrategie auch direkt gegenüber den Vorlieferanten angewendet werden.

Aufgrund der zunehmenden Bedeutung des Supply Chain Managements sowie der weiter wachsenden Potenziale in der Informations- und Kommunikationstechnologie wird unserer Einschätzung nach der Hebel „Netzwerksteuerung" in der Unternehmenspraxis an Aufmerksamkeit gewinnen. Als Barriere ist sicherlich die hohe Komplexität einer mehrstufigen Steuerung der Supply Chain einzustufen, die es in Zukunft technisch und organisatorisch zu reduzieren gilt.

7.3.5 Lieferantenzahl

Eine drastische Reduzierung der Lieferantenzahl wird in den letzten Jahren als Wunderwaffe zur Senkung der Einkaufskosten empfohlen und praktiziert. So zeigt beispielsweise Wagner (2003, S. 702) einen Überblick über den Abbau von aktiven Lieferantenbeziehungen in amerikanischen Konzernen auf: Xerox minus 90 %; Motorola minus 70%; GM minus 45 % oder Ford minus 36 %. Diese generelle Entwicklung mag auf Ebene von Gesamtunternehmen durchaus berechtigt und erfolgreich sein, wenn man sich die Ausgangssituation in vielen Unternehmen vor Augen führt. 1000 Lieferanten sind in mittelständischen Unternehmen mit wenigen Einkäufern keine Seltenheit. In Konzernen können – wie beispielsweise bei der Firma Siemens (vgl. Boutellier, Zagler 2000, S. 45) – durchaus bis zu 100.000 Lieferanten aktiv sein.

Auf Ebene einzelner Supply-Märkte muss die angestrebte Zahl an Lieferanten allerdings differenziert betrachtet werden. Dabei muss deutlich zwischen der optimalen Zahl pro Sachnummer einerseits und pro Supply-Markt oder Supply-Marktsegment andererseits unterschieden werden. Ferner ist die Bestimmung der Lieferantenzahl eher ein Schlusspunkt und nicht ein Startpunkt bei der Analyse der Sourcing-Strategie, da sich beispielsweise die Gestaltung der Lieferantenbeziehung oder die Wahl der Beschaffungsregionen ganz erheblich auf die anzustrebende Lieferantenzahl auswirken. Deshalb sollen zunächst die grundlegenden Entscheidungskriterien bei der Gestaltung der Lieferantenzahl auf Ebene eines Supply-Marktes und einer Sachnummer vorgestellt werden. Anschließend wird im folgenden Abschnitt eine kleine Heuristik entwickelt, mit der die Hebel im Gestaltungsfeld „Sourcing" zusammengefasst werden können. In diesem Rahmen kann auch die anzustrebende Zahl an Lieferanten abgeschätzt werden.

Auf Ebene eines Supply-Marktes ist die zentrale Frage, ob die Leistungen bei einer Vielzahl von Lieferanten oder bei einigen wenigen Vorzugslieferanten beschafft werden sollen. Dabei stellt die Versorgung bei nur einem Lieferanten – im Gegensatz zur Ebene einzelner Materialien – eher einen extremen Spezialfall dar. Folgende drei grundsätzliche Ausprägungen werden unterschieden:

- **Single Sourcing:** Alle benötigten Materialien eines Supply-Marktes werden bei einem Lieferanten beschafft. Typische Anwendungen sind Dienstleisterkonzepte, z.B. im Rahmen des C-Teilemanagements oder ausgelagerter Dienstleistungen oder die Zusammenarbeit mit im Konzern verbundenen Unternehmen. Ein weiteres Anwendungsfeld liegt in Commodity-Märkten, in denen die Leistungen hochgradig standardisiert sind, der Lieferant ohne wesentliche Umstellungskosten gewechselt werden kann und die Preise marktdeterminiert sind. In solchen Märkten gibt es wenig Anreize, eine Second Source aufzubauen.

- **Preferential Sourcing (Vorzugslieferantenstrategie):** Der Bedarf auf dem Supply-Markt wird über eine kleine Gruppe von Vorzugslieferanten gedeckt. Diese werden im Lieferantenmanagement freigegeben, nachhaltig gesteuert und in der sogenannten Bidderlist dokumentiert. Vergaben im betrachteten Supply-Markt dürfen dann (in der Regel) nur an die definierten Vorzugslieferanten erfolgen. Die enge Verbindung zwischen Lieferantzahl und Lieferantenbeziehung (siehe Kapitel 7.3.1) wird an dieser Stelle sehr deutlich.

  Damit bei der kleinen Zahl an Vorzugslieferanten kein ungeplantes Abschmelzen erfolgt, können Quotierungen vorgenommen werden, d.h., dass jeder Lieferant einen bestimmten Anteil am gesamten Einkaufsvolumen zugesichert bekommt. Ggf. kann die Höhe der Quote nach der Leistung in der Vergangenheit und dem aktuellen Angebot festgelegt werden. Der stärkste Lieferant erhält 30 %, der zweite noch 20 % usw.

  Typische Anwendungsfelder sind Supply-Märkte, die im Supply-Marktportfolio (vgl. Kapitel 4.3) durch eine hohe Versorgungskomplexität geprägt sind, d.h. insbesondere Märkte mit strategischen Artikeln und Engpassartikeln. Ebenso kommen Märkte mit unkritischen Artikeln in Frage.

- **Multiple Sourcing:** Es erfolgt im Supply-Markt ein Bezug von vielen Lieferanten. Typisches Anwendungsfeld gemäß dem Supply-Marktportfolio sind Märkte mit Hebelartikeln.

Die folgende Gegenüberstellung sortiert die Entscheidungskriterien zur Lieferantenzahl nach ihrer Tendenz in Richtung wenige Lieferanten (Single Sourcing und Preferential Sourcing) bzw. in Richtung viele Lieferanten. Für eine Reduzierung der Lieferantenzahl spricht:

- **Nutzung von Bündelungsvorteilen und Größendegression:** Eine Beschränkung der Lieferantenzahl führt dazu, dass der einzelne Lieferant durchschnittlich ein größeres Auftragsvolumen erhalten wird. Dies kann aufgrund der Attraktivität des

Auftrages zu entsprechenden Rabatten führen. Darüber hinaus können auch die Gesamtkosten in der Supply Chain reduziert werden, soweit Größendegressionseffekte erzielt werden können. Typisches Beispiel sind Werkzeugkosten, die ggf. auf ein größeres Auftragsvolumen umgelegt werden können. Aber auch bei den Auftragsabwicklungskosten können Degressionseffekte erzielt werden.

▨ **Senkung der Prozesskosten und Steigerung der Prozesssicherheit:** Wesentliche Prozesskosten entstehen in der Zusammenarbeit mit den Lieferanten durch ungeübte und fehlerhafte Abwicklungen. Beispielsweise werden für den Kunden wichtige Dokumente nicht rechtzeitig oder falsch ausgehändigt. Die Lieferavisierung wird vergessen oder zu unpräzise ausgeführt. Die Anlieferung erfolgt in falschen Behältern oder in ungeeigneten Verpackungen. Erst im Rahmen einer längeren und intensiveren Zusammenarbeit werden die Abwicklungen routinisiert und die aufgezeigten Fehler können ausgemerzt werden. Darüber hinaus wird sich auch bei eingespielten Abnehmer-Lieferanten-Beziehungen die Fehlerbehebung stark vereinfachen und beschleunigen.

▨ **Vereinfachung und Intensivierung des Lieferantenmanagements** aufgrund der geringeren Zahl an Lieferanten.

▨ **Potenzial zur partnerschaftlichen Geschäftsbeziehung:** Aus den oben bereits ausgeführten Gründen verlangt eine partnerschaftliche Geschäftsbeziehung eine drastische Beschränkung der Lieferantenzahl.

Folgende Entscheidungskriterien sprechen für eine größere Lieferantenzahl:

▨ **Erhöhung des Preiswettbewerbs:** Sind mehrere geeignete Lieferanten vorhanden können Abhängigkeiten von einzelnen Lieferanten vermieden und der Preiswettbewerb angeheizt werden.

▨ **Steigerung des Innovationswettbewerbs:** Auf bestimmten Supply-Märkten ist der intensive Wettbewerb um schnelle und weitreichende Innovationen noch bedeutsamer als der Preiswettbewerb. Dem steht allerdings entgegen, dass Entwicklungspartnerschaften nur mit einer beschränkten Zahl an Lieferanten eingegangen werden können.

▨ **Steigerung der Angebotsvielfalt und der Spezialisierung:** Bei einer großen Lieferantenzahl kann für jeden spezifischen Bedarf im Supply-Markt der jeweils beste Lieferant identifiziert werden. Dieser Zusammenhang kann innerhalb eines Unternehmens leicht zu erheblichen Zielkonflikten führen, und zwar zwischen Abteilungen, die eher an der Prozesssicherheit interessiert sind (z.B. das Qualitätsmanagement oder die Produktion), und solchen Abteilungen, die eher die Konditionen optimieren (z.B. der Einkauf).

▨ **Versorgungssicherheit:** Das Kriterium der Versorgungssicherheit verhält sich ambivalent. Ein umfangreicher Lieferantenpool bietet zunächst eine gute Chance, in kritischen Situationen die Versorgung zu sichern. Dagegen spricht, dass bei einer größeren Lieferantenzahl die Bedeutung des einkaufenden Unternehmens beim einzelnen Lieferanten aufgrund des durchschnittlich geringeren Einkaufsvolumens sinkt. Das mangelnde Interesse der Lieferanten kann nun zu außergewöhnlichen Problemsituationen führen, z.B. in Allokationsphasen oder bei besonderen Qualitätsproblemen.

Innerhalb der Supply-Marktstrategie muss auch – zumindest im Grundsatz – über die angestrebte Zahl der Lieferanten pro Material entschieden werden. Die Entscheidungskriterien verhalten sich dabei analog, auch wenn die Zahl an Lieferanten pro Sachnummer erheblich geringer ausfallen dürfte. Neben den bereits angesprochenen Ausprägungen haben sich noch einige weitere Konzepte etabliert (vgl. Tabelle 7-5, vgl. ferner stellvertretend Arnold 2007, S. 21 ff.).

Tabelle 7-5: *Formen der Zusammenarbeit in Bezug auf Lieferantenzahl pro Supply-Markt bzw. pro Sachnummer*

Form	Erläuterung
Sole Sourcing	Ein monopolistischer Lieferant
Single Sourcing	Ein Lieferant, jedoch auf freiwilliger Basis
Dual Sourcing	Zwei Lieferanten
Parallel Sourcing	Single oder Dual Sourcing mit dem Versuch die verbundenen Risiken abzufedern, insofern dass in parallelen Strukturen Alternativlieferanten vorhanden sind, z.B. an verschiedenen Standorten, in verschiedenen Ländern, bei verschiedenen Produktlinien bzw. Komponenten
Preferential Sourcing	Wenige Vorzugslieferanten im Supply-Markt
Multiple Sourcing	Viele Lieferanten

Zur Ermittlung der optimalen Lieferantenzahl im Supply-Markt müssen die anderen Hebel im Gestaltungsfeld „Sourcing" mit beachtet werden. Im nächsten Abschnitt wird diesbezüglich eine kleine Heuristik vorgestellt. Eine mathematisch exakte Vorgehensweise zur Ermittlung der optimalen Lieferantenzahl erscheint zweifelhaft (vgl. Homburg 2003).

Angemerkt sei, dass bereits die exakte Bestimmung der aktuellen Lieferantenzahl, einige Schwierigkeiten mit sich bringen kann:

▨ Ein Lieferant kann unter verschiedenen Namen im System angelegt sein, vielleicht weil im Laufe der Zeit zwei oder mehrere Einkäufer für den Supply-Markt verantwortlich waren. Eine Möglichkeit dieses Problem zu heilen, ist die Verwendung der D-U-N-S-Nummer (D-U-N-S steht für Data Universal Numbering System), ein von D&B entwickelter Schlüssel, der jedem Unternehmen eine eindeutige Nummer zuweist (vgl. http://dbgermany.dnb.com/German/default.htm).

▓ Welche Unternehmenseinheiten sollen im Rahmen von Konzernverflechtungen als eigenständiger Lieferant gezählt werden?

▓ Welche Lieferanten werden als aktiv eingestuft? Welches Jahresvolumen ist notwendig? In welchem Zeitraum muss der letzte Bezug stattgefunden haben?

7.3.6 Zusammenfassung der Hebel im Gestaltungsfeld Sourcing

Die einzelnen Hebel im Gestaltungsfeld Sourcing sind stark voneinander abhängig und müssen deshalb aufeinander abgestimmt werden. Mit der folgenden kleinen Heuristik wird dieser Integrationsschritt unterstützt. Die einzelnen Schritte werden am Fallbeispiel der Mechan AG in Abbildung 7-13 und Tabelle 7-6 veranschaulicht. Weitere Beispiele finden sich in der Fallstudie zur Elektro AG am Ende von Modul 8 und im Fallbeispiel zur Firma Cherry (Teil 3, Kapitel 3).

Abbildung 7-13:   *Fallstudie Mechan AG*

Die Mechan AG arbeitet derzeit im Beschaffungsmarkt für Eisenguss mit 32 mittelständischen Lieferanten zusammen. 16 Lieferanten vereinen zusammen ca. 80 % des Einkaufsvolumens der Mechan AG. Das Einkaufsvolumen im Bereich Eisenguss beträgt aktuell 20 Millionen €. Bei den A-Lieferanten beläuft sich das Einkaufsvolumen zwischen 2 Millionen € und 1 Million €. Ein großer Gusslieferant hat einen Umsatz von ca. 25 Millionen €.

Um nicht in zu große Abhängigkeit von den Lieferanten zu geraten, hat die Mechan AG stets darauf geachtet, dass die benötigten Gussformen im Eigentum der Mechan AG sind. Somit können auch während einer laufenden Serie Teile von einem Lieferanten auf einen anderen verlagert werden. Der damit verbundene Aufwand ist allerdings beachtlich.

29 Lieferanten sind deutsch. Seit einigen Jahren gibt es erste Versuche der Zusammenarbeit mit einem chinesischen und zwei osteuropäischen Lieferanten (zusammen 500.000 € Einkaufsvolumen). Die Preisvorteile in China liegen auf Basis von Total Cost derzeit bei ca. 30 %. In Osteuropa können ca. 20 % Preisvorteile (Basis Total Cost) realisiert werden. Problematisch ist, dass aufgrund der langen Lieferfristen und der damit verbundenen geringen Flexibilität nur bei 30 % des Einkaufsvolumens eine Belieferung aus China möglich ist. In China wie in Osteuropa ist die Qualität der Teile noch nicht befriedigend. Die Zusammenarbeit gestaltet sich nach wie vor schwierig. Andererseits plant die Mechan AG in ihrer Strategie nach Asien zu expandieren, schon allein weil dies von den Key Accounts gefordert wird. Während in Europa das Verkaufsvolumen in

den nächsten fünf Jahren nur um ca. 10 % wachsen soll, soll in fünf Jahren 30 % des gesamten Verkaufsvolumens aus Asien stammen.

Etwa 30 % des Einkaufsvolumens sind als technisch besonders anspruchsvoll einzustufen. Hier kommen nur Lieferanten mit hoher technischer Leistungsfähigkeit in Frage. Insbesondere ist es vorteilhaft die Lieferanten in den Entwicklungsprozess mit einzubinden, da aufgrund deren Kompetenz im Designprozess Materialeinsparungen von bis zu 30 % erreicht werden. Eine solche Zusammenarbeit verlangt eine enge Partnerschaft.

Darüber hinaus ist zu beachten, dass im Bereich der Oberflächenbehandlung bei ca. 10 % des Einkaufsvolumens (High-Tech-Teile) eine Spezialkompetenz notwendig ist, die nur von drei Lieferanten beherrscht wird.

Bei der Entwicklung einer integrierten **Sourcing-Strategie** wird von der Leitidee ausgegangen, dass die Zahl der Lieferanten unter Berücksichtigung der verschiedenen Hebel zu minimieren ist. Es wird folgende Schrittfolge vorgeschlagen:

1. Die Lieferantenzahl ist unter der Maßgabe abzuschätzen, dass das Einkaufsvolumen bei allen Lieferanten möglichst zwischen 5 % und 25 % seines Umsatzes im Geschäftsfeld ausmacht. Bei einem kleineren Umsatzanteil wird der Lieferant dem Unternehmen zu wenig Aufmerksamkeit entgegenbringen. Ist der Umsatzanteil zu hoch, wächst das Risiko bei Auftragsschwankungen. Soweit Marktsegmente definiert sind, erfolgt diese Prüfung für jedes Marktsegment getrennt.

   Sollte ein mittelständisches Unternehmen bei einem Großunternehmen Leistungen kaufen, wird selten die 5 %-Marke erreicht. Die Konsequenz beim ersten Prüfungsschritt lautet dann: Aus Volumensgesichtspunkten möglichst wenige Lieferanten.

2. Die Lieferantenzahl ist in Hinblick auf die Notwendigkeit partnerschaftlicher Geschäftsbeziehungen und aus dem Ziel der Intensivierung des Wettbewerbs abzuschätzen. Auch hier muss die Prüfung segmentweise erfolgen.

3. Soweit technologische Spezialisierungen im Markt vorhanden sind, muss sichergestellt werden, dass diese weiterhin abgedeckt bleiben. Kurzfristig kann dieses Kriterium zur Erhöhung der Lieferantenzahl führen. Mittelfristig sollten die Vorzugslieferanten diese Spezialthemen mit abdecken.

4. Die Anforderungen aus der angestrebten regionalen Verteilung der Lieferanten sind zu berücksichtigen. Insbesondere während der Entwicklung neuer regionaler Beschaffungsmärkte muss eine Absicherung erfolgen, so dass die Lieferantenzahl steigt.

5. Es ist abzuprüfen, inwieweit aufgrund des geplanten Wachstums bereits vorab ein Aufbau von Lieferanten angestrebt werden sollte.

6. Nach diesen Prüfungen kann die Sourcing-Strategie als Fazit formuliert werden.

Im Beispiel der Mechan AG wird deutlich, dass bei der Anwendung der Heuristik vielfach pragmatische Einschätzungen notwendig sind. Trotzdem wird die Ableitung der Sourcing-Strategie dadurch nachvollziehbar und argumentationszugänglich.

Tabelle 7-6:   *Sourcing-Strategie Mechan AG*

Hebel	Beurteilung
1. Verhältnis Einkaufsvolumen zu Umsatz der Lieferanten zwischen 5 % und 25 %	Einkaufsvolumen beträgt 20 Mio. €; keine Segmentierung Umsatz von Gusslieferanten durchschnittlich 25 Mio. € Bei 5 % ergeben sich 16 Lieferanten Bei 25 % ergeben sich 3,2 Lieferanten Richtwert: 10 Lieferanten
2. Partnerschaft und Wettbewerb	Partnerschaft: ca. 7 Mio. € Einkaufsvolumen mit Entwicklungspartnerschaften aus Volumensgesichtspunkten 2-3 Partner Wettbewerb: ca. 5 weitere Lieferanten (Einschätzung des Einkäufers)
3. Spezialisierungen	Spezialisierung in Oberflächenbehandlung: ca. 2 Mio. € 1-2 Spezialisten, ggf. 2-3 falls die Spezialisten auch andere Gussteile liefern können
4. Global Sourcing	China: intensiv vorantreiben, schon allein aufgrund der Absatzmarktstrategie; ca. 7 Mio. € Volumen, d.h. mittelfristig 3-4 Lieferanten; Detailstrategie ist zu prüfen: Lieferanten mitnehmen oder vor Ort entwickeln; Geschwindigkeit der Umsetzung ist zu prüfen: Aktuell ein bis zwei weitere chinesische Lieferanten entwickeln Osteuropa: vorantreiben: Potenzial für 3-4 Lieferanten; Begründung: Annahme Ziel 10 Lieferanten; 3 Entwicklungspartner und Spezialisten; 3-4 chinesische Lieferanten bleiben 3 bis 4 für Osteuropa
5. Wachstum	Das geplante Wachstum kann bewältigt werden.

Die ermittelten Ergebnisse müssen um die weiteren Hebel (Wertschöpfungsort und Netzwerksteuerung) ergänzt und nochmals ganzheitlich bewertet werden. Ferner muss ein Abgleich mit der aktuellen Lieferantenbasis erfolgen, um entsprechende Lücken und Handlungspfade zu identifizieren. Im Beispiel sollten im ersten Schritt die Vorzugslieferanten, die Entwicklungslieferanten und die Spezialisten definiert und deren Bereitschaft und Fähigkeit zur engeren Zusammenarbeit erkundet werden. In einem ca. zweijährigen Prozess sollte die Lieferantenzahl deutlich reduziert werden (auf ca. 10 von ursprünglich 29 deutschen Lieferanten). Parallel dazu kann der Aufbau in China und Osteuropa erfolgen. Hier werden anfangs zusammen etwa 5 bis 6 Lieferanten freigegeben und entwickelt.

7.4 Gestaltungsfeld Entgelt

Das Gestaltungsfeld „Entgelt" zielt auf die Optimierung der Preise und Konditionen, d.h. auf die Optimierung der Gegenleistung, die vom Unternehmen für die Versorgung mit Produkten zu erbringen ist (Vgl. Koppelmann 2004, S. 292 ff.). Zu beachten ist dabei, dass „Optimierung" nicht mit einer kurzfristigen Preisminimierung verwechselt werden darf. Entsprechend der Ziele im Supply-Markt (vgl. Modul 6) sind bei der Gestaltung des Entgelts gleichermaßen langfristige Erwägungen, die Absicherung der Qualität oder der Versorgung sowie die Wirkung auf das betriebsnotwendige Vermögen mit zu bedenken.

Ferner sei daran erinnert, dass sich die meisten Hebel in den anderen Gestaltungsfeldern mehr oder minder direkt auf das erforderliche Entgelt auswirken. Wer beispielsweise seine Beschaffungsobjekte standardisiert, erwartet in der Regel eine erhebliche Reduzierung im Preis. Die Einflussnahme auf die Leistung, auf Quellen oder Prozesse, um damit günstige Bezugskonditionen zu erhalten, wird in den entsprechenden Gestaltungsfeldern betrachtet. Dieser Abschnitt konzentriert sich auf die unmittelbare Gestaltung der Preise und Konditionen.

Basis für die Gestaltung des Entgelts ist eine möglichst weitgehende Transparenz der Preisstruktur und der zukünftigen Preisentwicklung und der dazugehörigen Konditionen. Einen Überblick über typische Konditionen gibt Tabelle 7-7. Als Methoden zur Steigerung der Transparenz kommen der Preisvergleich, die Preisstrukturanalyse und die Preisbeobachtung zum Einsatz (vgl. Arnolds, Heege, Röh, Tussing 2010, S. 70 ff. und S. 89 ff.).

Tabelle 7-7:   *Typische Beispiele für Konditionen*
(Quelle: Koppelmann 2004, S. 291 ff. modifiziert)

Kondition	Beispiele
Rabatt (Preisnachlass)	Mengenrabatt, Staffelpreis Aufnahme- und Treuerabatt Sonderleistungsrabatte (z.B. Werbekostenzuschüsse) Barzahlungsrabatt, Skonto Treuerabatt und Bonus
Prämien (Zahlung an Lieferanten)	Zeitprämie, z.B. Expresszuschlag Mengenprämie, z.B. bei ungeplanten Mengenänderungen Belieferungsprämie, z.B. für vorrangige Belieferung
Pönalen	Vertragsstrafen für Verfehlen von Leistungszusagen, z.B. bei verspäteter Lieferung
Zahlungsmodalitäten	Zahlungsziel Währung Zahlungssicherung
Finanzierung	Finanzierungsbeitrag durch den Lieferanten, z.B. Konsignationslager Abschlagszahlungen und Anzahlungen Lieferantenkredit

▓ Beim **Preisvergleich** werden die Preise verschiedener Leistungen vergleichbar gerechnet, indem sie auf eine gemeinsame Preisbasis bezogen werden, z.B. Total Cost des Jahresbedarfes. Auf diese Weise werden verschiedene Preis-Leistungsniveaus im Markt sichtbar.

Im **partiellen Preisvergleich** werden die Preise einzelner Teilleistungen miteinander verglichen. Beispielsweise interessieren bei einer umfangreichen handwerklichen Dienstleistung getrennte Preise für wesentliche Materialpositionen, die Arbeitskosten und ggf. die Preise für Planungsarbeiten oder für die Installation und Wartung. Damit werden erste Schritte in Richtung Preisstrukturanalyse unternommen und die Preistransparenz erhöht sich.

▓ Bei der Analyse der **Preisstruktur** wird der Preis in Kosten- und Gewinnbestandteile zerlegt. Orientiert man sich an einer Vollkostenkalkulation werden die Kosten im Sinne einer klassischen Zuschlagskalkulation in Einzel- und Gemeinkosten und anschließend in einzelne Kostenarten zergliedert. Wie detailliert dabei die einzelnen Kostenarten heruntergebrochen werden, ist eine Frage des akzeptierten Aufwandes und der zugänglichen Informationen. Letztlich wird versucht die Kostenkalkulation der Lieferanten zu rekonstruieren (vgl. Arnolds, Heege, Röh, Tussing 2010, S. 89 ff.). Aufgrund der Ausstrahlungseffekte empfiehlt es sich darüber hinaus im Sinne einer Total Cost-Analyse weitere verbundene Kostenbestandteile, z.B. Transportkosten, Qualitätskosten, in die Betrachtung mit einzubeziehen.

Mit der Kenntnis der Preisstruktur können verschiedene Preis-Leistungsniveaus im Markt identifiziert und die Angemessenheit von Preisen und Gewinnen beurteilt werden. Dieses Wissen ist notwendig, um die unten diskutierten Hebel im Gestaltungsfeld „Entgelt" sinnvoll ansetzen zu können. Darüber hinaus gibt die Preisstruktur Hinweise auf Ansatzpunkte zur Kostenreduzierung bzw. auf Kostenwirkungen von Leistungssteigerungen. Ferner sollte die Preisstruktur bekannt sein, um differenzierte Preisprognosen abgeben zu können. Da sich die Kosten bei den einzelnen Kostenbestandteilen sehr unterschiedlich entwickeln können, muss eine Preisprognose auf der Kostenentwicklung einzelner Kostenbestandteile aufsetzen. Beispielsweise kann die Auswirkung von Lohnsteigerungen auf die Produktpreise nur beurteilt werden, wenn der Lohnkostenanteil und die Lohnkostenstruktur bekannt sind.

▨ Die **Preisprognose** beschreibt die zukünftige Preisentwicklung auf Basis von Trends, Saisonmuster und Sondereinflüssen. Insbesondere bei volatilen Märkten mit starken Preisschwankungen sind Preisprognosen von großer Bedeutung. Dies können beispielsweise Märkte mit zyklischen Überkapazitäten bzw. Allokationsphasen sein (z.B. Mikrochips), Spotmärkte zur Abdeckung von Kapazitätsspitzen oder Märkte, auf denen die Produkte in Warenbörsen gehandelt werden, z.B. Rohstoffe, Energie oder Agrarprodukte. In solchen Märkten werden Preisprognosen mit immensem methodischen Aufwand betrieben. Die Preisbindung bzw. Preisdynamik sowie das richtige Timing des Kaufs sind folgend ein zentraler Hebel. Am Beispiel des Energiekaufs der ZF wird dieser Zusammenhang unten nochmals knapp illustriert. Eine tiefgehende Behandlung des äußerst interessanten Themas von Preisprognosen in volatilen und börsennotierten Märkten würde allerdings den Rahmen dieser Abhandlung sprengen.

Folgende Hebel stehen im Gestaltungsfeld „Entgelt" zur Verfügung:

▨ **Open Book:** Soll die Preis- und Kostenstruktur vom Lieferanten offen gelegt werden und eine gemeinsame Optimierung der Preis- und Kostenstruktur erfolgen?

▨ **Preisbildungsbasis:** Soll die Preisbildung bzw. -beurteilung auf Basis der Kosten, des möglichen Erlöses der Marktleistung oder über die Handelsspanne erfolgen?

▨ **Preisdruck:** Mit welcher Intensität sollen die Preise der Lieferanten verhandelt werden?

▨ **Preisdynamik und Timing:** Wie soll die prognostizierte Preisentwicklung abgesichert werden? Wann ist der richtige Zeitpunkt des Kaufs?

▨ **Leistungsanreize:** Sollen leistungsabhängige Preisbestandteile bzw. Pönalen für einen Leistungsanreiz sorgen?

■ **Finanzierungsbeitrag:** Welche Beiträge zur Finanzierung der Supply Chain werden vom Abnehmer und vom Lieferanten geleistet?

7.4.1 Open Book

Der Hebel „Open Book" zielt darauf ab, dass der Lieferant seine Kalkulation gegenüber dem Abnehmer detailliert offen legt. Insbesondere bei dauerhaften partnerschaftlichen Vertragsbeziehungen kann damit der Preis und die Preisentwicklung durch den Abnehmer kontrolliert werden. Dabei können verschiedene Varianten unterschieden werden:

■ **Offenlegung als Basis für die Bestimmung des Preises und seiner Entwicklung:** In einer aktiven partnerschaftlichen Zusammenarbeit können neue Leistungsumfänge auf den Lieferanten übertragen werden, ohne dass eine Ausschreibung sinnvoll möglich war. Auf Basis einer Rahmenvereinbarung über die Offenlegung der Kalkulation können in einer solchen Situation die akzeptierten Kosten und unter Berücksichtigung eines angemessenen Gewinnbeitrags der Preis ermittelt werden. Ebenso können innerhalb der Vertragslaufzeit Preisanpassungen berechnet werden, die beispielsweise aufgrund von Teuerungen bei Löhnen oder Materialien notwendig werden.

Beispielsweise hat ein Logistikdienstleister die interne Werkslogistik im Unternehmen übernommen. Auf Basis Open Book werden die einzelnen Leistungen nach vereinbartem Kalkulationsschema kalkuliert. Im Laufe der Zusammenarbeit kommen regelmäßig neue Aufgaben hinzu. Z.B. soll eine Fertigungslinie mit einem neuen Kanbansystem versorgt werden. Ebenso können wesentliche Änderungen im Mengengerüst vorkommen, z.B. verdreifacht sich der Wareneingang bei Stückgut. Auf Basis der offen gelegten Kalkulation und des gemeinsamen Kalkulationsschemas können die Preise angepasst werden. Darüber hinaus empfiehlt es sich allerdings, alle zwei bis drei Jahre die Gesamtleistung neu auszuschreiben.

■ **Offenlegung mit gemeinsamer Kostenoptimierung:** Auf Basis der offen gelegten Kalkulation kann gemeinsam nach Verbesserungspotenzialen gesucht werden. Dieser Ansatz hat sich in engen Partnerschaften bewährt, da beide Seiten stark aufeinander angewiesen sind. Es versteht sich, dass ein Mechanismus vereinbart sein muss, wie die realisierten Ratiopotenziale verteilt werden. Dabei muss allerdings berücksichtigt werden, dass der Abnehmer seitens seines Absatzmarktes in der Regel auch einem erheblichen Kostendruck ausgesetzt ist. So können Ratiopotenziale letztlich erst verteilt werden, wenn der Kostendruck aus dem Absatzmarkt abgefedert ist. Da die Potenziale in den einzelnen Supply-Märkten sehr unterschiedlich verteilt sind, ist es jedoch nicht einfach, den notwendigen Beitrag der einzelnen Supply-Märkte zu bestimmen.

■ **Offenlegung mit Kostenvorgaben:** Die Automobilindustrie geht teils einen Schritt weiter, indem nicht nur offene Bücher verlangt, sondern auch klare Vorgaben für einzelne Kostenbestandteile gemacht werden. Auch die akzeptierten Materialeinzelkosten werden exakt vorgegeben. Gerade in Industrien mit dominanten Abnehmern, können sich die Einkäufer über umfangreiche Benchmarks ein klares Bild über die Angemessenheit der Kostenbestandteile machen.

Ist dieser Prozess einmal in Gang gesetzt, gewinnt er an Eigendynamik. Dadurch dass der Einkauf die Preisstrukturinformationen vieler Lieferanten erhält, ist er in der Lage differenzierte Benchmarks durchzuführen. Damit kann er in der nächsten Runde seine Interessen verstärkt durchsetzen. Mit elektronischen Ausschreibungsplattformen, in denen im Ausschreibungsprozess Preisstrukturinformationen detailliert abgefragt werden, kann sich dieser Prozess beschleunigen. Die elektronisch verfügbaren Detailinformationen können in umfangreichen Business Warehouses gespeichert und mit Business Intelligence ausgewertet werden. Beispielsweise können so Materialgemeinkosten als Zeitreihe über Lieferanten, über regionale Märkte und über Supply-Märkte ganz einfach ausgewertet werden. Der ermittelte Benchmark dient als Basis für die weitere Verhandlung.

Zur Beurteilung des Hebels ist zu beachten, dass „Open Book" eine sehr intensive partnerschaftliche Beziehung voraussetzt. Da die offen gelegte Kalkulation leicht zu manipulieren ist und vom Einkäufer nur schwer kontrolliert werden kann, besteht die Gefahr des Vertrauensbruchs. Insbesondere gibt es viele Interpretationsspielräume, Grauzonen und kleine Nadelstiche, die zwar nicht die Vereinbarungen verletzten, aber doch stark strapazieren können. So entsteht – berechtigt oder nicht – leicht Misstrauen in der Partnerschaft. Ferner ist der Übergang zwischen einer „wahren" und einer „ausbeuterischen" Partnerschaft (zu den Begriffen vgl. den Hebel Lieferantenbeziehung im Gestaltungsfeld „Sourcing") fließend. Ein starker Abnehmer kann mit Open Book relativ genau dosieren, wie viel Gewinn er dem Lieferanten zubilligt. Im Laufe der Zeit – insbesondere in wirtschaftlich härteren Zeiten – besteht die Gefahr, dass sich das Abnehmerverhalten verändert. Beispielsweise kann die Geschäftsführung des Abnehmers in schwierigen Situationen vom Lieferanten Sonderopfer verlangen. Sind die Forderungen überzogen oder für den Lieferanten nicht nachvollziehbar, kann die Partnerschaft schnell beschädigt werden. Aus Angst vor solchen Entwicklungen sind nicht wenige Lieferanten gegenüber einer Zusammenarbeit auf Basis „Open Book" äußerst skeptisch.

7.4.2 Preisbildungsbasis

Die Preisbildungsbasis ist der grundsätzliche Ansatz, auf der die Preisbildung und –beurteilung im Supply Management erfolgt. Sie wird über Kalkulationsmethoden und -schemata konkretisiert und hat wesentlichen Einfluss auf den Preis, den ein Unternehmen zu zahlen bereit ist. Beim Hebel Preisbildungsbasis können folgende drei Ausprägungen unterschieden werden:

- **Kosten (Cost Plus):** Es wird von einer bedarfsorientiert fixierten Leistung ausgegangen und die hierfür erforderlichen Kosten plus Gewinnzuschlag akzeptiert. Zur Optimierung des Preises können vielfältige Maßnahmen ergriffen werden, die im Rahmen der anderen Gestaltungsfelder diskutiert werden.

  Die Kalkulation erfolgt meist in Form einer Zuschlagskalkulation. Entscheidend ist dabei – wie oben ausgeführt – wie umfassend Total Cost-Gesichtspunkte berücksichtigt werden und wie feingliedrig die Gliederung der Kostenarten erfolgt.

  Soweit die Kosten von nur einem bzw. nur wenigen Kostentreibern abhängen, kann das **Linear Performance Pricing (LPP)** zum Einsatz kommen. Bei dieser Methode wird versucht, zwischen den Kostentreibern und dem Preis eine Regression zu ermitteln. Damit kann bei einer konkreten Anfrage der Sollpreis auf Basis der konkreten Ausprägung der Kostentreiber prognostiziert werden. Hängt beispielsweise der Preis der Verglasung eines Automobils von der Fläche der Verglasung und von der Komplexität der Scheibe (z.B. Krümmung) ab, wird im Rahmen des LPP der mathematische Zusammenhang bestimmt. Somit kann bei einem neuen Auftrag aus den konkreten Angaben zur Fläche und zur Komplexität der Sollpreis der Scheibe errechnet werden.

- **Marktleistung:** Ausgangspunkt ist der Zielpreis für die gesamte Marktleistung, der mit Marktforschungsmethoden ermittelt wird. Der Zielpreis wird zergliedert, um so Zielpreise für die einzelnen zu beschaffenden Leistungen zu erhalten. Damit dient der am Markt realisierte Preis für die Leistung des Unternehmens als Preisbildungsbasis.

  Als Kalkulationsverfahren kommen das Target Costing sowie Design-to-Cost-Verfahren zum Einsatz, mit denen nicht nur der Zielpreis bestimmt, sondern auch nach geeigneten Maßnahmen gesucht wird, um die Zielpreise zu realisieren. Diese Maßnahmen zielen meist auf die Gestaltung des Beschaffungsobjektes. Insofern wurden sie bereits im Gestaltungsfeld „Beschaffungsobjekt" vorgestellt.

- **Nutzen:** Insbesondere im Handel bzw. bei Handelsware im Industrieunternehmen beruht die Preisbildungsbasis auf dem direkten Nutzen eines Artikels. Meist wird der Nutzen in Form der Handelsspanne errechnet, d.h. als Differenz zwischen Nettoverkaufspreis und dem Einstandspreis (= Wareneinsatz). Die Handelsspanne muss die Handlungskosten abdecken und dient darüber hinaus der Gewinnerzielung. Allerdings müssen bei der Ermittlung des Nutzens auch Ausstrahlungswirkungen im Rahmen des Sortimentsverbundes beachtet werden. So können einzelne Handelswaren zwar selbst nur eine geringe Handelsspanne aufweisen, jedoch auf andere attraktive Artikel verkaufssteigernd wirken.

7.4.3 Preisdruck

Die Maxime „Der Einkauf muss grundsätzlich die Preise drücken" ist grob fahrlässig. Vielmehr gilt es den Grad festzulegen, mit dem die Preise des Lieferanten unter Druck gesetzt werden sollen.

Die anzustrebende Intensität des Preisdrucks hängt ganz wesentlich von der Marktmacht des Lieferanten und von der erforderlichen Attraktivität der Geschäftsbeziehung ab. Dabei ist die Rendite, die der Lieferant in der Geschäftsbeziehung erwirtschaftet, und somit der ausgeübte Preisdruck ein wesentlicher Hebel darauf, wie attraktiv der Lieferant die Beziehung einschätzt. Die Steuerung von „Marktmacht" und „Attraktivität" in einer Geschäftsbeziehung wurde bereits oben in der Diskussion des Hebels „Lieferantenbeziehung" besprochen. Mit sinkender Marktmacht und sinkenden Anforderungen an die Attraktivität kann der Preisdruck erhöht werden (vgl. Abbildung 7.14).

Abbildung 7-14:   *Gestaltung des Preisdrucks*

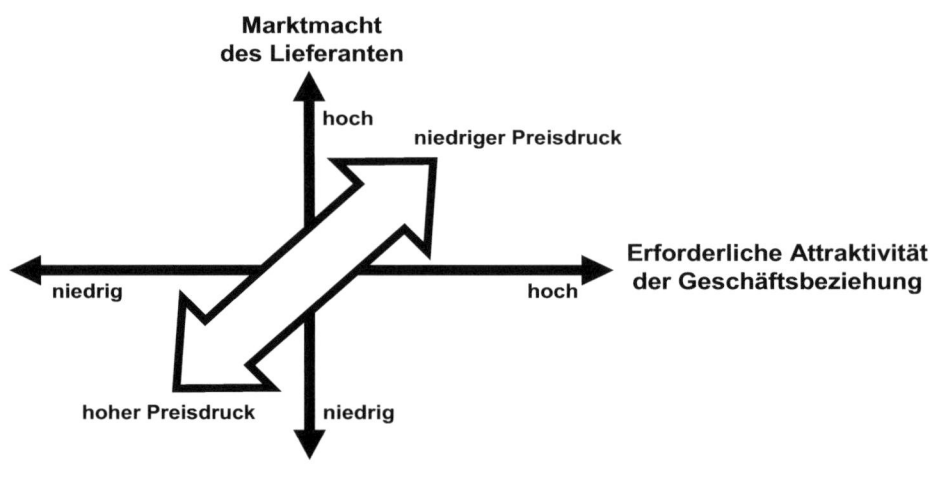

7.4.4 Preisdynamik und Timing

Insbesondere in Märkten mit starken Preisschwankungen werden der Einfluss auf die Preisdynamik und das Timing zu einem wesentlichen Hebel. Grundsätzlich sind die Länge der Preisbindungsfrist, die Art der Preisanpassung sowie die Form des Timings zu gestalten. Es stehen insbesondere folgende Handlungsoptionen zur Verfügung:

▓ **Langfristige Verträge mit langfristiger Preisbindung:** Je nach Erwartung der Preisentwicklung werden die Preise über bzw. unter dem aktuellen Preisniveau liegen.

▓ **Glättung der Preisschwankungen:** Über Preisgleitklauseln können in langfristigen Verträgen Preisanpassungen an die aktuellen Marktpreisentwicklungen vereinbart werden. Dabei können die Preisanpassungen so berechnet werden, dass extreme Ausschläge im Marktpreis nicht im Vertragspreis berücksichtigt werden. Die Glättung extremer Preisschwankungen kann im Interesse beider Vertragsparteien liegen.

▓ **Streuung und Ausgleich der Preisrisiken:** Durch den regelmäßigen Kauf kleiner Mengen können Preisrisiken gestreut werden, so dass sich die Chancen und Risiken über die Zeit hinweg ausgleichen werden. Alternativ können Preisrisiken über börsentechnische Instrumente reduziert werden, z.B. über Terminkäufe und –verkäufe.

▓ **Timing:** Durch geschicktes Timing auf Basis hervorragender Preisprognosemodelle können kurzfristige Marktchancen ausgenutzt werden.

Am Beispiel des Stromeinkaufs von ZF soll dieser Zusammenhang nochmals illustriert werden (vgl. Maus 2007 sowie www.investorwelt.de). Zur Prognose der Strompreise werden folgende Elemente berücksichtigt:

▓ Fundamentaldaten der wirtschaftlichen Entwicklung

▓ Charttechnik in Bezug auf die Strompreise

▓ Sentimentdaten zur Analyse der Marktstimmungen

▓ Intermarketanalysen, insbesondere in den vorgelagerten Energiemärkten sowie bei den Hauptverbrauchern

▓ Saisonalität der Entwicklung von Strompreisen

Auf dieser Prognosebasis erfolgt der Stromkauf in Tranchen, möglichst zum günstigsten Zeitpunkt. Nach der Analyse von ZF weist ein geschicktes Timing mit ca. 10 % Einsparpotenzial den stärksten Preishebel auf. Andere Hebel, z.B. Pooling oder Verhandlung mit jeweils 2 % Einsparpotenzial, werden als erheblich schwächer eingeschätzt.

7.4.5 Leistungsanreize

Üblicherweise werden Lieferanten leistungsabhängig bezahlt, da vertraglich für eine Leistung eine Gegenleistung vereinbart wird. Somit folgt, dass ohne Leistung auch keine Zahlung erfolgt. Darüber hinaus besteht die Möglichkeit Schadensersatz zu fordern. Der Hebel Leistungsanreiz geht über diesen Standardfall hinaus.

▨ Leistungsanreize können als **Vertragsstrafen** vereinbart werden, falls bestimmte Leistungen nicht sachgerecht erfüllt werden. Beispielsweise kann eine Pönale fällig werden, falls der Lieferant nicht rechtzeitig liefert. Die Vertragsstrafe wird gleichsam als Schadensersatz verstanden. Allerdings vereinfacht sich der Nachweis des Schadens ganz erheblich, da – im Beispiel – nicht mehr der Schaden, sondern nur noch die Verspätung der Lieferung nachgewiesen werden muss. Auf diese Weise kann sich das betriebliche Claimmanagement ganz erheblich vereinfachen.

▨ Leistungsanreize können als **Prämien** für überdurchschnittliche Leistungen gewährt werden. Beispielsweise erhält ein Logistikdienstleister eine Prämie, wenn die Termintreue und die Logistikqualität ein bestimmtes vertraglich fixiertes Niveau erreicht. Gerade in Partnerschaften, in denen erhebliche wechselseitige Abhängigkeiten bestehen und ein Lieferantenwechsel sehr problematisch sein kann, können Leistungsprämien als interessanter Ersatz für den eingeschränkten Wettbewerbsdruck dienen.

▨ Leistungsanreize können bei Dienstleistungen in Form von **Erfolgsprämien** gesetzt werden. Beispielsweise kann eine Beratungsgesellschaft erfolgsabhängig bezahlt werden.

Die Idee der leistungsorientierten Bezahlung zielt auf die Steigerung der Leistungsmotivation bei den Lieferanten. Da die Abwicklung einer leistungsorientierten Bezahlung zusätzlichen Aufwand bedeutet, ist vor der Einführung allerdings zu prüfen, ob Leistungsimpulse notwendig sind und die Einführung mit vertretbarem Aufwand realisierbar ist. In vielen Fällen wird der Wunsch nach Folgeaufträgen und Reputation für eine hinreichende Leistungsmotivation beim Lieferanten sorgen. Folgende Aspekte sind beim Setzen von Leistungsanreizen zu prüfen:

▨ Ist die Leistung eindeutig zu messen und insbesondere auch hinreichend dem Lieferanten zuzurechnen? Erhebliche Schwierigkeiten sind abzusehen, wenn unzureichende Ergebnisse auch wesentlich auf Mitverschulden des einkaufenden Unternehmens oder Dritter zurückzuführen sind.

▨ Steht die Schadenshöhe und die Vertragsstrafe in einem angemessenen Verhältnis. Insbesondere ist darauf zu achten, dass die Strafen den Lieferanten finanziell treffen dürfen, aber ihn nicht vernichten sollen.

7.4.6 Finanzierungsbeitrag

Neben der Höhe der Preisforderung (im Sinne Total Cost) ist die Gestaltung des zeitlichen Verlaufs der Zahlungsströme ein wichtiger Hebel einer Supply-Strategie. Hierdurch wird unmittelbar das betriebsnotwendige Vermögen und in Folge der Shareholder Value beeinflusst. Die Discounter im Lebensmitteleinzelhandel dienen als anschauliches Beispiel. Sind 30 Tage ein übliches Zahlungsziel gegenüber den Lieferanten und gelingt es, die Ware innerhalb von sechs Tagen an die Kunden (bar) zu verkaufen, bleibt der vierfache Wochenumsatz (= ca. 7,5 % des Jahresumsatzes) als Finanzüberschuss. Bei einer Verzinsung von 5 % erhöht sich die Umsatzrentabilität um 0,375 %. Dies ist für eine Branche, in der viele Unternehmen eine Umsatzrendite von unter 2 % aufweisen, eine erhebliche Ergebnisverbesserung.

Als Zielgröße dient die Kapitalbindungsdauer bzw. die Cash-to-Cash-Zyklus-Zeit. Sie beschreibt die Zeit der Kapitalbindung vom Materialkauf bis zur Bezahlung durch den Kunden abzüglich des Zahlungsziels, das der Lieferant gewährt. Eine negative Cash-to-Cash-Zyklus-Zeit, wie im Beispiel des Discounters, führt zu einer Kapitalfreisetzung bzw. zu einer Unterstützung der Finanzierung durch die Lieferanten.

Folgende Ansatzpunkte sind beim Hebel Finanzierungsbeitrag üblich:

- **Zahlungsziel:** Die Länge des Zahlungsziels ist eine erste und sehr direkte Möglichkeit den Finanzierungsbeitrag zu gestalten.

- **Anzahlung und Abschlagszahlungen:** Bei Projekten mit längerer Laufzeit, z.B. Bauprojekten oder Anlagen, sind Anzahlungen und fortschrittsbezogene Abschlagszahlungen üblich. Auch hier spielt die Gestaltung der Zahlungszeitpunkte einerseits gegenüber den Lieferanten und andererseits gegenüber dem eigenen Kunden eine wesentliche Rolle.

- **Zahlungszeitpunkt, insbesondere Konsignationslager:** Gestaltbar ist der Zeitpunkt zu dem die Zahlungsfrist beginnt. Mit der Einführung eines Konsignationslagers verschiebt sich dieser Zeitpunkt. Ein Konsignationslager ist ein Lager auf dem Fabrikgelände des Abnehmers, dessen Ware noch im Eigentum des Lieferanten ist. Erst mit der Lagerentnahme geht das Eigentum über und die Zahlungsfrist beginnt. Isoliert betrachtet bedeutet die Einführung eines Konsignationslagers ausschließlich eine Erhöhung des Finanzierungsbeitrags durch den Lieferanten.

- **Miete und Leasing:** Insbesondere Anlagegüter können gemietet bzw. geleast statt gekauft werden. Damit reduziert sich der Finanzierungsbedarf des Abnehmers ganz erheblich. Einen Schritt weiter gehen Betreibermodelle, die nicht nur die Anlageinvestitionen sondern auch das für den Betrieb notwendige Umlaufvermögen finanzieren (und darüber hinaus meist auch operative Risiken übernehmen).

- **Lieferantenkredite bzw. Kapitalbeteiligungen aktiv und passiv:** Zwischen Lieferant und einkaufendem Unternehmen können (in beide Richtungen) Kredite gewährt werden. Beispielsweise kann auf diese Weise eine enge Bindung und Einflussnahme und damit Exklusivität der Beziehung gesichert werden.

Die Finanzierungsvorteile beim einkaufenden Unternehmen führen natürlich spiegelbildlich zu Finanzierungsnachteilen beim Lieferanten. Somit werden Forderungen im Bereich der Finanzierung an anderer Stelle vom einkaufenden Unternehmen Zugeständnisse abverlangen.

7.5 Gestaltungsfeld Prozesse

Die Versorgung des Unternehmens mit Materialien und Dienstleistungen aus dem Supply-Markt vollzieht sich in Versorgungsprozessen. Diese sind bei der Formulierung der Supply-Marktstrategie zu hinterfragen. Die Leitfrage lautet: Weisen die Versorgungsprozesse im Supply-Markt Verbesserungspotenziale auf? Es lassen sich zwei grundsätzliche Vorgehensweisen unterscheiden:

▪ Zu den Hebeln, die in den anderen Gestaltungsfeldern umgesetzt werden sollen, ergeben sich in der Regel erhebliche Konsequenzen für die Gestaltung der Prozesse. Wird beispielsweise eine Vorzugslieferantenstrategie eingeführt, muss der strategische Bestellprozess und eventuell die Zusammenarbeit in der Materialversorgung entsprechend angepasst werden. Ein zweites Beispiel: Soll Global Sourcing intensiviert werden, müssen die Transport- und Versorgungsrisiken in den Materialversorgungsprozessen abgesichert werden oder der strategische Bestellprozess über den Aufbau eines International Procurement Office (IPO) globalisiert werden.

In der Konsequenz müssen alle tragfähigen strategischen Handlungsoptionen auf ihre Prozesswirkung hinterfragt werden.

▪ Parallel dazu ist zu prüfen, ob bzw. welche grundsätzlichen Optimierungen der Versorgungsprozesse im Supply-Markt anzustreben sind. Hieraus ergeben sich meist Konsequenzen in den anderen Gestaltungsfeldern. Drei Beispiele sollen diesen Zusammenhang veranschaulichen:

  o Zur Verkürzung der Time-to-Market sollen die Lieferanten frühzeitig in den Entwicklungsprozess eingebunden werden. Eine partnerschaftliche Zusammenarbeit muss vorausgesetzt werden.

  o Die Disposition der betreffenden Materialien soll auf die Lieferanten verlagert werden. Damit werden im Unternehmen Prozesskosten eingespart und der Lieferant kann seine Produktionsplanung und seine Auslieferungslogistik optimieren. Auch diese Prozessoptimierung hat erhebliche Konsequenzen für die Sourcing-Strategie.

o   Im Rahmen der Auftragsvergabe sollen im Supply-Markt zukünftig elektronische Auktionen durchgeführt werden, um dadurch Verhandlungskosten zu senken und die Vergabe zu beschleunigen. Bei diesem Hebel kann eine umfassende Nachfragekooperation sinnvoll sein.

Zu beachten ist, dass innerhalb der strategischen Analyse nur Prozessoptimierungen mit strategischer Relevanz zu berücksichtigen sind, d.h. Prozessverbesserungen, die wesentlichen Einfluss auf die strategischen Erfolgspotenziale haben und (in der Regel) mit strategischen Investitionen verbunden sind. Eine (zu) detaillierte Prozessanalyse würde im Regelfall den Rahmen der Strategieformulierung sprengen. Falls jedoch die Prozessarchitektur und die Prozesslandschaft als grundsätzlich sanierungsbedürftig eingestuft werden, kann im konkreten Einzelfall eine umfassende Prozessanalyse als eigenständiges strategisches Projekt definiert werden.

Angemerkt sei ferner, dass Unternehmensprozesse in der Regel nicht beschaffungsmarktspezifisch entwickelt werden. Vielmehr sollten Prozesse mit ihren notwendigen Varianten unternehmensweit gelten. Beispielsweise sollte es im Unternehmen möglichst nur einen einheitlichen Prozess der Just-in-Sequence-Belieferung geben, eventuell mit wenigen Varianten. In Modul 12 der 15M-Architektur® werden unternehmensweit die Anforderungen an die Prozesse koordiniert und marktübergreifend die Prozesse definiert. Im Rahmen der einzelnen Supply-Marktstrategien wird das Potenzial von Prozessinnovationen bewertet und ggf. aus den unternehmensübergreifenden Prozessvarianten die beste ausgewählt.

Die Prüfung, welche Prozessoptimierungen im Supply-Markt sinnvoll sein können, soll mit dem folgenden checklistenhaften Überblick über typische Konzepte zur Optimierung der Supply-Prozesse unterstützt werden. Zu den Konzepten soll jeweils eine knappe Beschreibung sowie eine Aufzählung der wesentlichen Chancen und Risiken erfolgen. Die Übersicht soll die Phantasie anregen. Ein Anspruch auf Vollständigkeit besteht nicht. Fokussiert wird der Überblick auf die folgenden vier Kernprozesse:

- Entwicklungsprozess (vgl. Tabelle 7-8)

- Strategischer Bestellprozess (vgl. Tabelle 7-9)

- Beschaffung und Materialversorgung (Logistik) (vgl. Tabelle 7-10)

- Qualitätssicherung (vgl. Tabelle 7-11)

Die Zuordnung der Konzepte zu den Prozessen ist aufgrund von Ausstrahlungseffekten teilweise nicht eindeutig. Beispielsweise berührt die Einführung elektronischer Kataloge die Beschaffung und die Materialversorgung, aber auch den strategischen Bestellprozess. Soweit möglich erfolgt die Zuordnung nach dem jeweiligen Schwerpunkt des Ansatzes. Ansonsten wird das Konzept beim ersten Auftreten vorgestellt.

Tabelle 7-8   *Ausgewählte Optimierungskonzepte im Entwicklungsprozess*

Konzept	Chancen / Risiken
Forward Sourcing (Lieferantenfrüheinbindung, Advanced Purchasing): Lieferant wird in den Entwicklungsprozess integriert. Der Grad der Integration kann stark schwanken. (vgl. auch Konzeptwettbewerb, System Sourcing, Modular Sourcing)	+ Kurze Entwicklungszeiten + Innovative Ideen des Lieferanten + Reduzierung der Entwicklungskosten + Entwicklungsrisiken trägt der Lieferant + Reduzierung der Fertigungskosten, da fertigungsgerecht entwickelt und konstruiert wird - Gefahr von Know-how-Verlust - Gefahr großer Abhängigkeit vom Lieferanten - Akzeptanzprobleme in der Entwicklung
Konzeptwettbewerb Lieferantenauswahl auf Basis von lastenheftorientierter Lösungskonzepte; Der Lieferant übernimmt die Verantwortung für die Entwicklung gemäß seines Konzeptvorschlages	analog Forward Sourcing
System Sourcing / Modular Sourcing Der Lieferant übernimmt für sein System / Modul die volle technische und kaufmännische Verantwortung. Damit ergeben sich auch weitreichende Konsequenzen für die Materialversorgung und die Qualitätssicherung (vgl. Modul 4)	+ Kernkompetenz des Lieferanten nutzen und Konzentration auf die eigenen Kernkompetenzen + Steigerung der Entwicklungsgeschwindigkeit + Reduzierung von Transaktionskosten, aufgrund weniger Schnittstellen und weniger Lieferanten + Risikoverteilung auf Kunde und Lieferant - Schwierige Abstimmungen an den Schnittstellen - Gefahr von Know-how-Verlust - Gefahr großer Abhängigkeit vom Lieferanten
Simultaneous Engineering Parallelisierung von Teilaufgaben im Entwicklungsprozess, insbesondere auch in der Zusammenarbeit mit den Lieferanten	+ Kurze Entwicklungszeiten - Schwierige Abstimmungen an den Schnittstellen - Gefahr von Fehlentwicklungen
Target Costing / Design-to-Cost Ermittlung eines Zielpreises im Markt aus dem dann Zielkosten für Systeme, Module und Teile abgeleitet werden. Mit kostenorientierter Konstruktion muss vom Lieferanten eine zielpreisgerechte Lösung entwickelt werden (Vgl. Modul 7, Kapitel 7.3.2 Gestaltungsfeld „Beschaffungsobjekt")	+ Markt- und teamorientierte Vorgehensweise zur Ableitung der Spezifikationen für Teile, Komponenten und Systeme + Transparenz der endkundenbezogenen Anforderungen an die Teile, Komponenten und Systeme - Aufwand für die Durchführung von Target Costing Projekten - Interessengegensätze bei der Kostenspaltung, insbesondere aufgrund erheblicher Bewertungsspielräume - Allgemeine Probleme der Partnerschaft

Tabelle 7-9   *Ausgewählte Optimierungskonzepte im strategischen Bestellprozess*

Konzept	Chancen / Risiken
Bedarfsplanung und Bedarfsprognose, ggf. auch Weitergabe an Lieferanten Erstellung von Bedarfsplanung und –prognosen auf Teileebene, ggf. rollierend. Ggf. kann die Planung und Prognose zu Dispositionszwecken an die Lieferanten weitergegeben werden (vgl. Modul 7, Kapitel 7.1 Gestaltungsfeld „Demand")	+ Bündelungsvorteile + Bestandsoptimierung + Optimierung der Produktionsplanung- und –steuerung bei Lieferanten + Steigerung der Versorgungssicherheit - Planungs- und Prognoseaufwand - Risiken der Fehlplanung können steigen
EDI-Anbindung, Web-EDI-Anbindung Elektronischer Datenaustausch mit den Lieferanten, z.B. Stammdaten zum Lieferanten bzw. zu den Materialien, Daten zum Materialfluss (Lieferavis); Beim Web-EDI erfolgt der Datenaustausch über das Internet. Der Lieferant benötigt nur einen Web-Zugang und einen Web-Browser.	+ Senkung der Prozesskosten, da keine Doppelerfassung erfolgt, damit Verringerung von Eingabefehler - Investitionskosten
e-Sourcing Die Ausschreibungen erfolgen elektronisch über Plattform oder über Marktplatz. Dabei folgt der Ausschreibungsprozess dem klassischen Ausschreibungsprozess.	+ Elektronische Lieferantenverzeichnisse ermöglichen eine sehr präzise Vorselektion geeigneter Lieferanten. + Prozesskostenvorteile durch einfache Abwicklung, z.B. Versand der Angebotsunterlagen oder Änderungsmanagement + Standardisierung der Ausschreibungstemplates + vereinfachter Angebotsvergleich, z.B. automatische formale Angebotsprüfung - Investitionsaufwand, insbesondere auch Schulungsaufwand - Akzeptanz bei Lieferanten
e-Auction Analog zu e-Sourcing, nur dass bei Auktionen Lieferanten auf das Gebot der Wettbewerber reagieren und erneut einen Angebotspreis abgeben können.	analog e-Sourcing und zusätzlich + Reduzierung des Verhandlungsaufwandes, insbesondere Ausweitung der Zahl der Verhandlungspartner + Beschleunigung der Vergabe + Einsparungen bei den Objektkosten (Die Höhe hängt sehr stark von den Rahmenbedingungen ab. - Bereitschaft der Lieferanten - Hoher Vorbereitungsaufwand, insofern nur bei Mindestvolumen sinnvoll

Fortsetzung Tabelle 7-9:

Konzept	Chancen / Risiken
Einkaufskooperation Zwei Unternehmen kaufen bestimmte Materialien bzw. Materialgruppen gemeinsam ein. (vgl. Modul 7, Kapitel 7.1, Gestaltungsfeld „Demand")	+ Bündelungsvorteile, Objektkosten sinken aufgrund von Stückkostendegression und aufgrund der erhöhten Verhandlungsmacht + Prozesskosten sinken, + Prozessqualität, insbesondere Versorgungssicherheit kann steigen + Produkt- und Markt-Know-how steigt - Abstimmungsaufwand zur Identifikation des gemeinsamen Bedarfs - Interessenskonflikte, Kompromisskosten - Berücksichtigung individueller Bedürfnisse ist problematisch; - fehlendes Anwendungs-Know-how - Mangelnde Flexibilität, z.B. bei Veränderungen im Bedarf - Widerstand durch Lieferanten
Strategischer Bestellprozess mit Dienstleister (Einkaufsdienstleister) Ein Dienstleister übernimmt in einer oder in mehreren Materialgruppen die Beschaffung. (vgl. Modul 7, Kapitel 7.1, Gestaltungsfeld „Demand")	analog Einkaufskooperation, + ggf. stärkere Bündelungsvorteile, falls für mehrere Kunden eingekauft wird - Gewinninteresse des Dienstleisters
Lead-Buying Ein Einkäufer verantwortet im Konzern den Kauf eines Materials bzw. einer Materialgruppe. Er analysiert die Konzernbedarfe, verhandelt Konzernrahmenverträge und verantwortet das Lieferantenmanagement. Die anderen Bedarfsträger im Konzern rufen ihren Bedarf aus den Konzernrahmen ab (vgl. Modul 13, Kapitel 13.2).	+ Bündelung der Konzernbedarfe + Lead Buyer hat operative Kompetenz + Relativ zu anderen Bündelungsinstrumenten wenig Koordinationsaufwand - Integrierte DV-Landschaft erforderlich - Interessenskonflikte zwischen Lead-Buyer und anderen Bedarfsträgern möglich
Materialgruppenmanagement Die Supply-Marktstrategie und die operativen Aktivitäten der Materialgruppe werden konzernweit durch ein Bündelungsgremium koordiniert bzw. verantwortet. Die Verteilung der Kompetenzen zwischen Zentrale und dezentralen Einheiten ist gestaltbar. (vgl. Modul 13, Kapitel 13.2 sowie die Fallstudie zu Siemens A&D in Teil 3, Kapitel 2)	analog Einkaufskooperation, allerdings Lieferanten eher neutral

Fortsetzung Tabelle 7-9:

Konzept	Chancen / Risiken
Shared Services Gemeinsamer Einkauf bestimmter Materialien durch eine Zentralstelle im Konzern (vgl. Modul 13, Kapitel 13.2).	analog Einkaufskooperation, allerdings + straffe Organisation kann zu Einsparung bei Prozesskosten führen - Erhöhter Koordinationsaufwand - Einkauf ist weit vom operativen Geschäft entfernt, insofern nur für einfache Produkte geeignet.

Tabelle 7-10   *Ausgewählte Optimierungskonzepte in der Beschaffung und der Materialversorgung*

Konzept	Chancen / Risiken
Kanban Mit einfachen Regelkreisen wird die Materialversorgung verbrauchsorientiert gesteuert (Pull-Prinzip). Erreicht der Vorrat beim Verbraucher (Senke) einen Meldebestand erfolgt der Materialabruf im Lager und / oder beim Lieferanten (Quelle), der ggf. die Nachproduktion und / oder die Nachlieferung anstößt. Die Form der Informationsübermittlung kann vielfältig sein, z.B. klassisch mit der Kanbankarte, mit Fax bzw. modern mit elektronischem Abruf oder Webcam.	+ Hohe Versorgungssicherheit, wenn eingeschwungen + Relativ geringe Materialbestände + Geringer Steuerungsaufwand, da selbststeuernde Regelkreise - Störungen pflanzen sich im System schnell fort. - Nur bei einfachem Produktionsprogramm mit überschaubarer Variantenvielfalt möglich - Nur bei kurzen Wiederbeschaffungszeiten möglich, hieraus folgt kurze Umrüstzeiten und hohe Anlagenverfügbarkeit - Nur bei nicht zu großen Bedarfsschwankungen möglich
Just-in-Time (Direktbelieferung) Anlieferung der Ware entsprechend dem Produktionsfortschritt, so dass eine Lagerhaltung zwischen zwei Produktionsstufen bestenfalls in Form eines kleinen Transferlagers (mit wenigen Stunden bzw. Tagen Reichweite) erfolgt. Die Just-in-Time-Philosophie führt über die logistische Steuerung hinaus zu erheblichen Konsequenzen in der Qualitätssicherung (Nullfehlerphilosophie) bzw. im Lieferantenmanagement.	+ Geringe Lager- und Bestandskosten + Flexibilität bei Absatzschwankungen aufgrund kurzer Lieferzeit - Störanfälligkeit und hohe Folgekosten bei Störungen - Qualitätsprobleme, führen zu gravierenden Störungen - Hoher Steuerungsaufwand - Allgemeine Partnerschaftsprobleme - Nur bei geringer Variantenvielfalt möglich

Fortsetzung Tabelle 7-10:

Konzept	Chancen / Risiken
Just-in-Sequence Analog Just-in-Time, nur dass die Teile bzw. Module auftragsspezifisch montiert sind und deshalb in der Produktionsreihenfolge des Kunden angeliefert werden müssen.	analog Just-in-Time, allerdings + Hohe Variantenvielfalt - Steuerungsaufwand und Störanfälligkeit steigen.
Konsignationslager Lager auf dem Fabrikgelände des Abnehmers. Die Ware ist noch im Eigentum des Lieferanten. Der Eigentumsübergang erfolgt mit der Warenentnahme aus dem Lager (vgl. Modul 7, Kapitel 7.4, Gestaltungsfeld „Entgelt").	+ Finanzierungsvorteile + Schnelle Belieferung - Lagerkosten
Vertragslager Der Lieferant unterhält im eigenen Lager oder in einem Speditionslager vertraglich vereinbarte Bestände, die bis zur Auslieferung an den Kunden nicht fakturiert werden.	+ Finanzierungsvorteile + Keine Lagerkosten - Eingeschränkte Verfügbarkeit aufgrund von Lieferzeit
Supplier Managed Inventory (Vendor Managed Inventory) Auf Basis von aktuellen Bestandsdaten und Bedarfsprognosen disponiert der Lieferant (und nicht der Kunde) die Ware. Dabei werden in der Regel ein Mindest- und ein Höchstbestand vereinbart. Innerhalb dieser Range kann der Lieferant seine Anlieferungen optimieren. Häufig wird Supplier Managed Inventory über Konsignationslager abgewickelt.	+ Geringer Steuerungsaufwand beim Kunden + Optimierung der Produktionsplanung und –steuerung beim Lieferanten + Optimierung der Anlieferungslogistik, z.B. Synergien in der Tourenplanung - Steuerungsaufwand beim Lieferanten - Gefahr, dass Ausnahmesituationen zu Störungen führen - Akzeptanzprobleme beim Kunden - Nur bei großem Volumen und nicht zu starken Bedarfsschwankungen
C-Teilemanagement C-Teile sind Materialien, bei denen der Materialwert relativ zu den Prozesskosten der Beschaffung und der Materialversorgung gering ist. Mit Hilfe von elektronischen Katalogen (siehe e-procurement), von Kanbansystemen (siehe Kanban) und von Dienstleisterkonzepten (siehe Materialversorgung und / oder Bestellung mit Dienstleistern) sollen die Prozesskosten stark reduziert werden.	vgl. e-procurement, Kanban und strategische Bestellung bzw. Materialversorgung mit Dienstleistern

Fortsetzung Tabelle 7-10:

Konzept	Chancen / Risiken
e-Procurement (elektronische Kataloge) Es werden dem Bedarfsträger elektronische Produktkataloge zur Verfügung gestellt. Der Bedarfsträger bestellt – ggf. unter Beachtung eines Genehmigungsworkflow – direkt beim Lieferant, der ebenso direkt die Ware an den Bedarfsträger ausliefert. Die Kataloge, inklusive der Preise, werden zentral durch den Einkauf gepflegt. Ursprünglicher Einsatz lag im Bereich von C-Teilen. Allerdings weitet sich das Anwendungsspektrum auf alle katalogfähigen Produkte aus.	+ Bündelungsvorteile, falls mit den elektronischen Katalogen eine standortübergreifende Bündelung erfolgt. + Prozesskostenvorteile, aufgrund intensiver Automatisierung des Prozesses + Schnelligkeit der Belieferung + Informationsqualität steigt, aktuelle Produktinformation durch Verlinkung zur Lieferantenhomepage; teils aktuelle Verfügbarkeitsmeldungen. + Gute Kontrollmöglichkeiten des Verbrauchs + Maverick Buying wird verhindert - Investitionsaufwand - Pflegeaufwand
Materialversorgung mit Dienstleister Die Verantwortung für die Materialversorgung wird von einem Dienstleister übernommen. Die Einsatzfelder können vielfältig sein: Abwicklung der externen und / oder der internen Transportlogistik; Materialbereitstellung in bzw. für die Fertigung; Materialbereitstellung inklusive Disposition, d.h. inklusive Verantwortung für die Versorgungssicherheit und die Bestände; darüber hinaus kann sich die Verantwortung auch auf den strategischen Bestellprozess beziehen, z.B. im C-Teilemanagement	+ Materialversorgung ist Kernkompetenz + Bündelungsvorteile, insbesondere Stückgrößendegression und Verhandlungsmacht gegenüber Vorlieferanten + bessere Lohnkostenstruktur - allgemeine Probleme partnerschaftlicher Zusammenarbeit - Komplexe Modelle der Preisberechnung und -entwicklung
Mehrstufige Steuerung der Versorgung und der Bestände (Supply Chain Management im engen Sinne) Die Materialströme werden mehrstufig entlang der Supply Chain gesteuert. Basis ist eine einheitliche Datenbasis zur gemeinsamen Sicht auf die Abverkäufe, die Warenströme in der Supply Chain und die Bestände in den verschiedenen Stufen der Supply Chain. Anwendungsbeispiele: Efficient Consumer Response (ECR), Quick Response	+ Optimierung der Bestände + Steigerung der Versorgungssicherheit - Hoher Abstimmungsaufwand - Hohe technische und organisatorische Investitionen - Interessenskonflikte, insbesondere wenn konkurrierende Supply Chains in den vernetzten Strukturen bedient werden. - Verringerung der Agilität der Supply Chain
Diverse logistische Einzelkonzepte, z.B. abgestimmtes Behältermanagement, abgestimmte Tourenplanung (z.B. Round-Trip), Pay-to-Production ...	

Tabelle 7-11   Ausgewählte Optimierungskonzepte in der Qualitätssicherung

Konzept	Chancen / Risiken
Lieferantenaudit, insbesondere Qualitätsaudit beim Lieferanten Systematische Untersuchung des Lieferanten durch den Kunden, um festzustellen, ob das Qualitätsmanagement des Lieferanten geeignet und umgesetzt ist, die qualitätsrelevanten Anforderungen des Kunden zu erfüllen.	+ Systematisches Vorgehen, um sicherzustellen, dass der Lieferant die Qualitätsanforderungen erfüllen kann. - Sehr hoher Vorbereitungs- und Durchführungsaufwand - Akzeptanz des Lieferanten, insbesondere bei großen Lieferanten - Validität der Prüfung
Ship-to-Line Die Ware wird ohne Wareneingangsprüfung direkt an das Montageband (bzw. in das Wareneingangslager) geliefert. Der Lieferant sichert rechtsverbindlich die Fehlerfreiheit der Produkte zu.	+ Einsparung der Qualitätssicherungskosten im Wareneingang + Schnelligkeit der Bereitstellung, insbesondere bei Just-in-Time bzw. Just-in-Sequence - Hohe Risiken bei Fehlleistung des Lieferanten - Erheblicher Vorbereitungsaufwand, z.B. für den Abschluss einer Qualitätssicherungsvereinbarung
Advanced Product Quality Planning (APQP) deutsch: Produkt Qualitätsvorausplanung Strukturierte Methode zur Qualitätsvorausplanung mit standardisierten Methoden, z.B. FMEA, QFD, Machbarkeitsanalysen, die das Supply Chain übergreifende Projektmanagement zur Qualitätsplanung in den frühen Phasen der Produktentwicklung unterstützen.	+ Systematisches Vorgehen zur Sicherung der Projektergebnisse + Kommunikations- und Steuerungsinstrument in der Zusammenarbeit mit den Lieferanten - Erheblicher Planungs- und Steuerungsaufwand
8D-Report Problemlösungsprozess, der insbesondere zur zwischenbetrieblichen Lösung von Qualitätsproblemen angewendet werden kann.	+ Systematisches Vorgehen zur Lösung von Qualitätsproblemen und Vermeidung von Wiederholung gleicher Fehler. + Kommunikations- und Steuerungsinstrument in der Zusammenarbeit mit den Lieferanten
Kontinuierlicher Verbesserungsprozess mit Lieferanten (Qualitätsgruppen) Zusammen mit Lieferanten wird in Teams kontinuierlich an kleinen Produkt- und Prozessverbesserungen gearbeitet.	+ Intensive Entwicklung der Produkt- und Prozessqualität in der Zusammenarbeit mit dem Lieferanten. - Arbeitsaufwand, in Folge Bereitschaft des Lieferanten zur Mitarbeit
Vorschlagswesen für Lieferanten Im Vorschlagswesen für Lieferanten können Lieferanten Verbesserungsideen analog zum betrieblichen Vorschlagswesen einreichen.	+ Nachhaltige Verbesserung der Zusammenarbeit - Steuerungsaufwand - Kommunikationswirkung zweifalhaft, da indirekte Kommuniaktion - Akzeptanz bei Lieferanten

8 Modul 8: Supply-Marktstrategie formulieren

In Modul 7 wurden einzelne Handlungsoptionen der Supply-Marktstrategie identifiziert, analysiert und bewertet. Die Optionen wurden allerdings noch nicht aufeinander abgestimmt. So müssen einzelne Optionen gemeinsam ausgeführt werden, um ihre Wirkung entfalten zu können. Beispielsweise erscheint Kanban ohne Partnerschaft kaum umsetzbar. Ferner ist zu beachten, dass einzelne Optionen sich gegenseitig behindern können. Beispielsweise steht eine intensive Partnerschaft in der Entwicklung mit Global Sourcing-Überlegungen in Konflikt. Neben der Abstimmung der

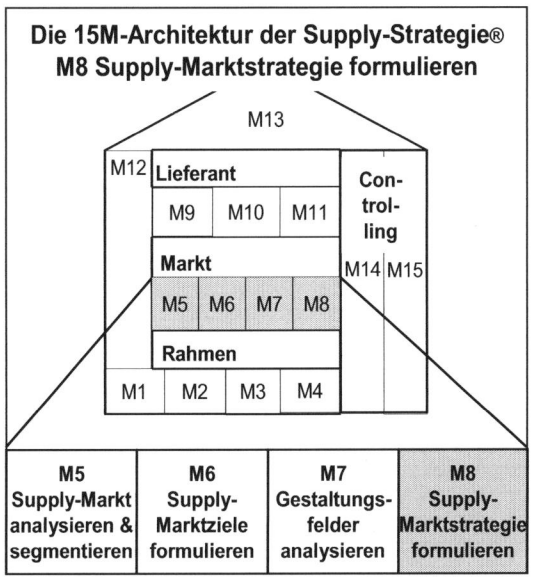

Handlungsoptionen sind in der Marktstrategie die Priorität der einzelnen Optionen festzulegen sowie wesentliche strategische Umsetzungsschritte zu identifizieren.

Auf Basis der Analyse des Beschaffungsmarktes (Modul 5), der Supply-Marktziele (Modul 6) und der Bewertung der strategischen Handlungsoptionen (Modul 7) wird in Modul 8 die Supply-Marktstrategie formuliert. Ziel ist die systematische Verknüpfung und Priorisierung der Handlungsoptionen zu einer in sich stimmigen Supply-Marktstrategie. Analog zur Supply-Strategie (vgl. Modul 3) wird vorgeschlagen, top-down strategische Stoßrichtungen zu definieren, die die Ausrichtung der Supply-Marktstrategie fixieren. Diese müssen mit Hilfe einer Supply-Marktstrategie-Map oder alternativ mit einer einfachen Roadmap konkretisiert werden (Kapitel 8.1). Die Dokumentation der Supply-Marktstrategie erfolgt mit Hilfe des Supply-Marktsteckbriefes (vgl. hierzu das Beispiel Elektro AG in Kapitel 8.3). Die formulierte Strategie kann mit Hilfe des Supply-Marktportfolios (vgl. Modul 4) kritisch überprüft werden, indem die definierte Strategie mit den Normstrategien des Portfolios verglichen wird. Bei Abweichungen ist der Grund zu klären und ggf. die Strategie zu modifizieren (Kapitel 8.2). Abschließend wird in Kapitel 8.3 die Fallstudie zur Elektro LA fortgeführt, indem die Supply-Marktstrategie der Elektro LA im Elektroblechmarkt vorgestellt wird.

8.1 Formulierung der Supply-Marktstrategie

Mit der Supply-Marktstrategie sollen (1) die strategische Ausrichtung definiert, (2) die Strategie in Richtung Aktionsplanung konkretisiert, (3) die Basis für die Umsetzung und Steuerung der Strategie geschaffen und (4) die Managementkommunikation unterstützt werden. Diese Anforderungen und die Vorgehensweise zur Formulierung der Marktstrategie entsprechen völlig den Überlegungen zur Formulierung der Rahmenstrategie und wurden in Modul 3 ausführlich vorgestellt. Insofern wird auf die Ausführungen in Modul 3 verwiesen und im Folgenden nur die Formulierung der Supply-Marktstrategie knapp skizziert und hierbei auf Besonderheiten der Marktstrategie relativ zur Rahmenstrategie eingegangen. Analog zu Modul 3 werden zunächst strategische Stoßrichtungen definiert, die anschließend mit der Strategy Map bzw. mit einer Roadmap konkretisiert und umgesetzt werden.

Eine **strategische Stoßrichtung** beschreibt – noch relativ abstrakt – eine strategische Entwicklungslinie, die mit besonderer Priorität in den nächsten ein bis drei Jahren verfolgt werden soll. Nach der Analyse und Bewertung der strategischen Handlungsoptionen fällt es in der Regel nicht schwer, die zentralen Ansätze der Supply-Marktstrategie festzulegen. Dabei stellt die Auswahl eine kreative und wertende Entscheidung dar, die möglichst im Konsens der beteiligten Personen zu treffen ist.[30] Letztlich kann in einer konkreten Handlungssituation jeder der oben aufgezeigten Handlungsoptionen eine besondere strategische Bedeutung zukommen, so dass sie Gegenstand einer strategischen Stoßrichtung wird. Typische Beispiele strategischer Stoßrichtungen sind:

- Wir wollen im Supply-Markt Global Sourcing intensivieren und hierbei insbesondere die Versorgung in China und Osteuropa entwickeln.

- Wir wollen durch Einführung einer Vorzugslieferantenstrategie die Prozesskosten und die Prozessqualität verbessern.

- Wir wollen insbesondere durch enge partnerschaftliche Zusammenarbeit mit Vorzugslieferanten und eng vermaschte Qualitätsregelkreise eine Fehlerrate von unter 20 ppm realisieren.

- Wir wollen durch Einführung eines Katalogeinkaufs bei gleichbleibenden Objektkosten die Prozesskosten halbieren.

Aufgrund der meist (sehr) knappen Personalkapazität, die für die Bearbeitung eines Supply-Marktes zur Verfügung steht, empfiehlt es sich, sich auf ein bis drei strategi-

---

[30] Angemerkt sei, dass die Idee, aus der Analyse mechanistisch eine Strategie abzuleiten, dem Grundverständnis der Einzigartigkeit von Strategien widerspricht. Trotzdem erscheint ein situativer Forschungsansatz interessant, in dem für Situationskonstellationen erfolgsversprechende Strategiemuster identifiziert werden. Diese müssen allerdings im Rahmen der konkreten Strategieformulierung ausdifferenziert und feinjustiert werden. Zu dieser Themenstellung besteht ein erheblicher Forschungsbedarf.

sche Stoßrichtungen zu beschränken. Dabei sollte bei der Formulierung der einzelnen strategischen Stoßrichtungen auch der erforderliche Arbeitsaufwand sehr vorsichtig abgeschätzt und mit der verfügbaren Personalkapazität abgestimmt werden. Sehr leicht wird die Planung zur unrealistischen Utopie.

Bei der Definition der strategischen Stoßrichtungen ist ferner auf die **Verknüpfung mit der Supply-Rahmenstrategie** zu achten. Zunächst sollten die strategischen Stoßrichtungen der Rahmenstrategie auf ihre Konsequenzen für den Supply-Markt geprüft werden. Ist beispielsweise die Intensivierung von Global Sourcing Gegenstand einer strategischen Stoßrichtung der Rahmenstrategie, sind die Global Sourcing Potenziale im Supply-Markt besonders aufmerksam zu beurteilen. Sind diese groß, wird auch eine der strategischen Stoßrichtungen im Supply-Markt auf die Intensivierung von Global Sourcing abzielen. Diese kann in der Regel sogar – analog zum oben aufgeführten Beispiel – konkreter formuliert werden als das Pendant in der Rahmenstrategie. Spielt Global Sourcing im Supply-Markt keine große Rolle, wird auch keine entsprechende strategische Stoßrichtung formuliert. Es sollte aber geprüft werden, ob im „bescheidenen Maße" die strategische Stoßrichtung der Rahmenstrategie unterstützt werden kann. Sind im Supply-Markt andere strategische Themen als in der Rahmenstrategie bedeutsam, muss deren Konsistenz mit der Rahmenstrategie überprüft werden. Auf diese Weise können Unstimmigkeiten in den verschiedenen Strategien identifiziert und aufgelöst werden.

In analoger Weise ist zu verfahren, falls es für einen Supply-Markt Strategien auf unterschiedlichen **Konzernebenen** gibt, z.B. eine Konzernstrategie und Bereichsstrategien für verschiedene Geschäftsbereiche.

Die strategischen Stoßrichtungen sind zu konkretisieren. Hierzu bietet sich die **Balanced Scorecard** mit der Ableitung einer Strategy Map an. Abbildung 8-1 zeigt beispielhaft die Strategy Map eines Unternehmens aus dem Sonderfahrzeugbau für den Supply-Markt Türsysteme. Diese ist analog zur Strategy Map der Rahmenstrategie des Unternehmens aufgebaut (vgl. Modul 3, Abbildung 3-3). Die Vorgehensweise zur Formulierung einer Balanced Scorecard wurde bereits in Modul 3 ausführlich beschrieben und soll hier nicht wiederholt werden. Ein weiteres Beispiel einer Strategy Map für einen Supply-Markt findet sich in der Fallstudie zur Firma Siemens in Teil 3, Kapitel 2.

Abbildung 8-1: *Beispiel Strategy Map für Türsysteme eines Unternehmens im Sonderfahrzeugbau*

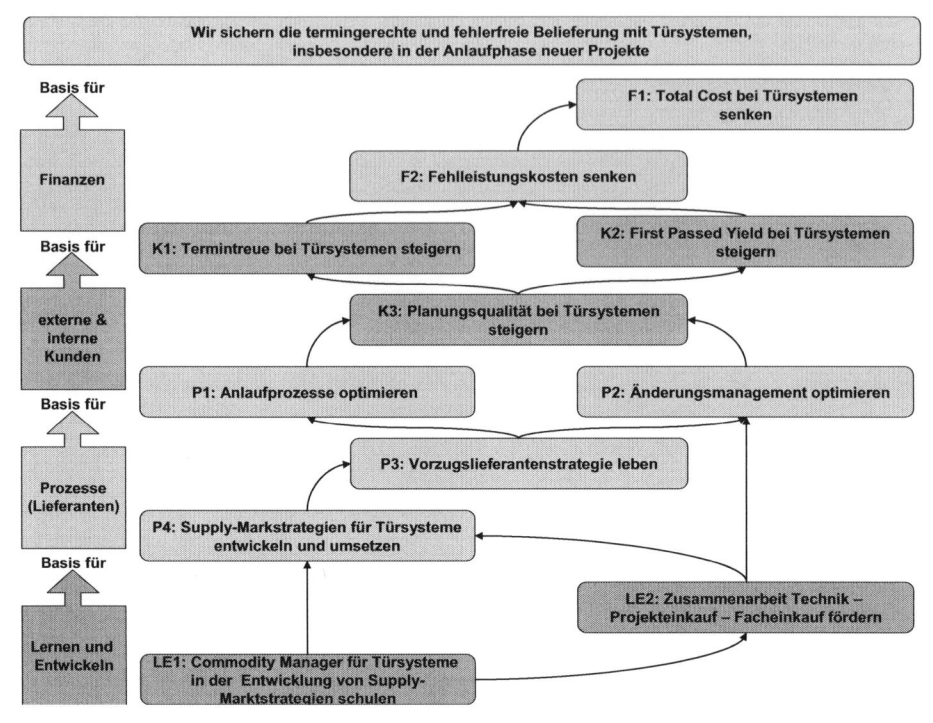

Obwohl der Erstellungs- und Pflegeaufwand einer Balanced Scorecard nicht überschätzt werden sollte, kann – insbesondere in den ersten ein bis zwei Jahren nach Einführung von Supply-Marktstrategien – die Konkretisierung der strategischen Stoßrichtungen vereinfacht in Form einer Roadmap erfolgen. Zu jeder strategischen Stoßrichtung werden die wichtigsten Maßnahmen bzw. Meilensteine formuliert. Abbildung 8-2 zeigt für die beiden ersten Beispiele der oben formulierten strategischen Stoßrichtungen mögliche Meilensteine. Die Verantwortung und der Termin des jeweiligen Meilensteins sollte in der rechten Spalte eingetragen werden.

Abbildung 8-2:   *Beispiel Roadmap zur Konkretisierung der Supply-Marktstrategie*

	Roadmap
1	Wir wollen im Supply-Markt Global Sourcing intensivieren und hierbei insbesondere die Versorgung in China und Osteuropa entwickeln.
1.1	Zusammenarbeit mit Lieferant X (bisher einziger chinesischer Lieferant) verbessern und intensivieren.
1.2	Verlagerbares Volumen identifizieren: mindestens 10 % bis Ende nächsten Jahres, mindestens 20 % bis Ende übernächsten Jahres.
1.3	Zwei weitere chinesische Lieferanten entwickeln.
1.4	Osteuropa-Studie mit den Schwerpunkten Russland und Bulgarien durchführen.
1.5	Die Zusammenarbeit mit dem neuen IPO (International Procurement Office) in Shanghai entwickeln.

2	Wir wollen durch Einführung einer Vorzugslieferantenstrategie die Prozesskosten und die Prozessqualität verbessern.
2.1	Fünf Vorzugslieferanten identifizieren und für die Zusammenarbeit gewinnen.
2.2	Lieferantenstrategien gemeinsam mit Vorzugslieferanten entwickeln.
2.3	Spezialisten im Marktsegment xy identifizieren und gewinnen.

Weitere Beispiele für die Konkretisierung der Supply-Marktstrategie mit Roadmap finden sich im Praxisfall zur Firma E-T-A (Teil 1, Kapitel 2) und in der Fallstudie zur Elektro LA in Kapitel 8.3.

Unabhängig davon, ob die Konkretisierung mit Hilfe der Balanced Scorecard oder mit der Roadmap erfolgt ist folgender **Konsistenzcheck** dringend empfohlen:

▓ Finden sich alle strategischen Handlungsoptionen, die im Rahmen der Bottom-up-Analyse mit Modul 7 als potenzialträchtig eingestuft wurden in der Strategy Map oder in der Roadmap? Insbesondere ist darauf zu achten, dass alle Hebel berücksichtigt sind, die zur Umsetzung von strategischen Stoßrichtungen erforderlich sind. Beispielsweise verlangt eine strategische Stoßrichtung zur Intensivierung von Global Sourcing nicht nur die Suche nach neuen Lieferanten, sondern ebenso die Entwicklung der Beschaffungs- und Materialversorgungsprozesse sowie die Definition eines für die Verlagerung geeigneten Bedarfs.

▓ Sind alle Elemente der Strategy Map sowie der Roadmap auch im Rahmen der Bottom-up-Analyse (Modul 7) als potenzialträchtig eingestuft? Elemente, die bei der Bottom-up-Analyse nicht identifiziert oder nicht als bedeutsam eingestuft wurden, sind auf ihre Bedeutung hin kritisch zu hinterfragen.

▨ Sind strategische Ziele der Balanced Scorecard oder Meilensteine der Roadmap widerspruchsfrei? Sollten beispielsweise im Markt gleichermaßen Global Sourcing und Entwicklungspartnerschaften angestrebt werden, muss die Kompatibilität der strategischen Stoßrichtungen sichergestellt werden.

▨ Sind alle aktuell laufenden strategischen Maßnahmen bzw. alle persönlichen Ziele der verantwortlichen Personen auch in der Balanced Scorecard bzw. in der Roadmap verankert?

▨ Sind umgekehrt alle Elemente der Strategy Map sowie der Roadmap mit laufenden bzw. realistischen strategischen Maßnahmen hinterlegt und angemessen in den persönlichen Zielen der verantwortlichen Personen verankert?

Abweichungen sind kritisch zu hinterfragen. Unbedingt zu vermeiden sind parallele Managementsysteme, d.h. beispielsweise Maßnahmen im persönlichen Zielsystem und andere Maßnahmen in der Strategie. Zu vermeiden sind ebenso strategische Utopien, die zwar wünschenswert, aber nicht realistisch sind. Ist die geplante Strategie weit von der aktuellen Situation entfernt, sind das Commitment und die Ressourcenverfügbarkeit sehr kritisch zu prüfen.

Zur **Umsetzung der Supply-Marktstrategie** müssen aus der Strategy Map bzw. aus der Roadmap heraus konkrete Maßnahmen (Action Items) abgeleitet und realisiert werden. Es empfiehlt sich regelmäßig (z.B. monatlich oder quartalsweise) den Umsetzungserfolg der Action Items und den Fortschritt in der Balanced Scorecard bzw. in der Roadmap zu checken. In der Konsequenz werden neue Action Items definiert bzw. die strategischen Maßnahmen in der Balanced Scorecard sowie in der Roadmap fortentwickelt. Einmal im Jahr bzw. bei gravierenden Abweichungen sollte die Strategie überprüft werden. Die Umsetzung und das Controlling der Supply-Strategie werden in Modul 14 im Detail behandelt.

8.2 Supply-Marktstrategie und Supply-Marktportfolio

Das Supply-Marktportfolio ist eine alternative Vorgehensweise zur Formulierung von Supply-Marktstrategien, die häufig empfohlen wird. Wie in Modul 4 ausführlich beschrieben werden die einzelnen Supply-Märkte und Supply-Marktsegmente nach ihrer strategischen Bedeutung und der Versorgungskomplexität im Markt bewertet und in ein Vier-Quadranten-Schema eingeordnet. Abbildung 8-3 wiederholt das Beispiel aus Modul 4 mit der Bewertung von 15 Märkten.

Abbildung 8-3:   *Supply-Marktportfolio*

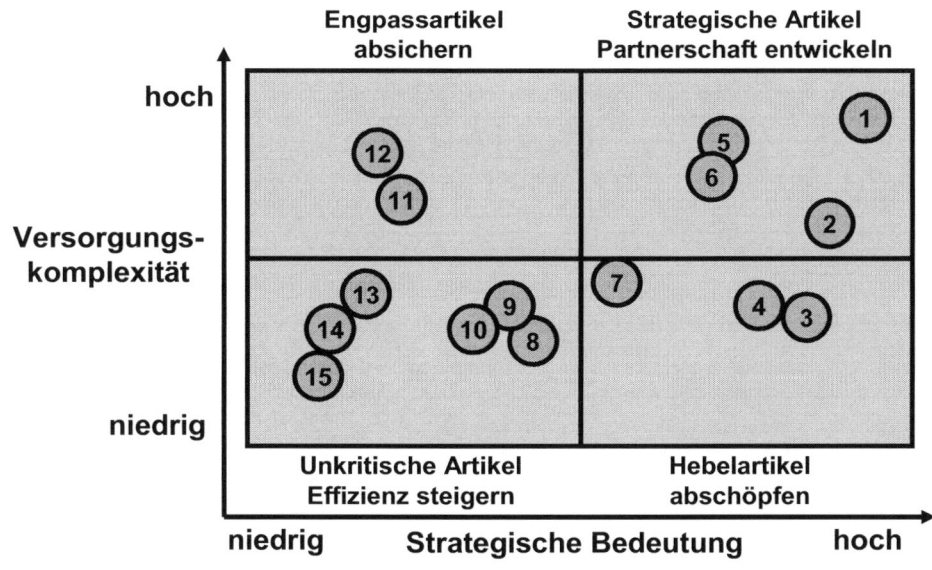

Neben der Strukturierung und Priorisierung der Supply-Märkte folgen – so lautet zumindest der Anspruch der Methode – aus der Einordnung eines Supply-Marktes in das Portfolio folgende strategische Handlungsempfehlungen, die sogenannten Normstrategien (vgl. Kraljic 1985 und Appelfeller, Buchholz 2005, S. 109 ff.):

- **Strategische Artikel** (große Bedeutung/hohe Komplexität, z.B. bedeutende direkte Materialien): Die Normstrategie lautet: **Strategische Partnerschaften entwickeln.**

- **Hebelartikel** (große Bedeutung/geringe Komplexität, z.B. Commodities bzw. standardisierte direkte Materialien mit vielen geeigneten Lieferanten): Die Normstrategie lautet **Marktpotenzial abschöpfen.**

- **Enpassartikel** (geringe Bedeutung/hohe Komplexität, z.B. spezifische Materialien mit geringem Volumen, kaum Substitutionsmöglichkeiten oder Materialien mit nur wenigen Lieferanten): Die Normstrategie lautet **Versorgung sicherstellen.**

- **Unkritische Artikel** (geringe Bedeutung/geringe Komplexität, z.B. indirekte Materialien wie Büroartikel, MRO-Produkte, bzw. bei direkten Materialien insbesondere Verbrauchsmaterialien): Die Normstrategie lautet **Effizienz in den Versorgungsprozessen steigern.**

Solche Normstrategien können zwar eine erste Orientierung bieten, sind aber für konkrete Supply-Strategien viel zu allgemein. Insofern wird versucht, die Strategieempfehlungen weiter zu präzisieren. Unten in Tabelle 8-1 findet sich eine Übersicht von strategischen Orientierungen sortiert nach den Gestaltungsfeldern im Supply-Markt.

Allerdings sollten Supply-Marktstrategien nur mit äußerster Vorsicht über die Normstrategien aus dem Supply-Marktportfolio abgeleitet werden. Bei der Positionierung eines Marktes im Portfolio können nämlich sehr unterschiedliche Marktsituationen zum gleichen Scoring-Wert führen. So ist aufgrund dieser starken Informationsverdichtung eine differenzierte Strategie nicht mehr möglich. In der Konsequenz sind Normstrategien entweder zu allgemein formuliert oder angreifbar, da es Situationen geben kann, in denen die vorgeschlagene Strategie nicht sinnvoll ist. Ebenso erscheint die Beurteilung der strategischen Bedeutung eines Supply-Marktes allein nach dem Einkaufsvolumen als zu undifferenziert.

Unter Berücksichtigung dieser Kritik sollten die Aussagen des Supply-Marktportfolios sehr zurückhaltend interpretiert werden. In diesem Sinne hat sich ein Einsatz des Marktportfolios in folgender Weise sehr bewährt: Die Supply-Marktstrategie wird mit dem oben in Kapitel 8.1 vorgestellten Prozessschema formuliert. Die Ergebnisse werden mit den Handlungsempfehlungen aus dem Marktportfolio verglichen. Abweichende Empfehlungen werden analysiert und geklärt. Hierbei können einzelne Empfehlungen aus dem Marktportfolio in der konkreten Situation als nicht sinnvoll zurückgewiesen werden. Gleichzeitig können aber über weitere Empfehlungen des Portfolios blinde Flecken in der prozessorientiert formulierten Strategie identifiziert und behoben werden.

Tabelle 8-1:   *Supply-Marktportfolio Normstrategien*

Strategischer Artikel	
Demand	▦ Exakte Bedarfsplanung
Beschaffungs-objekt	▦ Prozess- und kundenorientiertes Design optimieren, z.B. Innovation, Design-to-Cost bzw. Target Costing
Sourcing	▦ Partnerschaft als zentraler Hebel ▦ Kombination aus Global und Local Sourcing, ggf. Cluster Sourcing ▦ Single, Parallel oder Preferential Sourcing
Entgelt	▦ Open Book ▦ Preisbildungsbasis Kosten und Markt parallel ▦ ggf. längere Vertragslaufzeiten ▦ Leistungsanreize ▦ ggf. Finanzierungsbeitrag

Fortsetzung Tabelle 8-1:

Prozess	▓ Forward Sourcing bzw. weitere Formen der Lieferantenfrüheinbindung in den Entwicklungsprozess ▓ Enge Verzahnung in der Beschaffung und Materialversorgung, z.B. Just-in-Time, Kanban, SMI ▓ Enge Verzahnung in der Qualitätssicherung
Hebelartikel	
Demand	▓ Bedarfsbündelung über Bedarfsträger und Programmbreite ▓ Nachfragekooperation
Beschaffungs-objekt	▓ Standardisierung
Sourcing	▓ Transaktionsorientierte Geschäftsbeziehung ▓ Global Sourcing ▓ ggf. Vorlieferanten aussteuern ▓ Multiple Sourcing
Entgelt	▓ ggf. Open Book ▓ Preisdruck als zentraler Hebel ▓ Kurze Vertragslaufzeiten ▓ Leistungsanreize ▓ Finanzierungsbeitrag
Prozess	▓ e-Sourcing und e-Auction ▓ Enge Verzahnung in der Beschaffung und Materialversorgung, z.B. Just-in-Time, Kanban, SMI ▓ Enge Verzahnung in der Qualitätssicherung
Engpassartikel	
Demand	▓ ggf. Bedarfsbündelung über Bedarfsträger und Programmbreite
Beschaffungs-objekt	▓ Technische Komplexität reduzieren, z.B. mit Wertanalyse oder Design-to-Cost ▓ ggf. Standardisierung ▓ ggf. Eigenfertigung
Sourcing	▓ Partnerschaft zur Sicherung der Versorgung ▓ Suche nach neuen Lieferanten, z.B. über Global Sourcing; allerdings Problem technischer Abhängigkeiten, z.B. Werkzeuge ▓ Lieferantenzahl: Entweder Multiple Sourcing zur Steigerung des Wettbewerbs oder Single Sourcing als Basis für Partnerschaft, ggf. Parallel Sourcing

Fortsetzung Tabelle 8-1:

Entgelt	▦ Kein Preisdruck ▦ Mehrjahresverträge
Prozess	▦ Früheinbindung des Einkaufs in den Entwicklungsprozess, um Risiken rechtzeitig zu reduzieren ▦ Intensives Beschaffungsmarketing ▦ Sicherheitsbestände aufbauen ▦ Qualitätssicherung intensivieren
Unkritischer Artikel	
Demand	▦ Bedarfsbündelung über Bedarfsträger und Programmbreite ▦ Nachfragekooperation ▦ Bedarfsmengenreduzierung
Beschaffungs-objekt	▦ Standardisierung
Sourcing	▦ ggf. Vorzugslieferanten oder Preferential Sourcing ▦ Local Sourcing, ggf. multilokal ▦ Single Sourcing ▦ ggf. Dienstleisterkonzept
Entgelt	▦ Relativ zur Prozesseffizienz nachgeordnet ▦ Open Book bei Dienstleistern
Prozess	▦ Vereinfachung der Bestell- und Beschaffungsprozesse: Bestellkosten vor Bestandskosten ▦ E-Procurement ▦ Dezentralisierung der Beschaffung ▦ Kanban ▦ C-Teilemanagement ▦ Dienstleisterkonzepte

8.3 Fallbeispiel Elektro AG: Supply-Marktstrategie für Elektrobleche

Die Beschreibung der Supply-Marktstrategie der Elektro LA für Elektrobleche orientiert sich an den Modulen 5 bis 8 der 15M-Architektur der Supply-Strategie®. Die Dokumentation erfolgt in den Abbildungen 8-4 bis 8-12 in Form eines Supply-Markt-steckbriefes:

▓ **Formulieren Sie für die Materialgruppe Elektrobleche eine Supply-Marktstrategie und erstellen Sie einen Supply-Marktsteckbrief.**

Die Ergebnisse der Marktanalyse gemäß Modul 5 sind in Abbildung 8-4 knapp zusammengefasst. Beachtenswert ist die Marktsegmentierung, die einerseits nach der Produktqualität LQ und HQ und andererseits nach dem Leistungsumfang der Lieferanten erfolgt. Besonders hervorzuheben ist ferner die starke Konjunkturabhängigkeit der Marktnachfrage mit Allokationsphasen und starken Preisschwankungen in der Konsequenz. Aktuell sind ganz erhebliche Preissteigerungen festzustellen (Materialkostenveränderung von 12 % und 10 % im Folgejahr).

Abbildung 8-4: *Supply-Marktsteckbrief Elektrobleche Seite 1*

Supply Marktstrategie	Elektrobleche		Facheinkäufer	Name	Elektro AG
Ausgabe-/Änd.Datum	15. März 2008		Freigabe	Name 17. März 2008	
Seite 1 von 9					Leistungsantriebe

Marktanalyse	
Marktsituation und Marktentwicklung	Die Marktnachfrage ist starken Konjunkturzyklen unterworfen. Dabei ist die Automobilbranche meist Vorreiter der Konjunkturentwicklung.
Marktsegmente	Produktsegmente: - LQ einfache Qualität für Industriemotoren - HQ hohe Qualität für Anlagenantriebe, z.B. für Bahnmotoren Nach Leistungsumfang der Lieferanten: - Full-Range-Lieferanten: High-Quality und Low-Quality - Low-Quality Anbieter
Technologie-entwicklung	Produktqualität: L2Q und H2Q Qualitäten mit doppelter Blechstärke führen zu erheblichen Einsparungen in der Läufer- und Ständerfertigung. Erste Pilotversuche sind derzeit möglich.
Allokation Kapazitätsauslastung	In Aufschwungphasen ergeben sich Versorgungsengpässe. Insbesondere ist mit stark steigenden Wiederbeschaffungszeiten zu rechnen.
Preisentwicklung Elastizitäten	Es ist mit starken Preisschwankungen zu rechnen.
Sonstiges	

Die Ziele der Elektro LA im Elektroblechmarkt orientieren sich eng an den Zielsetzungen der Elektro LA insgesamt (vgl. Modul 2). In ihnen spiegelt sich auch die Prognose der Preissteigerungen (Abbildung 8-5).

Die zentrale strategische Stoßrichtung (Abbildungen 8-5 und 8-11) zielt auf die Sicherung der Versorgung, die angesichts des aktuellen Bedarfszuwachses an Elektroblechen bei Elektro LA (5 %) und der kritischen Allokationssituation die Gesamtstrategie dominiert (vgl. die Basisstrategie der Elektro LA in Modul 1). Alle weiteren Ziele sind nachrangig. Beispielsweise werden die Total Cost nur insoweit optimiert, wie die Versorgungssicherheit risikofrei gewährleistet bleibt. Eine einzigartige Kostenposition gegenüber Wettbewerbern (vgl. die Basisstrategie in Modul 1) wird im Elektroblechmarkt nicht direkt, sondern nur über die Entwicklung der neuen Qualitäten L2Q und H2Q realisierbar sein. Die angestrebte Verkürzung der Lieferzeit (vgl. 2. strategische Stoßrichtung von Elektro LA in Modul 3) wird über die Stoßrichtung „Sicherung der Versorgung" mit abgedeckt. Moderne Belieferungskonzepte werden angestrebt, aber nur insoweit die Versorgung nicht gefährdet wird.

Die zweite und dritte strategische Stoßrichtung (Vorzugslieferantenstrategie aufbauen und Global Sourcing intensivieren, vgl. Abbildungen 8-5 und 8-11) korrespondieren mit den entsprechenden strategischen Stoßrichtungen auf Ebene der Elektro LA (vgl. Modul 3). Insbesondere ist auf den Handlungsbedarf im Rahmen der Sourcing-Strategie hinzuweisen. Ein großer Teil der aktuellen Lieferanten weist derzeit keine akzeptable Leistung auf.

Auf Seite 3 und 4 im Supply-Marktsteckbrief werden die Gestaltungsdimensionen analysiert und strategische Optionen generiert (vgl. Abbildungen 8-6 und 8-7):

- Die Bündelungsversuche mit weiteren Geschäftsfeldern der Elektro AG sollen weiter fortgeführt werden.

- Hervorzuheben sind die Entwicklung und die Entwicklungspartnerschaft zur doppelten Blechstärke L2Q und H2Q.

- Mehrjahresverträge und Bündelung auf wenige Lieferanten sollen zur Versorgungssicherheit beitragen. Natürlich müssen dabei Abhängigkeiten vermieden werden.

- Das Währungsproblem soll durch die Synchronisierung von Einkauf und Verkauf gelöst werden. Entspricht das Einkaufsvolumen in den einzelnen Währungsräumen dem jeweiligen Verkaufsvolumen, kompensieren sich die Währungsrisiken.

- Kanban und Supplier Managed Inventory-Prozesse sollen eingeführt werden, soweit sie durchsetzbar sind.

Abbildung 8-5: *Supply-Marktsteckbrief Elektrobleche Seite 2*

Supply Marktstrategie	Elektrobleche	Facheinkäufer	Name
Ausgabe-/Änd.Datum	15. März 2008	Freigabe	Name 17. März 2008
Seite 2 von 9			

Elektro AG — Leistungsantriebe

Ziele

	Einkaufsvolumen in T €			MKV in %			MKV in T €			Bestandsoptimierung in T €		
	Vorjahr	Planjahr	Prognose	Vorjahr	Planjahr	Prognose	Vorjahr	Planjahr	Prognose	Bestand	OP	Bestand - OF
Gesamt	61.700	72.500	83.700	12,0%	12,0%	10,0%	6.530	7.777	7.580	1625	700	925
LQ	28.400	34.400	40.300	10,5%	11,0%	9,5%	3.124	3.452	3.387	650	350	300
HQ	33.300	38.100	43.400	13,4%	12,9%	10,3%	3.406	4.325	4.193	975	350	625

	Lieferzeitindex			Liefertermintreue in %			QKZ in %			Mengentreue in %		
	Vorjahr	Planjahr	Prognose	Vorjahr	Planjahr	Prognose	Vorjahr	Planjahr	Prognose	Vorjahr	Planjahr	Prognose
Gesamt	1,00	0,98	0,90	80,0%	85,0%	90,0%	75,0%	80,0%	85,0%	85,0%	90,0%	95,0%
LQ	1,00	0,99	0,90	83,0%	88,0%	92,0%	72,0%	79,0%	84,0%	88,0%	92,0%	96,0%
HQ	1,00	0,97	0,90	77,0%	82,0%	88,0%	78,0%	82,0%	85,0%	82,0%	88,0%	94,0%

Strategische Stoßrichtungen in der Materialgruppe

1	Wir garantieren die Versorgungssicherheit auch in Allokationsphasen. Innerhalb dieses Rahmens werden die Total Cost optimiert.
2	Wir verbessern unsere Lieferantenbasis durch Lieferantenentwicklung und Vorzugslieferantenstrategie erheblich.
3	Wir globalisieren die Versorgung mit Elektroblechen.

MKV = Materialkostenveränderung
OP = Offene Posten
QKZ = Qualitätskennzahl

Abbildung 8-6:   *Supply-Marktsteckbrief Elektrobleche Seite 3*

Supply Marktstrategie	Elektrobleche	Facheinkäufer	Name
Ausgabe-/Änd. Datum	15. März 2008	Freigabe	Name 17. März 2008
Seite 3 von 9			

Elektro AG · Leistungsantriebe

Gestaltungsdimensionen	Analyse	Strategie
Demand	Derzeit keine Aktivitäten	Versuch der Bündelung mit anderen Geschäftsfeldern der Elektro AG
Beschaffungsobjekt • Design • Standardisierung • Typen und Teile-Vielfalt • Make or Buy	Kundenspezifische Legierungen mit eher geringer Variantenvielfalt	Neue Qualitäten L2Q und H2Q mit doppelter Blechstärke. Derzeit läuft eine Machbarkeitsstudie in der Entwicklung.
Lieferantenbeziehung (Partnerschaft)	Teils sehr schlechte Bewertungen der Lieferanten Derzeit kaum Aktivitäten zu Partnerschaften Analyse der Lieferantenmacht Für hohe Lieferantenmacht spricht: • **Konzentration der Anbieter** • **Zeitweise Knappheit an Elektroblechen** • **Geringe Bedeutung von Elektroblechen für Anbieter** • **Geringe bis mittlere Umstellungsprobleme bei den Lieferanten** Für eine bedingte Abnehmermacht spricht • **Relativ hoher Bedarf** • **Bündelung innerhalb der Elektro AG** Insgesamt ist die Lieferantenmacht als stark bis sehr stark einzuschätzen.	Entwicklungspartnerschaft für L2Q und H2Q aufbauen; eventuell ein Partner in Europa und einer in USA (siehe Objektstrategie) Eventuell Vorzugslieferantenstrategie und Mehrjahresverträge zur Absicherung der Konjunkturschwankungen.

Abbildung 8-7:   *Supply-Marktsteckbrief Elektrobleche Seite 4*

Supply Marktstrategie	Elektrobleche	Facheinkäufer	Name
Ausgabe-/Änd.Datum	15. März 2008	Freigabe	Name 17. März 2008
Seite 4 von 9			

Elektro AG
Leistungsantriebe

	Analyse	Strategie
Beschaffungsregion (Global Sourcing)	aktuell Lieferanten überwiegend in Deutschland und USA Erster Lieferant in Polen mit erheblichem Volumen (nur LQ); erste Kontakte in China (nur LQ)	Zielstruktur 1-2 Lieferanten in Westeuropa 1-2 Lieferanten in USA 1-2 Lieferanten in China aufbauen, je nach Verlagerung nach China 1 Lieferanten in Osteuropa nach TCO: Osteuropa für Deutschland China für USA, um Standort China zu entwickeln ggf. Lieferanten für Standort Rumänien aufbauen
Wertschöpfungsort	nicht relevant	
Netzwerksteuerung (Vorlieferanten)	nicht relevant	
Lieferantenzahl	insgesamt 12 Lieferanten. dann: 8 für Standort D und 6 für Standort USA	Reduzierung der Lieferantenzahl, um über Volumensbündelung für die Lieferanten interessanter zu werden und damit die eigene Position zu stärken.
Entgelt	Wesentliche Wechselkursschwankungen	Einkauf proportional zum Bedarf in den Währungsblocken Preisdruck eher moderat Mehrjährige Vertragsbindung prüfen
Prozesse • Entwicklung • Bestellprozess • Logistik • QM	Relativ gleichförmige Nachfrage. • **2 Wochen Vorlauf bei LQ** • **4 Wochen Vorlauf bei HQ**	eventuell Kanban einführen eventuell Supplier Managed Inventory einführen Konsignationslager ist derzeit aufgrund der Machtverteilung nicht durchsetzbar

Die Sourcing-Strategie wird nochmals auf den Seiten 5 und 6 im Detail betrachtet (vgl. Abbildungen 8-8 und 8-9). Dazu wird zunächst die wünschenswerte Sourcing-Strategie analysiert. Beispielsweise soll eine Struktur mit zwei westeuropäischen Lieferanten angestrebt werden. Mit diesen ist auch eine Partnerschaft zur Mengenabsicherung und zur Entwicklung der neuen Materialqualitäten anzubahnen. Mittelfristig kann eventuell einer der beiden Lieferanten wegfallen.

Anschließend wird überprüft, inwieweit die bestehende Lieferantenbasis in der Lage ist, die angestrebte Sourcing-Strategie umzusetzen. Die Lieferantenbewertung wird in Modul 9 im Detail ausgeführt. Hier seien nur kurz die wesentlichen Ergebnisse am Beispiel der Elektro LA vorgestellt. Im ersten Schritt (linkes Chart in Abbildung 8-9) wird das Leistungspotenzial der Lieferanten über deren Risikoposition und deren zukünftige Leistungsfähigkeit beurteilt. Leader sind Lieferanten, denen man eine hervorragende und sichere Zukunft zutraut. Im rechten Chart werden dann die Ergebnisse der zukünftigen Entwicklung mit den Leistungen der Lieferanten in der Vergangenheit verknüpft (z.B. Liefertermintreue, Qualitätskennzahl). Vorzugslieferanten sind Lieferanten mit hohem Leistungspotenzial und einer guten Performance in der Vergangenheit. Bei der Elektro LA sind dies die Lieferanten EU4, EU5, U2 und U4. EU1 liegt auf der Grenze. Als Potenziallieferanten werden EU6, U1 und RoW1 eingestuft, da sowohl deren Entwicklungspotenzial und deren vergangene Leistung gut, aber nicht sehr gut eingestuft werden. Die weiteren Lieferanten sind kritisch zu beurteilen. Allerdings muss man bedenken, dass es sich bei EU2 und RoW2 um zwei neue Lieferanten in Polen bzw. in China handelt. Inwieweit hier noch Geduld angebracht ist, muss entschieden werden.

Auf Seite 7 (Abbildung 8-10) werden die Stärken und Schwächen der wichtigsten Lieferanten sowie die Strategien gegenüber diesen Lieferanten zusammengefasst.

Auf Seite 8 (Abbildung 8-11) werden für die drei strategischen Stoßrichtungen die Roadmaps (Handlungspläne) entwickelt. Die Konsistenz mit den strategischen Handlungsoptionen (Seite 3 und 4) ist sicherzustellen. Die Maßnahmen in der Roadmap sind umfassend und werden im Rahmen der Umsetzung mit konkreten Action Items präzisiert.

An dieser Stelle wäre die Entwicklung einer Strategy Map und einer Balanced Scorecard zu empfehlen.[31] Als sinnvoll hat es sich ferner erwiesen, am Ende des Supply-Marktsteckbriefs die wesentlichen Erfolge und Misserfolge zu protokollieren (Vgl. Abbildung 8-12).

---

[31] Auf die Präsentation einer beispielhaften Strategy Map wird allerdings verzichtet, da bereits mehrere Beispiele an anderen Stellen ausgeführt wurden.

Abbildung 8-8:   *Supply-Marktsteckbrief Elektrobleche Seite 5*

Supply Marktstrategie	Elektrobleche	Facheinkäufer	Name
Ausgabe-/Änd.Datum	15. März 2008	Freigabe	Name 17. März 2008
Seite 5 von 9			

Elektro AG
Leistungsantriebe

Sourcing-Strategie

Kriterien zur Identifikation der Sourcing-Strategie	Analyseergebnis
Abschätzung der Lieferantenzahl nach Lieferantenvolumen (Bündelung und Risiko) (min. 5%, max. 25% Volumen eines Lieferanten, wir wollen möglichst unter den Top 5 sein.)	Aufgrund der Substitutionseffekte mit anderen Stahlsorten ist die Bedarfsmenge der Elektro AG zu gering, um wesentliche Mengenanteile der Lieferanten auf sich zu vereinen. Konsequenz: Möglichst wenige Lieferanten.
Notwendige Lieferantenzahl zur Intensivierung oder Aufrechterhaltung des Wettbewerbs oder zur Entwicklung von Partnerschaft im Beschaffungsmarktsegment	Jeweils 2 Lieferanten
Global Sourcing Strategie im Beschaffungsmarktsegment	1-2 Lieferanten in Westdeutschland 1-2 Lieferanten in USA 1-2 Lieferanten in China aufbauen, je nach Verlagerung nach China 1 Lieferanten in Osteuropa
Technologische Spezialisten im Segment. Lieferanten mit Spezialkompetenzen	Je ein Entwicklungspartner in USA und Europa für L2Q und H2Q
	In Europa und USA möglichst zwei Full-Range-Lieferanten mit HQ-Qualität
Wachstumsengpässe betrachten	Nicht relevant

Fazit Sourcing-Strategie:

- **2 Lieferanten in Westeuropa, beide Full Range, einer als Entwicklungspartner für L2Q und H2Q: Mittelfristig kann der zweite Lieferant wegfallen, sobald in Osteuropa ein qualifizierter Lieferant für beide Qualitäten verfügbar ist. Präferiert EU1, EU4, EU5 und EU 6.**
- **2 Lieferanten in USA, beide Full Range, einer als Entwicklungslieferant für L2Q und H2Q: Mittelfristig kann der zweite Lieferant wegfallen, sobald in China ein qualifizierter Lieferant für beide Qualitäten verfügbar ist. Präferiert U1 und U2.**
- **Entwicklung eines chinesischen Lieferanten mit Potenzial für beide Qualitäten: Intensive Entwicklung, um frühzeitig die Verlagerung des Stanzvorgangs nach China zu ermöglichen. Präferiert RoW1. (RoW = Rest of World)**
- **Entwicklung eines Lieferanten in Osteuropa: derzeit aktiver Lieferant in Polen. Präferenz in Rumänien in Hinblick auf die Verlagerungsüberlegungen.**

Abbildung 8-9: Supply-Marktsteckbrief Elektrobleche Seite 6

Supply Marktstrategie	**Elektrobleche**	Facheinkäufer	**Name**	**Elektro AG**
Ausgabe-/Änd.Datum	15. März 2008	Freigabe	Name 17. März 2008	❋
Seite 6 von 9				**Leistungsantriebe**

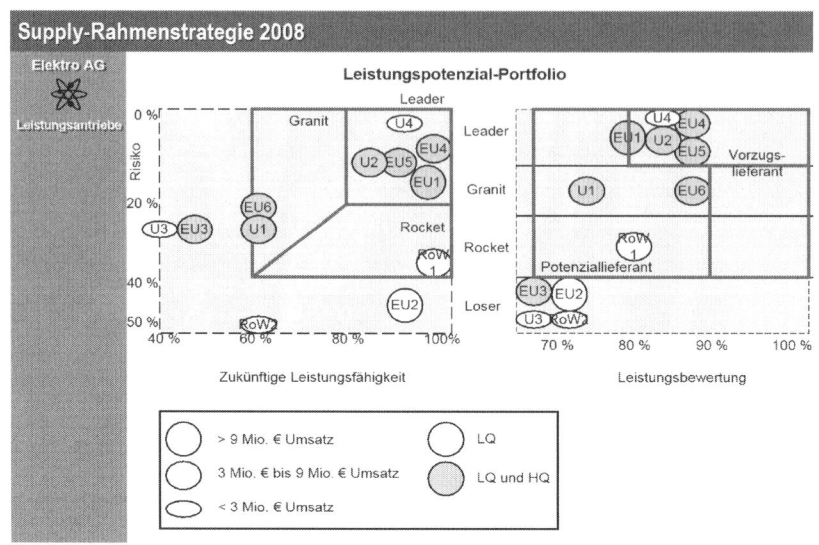

Abbildung 8-10: Supply-Marktsteckbrief Elektrobleche Seite 7

Supply Marktstrategie	**Elektrobleche**	Facheinkäufer	**Name**	**Elektro AG**
Ausgabe-/Änd.Datum	15. März 2008	Freigabe	Name 17. März 2008	❋
Seite 7 von 9				**Leistungsantriebe**

Lieferantenstrategien		
Stärken	**Schwächen**	**Strategie**
Lieferant EU1		
vgl. Ausführungen zu Modul 9-11	vgl. Ausführungen zu Modul 9-11	vgl. Ausführungen zu Modul 9-11
Lieferant EU2		
Gute Kostenposition Grundsätzlich kooperationsbereit	Keine HQ-Qualität Polen ist relativ ungünstig gelegen Qualität und Logistik sehr fehleranfällig	Kurzfristig aufgrund guter Kostenposition fortentwickeln, insbesondere in Bezug auf Qualität und Logistik Mittelfristig in Bezug auf Standortpolitik Engagement überprüfen.
Lieferant EU3		
Wenig Gutes	Durchgängig schwach in Bezug auf Qualität. Logistik und Preis	Mittelfristig ausphasen, falls keine grundsätzliche Veränderung stattfindet

Abbildung 8-11: *Supply-Marktsteckbrief Elektrobleche Seite 8*

Supply Marktstrategie	Elektrobleche	Facheinkäufer	Name
Ausgabe-/Änd.Datum	15. März 2008	Freigabe	Name 17. März 2008
Seite 8 von 9			

Elektro AG — Leistungsantriebe

Roadmap

1	Wir garantieren die Versorgungssicherheit auch in Allokationsphasen. Innerhalb dieses Rahmens werden die Total Cost optimiert.
1.1	Lieferantenpartnerschaft mit deutschen Lieferanten zur Absicherung der Versorgung, z.B. durch Mehrjahresverträge aufbauen.
1.2	Lieferantenpartnerschaft mit US-amerikanischen Lieferanten zur Absicherung der Versorgung, z.B. durch Mehrjahresverträge aufbauen.
1.3	Entwicklungspartnerschaft zur Entwicklung der L2Q und H2Q-Qualitäten aufbauen
1.4	Nachfragebündelung im Konzern prüfen
1.5	Kanbanprozess und SMI prüfen und ggf. pilotieren
2	Wir verbessern unsere Lieferantenbasis durch Lieferantenentwicklung und Vorzugslieferantenstrategien erheblich.
2.1	Interne Lieferantenstrategien entwickeln
2.2	Lieferantenstrategien mit Lieferanten vereinbaren (Das Machbare im Auge behalten.)
2.3	Überzählige Lieferanten ausphasen
3	Wir globalisieren die Versorgung mit Elektroblechen.
3.1.	Einen der beiden chinesischen Lieferanten entwickeln
3.2.	Marktstudie für Osteuropa, insbesondere Rumänien, durchführen
3.3.	Einen osteuropäischen Lieferanten entwickeln, zunächst EU2

Abbildung 8-12: *Supply-Marktsteckbrief Elektrobleche Seite 9*

Supply Marktstrategie	Elektrobleche	Facheinkäufer	Name
Ausgabe-/Änd.Datum	15. März 2008	Freigabe	Name 17. März 2008
Seite 9 von 9			

Elektro AG

Leistungsantriebe

High lights

1	Aufbau des polnischen Lieferanten EU2	2007
2	Erstellung der Supply-Marktstrategie für Elektrobleche	März 2007
3	Preisentwicklung unterhalb der Marktpreisentwicklung von 19 %	2007
4	Erste Gespräche mit Lieferanten EU1 zur Anbahnung einer Technologiepartnerschaft sehr vielversprechend	Januar 2008

Low lights

1	Bündelungsversuche innerhalb Elektro AG gestalten sich überaus schwierig	Juli 2007
2	Erste Gespräche mit Lieferanten U1 zur Anbahnung einer Partnerschaft blieben von Follow up	Dezember 2007

Strategiebaustein 3: Lieferantenstrategie

Die Lieferantenstrategie beschreibt die Strategie eines Unternehmens in seiner Beziehung gegenüber einem Lieferanten. Folgende Leitfragen veranschaulichen die Zielsetzung der Lieferantenstrategie: Welchen Beitrag soll der Lieferant für die Versorgung des Unternehmens mit Produkten aus einem Supply-Markt leisten? In welcher Weise soll der Lieferant und die Beziehung mit dem Lieferanten hierfür entwickelt werden? Zu beachten ist, dass es sich bei der Lieferantenstrategie um eine Strategie des Unternehmens und nicht des Lieferanten handelt. Die meist sinnvolle Abstimmung mit dem Lieferanten hilft eine wirkungsvolle Strategie zu entwickeln und dient der Strategieumsetzung. Allerdings sollte ein Unternehmen für bedeutsame Lieferanten selbst dann eine Lieferantenstrategie entwickeln, falls der Lieferant zu einer gemeinsamen Strategieentwicklung nicht bereit ist.

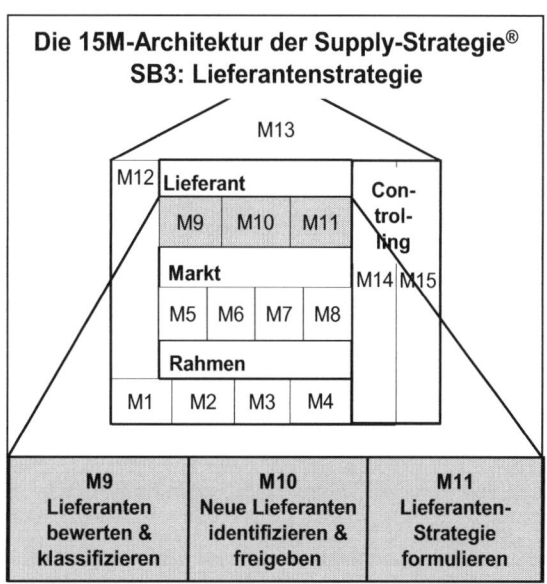

Die 15M-Architektur der Supply-Strategie® SB3: Lieferantenstrategie

Für jeden bedeutsamen Lieferanten ist eine Lieferantenstrategie zu formulieren. Diese wird an den Zielen (Modul 6) und der Strategie (Modul 8) im Supply-Markt ausgerichtet. Besondere Bedeutung kommt hierbei der Sourcing-Strategie zu, mit der die angestrebte Lieferantenstruktur im Supply-Markt bestimmt wird. Ferner sind die Anforderungen der Basisstrategie (Modul 1) an die Lieferanten zu beachten. Beispielsweise sind Sozialstandards oder Umweltschutzziele einzuhalten.

Das Beispiel der Elektro LA (Kapitel 8.3) veranschaulicht die Verknüpfung zwischen Supply-Marktstrategie und Lieferantenstrategie: In der Elektroblech-Markstrategie der Elektro LA werden unter anderem die Sicherung der Versorgung, die Entwicklung neuer Blechqualitäten sowie folgende Lieferantenstruktur angestrebt: (1) Zwei Lieferanten in Westeuropa, davon ein Entwicklungspartner; (2) zwei Lieferanten in den USA, davon ein Entwicklungspartner; (3) Entwicklung eines chinesischen und eines osteuropäischen Lieferanten. In den Lieferantenstrategien müssen diese Zielsetzungen

umgesetzt werden. Hierzu sind einerseits Lieferanten für bestimmte Aufgaben auszuwählen. Im Elektroblech-Beispiel: Welcher Lieferant soll zum Entwicklungspartner
in Europa werden? Andererseits müssen Ziele und Maßnahmen zur Entwicklung des
Lieferanten und der Beziehung mit dem Lieferanten festgelegt werden.

Ausgehend von einem Unternehmen mit einer vorhandenen Lieferantenbasis startet
die Entwicklung der Lieferantenstrategie mit der Bewertung und Klassifizierung der
Lieferanten (Modul 9). Zusammen mit der Supply-Marktstrategie können hierauf
aufbauend zum einen der Bedarf an neuen Lieferanten (Modul 10: Lieferanten identifizieren und freigeben) und zum anderen Ziele und Maßnahmen für die Entwicklung
der aktiven Lieferanten (Modul 11) bestimmt werden. Am Ende von Modul 11 wird
das Fallbeispiel der Elektro LA mit der Entwicklung einer Lieferantenstrategie fortgeführt. Abbildung 9-1 vermittelt einen Überblick über die Module zur Entwicklung
einer Lieferantenstrategie.

Abbildung 9-1: *Überblick über die Module zur Entwicklung einer Lieferantenstrategie*

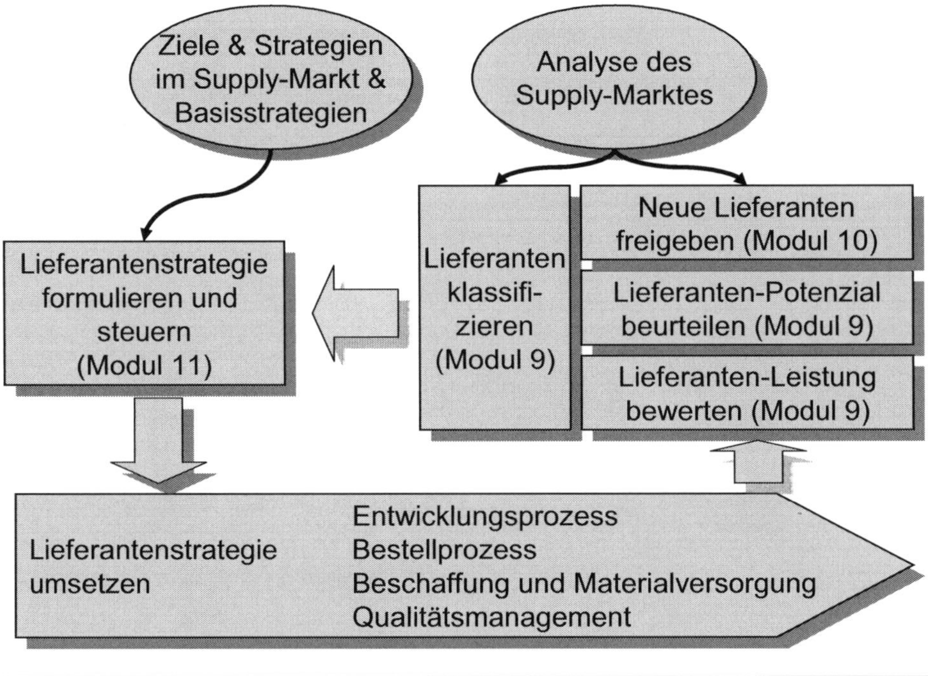

Die Erfahrung zeigt, dass der Aufwand für die Entwicklung von Lieferantenstrategien
leicht die verfügbare Personalkapazität übersteigen kann. Insofern muss zwischen

einer „perfekten" und einer „realisierbaren" Methodik vorsichtig abgewogen werden. Auch hier gilt wie so oft der Grundsatz „Mondschein ist besser als Nacht".

Die Dokumentation kann beispielsweise in Form eines Excel-Tools für die Lieferantenbewertung und zweier Excel-Mappen für die Lieferantenstrategien erfolgen. Bei den Lieferantenstrategien sollte zwischen internen im Unternehmen abgestimmten Strategien und externen mit den Lieferanten vereinbarten Strategien unterschieden werden. Templates zum Download finden sich unter www.supply-strategie.de. Ab einer gewissen Unternehmensgröße und Komplexität der Einkaufsorganisation ist allerdings ein leistungsfähiges SRM-Tool (SRM = Supplier Relationship Management) zu empfehlen (vgl. Teil 1, Kapitel 5.3).

9 Modul 9: Lieferanten bewerten und klassifizieren

Mit der Lieferantenbewertung (vgl. insbesondere Disselkamp, Schüller 2004, Harting 1994, Hartmann, Orths, Pahl 2004, Koppelmann 2004, S. 234 ff., Large 2009, S. 231 ff.) soll beurteilt werden, inwieweit ein Lieferant in der Vergangenheit die Anforderungen des Unternehmens erfüllt hat und welches Leistungspotenzial in ihm steckt. Auf dieser Basis kann die Entscheidung für oder gegen die weitere Zusammenarbeit mit dem Lieferanten unterstützt werden. Ferner können Ziele und Maßnahmen der Lieferantenstrategie abgeleitet werden. Sehr oft führt allein das Wissen des Lieferanten

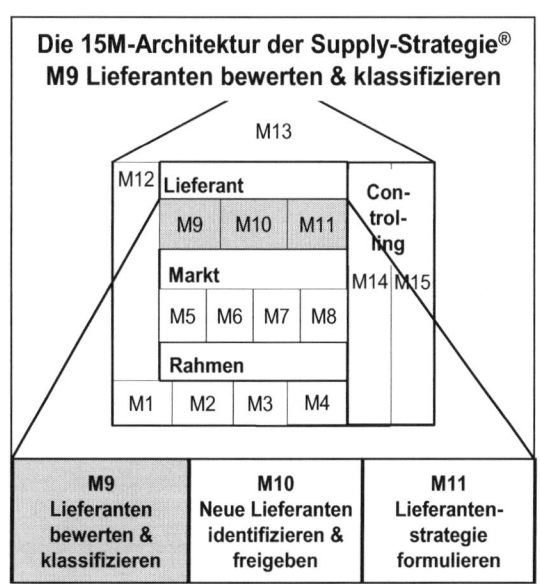

um die Bewertung und die Bewertungskriterien zu einer Leistungssteigerung. Als Grund kann analog zur Zielsetzungstheorie (Kohnke 2002) die höhere Leistungsmotivation sowie eine stärkere Zielorientierung des Lieferanten vermutet werden, die durch die Transparenz der Leistungskriterien möglich werden. Dabei spielen die Kommunikation zwischen den beteiligten Abteilungen im Unternehmen (z.B. Einkauf, Logistik, Qualität, Entwicklung) und die Kommunikation mit dem Lieferanten eine wichtige Rolle, da die Ziele somit abgestimmt und (hoffentlich) widerspruchsfrei formuliert werden. Dieser Effekt verstärkt sich im Laufe der Zeit, da die Abstimmprozesse zu gemeinsamen Denkstrukturen führen und somit über die formalen Zielgespräche hinaus die beteiligten Parteien auch für die Bedürfnisse der anderen sensibilisieren. Darüber hinaus hilft die Lieferantenbewertung die knappen Personalressourcen in der Lieferantenentwicklung zielgerichtet einzusetzen.

Auf Basis der Lieferantenbewertung können Lieferanten in Klassen eingeteilt werden, z.B. Vorzugslieferanten, Potenziallieferanten, Spezialisten. Mit Hilfe der Klassifizierung werden grundsätzliche Weichen in der Zusammenarbeit mit dem Lieferanten gestellt, z.B. die Rollenerwartungen an den Lieferanten oder die Intensität der Zusammenarbeit. Dabei darf die Motivationswirkung der Klassifizierung, z.B. durch die

Bezeichnung „Vorzugslieferant", nicht unterschätzt werden. Mit der Verleihung eines Supplier Award versuchen Unternehmen diese Motivationswirkung nochmals zu verstärken. Im Rahmen der Klassifizierung sollte auch die Bidderlist entstehen, in der die freigegebenen Lieferanten mit dem jeweils freigegebenen Leistungsspektrum verzeichnet sind. Darüber hinaus hilft die Klassifizierung den Lieferantenmanagementprozess zu steuern. Beispielsweise werden für die verschiedenen Lieferantentypen unterschiedliche Formen der Lieferantenbewertung oder der Lieferantenentwicklung durchgeführt.

Im Folgenden soll zunächst der Aufbau der Lieferantenbewertung von aktiven Lieferanten des Unternehmens vorgestellt werden (Kapitel 9.1). Angemerkt sei, dass die Analyse und Bewertung im Rahmen der Auswahl neuer Lieferanten mit der Bewertung der aktiven Lieferanten eng korrespondieren sollte. Wie weit und wie eine solche Übereinstimmung hergestellt werden kann, wird in Modul 10 erörtert. Im zweiten Schritt werden die Bewertungsergebnisse in der Lieferantenklassifizierung zusammengeführt. In Kapitel 9.2 wird die Struktur der Lieferantenklassifizierung beschrieben. Abschließend werden der Bewertungs- und Klassifizierungsprozess und wesentliche Probleme diskutiert (Kapitel 9.3).

9.1 Struktur der Lieferantenbewertung

Die Lieferantenbewertung gehört zu den klassischen Instrumenten im Supply Management und ist entsprechend weit (vgl. Large 2009, S. 233 f.) und variantenreich (vgl. Glantsching 1994, Koppelmann 2004, S. 260 ff.) verbreitet. Trotzdem birgt das Instrument in vielen Unternehmen erhebliche Verbesserungspotenziale in sich. Das folgend skizzierte Konzept basiert auf der Scoring-Methode und stellt einen umfassenden Ansatz dar, der im Unternehmen allerdings auch schrittweise implementiert werden kann.

Bei der Lieferantenbewertung sollen gleichermaßen die Leistung des Lieferanten in der Vergangenheit und die Leistungspotenziale des Lieferanten für die Zukunft beurteilt werden. Die Leistungspotenziale ergeben sich wiederum aus der zukünftig erwarteten Leistungsfähigkeit und den Leistungsrisiken (vgl. Abbildung 9.2, vgl. Harting 1994, S. 51 ff.).

Abbildung 9-2: Struktur der Lieferantenbewertung

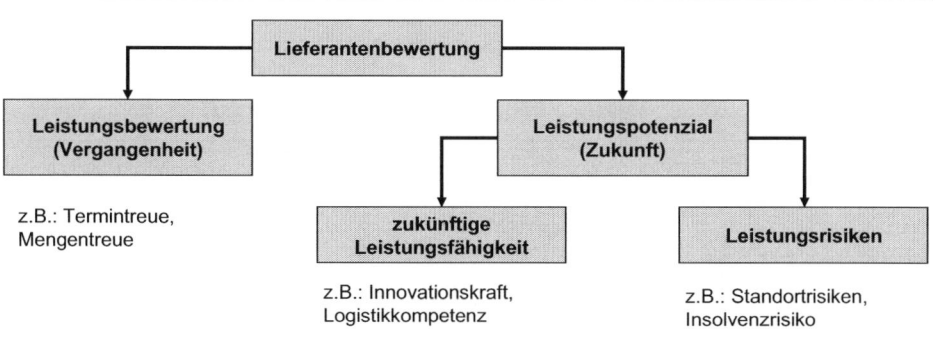

Im Folgenden sollen zunächst die drei Bewertungsbereiche mit typischen Bewertungskriterien vorgestellt werden. Anschließend werden wesentliche Aspekte beim Aufbau eines umfassenden Bewertungssystems diskutiert:

1. Bewertungsbereich: Die Leistungsbewertung des Lieferanten

In der Leistungsbewertung soll die Leistung des Lieferanten in der abgelaufenen Bewertungsperiode beurteilt werden. Zur Unterstützung des Bewertungsprozesses sowie der Formulierung einer Lieferantenstrategie (Modul 11) empfiehlt es sich die Leistungskriterien nicht nur einfach aufzuzählen, sondern mit einer zwei- oder dreistufigen Systematik zu strukturieren. Diese sollte auf die Unternehmenssituation zugeschnitten sein. Bewährt hat sich eine Einteilung auf der ersten Ebene in Einkauf, Qualität (inklusive Umwelt), Logistik und Technologie, die der Lieferantenbewertung der Siemens AG (vgl. Hoffmann, Lumbe 2002, S. 634 ff.) entspricht. Diese Einteilung korrespondiert mit den Funktionen bzw. den Abteilungen im Unternehmen und ermöglicht somit, klare Verantwortlichkeiten im Bewertungs- und Strategieentwicklungsprozess zu definieren.

Angemerkt sei, dass mit dieser Struktur die eigentlichen Zielkriterien (Kosten, Qualität, Kapitalbindung vgl. Modul 6) sowie die angestrebten Ergebnisse in den Leistungsprozessen (im Entwicklungsprozess, im strategischen Bestellprozess, in Beschaffung und Materialversorgung sowie in der Qualitätssicherung) zwar nicht als Hauptkriterien auftreten, allerdings relativ einfach den einzelnen Kategorien zugeordnet werden können. Eine zusammenfassende Beurteilung auf Ebene der Zielkriterien sowie der Konsequenzen in den Leistungsprozessen ist damit allerdings (leider) nur bedingt möglich. [32]

---

[32] Eine strikte Prozessorientierung im Lieferantenmanagement könnte ein Ansatz sein, um den dargestellten Strukturbruch zu beheben.

Zu den vier Hauptkategorien sollen folgend beispielhaft einige Bewertungskriterien angeführt und andiskutiert werden (vgl. Disselkamp, Schüller 2004, S. 71 ff.; Hoffmann, Lumbe 2002, S. 634 ff.). Die Kennzeichnung ERP weist auf Kriterien hin, die in der Regel automatisch im ERP-System abrufbar sind:

- **Einkauf**: Zielt auf die Bewertung der Objektkosten und von Ergebnissen im strategischen Bestellprozess.

    o **Preisniveau:** Wie verhält sich der Angebotspreis bei Ausschreibungen relativ zu den Preisen der Wettbewerber? Beispiel für volle Punktezahl: Bei den letzten 10 Angeboten lag der Angebotspreis des Lieferant mindestens um 5 % unter dem Durchschnittspreis aller Angebote.

    o **Preisentwicklung (ERP):** Wie entwickeln sich die Materialkosten (möglichst auf Total Cost-Basis)? Zu den Problemen der Materialkostenveränderung vgl. Modul 2.

    o **Initiative zur Kostensenkung:** Wie aktiv und kreativ beteiligt sich der Lieferant an Kostensenkungsmaßnahmen?

    o **Preistransparenz:** Wie transparent sind die Kalkulation und die Preisbasis des Lieferanten?

    o **Finanzierungsbeitrag:** Wie bereit und in der Lage ist der Lieferant, einen Finanzierungsbeitrag zu leisten?

    o **Target Costing:** Wie bereit und fähig ist der Lieferant, auf der Preisbasis „Marktpreis" bzw. „Target-Preis" anzubieten?

    o **Effizienz im Bestellprozess:** Wie weit unterstützt der Lieferant den strategischen Bestellprozess, z.B. mit elektronischer Stammdatenpflege, mit schnellen, elektronischen und präzisen Angeboten?

    o **Vertrauensvolle und kooperative Zusammenarbeit im Bestellprozess:** Wie zuverlässig und fair verhält sich der Lieferant? Welche Bereitschaft zur Kulanz hat er?

    o **Erreichbarkeit und Reaktionszeit im Verkauf**

- **Qualität**: Zielt auf die Bewertung der Objektqualität (ohne Innovation, die eher bei Technologie gesehen wird) und von Ergebnissen im Qualitätssicherungsprozess.

    o **Produktqualität (ERP):** Die Messung der Produktqualität kann in sehr unterschiedlicher Weise erfolgen: Es bieten sich Fehlerquoten an, z.B. ppm (Fehlerhafte Teile pro Million Ausführungen). Ferner kann die Messung in Form von Qualitätskennzahlen erfolgen, bei denen Fehler nach schwere gewichtet in die Bewertung eingehen. In vielen Unternehmen liegt bereits eine Messung der Produktqualität der Zulieferkomponenten vor, die in der Lieferantenbewertung übernommen werden sollte.

o **First Passed Yield:** Wie fehlerfrei sind die ersten Lieferungen des Lieferanten, z.B. im Rahmen der Erstbemusterung?

o **Qualität des Service:** Wie aktiv und kreativ beteiligt sich der Lieferant im Falle von Qualitätsstörungen?

o **Dokumentation:** Welche Qualität weist die technische Dokumentation des Lieferanten auf?

o **Qualitätssystem:** Verfügt der Lieferant über ein zertifiziertes Qualitätsmanagementsystem? Welches?

o **Umweltmanagementsystem:** Verfügt der Lieferant über ein zertifiziertes Umweltmanagementsystem? Welches?

o **Einhaltung von Sozialstandards:** In welcher Form hat der Lieferant die Einhaltung von Sozialstandards sichergestellt? Welche Vorkehrungen sind gegen Korruption ergriffen (vgl. Modul 1)?

o **Vertrauensvolle und kooperative Zusammenarbeit im Qualitätsmanagement:** Wie unterstützt der Lieferant das Qualitätsmanagement des Unternehmens?

o **Erreichbarkeit und Reaktionszeit in der Qualitätssicherung**

▪ **Logistik**: Zielt auf die Bewertung der Prozesskosten und der Prozessqualität sowie von Ergebnissen im Beschaffungs- und Materialversorgungsprozess.

o **Lieferfähigkeit (ERP):** Anteil der Lieferungen, die zum Wunschtermin bestätigt werden

o **Termintreue (ERP):** Anteil pünktlicher Lieferungen

o **Wunschtermintreue (ERP):** Anteil von Lieferungen zum Wunschtermin

o **Lieferzeit (ERP)**: Lieferzeit relativ zur Lieferzeit anderer Lieferanten in der Materialgruppe

o **Mengentreue (ERP):** Abweichung zwischen Liefermenge und Bestellmenge bzw. Anteil Lieferungen mit Liefermenge innerhalb der Mengentoleranz

o **Flexibilität in Bezug auf verkürzte Lieferzeiten bzw. bei Bestelländerungen:** Wie bereit und fähig ist der Lieferant auf entsprechende Kundenwünsche einzugehen?

o **Mindestbestellmengen:** Bereiten Mindestbestellmengen des Lieferanten logistische Probleme?

o **Moderne Logistikkonzepte:** Wie bereit und in der Lage ist der Lieferant, bei modernen Logistikkonzepten mitzumachen, z.B. EDI-Anbindung, Kanban, Just-in-Time, Just-in-Sequence, Supplier Managed Inventory)?

o **Auskunftsfähigkeit und Informationsbereitschaft:** Inwieweit ist der Lieferant bereit und in der Lage jederzeit über den aktuellen Auftragsstatus Auskunft zu geben?

o **Vertrauensvolle und kooperative Zusammenarbeit in der Logistik:** Wie zuverlässig und fair verhält sich der Lieferant? Welche Bereitschaft zur Kulanz hat er?

o **Erreichbarkeit und Reaktionszeit in der Logistik**

■ **Technologie**: Zielt auf die Bewertung der Objektleistung, der Innovationskraft sowie von Ergebnissen im Entwicklungsprozess.

o **Gegenwärtige Position der Produkttechnologie:** Wie führend ist der Lieferant bei der Produkttechnologie?

o **Leistungsfähigkeit der Produkte:** Inwieweit erfüllt der Lieferant Leistungsstandards? Welche Leistung erbringen die Produkte bezüglich wesentlicher Leistungskriterien? Hier können auch konkrete Leistungskriterien beurteilt werden?

o **Gegenwärtige Position der Prozesstechnologie:** Wie führend ist der Lieferant bei der Prozesstechnologie?

o **Differenzierungspotenzial durch den Lieferanten:** Welchen Beitrag zur Differenzierung leistet der Lieferant für seine Kunden? Auf Exklusivität und Dauerhaftigkeit ist zu achten.

o **Erfüllung spezifischer Anforderungen:** Wie bereit und in der Lage ist der Lieferant, spezifische technische Anforderungen zu erfüllen?

o **Elektronischer Datenaustausch:** Wie bereit und in der Lage ist der Lieferant, Konstruktionsdaten elektronisch auszutauschen?

o **Vertrauensvolle und kooperative Zusammenarbeit in der Entwicklung:** Wie kooperativ, vertrauensvoll und kreativ arbeitet der Lieferant im Rahmen des Entwicklungsprozesses mit dem Unternehmen zusammen?

o **Erreichbarkeit und Reaktionszeit in der Logistik**

2. Bewertungsbereich: Die zukünftige erwartete Leistungsfähigkeit des Lieferanten

Für die Entwicklung einer Lieferantenstrategie interessiert natürlich eher die zukünftige Leistungsfähigkeit eines Lieferanten als seine Leistungen in der Vergangenheit. In einfachen Systemen zur Lieferantenbewertung wird die Prognose der Leistungsfähigkeit nicht explizit beurteilt, sondern einfach implizit aus der Leistungsbewertung auf die zukünftige Leistungsfähigkeit geschlossen. Da Lieferantenstrategien aber gerade auf die Entwicklung von Lieferanten abzielen, ist die fundierte Abschätzung des Leistungspotenzials eine wichtige Aufgabe, um nicht in die falschen Lieferanten zu investieren.

Es empfiehlt sich das Kriterienset analog zu dem der Leistungsbewertung zu strukturieren, z.B. gemäß dem oben vorgestellten Vorschlag in Einkauf, Qualität, Logistik und Technologie. Darüber hinaus sollte die Managementkompetenz als wesentlicher Entwicklungstreiber beurteilt werden. Im Gegensatz zur Leistungsbewertung ist die Beurteilung in den Einzelkriterien nicht auf die vergangenen beobachtbaren Leistungen, sondern auf die Zukunftserwartungen ausgerichtet. Die folgenden Bewertungskriterien sind als typische Beispiele zu verstehen:

▨ **Management:** Zielt auf die Bewertung der Managementkompetenz als wesentliche Treibergröße einer positiven Unternehmensentwicklung des Lieferanten.

- o **Managementkompetenz:** Wie wird die Managementkompetenz der Geschäftsführung und der ersten Ebene eingeschätzt? Die Managementkompetenz kann in Teilbereiche aufgebrochen werden, z.B. Planungskompetenz, Führungskompetenz, Organisationskompetenz, Strategiekompetenz.

- o **Vertretungs- und Nachfolgeregelung:** Sind Vertretungen und Nachfolgen im Management geregelt?

- o **Qualität der Mitarbeiterbasis:** Welche Kompetenz, Motivation und Flexibilität weist die Mitarbeiterbasis auf?

- o **Bereitschaft zur Zusammenarbeit und zur Partnerschaft:** Ist das Management grundsätzlich zur Zusammenarbeit und zur Partnerschaft mit dem Unternehmen bereit? Diese Bereitschaft dient als Indikator dafür, neue und innovative Ideen in den verschiedenen Prozessen umzusetzen.

- o **Ethische Aspekte:** Ist das Management bereit und fähig, Sozialstandards und Korruptionsbekämpfung voranzutreiben.

▨ **Einkauf:** Zielt auf die Bewertung der zukünftig erwarteten Kostenposition und von Potenzialen im strategischen Bestellprozess.

- o **Umsatz des Lieferanten im betrachteten Supply-Markt:** Das Umsatzvolumen des Lieferanten ist in zweifacher Weise interessant: Einerseits sollte der Lieferant eine Mindestgröße besitzen, damit er das angestrebte Einkaufsvolumen bedienen kann. Andererseits sollte er nicht zu groß sein, damit das angestrebte Einkaufsvolumen für ihn auch bedeutsam ist. Damit soll eine zu große Lieferantenmacht verhindert werden. Angenommen es soll gemäß Supply-Marktstrategie im Supply-Markt mit drei Lieferanten zusammengearbeitet werden und das Einkaufsvolumen soll bei keinem Lieferanten mehr als 25 % seines Umsatzes ausmachen, ergibt sich für den idealen Umsatz der Lieferanten ca. das 1,3-fache (= 4 : 3) Einkaufsvolumen des Unternehmens. Ein kleines Zahlenbeispiel: Beträgt das Einkaufsvolumen im Supply-Markt 9 Mio. €, ergbit sich bei einer Dreiteilung 3 Mio. € pro Lieferant. Sollten die

3 Mio. € 25 % des Umsetzes beim Lieferanten ausmachen, ergibt sich für den Lieferanten ein idealer Umsatz von 12 Mio. € (= 4 : 3 des Einkaufsvolumens).

o **Faktorkosten und Produktivität:** Verfügt der Lieferant aufgrund seiner Faktorkosten und deren produktiven Einsatzes auch zukünftig über eine günstige Kostenposition?

o **Global Sourcing:** Nutzt der Lieferant in seiner Versorgung das internationale Kostengefälle?

o **Kompetenz zur Kostensenkung:** Über welche Kompetenz zur Kostensenkung verfügt der Lieferant?

o **Breite des Leistungsspektrums:** Wie umfangreich kann der Lieferant (zukünftig) die Bedarfe des Unternehmens im Supply-Markt abdecken? Diesbezüglich können auch konkrete Leistungsbereiche abgefragt werden, z.B., ob der Lieferant über einen eigenen Werkzeugbau verfügt. (Damit unterstützt er die Vorzugslieferantenstrategie.)

▓ **Qualität:** Zielt auf die Bewertung der zukünftigen Objektqualität (ohne Innovation, die eher bei Technologie gesehen wird) und von Potenzialen im Qualitätssicherungsprozess.

o **Alter des Maschinenparks:** Inwieweit ist der Maschinenpark auf neuestem Stand und gewährleistet so eine hervorragende Qualität?

o **Zukünftiges Qualitätsniveau:** Über welche Kompetenz zur Qualitätssteigerung verfügt der Lieferant?

o **Projektmanagementkompetenz in der Qualität:** Über welche Kompetenz im Projektmanagement von Qualitätsprojekten verfügt der Lieferant?

o **Zukünftiges Qualitätssystem:** Verfügt der Lieferant in einem Jahr über ein zertifiziertes Qualitätsmanagementsystem? Welches?

o **Zukünftiges Umweltmanagementsystem:** Verfügt der Lieferant in einem Jahr über ein zertifiziertes Umweltmanagementsystem? Welches?

o **Zukünftige Einhaltung von Sozialstandards:** In welcher Form stellt der Lieferant zukünftig die Einhaltung von Sozialstandards sicher?

▓ **Logistik:** Zielt auf die Potenziale zur Prozesskostensenkung und der Prozessqualitätssteigerung sowie von Potenzialen im Beschaffungs- und Materialversorgungsprozess.

o **Logistikkompetenz:** Über welche Logistikkompetenz verfügt der Lieferant? Wie effektiv und effizient arbeiten die eingesetzten Planungs- und Steuerungsinstrumente?

○   **Projektmanagementkompetenz in der Logistik:** Über welche Kompetenz im Projektmanagement von Logistikprojekten verfügt der Lieferant?

○   **Entfernung der Produktions- zu den Verbrauchsorten:** Lokale Nähe vereinfacht und flexibilisiert die Materialversorgung.

▨ **Technologie:** Zielt auf die Bewertung der Objektleistung, der Innovationskraft sowie von Potenzialen im Entwicklungsprozess.

○   **Zugang zu neuen Produkttechnologien:** Hat der Lieferant Zugang zu neuen Produkttechnologien?

○   **Erwartete Leistungsfähigkeit der Produkte:** Wie wird sich die Leistungsfähigkeit der Produkte des Lieferanten in Bezug auf wesentliche Leistungskriterien entwickeln?

○   **Zugang zu neuen Prozesstechnologien:** Hat der Lieferant Zugang zu neuen Prozesstechnologien?

○   **Innovationskraft und Differenzierungspotenzial durch den Lieferanten:** Wie führend ist der Lieferant bei neuen Technologieentwicklungen? Als Indikatoren werden häufig Zahl der Mitarbeiter in der Entwicklung, das F&E-Budget, der F&E-Volumen bezogen auf den Umsatz oder die Zahl der Patente herangezogen.

○   **Branchenkompetenz:** Über welche Erfahrungen in der Branche des Unternehmens verfügt der Lieferant?

○   **Kompetenz in der Zusammenarbeit in Entwicklungsprojekten:** Über welche Erfahrung und Kompetenz in der Zusammenarbeit in Entwicklungsprojekten verfügt der Lieferant?

3. Bewertungsbereich: Die Leistungsrisiken des Lieferanten

Zur Beurteilung des Leistungspotenzials eines Lieferanten sind neben der Analyse seiner zukünftigen Leistungsfähigkeit auch die Risiken einzuschätzen (zum Risikobegriff vgl. Teil 1, Kapitel 6), denen sich das Unternehmen in der Zusammenarbeit mit dem Lieferanten ausgesetzt sieht.[33] Dabei sollen drei Risikobereiche unterschieden

---

[33]   Angemerkt sei, dass die Abgrenzung zwischen den beiden Bewertungsbereichen Leistungsfähigkeit und Leistungsrisiken nicht völlig trennscharf ist. Zur zukünftigen Leistungsfähigkeit werden die Aspekte zusammengefasst, die innerhalb der inneren und äußeren Rahmenbedingungen das zukünftige Leistungspotenzial des Lieferanten bestimmen und vom Supply Management beeinflussbar sind. Die Risiken, die sich aus der Unsicherheit in den Rahmenbedingungen ergeben, werden als Leistungsrisiken bezeichnet. Während sich die Grenzziehung bei den externen Risiken als unproblematisch darstellt, ist die Abgrenzung bei den internen Rahmenbedingungen diskutierbar. So kann beispielsweise die Leistungsbereitschaft durchaus auch als ein Teil der Leistungsfähigkeit angesehen werden. Auch die Management-

werden. Zu den Risikobereichen werden jeweils beispielhaft typische Risiken vorgestellt:

- **Exogene Risiken**, die die Leistungsfähigkeit des Lieferanten betreffen und vom Lieferanten nicht (völlig) kontrolliert werden können:

  o **Standortrisiken des Lieferanten:** Welche politischen und wirtschaftlichen Risiken sind im Heimatland bzw. an den Produktionsstandorten des Lieferanten zu erkennen?

  o **Risiken in der Supply Chain:** Welche Risiken sind in der Transportkette (z.B. Zollprobleme oder Verzögerungen in der Transportkette) zu erkennen? Sind Lieferengpässe durch Vorlieferanten zu befürchten?

  o **Know-how-Schutz:** Wie wird die Gefahr eingeschätzt, dass der Lieferant seinen technologischen Vorsprung gegenüber Wettbewerbern einbüßt?

- **Risiken aus dem Managementsystem des Lieferanten,** die für das Supply Management nicht (völlig) kontrollierbar sind:

  o **Finanzielle Risiken:** Wie wird die Insolvenzgefahr des Lieferanten eingeschätzt? Wie wird die Gefahr beurteilt, dass der Lieferant nicht in ausreichendem Maße investiert? Hier können Treibergrößen analysiert werden, z.B. Marktposition, Markenimage, Qualität der Strategie, Gewinnsituation, Verschuldungsgrad.

  o **Vertragliche Absicherung:** Sind wesentliche Risiken in der Zusammenarbeit mit dem Lieferanten vertraglich abgesichert, z.B. Allgemeine Einkaufsbedingungen, Qualitätssicherungsvereinbarung, Werkzeugsicherungsverträge.

  o **Ethische Risiken:** Wie ist der Lieferant gegen die Verletzung von Sozialstandards und gegen Korruption abgesichert? Wie groß ist die Gefahr, dass entsprechende Imageprobleme sich auf das Unternehmen auswirken?

  o **Risiken aus Konzernverbund:** Falls der Lieferant Teil eines Konzerns ist ergeben sich spezifische Risiken, z.B. mangelnde Managementattention, die notwendige Entwicklungen verzögert, Abhängigkeiten von der Zentrale oder die Gefahr des Verkaufs an ein anderes Unternehmen mit erheblichen negativen Konsequenzen für die Geschäftsbeziehung.

- **Risiken aus mangelnder Lieferbereitschaft:** Besteht die Gefahr, dass der Lieferant sein Interesse an der Zusammenarbeit verliert bzw. zumindest sein Engagement erheblich einschränkt.

---

kompetenz und die Vertretungs- und Nachfolgeregelung ist nicht eindeutig einzuordnen. Pragmatisch gesehen ist allerdings die Einordnung der Kriterien nicht so bedeutsam. Wichtiger ist vielmehr, dass diese Kriterien überhaupt beurteilt werden.

o   **Lieferantenmacht:** Lieferantenmacht ist ein Indikator für mangelndes Engagement in der Zusammenarbeit. Zur näheren Bestimmung der Lieferantenmacht sei auf Kapitel 7.3.1 Lieferantenbeziehung und insbesondere Tabelle 7-
3 verwiesen.

o   **Unternehmenspolitische Entscheidungen:** Eine mangelnde Bereitschaft
kann auf Basis unternehmenspolitischer Entscheidungen beruhen, z.B. bestimmte Branchen, bestimmte Regionen oder bestimmte Abnehmertypen
nicht oder nur eingeschränkt zu bedienen. Sind solche Entscheidungen beim
Lieferanten zu erwarten (Vgl. auch das Kriterium „Risiken aus Konzernverbund")?

Aufbau des Bewertungsmodells:

Der Aufbau des Bewertungsmodells kann in drei Schritten erfolgen: (1) Auswahl der
Bewertungskriterien, (2) Formulierung der Bewertungskategorien, (3) Gewichtung der
Bewertungskriterien.

1. Schritt: Auswahl der Bewertungskriterien: Bei der Auswahl der Bewertungskriterien wird sehr schnell deutlich, dass die Anforderungen an die Beurteilung von Lieferanten innerhalb eines Unternehmens starke Differenzen aufweisen können.

Beispielsweise sind in unterschiedlichen Materialgruppen verschiedene Ziele und
Anforderungen wesentlich. Beim Lieferanten von Elektrokomponenten spielen die
Innovationskraft oder die Lieferantenfrüheinbindung in den Entwicklungsprozess
eine große Rolle, während diese Anforderungen für Lieferanten von einfachen Kunst-
stoffteilen kaum ausschlaggebend sind. Auch innerhalb einer Materialgruppe kann es
Segmente geben, die verstärkt an Qualität und Innovation orientiert sind, und andere
Segmente, in denen die Kostenposition des Lieferanten von zentraler Bedeutung ist.

Ganz gravierende Unterschiede bei den Bewertungskriterien ergeben sich auch in
Unternehmen mit verschiedenen Geschäftsarten. So sind für den Anlagenbau, im
Systemgeschäft, in der Einzelfertigung oder in der Großserie kaum einheitliche Bewertungskriterien zu finden. Auch wenn die Bewertungskriterien vergleichbar sein sollten, können sehr unterschiedliche Messverfahren erforderlich sein. So sollte beispielsweise die Produktqualität – wie oben bereits ausgeführt – je nach Zahl der beschafften
Teile entweder über ppm-Rate oder über eine Qualitätskennzahl gemessen werden.

Aus diesen Überlegungen könnte der Schluss gezogen werden, für jedes Materialseg-
ment ein individuelles Bewertungssystem zu entwickeln. Dies würde allerdings nicht
nur einen erheblichen Aufwand und eine kaum beherrschbare Komplexität bedeuten,
sondern gleichzeitig die erwünschte Vergleichbarkeit der Lieferantenbewertungen
über die verschiedenen Supply-Märkte und die unterschiedlichen Geschäftsbereiche
im Unternehmen hinweg verhindern.

Zur Lösung dieses Problems sind folgende Vorgehensweisen möglich, die auch kombiniert werden können:

▦ **Getrennte Systeme:** Für völlig unterschiedliche Bereiche sollten getrennte Systeme entwickelt werden. Beispielsweise empfiehlt es sich, für direkte und indirekte Materialien unterschiedliche Systeme zu entwickeln. Auch für Dienstleistungen oder Handelsware könnte der Aufbau eines eigenständigen Systems vorteilhaft sein.

▦ **Angepasste Gewichtung:** Es wird von einem einheitlichen Bewertungssystem ausgegangen. Für die unterschiedlichen Supply-Märkte werden im Rahmen der Supply-Marktstrategie die Gewichtungen individuell festgelegt. Kriterien die nicht relevant sind, können mit 0 % gewichtet werden.

▦ **Dreistufiges System:** Es wird ein dreistufiges System aufgebaut, bei dem die Kriterien der Stufe 1 und 2 einheitlich für die Bewertung aller Lieferanten vorgegeben sind. Die Kriterien der Stufe 2 werden dann auf Stufe 3 mit situationsspezifischen Subkriterien konkretisiert.

Am Beispiel der Lieferantenbewertung von Siemens soll diese Vorgehensweise illustriert werden (vgl. Abbildung 9-3, Hoffmann, Lumbe 2002, S. 634 ff.). Die Kategorien Einkauf, Qualität, Logistik und Technologie werden auf Stufe 2 mit jeweils 4 Kriterien konkretisiert. Die sich ergebenden 16 Bewertungskriterien sind im gesamten Unternehmen verbindlich. Die eigentliche Bewertung findet auf Stufe 3 mit Subkriterien statt, die an die jeweiligen Anforderungen im Geschäftsbereich ausgerichtet werden. Beispielsweise kann das Kriterium „Gesamtkosten und Preis" in einem Geschäft mit den drei folgenden Subkriterien konkretisiert werden: „Preis im Vergleich zum Wettbewerb", „Ergebnisse im Vergleich zu den Preiszielen" und „Open-Book-Politik". In einem anderen Geschäft kann die Konkretisierung des Kriteriums „Gesamtkosten und Preis" mit anderen Subkriterien erfolgen.

Die dreistufige Vorgehensweise kann auch in analoger Weise eingesetzt werden, um die Bewertung in unterschiedlichen Materialgruppen oder über selbständige Standorte hinweg abzustimmen. Mit der dreistufigen Vorgehensweise können also die individuellen Anforderungen verschiedener Standorte, Materialgruppen oder Geschäftsfelder erfüllt werden und gleichzeitig ein Vergleich über die verschiedenen Einheiten hinweg sichergestellt werden. Nachteilig ist allerdings der nicht unerhebliche Entwicklungs-, Betreuungs- und insbesondere Schulungsaufwand, den ein solches System verursacht.

Abbildung 9-3:   *Dreistufiges Bewertungsmodell am Beispiel der Lieferantenbewertung der Siemens AG (Quelle: Hoffmann, Lumbe 2002, S. 635, modifiziert).*

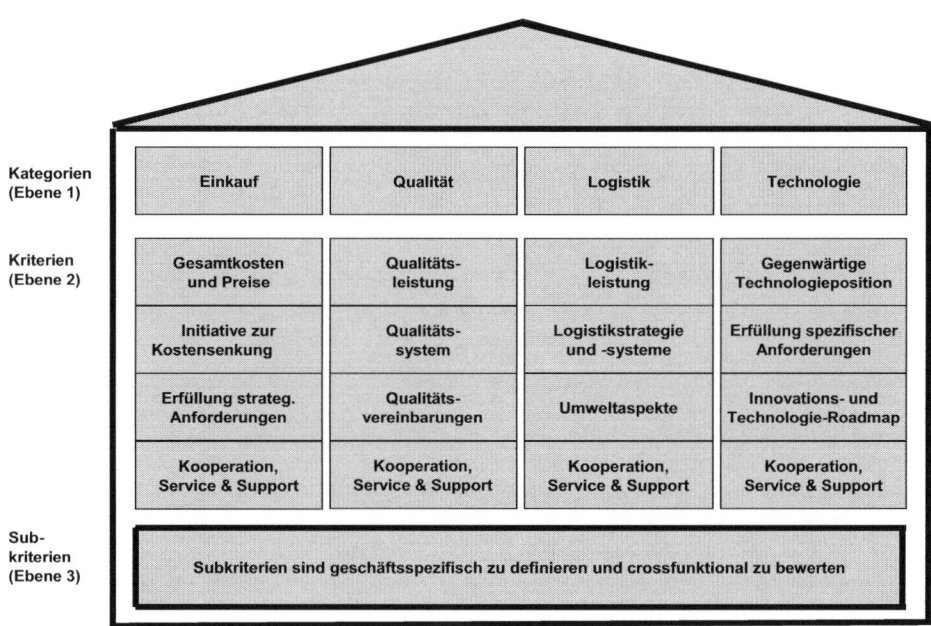

Beispiel für Kombination: Beispielsweise kann in einem Unternehmen für direkte Materialien, indirekte Materialien, Investitionsgüter und Dienstleistungen jeweils ein eigenes Bewertungssystem existieren. Aufgrund der sehr heterogenen Anforderungen hat man sich bei direkten Materialien für ein dreistufiges System entschieden. In den anderen Bereichen wird mit einem zweistufigen System gearbeitet, bei dem die Gewichtungen jeweils auf Ebene der Supply-Marktstrategie festgelegt werden.

2. Schritt: Formulierung der Bewertungskategorien: Stehen die Bewertungskriterien fest, müssen die Bewertungskategorien festgelegt werden, d.h. es muss definiert werden, für welche Leistung des Lieferanten, welche Punktezahl vergeben wird. Beispielsweise kann beim Kriterium Liefertermintreue die volle Punktezahl ab einem Wert von 97 % vergeben werden. Eine Termintreue ab 95 % bis unter 97 % wird mit 75 % der Punkte bewertet usw. Bei qualitativen Kriterien, z.B. vertrauensvolle und kooperative Zusammenarbeit im Bestellprozess, müssen die Bewertungskriterien besonders präzise ausformuliert werden.

Eine klare Definition der Bewertungskategorien ist von zentraler Bedeutung, da nur so eine einheitliche Bewertung über verschiedene Bewertungspersonen und insbesondere über die Zeit hinweg sichergestellt werden kann. Die Beurteilung, ob sich ein Lieferant seit dem letzten Jahr verbessert hat, ist ebenso nur möglich, wenn die Bewertung mit dem gleichen Maßstab durchgeführt wird.

Angemerkt sei, dass in Literatur und Praxis intensiv über die Form der Skalierung in der Bewertung diskutiert wird. Unter den vielen möglichen Vorgehensweisen hat sich beispielsweise eine fünfstufige Skala mit den Abstufungen 0 %, 25 %, 50 %, 75 % und 100 % Erfüllungsgrad bewährt.

3. Schritt: Gewichtung der Bewertungskriterien: In der Gewichtung der Bewertungskriterien kommt die Bedeutung der unterschiedlichen an der Lieferantenbewertung beteiligten Interessen zum Ausdruck. Dies kann leicht zu Interessenskonflikten führen. So kann beispielsweise für den Einkauf der Preis und für die Logistik hingegen die Termin- und Mengentreue von besonderer Bedeutung sein. Da es darüber hinaus nur selten harte Gründe für das relative Gewicht der einzelnen Kriterien gibt, sind heftige Diskussionen vorbestimmt. Folgende Verfahren haben sich zur Bestimmung der Kriteriengewichte bewährt:

▧ Sehr einfach ist das Verfahren, in dem nur drei Fälle unterschieden werden. Ein Standardkriterium erhält drei Punkte, ein besonders bedeutsames Kriterium erhält 5 Punkte und ein wenig bedeutsames Kriterium erhält nur einen Punkt. Teilt man 1 durch die Zahl der vergebenen Punkte, erhält man die prozentuale Gewichtung je Punkt. Wurden beispielsweise 50 Punkte vergeben, wird jeder Punkt mit 2 % bewertet (1 : 50 = 0,02). Ein Standardkriterium mit 3 Punkten erhält also 6 % Gewicht.

▧ Etwas differenzierter geht der Paarvergleich vor, der in Abbildung 9-4 am Beispiel von fünf Kriterien vorgestellt wird. Es werden (im Bewertungsteam) jeweils zwei Kriterien miteinander verglichen und insgesamt zehn Punkte auf die beiden Kriterien nach ihrem relativen Gewicht verteilt. Beispielsweise wird Kriterium 1 zu Kriterium 2 im Verhältnis 3 : 7 gewichtet (vgl. Oval in Abbildung 9.4). Kriterium 1 zu Kriterium 3 verhält sich 8 : 2. Zeilenweise werden die Punkte aufaddiert und durch die Gesamtpunktezahl dividiert. So erhält beispielsweise Kriterium 1 insgesamt 20 Punkte. Das entspricht 20 % von 100 Punkten. Selbst bei einer größeren Kriterienzahl und einem größeren Bewerterteam lässt sich auf diese Weise mit vertretbarem Aufwand ein Konsens über die Gewichtung erzielen.

Abbildung 9-4: *Gewichtung mit Hilfe des Paarvergleichs*

	Gewicht	Summe	Kriterium 1	Kriterium 2	Kriterium 3	Kriterium 4	Kriterium 5
Kriterium 1	20%	20		3	8	6	3
Kriterium 2	25%	25	7		7	6	5
Kriterium 3	10%	10	2	3		3	2
Kriterium 4	20%	20	4	4	7		5
Kriterium 5	25%	25	7	5	8	5	
	100%	100					

Abbildung 9-5 skizziert exemplarisch für einen Mittelbetrieb den Aufbau des Bewertungssystems mit Hilfe eines Excel-Tools. Im oberen Teil ist die Leistungsbewertung für vier Lieferanten ausgeführt. Die Gewichtung findet sich in der Kopfzeile. Die Bewertungen der Lieferanten erfolgt in den Zeilen. Die einzelnen Bewertungskategorien sind auf einem eigenen Bewertungsblatt dokumentiert. Zur Bewertung des Leistungspotenzials gibt es ein weiteres Tabellenblatt, das nicht dargestellt ist. Die Lieferantenbewertung wird im unteren Teil von Abbildung 9-5 zusammengefasst. Die Kategorien der Klassifizierung werden im nächsten Abschnitt vorgestellt. Unter www.supply-strategie.de findet sich ein Template zum Download.

Abbildung 9-5: *Aufbau eines Bewertungssystems*

Gewichtung			Preis (25)	Preisniveau (35)	Initiative zur Kostensenkung (35)	Kooperative Zusammenarbeit (30)	Qualität (25)	Produktqualität (35)	Technische Dokumentation (20)	Bewertung der Lieferantenaudits (30)	Zertifikate (15)	Logistik (25)	Termintreue (35)	Mengentreue (20)	Flexibilität bei Mengenänderungen (10)	Logistikservice (15)	Moderne Logistikkonzepte (20)	Technologie (25)	Produktqualität (30)	Prozessqualität (25)	Innovationskraft (20)	Kooperative Zusammenarbeit (25)	"Gesamt" (100)
Nummer	Materialgruppe	Lieferanten																					
10815	ABC	Lieferant A	76	100	75	50	84	75	100	75	100	100	100	100	100	100	100	89	100	75	75	100	87
14711	ABC	Lieferant B	66	75	50	75	78	75	50	100	75	86	75	75	100	100	100	64	75	75	50	50	73
12345	ABD	Lieferant C	76	75	100	50	84	100	75	75	75	90	100	100	75	50	100	70	75	75	50	75	80
13456	ABD	Lieferant D	76	75	100	50	89	100	100	75	75	88	75	100	100	75	100	93	75	100	100	100	86

			Klassifizierung				Leistungsbewertung					Potenzial		
Nummer	Materialgruppe	Lieferanten	Gesamtergebnis	Leistungspotenzial	Klassifizierung	Strategietyp	Preis	Qualität	Logistik	Technologie	Leistungsbewertung	Leistungsfähigkeit	Leistungsrisiko	Leistungspotenzial
10815	ABC	Lieferant A	92	Leader	Vorzug	aktiv	76	84	100	89	87	98	95	96
14711	ABC	Lieferant B	82	Leader	Potenzial	aktiv	66	78	86	64	73	92	91	91
12345	ABD	Lieferant C	85	Rocket	Potenzial	aktiv	76	84	90	70	80	95	85	90
13456	ABD	Lieferant D	83	Looser	Basis	passiv	76	89	88	93	86	90	70	80

9.2 Struktur der Lieferantenklassifizierung

Auf Basis der Lieferantenbewertung können die Lieferanten in Klassen eingeteilt werden. Zur Identifikation von Vorzugs- und Potenziallieferanten wird folgende Vorgehensweise vorgeschlagen (vgl. Abbildung 9-6). Zunächst werden die Lieferanten nach ihrem Leistungspotenzial klassifiziert. Dazu wird ein Portfolio mit den Dimensionen zukünftige Leistungsfähigkeit und Leistungsrisiko aufgestellt. Lieferanten, die in beiden Dimensionen hervorragend sind werden als Leader bezeichnet (z.B. Lieferanten A und B in Abbildung 9-6, vgl. die Bewertung in Abbildung 9.5). Lieferanten mit geringem Leistungsrisiko, aber nur guter Leistungsfähigkeit werden als Granit eingestuft, da sie verlässlich, aber nur eingeschränkt potenzialträchtig sind. Rockets hingegen sind mit mittlerem Leistungsrisiko behaftet, bieten dafür allerdings hervorragende Erwartungen in Bezug auf die Leistungsfähigkeit (z.B. Lieferant C). Alle übrigen Lieferanten werden als Loser bezeichnet (z.B. Lieferant D).

Auf der rechten Seite von Abbildung 9-6 werden die Ergebnisse der Klassifizierung nach dem Leistungspotenzial mit den Ergebnissen der Leistungsbewertung (vgl. Abbildung 9-5) kombiniert. Entsprechend dem in Abbildung 9-6 eingezeichneten Muster sind Vorzugslieferanten Lieferanten mit einem sehr hohen Leistungspotenzial und einer sehr hohen Leistungsbewertung (z.B. Lieferant A). Potenziallieferanten weisen etwas geringere Werte auf (z.B. Lieferanten B und C). Die errechneten Positionen sollten nochmals ganzheitlich beurteilt werden, bevor die Klassifizierung zum Vorzugs- bzw. zum Potenziallieferant erfolgt.

Abbildung 9-6: *Identifikation von Vorzugs- und Potenziallieferanten*

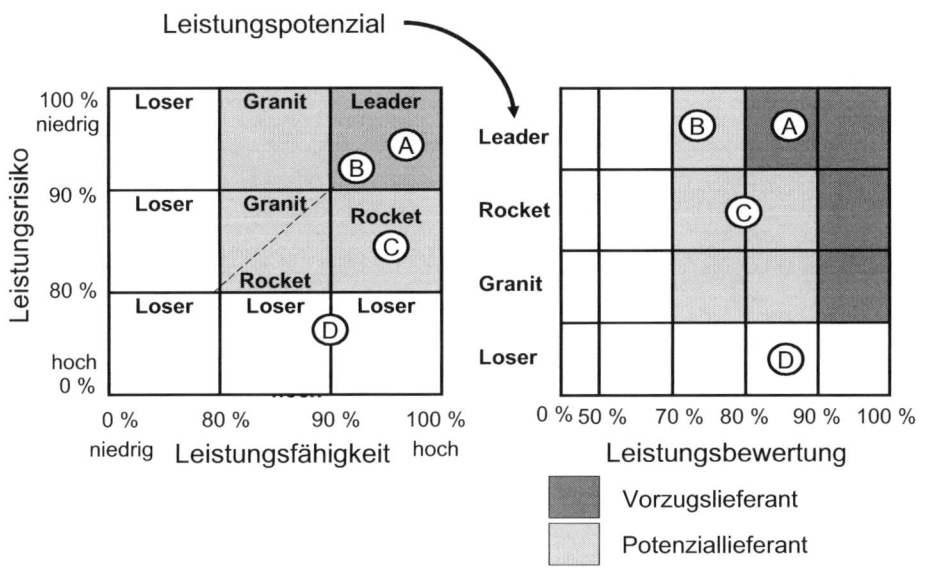

Über die Vorzugs- und Potenziallieferanten hinaus gibt es üblicherweise weitere Klassen. Die folgende Tabelle gibt einen Überblick über eine bewährte Klassifizierungssystematik und ausgewählte Konsequenzen, die sich für die Lieferanten aus der Klassifizierung ergeben.

Tabelle 9-1: *Struktur und Konsequenzen der Lieferantenklassifizierung*

Klasse	Beschreibung	Konsequenzen
Vorzugslieferant	Lieferant mit hervorragender Leistung und hervorragendem Leistungspotenzial, mit dem intensiv und umfangreich zusammengearbeitet werden soll.	▨ Wird an allen Anfragen im Supply-Markt beteiligt ▨ Präferierter Kandidat für Partnerschaftsprojekte ▨ Intensive Kommunikation ▨ Intensive Lieferantenbewertung und aktive Lieferantenentwicklung
Potenziallieferant	Lieferant soll zum Vorzugslieferanten entwickelt werden. Er verfügt über ein hohes Leistungspotenzial. Entweder handelt es sich um einen neuen Lieferanten oder um einen Bestandslieferanten, der aktuell nicht die volle Leistung bringt.	▨ Analog Vorzugslieferant, jedoch mit besonders sorgfältiger Überwachung ▨ Vorsichtige Beteiligung in Partnerschaftsprojekten ▨ Gesamtes Vergabevolumen wird vorsichtig gehandhabt
Spezialist	Lieferant besitzt Spezialkompetenzen bezüglich einer Technologie bzw. eines Standortes. Ansonsten sollte er mindestens die Qualifikation eines Potenziallieferanten aufweisen.	▨ Analog Vorzugslieferant bzw. Potenziallieferant, jedoch nur auf die Spezialität bezogen
Beteiligungen Töchter	Beteiligungsgesellschaften, bei denen Ware bezogen werden muss. Es ist fraglich, ob diese Klasse benötigt wird oder ob eine Klassifizierung nach den allgemeinen Klassen erfolgen soll.	▨ Hängt von den internen Rahmenbedingungen und Regelungen ab.
Basislieferant	Alle übrigen Lieferanten, die keiner anderen Klasse zugeordnet werden. Mittelfristig ist zu prüfen, inwieweit in einzelnen Supply-Märkten Basislieferanten überhaupt benötigt werden.	▨ Fallweise Beteiligung bei Anfragen ▨ Keine Partnerschaftsprojekte ▨ Reduzierte Kommunikation ▨ Einfache Lieferantenbewertung und keine, bestenfalls passive Lieferantenentwicklung
Lieferant ohne Neugeschäft		Lieferant soll passiv ausgephast werden und keine neuen Aufträge erhalten. Bestehende Aufträge werden fortgeführt.
Aktiv auszuscheidender Lieferant		Lieferant soll aktiv ausgephast werden, d.h. bestehende Aufträge sollen möglichst schnell auf andere Lieferanten verlagert werden.

Fortsetzung Tabelle 9-1:

Klasse	Beschreibung	Konsequenzen
Gesperrter Liefe-rant		Lieferant ist aufgrund aktueller Probleme für weitere Aufträge gesperrt. Es ist fraglich, ob die Sperrung eine eigene Klasse darstellt oder zusätzlich zur Klassifizierung erfolgt.

Im Zusammenhang mit der Klassifizierung der Lieferanten wird die Bidderlist erstellt, in der die freigegebenen Lieferanten mit dem jeweiligen freigegebenen Leistungsspektrum beschrieben sind. In der Regel finden sich alle Lieferanten der ersten fünf Klassen (bis inklusive Basislieferant) in der Bidderlist. Zu diskutieren ist allerdings, für welches Leistungsspektrum sie freigegeben sind. Die Bidderlist muss laufend aktualisiert werden, falls neue Lieferanten freigegeben oder alte Lieferanten gesperrt werden. Auch die Erweiterung des Leistungsspektrums eines Lieferanten muss in der Bidderlist eingepflegt werden. Die Bidderlist stellt somit eine wesentliche Schnittstelle zwischen der Supply-Strategie und der operativen Beschaffung dar und dient somit intensiv der Strategieimplementierung.

9.3 Prozess der Lieferantenbewertung

Bei der Durchführung der Lieferantenbewertung empfiehlt es sich, zwischen einer einfachen und einer erweiterten Bewertung zu unterscheiden. Während die einfache Bewertung sich nur auf automatisch auswertbare Kriterien, z.B. Termintreue, bezieht, wird in der erweiterten Bewertung das gesamte Spektrum der Bewertungskriterien betrachtet. Die **erweiterte Bewertung** sollte cross-funktional in fünf Schritten erfolgen:

1. Schritt: Auswahl der zu bewertenden Lieferanten: Die Auswahl der zu bewertenden Lieferanten kann über eine ABC-Analyse nach dem Einkaufsvolumen erfolgen. Neben den A-Lieferanten (70 % bis 80 % des Einkaufsvolumens) sollten zusätzlich Lieferanten, die zwar noch kein wesentliches Volumen aufweisen, aber dennoch entwickelt werden sollen, sowie Lieferanten mit aktuell kritischen Problemen aufgenommen werden. Alternativ zur ABC-Analyse kann sich die Lieferantenauswahl an der Klassifizierung des Vorjahres orientieren und alle Vorzugslieferanten, Potenziallieferanten, Spezialisten und Beteiligungen in die Bewertung einbeziehen. Auch in diesem Fall können zusätzlich neue sowie problematische Lieferanten in den Bewertungsprozess mit aufgenommen werden.

2. Schritt: Bewertung der Einzelkriterien: Die Einzelkriterien zur Leistungsbewertung und zur zukünftigen Leistungsfähigkeit werden durch die jeweiligen Ansprechpartner in Einkauf, Logistik, Qualität und Entwicklung bewertet. Zu den Leistungsrisiken sollte durch den Einkauf ein Vorschlag erarbeitet werden.

3. Schritt: Verdichtung der Ergebnisse: Die Ergebnisse werden vom Einkauf zusammengeführt und auf Vollständigkeit und formale Richtigkeit überprüft.

4. Schritt: Interpretation der Bewertungsergebnisse, Klassifizieren der Lieferanten und weitere Konsequenzen der Ergebnisse (Schnittstelle zur Lieferantenstrategie): In einer Teamsitzung der beteiligten Abteilungen werden die Ergebnisse interpretiert. Insbesondere hat sich die Diskussion als sehr fruchtbar erwiesen, falls die Einschätzungen zu einem Lieferanten in den beteiligten Abteilungen weit auseinandergehen. In diesem Zusammenhang sollte auch die Klassifizierung des Lieferanten sowie seine Eintragung in die Bidderlist überprüft werden. Ferner wird das weitere Vorgehen gegenüber dem Lieferanten diskutiert. Dieser Schritt ist der Startpunkt zur Entwicklung der Lieferantenstrategie und soll in Modul 11 diskutiert werden.

5. Schritt: Information des Lieferanten: Der Lieferant muss über die Bewertungsergebnisse informiert werden. Ebenso muss der Lieferant die Möglichkeit haben, zur Bewertung Fragen stellen bzw. eine Stellungnahme abgeben zu können. Nicht selten ergeben sich im Rahmen der Bewertungsgespräche auch wertvolle Hinweise zur Verbesserung der Prozesse innerhalb des eigenen Unternehmens. Insgesamt sollte mit dem Lieferanten sehr offen und fair kommuniziert werden. Auch dieser Schritt ist wesentlich durch die Interpretation und Konsequenzen der Bewertung geprägt und leitet somit zur Entwicklung der Lieferantenstrategie über (vgl. Modul 11).

Bei der **einfachen Bewertung** werden die automatisch gewonnenen Ergebnisse von den beteiligten Abteilungen interpretiert. Die einfache Bewertung hat zwei Einsatzbereiche: Zum einen werden Lieferanten, die nicht der erweiterten Bewertung unterliegen, zumindest nach der einfachen Bewertung beurteilt. Zum anderen kann die einfache Bewertung aufgrund des geringen Aufwandes sehr viel häufiger durchgeführt werden. Beispielsweise kann eine einfache Bewertung monatlich erfolgen, während die erweiterte Bewertung nur einmal jährlich oder bei besonders wichtigen Lieferanten quartalsweise oder halbjährlich durchgeführt wird.

Zeigen sich bei der einfachen Bewertung außergewöhnliche Entwicklungen wird die entsprechende Fachabteilung Maßnahmen ergreifen. Darüber hinaus kann es im Extremfall auch zu gemeinsamen Aktionen unter Führung des Einkaufs kommen, die bis zum aktiven Ausphasen des Lieferanten eskalieren können.

Abschließend soll auf einige wesentliche Probleme im Rahmen der Lieferantenbewertung hingewiesen werden:

▪ Die eindeutige **Identifikation von Lieferanten** stellt ein erstes Problem dar. So können teils Konzernstrukturen beim Lieferanten zu Abgrenzungsschwierigkeiten führen. Liefert beispielsweise ein Lieferant aus zwei verschiedenen Werken oder aus zwei verschiedenen Geschäftsfeldern ist zu prüfen, ob eine gemeinsame oder zwei getrennte Bewertungen durchzuführen sind. Ebenso kann es zu Schwierigkeiten kommen, falls in der Lieferantenbewertung mehrere bewertende Einheiten beteiligt sind, deren Lieferantenstammdaten nicht aufeinander abgestimmt sind. So kann ein Lieferant unter verschiedenen Namen auftauchen. Werden im Unternehmen zu den Lieferanten die D-U-N-S Nummern gepflegt, können Lieferanten eindeutig identifiziert werden. Die D-U-N-S Nummer ist ein neunstelliger Zahlencode, der durch die Wirtschaftsauskunftei Dun & Bradstreet vergeben wird und der Unternehmen sowie Konzernstrukturen eindeutig identifiziert (vgl. www.dnbgermany.de).

- Die **Definition geeigneter Bewertungskriterien** bereitet teils große Schwierigkeiten. Als Beispiel dient die Messung und Interpretation von Materialkostenveränderungen, auf die bereits hingewiesen wurde (vgl. Modul 2).

- Eine **schlechte Datenqualität** kann zu ungerechten bzw. falschen Bewertungen führen. Wird beispielsweise der Liefertermin vom Kunden verschoben, aber keine Korrektur im ERP-System vorgenommen, führt dies unberechtigter Weise zu einer schlechten Termintreue. Ein zweites Beispiel verdeutlicht, wie leicht sachlich sinnvolle Entscheidungen zu Fehlinterpretationen in der Lieferantenbewertung führen. Um Transportkosten zu sparen, wurde mit einem Lieferanten eine wöchentliche Anlieferung stets am Donnerstag vereinbart. Das ERP-System ermittelte allerdings als bestätigten Liefertermin den Bestelltermin plus zwei Werktage. Somit waren alle Bestellungen, die nicht am Dienstag getätigt wurden, unpünktlich. Derartige Fehlinterpretationen können leicht zu Verstimmungen in der Zusammenarbeit mit den Lieferanten führen, falls der Lieferant vorschnell kritisiert wird.

- Bei kritischen Entscheidungskriterien ist es problematisch, dass eine sehr negative Bewertung durch positive Werte bei anderen Kriterien ausgeglichen werden kann. Beispielsweise kann die Leistung eines Lieferanten nicht akzeptabel sein, falls bezüglich Qualität oder Preis bestimmte Mindestanforderungen nicht erfüllt werden. Für solche Kriterien sollten **K.o.-Kriterien** bzw. Mindestwerte definiert werden, die vom Lieferanten als grundsätzliche Voraussetzung für eine Zusammenarbeit zu erfüllen sind.

- Problematisch sind auch Kriterien, die **für einzelne Lieferanten nicht relevant** sind. Wie soll beispielsweise die Kooperationsbereitschaft bei Qualitätsproblemen bei einem Lieferanten beurteilt werden, bei dem noch nie ein Qualitätsproblem aufgetreten ist?

- In einzelnen Fachabteilungen kann die **Bewertungskompetenz** zu einzelnen Lieferanten fehlen oder weit verstreut sein.

- Der **Bewertungsaufwand** bei nicht automatisierbaren Kriterien kann insbesondere in den ersten Bewertungsrunden erheblich sein, da die Datenanalyse für die Bewertung aufwendig ist und die unterschiedlichen Einschätzungen zwischen den beteiligten Abteilungen zu mühsamen Diskussionen führen können. Im Laufe der

Zeit sollte allerdings der Bewertungsaufwand stark zugunsten des Aufwandes für die Strategieentwicklung zurückgehen.

10 Modul 10: Neue Lieferanten identifizieren und freigeben

Bei der Auswahl von Lieferanten (vgl. Koppelmann 2004, S. 234 ff., Large 2009, S. 168 ff.) sollte zwischen strategischen und operativen Aspekten unterschieden werden. Im Rahmen der Supply-Strategie werden die „besten" Lieferanten identifiziert und zur Angebotsabgabe freigegeben. Hierbei kommt es auf die grundsätzliche Leistungsfähigkeit und auf die Leistungsrisiken des Lieferanten an. Im operativen Bestellprozess werden dann für konkrete Bedarfe die Angebote von freigegebenen Lieferanten eingeholt und verglichen. Der Auftrag wird an den Lieferanten mit dem besten An-

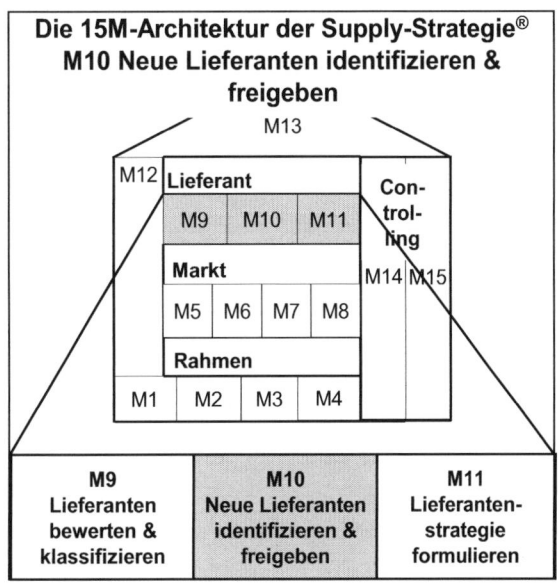

gebot vergeben. Wie bereits erwähnt stellt die Liste der freigegebenen Lieferanten (Bidderlist) die Schnittstelle zwischen dem strategischen und dem operativen Prozess dar. Die strikte Trennung zwischen strategischer Lieferantenfreigabe und operativer Auftragsvergabe ist aus folgenden Gründen dringend geboten:

- **Investiver Charakter von Lieferantenbeziehungen:** Wie oben ausgeführt (vgl. Modul 7, Kapitel 7.3.1) haben Beziehungen zu Lieferanten einen investiven Charakter. Dieser zeigt sich im Aufbau eines gemeinsamen Erfahrungswissens (z.B. zur Zusammenarbeit in der Qualitätssicherung), im Ressourcenverbund (z.B. keine redundanten Entwicklungsarbeiten) sowie in spezifischen Investitionen (z.B. EDI-Anbindung). Wer vor dem Aufbau einer Geschäftsbeziehung nicht die Leistungspotenziale des Lieferanten kritisch prüft, riskiert also erhebliche Fehlinvestitionen. Wer auf derartige Investitionen insgesamt verzichtet, lässt interessante Chancen ungenutzt.

- **Schadensrisiko:** Stellt sich ein Lieferant während einer Geschäftsbeziehung als nicht leistungsfähig heraus, kann der Schaden immens sein. Als Beispiel dienen Rückrufaktionen aufgrund mangelhafter Qualität von Komponenten. Sollte zusätzlich ein kurzfristiger Wechsel zu einem anderen Lieferanten nicht möglich sein, können sich existenzbedrohende Konsequenzen ergeben. Schadensersatzforderungen oder Vertragsstrafen decken häufig nur einen geringen Teil des tatsächlichen Schadens.

▓ **Zeitbedarf für Lieferantenauswahl:** Darüber hinaus reicht in der Regel während der Beschaffung eines konkreten Materials die Zeit für eine gründliche Lieferantenauswahl nicht aus. In der Konsequenz werden die Sachzwänge im Rahmen des operativen Bestellprozesses dazu führen, dass strategische Aspekte vernachlässigt werden und auf traditionell bewährte Lieferanten zurückgegriffen wird.

Nur bei strategisch unbedeutsamen Einzeltransaktionen wird auf eine strategische Lieferantenauswahl verzichtet. Darüber hinaus kommt es in der Praxis (nicht selten) zur Verquickung des strategischen mit dem operativen Prozess, falls eine rechtzeitige Angebotsfreigabe versäumt wurde und somit der konkrete (zeitkritische) Bedarf die Prozesse treibt.

Der Prozess zur Identifikation und Freigabe eines Lieferanten kann in vier Schritte gegliedert werden:

1. Schritt: Bedarf und Anforderungen identifizieren: Grundsätzlich wird der Bedarf nach neuen Lieferanten in der Supply-Marktstrategie (vgl. Module 7 und 8) analysiert und entschieden. In diesem Zusammenhang werden auch die strukturellen Anforderungen an den neuen Lieferanten geklärt. Beispielsweise sollte ein Lieferant als Entwicklungspartner für bestimmte Marktsegmente geeignet sein. Darüber hinaus sollte er über bestimmte Spezialkenntnisse verfügen. Alternativ kann die Suche auch auf einen Lieferanten gerichtet sein, der weltweit die Produktionsstandorte lokal versorgen kann. Oder es ist ein Lieferant mit überlegener Kostenposition im Fokus.

Jenseits des regelmäßigen Planungsprozesses der Supply-Marktstrategie können unvorhergesehene Ereignisse einen Bedarf an neuen Lieferanten aufkommen lassen. Beispielsweise können überraschende Großaufträge oder Entwicklungsprojekte, der nachhaltige Leistungseinbruch eines Vorzugslieferanten oder schlichte Planungsfehler in der vergangenen Planungsrunde eine rasche Reaktion erforderlich machen. Allerdings sollte auch in diesem Fall nicht einfach mit der Suche nach einem neuen Lieferanten begonnen werden, sondern zunächst dessen strukturelle Anforderungen im Rahmen der Supply-Marktstrategie geklärt werden. Liegt eine ordentlich dokumentierte Supply-Marktstrategie vor, ist der Planungsaufwand für diesen Schritt eher gering.

2. Schritt: Neue Lieferanten identifizieren: Über die Supply-Marktstrategie ist das Suchfeld bereits festgelegt, in dem nach neuen Lieferanten recherchiert werden soll. Dabei sind insbesondere der Markt, die Marktsegmente und der regionale Fokus der Suche einzugrenzen.

Zur aktiven Suche nach neuen Lieferanten steht ein breites Spektrum klassischer und moderner Wege offen. Wichtige Quellen sind persönliche Kontakte innerhalb und außerhalb des Unternehmens, Messen, Kongresse, Fachzeitschriften, Verbände, Branchenhandbücher und Bezugsquellenverzeichnisse. Im internationalen Kontext spielen insbesondere auch die lokalen Repräsentanzen des Unternehmens, z.B. IPOs oder Tochtergesellschaften, eine wichtige Rolle bei der Informationsbeschaffung. Heute bietet ferner das Internet vielfältige Suchmöglichkeiten, z.B. über Suchmaschinen (z.B. www.Google.de oder www.Yahoo.de), über Marktplätze (z.B. www.Supplyon.com) oder über Lieferantendatenbanken (z.B. Wer liefert was? www.wlw.de; Thomas Register: www.thomasglobal.com).

Eine interessante Quelle neuer Lieferanten kann auch in den bestehenden Lieferquellen ruhen, indem das Lieferspektrum bewährter Lieferanten ausgeweitet wird. Dies kann gleichermaßen innerhalb eines Supply-Marktes durch die Freigabe des Lieferanten für weitere Marktsegmente sowie Technologien oder marktübergreifend erfolgen, falls der Lieferant in mehreren Märkten aktiv ist. Dabei werden in der Regel die bestehenden Kompetenzen des Lieferanten genutzt. Allerdings ist es auch vorstellbar, dass der Lieferant motiviert werden kann, für das Unternehmen bzw. in Zusammenarbeit mit ihm gezielt sein Lieferspektrum auszuweiten. Im hierfür verwendeten Begriff „Reverse Marketing" wird deutlich, dass erhebliche Anstrengungen notwendig sein können, einen Lieferanten zum Einstieg in ein für ihn neues Marktsegment zu gewinnen (vgl. Leenders, Blenkhorn 1988).

Darüber hinaus geht die Initiative zur Kontaktaufnahme häufig auch von den Lieferanten aus, die sich intensiv um neue Kunden bemühen. Strategisch gesehen sind diese Bewerbungen zwar sehr willkommen, da sich neue Chancen öffnen können und sie den Marktforschungsaufwand reduzieren helfen. Jedoch sind solche Bewerbungen auch mit gewisser Vorsicht zu behandeln. Bevor die Bewertung des neuen Lieferanten sowie der Freigabeprozess vorangetrieben werden, sollte zunächst der Bedarf nach neuen Lieferanten in der Supply-Marktstrategie analysiert werden. Dabei kann sich gleichermaßen herausstellen, dass es aktuell günstig ist, die Leistungsfähigkeit der bestehenden Lieferanten zu überprüfen, oder dass ein aktueller Bedarf nach neuen Lieferanten besteht und der Bewertungs- und Freigabeprozess vorangetrieben werden sollte. Es kann aber auch sein, dass derzeit kein Bedarf besteht und der Aufwand für die weiteren Schritte der Freigabe gespart werden sollte. Es kann sogar sein, dass ein neuer Lieferant die Geschäftsbeziehungen mit den bestehenden Lieferanten beschädigt, z.B. falls das Unternehmen für die Lieferanten nicht besonders attraktiv ist und deshalb eher an der Aufwertung der Geschäftsbeziehung als an einer Wettbewerbsintensivierung gearbeitet werden sollte.

Angemerkt sei, dass innovative Unternehmen sich in vielfältiger Weise bemühen, damit potenzielle Lieferanten leicht Kontakt aufnehmen können und sich somit aktiv bewerben. Typische Beispiele sind die Veranstaltung von Lieferantentagen oder die Aufforderungen zur Bewerbung auf dem Lieferantenportal, teils mit genauer Angabe von Ansprechpartnern (vgl. auch die Ausführungen zu Supplier Relationship Management-Tools in Teil 1, Kapitel 5.3).

3. Schritt: Vorauswahl der Lieferanten: Bevor ein Lieferant zur Angebotsabgabe freigegeben wird, muss sein Leistungspotenzial beurteilt werden, d.h. seine zukünftige Leistungsfähigkeit und seine Leistungsrisiken. Sollten mehrere Lieferanten zur Wahl stehen, sollte eine Rangfolge der Lieferanten ermittelt werden. Wie viele Lieferanten nach der Vorauswahl im Rennen bleiben, hängt neben dem Leistungsniveau der Lieferanten insbesondere vom Bedarf und den verfügbaren Ressourcen des Unternehmens ab.

Es empfiehlt sich die Vorauswahl neuer Lieferanten mit der gleichen Systematik wie die Lieferantenbewertung durchzuführen (vgl. Modul 9, Kapitel 9.1), d.h. es sind insbesondere die zukünftige Leistungsfähigkeit und die Leistungsrisiken der Lieferanten zu beurteilen. Die Anforderungen an das Leistungspotenzial eines aktuellen und eines neuen Lieferanten sind schließlich die gleichen. Außerdem können damit die bestehenden und die neuen Lieferanten besser miteinander verglichen werden. Allerdings ist es bei neuen Lieferanten teils schwierig, geeignete Informationen zu recherchieren. So müssen bestimmte Leistungspotenziale des Lieferanten auf Basis von Referenzen bzw. Gespräche mit anderen Kunden des Lieferanten beurteilt werden. Ggf. muss auf Indikatoren zurückgegriffen werden, z.B. auf das F&E-Budget als Maßstab für die Innovationskraft. Sollte im Unternehmen ein dreistufiges Bewertungssystem (vgl. Modul 9) eingesetzt werden, können auf der dritten Ebene spezifische Kriterien für neue Lieferanten berücksichtigt werden.

Folgende Methoden zur Gewinnung von Informationen über die Leistungspotenziale der Lieferanten haben sich bewährt. Sortiert sind die folgenden Instrumente nach ihrem Durchführungsaufwand:

- **Lieferantenselbstauskunft:** Bei der Lieferantenselbstauskunft (Koppelmann 2004, S. 237 ff.) handelt es sich um eine meist mehrseitige schriftliche Befragung der Lieferanten, in der letztlich alle interessierenden Fragen zur Vorauswahl des Lieferanten abgefragt werden können. Neben Fragen zu Ansprechpartner, Organisation und Kommunikation des Lieferanten werden beispielsweise Fragen zu Größe und Internationalität, zu den Produktionsmöglichkeiten, zur Leistungsfähigkeit der Entwicklung oder zu seiner Innovationsfähigkeit gestellt. Allerdings sollte der Umfang einer Selbstauskunft nicht potenzielle Lieferanten von der Bewerbung abhalten. Schwierig ist ferner, Detailfragen so allgemeinverständlich zu formulieren, dass keine Fehlinterpretationen entstehen. Kaum möglich sind wertende Fragen, z.B. wie innovativ sind ihre Logistikprozesse. Hier muss auf Hard-Facts als Indikatoren (im Beispiel: Realisieren Sie Supplier Managed Inventory-Prozesse?) oder auf die folgenden Methoden ausgewichen werden.

- **Lieferantenbefragung, teils mit Checkliste:** In einer mündlichen Befragung des Lieferanten können facettenreichere Informationen als in einer schriftlichen Befragung gesammelt werden. Insbesondere können aufgrund der Möglichkeit, Rückfragen zu stellen, Missverständnisse leichter vermieden werden.

▓ **Befragung von Referenzkunden:** Bei der Befragung von Referenzkunden können insbesondere auch wertende Informationen zur vertrauensvollen Zusammenarbeit zwischen Lieferant und Kunden sowie zur tatsächlichen Leistung des Lieferanten diskutiert werden. Da der Referenzkunde meist vom Lieferanten benannt wird, ist darauf zu achten, dass er kein (zu großes) Eigeninteresse hat, für den Lieferanten zu werben. Beispielsweise könnte er bestimmte Entwicklungskosten zurückerstattet bekommen, falls weitere Anwender gefunden werden. Häufig genügt aber bereits der Wunsch, eigene Entscheidungen als richtig zu rechtfertigen, für eine (zu) positive Darstellung des Lieferanten.

▓ **Lieferantenbesuche:** Lieferantenbesuche stellen – insbesondere wenn sie gut vorbereitet und mit Experten aus verschiedenen Feldern besetzt sind, z.B. Produktion, Logistik, Qualität, Technik – eine hervorragende Möglichkeit dar, die Leistungsfähigkeit und die Leistungsrisiken des Lieferanten zu beurteilen. Insbesondere können die Ergebnisse der Selbstauskunft sowie der Befragungen kritisch hinterfragt werden.

▓ **Lieferantenaudits**: Beim Lieferantenaudit handelt es sich um eine systematische Untersuchung des Lieferanten durch den Kunden, um die zukünftige Leistungsfähigkeit und ausgewählte Leistungsrisiken zu beurteilen. Dabei werden im Gegensatz zu den vorausgehenden Methoden nicht nur Fragen gestellt, sondern auch Nachweise gefordert. In der Regel sind Lieferantenaudits erheblich umfangreicher als einfache Lieferantenbesuche. Die mangelnde Bereitschaft von Lieferanten an Lieferantenaudits teilzunehmen, kann deshalb leicht zum Problem werden.

4. Schritt: Schrittweise Freigabe des Lieferanten: Nach der Lieferantenvorauswahl folgt – zumindest bei direkten Materialien – der Prozess der technischen Freigabe des Lieferanten. Dabei kommen beispielsweise Muster in Form von Angebots- und Erstmuster zum Einsatz. Angebotsmuster sind für den Bedarf des Unternehmens typische Teile, anhand derer die technische Leistungsfähigkeit des Lieferanten (generell) überprüft werden kann. Erstmuster beziehen sich hingegen auf konkrete Bedarfe des Unternehmens. Mit ihnen werden die Herstellbarkeit eines Teils sowie die technische Fähigkeit des Lieferanten zur Produktion des Teiles nachgewiesen. Die Erstbemusterung führt also zur Produkt- und Prozessfreigabe und ist damit ein wesentlicher Baustein zur Serienfreigabe. Ferner sind zur Serienfreigabe von wichtigen Teilen in der Regel Qualitätsaudits erforderlich. Darüber hinaus können vom Lieferanten umfangreiche Qualitätsnachweise in Form von Prüfberichten und Tests gefordert werden.

Wie der Prozess im Detail gestaltet wird, hängt sehr stark von den technischen Rahmenbedingungen der Materialien sowie der Branche ab. Für die strategische Lieferantenauswahl ist zu klären, welche Voraussetzungen für die Angebotsfreigabe des Lieferanten gegeben sein müssen. Beispielsweise können neben der Auswertung von Angebotsmustern bestimmte Prüfberichte und Tests erforderlich sein. Der weitere Freigabeprozess bis hin zur Serienfreigabe mit Erstbemusterung und Qualitätsaudit wird erst dann durchlaufen, falls der Lieferant eine konkrete Ausschreibung gewonnen hat. Alternativ kann dem Lieferanten ein kleines Pilotprojekt angeboten werden, anhand dessen er seine Leistungsfähigkeit unter Beweis stellen kann.

Supply-Marktteam: Die Lieferantenauswahl und Lieferantenfreigabe ist ein Prozess der analog zur Lieferantenbewertung cross-funktional in einem Supply-Marktteam durchgeführt wird. Beteiligt sollten neben Einkauf, Qualität, Logistik und Entwicklung auch ausgewählte Experten mit Spezialkompetenzen zu einzelnen Fragestellungen sein, z.B. zur Beurteilung der Produktionsprozesse des Lieferanten. Aus Sicht des Supply Managements sollte die Führung des Supply-Marktteams im Einkauf liegen, da er die Schnittstellenverantwortung gegenüber dem Lieferanten haben sollte.

11 Modul 11: Lieferantenstrategie formulieren

In den Lieferantenstrategien werden die Ziele und Anforderungen der Supply-Marktstrategie auf einzelne Lieferanten heruntergebrochen. Es muss geklärt werden, mit welchen Lieferanten die angestrebte Versorgungslage im Supply-Markt erreicht werden soll, was die einzelnen Lieferanten hierzu beitragen sollen und mit welchen strategischen Maßnahmen sichergestellt wird, dass der Lieferant seinen Beitrag auch leisten kann und leistet.

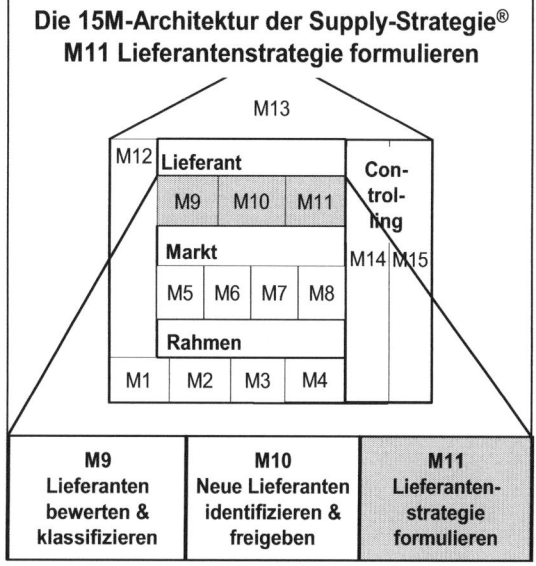

Auf Basis dieser Zielsetzung muss (idealer Weise) für jeden Lieferanten eine Strategie formuliert werden, der zur Erreichung der angestrebten Versorgungslage im Supply-Markt in besonderer Weise beitragen soll. Nur für kurzfristig auswechselbare Lieferanten ist keine Lieferantenstrategie erforderlich, da bei diesen Lieferanten eine operativ ausgerichtete Lieferantenauswahl ausreicht. Diese Aussage ist allerdings sehr vorsichtig zu interpretieren, da schon allein längerfristige Geschäftsbeziehungen mit Lieferanten zur Stabilität der Prozesse und zur wechselseitigen Anpassung von Leistungen an die Anforderungen der Geschäftspartner führen können (vgl. ausführlich Modul 7, Kapitel 7.3.1) und somit für die Versorgung des Unternehmens vorteilhaft sein können. Somit empfiehlt sich also, für alle Lieferanten eine Lieferantenstrategie zu entwickeln, zu denen eine längerfristige Geschäftsbeziehung bestehen soll.

Pragmatisch gesehen wird allerdings der nicht unbeträchtliche Aufwand zur Entwicklung von Lieferantenstrategien eine Eingrenzung auf wesentliche Lieferanten erforderlich machen und zu einer Abstufung der Intensität bei der Strategieformulierung führen. Es lassen sich drei grundlegende Abstufungen bei den Lieferantenstrategien unterscheiden, die allerdings in vielfältiger Weise untergliedert werden können:

▓ **Passive Lieferantenstrategie:** Der Lieferant wird über den Stand der Lieferantenbewertung und über die Ziele aus Sicht des Unternehmens informiert. Er wird aufgefordert, diese Ziele zu akzeptieren und Maßnahmen zu benennen, mit denen er die Zielerreichung sicherstellt. Beispielsweise wird der Lieferant zur Verbesserung seiner Lieferperformance oder zur Verringerung der Fehlerquote angehalten. Seitens des Lieferanten sind die Ziele anzuerkennen und mit geeigneten Maßnahmen zu hinterlegen. Der Umsetzungserfolg wird im Rahmen der Lieferantenbewertung oder über eine regelmäßige (quartalsweise, halbjährliche oder jährliche) Abfrage überprüft. Nur bei größeren Differenzen bezüglich der Strategieformulierung oder bezüglich der Umsetzungsgeschwindigkeit ist ein Lieferantengespräch erforderlich.

▓ **Begleitete Lieferantenstrategie:** Die Ergebnisse der Lieferantenbewertung und die angestrebte Lieferantenstrategie wird mit dem Lieferanten ausführlich besprochen. Auf dieser Basis werden gemeinsam die notwendigen Maßnahmen identifiziert und konkretisiert. Die Maßnahmenentwicklung kann im Rahmen von Lieferantengesprächen, Lieferantenaudits, Assessments oder umfangreichen Lieferantenworkshops erfolgen. Die Umsetzung der Maßnahmen bleibt allerdings alleine Aufgabe des Lieferanten. Der Umsetzungserfolg wird regelmäßig überprüft und ggf. besprochen.

▓ **Aktive Lieferantenstrategie:** Im Rahmen einer aktiven Lieferantenstrategie werden über die Identifikation, Vereinbarung und Überwachung von strategischen Maßnahmen hinaus mit dem Lieferanten gemeinsame Projekte oder Aktionen durchgeführt. Ziel ist es, die zukünftige Versorgungslage des Unternehmens zu verbessern. Dabei lassen sich zwei grundlegende Motivationen unterscheiden:

Aktive Lieferantenstrategie zur Lieferantenförderung: Es wird von Lieferantenförderung gesprochen, falls die Motivation zum gemeinsamen Vorgehen in aktuellen oder zukünftig angenommenen Leistungsdefiziten des Lieferanten begründet ist (zum Begriff vgl. Large 2009 S. 271 ff. sowie Wagner, ten Hoevel 2003, S. 1023 ff.). Beispiele solcher Leistungsdefizite sind eine nicht angemessene Kostenstruktur, Planungsschwächen mit der Konsequenz schlechter Termintreue oder vermutete Schwächen beim Anlauf einer neuen Produktlinie oder einer neuen Technologie. Zur Lieferantenförderung können Verbesserungsprojekte beim Lieferanten mit einer personellen Einbindung von Mitarbeitern des Unternehmens durchgeführt, erfahrene Mitarbeiter entsendet oder Mitarbeiter des Lieferanten geschult werden. Beispielsweise berichten Wagner, ten Hoevel (2003, S. 1027) von 20 Mitarbeitern bei DaimlerChrysler, die ausschließlich Beratungsprojekte bei Lieferanten durchführen. Aufgrund des hohen Aufwandes ist eine Lieferantenförderung nur bei Lieferanten angebracht, die gleichzeitig besonders kritisch und potenzialträchtig sind. Interessant ist dabei auch die Frage, wer für den Beratungsaufwand aufzukommen hat. Angemerkt sei ferner, dass die Lieferantenförderung leicht die Ressourcenkraft von mittelständischen Unternehmen überfordert.

Aktive Lieferantenstrategie in Partnerschaften: Eine aktive Lieferantenstrategie mit gemeinsamen Projekten kann aber auch sinnvoll sein, um die Supply-Marktstrategie partnerschaftlich mit dem Lieferanten voranzutreiben. Beispielsweise können neue Logistikkonzepte eingeführt oder gemeinsame Entwicklungsvorhaben durchgeführt werden. Jede lebendige Lieferantenpartnerschaft sollte – zumindest soweit dies die Ressourcen zulassen – mehr oder minder intensiv in gemeinsamen Projekten fortentwickelt werden.

Angemerkt sei, dass die beiden Formen der aktiven Lieferantenstrategie im konkreten Praxisfall ineinander übergehen können. Beispielsweise kann ein gemeinsames Projekt zum Aufbau eines neuen Standortes gleichermaßen ein Meilenstein in der Entwicklung einer Partnerschaft wie auch eine Maßnahme zur Lieferantenförderung sein, falls der Lieferant allein die Standortentwicklung nicht hinreichend wirtschaftlich realisieren kann.

Im Folgenden werden die Inhalte einer Lieferantenstrategie strukturiert (Kapitel 11.1) und der Prozess zur Formulierung und zur Steuerung von Lieferantenstrategien vorgestellt (Kapitel 11.2). Mit begleitenden Maßnahmen oder Lieferantenprogrammen soll die Entwicklung unterstützt werden. Ferner werden kritische Probleme bei der Umsetzung diskutiert (Kapitel 11.3). Abschließend wird das Fallbeispiel Elektro AG mit der Entwicklung einer Lieferantenstrategie fortgeführt (Kapitel 11.4).

11.1 Gegenstand der Lieferantenstrategie

Die Lieferantenstrategie ergibt sich aus der Supply-Rahmenstrategie, der Supply-Marktstrategie sowie aus den Ergebnissen der Lieferantenbewertung und soll sich wiederum dort in positiver Weise auswirken. Aufgrund dieses wechselseitigen Wirkungsverbundes empfiehlt es sich, dass die Strukturen der Lieferantenstrategie mit denen der anderen Strategiebausteine sehr eng abgestimmt sind. Somit lassen sich die Themenfelder einer Lieferantenstrategie folgendermaßen strukturieren:

- **Marktsegmente und technische Spezialitäten:** Soll der Lieferant sein Lieferspektrum verändern bzw. ausweiten, indem er beispielsweise in weiteren Marktsegmenten aktiv wird? Dies kann sinnvoll sein, um die Lieferantenzahl im Supply-Markt zu reduzieren oder um eine Vorzugslieferantenstrategie zu verfolgen. Im Rahmen der Lieferantenstrategie kann die Freigabe des Lieferanten für das neue Segment initiiert und der Lieferant motiviert werden, auch in weiteren Segmenten anzubieten. Besonders anspruchsvoll ist diese Aufgabe, falls der Lieferant selbst im neuen Segment bisher noch nicht aktiv war (vgl. auch Modul 10). Natürlich kann die Lieferantenstrategie auch in Richtung einer Einschränkung des Lieferspektrums eines Lieferanten weisen.

In diesem Rahmen sollte auch das Ziel-Einkaufsvolumen beim Lieferanten, ggf. aufgegliedert nach Marktsegmenten und technischen Spezialisierungen, geplant werden. Die Höhe und die Entwicklung des Liefervolumens haben in der Regel erheblichen Einfluss auf die Bereitschaft des Lieferanten zur strategischen Zusammenarbeit.

Lieferantenbewertung: Unbefriedigende Ergebnisse in der Lieferantenbewertung bieten einen direkten Ansatzpunkt für die Lieferantenstrategie. Negative Bewertungen im Rahmen der Beurteilung vergangener Leistungen, beispielsweise im Rahmen der Logistikperformance oder der Qualität der Materialien, werden in der Lieferantenstrategie thematisiert. Hierzu werden dann Wege gesucht, um die Probleme zu lösen. Dieser Zusammenhang gilt gleichermaßen für Defizite bei den Leistungspotenzialen, d.h. bei der zukünftigen Leistungsfähigkeit oder bei den Leistungsrisiken. Werden beispielsweise erhebliche finanzielle Risiken oder Länderrisiken beim Lieferanten identifiziert, müssen Konsequenzen folgen. Diese können im Rahmen der Lieferantenstrategie gemeinsam mit dem Lieferanten, z.B. durch den Aufbau von Sicherheiten, entwickelt werden. Werden die Risiken hingegen als kritisch und nicht reduzierbar eingestuft, kann die Lieferantenstrategie auf die Ausphasung des Lieferanten hinarbeiten.

In diesem Rahmen können auch konkrete Zielvorgaben für die Inhalte der Lieferantenbewertung formuliert werden, z.B. Ziele bezüglich der Logistikleistung, der Qualität, aber auch der Preisentwicklung. Da die Kriterien der Lieferantenbewertung mit den Zielkriterien der Supply-Marktstrategien korrespondieren sollten, ergibt sich ein durchgängiges Zielsystem: Von den Supply-Zielen zu den Supply-Marktzielen, zu den Zielen der Lieferantenstrategie und gleichzeitig zur Messung in der Lieferantenbewertung.

Supply-Marktstrategie: Die Lieferantenstrategie setzt ferner an der Supply-Marktstrategie an, um durch den bzw. mit dem Lieferanten die Marktstrategie zu entwickeln. Grundsätzlich kommen alle Gestaltungsfelder als Ansatzpunkt der Zusammenarbeit in Frage. Drei typische Beispiele sollen den Zusammenhang illustrieren: (1) Zusammen mit dem Lieferanten soll die Standardisierung der Beschaffungsobjekte vorangetrieben werden. Hierzu erfolgt eine Lieferantenfrüheinbindung in den Entwicklungsprozess. (2) Durch den Lieferanten sollen die potenziellen Kostenvorteile in den Emerging Procurement Markets realisiert werden. Es wird eine gemeinsame Strategie bezüglich Sublieferanten vereinbart. (3) Durch die kooperative Einführung moderner Logistikkonzepte können die Lieferzeit gegenüber dem Endkunden reduziert und die Lieferflexibilität erhöht werden.

Strategische Projekte der Supply-Strategie: Zur Umsetzung von Basisstrategien (Modul 1), Supply-Zielen (Modul 2) sowie der Supply Balanced Scorecard mit strategischen Stoßrichtungen und der Strategy Map (Modul 3) werden strategische Projekte definiert (vgl. ausführlich Module 12 und 13). Mit den strategischen Projekten erfolgt eine Ausrichtung und eine Synchronisierung der Supply-Marktstrategien und in der Konsequenz der Lieferantenstrategien. Inhaltlich können diese Projekte an allen Zielen und Gestaltungsfeldern der Supply-Marktstrategie ansetzen und sind dann mehr oder minder verbindlich in allen Supply-Märkten voranzutreiben.

Typische Beispiele solcher Projekte sind die Intensivierung von Entwicklungspartnerschaften, die Steigerung des Einkaufsvolumens in Emerging Procurement Markets, die Förderung von ausgewählten Logistikkonzepten oder die Sicherstellung der Einhaltung von Sozialstandards bei Lieferanten. Diese Projekte wirken auf die Versorgungslage im Supply-Markt und werden in der Lieferantenstrategie konkret. Beispielsweise muss die Möglichkeit von Entwicklungspartnerschaften in der Supply-Marktstrategie geprüft und vorbereitet werden. Umgesetzt wird sie allerdings in Lieferantenstrategien, indem mit ausgewählten Lieferanten Entwicklungspartnerschaften angestrebt bzw. realisiert werden.

■ **Entwicklung der Lieferantenbeziehung:** Die Entwicklung der Lieferantenbeziehung verdient im Rahmen der Entwicklung einer Lieferantenstrategie besondere Aufmerksamkeit. Die Hebel zur Gestaltung der Lieferantenbeziehung wurden bereits in Modul 7 (vgl. Kapitel 7.3.1) ausführlich vorgestellt und werden hier nur kurz wiederholt:

o   **Rahmenverträge:** Sind vom Lieferanten alle relevanten Rahmenvereinbarungen unterschrieben?

o   **Macht:** Kann die Machtrelation in der Lieferantenbeziehung verbessert werden, beispielsweise dadurch, dass Werkzeuge durch das Unternehmen finanziert und bei Auseinandersetzungen mit dem Lieferanten leicht verlagert werden können? Angemerkt sei, dass die Machtrelation ebenso durch Maßnahmen außerhalb der Lieferantenstrategie beeinflusst wird, beispielsweise durch Aufbau eines Alternativlieferanten. Solche Maßnahmen können allerdings auch wieder Rückwirkungen auf die Lieferantenstrategie haben. Im Beispiel würde sich das Einkaufsvolumen beim Lieferanten reduzieren.

o   **Attraktivität:** Die Bedeutung, die der Attraktivität des Kunden aus Sicht des Lieferanten zukommt, wird häufig unterschätzt. Eine hohe Attraktivität führt zu einer hohen Lieferantenbindung und steigert somit die Versorgungssicherheit. Darüber hinaus müssen die Attraktivität des Kunden und die Lieferantenbindung als Voraussetzung für eine Vorzugslieferantenstrategie oder für partnerschaftliche Projekte eingestuft werden.

Im Rahmen der Lieferantenstrategie muss zunächst beurteilt werden, wie wichtig es ist, dass der Lieferant die Kundenbeziehung als attraktiv einschätzt, und wie die aktuelle Stimmung beim Lieferanten ist. Auf dieser Basis können konkrete Ziele und Maßnahmen zur Entwicklung der Attraktivität und der Lieferantenbindung abgeleitet werden. Diese setzen an der Renditeerwartung, den Einfluss auf die Kostenposition und auf die Entwicklung der

Differenzierung des Lieferanten an (vgl. ausführlich Modul 7, Kapitel 7.3.1). Beispielsweise erhöhen in der Regel der Abschluss von Mehrjahresverträgen, die Steigerung des Einkaufsvolumens oder innovative und imageträchtige Projekte die Attraktivität. Wichtige Hebel zur Beeinflussung der Attraktivität finden sich ferner auch im Gestaltungsfeld „Entgelt" (Kapitel 7.4). Insbesondere die Intensität des ausgeübten Preisdrucks ist als sehr bedeutsam einzustufen. In der kritischen Versorgungslage auf den Stahl- und Rohstoffmärkten in den Jahren 2007 und 2008 hat ein zu hoher Preisdruck manchen (auch großen) Kunden seine Attraktivität bei Lieferanten gekostet und in eine schwierige Versorgungssituation gebracht.

o **Vertrauen und Commitment:** Die Entwicklung von Vertrauen und Commitment ist in der Lieferantenstrategie in angemessener Weise zu berücksichtigen.

Bacher (2004, S. 299 ff.) stellt am Beispiel eines Vertrauensindex eine Vorgehensweise zur Messung und Steuerung der Lieferantenbeziehung vor. Die Vorgehensweise wurde in der Zusammenarbeit zwischen dem Drogeriemarkt dm und seinen Lieferanten entwickelt. Es werden drei Aspekte der Qualität der Kooperation bewertet (vgl. Abbildung 11-1, oberer Teil). Zunächst wurde bei dm und den wesentlichen Lieferanten die bisherige Zusammenarbeit über die Messung der Kooperationsintensität und der Kooperationsqualität beurteilt. Ausgewählte Fragen finden sich in Abbildung 11-1 (unterer Teil). Als zweiter Aspekt wurde die Übereinstimmung in den zentralen Werten ermittelt. Insbesondere stellte sich die Frage als bedeutsam heraus, inwieweit der Lieferant die zentralen Werte von dm teilt. Als dritter Aspekt wurde die Einschätzung über die kooperationsfördernden Werte des Partners abgefragt, beispielsweise wie ehrlich oder fair der Partner beurteilt wird. Jenseits von kritischen Messproblemen, die Bacher selbst diskutiert, bleibt der Ansatz ergänzungsbedürftig, da er sich nur auf die Steuerung von Vertrauen und Commitment konzentriert. Die weiteren Ansatzpunkte zur Gestaltung der Lieferantenbeziehung werden nicht thematisiert.

Insgesamt muss die Messung und Steuerung von Lieferantenbeziehungen sowohl in der Theorie wie auch in der Praxis als (noch) unbefriedigend eingestuft werden. Angesichts der großen Bedeutung besteht hier ein erheblicher Forschungsbedarf.

Abbildung 11-1: *Messung und Steuerung von Lieferantenbeziehungen*
(Quelle: Bacher 2004, S. 299 ff., leicht modifiziert)

Bisherige Zusammenarbeit (Reputation)	Kongruenz zentraler Werte	Kooperationsfördernde Werte
Kooperationsintensität • Zahl gemeinsamer Projekte • Vielschichtigkeit der Beziehung • Kontinuität der Ansprechpartner • Intensität der Zusammenarbeit • Technisierungsgrad **Kooperationsqualität** • Entgegenkommen • Vertrautheit • Kompetenz • Erreichbarkeit • Anteil informeller Vereinbarungen • Erfahrungen bei Konfliktlösungen • Erfahrungen Nicht-Standardsituationen • Eskalation von Konflikten	• Kundenorientierung • Mitarbeiterorientierung • Pioniergeist • Gesellschaftliche Toleranz und Verantwortung	• Offenheit der Kommunikation • Ehrlichkeit • Verständnis für spezifische Bedingungen • Loyalität und Commtiment • Halten von Versprechungen • Fairness Integrität
Gegenseitige Einschätzung Lieferant und dm	**Selbsteinschätzung durch dm und Lieferant**	**Selbst- und Fremdeinschätzung durch Lieferant und dm**

Fragen zur Bestimmung der Kooperationsintensität

Zahl gemeinsamer Projekte	**Wie viele Projekte hat Ihr Unternehmen im Verlauf der letzten 24 Monate gemeinsam mit dm durchgeführt?** **(sehr viele: 9-10; sehr wenige 0-2)**
Vielschichtigkeit der Beziehung	**Wie vielschichtig ist Ihrer Einschätzung nach die Beziehung zwischen Ihrem Unternehmen und dm, z.B. aufgrund gemeinsamer Arbeitskreise, Pilotprojekte, Mitarbeiter-Austausch und Kontakt mit mehreren Bereichen beim Partnerunternehmen (im Gegensatz zu einer reinen Abnehmer-Lieferanten-Beziehung)?**
Kontinuität der Ansprechpartner	**Wie lang sind die Zeiträume, über die bei dm der gleiche Ansprechpartner (z.B. Sortimentsmanager) für Ihr Unternehmen zuständig ist?**
Intensität der Zusammenarbeit	**Wie intensiv ist Ihre Zusammenarbeit mit dm im Tagesgeschäft, z.B. bei Neueinführungen, Relaunches und Delistings?**
Technisierungsgrad	**Wie hoch ist der Technisierungsgrad bei der operativen Zusammenarbeit zwischen Ihrem Unternehmen und dm, z.B. aufgrund von EDI, VMI, CPFR oder Nutzung des dm Extranets?**

11.2 Prozess zur Formulierung von Lieferantenstrategien

Der Prozess zur Formulierung und Steuerung von begleiteten oder aktiven Lieferantenstrategien kann in fünf grundlegende Schritte gegliedert werden. Diese werden folgend vorgestellt:

1. Schritt: Auswahl der Lieferanten mit Lieferantenstrategie

Die Auswahl der Lieferanten mit Lieferantenstrategie wird über die Lieferantenklassifizierung gesteuert. Beispielsweise kann eine begleitete oder eine aktive Lieferantenstrategie für alle Vorzugs- und Potenziallieferanten sowie für alle Spezialisten, Beteiligungen und Töchter entwickelt werden. Fallweise werden auch für kritische Problemlieferanten begleitete oder aktive Lieferantenstrategien angestrebt. Die Unterscheidung zwischen einer begleiteten und einer aktiven Lieferantenstrategie erfolgt im zweiten Schritt.

Geht man pragmatisch vor, kann für Basislieferanten in Abhängigkeit des Einkaufsvolumens eine passive oder gar keine Lieferantenstrategie durchgeführt werden. Theoretisch exakt wäre es allerdings – wie oben ausgeführt – die Auswahl bei den Basislieferanten über die angestrebte Dauer der Geschäftsbeziehung vorzunehmen.

Die Zahl insbesondere der begleiteten bzw. der aktiven Lieferantenstrategien hängt allerdings auch wesentlich von der Lieferantenstruktur und von den verfügbaren Ressourcen im Einkauf ab. Auf diesen Aspekt wird unten im Rahmen der Diskussion der Probleme nochmals präziser eingegangen.

2. Schritt: Interne Entwicklung der Lieferantenstrategie

Bei einer begleiteten oder aktiven Lieferantenstrategie muss zunächst intern eine Lieferantenstrategie formuliert werden, in der die unterschiedlichen Vorstellungen und Interessen der beteiligten Abteilungen abgestimmt und priorisiert werden. Ausgangspunkt der Strategieformulierung ist die gemeinsame Interpretation der Lieferantenbewertung und die sich daraus ergebenden Konsequenzen (vgl. Kapitel 9.3, Schritt 4).

Zur Moderation des Formulierungsprozesses und zur Dokumentation der Lieferantenstrategie haben sich Lieferantensteckbriefe bewährt. Diese sind vom Einkauf auszufüllen und werden vom Supply-Marktteam, beispielsweise mit Vertretern aus Einkauf, Logistik, Qualität, Technik, im Workshop gemeinsam diskutiert und verabschiedet. Die Struktur orientiert sich stark an den Inhalten der Lieferantenstrategie, die in Abschnitt 11.1 beschrieben wurden. Ein Beispiel eines Steckbriefs findet sich in Abbildung 11-2. Die folgenden Anmerkungen sollen die Entwicklung und das Erstellen von Lieferantensteckbriefen unterstützen:

▨ Nach einigen allgemeinen Angaben zum Lieferanten, werden die Ergebnisse der Lieferantenbewertung sowie das Einkaufsvolumen dargestellt und entsprechende Zielvorgaben entwickelt. Ferner ist eine Abschätzung interessant, welchen Anteil das Einkaufsvolumen am Umsatz des Lieferanten ausmacht. Darüber hinaus können auch Planungen zur Preisentwicklung beim Lieferanten aufgeführt werden (nicht im Beispiel).

▨ Zur Lieferantenbeziehung wird der Status zu den Standardrahmenverträgen abgefragt und die Ziele für das kommende Jahr formuliert.

▨ Im nächsten Abschnitt wird das Lieferspektrum des Lieferanten analysiert und Ziele für die Entwicklung des Lieferspektrums für die nächsten ein bis zwei Jahre definiert. Die Ergebnisse dieser Überlegungen gehen in die Bidderlist ein.

▨ Die „angestrebten Ziele und Maßnahmen" stellen das Herzstück der Lieferantenstrategie dar. Hier werden aus der Lieferantenbewertung, der Supply-Marktstrategie sowie aus den strategischen Projekten, die Zielsetzungen und Maßnahmen abgeleitet, die mit dem Lieferanten vereinbart werden sollen. Dabei hat sich eine einfache Strukturierung nach den im Supply-Marktteam beteiligten Abteilungen sehr bewährt, insbesondere dann wenn sich die Lieferantenbewertung an der gleichen Gliederung orientiert. Im Workshop sind einerseits die Ziele und Maßnahmen aufeinander abzustimmen und andererseits Prioritäten festzulegen. In diesem Rahmen muss auch entschieden werden, ob die Lieferantenstrategie begleitet oder aktiv erfolgen soll.

▨ Es sind Ziele und Maßnahmen zur Entwicklung der Lieferantenbeziehung zu diskutieren und zu priorisieren.

▨ Abschließend erfolgt ein kleiner Meilensteinplan zur Entwicklung und zur Steuerung der Lieferantenstrategie.

Abbildung 11-2: Beispiel interne Lieferantenstrategie

Supply-Markt	Lieferantenname		intern
Zuständig im Unternehm Name	**Strategietyp**	**aktiv**	**2008**
Zuständig bei Lieferant Name	**Standort**	D, Ort	Stand:1.4.2008
Supply-Marktteam	Einkauf	Qualität	Logistik	Entwicklung
	Name	Name	Name	Name

	Ist 2007	Ist Aktuell 2008	Ziel 2008	Ziel 2009
Klassifizierung	Potenzial	Potenzial	Vorzug	Vorzug
Lieferantenbewertung	83%	82%	90%	92%
Leistungsbewertung	84%	83%	91%	92%
Einkauf	76%	79%	85%	85%
Qualität	87%	85%	95%	95%
Logistik	97%	96%	98%	98%
Technik	77%	71%	85%	90%
Leistungsfähigkeit	87%	86%	95%	95%
Leistungsrisiko	25%	25%	15%	10%
	2006	**2007**	**2008**	**2009**
EKV in T€	3.423 €	3.652 €	4.000 €	4.500 €
Umsatz des Lieferanten	27.359 €	28.365 €	30.000 €	33.000 €
Umsatzanteil	13%	13%	13%	14%

Rahmenverträge			
Verträge	Einkaufsbed.	unterzeichnet	Werkzeuge	nicht erforderlich
	Geheimhaltung	unterzeichnet	QSV	in 2008 geplant
	Selbstauskunft	vorhanden	Logistik	in 2008 geplant
Vorgehen	Bemerkung			

Marktsegmente - Technische Spezialisierung		
	aktuell	angestrebt
Segment 1	ja	
Segment 2		
Segment 3	ja, umfangreich	
Technik 1	ja	
Technik 2		soll in 2008 aufgebaut werden

Angestrebte Ziele und Maßnahmen aus Lieferantenbewertung; Supply-Marktstrategie; strategische Programme		
Einkauf	Transparente Kalkulation aufbauen	Prio B
	Zahlungsziel verlängern (oder Konsignationslager)	Prio A
Qualität	Anlieferprobleme lösen: QKZ auf über 98 %	Prio A
Logistik	ggf. Konsignationslager	Prio A
Entwicklung	Lieferantenfrüheinbindung mit zwei konkreten Projekten erprob.	Prio B
	Design-Innovation zu	Prio B
Sonst		

Entwicklung der Lieferantenbeziehung (Macht, Attraktivität, Vertrauen)		
	Gemeinsame Projekte intensivieren	Prio B
	Partnerschaft vor Preis	Prio A

Vorgehen und Status	
Interne Strategie	Durchsprache im Supply-Marktteam am 5.3.2008
Information Lieferant	Mitteilung am 14.3. 2008 erfolgt
	Lieferantengespräch für 15.4.2008 geplant
Zielvereinbarung	Zielvereinbarung für 15.5.2008 geplant
Controlling	quartalsweise über Maßnahmenverfolgung und Lieferantenbewertung

Bemerkung

3. Schritt: Information des Lieferanten

Die Entwicklung einer Lieferantenstrategie setzt intensive Information und Kommunikation mit dem Lieferanten voraus. Insbesondere ist der Lieferant über die Bewertungsergebnisse und die angestrebte Lieferantenstrategie zu informieren. Er muss dabei die Möglichkeit zu Rückfragen und zu Stellungnahmen haben, in denen er auch seinerseits kritische Anmerkungen zur Leistung des Unternehmens und zu kritischen Aspekten in der Zusammenarbeit einbringen kann.

Bezüglich der Reihenfolge von Schritt 2 und Schritt 3 gibt es zwei bewährte Varianten:

▓ Variante 1: Nach der internen Entwicklung der Lieferantenstrategie (Schritt 2) werden dem Lieferanten in einem Gespräch die Ergebnisse der Bewertung und die Konsequenzen im Sinne der Lieferantenstrategie vorgestellt (Schritt 3). In einem zweiten Gespräch bzw. in einem Workshop wird dann die Lieferantenstrategie mit dem Lieferanten vereinbart (Schritt 4). Nachteil dieses Vorgehens ist ein gegenüber Variante 2 erhöhter Aufwand.

▓ Variante 2: Der Lieferant erhält die Ergebnisse der Lieferantenbewertung. Je nach Güte der Bewertung und nach angestrebter Strategieart wird das Anschreiben gestaltet. So kann er aufgefordert werden, zu schlechten Bewertungsergebnissen Verbesserungsmaßnahmen vorzuschlagen (Schritt 3 vor Schritt 2). Diese Ideen gehen dann in die interne Entwicklung der Lieferantenstrategie ein. Insbesondere kann aus den Vorschlägen auch das Engagement abgelesen werden, das der Lieferant der Beziehung entgegenbringt. Daraus ergeben sich vielfältige Konsequenzen (Schritt 2). Nachteil dieser Vorgehensweise ist, dass der Lieferant zunächst die Bewertungsergebnisse ohne nähere Erklärung erhält. Aus diesem Grund kann es auch sinnvoll sein, bei der erstmaligen Entwicklung von Lieferantenstrategien die Variante 1 und in den Folgejahren die Variante 2 zu wählen.

Kritisch wird auch stets die Frage diskutiert, welche Informationen der Lieferant erhalten soll. Im Grundsatz spricht viel für eine völlige Transparenz der Lieferantenbewertung im Rahmen von Partnerschaften. Gegenüber anderen Lieferanten ist zumindest die Offenlegung der Einschätzung zu den Kosten- und Preisbeurteilungen vorsichtig zu beurteilen.

4. Schritt: Vereinbarung der Lieferantenstrategie mit dem Lieferanten

Im Lieferantengespräch oder im Workshop werden mit dem Lieferanten die aktuelle Situation in der Zusammenarbeit diskutiert und Ziele für die weitere Geschäftsbeziehung vereinbart. Zur Moderation der Gespräche und zur Dokumentation der Zielvereinbarung eignet sich der in Abbildung 11-2 dargestellte Lieferantensteckbrief mit folgender leichter Anpassung:

▓ Die Inhalte beziehen sind nicht mehr auf die Vorstellungen des Unternehmens, sondern sind die mit dem Lieferanten abgestimmten Vereinbarungen. Schon aus diesem Grund ist zwischen einem internen und einem externen Lieferantensteck-brief zu unterscheiden.

- Im Abschnitt Ziele und Maßnahmen sollten die vereinbarten Ziele möglichst mit Kennzahlen, Maßnahmen und terminierten Meilensteinen operational beschrieben sein. Die Verantwortlichkeiten müssen personalisiert sein.

- Es können Elemente bereinigt werden, die dem Lieferanten nicht transparent gemacht werden sollen. Beispielsweise kann das geplante Einkaufsvolumen oder die geplante Preisentwicklung beim Lieferanten vor dem Lieferanten geheim gehalten werden.

- Der Lieferantensteckbrief sollte als Zielvereinbarung von beiden Unternehmen – möglichst auf hoher hierarchischer Ebene – unterschrieben werden.

Ein ausführliches Beispiel findet sich in Kapitel 11.4 im Rahmen des Fallbeispiels Elektro LA.

5. Schritt: Controlling der Lieferantenstrategie

Die vereinbarten Ziele, Kennzahlen, Maßnahmen und Meilensteine müssen regelmäßig (meist monatlich, quartalsweise oder bei Fälligkeit) überprüft werden. Hierzu kann einerseits die Lieferantenbewertung dienen, zumindest soweit die Daten automatisch ausgewertet werden können. Andererseits muss vom strategischen Einkäufer der Fortschritt erfasst werden. Bei wesentlichen Abweichungen sind vom Lieferanten Korrekturmaßnahmen einzufordern. Der Controllingprozess wird in Modul 14 ausführlich vorgestellt.

Auch die Lieferantenstrategie kann zielführend mit Hilfe der **Balanced Scorecard** entwickelt und gesteuert werden. Im internen Workshop zur Entwicklung der Lieferantenstrategie (Schritt 2) können strategische Stoßrichtungen und die Strategy Map definiert werden. Diese werden mit dem Lieferanten diskutiert. Anschließend erfolgt die Konkretisierung in Form von Kennzahlen und Maßnahmen (Schritt 4). Einziger Einwand gegen die Verwendung der Balanced Scorecard zur Entwicklung von Lieferantenstrategien ist der Erstellungs- und Pflegeaufwand. Mit zunehmender Durchdringung des Einkaufs mit strategischem Denken, mit Fortschritten in der Verbreitung von Supply-Strategien und insbesondere mit der Anwendung der Balanced Scorecard in anderen Anwendungsfeldern wird sich die Balanced Scorecard zum einfachen Standardinstrument der Lieferantenstrategie entwickeln. Wann dies im konkreten Unternehmen soweit ist, sollte im Rahmen der Entwicklung des Supply-Strategie-Systems (Modul 15) geplant werden. Für besonders bedeutsame Lieferantenpartnerschaften scheint allerdings bereits heute die Zeit reif zu sein.

11.3 Lieferantenprogramme und Probleme bei der Entwicklung von Lieferantenstrategien

Lieferantenstrategien zielen auf die Entwicklung der Zusammenarbeit mit einzelnen Lieferanten. In diesem Rahmen sind grundlegende Informationen zur Strategie des Unternehmens sowie zu aktuellen Sachfragen notwendig. Beispielsweise sind Informationen zu Entwicklungen in aufstrebenden regionalen Märkten oder zu neuen Technologien interessant. Ferner sollte ein intensiver Austausch mit dem Lieferanten zur kontinuierlichen Verbesserung der Prozesse in der Zusammenarbeit erfolgen. Diese und vergleichbare Themen sind für alle bzw. zumindest für viele Lieferanten gleichermaßen relevant. So ist eine gebündelte Vorgehensweise bei derartigen Maßnahmen sinnvoll. In großen Unternehmen werden die vielfältigen Maßnahmen in sogenannten Lieferantenprogrammen zusammengefasst und strukturiert. Prominentes Beispiel ist das Tandem-Programm von Mercedes-Benz, das im Lieferantenmanagement von DaimlerChrysler und seit 2007 von Daimler (Extended Enterprise) fortlebt (vgl. Rudnitzki 2002 sowie www.cms.daimler.com) und für den folgenden Abschnitt wesentliche Impulse lieferte. Es lassen sich fünf wesentliche Aufgabenfelder von Lieferantenprogrammen identifizieren:

- **Leitsätze:** Leitsätze definieren die Grundregeln der Zusammenarbeit zwischen dem Unternehmen und seinen Lieferanten. Sie gelten für beide Partner auch im strategischen und im operativen Tagesgeschäft und können im Konfliktfall als Maßstab zur Konfliktregelung dienen. Abbildung 11-3 fasst beispielhaft die DaimlerChrysler-Prinzipien zusammen.

Abbildung 11-3:   *Leitsätze der Zusammenarbeit mit Lieferanten bei DaimlerChrysler (Quelle: Rudnitzki 2002, S. 624 f.)*

„Unsere Prinzipien

- Wir werden die Zukunft positiv gestalten, indem wir gemeinsam handeln.
- Die Wünsche und Anforderungen der Kunden bestimmen unser Handeln und unsere Produkte.
- Leistungsfähige Unternehmen sind unsere Partner.
- Wir fordern und fördern Kreativität und Eigeninitiative unserer Zulieferer.
- Wir erwarten höchstes Engagement in Bezug auf Kosten, Qualität, Durchlaufzeit und Technologie.
- Wir streben nach fairen und langfristigen Partnerschaften.
- Wir glauben an Vertrauen, Fairness, offene Kommunikation und Information.
- Wir wollen der beste Kunde und meist geschätzte Partner unserer Zulieferer sein.
- Wir handeln in ökologischem Verantwortungsbewusstsein.
- Wir bekennen uns zu unserer sozialen Verantwortung."

■ **Kommunikation:** Der intensive Informationsaustausch und die persönliche Kommunikation sind Schlüsselelemente für eine gelingende Lieferantenbeziehung. Beispielsweise sollten die Lieferanten in Geschäftsbeziehungen frühzeitig über strategische Entwicklungen zur Standortentwicklung, über die geplante Technologieroadmap oder über die strategische Projektplanung informiert werden, um sich selbst entsprechend vorbereiten zu können. Wesentlich sind ferner Informationen zu den Entwicklungen in den Prozessen, den darin eingesetzten Methoden und Tools sowie zu den damit verknüpften DV-Systemen. Damit können Lieferanten richtig und rechtzeitig investieren. Ferner sind die grundlegenden Anforderungen an Lieferanten sowie die Veränderungen im Lieferantenmanagement mit den Lieferanten zu diskutieren. Neben der intensiven persönlichen Kommunikation sind folgende Methoden typisch (vgl. Wagner 2003, S. 712 ff.):

o **Lieferantentag:** Alle wesentlichen Lieferanten werden zu einer ein bis zweitägigen kongressartigen Veranstaltung eingeladen, auf der die wesentlichen Entwicklungen vorgestellt werden. Rudnitzki (2002, S. 619) berichtet von etwa 1000 Vertretern der Zulieferunternehmen. Lieferantentage können auch auf spezielle Lieferantengruppen zugeschnitten werden, z.B. alle Top-Lieferanten, alle Kunststoff-Lieferanten oder alle amerikanischen Lieferanten.

o **Lieferantenportal oder Lieferantenhomepage** ermöglicht einerseits Informationen zeitnah zu veröffentlichen und andererseits die Lieferanten auch aktiv an der Kommunikation teilhaben zu lassen.

o **Newsletter und Lieferantenzeitschriften** senden aktiv die aktuellen Informationen an die Lieferanten.

o **Patenschaft:** Der Pate ist ein übergreifender Ansprechpartner, der sich um alle Fragen der Zusammenarbeit kümmert und die Zulieferer bei übergeordneten Problemen unterstützt (vgl. Rudintzki 2002, S. 621).

■ **Motivation:** Lieferanten sind Menschen. Entsprechend freut und motiviert eine Anerkennung für eine gute Leistung. Darüber hinaus können Anerkennungen als Referenz für Marketingzwecke eingesetzt und die Mitarbeiter des Lieferanten motiviert werden.

o **Anerkennungsschreiben:** Gute Leistungen in der Lieferantenbewertung sollten im persönlichen Gespräch und durch entsprechende Anerkennungsschreiben positiv gewürdigt werden.

o **Supplier Award:** Besonders medienwirksam kann die Verleihung der Auszeichnung „Lieferant des Jahres" eingesetzt werden. Entsprechend groß ist die Marketingwirkung für den Lieferanten (vgl. Wagner 2003, S. 714).

■ **Know-how und Support:** Die Entwicklung von Know-how zu aktuellen Sachthemen ist häufig aufwändig und für viele Lieferanten gleichermaßen interessant. Beispiele sind die Anwendung neuer Produkt- oder Prozesstechnologien bzw. die

Konsequenzen neuer Standards oder neuer gesetzlicher Auflagen. Gerade im internationalen Kontext können mittelständische Lieferanten schnell an ihre Grenzen kommen, falls für Asien oder Amerika neue Gesetzesauflagen zu beachten sind. Auch im Rahmen der globalen Standortentwicklung können mittelständische Lieferanten befähigt werden, eine Produktion in für sie bisher unbekannte Regionen aufzubauen.

- o **Informationsveranstaltungen, Workshops und Projekte** können mit unterschiedlicher Intensität die Know-how-Entwicklung bei Lieferanten fördern.

- o **Wissensdatenbank:** Über die Homepage kann eine Wissensdatenbank den Lieferanten zugänglich gemacht werden, die zu aktuellen, die Supply-Strategie betreffenden Themen Auskunft gibt.

▨ **Kontinuierlicher Verbesserungsprozess:** Analog zum betrieblichen Vorschlagswesen bzw. zum innerbetrieblichen kontinuierlichen Verbesserungsprozess soll auch die Zusammenarbeit mit Lieferanten in kleinen Verbesserungsschritten nachhaltig optimiert werden:

- o **Ideenbörse:** Entspricht dem betrieblichen Vorschlagswesen, das für Lieferanten geöffnet wird.

- o **Lieferantenbefragung:** Entspricht den Kundenzufriedenheitsabfragen im Marketing und zielt darauf ab, die Zufriedenheit der Lieferanten zu bewerten sowie Schwachstellen und Verbesserungsideen der Zusammenarbeit mit den Lieferanten zu identifizieren. Es versteht sich von selbst, dass Lieferantenbefragungen auch Taten folgen müssen.

Die Entwicklung und die Abstimmung von Strategien mit Lieferanten sind häufig als äußerst schwierig einzustufen. Selbst in Partnerschaften, die über Jahre erprobt und durch gute persönliche Beziehungen abgesichert sind, schwingen mehr oder minder stark der grundlegende Interessenskonflikt zwischen Unternehmen und Lieferant sowie die Angst vor einem Vertrauensmissbrauch mit. Vor diesem Hintergrund sind die folgenden Problemfelder als typisch zu bewerten:

▨ **Aufwand:** Eine Lieferantenstrategie im Supply-Marktteam cross-funktional zu entwickeln benötigt Zeit: Es ist die Lieferantenbewertung durchzuführen und zu interpretieren. Die einzelnen Teilnehmer sollten sich auf die interne Abstimmung der Strategie vorbereiten. Sobald es unterschiedliche Einschätzungen zum Lieferanten und zur weiteren Vorgehensweise gibt, folgen teils umfangreiche Klärungen. Mit dem Lieferanten ist die Bewertung zu besprechen und die Strategie zu entwickeln. Dies erfordert meist mehr als ein Treffen, insbesondere falls es Differenzen gibt. Insgesamt kann sich für die beteiligten Personen ein Aufwand von mehreren Tagen ergeben. Der Zeitaufwand kann sich noch erhöhen, falls die Beteiligten im strategischen Denken unerfahren sind. Liegen nun 10 oder 20 Lieferanten im Zuständigkeitsbereich des Supply-Marktteams, sollte schrittweise vorgegangen werden, d.h. im ersten Jahr sollten nur zwei bis drei Strategien formuliert und in den Folgejahren die Anzahl erhöht werden.

■ **Mangelnde Kompetenz** führt zu einer nicht sachgerechten Ausführung der Liefe-rantenstrategie mit der Konsequenz unbefriedigender Ergebnisse. Darüber hinaus besteht die Gefahr, dass die ungeliebte Aufgabe von den zuständigen Personen nicht, nicht rechtzeitig oder nicht ernsthaft genug ausgeführt wird. Ferner werden Gründe gesucht, weshalb Lieferantenstrategien nicht sinnvoll sind. Da aufgrund der unsachgerechten und vielleicht auch unmotivierten Ausführung die Ergebnis-se nicht zufriedenstellend sind, ist eine entsprechende Argumentation häufig auch nicht schwierig aufzubauen (zur Mitarbeiterentwicklung vgl. Modul 13).

■ **Mangelnde Bereitschaft der Lieferanten** zur gemeinsamen Strategieentwicklung kann unterschiedliche Gründe haben:

○ **Bedeutung des Kunden:** Auch für den Lieferanten ist die Entwicklung einer Lieferantenstrategie mit Aufwand verbunden. Bei Kunden mit zu geringem Einkaufsvolumen oder einem zu geringen Anteil am Umsatz des Lieferanten wird der Lieferant eher auf den Kunden verzichten, als sich auf eine aufwän-dige Strategiediskussion einzulassen. Neben dem Aufwand ist für solche Lie-feranten auch problematisch, dass sie die unterschiedlichen teils wider-sprüchlichen Anforderungen verschiedener Kunden kaum gleichzeitig um-setzen können.

○ **Geheimhaltung und Selbständigkeit:** Der Wunsch, das eigene Geschäft selbständig zu verantworten und sich nicht zu detailliert „in die Karten schauen zu lassen", kann zu einer mehr oder minder offen ablehnenden Hal-tung führen. Darüber hinaus können auch Ängste bestehen, dass die vom Kunden gewonnenen Kenntnisse später gegen den Lieferanten verwendet werden   oder sogar über den Kunden an den Konkurrenten des Lieferanten weiter fließen.

○ **Kompetenz:** Auch beim Lieferanten können Kompetenzdefizite vorliegen und die Strategieentwicklung behindern.

Sollte der Lieferant zu keiner gemeinsamen Strategie bereit oder in der Lage sein, sollte trotzdem eine interne Strategie entwickelt werden, in der die Ziele gegenüber dem Lieferanten formuliert werden. Auch wenn der Lieferant keiner allgemeinen Strategieentwicklung gegenüber aufgeschlossen ist, können – im Sinne der Salami-taktik – einzelne Verbesserungsziele angegangen werden. Beispielsweise können einzelne Rahmenverträge verhandelt oder Qualitätsprobleme angegangen werden.

11.4 Fallstudie Elektro AG: Entwicklung einer Lieferantenstrategie

▦ **Entwickeln Sie für den Lieferanten EU1 eine Lieferantenstrategie.**

Die Lieferantenstrategie von EU1 basiert auf der Supply-Rahmenstrategie, insbesondere den Basisstrategien (Modul 1), der Supply Balanced Scorecard (Modul 3) und den strategischen Projekten (Module 12 und 13), der Supply-Marktstrategie (Module 5 bis 8) sowie auf der Lieferantenbewertung (Modul 9 bzw. Fallbeschreibung in Teil 3, Kapitel 1). Da EU1 zum Vorzugslieferanten entwickelt werden soll, handelt es sich um eine aktive Lieferantenstrategie (in Partnerschaft). Grundsätzlich ist die Ausgangssituation für eine Partnerschaft bei EU1 nicht ideal, da die Zusammenarbeit in der Vergangenheit erhebliche Schwächen aufwies. Allerdings wird ein Wandel für möglich gehalten und die alternativen Lieferanten sind aufgrund räumlicher und kultureller Entfernung für eine Partnerschaft eher noch schlechter geeignet. Aus dieser Überlegung heraus soll ein Versuch unternommen werden, mit EU1 eine Partnerschaft zu entwickeln. In Abbildung 11-4 findet sich die interne und in Abbildung 11-5 die externe mit dem Lieferanten vereinbarte Lieferantenstrategie, die folgend knapp kommentiert werden sollen.

▦ Die interne Lieferantenstrategie wird im Supply-Marktteam (Einkauf, Qualität, Logistik, Technik) entwickelt. Insbesondere die Schwachpunkte in der Lieferantenbewertung sollen in den Jahren 2008 und 2009 beseitigt werden, so dass dann eine Einstufung als Vorzugslieferant möglich wird. Durch das eigene Wachstum von Elektro LA und durch die Reduzierung der Lieferantenzahl wird eine Verlagerung von Einkaufsvolumen auf EU1 möglich. Damit steigen der Anteil am Umsatz von EU1 von 9 % auf 14 % und die Attraktivität der Elektro LA aus Sicht von EU1.

▦ Die allgemeinen Rahmenverträge sollen in 2008 um eine Qualitätssicherungsvereinbarung (QSV) und eine Logistikvereinbarung ergänzt werden. Ferner soll die Zusammenarbeit auf eine völlig neue Vertragsbasis gestellt werden. Der Partnerschaftsvertrag soll mehrjährig angelegt werden. Dafür sollen mögliche Preisschwankungen geglättet und die Bereitschaft zur Kostensenkung bei EU1 gesteigert werden. Basis für dieses Vorgehen ist die Transparenz der Preise und Kosten.

▦ Zentrales Projekt, mit dem auch die Partnerschaft entwickelt werden soll, ist die gemeinsame Entwicklung der neuen Qualitäten L2Q und H2Q. Damit dehnt sich auch das Lieferspektrum von EU1 auf die beiden neuen Marktsegmente aus.

▦ Die Bündelung der Nachfrage mit den anderen Geschäftsfeldern der Elektro AG wird als interessant, aber zunächst nachrangig eingestuft und deshalb zurückgestellt.

▦ Wichtig, wenn auch kein Großprojekt, ist die Verbesserung der Anlieferqualität. Dieses Problem sollte bis zum Jahresende beseitigt sein.

▓ Die logistischen Schwächen (Kanban und Flexibilität) werden zunächst zurückgestellt und im 4. Quartal mit einem Pilotprojekt angegangen.

▓ Aufgrund der Beurteilung von EU1 genügt die schriftliche Bestätigung, dass die Anforderungen des Sozialstandards Global Compact eingehalten werden (vgl. Basisstrategie Modul 1 und strategische Projekte Modul 13). Von Audits oder anderen Kontrollmaßnahmen wird derzeit abgesehen.

▓ Die Entwicklung der Lieferantenbeziehung wird durch die Intensivierung von strategischen Projekten und durch die Reduzierung des Preisdrucks vorangetrieben. Allerdings sollen die hieraus möglicherweise entstehenden Kostensteigerungen durch gemeinsame Kostensenkungsprojekte kompensiert werden.

Die externe Lieferantenstrategie wird gemeinsam mit EU1 entwickelt. Die Ziele werden einvernehmlich vereinbart. Die externe Strategie ist ähnlich strukturiert wie die interne. Allerdings werden die Ziele mit personalisierten und terminierten Meilensteinen konkretisiert. Inwieweit die Planung zum Einkaufsvolumen transparent gemacht wird, muss im Supply-Marktteam entschieden werden.

Abbildung 11-4: *Interne Lieferantenstrategie EU1*

Elektroblech	EU1			intern
Zuständig im Unternehm	Name	Strategietyp	aktiv	2008
Zuständig bei Lieferant	Name	Standort	D, Ort	Stand:1.4.2008
Supply-Marktteam	Einkauf	Qualität	Logistik	Entwicklung
	Name	Name	Name	Name
	Ist 2007	Ist Aktuell 2008	Ziel 2008	Ziel 2009
Klassifizierung	Potenzial	Potenzial	Vorzug	Vorzug
Lieferantenbewertung	85%	86%	89%	93%
Leistungsbewertung	80%	82%	86%	93%
Einkauf	64%	70%	75%	85%
Qualität	83%	85%	90%	95%
Logistik	86%	84%	90%	95%
Technik	87%	87%	90%	95%
Leistungsfähigkeit	95%	95%	95%	95%
Leistungsrisiko	15%	15%	10%	10%
	2006	2007	2008	2009
EKV in Mio. €	11,5 €	12,4 €	16,0 €	21,0 €
Umsatz des Lieferanten	125,0 €	135,0 €	145,0 €	155,0 €
Umsatzanteil	9%	9%	11%	14%

Rahmenverträge			
Verträge	Einkaufsbed.	unterzeichnet	Werkzeuge	nicht erforderlich
	Geheimhaltung	unterzeichnet	QSV	in 2008 geplant
	Selbstauskunft	vorhanden	Logistik	in 2008 geplant
Vorgehen	Bemerkung			

Marktsegmente - Technische Spezialisierung		
	aktuell	angestrebt
LQ	ja	
HQ	ja	
L2Q		Entwicklungspartnerschaft
H2Q		Entwicklungspartnerschaft

Angestrebte Ziele und Maßnahmen aus Lieferantenbewertung; Supply-Marktstrategie; strategische Programme		
	Partnerschaftliche Vertragsbasis: Mehrjahresvertrag mit	
Einkauf	Steigerung der Transparenz	Prio A
	Bündelung des Einkaufs mit anderen Geschäftsfeldern	Prio B
Qualität	QKZ verbessern	Prio A
	QSV abschließen	Prio A
Logistik	Steigerung der Flexibilität	Prio B
	Pilotprojekt Kanbanbelieferung	Prio B
	Logistikrahmen	Prio A
Entwicklung	Entwicklungspartnerschaft H2Q, L2Q	Prio A
Sonst	Bestätigung Sozialstandard	Prio B

Entwicklung der Lieferantenbeziehung (Macht, Attraktivität, Vertrauen)		
	Gemeinsame Projekte intensivieren	Prio A
	Partnerschaft vor Preis	Prio A

Vorgehen und Status	
Interne Strategie	Durchsprache im Supply-Marktteam am 5.3.2008
Information Lieferant	Mitteilung am 14.3. 2008 erfolgt
	Lieferantengespräch für 15.4.2008 geplant
Zielvereinbarung	Zielvereinbarung für 15.7.2008 geplant
Controlling	quartalsweise über Maßnahmenverfolgung und Lieferantenbewertung

Bemerkung

Abbildung 11-5: *Externe Lieferantenstrategie EU1*

Elektroblech	EU1			extern
Zuständig im Unternehm	Name	Strategietyp	**aktiv**	**2008**
Zuständig bei Lieferant	Name	Standort	D, Ort	Stand:1.4.2008
Supply-Marktteam	Einkauf	Qualität	Logistik	Entwicklung
	Name	Name	Name	Name
	Ist 2007	Ist Aktuell 2008	Ziel 2008	Ziel 2009
Klassifizierung	Potenzial	Potenzial	Vorzug	Vorzug
Lieferantenbewertung	85%	86%	89%	93%
Leistungsbewertung	80%	82%	86%	93%
Einkauf	64%	70%	75%	85%
Qualität	83%	85%	90%	95%
Logistik	86%	84%	90%	95%
Technik	87%	87%	90%	95%
Leistungsfähigkeit	95%	95%	95%	95%
Leistungsrisiko	15%	15%	10%	10%
	2006	2007	2008	2009
EKV in Mio. €	11,5 €	12,4 €	16,0 €	21,0 €
Umsatz des Lieferanten	125,0 €	135,0 €	145,0 €	155,0 €
Umsatzanteil	9%	9%	11%	14%
Rahmenverträge				
Verträge	Einkaufsbed.	unterzeichnet	Werkzeuge	nicht erforderlich
	Geheimhaltung	unterzeichnet	QSV	in 2008 geplant
	Selbstauskunft	vorhanden	Logistik	in 2008 geplant
Vorgehen	Bemerkung			
Marktsegmente - Technische Spezialisierung				
	aktuell		angestrebt	
LQ	ja			
HQ	ja			
L2Q			Entwicklungspartnerschaft	
H2Q			Entwicklungspartnerschaft	
Zielvereinbarung				
Neue Vertragsbasis	Entwurf für neuen Rahmenvertrag für Mehrjahresbasis und Transparenz		Name Elektro/EU1 31.7.2008	
	Abschluss Vertrag		Name Elektro/EU1 30.9.08	
	QSV		Name Elektro/EU1 30.9.08	
	Logistikrahmen		Name Elektro/EU1 30.9.08	
	Bestätigung Sozialstandard		Name Elektro/EU1 30.9.08	
Partnerschaftliche Entwicklung L2Q und H2Q	Letter of Intend		Name Elektro/EU1 30.6.08	
	Konzept und Vertrag		Name Elektro/EU1 31.10.2008	
QKZ verbessern	EU1 optimiert; monatliche Durchsprache der Ergebnisse: 30.6.2008: QKZ = > 93 %; 30.9.2008: QKZ > 95 %; 31.12.2008: QKZ > 98 %		Name Elektro/EU1	
Pilot Kanban	Erster Workshop für Kick off		Name Elektro/EU1 4. Quartal 2008	
Fortschreibung und Controlling				
Fortschreibung	Überprüfung der Zielvereinbarung in 1. Quartal 2009			
	anschließend jährlich			
Controlling	Monatliche Fortschreibung der Ziele und Meilensteine			
	Quartalsweise (Juli; Oktober; Januar; April) Durchsprache und Fortentwicklung der Maßnahmen			
Bemerkung				
Unterschrift				

Nürnberg, 1.4. 2008

Udo Weber
(Geschäftsführer EU1)

Ralf Ohneso...
(Leiter GP Elektro LA)

Strategiebaustein 1:
Supply-Rahmenstrategie
Teil 2: Koordination

Die Supply-Rahmenstrategie zielt darauf ab, in einer Geschäftseinheit möglichst ideale Voraussetzungen für die Versorgung mit Leistungen und Materialien zu schaffen. Im Teil Direktion werden hierzu die Verknüpfungen mit der Unternehmensstrategie hergestellt (Modul 1), die Ziele der Versorgung definiert (Modul 2), die strategische Ausrichtung mit Hilfe von strategischen Stoßrichtungen und der Strategy Map festgelegt (Modul 3) und die Supply-Märkte ausgewählt, und priorisiert (Modul 4). Im Teil Koordination werden die Supply-Marktstrategien und Lieferantenstrategien synchronisiert (Modul 12) und das Supply-Managementsystem fortent-

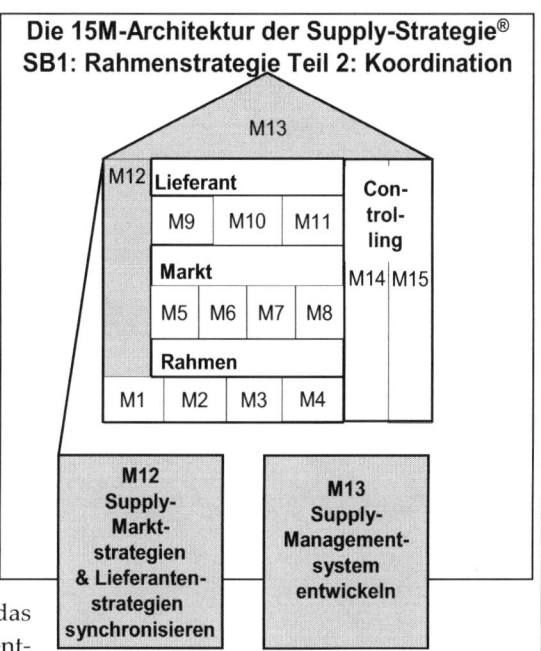

Die 15M-Architektur der Supply-Strategie®
SB1: Rahmenstrategie Teil 2: Koordination

wickelt (Modul 13). Trotz theoretischer Grenzfälle lassen sich die beiden Koordinationsmodule folgendermaßen voneinander abgrenzen: Während in Modul 12 die inhaltliche Abstimmung der Markt- und Lieferantenstrategien thematisiert wird, steht in Modul 13 die Entwicklung der Managementinstrumente im Mittelpunkt.

12 Modul 12: Supply-Marktstrategien und Lieferantenstrategien synchronisieren

Die Supply-Marktstrategien bzw. die Lieferantenstrategien sollen möglichst frei die Potenziale der Supply-Märkte bzw. der Lieferanten entfalten. Zur Optimierung der Supply-Strategie sind sie allerdings auf die Gesamtstrategie auszurichten und untereinander zu synchronisieren. Im Folgenden werden die Ziele bzw. die Gründe der Synchronisierung präzisiert, die Vorgehensweise zur Synchronisierung vorgestellt (Kapitel 12.1) und typische Themen der Synchronisierung strukturiert (Kapitel 12.2). Die Fortführung des Fallbeispiels zur Elektro AG erfolgt für die Module 12 und 13 gemeinsam in Kapitel 13.3.

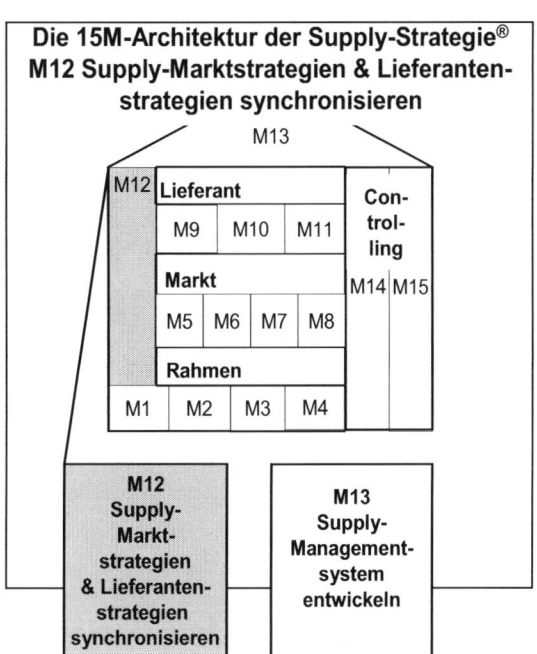

Die 15M-Architektur der Supply-Strategie®
M12 Supply-Marktstrategien & Lieferantenstrategien synchronisieren

12.1 Gründe und Vorgehen der Synchronisierung

Bei der Entwicklung von Supply-Marktstrategien und Lieferantenstrategien sollten möglichst weitgehende Handlungsspielräume bestehen, da somit die Chancen im Supply-Markt am besten realisiert und die Marktrisiken am wirkungsvollsten begrenzt werden können. Von diesem Grundsatz sollte nur abgewichen werden, wenn übergreifende Zielsetzungen oder Synergien eine abgestimmte Vorgehensweise erforderlich machen:

- **Die übergreifenden Ziele** der Supply-Strategie müssen auf die Ziele im Supply-Markt bzw. in ihren Bezug auf die einzelnen Lieferanten heruntergebrochen werden. Dies gilt zunächst für die Supply-Ziele (Modul 2). Beispielsweise müssen die

Ziele zur Kostenentwicklung auf die einzelnen Supply-Märkte bzw. auf ausgewählte Lieferanten verteilt werden. Ebenso wird eine Basisstrategie (Modul 1), beispielsweise zur Optimierung der Lieferflexibilität oder zur Verkürzung der Lieferzeit, mehrere Supply-Märkte und Lieferanten zu einem Beitrag verpflichten. Am Beispiel der Lieferzeitverkürzung wird auch der Zwang zur Abstimmung deutlich. Da sich die Verkürzung der Lieferzeit gegenüber dem Kunden am Engpass orientiert, müssen die Lieferzeitverkürzungen in allen relevanten Supply-Märkten gleichförmig erfolgen.

▓ **Synergien durch abgestimmte Strategien:** Die Umsetzung von Supply-Marktstrategien oder Lieferantenstrategien kann mit erheblichem Ressourcenaufwand verbunden sein. In diesem Fall ist zu prüfen, ob über eine gemeinsame Durchführung der Ressourcenverbrauch (erheblich) gesenkt werden kann. Porter (1986, S. 413 ff.) spricht in diesem Fall von **materiellen Verflechtungen**. Beispielsweise verlangt der Aufbau eines International Procurement Office zur Erschließung eines regionalen Beschaffungsmarktes erhebliche Mittel. Eine Konzentration auf ausgewählte Regionen der Welt, schränkt zwar einerseits die Gestaltungsspielräume einer Supply-Marktstrategie ein, ermöglicht andererseits aber die Bündelung von Ressourcen. Weitere Beispiele beziehen sich auf die Entwicklung von grundlegenden Technologien, auf Systeme der Beschaffungslogistik oder den Aufbau von Industrieparks. Die Abschöpfung von Synergien verlangt eine abgestimmte Vorgehensweise.

▓ **Synergien in der Entwicklung von Prozessen, Methoden und Instrumenten:** Erhebliche Synergiepotenziale finden sich auch in der gemeinsamen Nutzung von Know-how zur Entwicklung von Prozessen, inklusive der damit verbundenen DV-Systeme, von Methoden und Instrumenten. Als Beispiele können die Vorgehensweise zur Lieferantenfrüheinbindung oder zur Kanbanbelieferung sowie ein Kalkulationsschema zur Preiskalkulation angeführt werden. Die Synergie ergibt sich in der gebündelten Nutzung des Know-hows. Porter (1986, S. 413 ff.) spricht von **immateriellen Verflechtungen**.

▓ **Stakeholdersynergie:** Ein marktübergreifendes Vorgehen gegenüber Stakeholdern kann die Verhandlungsposition des Unternehmens verbessern. Von zentraler Bedeutung ist die abgestimmte Vorgehensweise gegenüber Lieferanten, die in mehreren Supply-Märkten aktiv sind. Aber auch ein gemeinsames Vorgehen gegenüber Behörden kann Synergien freisetzen.

▓ **Handlungsmotivation:** Der letzte Grund muss als psychologisch eingestuft werden. So kann es sinnvoll sein, über zentrale Vorgaben die Verantwortlichen von Supply-Marktstrategien zu bestimmten strategischen Orientierungen zu motivieren. Typische Beispiele sind die Reduzierung der Lieferantenzahl sowie die Global-Sourcing-Quote. Beide Ziele sind in der Regel als übergreifende Zielvorgaben unsinnig, da sie in unnötiger Weise den Handlungsspielraum einschränken. Die optimale Lieferantenzahl oder die optimale Global-Sourcing-Quote ergibt sich aus den Zielen und der Marktsituation im Supply-Markt. Wird allerdings unterstellt, dass die Verantwortlichen „zu träge oder unfähig" sind, die Supply-Marktstrategie zu optimieren, können solche Impulse die Strategie in die richtige Richtung leiten.

Ferner können solche Vorgaben zielführend sein, falls die Ziel- oder Anreizsysteme im Supply Management unzureichend sind. So wird ein Einkäufer, der allein an den Einkaufskosten gemessen wird, tendenziell wenig Interesse an einer Vorzugslieferantenstrategie haben. Er wird lieber den Wettbewerb zwischen vielen Lieferanten aufrecht erhalten und den jeweils preisgünstigsten Lieferanten auswählen. Die Vorteile von Vorzugslieferantenstrategien in Qualität und Logistik – die an anderer Stelle ausführlich besprochen wurden – nutzen nicht ihm, sondern seinen Kollegen. In einer solchen Situation kann die Vorgabe von Lieferantenzahlen als Rahmenvorgabe zum Anreizsystem sinnvoll sein.

Die **Abstimmung der Strategien** kann zum einen über **Ziele oder generelle Regeln** erfolgen. So werden beispielsweise der Supply-Marktstrategie Kosten- oder Qualitätsziele vorgegeben (vgl. Modul 6). Beispiele für Regeln sind, dass jeder Lieferant nach ISO 9000 ff. zertifiziert sein muss, oder dass bestimmte Länder als Beschaffungsmärkte zu bevorzugen sind. Die Form der Regeln kann vielfältig sein. Üblich sind beispielsweise Verfahrensanweisungen oder Prozessbeschreibungen. Die Erfüllung der Ziele und die Einhaltung der Regeln sind – soweit sie bedeutsam sind – im Rahmen der Supply Balanced Scorecard zu überwachen. Begleitend sind Informations- und Motivationsmaßnahmen durchzuführen.

Zum anderen erfolgt die Synchronisierung über **strategische Projekte**. Strategische Projekte stellen umfangreiche Maßnahmenbündel dar, die die Strategieentwicklung vorantreiben. Beispielsweise verfolgt die Bühler Motor (vgl. Kapitel 14.2) folgende strategische Projekte: „Preferred Supplier Status" zur Steigerung der Qualität der Lieferantenbasis, das Projekt „Konsignation" zur Intensivierung des Einsatzes von Konsignationslager, das Projekt „Ex works" zur Bündelung der Anlieferungstransporte oder das Projekt „Minimum Order Quantity" zur laufenden Optimierung von Bestellmengen. Ein systematischer Überblick über typische Inhalte strategischer Projekte findet sich im folgenden Abschnitt (Kapitel 12.2).

Die strategischen Projekte sind mit (klassischem) **Projektmanagement** zu steuern. Ohne an dieser Stelle auf Details zum Projektmanagement eingehen zu können (vgl. beispielhaft Burghardt 2006), seien einige Aspekte angemerkt, die für strategische Projekte im Rahmen einer Supply-Strategie bedeutsam sind:

- Die **Projektziele** sind mit der Supply Balanced Scorecard verknüpft. Entweder beinhaltet das strategische Projekt das Maßnahmenbündel für eine ganze strategische Stoßrichtung oder es bezieht sich auf einzelne strategische Ziele in der Strategy Map. Für die Ziele in der Balanced Scorecard und somit für die Ziele des strategischen Projektes werden Kennzahlen für die Zielverfolgung definiert (vgl. Modul 14).

▦ Das **Management-Commitment** ist gleichermaßen für jedes strategische Projekt und für die Supply Balanced Scorecard insgesamt sicherzustellen. Es ist dringend die Zahl der Projekte so zu beschränken, dass die Steuerungskapazität im Management nicht überfordert wird. Gerade die Priorisierung strategischer Projekte bereitet häufig große Schwierigkeiten.

▦ **Projektorganisation und –verantwortung:** Für jedes strategische Projekt sollte ein Projektleiter verantwortlich sein. Es ist zu prüfen, ob es einen Steuerkreis für jedes strategische Projekt gibt, oder ob alle strategischen Projekte der Supply-Strategie von einem gemeinsamen Steuerkreis gesteuert werden.

▦ Für jedes strategische Projekt sollte ein **Meilensteinplan** mit Teilprojekten und Maßnahmen erstellt und terminiert werden. Wesentlich ist, dass die Maßnahmen in überschaubare Aktionen konkretisiert werden.

▦ Die benötigten **Ressourcen** an Budget und Mitarbeiterkapazität sind bereitzustellen. Auch hier gilt der Grundsatz: Lieber wenige strategische Projekte, die zügig durchgeführt werden, als alle wünschenswerten Projekte, die aufgrund zu schlechter Ausstattung nicht vorankommen.

▦ Die **Change Management-Aktivitäten und das Projektcontrolling** erfolgen im Rahmen der Steuerung der Balanced Scorecard (vgl. Modul 14).

12.2 Überblick über Inhalte strategischer Projekte

Zur Synchronisierung der Supply-Marktstrategien und der Lieferantenstrategien werden strategische Projekte definiert. Dabei können zu allen Fragestellungen, die in den Modulen 5 bis 11 diskutiert wurden, strategische Projekte initiiert werden. Ebenso wirken strategische Projekte, mit denen die Supply-Rahmenstrategie konkretisiert wird (Modul 1 bis 4), auf die Supply-Marktstrategien und die Lieferantenstrategien synchronisierend. Einige typische Beispiele sollen diesen Grundgedanken illustrieren:

▦ **Basisstrategie (Modul 1):** Die Umsetzung von Sozialstandards im Lieferantenmanagement kann in Form eines strategischen Projektes erfolgen. Hierzu müssen beispielsweise eine Methodik zur Auditierung von Lieferanten sowie ein angemessenes Anreizsystem geschaffen und implementiert werden.

Das unternehmensstrategische Ziel, die Lieferzeit bei den Kunden drastisch zu verkürzen, kann zu einem strategischen Projekt mit dem Supply-Ziel führen, über die elektronische Anbindung der Lieferanten deren Lieferzeiten zu verkürzen.

▦ **Supply-Ziele (Modul 2 und analog Modul 6):** Die einzelnen Zielsetzungen können Gegenstand strategischer Projekte werden. Beispielsweise kann ein umfassendes Kostensenkungsprojekt auf Einsparungen bei den Objekt- und den Prozesskosten im gesamten Supply Management abzielen.

▓ **Supply-Märkte (Modul 4):** Der Einstieg in einen neuen Supply-Markt und der damit verbundene Kompetenzaufbau kann mit einem strategischen Projekt angegangen werden.

▓ **Supply-Marktanalyse (Modul 5):** Spezifische marktübergreifende Fragestellungen im Rahmen der Supply-Marktanalysen können in Form strategischer Projekte bearbeitet werden. Beispiele sind die Analyse und Überwachung der asiatischen Supply-Märkte oder die Beobachtung grundlegender Basistechnologien.

▓ **Supply-Marktstrategie (Module 7 und 8):** Die Synchronisierung der Supply-Marktstrategien kann an allen Gestaltungsfeldern ansetzen. Einige Beispiele sollen dies veranschaulichen:

o **Demand:** Die Nachfragekooperation mit einem anderen Unternehmen kann in einem strategischen Projekt entwickelt werden, das sich über verschiedene Supply-Märkte erstreckt. Gerade wenn der Nutzen einer Kooperation in den verschiedenen Supply-Märkten für die Partner sehr unterschiedlich ist, können marktübergreifende Projekte vorteilhaft sein.

o **Beschaffungsobjekt:** Die Standardisierung oder Design-to-Cost-Ziele können marktübergreifend vorangetrieben werden, indem eine angemessene Methodik entwickelt und die Umsetzung in den verschiedenen Supply-Märkten nachgehalten wird.

o **Sourcing:** In einem strategischen Projekt zum Global Sourcing können zunächst materialgruppenspezifisch die Potenziale verschiedener Lieferländer analysiert und anschließend die schrittweise Nutzung identifizierter Chancen unterstützt werden, z.B. durch regionale Lieferantenmessen oder durch den Aufbau von IPOs in ausgewählten Regionen.

Der Aufbau eines Zulieferparks stellt in der Regel ein bedeutsames strategisches Projekt dar.

o **Entgelt:** Aufgrund der starken Ausstrahlungseffekte können bezüglich Preisdruck und Fairness gegenüber den Lieferanten in einem strategischen Projekt einheitliche Regeln entwickelt und etabliert werden.

o **Prozesse und Systeme:** Von besonderer Bedeutung ist die einheitliche Definition und Optimierung von Prozessen und der damit verbundenen DV-Verfahren. In strategischen Projekten werden die Geschäftsprozesse optimiert und beschrieben. Im jeweiligen Supply-Markt kann aus den definierten Prozessvarianten die am besten geeignete Variante ausgewählt werden. Eine marktspezifische Definition ist in der Regel ausgeschlossen.

Beispielsweise kann geprüft werden, ob im Supply-Markt eine Kanbanbelieferung sinnvoll anzuwenden ist. Falls dies der Fall ist, kann dann die beste der definierten Kanbanvarianten ausgewählt werden.

Die Prozessoptimierung geht mit der Entwicklung der DV-Systeme Hand in Hand, so dass diese in strategischen Projekten in der Regel gemeinsam vorangetrieben werden sollten. Die nähere Beschreibung der Systemlandschaft im Supply Management und die damit verbundenen IT-Strategien würden den Rahmen dieser Abhandlung sprengen (vgl. hierzu ausführlich Appelfeller, Buchholz 2005, S. 13 ff. und S. 213 ff.).

■ **Lieferantenstrategie (Module 9 bis 11):** Die Lieferantenstrategien innerhalb eines Supply-Marktes werden innerhalb der Supply-Marktstrategien ausgesteuert und sind somit nicht Gegenstand der Synchronisierung in Modul 12. Sind Lieferanten allerdings in mehreren Supply-Märkten aktiv, ist eine marktübergreifende Lieferantenstrategie zu entwickeln, in der die Interessen der beteiligten Supply-Märkte aufeinander abzustimmen sind.

Die in Modul 11 ausgeführten Lieferantenprogramme werden ebenso in der Regel in Form strategischer Projekte entwickelt und implementiert.

Aus den Modulen 13 bis 15 ergeben sich weitere strategische Projekte, beispielsweise zur Entwicklung der Einkaufsorganisation oder zum Aufbau eines Systems zur Kompetenzentwicklung im Supply Management (Modul 13). Die Entwicklung und Steuerung der Supply-Strategie sollte in der Regel selbst Gegenstand eines strategischen Projektes sein (vgl. Module 14 und 15).

13 Modul 13: Supply-Management-system entwickeln

Management kann als die Steuerung der Leistungsprozesse, insbesondere in und zwischen arbeitsteiligen Organisationen, verstanden werden. In diesem Sinne haben Manager arbeitsteilige Handlungen in Hinblick auf (betriebswirtschaftliche) Zielsetzungen auszurichten bzw. zu koordinieren. Hervorragende Managementsysteme mit vorzüglichen Managementmethoden und –instrumenten können somit – gerade in komplexen Organisationen – als wesentliche Voraussetzung für die erfolgreiche Steuerung der Leistungsprozesse im Supply Management und damit als Erfolgspotenzial angesehen werden. Deshalb sollte die grundlegende

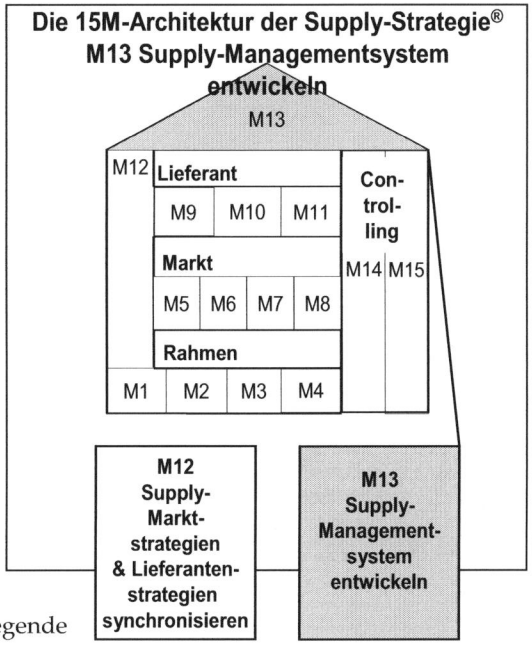

Die 15M-Architektur der Supply-Strategie®
M13 Supply-Managementsystem entwickeln

Entwicklung des Supply-Managementsystems selbst Gegenstand der Supply-Strategie sein.

Diese Überlegung wirft allerdings im Rahmen eines Praxislehrbuches zur Supply-Strategie ein zweifaches Problem auf. Zum einen sprengt eine umfassende Darstellung von Managementfragen bei weitem den Rahmen einer Abhandlung zum Supply Management. Zum zweiten sind die grundlegenden Managementmethoden und –instrumente meist unabhängig von Sachfunktionen, so dass nur wenig spezifische Aussagen zur Anwendung im Supply Management möglich sind. Beispielsweise ist die Motivation von Mitarbeitern im Supply Management grundsätzlich nicht anders zu behandeln als in der Produktion oder im Verkauf. In der Konsequenz soll die Diskussion zum Modul „Supply-Managementsystem entwickeln" auf drei Aspekte beschränkt werden:

▓ Zunächst soll ein knapper Überblick über wesentliche Handlungsfelder in der Entwicklung des Supply-Managementsystems gegeben werden (vgl. Kapitel 13.1).

▨ Die organisatorische Verankerung der Supply-Strategie und der einzelnen Strategiebausteine im Unternehmen ist für die erfolgreiche Umsetzung der Supply-Strategie von zentraler Bedeutung. In Kapitel 13.2 soll die Verknüpfung zwischen der Aufbauorganisation im Supply Management und dem Planungssystem zur Entwicklung der Supply-Strategie diskutiert werden. Im Zentrum steht die Frage, wie die vielfältigen Supply-Aktivitäten im Unternehmen zu einer ganzheitlichen Supply-Strategie verknüpft werden können. Insbesondere in komplexen Organisationsstrukturen, beispielsweise in divisionalisierten Organisationen oder in Konzernstrukturen, ist diese Fragestellung nicht trivial.

▨ Abschließend wird das Fallbeispiel der Elektro AG fortgeführt und mögliche strategische Projekte der Elektro LA vorgestellt (vgl. Kapitel 13.3).

13.1 Überblick über Handlungsfelder in der Entwicklung des Supply-Managementsystems

Das Supply-Managementsystem dient der Steuerung der Leistungsprozesse zur Versorgung des Unternehmens. Im Rahmen der Formulierung einer Supply-Strategie müssen Defizite bzw. Verbesserungspotenziale im Supply-Managementsystem identifiziert und im Hinblick auf die gewählte Supply-Strategie priorisiert werden. Die Ausarbeitung und Implementierung von Lösungen zu den priorisierten Problemfeldern erfolgt üblicherweise in Form strategischer Projekte. Werden beispielsweise nachhaltige Defizite in Bezug auf eine ausreichende Versorgung mit kompetenten Mitarbeitern erkannt, sollte ein Projekt zur systematischen Kompetenzentwicklung im Supply Management aufgesetzt werden. In diesem Projekt wird zunächst eine Methode zur Bestimmung des Kompetenzbedarfs und der Kompetenzdefizite erarbeitet. Anschließend werden Maßnahmen zur Schließung der Kompetenzlücke durchgeführt. In der Regel korrespondieren die strategischen Projekte zur Entwicklung des Supply-Managementsystems mit Zielen der Lern- und Entwicklungsperspektive in den Strategy Maps der Supply-Rahmenstrategie.

Der folgende knappe Überblick soll typische Handlungsfelder in der Entwicklung des Supply-Managementsystems aufzeigen (vgl. hierzu auch Teil 1 Kapitel 5), allerdings ohne Anspruch auf Vollständigkeit zu erheben und ohne auf Lösungsvorschläge oder interessante Ansätze näher eingehen zu können. Die Ausführungen basieren auf dem Managementkonzept nach Steinmann und Schreyögg (Steinmann, Schreyögg 2005 mit Referenz auf Koontz, O'Donnell 1955). In diesem Konzept werden die Managementaufgaben zu fünf Managementfunktionen zusammengefasst und in eine systematische Abfolge gebracht: (1) Planung (2) Organisation (3) Personaleinsatz (4) Führung (5) Kontrolle.

(1)   Planung

Planung ist die geistige Vorwegnahme zukünftigen Tuns und definiert damit, was erreicht werden soll und wie dazu vorgegangen werden soll. Im Planen wird gleichsam die Zukunft erfunden, wie das einfache Beispiel der persönlichen Urlaubsplanung veranschaulicht. Wird im Kreise der Familie entschieden, im Sommer drei Wochen mit dem Auto an die Ostsee zu fahren, ist die Wahrscheinlichkeit groß, im Sommer drei Wochen Urlaub an der Ostsee zu verbringen. Auch wenn nicht jede Planung vollständig in die Tat umgesetzt werden kann, werden trotzdem in der Planung wesentliche Weichen für die Zukunft gestellt.

Wesentliche Handlungsfelder in der Supply-Planung sind:

▪ Die **Planung der Supply-Strategie** ist das zentrale Anliegen der 15M-Architektur® und wird entsprechend detailliert erläutert. Es empfiehlt sich, im Rahmen der Supply-Strategie ein strategisches Projekt zu definieren, das die Entwicklung der Supply-Strategie mit der zugrundeliegenden Methodik selbst zum Gegenstand hat.

▪ Die **operative Supply-Planung** hat zum einen im täglichen Handlungsvollzug die die Supply-Strategie umzusetzen. Beispielsweise müssen im Falle einer Strategie, verstärkt Lieferanten in asiatischen Märkten aufbauen zu wollen, auch konkrete Kaufentscheidungen in Asien folgen. Nur so können die Erfolgspotenziale entwickelt werden. Zum zweiten müssen aber auch die Erfordernisse des Tagesgeschäftes berücksichtigt werden, die letztlich auf die Realisierung des Geschäftserfolges zielen. Um diesen Anforderungen gerecht zu werden, müssen in der operativen Supply-Planung genügend Handlungsspielräume angelegt sein.

Der Aufbau der operativen Supply-Planung hängt wesentlich von der Geschäftsart, der Technologie und von der Marktsituation des Unternehmens ab, so dass das Planungssystem für die konkrete Unternehmenssituation entwickelt werden muss. Grundsätzlich müssen allerdings die finanzwirtschaftliche und die leistungswirtschaftliche Perspektive gleichzeitig in der Planung abgebildet werden, beispielsweise in ein ERP-System (= Enterprise Resource Planning-System) integriert. In Abbildung 13-1 findet sich beispielhaft ein Modell zur Planung und Steuerung von Supply Chains, in dem das operative Supply-Planungssystem eingebettet ist (Kuhn, Helligrath 2002, S. 142 ff.). Dieses System soll knapp skizziert werden.

Nach der Bedarfsplanung (vgl. auch Kapitel 7.1) und der Planung des Produktions- und des Logistiknetzwerkes folgen zwei Planungsebenen, die sich im Planungshorizont und im Detaillierungsgrad der Planung unterscheiden. In der Beschaffungsplanung wird die termingerechte und kostenoptimierte Versorgung der Produktionsstandorte mit Materialien geplant und in der Beschaffungsfeinplanung bis hin zu Anlieferungsmengen und -zeitpunkten konkretisiert. In den Abwicklungssystemen werden die Warenflüsse gesteuert und verwaltet. Beispielsweise werden in der Lagerabwicklung die Wareneingänge sowie die Materialbestände gebucht. Im Eventmanagement werden Störungen erkannt und möglichst reibungslos abgewickelt. Beispielsweise kann bei einer Lieferung fehlerhafter Materialien ein Workflow gestartet werden, der einerseits die schnelle Nachlieferung sicherstellt und andererseits die Konsequenzen der Fehllieferung (z.B. Forderung von Pönalen, Benachrichtigung des Kunden) veranlasst. Aufbau und Funktionen von Supplier Relationship Management-Systemen wurden bereits in Teil 1 Kapitel 5.3 vorgestellt.

Abbildung 13-1: *Struktur eines Systems zur Planung und Steuerung von Supply Chains (Quelle: Kuhn, Helligrath, 2002, S. 143, modifiziert)*

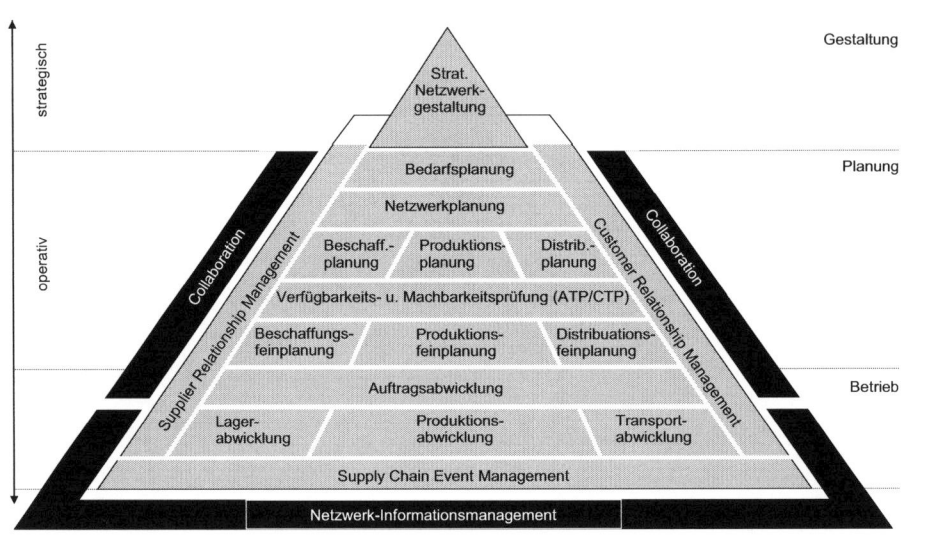

Soweit ein Handlungsbedarf besteht, sollte das operative Supply-Planungssystem in einem strategischen Projekt fortentwickelt werden.

(2)   Organisation

Kernaufgabe der Organisation ist es, die Gesamtaufgabe des Unternehmens in einzelne Verrichtungen zu differenzieren und wieder zu leistungsfähigen Aktionseinheiten (z.B. Stellen, Abteilungen, Divisionen) zu integrieren. So ergeben sich generelle und dauerhafte Regelungen zur Organisationsstruktur, in der die Zuständigkeiten für Einzelaufgaben festgelegt sind, und zur Ablauforganisation, in der die Vorgehensweise zur Erstellung der angestrebten Arbeitsergebnisse definiert ist. Da generelle Regeln ein Beharrungsvermögen aufweisen, muss in einer dynamischen Umwelt der organisatorische Wandel mit Change Management-Methoden gesteuert und gefördert werden.

Wesentliche Handlungsfelder der Supply-Organisation sind:

▨ Die Entwicklung der **Aufbauorganisation im Supply Management** wird im folgenden Kapitel 13.2 detailliert diskutiert, da ein enger Bezug zur Formulierung und Umsetzung von Supply-Strategien besteht.

▨ Die Gestaltung der **Ablauforganisation** bzw. der Leistungsprozesse wurde bereits in Modul 12 verankert. Bevor allerdings einzelne Prozesse analysiert und optimiert werden können, muss im Managementsystem die Form der Prozessmodellierung sowie die Prozessarchitektur festgelegt werden. Diese können sich beispielsweise am Supply Chain Operations Reference-Modell (kurz SCOR-Modell, vgl. www.supply-chain.org) orientieren, das vom Supply Chain Council im Jahre 1996 entwickelt wurde und im Jahr 2010 in der Version 9.0 vorliegt.

Das SCOR-Modell bietet eine Methodik zur systematischen Beschreibung der inner- und zwischenbetrieblichen Supply Chain Prozesse. Es beschreibt Lieferketten über die Aneinanderreihung von fünf Prozesstypen: Plan, Source, Make, Deliver und Return (vgl. Abbildung 13-2). Auf Ebene zwei werden die Prozesstypen in Kategorien eingeteilt. Beispielsweise wird der Source-Prozess in die Kategorien (1) Source Stocked Product, (2) Source Make-to-Order Product und (3) Source Engineer-to-Order Product unterteilt. Darüber hinaus sind Planungsprozesse und unterstützende Prozesse definiert, für Source beispielsweise die Bedarfsspezifikation, die Lieferantenbewertung oder das Einkaufsdatenmanagement. Die Prozesskategorien werden auf Ebene 3 in Prozesselemente, d.h. in Teilprozesse, zerlegt. Auf dieser Ebene werden die Input- und Output-Beziehungen zwischen den Prozessen festgelegt. Auf Ebene 4 können die Teilprozesse firmenspezifisch über Verfahrens- oder Prozessanweisungen konkretisiert werden. Darüber hinaus werden für die einzelnen Prozesse über die Ebenen hinweg Kennzahlen angeboten. Mit dieser Methodik entsteht ein Rahmen, innerhalb dessen alle Geschäftsprozesse eines Unternehmens eingeordnet werden können.

▨ Die bewußte Förderung des **organisationalen Lernens** und der **Aufbau eines Wissensmanagements** sind zwei Beispiele aus dem Handlungsfeld des **organisatorischen Wandels**. Letztlich geht es darum, neue Verhaltensweisen, neue Fähigkeiten und neues Wissen im Unternehmen zu entwickeln und in der Organisation verfügbar zu machen.

Abbildung 13-2:   Aufbau des SCOR-Modells
(Quelle: www.supply-chain.org)

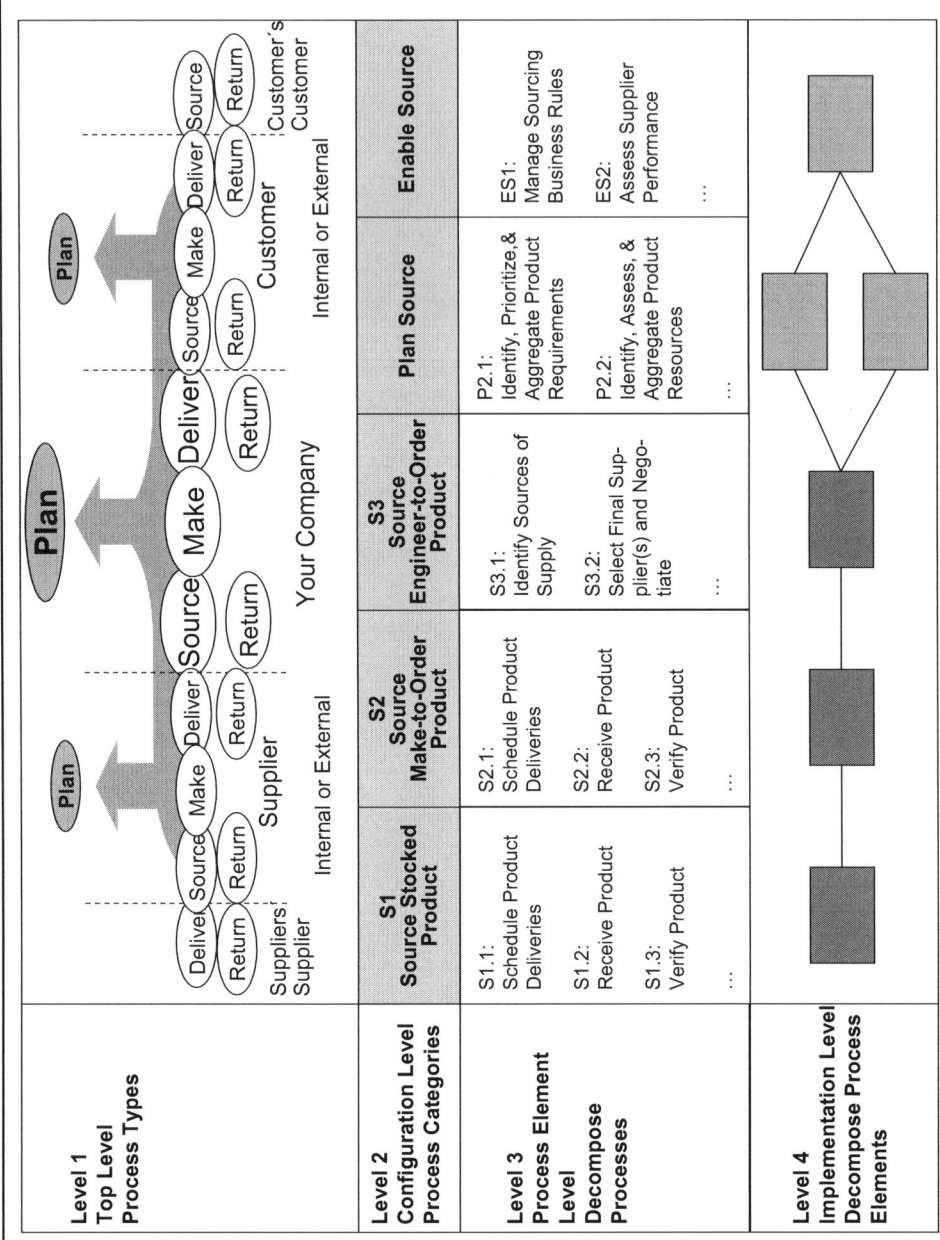

(3)   Personaleinsatz

Die Managementfunktion Personaleinsatz zielt darauf ab, für die Leistungserstellung einen qualifizierten und engagierten Personalbestand sicherzustellen. Da sich das Supply Management aufgrund des aktuellen Rollenwandels in einer Phase strukturellen Umbruchs befindet, wird der Personaleinsatz häufig zu einem zentralen strategischen Erfolgsfaktor. Die Qualifizierung von Mitarbeitern ist bekanntermaßen ein langfristiger Lern- und Entwicklungsprozess. Gleichzeitig sind qualifizierte Mitarbeiter aber die Voraussetzung, um den Wandel überhaupt angehen zu können. So werden häufig die Entwicklung der Supply-Strategie und die Qualifizierung der Mitarbeiter parallel vorangetrieben mit der Konsequenz einer Extrembelastung für die Mitarbeiter. Während strategische Schlüsselqualifikationen im Supply Management fehlen, werden häufig gleichzeitig abwickelnde Aufgaben im Supply Management automatisiert. Hier gilt es den Subjektcharakter von Mitarbeitern zu wahren und mit Qualifizierungsmaßnahmen die sozialen Härten des Strukturwandels verantwortungsvoll zu lösen. Eine kurzfristige Hire- und Fire-Politik ist weder sachdienlich noch verantwortungsgerecht.

Wesentliche Handlungsfelder der Managementfunktion Personaleinsatz sind:

▨ Die **Anpassung der Personalkapazität,** Personalaufbau bzw. Personalabbau, kann in einem strategischen Projekt abgewickelt werden. Nach einer Untersuchung von Large (2000) sind in großen Industrieunternehmen etwa 2 % der Mitarbeiter mit Beschaffungsaktivitäten beschäftigt. Large stellt allerdings eine große Streuung um den Durchschnittswert fest. Bei Strukturverschiebungen im Tätigkeitsfeld können gleichzeitig der Aufbau bestimmter Kompetenzen und der Abbau anderer Kompetenzen notwendig werden.

▨ Die **Personalbeurteilung** und die **Personalentwicklung** helfen die Mitarbeiterbasis aus sich heraus zu optimieren und in Hinblick auf Leistungsfähigkeit und Leistungsbereitschaft zu entwickeln. Die Einführung von regelmäßigen **Mitarbeitergesprächen** kann hierbei ein erster Schritt sein.

In großen Unternehmen hat sich ein **systematisches Kompetenzmanagement** bewährt. Zunächst werden Rollen über die Dimensionen Sachaufgabe und Wertigkeit der Aufgabe definiert. Beispiele für eine Strukturierung von Rollen nach Sachaufgaben sind der strategische Einkäufer (Commodity-Verantwortlicher), der Projekteinkäufer, der (operative) Beschaffer, der Einkaufsmanager, der Logistikmanager, der Logistiker. Die Wertigkeit der Aufgabe ergibt sich aus der Sachaufgabe und aus dem notwendigen Kompetenzniveau. Beispielsweise kann zwischen einem Commoditiy Manager und einem Senior Commoditiy Manager unterschieden werden. Insbesondere bei Managementaufgaben werden üblicherweise mehrere Niveaus differenziert, z.B. Einkaufsmanager, Einkaufsleiter, Einkaufsdirektor. Für jede Rolle werden Aufgaben und Verantwortungsbereiche definiert und in Folge ein Soll-Kompetenzprofil abgeleitet. Die konkrete Stellenbeschreibung kann dann aus dem Aufgaben- und Verantwortungsprofil erzeugt werden. Die generelle Aufgabe

„Entwicklung einer Supply-Strategie" wird dann konkretisiert in „Entwicklung einer Supply-Strategie für den Einkaufsbereich xyz". Aus dem Vergleich zwischen Soll- und Ist-Kompetenzprofil können dann Ziele und Maßnahmen für die persönliche Kompetenzentwicklung abgeleitet werden. Ein systematisches Kompetenzmanagement kann Veränderungen im Personalbedarf frühzeitig erkennen und somit durch rechtzeitig ergriffene Personal- und Kompetenzentwicklungsmaßnahmen soziale Härten abfedern helfen.

▨ Die Einführung **leistungsabhängiger Lohnbestandteile** kann die Zielorientierung und die Leistungsmotivation der Führungskräfte und der Mitarbeiter stärken. Allerdings sind die Voraussetzungen häufig nicht unproblematisch. Die Leistungsziele sind im Voraus messbar zu definieren und die Ergebnisse müssen den Mitarbeitern möglichst direkt zurechenbar sein. Die erste Voraussetzung führt leicht zur Vernachlässigung schwer quantifizierbarer Zielgrößen und neuer Anforderungen, die während der Zielvereinbarung noch nicht bekannt waren. Die zweite Voraussetzung kann Zielkonflikte im Supply Management verschärfen und strategische Ziele behindern, da diese häufig stellen- bzw. abteilungsübergreifend getrieben werden müssen. Mit Hilfe einer strukturierten Supply-Strategie und den besprochenen Methoden, z.B. der Supply Balanced Scorecard, können einige der aufgezeigten Schwierigkeiten abgefedert werden.

(4)   Führung

Innerhalb der Planung, des organisatorischen Rahmens und der personellen Ausstattung ist eine zielorientierte Feinsteuerung des Arbeitsvollzugs erforderlich. Diese Managementaufgabe wird als Führung im engen Sinne bezeichnet und umfasst Motivation, Kommunikation und Konfliktbereinigung als wesentliche Aktionsfelder.

▨ Mit umfangreichen Programmen kann die **Motivation und die Arbeitszufriedenheit der Mitarbeiter** gesteigert werden.

▨ Mit **persönlichen Zielvereinbarungen** sollen die Mitarbeiter Transparenz über ihren persönlichen Leistungsbeitrag im Rahmen der Gesamtleistung erhalten. Dies eröffnet den Mitarbeitern die Chance zielorientiert zu handeln. Damit kann der Verantwortungsspielraum der Mitarbeiter erweitert werden, da bei einer funktionierenden Zielsteuerung der Umfang konkreter Führungsanweisungen reduziert werden kann. Dies ermöglicht die Nutzung der „Vor-Ort-Kompetenz" der Mitarbeiter und steigert die Flexibilität und die Reaktionsfähigkeit im Supply Management. Die Frage, ob bzw. inwieweit die Zielerreichung mit variablen Lohnanteilen incentiviert werden soll, wurde bereits oben angesprochen.

▨ Damit Mitarbeiter ihre Tätigkeiten im Sinne der Supply-Strategie ausrichten können, ist eine umfangreiche und permanente **Mitarbeiterkommunikation** notwendig. Neben der Vermittlung der Supply-Strategie sind Informationen zu aktuellen Entwicklungen notwendig. Um wirkliches Verständnis zu schaffen ist Information ohne Kommunikation allerdings in der Regel nicht ausreichend. Vielmehr muss die Möglichkeit zur Diskussion von Verständnisfragen und „kreativen Ideen" gegeben sein. Von zentraler Bedeutung ist somit das persönliche Gespräch, wie dies auch in der Beschreibung der Strategieimplementierung bei Bühler Motors deutlich wird (vgl. Kapitel 14.2). Typische Maßnahmen sind beispielsweise Abteilungstreffen in eher lockerer Atmosphäre (z.B. Freitagsmeetings), Informationsveranstaltungen, Mitarbeiterzeitschriften, Newsletter, Mitarbeiterhomepages.

▓ **Kulturwandel:** Zur Bewältigung des Strukturwandels kann es sinnvoll sein, am Wandel der Abteilungskultur anzusetzen. Beispielsweise konnten in einem klassischen eher abwicklungsorientierten Einkauf mit einem Workshopkonzept zur gemeinsamen (kontinuierlichen) Verbesserung der Abläufe in der Abteilung nicht nur einige Prozesse optimiert, sondern insbesondere auch eine Kultur der Eigenverantwortlichkeit und Eigeninitiative entwickelt werden.

(5)   Kontrolle

Die letzte Phase im Managementprozess ist die Kontrolle, die die erreichten Ergebnisse mit den Planwerten vergleicht und ggf. aus dem Soll-Ist-Vergleich notwendige Korrekturmaßnahmen ableitet. Aufgrund der engen Korrespondenz zwischen Planung und Kontrolle wird auch von den Zwillingsfunktionen gesprochen. Die strategische Kontrolle wird in Modul 14 ausführlich behandelt.

13.2 Aufbauorganisation und Entwicklung einer Supply-Strategie

Die Aufbauorganisation zielt auf die Bewältigung komplexer Arbeitsaufgaben, indem die Gesamtaufgabe so auf Stellen, Instanzen und Abteilungen des Unternehmens verteilt wird, dass die Teilaufgaben für die zuständigen Personen bearbeitbar sind und gleichzeitig die Gesamtaufgabe als Ganzes effektiv und effizient erledigt werden kann. Aber gerade die Abstimmung der im Supply Management Beteiligten bereitet in der Praxis oft große Schwierigkeiten. Häufig treten Schnittstellenprobleme auf, und es werden Synergiepotenziale verschenkt. Da eine Supply-Strategie dem Anspruch nach ganzheitlich angelegt ist, muss sie in besonderer Weise die Ziele und Interessen aller beteiligten Abteilungen berücksichtigen.

Um diesen Gedanken auszuführen wird zunächst (1) die Struktur der Aufbauorganisationen kurz erläutert. In diesem Rahmen können (2) die Abstimmungsbedarfe grundsätzlich beschrieben und (3) typische Vorgehensweisen vorgestellt werden, wie die Integration geleistet werden kann. (4) Danach wird aufgezeigt, wie die Supply-Strategie und die einzelnen Strategiebausteine in einer komplexen Organisation entwickelt werden können.

(1)   Struktur der Aufbauorganisation

In einer komplexen Organisation lassen sich idealtypisch vier Ebenen unterscheiden (vgl. Abbildung 13-3): Nach der Unternehmens- bzw. Konzernebene finden sich auf der zweiten Ebene häufig Geschäftsbereiche, die mit umfassender Geschäfts- und Ergebnisverantwortung wie Unternehmen im Unternehmen geführt werden. Entscheidend ist in der Regel der Bezug auf abgegrenzte Absatzmärkte. Zur konkreten strategischen und gesellschaftsrechtlichen Ausgestaltung gibt es vielfältige Varianten, z.B. in Form von objektorientierten Divisionen (siehe Siemens mit den Bereichen Industrie, Energie und Medizin), in Form von Marken (siehe die Volkswagen AG mit den Marken Volkswagen, Audi, Skoda, Seat, Bentley), als Unternehmen mit eigener Rechtspersönlichkeit oder als Profit Center. Die Geschäftsbereiche können wiederum in Geschäftsfelder (3. Ebene) untergliedert werden, die ebenso eine umfassende Geschäfts- und Ergebnisverantwortung haben. Allerdings werden die Geschäftsfelder aufgrund strategischer Abhängigkeiten enger geführt als die Geschäftsbereiche durch das Unternehmen. In Geschäftsfeldern können sich Organisationseinheiten (Ebene 4) finden, z.B. Werke oder Vertriebseinheiten. Diese Organisationseinheiten können als Profit oder Cost Center gesteuert werden. Sie sind allerdings alleine nur bedingt lebensfähig, da sie nur einen eingeschränkten Funktionsumfang (z.B. Produktion, Marketing und Vertrieb, Logistik) aufweisen.

In realen Organisationen finden sich Ausschnitte oder Modifikationen dieser Struktur. Beispielsweise kann ein kleines Unternehmen nur aus einem Geschäftsfeld mit nur ein oder zwei Organisationseinheiten bestehen. Mittelbetriebe, die bereits eine Spartenorganisation aufweisen, können aus mehreren Geschäftsfelder mit jeweils einigen wenigen Organisationseinheiten bestehen. In großen Konzernen kann die Geschäftsfeldebene nochmals in zwei Stufen gegliedert sein, so dass die Struktur fünfstufig aufgebaut ist. Beispielsweise strukturiert die Firma Siemens ihre (alte) Struktur in fünf Ebenen: Konzern, Geschäftsbereich (z.B. A&D), Geschäftsgebiet (z.B. Large Drives), Geschäftszweig (z.B. Bahn) und Werke als Organisationseinheiten. In der Fallbeschreibung zur Firma Siemens in Teil 3 wird eine Supply-Marktstrategie auf Ebene Geschäftsbereich formuliert, in der die Supply-Marktstrategien der Geschäftsgebiete integriert werden. Die Geschäftsgebiete wiederum repräsentieren die Strategien der zugeordneten Organisationseinheiten.

Abbildung 13-3: *Idealtypische Struktur der Aufbauorganisation*

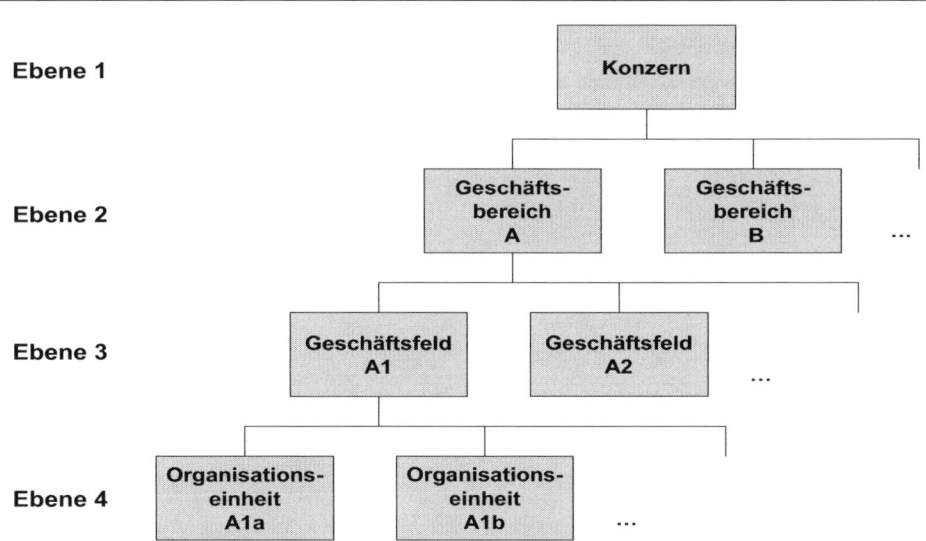

(2)   Integrationserfordernisse und Lösungskonzepte

Auch wenn reale Organisationen ganz wesentlich vom Idealtyp abweichen, kann an dieser Struktur die notwendige Integrationsleistung einer Supply-Strategie systematisch dargestellt werden:

▓ **Vertikale Integration:** Die Supply-Strategie ist über die (vier) Ebenen hinweg abzustimmen. Die Supply-Strategie auf Ebene von Geschäftsbereichen muss mit den Supply-Strategien der Geschäftsfelder und ggf. mit denen der Organisationseinheiten verknüpft werden (vgl. Teil 1, Kapitel 5.2).

▓ **Horizontale Integration:** Die Supply-Strategien gleichrangiger Geschäftsbereiche und Geschäftsfelder sind aufeinander abzustimmen, um so Synergien zu realisieren.

▓ **Funktionale Integration:** Innerhalb der einzelnen Geschäftseinheiten sind unterschiedliche Funktionen, z.B. Einkauf, Qualität, Entwicklung, Logistik, an der Entwicklung einer Supply-Strategie zu beteiligen. Im Rahmen der Binnenorganisation des Supply Managements sind folgende Fragen von besonderer Bedeutung:

o   Gibt es eine einheitliche Leitung für das Supply Management, unter der sämtliche supply-orientierten Funktionen zusammengefasst sind?

o   Soll der strategische und der operative Einkauf bzw. die strategische und operative Logistik organisatorisch zusammengefasst oder getrennt werden?

o Wie erfolgt die Binnenorganisation im strategischen Einkauf? Aus Sicht der Supply-Strategie empfiehlt es sich, den Einkauf nach den Supply-Märkten zu strukturieren. Lieferanten werden den jeweiligen Märkten zugeordnet. Bei Überschneidungen bekommt ein Einkäufer die Führung. Darüber hinaus können verrichtungsorientierte oder managementorientierte Aufgaben, z.B. Betreuung des Lieferantenmanagements, Einkaufscontrolling, Support-Stellen zugeordnet werden.

o Analog ist die Binnenorganisation in der Logistik und in der Qualität zu klären.

o Soll die „Lieferantenqualität" als Funktion im Einkauf oder in der Qualität angesiedelt werden?

o Wie wird die Schnittstelle zwischen Einkauf und Entwicklung organisiert? Eine bewährte Vorgehensweise ist der Aufbau eines Projekteinkaufs, der organisatorisch im Einkauf verankert ist und in Entwicklungsprojekten mitarbeitet. Der Projekteinkauf koordiniert die einkäuferischen Belange zwischen den Projekten, die Materialien aus den verschiedenen Supply-Märkten benötigen, und den Facheinkäufern, die in der Regel für einzelne Supply-Märkte zuständig sind. Diese Schnittstelle ist für die Umsetzung der Supply-Marktstrategien und der Lieferantenstrategien von besonderer Bedeutung, da in den konkreten Auswahlentscheidungen der Projekte die Supply-Marktstrategien umgesetzt werden müssen.

o Welche weiteren Funktionen sind im Supply Management zu berücksichtigen? Mögliche Beispiele sind die Bedarfsträger, der Vertrieb oder das Marketing, beispielsweise in Bezug auf Handelsware, oder die Instandsetzung in Bezug auf die Ersatzteilbeschaffung.

(3)   Ansätze zur organisatorischen Integration

Zur Realisierung der aufgezeigten Integrationsbedarfe finden sich in der Praxis folgende Ansätze. Dabei zielen die ersten vier Ansätze, die Zentralisierung, das Lead-Buyer-Konzept, die MGM-Teams sowie Shared Services, auf die vertikale und horizontale Integration. Der letzte Ansatz, das Supply-Marktteam, unterstützt die funktionale Integration.

▪ **Zentralisierung:** Die Zentralisierung des Supply Managements, z.B. auch in Form eines Zentraleinkaufs bzw. einer zentralen Logistik, stärkt die vertikale und horizontale Integration. Mit einer zentralen Steuerung des Supply Managements können den einzelnen Organisationseinheiten eindeutige, aufeinander abgestimmte Vorgaben gemacht werden. Für eine Zentralisierung des Supply Managements sprechen folgende Argumente (Rüdrich, Kalbfuß, Weißer 2004, S. 15):

o Es wird eine klare **strategische Ausrichtung** des Supply Managements unterstützt.

o **Bündelungsvorteile und Verhandlungsmacht:** Schon allein die Transparenz über die unterschiedlichen Konditionen, die ein Lieferant mit den einzelnen Geschäftseinheiten eines dezentral organisierten Unternehmens haben kann, kann zu einer erheblichen Ergebnisverbesserung führen. Darüber hinaus ergeben sich aufgrund des gebündelten Einkaufsvolumens Economies of Scale (Fixkostendegression) und erhebliche Prozesskostenvorteile für Lieferanten und Abnehmer. Auf diese Weise wird das Unternehmen für die Lieferanten attraktiver, so dass sich die Verhandlungsposition und in der Konsequenz die Konditionen verbessern.

o **Optimierung der Bestände:** Nachfragerisiken können sich gegenseitig kompensieren, so dass die erforderlichen Sicherheitsbestände reduziert werden können.

o **Spezialisierung in Bezug auf Objekte bzw. Verrichtungen:** In einer zentralisierten Organisation, in der bestimmte Fragestellungen für alle Geschäftseinheiten ausgeführt werden, können Spezialisten entwickelt werden. So kann es Spezialisten für bestimmte Supply-Märkte, bestimmte Methoden oder Instrumente oder ausgewählte Technologien geben.

Hingegen sprechen für dezentrale Entscheidungsstrukturen folgende Gründe:

o Die Zentralisierung des Supply Managements **widerspricht der Ergebnisverantwortung** in den einzelnen Geschäftseinheiten. Geschäftsverantwortliche, die solch bedeutsame strategische Stellhebel aus der Hand geben müssen, können für ihren Geschäftserfolg nur bedingt verantwortlich gemacht werden.

o Das **Anwendungs-Know-how** der einzukaufenden Materialien ist in der Regel vor Ort höher, so dass verstärkt problemadäquate Lösungen realisiert werden können. Dieses Argument führt häufig zu erheblichen Vorbehalten gegenüber zentralen Lösungen, da technische Kompromisslösungen beim Bezug der Leistungen befürchtet werden.

o **Reaktionsfähigkeit:** In dezentralen Lösungen kann in der Regel schneller auf neue Anforderungen oder auf auftauchende Probleme reagiert werden, da vor Ort die konkrete Problemlage besser verstanden wird und die Kommunikations- und Entscheidungswege kürzer sind.

o Es können leichter **kleine lokale Lieferanten** eingebunden werden.

Bei eher dezentralen Organisationsformen unterstützen die drei folgenden Ansätze die Integration:

▪ **Lead-Buyer-Konzept:** Beim Lead-Buyer-Konzept übernimmt aus den aktiven Geschäftseinheiten diejenige mit dem größten Einkaufsvolumen oder der größten Kompetenz den Lead. Der Lead-Buyer entwickelt die Supply-Marktstrategie und die Lieferantenstrategien, er verhandelt und überwacht die Rahmenverträge und verantwortet das strategische Controlling. Natürlich wird er seine Kollegen in geeigneter Weise in die Strategieentwicklung einbinden. Die anderen Einkäufer müssen mit ihrer Strategie dem Lead-Buyer folgen. Welche Freiheitsgrade sie dabei haben, d.h. inwieweit sie von der zentral verhandelten Position abzuweichen dürfen, hängt von der konkreten Ausgestaltung des Lead-Buyer-Konzeptes ab. Auf diese Weise können die Vorteile einer zentralen Organisation genutzt werden, ohne deren Nachteile völlig in Kauf nehmen zu müssen. Insbesondere sind das Vor-Ort-Know-how des Lead-Buyers und die eher geringen Integrationskosten positiv hervorzuheben.

■ **Materialgruppenmanagement** (vgl. Rüdrich, Kalbfuß, Weißer 2004 sowie Kalbfuß 2003): In MGM-Teams (Materialgruppenmanagement-Teams) arbeiten die Geschäftseinheiten zusammen, die in einem Supply-Markt aktiv sind. Vom Team werden gemeinsam unter anderem eine Supply-Marktstrategie und Lieferantenstrategien entwickelt. Dabei kann sich das Team auf einzelne Gestaltungsfelder der Supply-Marktstrategie beschränken, in denen Synergieeffekte erwartet werden. Beispielsweise können Global Sourcing-Aktivitäten und Lieferantenstrategien gemeinsam entwickelt werden, während Objektstrategien, wie zum Beispiel Standardisierung, nicht im Team angegangen werden. In der Regel wird das Team durch einen Sprecher koordiniert bzw. gesteuert. Zur Illustration der Entwicklung von Supply-Marktstrategien im MGM-Team sei auf das Beispiel „Strategic Material Segement Guide" der Firma Siemens in Teil 3, Kapitel 2 verwiesen.

■ **Shared Services** (vgl. Lorenzen, Essers, Sprenger 2007): Shared Services sind Dienstleistungen, mit denen unterstützende Prozesse in dezentralen Organisationen gebündelt und eigenständig abgewickelt werden. Typische Beispiele sind IT-Dienstleistungen, das Rechnungswesen, aber auch Einkaufsdienstleistungen meist einfacher Commodities oder logistische Dienstleistungen. In der Konsequenz werden einzelne Leistungen zentralisiert, um die oben aufgeführten Zentralisierungsvorteile realisieren zu können. Aufgrund der Beschränkung auf einfache eher unbedeutsame Aktivitäten bzw. Materialgruppen wird damit allerdings nicht die dezentrale Organisation als Ganzes in Frage gestellt. Strategisch gesehen ergibt sich der Vorteil daraus, dass sich die zentrale Stelle – im Gegensatz zum Auftraggeber – ausschließlich auf den Supply-Markt konzentrieren kann und diesen z.B. in Form von Supply-Markt- und Lieferantenstrategien nachdrücklich entwickeln kann.

■ **Supply-Marktteam:** Zur funktionalen Integration innerhalb einer Geschäftseinheit können Supply-Marktteams gebildet werden. Diese setzen sich aus allen im Supply Management beteiligten Funktionen zusammen. Üblicherweise sind der strategische Einkauf, der operative Einkauf bzw. die Disposition, die Logistik, das Qualitätsmanagement sowie die Entwicklung vertreten. Inwieweit Repräsentanten der hierarchisch darunter liegenden Organisationseinheiten eingebunden werden, hängt von der konkreten Ausgestaltung der Teams ab. Das Supply-Marktteam entwickelt für einen Supply-Markt die Marktstrategie und die damit verbundenen

Lieferantenstrategien. Die Fallstudie zur Firma Bühler Motor in Kapitel 14.2 dient als Beispiel für die praktische Umsetzung.

(4) Organisatorische Verankerung der Supply-Strategie

Bei der organisatorischen Verankerung der Supply-Strategie ist zwischen einer eher top-down-orientierten zentralisierten und einer bottom-up-orientierten dezentralen Vorgehensweise zu unterscheiden.

Bei **zentralisierten Strukturen** werden die Strategien entlang der Hierarchie von oben nach unten entwickelt. Die Supply-Rahmenstrategie mit Basisstrategien, Supply-Zielen und Strategy Maps wird stufenweise konkretisiert. Die Strategien der darüber liegenden Hierarchiestufen werden bei der Entwicklung der Supply-Rahmenstrategie als Vorgabe zugrunde gelegt. Ebenso werden die Markt- und Lieferantenstrategien zentral formuliert und in den betroffenen Geschäftseinheiten umgesetzt. Inwieweit hierbei in den umsetzenden Geschäftseinheiten Freiheitsgrade bestehen, ist im Einzelfall festzulegen.

Etwas komplexer gestaltet sich die organisatorische Verankerung in **dezentralen Strukturen**. Zwar gibt es – analog zu zentralen Strukturen – Zielvorgaben die top-down entwickelt werden, z.B. die Supply-Ziele. Jedoch bestehen auf den unteren Ebenen erhebliche Handlungsspielräume, die auch erhalten bleiben sollen. So sollten die hierarchisch höheren Strategien nur subsidär dasjenige regeln, was zentral notwendigerweise zu steuern ist oder was für die dezentralen Einheiten hilfreich ist.

- Für die **Supply-Rahmenstrategie** bedeutet dies, dass insbesondere die Basisstrategie und die Supply-Ziele zentral vorgegeben bzw. zwischen Zentrale und Geschäftseinheit ausgehandelt werden. Die Strategien (Modul 3) und die Wahl der Märkte (Modul 4) sind weitgehend in der Verantwortung der dezentralen Einheit.

- **Supply-Marktstrategien** und **Lieferantenstrategien** werden von Lead-Buyer, in MGM-Teams oder in Shared Services entwickelt. Dabei sollten allerdings in der Regel nur die Themenfelder zentral abgewickelt werden, die für die dezentralen Geschäftseinheiten vorteilhaft sind. Die Entscheidung zwischen zentraler und dezentraler Strategieentwicklung sollte im Einvernehmen erfolgen. In diesem Zusammenhang hat sich die 15M-Architektur® gut bewährt (vgl. das Beispiel zur Firma Siemens in Teil 3, Kapitel 2), da mit einem strukturierten und systematischen Ansatz ein gemeinsames Raster zur Strategieentwicklung vorgegeben ist. Mit diesem Raster kann insbesondere auch geklärt werden, welche Themen zentral und welche dezentral verfolgt werden sollen.

13

13.3 Fallbeispiel Elektro AG: Strategische Projekte

▨ **Beschreiben Sie die wesentlichen bereichsweiten strategischen Projekte der Elektro LA.**

Mit den strategischen Projekten werden Basisstrategien sowie die Supply Balanced Scorecard in Aktion gesetzt. Dabei erfolgt die Umsetzung häufig in den einzelnen Supply-Märkten bzw. bei einzelnen Lieferanten. Aufgrund der engen Verknüpfung von Balanced Scorecard und den strategischen Projekten sollen in Abbildung 13-4 die strategischen Stoßrichtungen und die Strategy Map der Elektro LA (vgl. Modul 3, Abbildung 3-5) nochmals wiederholt werden.

Abbildung 13-4:   *Elektro LA Strategische Stoßrichtungen und integrierte Strategy Map (vgl. Modul 3, Abbildung 3-5)*

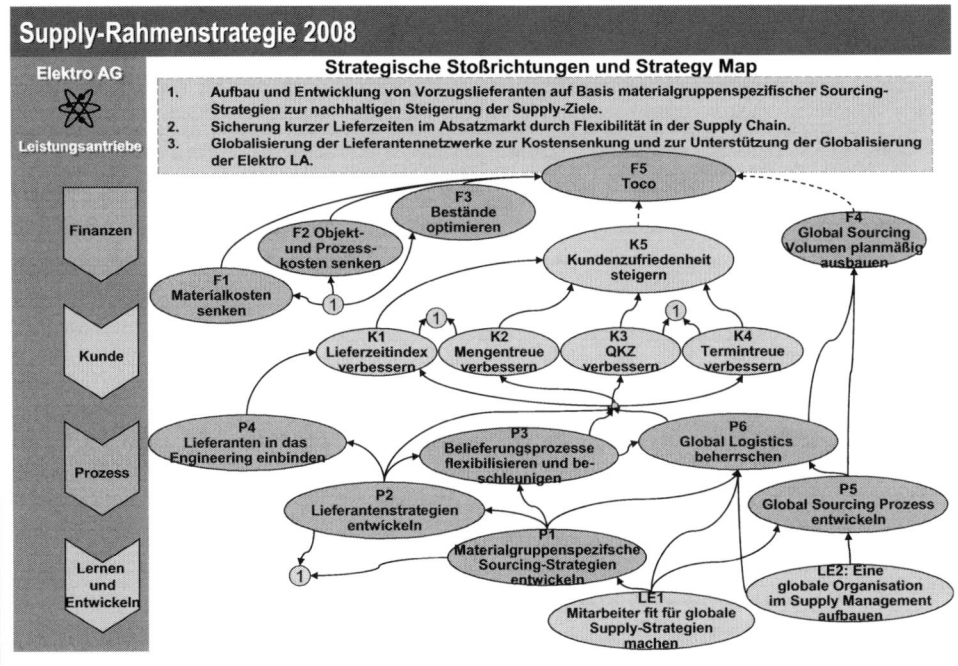

Die Elektro LA könnte folgende strategische Projekte definieren:

▨ **Kostenposition in der Zusammenarbeit mit Lieferanten verbessern.** Dieses Projekt ergibt sich aus der Basisstrategie der Elektro LA (Modul 1) sowie aus den Supply-Zielen (Modul 2). Ziel dieses Projekts ist es, in den Supply-Märkten und in

Folge in den Lieferantenstrategien systematisch nach Kostensenkungspotenzialen zu suchen. Mit einem bunten Strauß an Einzelprojekten sollen die Einsparziele erreicht werden. Der Elektroblechmarkt bringt das Projekt „Neue Blechqualitäten" L2Q und H2Q in das strategische Projekt ein, da hiermit ja ein wesentlicher Beitrag zur Kostensenkung erzielt werden soll. Ein zweites Projekt könnte die Zusammenarbeit mit anderen Geschäftsfeldern sein. Dieses Projekt soll aber zunächst zurückgestellt werden. Die Messung erfolgt in der Balanced Scorecard über die beiden Finanzziele (F1 und F2).

▨ **Logistische Prozesse flexibilisieren und Wiederbeschaffungszeiten reduzieren.** Dieses Projekt entspricht der zweiten strategischen Stoßrichtung, die sich auf die Basisstrategie bezieht. Hierzu werden moderne Belieferungsprozesse entwickelt (Kanban, Supplier Managed Inventory, Just-in-Time) (vgl. Ziel P3) und in ausgewählten Supply-Märkten bei geeigneten Lieferanten zum Einsatz gebracht. Der Erfolg bemisst sich anhand der Kundenziele K1 bis K5 in der Strategy Map. Die Einführung von Kanban im Elektroblechmarkt beim Lieferanten EU1 wird aus den erörterten Gründen allerdings nur sehr vorsichtig vorangetrieben.

▨ **Entwicklungspartnerschaften im Bereich Anpassentwicklung aufbauen.** Dieses Projekt trägt auch zur Flexibilisierung der Supply Chain (= zweite strategische Stoßrichtung) bei. Enge Lieferantenpartnerschaften ermöglichen schnelle Reaktionen auf außergewöhnliche Kundenwünsche. Damit sind sie ein wesentlicher Beitrag zur angestrebten Halbierung der Lieferzeiten in den Absatzmärkten. Im Elektroblechmarkt werden derzeit keine Ansätze gesehen, dieses Projekt zu unterstützen.

▨ **Die Lieferantennetzwerke globalisieren.** Die Globalisierung der Lieferantennetzwerke entspricht der dritten strategischen Stoßrichtung und dient einerseits der Verbesserung der Kostenposition und andererseits soll damit die Globalisierung der Elektro LA unterstützt werden. Ein globalisierter Vertrieb verlangt ebenso nach einer globalisierten Beschaffung und Produktion. Im Projekt muss eine globale Einkaufsorganisation aufgebaut werden (LE2), die Sourcing- und die Logistik-Prozesse im globalen Kontext optimiert werden (P5 und P6) sowie in den Supply-Märkten Projekte identifiziert werden, die in Emerging Procurement Markets verlagert werden können. An diesem Projekt beteiligt sich der Elektroblechmarkt sehr aktiv, mit der Lieferantenentwicklung in China und Osteuropa.

▨ **Die Supply-Strategie formulieren und umsetzen.** Die Entwicklung der Supply-Strategie muss selbst in Form eines strategischen Projekts gesteuert werden. So muss beispielsweise der Fortschritt sowie die richtige Anwendung in den Supply-Marktstrategien (P1) und den Lieferantenstrategien (P2) gesteuert werden.

▨ **Einhaltung der Global Compact-Forderungen bei Lieferanten sichern.** Die Elektro AG hat sich dem UN-Sozialstandard Global Compact verpflichtet und muss sicherstellen, dass die Lieferanten den Anforderungen gerecht werden. Dies kann einfach in Form einer Selbstauskunft analog dem Beispiel bei Lieferanten EU1 (vgl. Modul 11), aber auch mit umfangreichen Lieferantenaudits erfolgen. Im Projekt sind einerseits die Regeln zu entwickeln und andererseits dafür zu sorgen, dass die Regeln von den strategischen Einkäufern verstanden und angewendet werden. In der vorliegenden Strategy Map wird dieses Ziel innerhalb der Supply-Marktstrategie (P1) und der Lieferantenstrategie (P2) gesehen. Je nach Priorität, die dem Thema zugeordnet wird, könnte ein eigenständiges strategisches Ziel in der Strategy Map oder sogar eine eigene strategische Stoßrichtung definiert werden.

▨ **Mitarbeiter im strategischen Denken schulen:** Ohne Mitarbeiter, die im strategischen Denken geschult sind, werden die Supply-Strategie, die Supply-Marktstrategien und die Lieferantenstrategien nicht entwickelt werden können (vgl. Modul 13). Die Ermittlung des Schulungsbedarfs (welche Mitarbeiter? welche Bedarfe?) und die Sicherung der Umsetzung wird über das strategische Projekt gesteuert (LE1).

Die strategischen Projekte werden als umfassende Projekte mit ausdifferenzierter Projektstruktur, Meilensteinplanung, klarer Verantwortlichkeit und Budget definiert und abgewickelt.

Im Foliensatz zur Supply-Rahmenstrategie können die strategischen Projekte folgendermaßen berücksichtigt werden:

▨ Überblick über die strategischen Projekte, ggf. mit Verantwortlichkeit

▨ Beschreibung der einzelnen strategischen Projekte (jeweils 1 bis 3 Folien)

▨ Überblick Meilensteinplan

▨ Überblick Budget

Strategiebaustein 4:
Supply-Strategie-Controlling

In den ersten drei Strategiebausteinen wurden der Aufbau der Supply-Strategie sowie wesentliche Inhalte, Methoden und Planungsinstrumente beschrieben. Das Supply-Strategie-Controlling in Strategiebaustein 4 nimmt nun eine dynamische Sicht ein und betrachtet die Entwicklung der Supply-Strategie im doppelten Sinne des Entwicklungsbegriffs.

Die 15M-Architektur der Supply-Strategie®
SB4: Supply-Strategie-Controlling

M13

M12 | Lieferant

M9 M10 M11

Controlling

Markt

M14 M15

M5 M6 M7 M8

Rahmen

M1 M2 M3 M4

M14 Supply-Strategie steuern

M15 Supply-Strategie-System entwickeln

Zum einen muss die Supply-Strategie während ihrer Umsetzung kontinuierlich fortentwickelt werden, indem sie in Bezug auf die jeweils aktuelle und konkrete Situation feinjustiert wird. Aufgrund unvorhergesehener Ereignisse sind gelegentlich punktuelle Neuorientierungen erforderlich. Darüber hinaus muss auch stets im Auge behalten werden, ob gravierende Abweichungen sogar einen völligen Neuaufriss der Supply-Strategie notwendig machen (Modul 14).

Zum anderen wird in Modul 15 die Entwicklung des Supply-Strategie-Systems betrachtet. In der Regel wird das Supply-Strategie-System nicht auf einmal aufgebaut, sondern schrittweise über mehrere Jahre verteilt. Eine Implementierung in einem Schritt würde in der Regel die Planungs- und Steuerungskapazitäten im Supply Management überfordern. Aufgabe von Modul 15 ist es – mit Rücksicht auf die aktuelle Kapazität im Supply Management – die zeitliche Abfolge festzulegen, in der einzelne Strategiebausteine und Module eingeführt werden. Ferner sind einzelne Planungs- und Steuerungsinstrumente schrittweise zu verfeinern.

14 Modul 14: Supply-Strategie steuern

Die Entwicklung einer Supply-Strategie kann im Sinne des Regelkreisverständnisses erfolgen (vgl. Abbildung 14-1, die bereits in Modul 3 vorgestellt wurde). Im Zielsetzungsloop werden die strategischen Stoßrichtungen, die strategischen Ziele ggf. in Form von Strategy Maps und strategischen Maßnahmen konkretisiert und möglichst monatlich auf ihre Gültigkeit hin überprüft. Im inneren Regelkreis, dem Umsetzungsloop, werden die Maßnahmen ausgeführt, die Ergebnisse möglichst monatlich überwacht und auf Basis des Soll-Ist-Vergleichs Korrekturmaßnahmen ergriffen. Der Entwicklungsloop ist Gegenstand von Modul 15.

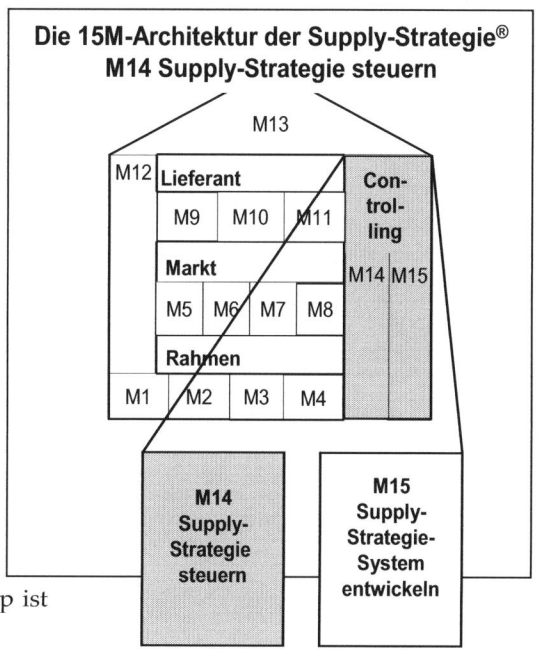

Diese einfache Regelkreislogik in der betrieblichen Praxis zu etablieren erfordert allerdings nicht nur große Disziplin, sondern wird leicht zu einer sehr komplexen Aufgabe. Die Verwobenheit einzelner Steuerungsaufgaben in den verschiedenen funktionalen Aufgabenbereichen und in den unterschiedlichen Organisationseinheiten macht es für eine wirkungsvolle Steuerung der Supply-Strategie erforderlich, die Regelkreise in vielfältiger Weise zu vermaschen. Man denke beispielsweise an die notwendige Abstimmung, falls gleichartige Teile in verschiedenen Werken und Organisationseinheiten benötigt werden. Wenn sich die Koordination nicht nur auf einkäuferische Aspekte, sondern gleichzeitig auch auf Fragen der Logistik und der Qualität erstrecken und zudem die Standorte weltweit verteilt sind, wird die Abstimmung der Supply-Marktstrategien eine schwierige und aufwendige Aufgabe. Im folgenden Kapitel 14.1 werden zunächst die Ziele und die Aufgaben beim Steuern der Supply-Strategie grundsätzlich vorgestellt. Anschließend wird am Beispiel der Bühler Motor GmbH ein ausführliches Beispiel präsentiert, das als Prototyp einer gelungenen strategischen Steuerung gelten darf. Insofern kann dieses Beispiel auch als Illustration für das Fallbeispiel der Elektro AG dienen (Kapitel 14.2).

Abbildung 14-1: *Regelkreisverständnis im Rahmen der Strategieimplementierung (Quelle: Horváth&Partners 2004, S. 304 modifiziert)*

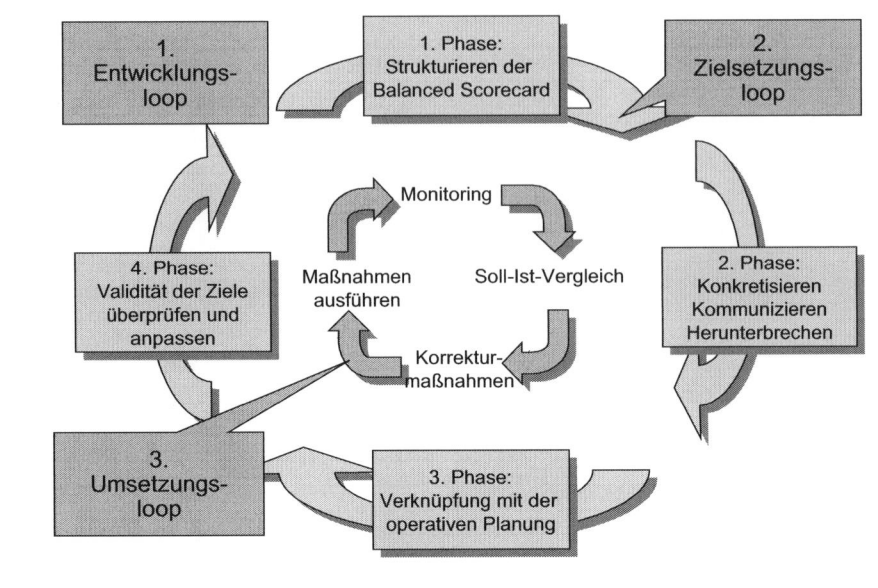

Die Operationalisierung von Zielen mit Kennzahlen kann die Strategieimplementierung in besonderer Weise unterstützen. Diese Idee ist für die Balanced Scorecard (= ausgewogenes Kennzahlentableau) grundlegend. So werden in Kapitel 14.3 das Vorgehen sowie Chancen und Risiken beim Führen mit Kennzahlen im Rahmen einer Balanced Scorecard näher betrachtet. Die dort verwendeten Beispiele beziehen sich auf die Fallstudie Elektro AG.

14.1 Ziele und Aufgaben beim Steuern der Supply-Strategie

Die Entwicklung der Supply-Strategie vollzieht sich im Planen, Überwachen und Rückkoppeln. Dieses grundsätzliche Regelkreisverständnis lässt sich mit folgenden Zielen und Aufgaben konkretisieren:

▨ **Supply-Strategie planen:** Es ist der Planungsprozess der Supply-Strategie innerhalb eines (komplexen) Unternehmens zu steuern. Dabei muss insbesondere darauf geachtet werden, dass eine anspruchsvolle und gleichzeitig realistische Strategie entsteht und die strategischen Ziele hinreichend priorisiert sind, so dass die verfügbaren Ressourcen ausreichen. Ferner muss die Planung über strategische Projekte bzw. strategische Maßnahmen (vgl. die Module 12 und 13, insbesondere Kapitel 12.2) und möglichst auch über Kennzahlen hinreichend konkretisiert werden, um anschließend in Aktion gesetzt werden zu können. Dabei sollten allerdings genügend Handlungsspielräume für die Strategieumsetzung erhalten bleiben, um in der konkreten Situation eine situationsgerechte Anpassung vornehmen zu können.

■ **Supply-Strategie fein justieren:** Im Rahmen der Strategieumsetzung muss auf Basis des Strategiefortschrittes und den Entwicklungen im Umfeld die Strategie fein justiert werden. So empfiehlt es sich, möglichst alle vier Wochen die Strategie auf ihren Umsetzungserfolg bzw. auf ihre Umsetzungsschwächen hin zu prüfen und in Folge die strategischen Maßnahmen nachzujustieren. Dies kann in Form neuer Anstrengungen bei alten Maßnahmen oder in Form neuer Maßnahmen geschehen. Entwickelt sich beispielsweise die Performance eines Lieferanten nicht in gewünschter Weise müssen als Konsequenz neue Lieferantengespräche oder vielleicht sogar die Suche nach einem neuen Lieferanten angegangen werden.

Gelegentlich werden monatliche Zyklen zur Feinjustierung der Strategie als zu aufwendig angesehen und längere Zeiträume vorgeschlagen. Hiervon ist allerdings dringend abzuraten. Das Nachsteuern der Strategie macht die zentrale Essenz des Supply-Strategie-Controlling aus. Ohne eine regelmäßige eingehende Beschäftigung mit der Strategie und ihrer Feinjustierung wird die Supply-Strategie niemals lebendig. Bühler Motor (vgl. Kapitel 14.2) demonstriert eindrucksvoll, dass sich der Aufwand monatlicher Abstimmgespräche lohnt.

■ **Supply-Strategie nachbessern:** Beim monatlichen Check des Strategiefortschrittes kann auffallen, dass wesentliche Aspekte der Strategie nicht mehr zielführend sind oder sich neue bedeutsame Sachverhalte entwickelt haben. In diesem Sinne muss die Strategie nachgebessert werden. Bahnt sich beispielsweise eine Allokationsphase im Supply-Markt an, muss die Strategie sehr zeitnah – also auch zwischen den Planungsrunden – angepasst werden.

Zu diesem Zweck empfiehlt es sich, im Rahmen der Planung die **Planprämissen** zu definieren und anschließend deren Entwicklung zu verfolgen. Beispielsweise muss eine auf Wachstum gegründete Supply-Marktstrategie kritisch hinterfragt werden, sobald sich eine Rezession ankündigt.

Noch einen Schritt weiter geht die **strategische Überwachung** (vgl. Steinmann, Schreyögg 2005, S. 279 ff.), da sie grundsätzlich ungerichtet, d.h. ohne Planvorgaben erfolgt. Im Rahmen des monatlichen Strategiechecks sollte stets auch die Frage gestellt werden, ob es irgendwelche Entwicklungen gibt, die die aktuelle Supply-Strategie gefährden. Ggf. muss die Strategie überarbeitet bzw. im Extremfall neu aufgerissen werden.

■ **Teilstrategien vermaschen – Abteilungen koordinieren:** Eine wesentliche Aufgabe des Supply-Strategie-Controlling ist es, die verschiedenen Teilpläne innerhalb der Supply-Strategie und deren Umsetzung zu verknüpfen und die Interessen der beteiligten Abteilungen aufeinander abzustimmen. Bei der Diskussion zur Aufbauorganisation in Kapitel 13.2 wurde dieser Aspekt ausführlich diskutiert. Wie dort ausgeführt gilt es, die Supply-Strategien entlang der Konzernhierarchie vertikal, zwischen gleichrangigen Geschäftseinheiten horizontal und über die Funktionsbereiche hinweg cross-funktional zu integrieren.

■ **Dokumentation und Informationsversorgung:** Die Supply-Strategien und deren Umsetzungserfolg sind zu dokumentieren. Auf die entsprechenden Planungstemplates, Steckbriefe und Berichte wurde in den vorausgehenden Kapiteln ausführlich hingewiesen. Die hierzu benötigten Informationen müssen – meist aus den ERP-Systemen heraus – bereitgestellt werden.

■ **Führung:** Das Supply-Strategie-Controlling ist im Kern eine Führungsaufgabe. Von zentraler Bedeutung ist dabei die intensive persönliche Kommunikation in und zwischen den etablierten Regelkreisen. So können nur gut informierte Mitarbeiter vor Ort im Sinne der übergeordneten Strategien handeln. Die persönliche Kommunikation ist deshalb auch ein kritischer Erfolgsfaktor, um die erforderliche Flexibilität in den vielfältig vermaschten Regelkreisen zu sichern. Hierauf wird in der Fallstudie zur Firma Bühler eindringlich hingewiesen. Darüber hinaus gibt eine gut vermittelte Supply-Strategie den Mitarbeitern einen Orientierungsrahmen und kann somit zur Leistungsmotivation beitragen.

14.2 Fallstudie Bühler Motor, Nürnberg[34]

Mit der folgenden Fallstudie „Supply-Controlling bei Bühler Motor" soll der Aufbau eines Controllingsystems zur Umsetzung und Steuerung der Supply-Strategie vorgestellt werden. Die Steuerung und insbesondere die weltweite und cross-funktionale Abstimmung der Supply-Strategie erfolgt bei Bühler Motor stringent und nachhaltig, so dass das Vorgehen von Bühler prototypisch als Orientierungsrahmen gelten darf.

Bühler Motor ist ein unabhängiges, global tätiges Unternehmen mit weltweit 1500 Mitarbeitern an acht Standorten auf drei Kontinenten. Bühler Motor konzentriert sich auf das Entwickeln, Fertigen und Vermarkten technologisch anspruchsvoller mechatronischer Antriebslösungen, insbesondere in Automobilen, Bürogeräten, Flugzeugen und der Medizintechnik. Immer wenn präzise, kontrollierte und verlässliche Be-

---

34 Mein ausdrücklicher Dank gilt an dieser Stelle der Firma Bühler Motor für die freundliche Bereitschaft, ihr System zum Supply-Strategie-Controlling vorzustellen. Namentlich möchte ich mich bei Herrn Hippe, Leiter Materialwirtschaft, für die intensive Unterstützung und die vielfältigen Anregungen bei der Erstellung der Fallstudie bedanken.

wegungen automatisiert ausgeführt werden sollen, sind mechatronische Antriebe gefordert, wie die folgenden Beispiele veranschaulichen: Im Auto Antriebe für Automatikgetriebe, Ventilatoren und Kompressoren, Pumpenantriebe für Wasserpumpen, elektrische Sitzverstellung im Flugzeug, Walzenantrieb in Kopiergeräten. Innovationskraft, Leistungsstärke, Zuverlässigkeit, Schnelligkeit und Flexibilität, insbesondere auch in Bezug auf kundenindividuelle Lösungen sind die kritischen Erfolgsfaktoren im Wettbewerb, die somit auch für die Supply-Märkte gelten.

Aufbau der Supply-Strategie: Die Supply-Strategie ist bei Bühler Motor folgendermaßen strukturiert:

- **Supply-Rahmenstrategie:** Die Verknüpfung zwischen der strategischen Ausrichtung des Unternehmens und der Supply-Rahmenstrategie nimmt bei Bühler eine bedeutende Rolle ein und erfolgt mit drei abgestimmten Planansätzen: (1) In der bereichsübergreifenden „Supply Chain Strategie" erfolgt für die Bereiche Einkauf, Operations und Qualität eine grundlegende Ausrichtung. Beispielsweise werden die globalen Versorgungsstrategien der Produktionsstätten abgestimmt oder die Fokussierung auf strategische Materialgruppen festgelegt. Ferner spielt die globale Entwicklung der Lieferantenbasis eine wesentliche Rolle. (2) Im Business Plan des Unternehmens werden auch die wesentlichen Ziele und Aufgaben für das Supply Management festgelegt. Beispielsweise werden die Einsparziele bestimmt. Aus dem Business Plan werden auch die persönlichen Ziele der Bereichsleitung abgeleitet. (3) Darüber hinaus werden bereichsübergreifend Major Projects definiert, aus denen wesentliche Maßnahmen für die verschiedenen Fachbereiche resultieren. Beispiele von Major Projects im Supply Bereich sind das Projekt „Preferred Supplier Status" zur Steigerung der Qualität der Lieferantenbasis, das Projekt „Konsignation" zur Intensivierung des Einsatzes von Konsignationslager, das Projekt „Ex works" zur Bündelung der Anlieferungstransporte oder das Projekt „Minimum Order Quantity" zur laufenden Optimierung von Bestellmengen.

- **Supply-Marktstrategien (= Materialgruppenstrategien):** Für die wichtigsten 16 Materialgruppen, z.B. Druckguss, Leiterplatten & Sensoren, Wellen, Magnete, sind Supply-Marktstrategien definiert. Die Materialgruppen sind in Materialfelder segmentiert. In den Supply-Marktstrategien werden die Anforderungen der bereichsübergreifenden „Supply Chain Strategie" auf die Materialgruppen heruntergebrochen. Besondere Beachtung findet dabei die Sourcing-Strategie, d.h. die mittel- bis langfristige Entwicklung der Lieferantenbasis (> 3 Jahre) innerhalb des Supply-Marktes.

- **Lieferantenstrategie:** Die Lieferantenstrategie konkretisiert die Bereichsziele, die Major Projects sowie die Supply-Marktstrategien, in dem diese auf die einzelnen Lieferantenbeziehungen heruntergebrochen werden. Die Entwicklung der Lieferanten basiert auf der Lieferantenbewertung, die nach sechs Hauptkriterien (geordnet nach dem Akronym TQRDCE = Technical, Quality, Response, Delivery, Cost, Environment) erfolgt. Über die Konkretisierung der Bewertungskriterien werden auch die Anforderungen der Major Projects in der Lieferantenbewertung berücksichtigt, z.B. der Umsetzungsstand zum Thema Konsignationslager. Insgesamt dient die Lieferantenbewertung als Gradmesser für die Einstufung der Lieferanten bis hin zum Vorzugslieferanten. In jeder Materialgruppe sollte es mindestens zwei Vorzugslieferanten geben.

■ **Action Items und Savings:** Die Strategien werden mit Action Items und geplanten Savings konkretisiert.

Bei der Entwicklung der Supply-Strategie wird – wie die vorausgehenden Ausführungen deutlich machen – sehr auf die Durchgängigkeit der Strategien über die vier Ebenen hinweg geachtet. Darüber hinaus werden die folgenden **grundlegenden Prinzipien** zur Steuerung der Supply-Strategie strikt umgesetzt:

■ Jedes Element der Strategie wird konsequent alle vier Wochen auf seinen Umsetzungserfolg hin gecheckt und ggf. fortentwickelt. Damit die Strategien auch tatsächlich umgesetzt werden, werden die Strategien in konkrete Action Items und Savings (Einsparungen) heruntergebrochen. Der Umsetzungserfolg von Action Items und Savings wird ebenso alle vier Wochen überprüft.

■ Die persönliche Kommunikation erhält einen sehr hohen Stellenwert, da nur so ein gemeinsames Commitment in die Strategie erzeugt werden kann und Reibungsverluste zwischen den beteiligten Personen vermieden werden. Videokonferenzen helfen im internationalen Kontext die Reisezeiten und –kosten zu kontrollieren.

■ Die Zentrale in Nürnberg, die auch für Europa zuständig ist, führt derzeit den Strategieprozess im Sinne des Lead-Buyer-Konzeptes. Die weiteren geschäftsführenden Einheiten mit eigenem strategischem Einkauf in den USA und in China sind im Entwicklungsprozess der Supply-Strategie mit einbezogen (vgl. Abbildung 14-2). Aufgrund des zunehmenden Reifegrads des Strategieprozesses wird es in der näheren Zukunft möglich sein, für einzelne Materialgruppen oder Lieferanten den Lead in die USA oder nach China zu verlagern.

■ Ferner sind alle im Supply Management aktiven Fachabteilungen in angemessener Weise an der Strategieentwicklung zu beteiligen. Die zentralen Spieler im Supply Management bei Bühler Motor sind die Forschung und Entwicklung (über den Projekteinkauf), Operations (z.B. für die Disposition zuständig), Materialwirtschaft und Qualitätsmanagement. Die weiteren Fachabteilungen werden nach Bedarf zu Rate gezogen (vgl. Abbildung 14-2).

Abbildung 14-2: *Aufbauorganisation Bühler Motor*

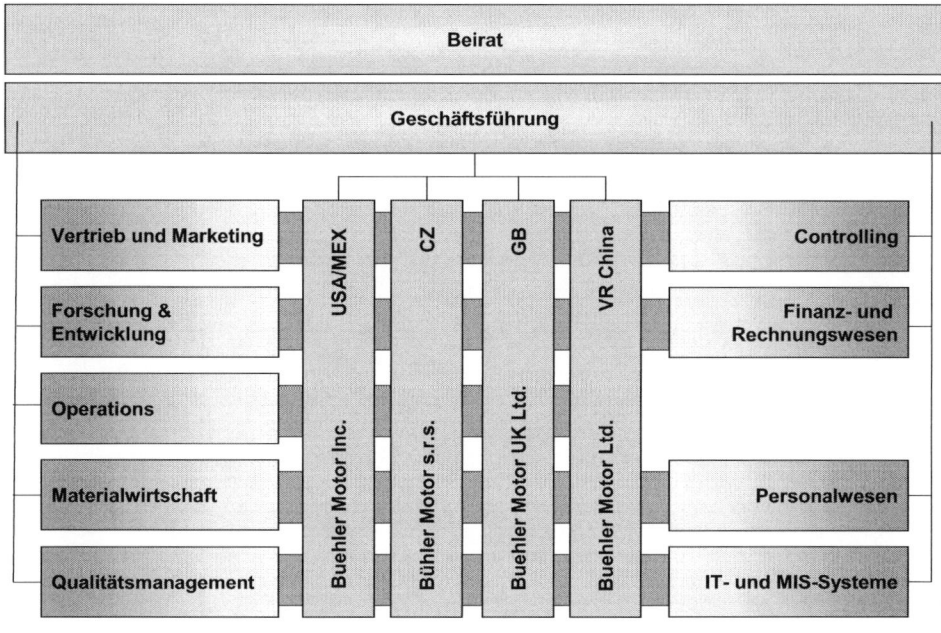

Zur Umsetzung und Steuerung der Supply-Strategie sind bei Bühler Motor folgende Prozesse und Gremien etabliert:

Umsetzung der Supply-Rahmenstrategie:

- **Steering Committee Major Projects:** Der Fortschritt bei den Major Projects wird im Führungskreis mit der Geschäftsführung alle vier Wochen durchgesprochen. Insbesondere werden die Action Items und die Savings gecheckt und der Fortschritt im Gesamtprojekt beurteilt. Darauf aufbauend werden notwendige Konsequenzen und das weitere Vorgehen beschlossen.

- **Fachgespräch Bereichsleiter:** Das Fachgespräch dient der angemessenen fachlichen Weiterentwicklung der einzelnen Fachbereiche (Einkauf, Operations, Quality usw.). Hierzu werden alle vier Wochen im persönlichen Vier-Augen-Gespräch zwischen Geschäftsleitung und dem jeweiligen Bereichsleiter dessen wesentliche Ziele, Aufgaben und Kennzahlen besprochen.

Umsetzung der Supply-Marktstrategie:

- **Steering Committee Materialgruppenstrategie:** Das Steering Committee Materialgruppenstrategie setzt sich aus den Mitwirkenden des Führungskreises und dem Lead Buyer der Materialgruppe zusammen. Es tritt alle vier Wochen zusammen, um die Supply-Marktstrategien und die darin verfolgten Einsparziele bereichsübergreifend abzustimmen und zu entwickeln.

▓ **Purchasing Management Meeting (PPM):** Quartalsweise setzen sich die Verantwortlichen im Einkauf, das sind der Leiter Materialwirtschaft, der Leiter strategischer Einkauf der Zentrale und Europa sowie die beiden Leiter des strategischen Einkaufs für die NAFTA und für China zusammen. Die fachliche Fortentwicklung des globalen Einkaufs, insbesondere der 16 Supply-Marktstrategien, der Major Projects und globaler Lieferantenstrategien stehen bei diesen Runden im Mittelpunkt. Die Treffen finden reihum an den drei Standorten (Deutschland, USA, China) statt.

▓ **Purchasing Management Review (PMR):** Jeweils einmal zwischen den PPMs werden die Action Items und Savings vom Teilnehmerkreis des PPMs per Telefon oder Videokonferenz einem Review unterzogen. Die PMRs sind als Kompromiss zwischen der Notwendigkeit, Strategien alle vier Wochen fortzuentwickeln und dem hohen Reiseaufwand von Meetings mit globaler Beteiligung zu sehen.

▓ **Materialgruppenteam:** Die direkte operative Umsetzung der Supply-Marktstrategien erfolgt innerhalb von Materialgruppenteams. Für jede Materialgruppe ist ein weltweit verantwortliches Team definiert, das sich aus Mitarbeitern aus den Bereichen strategischer und regionaler Einkauf, Logistik und Projekteinkauf (= Entwicklung) zusammensetzt.

▓ **Performance Review mit Lead Buyer:** Die individuellen Ziele jedes strategischen Einkäufers und somit auch der Fortschritt in den Supply-Markt- und Lieferantenstrategien werden alle vier Wochen mit der Leitung der Materialwirtschaft und des strategischen Einkaufs durchgesprochen. Die Lead Buyer sind insofern in einer Doppelfunktion, da sie in ihren Materialgruppen einerseits für den regionalen Einkauf in ihrer Region und andererseits für die weltweite strategische Abstimmung verantwortlich sind.

Umsetzung der Lieferantenstrategien:

▓ **Lieferantentag:** Für jeden Triademarkt (Europa, NAFTA, China) wird regelmäßig ein Lieferantentag durchgeführt. Am ersten Tag werden allen Lieferanten gemeinsam Strategien, insbesondere auch Entwicklungen bei der Supply Chain Strategie sowie bei den Major Projects, erläutert. Unter Führung der Geschäftsleitung sind alle (relevanten) Bereichsleiter beteiligt. Der zweite Tag ist Einzelgesprächen vorbehalten, falls es bei einzelnen Lieferanten einen aktuellen Handlungsbedarf gibt.

▓ **Supplier Performance Review (SPR):** Die Lieferantenbewertung wird vom strategischen Einkauf regelmäßig durchgeführt und interpretiert. Die Lieferanten haben bei Abweichungen einen spezifischen Aktionsplan nach Bühlervorgaben vorzustellen. Es folgt ein regelmäßiger Statusbericht im Kreis des Materialgruppenteams.

■ **Abstimmung zur Lieferantenqualität:** Die Lieferantenqualität wird von der Supplier Quality Assurance, einer Abteilung im Fachbereich Qualität, verantwortet. Ergeben sich bei einzelnen Lieferanten nachhaltige Qualitätsprobleme werden der Lead Buyer und der SQA unmittelbar Kontakt aufnehmen. Alle vier Wochen erfolgt ein Review der beiden Abteilungen zu den Lieferanten mit Qualitätsproblemen.

Insgesamt ergibt sich somit ein feinmaschiges System der Durchsprachen und der Abstimmungen zum Fortschritt und zur Entwicklung der Supply-Strategie (vgl. Tabelle 14-1).

Tabelle 14-1: *Übersicht über das Supply-Strategie-Controlling bei Bühler Motor*

	Geschäfts leitung	Bereichs- leiter	Gesell- schaften	Lead Buyer	Magru- team	Lieferan- ten
Supply-Rahmenstrategie						
Steering Com. Major Projects						
Fachgespräch Bereichsleiter						
Supply-Marktstrategie						
Steering Com. Magru-strategie						
PPM und PMR						
Materialgruppen- teams						
Performance Rev. Lead Buyer						
Lieferantenstrategie						
Lieferantentag						
Supplier Perfor- mance Review						
Lieferqualität					mit SQA	

In dieses System sind gleichermaßen die Hierarchie, die Gesellschaften, crossfunktional die Fachbereiche sowie die Lieferanten eingebunden. Der Steuerungsaufwand für dieses System ist sicherlich beachtlich. Insbesondere kostet die intensive persönliche Kommunikation viel Kraft und Zeit. Lohn des Aufwandes ist allerdings für alle Beteiligten eine umfassende Transparenz über die Supply-Strategien, deren Fortschritte und deren Umsetzungsbarrieren. Ferner ergibt sich – trotz des globalen und interkulturellen Kontextes – eine hohe Akzeptanz und ein starkes Commitment aller in die Supply-Strategie. Auf dieser Basis können die sonst üblichen Reibungsverluste zwischen den beteiligten Abteilungen stark verringert werden. Die Strategie kann nachhaltig umgesetzt und fortentwickelt werden.

14.3 Führen mit Kennzahlen

Zur wirkungsvollen Umsetzung der Strategie wird empfohlen, strategische Ziele mit Kennzahlen zu operationalisieren. Im Folgenden soll zunächst kurz reflektiert werden, wie Kennzahlen ihre Steuerungswirkung entfalten und welche Chancen und Risiken beim Führen mit Kennzahlen zu beachten sind. Anschließend wird eine einfache Methode zur Definition, zur Systematisierung und zur Berichterstattung von Kennzahlen vorgestellt.

Steuerungswirkung von Kennzahlen:

Eine betriebswirtschaftliche Kennzahl beschreibt einen betriebswirtschaftlichen Sachverhalt in verdichteter Form mit Hilfe einer quantitativen Größe. Interessiert beispielsweise die Terminsituation in einem Produktionswerk, könnten umfangreiche Berichte geschrieben werden. Alternativ veranschaulicht die Kennzahl „Termintreue der Auslieferung" die Terminsituation im Werk. Eine gute Kennzahl macht also eine komplexe Handlungssituation in einfacher Weise transparent, d.h. die Handlungssituation kann ohne besondere Mühe beurteilt werden. Die Reduktion von Komplexität im Management ist der zentrale Vorteil beim Führen mit Kennzahlen. Im Detail ergeben sich hieraus noch weitere Vorteile:

▪ **Operationalisierungsfunktion:** Bei der Definition der Kennzahl muss die Handlungssituation im Detail verstanden werden. Nur so können die wesentlichen Aspekte destilliert und in der Kennzahl berücksichtigt werden. Die Formulierung von Kennzahlen erzwingt also eine tiefgehende Analyse des interessierenden betriebswirtschaftlichen Sachverhaltes. Umgekehrt ausgedrückt: Die Operationalisierung der Kennzahl ist der Test, ob die Handlungssituation bereits verstanden ist. Wer keine Kennzahl definieren kann, kennt die Sachlage noch nicht vollständig.

▪ **Anregungsfunktion:** Als positiver Nebeneffekt der eben beschriebenen tiefgehenden Analyse der Handlungssituation werden regelmäßig auch Verbesserungsideen identifiziert.

- **Vorgabefunktion:** Kennzahlen sind spezifisch, so dass sie zur Definition von Zielvorgaben geeignet sind.

- **Steuerungsfunktion:** An der spezifisch formulierten Kennzahl können die Mitarbeiter ihre Handlungen sehr konkret ausrichten, so dass sie zielorientiert arbeiten können. Darüber hinaus dient die Kennzahl als Maßstab im Soll-Ist-Vergleich und gibt somit frühzeitig Hinweise, falls Korrekturmaßnahmen notwendig sind.

- **Kontrolle und Motivation:** Kennzahlen können zur Leistung motivieren, da sie gleichsam sportlichen Ehrgeiz wecken. Allerdings können Kennzahlen genauso zur Leistungs- und Verhaltenskontrolle verwendet werden und provozieren somit leicht Abwehrmechanismen. Zwischen der Kontroll- und Motivationsfunktion von Kennzahlen besteht ein Zielkonflikt, der möglichst in Richtung Motivation aufzulösen ist.

Neben diversen Manipulationsmöglichkeiten und unlauteren Praktiken, die in Zusammenhang mit Kennzahlen vorstellbar sind, steckt in der oben angesprochenen Reduktion der Komplexität nicht nur der größte Vorteil, sondern gleichzeitig auch das zentrale Risiko von Kennzahlen. Bei der Verdichtung des betrachteten Sachverhaltes in einer Kennzahl muss zwischen wichtigen und unwichtigen Aspekten unterschieden werden, da man sich in der Kennzahl nur auf das Wesentliche konzentrieren möchte. Hierbei kann leicht eine Fehlselektion erfolgen, sei es, dass eine Fehleinschätzung passiert, sei es, dass heute Unwichtiges an Bedeutung gewinnt. In der Konsequenz führt eine Fehlselektion zur Fehlsteuerung der Kennzahl.

Ein kleines Beispiel – als Ratespiel verpackt – soll diesen Zusammenhang veranschaulichen: In einem Unternehmen, das komplexe kundenspezifische Produkte herstellt, war in einer Periode die Terminsituation des Werkes katastrophal. Die Kennzahl „Termintreue" (= Zahl pünktlicher Lieferungen dividiert durch die Zahl der Lieferungen) hingegen war hervorragend. In der nächsten Periode drehte sich die Situation: Die Terminsituation hatte sich entspannt, jedoch sackte die Kennzahl „Termintreue" ab. Was war geschehen? In der ersten Periode konnten aufgrund erheblicher Qualitätsprobleme die bestellten Waren nicht ausgeliefert werden. Die wenigen Lieferungen waren jedoch pünktlich. Allerdings waren viele Aufträge im Rückstand. In der nächsten Periode konnten die Probleme gelöst werden. Die rückständigen Aufträge konnten endlich ausgeliefert werden mit der Konsequenz, dass die Kennzahl Termintreue absackte. Worin bestand der Fehler? Bei der Entwicklung der Kennzahl wurde nicht beachtet, dass der Auftragsrückstand einen wesentlichen Aspekt zur Beurteilung der Terminsituation des Werkes darstellt.

Man kann dieses Beispiel noch etwas fortentwickeln: Angenommen der Werksleiter wird nach der Werkstermintreue und nicht nach dem Auftragsrückstand incentiviert. Dann würde er einen Anreiz bekommen, verspätete Aufträge zum Geschäftsjahresende noch weiter zu verzögern, damit sie nicht die Kennzahl belasten. Für das Unternehmen ist dies offenkundig eine Fehlsteuerung, da die ohnehin schon belastete Kundenbeziehung noch weiter strapaziert wird.

Die Konsequenz aus diesen Überlegungen ist dreifach: (1) Bei der Definition von Kennzahlen ist deren Steuerungswirkung kritisch zu prüfen. (2) In der Regel werden mehrere Kennzahlen notwendig sein, um komplexe betriebswirtschaftliche Sachverhalte abbilden zu können. In diesem Sinne ist die Balanced Scorecard ein Kennzahlensystem, mit dem die strategischen Stoßrichtungen und die strategischen Ziele ganzheitlich gesteuert werden sollen. (3) Sollen Kennzahlen als Maßstab einer Incentivierung herangezogen werden, sind deren Risiken und Nebenwirkungen besonders aufmerksam zu überprüfen.

Definition von Kennzahlen am Beispiel Termintreue im Beispiel Elektro AG:

Im nächsten Schritt soll eine bewährte Methode zur Definition von Kennzahlen vorgestellt und am Beispiel der Kennzahl „Termintreue" aus dem Fallbeispiel Elektro AG veranschaulicht werden (vgl. Tabelle 14-2):

Tabelle 14-2:   *Operationalisierung der Kennzahl Termintreue der Lieferanten im Fallbeispiel Elektro AG*

Kategorie	Beispiel
Zweck	Mit der termintreuen Belieferung kundenspezifischer Schlüsselkomponenten soll die Planungsqualität, damit die Produktivität sowie die Termintreue der eigenen Produktion verbessert werden.
Definition	Zahl pünktlicher Anlieferungen dividiert durch die Zahl der Anlieferungen bei kundenspezifischen Schlüsselkomponenten
Messvorschrift	Definition, welche Materialien kundenspezifische Schlüsselkomponenten sind Betrachteter Zeitpunkt: Freigabe der Materialien für die Produktion Einheit ist die Anlieferung einer Sachnummer Pünktlich: Am Tag vor dem Bedarfstermin oder früher Verweis auf die Ermittlung der Daten im ERP-System
Zeitbezug	Monatliche Auswertung und jährlich kumuliert
Objektbezug	nach Fertigungslinie nach Supply-Markt nach Lieferant
Ausnahmen	Eillieferungen aufgrund zu später Bedarfsmeldung (z.B. Schadensmeldung in der Produktion)
Ausmaß	Gesamtwert in 2008: 98 % Gesamtwert in 2009: 98,8 %

Ampelschaltung	grün: Zielwert oder besser
	gelb: Maximal 1 Prozentpunkt unter Zielwert
	rot: Schlechter als gelb
Verantwortung	Herr Buyer
Prämissen und Ressourcen	1. Einstellung eines strategischen Einkäufers für Supply-Markt ... zu 8.2008
	2. Technische Umsetzung von Supplier Managed Inventory

▨ **Zweck:** Für jede Kennzahl sollte präzise der verfolgte Zweck beschrieben werden. Unterschiedliche Zwecke können zu unterschiedlichen Definitionen gleichartiger Kennzahlen führen. Die Termintreue mit Blick auf die Produktionsplanung konzentriert sich auf kritische Komponenten. Sollten hingegen die Bestände optimiert werden, müssten eher werthaltige A- und B-Teile im Vordergund stehen.

▨ **Definition:** Es ist die mathematische Definition der Kennzahl anzugeben.

▨ **Messvorschriften:** Die einzelnen Bestandteile der mathematischen Formel müssen exakt definiert werden. Es muss beispielsweise geklärt werden, was pünktlich heißt bzw. welche Materialien als kundenspezifische Schlüsselkomponenten gelten. Ferner muss geklärt werden, wie die Daten zur Berechnung der Formel bereitgestellt werden können.

▨ **Zeitbezug:** In welchem Turnus soll die Auswertung erfolgen. Kurze Zeiträume, z.B. täglich oder wöchentlich, ermöglichen ein schnelles Eingreifen, verschleiern allerdings aufgrund sporadischer Schwankungen nachhaltige Trends. Ferner ist zu klären, ob die Werte über die Zeiteinheiten einzeln oder über die Zeit kumuliert ausgewertet werden sollen.

▨ **Objektbezug:** Zur Steuerung eines Sachverhaltes ist die Untergliederung der Grundgesamtheit in Teilbereiche hilfreich. So kann die Termintreue beispielsweise nach unterschiedlichen Supply-Märkten ausgewertet werden.

▨ **Ausnahmen:** Soweit es Fälle gibt, die nicht in die Berechnung der Kennzahl eingehen sollen, muss dies im Voraus festgelegt werden. An dieser Stelle ist allerdings besondere Vorsicht geboten, da Ausnahmen die Türe für Manipulationen öffnen.

▨ **Ausmaß:** Welche Zielwerte sollen zu welchen Zeitpunkten erreicht werden.

▨ **Ampelschaltung:** Soll im Reporting mit einer Ampelschaltung optisch auf den Grad der Zielerreichung aufmerksam gemacht werden, müssen die Grenzen definiert werden. Grundsätzlich gilt:

o   Grün: Zielfortschritt ist im Plan

o   Gelb: Zielfortschritt ist unter Plan. Allerdings wird das Ziel noch nicht als gefährdet eingestuft.

o   Rot: Ziel ist gefährdet.

Verantwortung: Gelegentlich wird nicht nur die Verantwortung für die Zielerreichung, sondern auch für die Messung der Ziele festgelegt.

Prämissen und Ressourcen: Welche Voraussetzungen sind bis wann zu schaffen, damit die Ziele auch realistisch sind. Es ist fair und notwendig, die Rahmenbedingungen aufzuzeigen, unter denen die Zielwerte gelten. Gleichzeitig dient diese Angabe auch dazu, frühzeitig zu erkennen, falls der Zielverantwortliche überzogene Anforderungen an die Rahmenbedingungen stellt. Hier muss der Vorgesetzte intervenieren.

Systematisierung von Kennzahlen nach ihrem Wirkungsbezug:

Bei der Definition von Kennzahlen für einen Steuerungsbereich hilft es die Kennzahlen nach ihrem Wirkungsbezug in Messgrößen, Treibergrößen, Verhaltensgrößen und Inputs einzuteilen:

Messgrößen sind Kennzahlen, die den Zielen der internen und externen Kunden entsprechen. Ist im oben vorgestellten Beispiel die Disposition für die termingerechte Bereitstellung von Materialien in der Produktion verantwortlich, ist die Produktion ein interner Kunde der Disposition. Sie arbeitet mit den Arbeitsergebnissen der Disposition weiter. Die Termintreue ist das Ziel, an dem der interne Kunde der Disposition interessiert ist. Somit ist die Termintreue im vorgestellten Fall eine Messgröße der Disposition.

Treibergrößen sind Kennzahlen zur Verfolgung von Zielen, die Hebel der Messgrößen sind. Im Beispiel stellen die Lieferantentermintreue oder die Einhaltung von Planlieferzeiten zwei wesentliche Treibergrößen dar. Beide Ziele sind für den internen Kunden uninteressant. Sie stellen aber wesentliche Hebel dar, mit denen die Disposition die termingerechte Bereitstellung beeinflussen kann. Treibergrößen sind wichtig, weil sie die Ansatzpunkte zur Verbesserung aufzeigen. Ferner sind sie Frühindikatoren für die Messgrößen, da sie sich in der Regel früher als die Messgrößen bewegen.

Verhaltensgrößen sind Kennzahlen, die sich auf Verhaltensweisen von Mitarbeitern beziehen. Verhaltensgrößen können sinnvoll sein, um Mitarbeiter zu bestimmten Verhaltensweisen zu motivieren. Kommt es beispielsweise häufig vor, dass die Disponenten trotz klarer Vorgabe nicht täglich alle anstehenden Materialien disponieren, kann es sinnvoll sein, eine entsprechende Kennzahl zu definieren. Verhaltensgrößen können ferner sinnvoll sein, falls sich Verhaltensgrößen leichter als die eigentlichen Treiber- oder Messgrößen erfassen lassen. Beispielsweise ist es einfacher, die regelmäßige Reinigung eines Raumes zu messen, als die tatsächliche Sauberkeit, um die es dem Kunden geht.

Inputgrößen sind Kennzahlen zu den Voraussetzungen der Ziele, die von anderen Abteilungen oder Bereichen geschaffen werden müssen. Beispielsweise muss eine hinreichend präzise Bedarfsprognose aus dem Vertrieb oder der Produktion vorausgesetzt werden, um eine gute Termintreue in der Disposition zu realisieren.

Bei der Formulierung von Kennzahlen ist stets zu hinterfragen, in welche der aufgezeigten Kategorien die Kennzahl einzuordnen ist. Im Rahmen von Kennzahlen zur Strategieumsetzung sollten weitestgehend Messgrößen und Treibergrößen Verwendung finden.

Berichterstattung zur Supply Balanced Scorecard:

Wird die Umsetzung der Supply-Strategie mit Hilfe einer Supply Balanced Scorecard vorangetrieben, werden zu jedem strategischen Ziel aus der Strategy Map ein bis zwei Kennzahlen definiert. In Abbildung 14-3 findet sich ein Beispiel für eine bewährte Berichtsform mit Excel. Das Beispiel bezieht sich auf die Supply-Rahmenstrategie der Elektro AG (vgl. die Strategy Map in Abbildung 3-5 bzw. in 13-5) und beschränkt sich auf die Kennzahlen zur Finanzperspektive.

In jeder Zeile ist eine Kennzahl mit ihrer Entwicklung über 12 Monate abgebildet (in der Abbildung sind nur 6 Monate sichtbar). Im Beispiel wurden zu den Kennzahlen jeweils die Werte der beiden Vorjahre, die Planwerte des aktuellen Jahres 2008 sowie die Ist-Werte zum aktuellen Stand (März 2008) aufgeführt. In der Kopfspalte ist der Name der Kennzahl, der Kennzahlenverantwortliche, der Charakter der Kennzahl sowie die Optimierungsrichtung (möglichst größer oder möglichst kleiner) angeführt. Ferner ist die Information wichtig, ob die Plan- und die Istwerte monatsweise oder über das Jahr kumuliert berichtet werden. Die Ampelschaltung ist im Schwarz-Weiß-Druck dieses Buches nicht ersichtlich. Je nach Zielerfüllungsgrad werden die Excelfelder der Ist-Werte rot, gelb oder grün eingefärbt.

In einer Excelmappe können alle kennzahlenrelevanten Informationen zusammengefasst werden:

- Monatliche Berichterstattung (siehe Abbildung 14-3)

- Übersicht über die Ampelschaltungen

- ggf. Maßnahmenübersicht, soweit keine andere Form der Maßnahmenverfolgung vorliegt

- Kennzahlendefinition (vgl. Tabelle 14-2): Je Kennzahl wird ein Tabellenblatt angelegt.

- Grunddatenblätter für Kennzahlen, die aus Grunddaten heraus berechnet werden: Beispielsweise liefern drei Werke Ihre Werkstermintreue. Der Durchschnitt wird in der Balanced Scorecard berichtet. Die Sammlung der Grunddaten sollte in der Excelmappe erfolgen.

Abbildung 14-3: *Berichterstattung Balanced Scorecard zum Fallbeispiel Elektro LA (Ausschnitt Finanzperspektive Monate Januar bis Juni; Die Zahlen sind nicht mit den Angaben im Fall abgestimmt.)*

Berichtsmonat: März 08

Strategisches Ziel		Jan	Feb	Mär	Apr	Mai	Jun
1 Materialkostenv							
F1 Hr. Wunder	2006	-2,1%	-2,3%	-2,5%	-2,4%	-2,1%	-2,2%
Prozent zu	2007	-1,2%	-0,9%	-0,7%	0,0%	-0,2%	0,2%
größer als	Plan kum.	1,0%	1,0%	1,0%	1,0%	1,5%	1,5%
	IST kum.	**0,4%**	**0,2%**	**0,1%**			
2 Einsparvolume							
F2 Fr. Buyer	2006	3	256	289	345	654	926
absolue Zahl in	2007	1	125	325	548	758	1.258
größer als	Plan kum	0	300	600	900	1.200	1.500
	Ist kum	**14**	**259**	**458**			
3 Einspravolume							
F2 Fr. Buyer	2006	25	458	569	665	897	1.258
absolue Zahl in	2007	12	256	654	789	951	1.114
größer als	Plan kum	0	300	600	900	1.200	1.500
	Ist kum	**65**	**369**	**896**			
4 Bestände RHB							
F3 Fr. Buyer	2006	8.005	7.137	6.364	6.485	7.074	7.086
absolue Zahl in	2007	8.579	8.930	8.579	6.364	6.364	6.011
größer als	Plan	8.000	8.000	8.000	7.800	7.800	7.700
	Ist	**8.123**	**7.999**	**8.192**			
5 EVO in							
F4 Fr. Buyer	2006	1.025	2.254	3.658	4.215	5.489	6.899
absolue Zahl in	2007	1.458	3.145	4.589	6.145	7.598	9.125
größer als	Plan kum	2.000	4.000	6.000	8.000	10.000	12.000
	Ist kum	**1.878**	**3.698**	**5.899**			
6 Total-Cost							
F5 Hr. Wunder	2006	101,20	101,20	99,42	98,20	97,02	96,24
Index 100 =	2007	99,98	99,70	98,55	97,25	98,36	97,30
kleiner als	Plan	100,00	100,00	99,00	99,00	98,00	98,00
	Ist	99,23	99,12	98,98			

Ein Template zur Balanced Scorecard-Berichterstattung auf Excelbasis findet sich unter www.supply-strategie.de

15 Modul 15: Supply-Strategie-System entwickeln

Der Aufbau eines Supply-Strategie-Systems erstreckt sich in der Regel über mehrere Jahre. Ein zu rasches Vorgehen überfordert sowohl die verfügbare Managementkapazität im Supply Management wie auch die Lern- und Entwicklungskapazität der Mitarbeiter. Am Beispiel der E-T-A (vgl. Teil 1, Kapitel 2) lässt sich dieser Entwicklungsprozess sehr gut rekonstruieren (Vgl. Abbildung 15-1). Im ersten Schritt wurden Supply-Marktstrategien, allerdings auf hoch aggregiertem Niveau definiert und eine umfassende jährliche Lieferantenbewertung eingeführt. Ein Jahr später wurde ein Projekt zur Einführung von Lieferantenstrategien begonnen. Diese Projekte schärften das strategische Denken bei den Einkäufern, so dass im Jahr 2006 im Rahmen einer Strategieentwicklung im Unternehmen auch ein intensiver Strategieentwicklungsprozess im Supply Management gestartet werden konnte. In diesem Schritt wurden insbesondere eine Supply-Rahmenstrategie, Supply-Marktstrategien und Lieferantenstrategien formuliert und mit einer Supply Balanced Scorecard gesteuert.

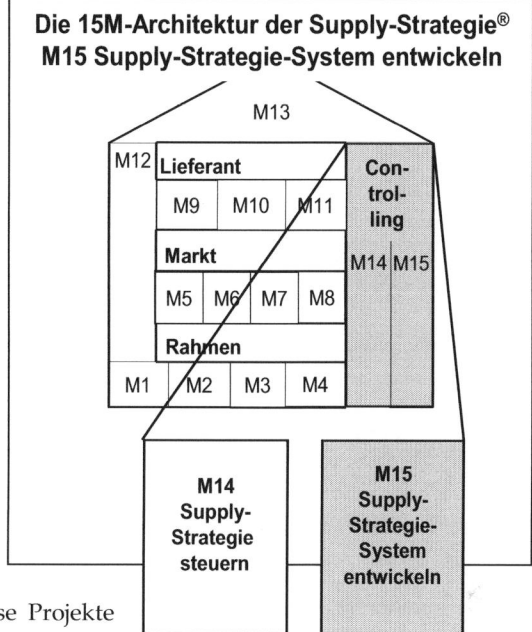

Die 15M-Architektur der Supply-Strategie®
M15 Supply-Strategie-System entwickeln

Abbildung 15-1:   *Entwicklungspfad der Supply-Strategie bei E-T-A*
                            (vgl. Teil 1, Abbildung 2-2)

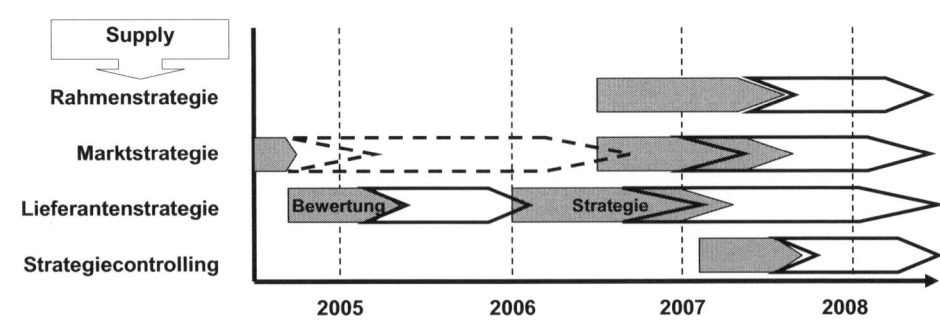

Die grundlegende Idee der 15M-Architektur der Supply-Strategie® ist es einen ganz-heitlichen Rahmen zur Verfügung zu stellen. Innerhalb dieses Rahmens können nun einige Elemente priorisiert und andere Elemente zurückgestellt werden. Ferner kön-nen einzelne Elemente schrittweise entwickelt werden. Die Gesamtarchitektur stellt dabei aber stets die Schnittstellen bereit, so dass die einzelnen Schritte im Rahmen des Supply-Strategie-Systems richtig verankert werden können. Um das Strategie-System innerhalb der 15M-Architektur® schrittweise zu entwickeln stehen folgende Hebel zur Verfügung:

- **Strategiebausteine und Module:** In welcher Schrittfolge werden die Strategiebau-steine eingeführt? Werden zu den Strategiebausteinen sofort alle Module oder zu-nächst nur ausgewählte Module aufgebaut?

- **Anwendungsbreite der Strategiebausteine und der Module:** Insbesondere die Supply-Marktstrategien und die Lieferantenstrategien können zunächst auf weni-ge besonders wichtige Supply-Märkte und Lieferanten beschränkt und dann schrittweise auf weitere Felder ausgerollt werden.

- **Komplexität der Methoden und der Instrumente:** In der Start- bzw. in einer Pilot-phase können Instrumente und Methoden in einer einfachen Version eingeführt werden. Beispielsweise kann bei der Lieferantenbewertung zunächst nur die Be-wertung der vergangenen Leistungen und erst mit zunehmender Reife des Supply-Strategie-Systems auch das Leistungspotenzial berücksichtigt werden. Analog kann die Dokumentation einer Supply-Marktstrategie mit einem knappen Steck-brief beginnen, der schrittweise professionalisiert wird. Auch besonders komplexe Einzelthemen können zunächst zurückgestellt werden. Man denke beispielsweise an die Bewertung der Kundenzufriedenheit im Rahmen einer Supply Balanced Scorecard, die aufgrund besonderer Messprobleme für ein bis zwei Jahre zurück-gestellt werden kann.

▓ **Organisatorische Komplexität (vgl. Kapitel 13.2):** Insbesondere die organisatorische Verankerung bietet gute Ansatzpunkte die Komplexität der Implementierung zu reduzieren. Beispielsweise kann das System zunächst in einzelnen – besonders aufgeschlossenen Organisationseinheiten – eingeführt werden und anschließend schrittweise über die ganze Organisation ausgebreitet werden. E-T-A startete zunächst den Strategieprozess in Deutschland und rollt diesen Prozess im zweiten Schritt weltweit aus.

Ebenso kann die vertikale Ausbreitung der Strategie schrittweise erfolgen. Beispielsweise wurde im Fall zur Firma Siemens die Strategie zunächst auf Geschäftsbereichsebene zur Koordination der Gebietsstrategien verankert. Im nächsten Schritt könnten mit der gleichen Methode die Gebietsstrategien entwickelt werden.

Die cross-funktionale Einbindung aller betroffenen Abteilungen ist zwar dringend zu empfehlen. Trotzdem kann es unter Umständen sinnvoll sein, zunächst auf die Zusammenarbeit mit einer Abteilung zu verzichten, um so die Komplexität bei der Implementierung zu reduzieren.

Die Schrittfolge zur Entwicklung des Supply-Strategie-Systems muss für das jeweilige Unternehmen spezifisch geplant werden. Insbesondere müssen hierbei marktliche und organisatorische Randbedingungen sowie die aktuelle Management-Kapazität im Supply Management berücksichtigt werden (vgl. Teil 1, Kapitel 5.1). Trotz der Individualität der Entwicklung lassen sich drei typische Entwicklungsmuster erkennen:

▓ **Start – Lieferantenmanagement:** Als erster Schritt wird das Lieferantenmanagement, insbesondere die Lieferantenbewertung aufgebaut. Anschließend werden Supply-Marktstrategien und hierbei erste Lieferantenstrategien entwickelt. Auf dieser Basis wird mit der Rahmenstrategie und dem Supply-Strategie-Controlling das System komplettiert. In ähnlicher Weise ging E-T-A vor.

▓ **Start – Supply-Rahmenstrategie:** Es wird zunächst in Form einer Supply-Rahmenstrategie eine gesamte Roadmap zur Entwicklung der Supply-Strategie aufgestellt. Anschließend können schrittweise Supply-Marktstrategien und Lieferantenstrategien formuliert und Elemente des Supply-Strategie-Controlling umgesetzt werden. In ähnlicher Weise ging die Firma „Dust" vor.

▓ **Start – Supply-Marktstrategie:** In einer beschaffungsmarktorientierten Supply-Strategie sind ferner die Supply-Marktstrategien ein besonders geeigneter Startpunkt der Supply-Strategie. Im zweiten Schritt bieten sich gleichermaßen Lieferantenstrategien oder der Aufbau einer Supply-Rahmenstrategie an.

Grundsätzlich empfiehlt sich ein jährlicher Planungszyklus zur Entwicklung der Supply-Strategie. In Vorbereitung auf die jährliche Planung sollten auch jährlich die nächsten Schritte in der Entwicklung des Supply-Strategie-Systems überdacht werden. Wie bei jedem Managementsystem sollte auch das Supply-Strategie-System kontinuierlich und mit ruhiger Hand fortentwickelt werden. Nur so kann die volle Wirkung der 15M-Architektur der Supply-Strategie® entfaltet werden.

Teil 3:
Die Praxis der Supply-Strategie –
Fallstudien und Praxisbeispiele zur 15M-Architektur®

Die 15M-Architektur der Supply-Strategie® wurde in der Praxis für die Praxis entwickelt. Insofern haben die folgenden Fallstudien und Fallbeispiele eine doppelte Aufgabe. Zum einen waren Sie bei der Entstehung der Architektur maßgeblich beteiligt. An dieser Stelle möchte ich den Autoren der Artikel nochmals meinen ganz besonderen Dank aussprechen, da ohne ihre Mitwirkung die Entwicklung und Ausreifung der 15M-Architektur® nicht möglich gewesen wäre. Zum anderen dienen die Beispiele zur Illustration bzw. zum Training der 15M-Architektur® und helfen auf diese Weise mit, die Idee der Supply-Strategie zu präzisieren und zu verbreiten.

In der folgenden Tabelle findet sich ein Überblick über die Fallstudien und den darin behandelten Strategiebausteinen. Dabei werden die Fallbeispiele zu E-T-A, zu Bühler Motor und zur Elektro AG aus den vorausgehenden Kapiteln mit aufgenommen.

Tabelle 0-1:   *Überblick über die Fallstudien und ihre Inhalte*

Kap.	Firma	SB1: Rahmen	SB2: Markt	SB3: Lieferant	SB 4: Controlling
Teil 1 Kap 2	E-T-A	ja	ja	ja	ja
Teil 2 Kap 14.2	Bühler Motor				ja
Teil 3 Kap 1	Fallbeispiel Elektro AG	ja	ja	ja	ja
Teil 3 Kap 2	Siemens A&D		ja (Bündelung)	teils	
Teil 3 Kap 3	Cherry		ja	teils	
Teil 3 Kap 4	Satisloh	teils	ja		
Teil 3 Kap 5	Dust (anonym)	ja	ja	ja	teils

Rahmen =   Supply-Rahmenstrategie   (Modul 1 bis 4, 12 und 13)
Markt =   Supply-Marktstrategie   (Modul 5 bis 8)
Lieferant =   Lieferantenstrategie   (Modul 9 bis 11)
Controlling =   Supply-Strategie-Controlling   (Modul 14 und 15)

1   Fallstudie Elektro AG

Mit der Fallstudie Elektro AG soll ein durchgängiges Beispiel für die Anwendung der 15M-Architektur der Supply-Strategie® präsentiert werden. In diesem Kapitel wird die Fallsituation, die Situation der Elektro AG Geschäftsfeld Leistungsantriebe (kurz Elektro LA), vorgestellt. Lösungsvorschläge zur Supply-Strategie der Elektro AG finden sich in Teil 2 dieses Buches jeweils am Ende der einzelnen Modulbeschreibungen.

Die Fallstudie wurde in der berufsbegleitenden Weiterbildung für Supply-Manager aus Einkauf und Logistik an der Georg-Simon-Ohm Hochschule Nürnberg (www.gso-bsm.de) entwickelt und über Jahre ausgetestet. Neben dem Training für qualifizierte Fach- und Führungskräfte aus Einkauf und Logistik eignet sich die Fallstudie insbesondere für praxisorientierte Studierende mit Studienschwerpunkt Einkauf und/oder Logistik.

Bei der Fallstudie handelt es sich um eine realitätsgetreue Erfindung. Ausgangspunkt war ein realer Fall. Dieser wurde allerdings für die Fallstudie stark vereinfacht und „begradigt", d.h. um unlogische Widerwärtigkeiten des realen Lebens bereinigt. Ferner wurde der Fall mit Themen angereichert, um zusätzliche interessante Fragestellungen diskutieren zu können und die Durchgängigkeit des Beispiels zu gewährleisten. Die Ergänzungen stammen meist aus anderen Praxisfällen. Alle Zahlenangaben sind völlig frei erfunden. Allerdings wurde auf Konsistenz der Daten geachtet.

Die Fallstudie gliedert sich in drei Teile:

- Supply-Rahmenstrategie und Supply-Strategie-Controlling der Elektro LA mit Bezug auf die Module 1 bis 4 und die Module 12 bis 15

- Supply-Marktstrategie für den Elektroblechmarkt mit Bezug auf die Module 5 bis 8

- Lieferantenstrategie mit Bezug auf die Module 9 bis 11

Trotz dieser Trennung sollte vor der Bearbeitung der gesamte Fall studiert werden. Der Fall und die Lösungsvorschläge können zum einen „nur" zur Illustration der 15M-Architektur® gelesen werden. Zum anderen kann der Fall alleine oder besser im Team entlang der folgenden Fragestellungen bearbeitet werden:

Modul 1:   Beschreiben Sie die Basisstrategie der Elektro LA.

Modul 2:   Beschreiben Sie die Supply-Ziele der Elektro LA. (Welche Ziele sollen definiert werden und wie kann die Berichterstattung erfolgen?)

Modul 3:   Definieren Sie die strategischen Stoßrichtungen sowie die Strategy Map der Elektro LA.

Modul 4:	Beurteilen Sie die beiden Vorschläge (a) den Stanzvorgang der Elektrobleche bzw. (b) die Fertigung der Läufer insgesamt an einen Lieferanten fremd zu vergeben.
Modul 4:	Erstellen Sie das Supply-Marktportfolio der Elektro LA.
Modul 5-8:	Formulieren Sie für die Materialgruppe Elektrobleche eine Supply-Marktstrategie und erstellen Sie einen Supply-Marktsteckbrief.
Modul 9-11:	Entwickeln Sie für den Lieferanten EU1 eine Lieferantenstrategie.
Modul 12-13:	Beschreiben Sie die wesentlichen bereichsweiten strategischen Projekte der Elektro LA.
Modul 14:	Definieren Sie für die Strategy Map in Modul 3 mögliche Kennzahlen zur Steuerung der Strategieimplementierung. Skizzieren Sie den Prozess zur Durchführung des Supply-Strategie-Controlling.
Modul 14:	Operationalisieren Sie die Kennzahl „Termintreue der Lieferanten".
Modul 15:	Skizzieren Sie eine mögliche Schrittfolge zur Entwicklung des Supply-Strategie-Systems.

Zeitpunkt der Fallstudie ist Februar 2008, in dem die Supply-Strategie für 2008 fertig gestellt werden soll. Damit ist das Jahr 2007 das Vorjahr mit den aktuellen Ist-Daten, das Jahr 2008 das Planjahr und das Jahr 2009 das Prognosejahr.

Die Lösungsskizzen in Teil 2 des Buches sind Vorschläge, zu denen es hervorragende Alternativlösungen geben kann. Insbesondere kann eine (komplexe) Fallbeschreibung niemals vollständig und völlig eindeutig sein, so dass stets verschiedene Interpretationen möglich sind.

1.1 Supply-Rahmenstrategie und Strategie-Controlling bei der Elektro LA

Die Elektro AG ist ein global agierender Elektrokonzern mit Sitz in Deutschland. Insgesamt erwirtschaftet die Elektro AG mit 26.000 Mitarbeitern einen Jahresumsatz von 5 Mrd. €. Die unternehmerische Verantwortung liegt bei den fünf Geschäftsfeldern. Entsprechend werden das Supply Management und damit die Supply-Strategie weitgehend auf Ebene der Geschäftsfelder verantwortet. In der kleinen Konzernzentrale wird versucht geschäftsfeldübergreifende Synergien zu realisieren. Konkret werden in ausgewählten Supply-Märkten Bedarfe gebündelt und Prozesse, Methoden und Instrumente bereichsübergreifend entwickelt. So wird beispielsweise konzernweit ein

Einkaufsportal zur Verfügung gestellt, grundlegende Begrifflichkeiten sowie ein DV-Tool für das Lieferantenmanagement festgelegt oder der Rahmen für die Zielmessung und die Incentivierung der Führungskräfte definiert.

Im Geschäftsfeld „Leistungsantriebe" werden große Elektromotoren ab einer Leistung von 10 kW bis in den Megawattbereich hergestellt. Einsatzbereiche sind Industrieanwendungen, z.B. Maschinenantriebe, Anlagenantriebe in Walzwerken, Schiffsmotoren, Schienenverkehrsfahrzeuge oder Pumpenantriebe in der Ölförderung. Dabei wird zwischen dem „Industriesegment" und dem „Anlagensegment" unterschieden. LA beschäftigt derzeit 5.800 Mitarbeiter und erzielt einen Umsatz von ca. 1 Mrd. € jährlich.

In Abbildung 1-1 findet sich der Aufbau eines Motors. Für die Fallstudie ist letztlich nur interessant, dass in einem Elektromotor elektrischer Strom in mechanische Energie umgesetzt wird, indem ein „Läufer" in einem „Ständer" über elektrische Magnetfelder angetrieben wird. Läufer und Ständer sind aus einem Blechpaket aufgebaut, d.h. die Läufer- und Ständerquerschnitte (siehe rechtes Bild) werden aus dem Blech ausgestanzt. Durch zusammenfügen eines "Blechstapels" ergibt sich dann das Profil des Läufers oder des Ständers.

---

*Abbildung 1-1:   Aufbau eines Motors
                    (Quelle: Springer, G., u. a. 1990, S. 288.)*

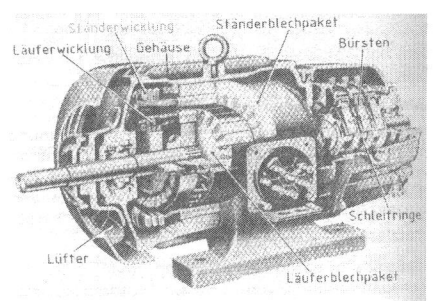
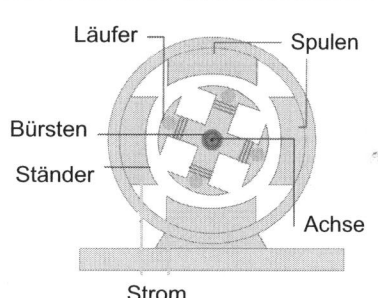

Die Wertschöpfungstiefe bei der Elektro LA beträgt 40 %, so dass sich das Einkaufsvolumen auf 600 Mio. € beläuft. Eine Herausforderung, der sich das Supply-Management derzeit gegenüber sieht, ist es, möglichst umfassend den gesamten Spend (= Einkaufsvolumen) zu steuern. Abgesehen vom direkten Material spielt derzeit Maverick Buying leider noch eine große Rolle. Die zehn bedeutendsten Materialfelder sind in Tabelle 1-1 zusammengestellt. Derzeit ist in Überlegung, ob die Stanzerei fremd vergeben werden sollte oder sogar die gesamte Läuferfertigung durch einen Systemlieferanten übernommen werden kann.

Tabelle 1-1: *Überblick über die zehn wichtigsten Supply-Märkte von Elektro LA*

Supply-Markt	Einkaufsvolumen in Mio. € Planjahr			Versorgungskomplexität		
	EVO Wert in T €	Anteil	Anteil kum.	Macht	Risiko	Gesamt
Supply	600.000					
Guss	91.300			75%	75%	
Elektroblech	72.500			92%	55%	
Kupfer	60.300			75%	58%	
Metal Parts	59.700			50%	23%	
Walzläger	32.000			58%	45%	
Isolierstoffe	31.900			42%	36%	
Sensorik	30.600			75%	85%	
Wellen	22.300			84%	63%	
Belüftungssysteme	16.400			42%	23%	
Fittings	10.200			25%	28%	

EVO = Einkaufsvolumen

Der Markt für Leistungsantriebe ist starken konjunkturellen Schwankungen ausgesetzt. Dies führt in Aufschwungphasen leicht zu Lieferengpässen aufgrund von fehlendem Material. Eine Abfederung über Bestände ist nur bedingt möglich, da ansonsten in Abschwungphasen die Bestandskosten explodieren. Besonders betroffen sind Materialfelder, die Wiederbeschaffungszeiten aufweisen, die länger sind als die Lieferzeiten beim Kunden.

In einer solchen Marktsituation sind Lieferfähigkeit, Lieferzeit und Liefertermintreue Kauf entscheidende Kriterien. Aus diesem Grund wurde in der Geschäftsfeldstrategie von Elektro LA die Liefertermintreue als „muss" und die Lieferzeit als ein zentraler kritischer Erfolgsfaktor im Wettbewerb definiert, den es über die gesamte Supply Chain zu optimieren gilt. Dabei muss zwischen kundenspezifischen Lösungen und Standardmotoren unterschieden werden. Insbesondere die Anpassentwicklung bei kundenindividuellen Wünschen weist Lieferzeiten auf, die vom Markt nicht akzeptiert werden. Innerhalb der vielfältigen Beschleunigungsaktivitäten spielt die frühzeitige Einbindung der Lieferanten in das Engineering eine besondere Rolle.

Ein zweiter wettbewerbskritischer Faktor stellt die Qualität im Sinne von Fehlerfreiheit dar, da die Folgekosten bei Störungen im Betrieb immens sind, teils sogar fatale Konsequenzen haben können. Auch die Qualität muss über die gesamte Supply Chain verfolgt und optimiert werden. Insgesamt besteht Einigkeit, dass die Leistungskriterien und insbesondere die Zufriedenheit der internen Kunden des Supply Managements in Zukunft ganz besondere Aufmerksamkeit genießen sollen.

Der Umsatz der Elektro LA ist global verteilt mit Schwerpunkten in Europa und den USA. Der asiatische Markt, insbesondere in China ist stark expansiv. Die positive Entwicklung der Nachfrage in Südamerika und Russland wird vertrieblich bedient, aber noch nicht mit Investitionen in Fertigungsanlagen verfolgt. Das Produktionsnetzwerk und die Materialversorgung hinken der vertrieblichen Entwicklung hinterher. Neben dem Hauptwerk am Firmensitz in Deutschland konzentriert sich die Produktion auf drei weitere europäische Standorte (nochmals Deutschland, Frankreich und Großbritannien) und den USA. In China ist eine neue Fabrik im Aufbau. Ferner ist ein Werk in Rumänien geplant. Obwohl bereits international eingekauft wird, muss das Global Sourcing als unbefriedigend gelten. So fehlt beispielsweise eine internationale Einkaufsorganisation. Die Zusammenarbeit mit den regionalen Einkäufern ist noch durch viele Reibungsverluste gekennzeichnet. Besondere Sorgen bereiten die internationalen Belieferungsprozesse, da hier Gefahren für die oben beschriebenen Kundenziele (Liefertermintreue, Lieferzeit, Flexibilität, Qualität) befürchtet werden. Trotz dieser Schwierigkeiten ist es ein erklärtes Ziel der Geschäftsleitung, die Global Sourcing-Quote zu steigern.

Mit der Globalisierung der Versorgung ergeben sich zusätzlich neue Herausforderungen im Bereich Fairness und Sozialstandards. Aufgrund der zusätzlichen räumlichen und kulturellen Ferne zu den Lieferanten, wird die im Code of Conduct der Elektro AG versprochene Fairness gegenüber den Lieferanten erheblich schwieriger umzusetzen sein. Noch problematischer erscheint die Überwachung von Sozialstandards in Fernost und in Osteuropa. Die Supply Management-Leitung wurde von der Geschäftsleitung aufgefordert hierzu ein Konzept auszuarbeiten und umzusetzen. „Schließlich muss die Elektro AG ihrer Selbstverpflichtung gegenüber dem Global Compact der Vereinten Nationen gerecht werden", so die Forderung der Geschäftsführung.

Zentrale Zielsetzung im Einkauf war bisher die Materialkostenveränderung gegenüber dem Vorjahr. Dabei wurde die Höhe der Incentives nach dem Verhältnis zur Preisentwicklung auf den Absatzmärkten und der Materialkostenveränderung berechnet. Mit dem Übergang zum Supply Management sollen die Zielsetzungen und damit die Incentives auf eine breitere Basis gestellt werden. Insbesondere sollen auch Einsparungen bei Prozesskosten und Objektkosten, die über Verbesserungsmaßnahmen realisiert werden, mit berücksichtigt werden. In Abbildung 1-2 findet sich eine kleine Übungsaufgabe zur Berechnung von Materialkostenveränderungen. Einigkeit besteht darin, dass das vorhandene kaufmännische Einkaufscontrolling in den nächsten zwei Jahren erheblich verbessert werden muss.

Abbildung 1-2:   *Aufgabe Berechnung Materialkostenveränderung*

Berechnen Sie die Materialkostenveränderung im Supply-Markt für Elektrobleche:

▨ Einkaufsvolumen
im Jahr 2007: 61,65 Mio. € / im Jahr 2008: 72,5 Mio. € / im Jahr 2009: 83,7 Mio. €

▨ Mengenwachstum jeweils 5 % (bereits in den Werten für 2008 und 2009 enthalten)

Zur Vorgehensweise vgl. in Teil 2, Modul 2, Abbildung 2-3. Das Ergebnis und den Rechengang finden Sie in der Fußnote.[35]

Großer Handlungsbedarf wird von der Leitung des Supply Managements auch im Rahmen der Sourcing-Strategien gesehen. Der unten beschriebene Elektroblechmarkt kann hier als Beispiel dienen. Leider sieht die Situation in anderen Supply-Märkten auch nicht viel besser aus. Die Reduzierung der Lieferantenzahl und damit der Übergang zu Vorzugslieferantenstrategien werden zwar nicht als grundsätzlich, jedoch als häufig sinnvoll angesehen. Hier soll eine marktspezifische Entscheidung getroffen werden.

1.2 Supply-Marktstrategie für den Elektroblechmarkt

Elektrobleche werden – wie oben bereits erwähnt – im Rahmen der Motorenfertigung zur Fertigung der Läufer und Ständer benötigt. Elektrobleche werden üblicherweise als Rollen (Coils) angeliefert (Abbildung 1-3 links). Der Läufer- bzw. der Ständerquerschnitt werden aus dem Blech ausgestanzt (Abbildung 1-3 rechts). Durch Zusammenfügen eines "Blechstapels" ergibt sich dann das Profil des Läufers bzw. des Ständers.

---

[35] Materialkostenveränderung von 2007 auf 2008: 12 % Kostensteigerung
Neue Menge mal alter Preis: 61,65 Mio. € * 1,05 = 64,73 Mio. €
Das aktuelle Einkaufsvolumen durch diesen Wert dividieren: 72,5 Mio. € / 64,73 Mio. € = 1,12
Analoge Berechnung von 2008 auf 2009: 10 % Materialkostensteigerung
72,5 Mio. € * 1,05 = 76,12 Mio. €; 83,7 Mio. € / 76,12 Mio. € = 1,1

Abbildung 1-3:   *Elektroblech und Stanzmaschine*

Im Anlagensegment, d.h. für Motoren mit höherer Leistung, wird die höhere Elektroblechqualität HQ benötigt. Für Industriemotoren reicht die einfache Qualität LQ aus. Aufgrund spezieller Legierungen werden Elektrobleche kundenspezifisch für LA nach Spezifikation gefertigt. Die Variantenvielfalt innerhalb der beiden Qualitäten ist gering. In der Entwicklungsabteilung wird derzeit geprüft, inwieweit die Verdoppelung der Blechstärke zu erheblichen Kosteneinsparungen in der Fertigung führen könnte. Die Eigenschaften der neuen Blechqualitäten H2Q und L2Q müssten allerdings zusammen mit den Elektroblechlieferanten entwickelt werden.

LA produziert derzeit an vier Standorten in Europa, den USA und China. (Tabelle 1-2 zeigt den Elektroblechbedarf nach Bedarfsorten und Blechqualität.) Hierbei ist zu berücksichtigen, dass China derzeit bereits gestanzte Elektrobleche aus Deutschland bezieht. Das für China ausgewiesene Volumen wird also in Deutschland bezogen und nach dem Stanzvorgang nach China transportiert. Mittelfristig sollen der Stanzvorgang und damit der Beschaffungsvorgang in China erfolgen.

Tabelle 1-2:   *Elektroblech-Bedarf der Elektro LA nach Standorten*

2007 Vorjahr	1 € = 1,25 $ in Mio. €	Volumen gesamt	Volumen LQ	Volumen HQ
	Europa	49,3	18,5	30,8
	USA	9,3	6,8	2,5
	China	3,1	3,1	0
	Gesamt	61,7	28,4	33,3

2008 Planjahr	1 € = 1 $ in Mio. €	Volumen gesamt	Volumen LQ	Volumen HQ
Europa	51,4	18,1	33,3
USA	13,9	9,1	4,8
China	7,2	7,2	0
Gesamt	72,5	34,4	38,1
2009 Prognosejahr	**1 € = 1 $ in Mio. €**	**Volumen gesamt**	**Volumen LQ**	**Volumen HQ**
Europa	58,9	21,7	37,2
USA	15,5	9,3	6,2
China	9,3	9,3	0
Gesamt	83,7	40,3	43,4

Der Bedarf an Elektroblech verläuft relativ gleichförmig. Der Wochenbedarf schwankt um maximal 10 % um den Durchschnittswert und könnte im Anlagensegment mit vier Wochen und im Industriesegment mit zwei Wochen Vorlauf aus dem Auftragsbestand abgeleitet werden. Derzeit wird mit Hilfe eines Bestellpunktverfahrens disponiert.

Die Wiederbeschaffungszeit schwankt im Konjunkturzyklus sehr. In Abschwungphasen beträgt die Lieferzeit vier Wochen. In Aufschwungphasen kann es zu Versorgungsengpässen kommen. Die Wiederbeschaffungszeiten steigen dann auf durchschnittlich drei Monate. Schwierigkeiten bereitet hierbei, dass der Konjunkturzyklus in den verschiedenen Branchen zeitversetzt abläuft. Beispielsweise ist die Automobilindustrie meist Vorreiter. Dies hat dazu geführt, dass beim Hochlauf der Branchenkonjunktur keine freien Lieferkapazitäten von Elektroblech mehr verfügbar waren. Leider gibt es keine enge Korrelation zwischen den verschiedenen Branchenzyklen.

Aktuell deutet sich wieder eine Konjunkturbelebung an. Falls diese greifen sollte, wäre für das Folgejahr und vor allem für das übernächste Jahr mit erheblichen Bedarfssteigerungen zu rechnen. Zusätzlich – und das bereitet dem Einkauf besondere Sorge – scheinen die europäischen Anbieter gemeinsam den Grundsatz Preis vor Menge zu verfolgen, um mit einer Angebotsreduzierung die Verkaufspreise zu erhöhen. Derzeit wird mit einer langfristigen Boomphase gerechnet (vgl. Tabelle 1-3).

Tabelle 1-3:   *Marktentwicklung am Markt für Elektrobleche*

2008 Planjahr	1 € = 1 $ in Mio. €	Volumen gesamt	Volumen LQ	Volumen HQ
	Europa	390	180	210
	USA	510	360	150
	China	300	300	0
	Gesamt	1.200	840	360
2013 Prognose	1 € = 1 $ in Mio. €	Volumen gesamt	Volumen LQ	Volumen HQ
	Europa	480	210	270
	USA	630	450	180
	China	690	600	90
	Gesamt	1.800	1.260	540

Im Markt für Elektrobleche zählt die Elektro AG zu einem der bedeutendsten Abnehmer. LA benötigt etwa 50 % des Elektroblechbedarfs der Elektro AG. Allerdings können die Lieferanten (meist große Stahlkonzerne) mittelfristig in gewissem Umfang ihre Kapazitäten zwischen der Produktion von Elektroblech und anderen Stahlprodukten umschichten.

Der Markt für Elektrobleche stellt sich derzeit folgendermaßen dar: In Europa gibt es zehn große Lieferanten (jeweils beide Qualitäten mit Ausnahme des polnischen Lieferanten), die sich den Markt etwa gleichmäßig aufteilen. In den USA sind zwei Vollsortimenter und sieben Anbieter, die nur die einfache Qualität anbieten können. In China gibt es mehrere Lieferanten der niedrigeren Qualität (vgl. Tabelle 1-4). In Tabelle 1-5 sind die Lieferanteile sowie die Ergebnisse der Lieferantenbewertung der Lieferanten der Elektro LA aufgeführt.

Tabelle 1-4:   *Lieferantenstruktur im Markt für Elektrobleche Stand Planjahr 2008*

Europa	Umsatz in Mio. €	Land	Volumen gesamt	Volumen LQ	Volumen HQ
	Lieferant EU1	D	135	60	75
	Lieferant EU2	Pol	120	120	0
	Lieferant EU3	D	90	30	60
	Lieferant EU4	F	75	30	45
	Lieferant EU5	GB	60	30	30
	Lieferant EU6	NL	60	30	30
	4 weitere Lieferanten		180	120	60
	Gesamt		720	420	300
USA	Umsatz in Mio. € 1 € = 1 $	Land	Volumen gesamt	Volumen LQ	Volumen HQ
	Lieferant U1	USA	75	45	30
	Lieferant U2	USA	60	30	30
	Lieferant U3	USA	30	30	0
	Lieferant U4	USA	30	30	0
	5 weitere Lieferanten		165	165	0
	Gesamt		360	300	60
Rest der Welt	Umsatz in Mio. € 1 € = 1 $	Land	Volumen gesamt	Volumen LQ	Volumen HQ
	Lieferant RoW1	China	40	40	0
	Lieferant RoW2	China	20	20	0
	4 weitere Lieferanten		60	60	0
	Gesamt		120	120	0

Tabelle 1-5: *Lieferantenstruktur bei Elektro LA*

Name	Volumen			Leistungsbewertung					Leistungspotenzial		
	Ges.	LQ	HQ	Ges.	EK	Q	Log	T	Ges.	Leist.	Risiko
EU1	12,4	3,3	9,1	80	64	83	86	87	90	95	15
EU2	10,3	10,3	0	72,3	70	78	69	72	72,5	90	45
EU3	9,4	2,3	7,1	65,5	49	75	73	65	60	45	25
EU4	5,7	0	5,7	89	82	92	95	87	95	100	10
EU5	4,6	0	4,6	87,8	79	87	94	91	90	95	15
EU6	4,3	0	4,3	88,2	85	92	89	87	70	60	20
U2	2,6	2,6	0	81,8	75	87	85	80	85	85	15
RoW1	3,1	3,1	0	78,8	89	78	76	72	75	100	50
Ges.	52,4	21,6	30,8	78,2							

Lieferungen nach Europa 2007 Vorjahr
(Achtung China wird noch in Europa gestanzt) — (spanning title above Europa table)

Lieferungen nach USA 2007 Vorjahr

Name	Volumen			Leistungsbewertung					Leistungspotenzial		
	Ges.	LQ	HQ	Ges.	EK	Q	Log	T	Ges.	Leist.	Risiko
U1	4,2	2,7	1,5	75,8	57	78	83	85	67,5	60	25
U2	2,5	1,5	1	82,5	80	85	80	85	85	85	15
U3	1,1	1,1	0	67,8	56	80	70	65	57,5	40	25
U4	0,5	0,5	0	85,5	85	90	85	82	92,5	90	5
RoW1	0,7	0,7	0	79,8	92	77	75	75	80	100	40
RoW2	0,3	0,3	0	73,8	85	75	60	75	57,5	60	55
Ges.	9,3	6,8	2,5	77,4							

Ges. = Gesamt; EK = Einkauf; Q = Qualität; Log = Logistik, T = Technik; Leist. = zukünftige Leistungsfähigkeit; Risiko = Leistungsrisiken (vgl. Module 9 und 11)

Besondere Schwierigkeiten bereiteten in der Vergangenheit die Wechselkursschwankungen zwischen Dollar und Euro. Derzeit gilt 1 € entspricht 1 $. Dieser Wechselkurs scheint nach Expertenurteil, dem realen Kaufkraftverhältnis ansatzweise zu entsprechen. Das Kursverhältnis von 1 € gleich 1,25 $ im letzten Jahr hat zu einem hohen Einkaufsvolumen in den USA geführt. Derzeit scheint die Aufwertung des Dollars sich fortzusetzen. Vereinfachend kann festgestellt werden, dass sich die osteuropäischen Währungen stark am Euro und die asiatischen Währungen stark am Dollar orientieren.

Beim aktuellen Wechselkurs ist das Preisniveau in Deutschland und den USA etwa gleich (vgl. Tabelle 1-6). In Osteuropa und in China kann etwa 20 % kostengünstiger produziert werden. Transportkosten und Zölle sind aus Tabelle 1-6 zu entnehmen. Die Transportzeit zwischen den Kontinenten erhöht die Wiederbeschaffungszeit um 6 Wochen. Die zusätzliche Wiederbeschaffungszeit aus Osteuropa nach Westeuropa ist vernachlässigbar. Der Bestandskostensatz beträgt 10 % pro Jahr. Besondere Schwierigkeiten bereitet die Korrosionsgefahr der Bleche bei einer Lagerung (inklusive Transport) von mehr als vier Monaten.

Tabelle 1-6:   *Preisniveau und Transportkosten und Zölle*[36]

Preis	in Prozent	LQ	HQ		
	Westeuropa	100	140		
	USA	100	140		
	China	80			
	Osteuropa	80			
Transport & Zoll	**von - nach**	**nach Westeuropa**	**nach USA**	**nach China**	**nach Osteuropa**
	von Westeuropa	10	20	20	
	von USA	15	10	15	
	von China	25	30	5	
	von Osteuropa	12	20	20	5

Derzeit läuft der Bestellprozess noch klassisch per Ausschreibung des prognostizierten Jahresvolumens von Elektro LA. Um nicht zu sehr in Abhängigkeit eines Lieferanten zu gelangen, wird darauf geachtet, die Volumina auf mehrere Lieferanten zu verteilen. Die Lieferabrufe werden – wie bereits erwähnt – per Bestellpunktverfahren disponiert. Moderne Konzepte der Materialversorgung (Kanban, Just-in-Time, Konsignationslager, ...) werden seit längerer Zeit im Unternehmen kontrovers – bisher ohne Ergebnis – diskutiert.

---

[36] Lesehilfe für Tabelle 1-6: Der Preis LQ Westeuropa und USA ist auf 100 % gesetzt. HQ kosten 40 % mehr. LQ in China und Osteuropa kosten 20 % weniger. Der Transport und Zoll innerhalb von Westeuropa beläuft sich auf 10 % des LQ-Preises in Westeuropa. Der Transport und Zoll von China nach Westeuropa beläuft sich auf 25 % des LQ-Preises in Westeuropa.

1.3 Lieferantenstrategie EU1

Lieferant EU1 soll zu einem von (zunächst zwei) europäischen Vorzugslieferanten entwickelt werden. Zwar ist die aktuelle Lieferantenbewertung etwas schlechter als von EU4 und EU5, aber das Leistungspotenzial wird als sehr gut beurteilt. Besonders positiv wird die räumliche und kulturelle Nähe von EU1 eingestuft. Dies wird für die gemeinsame Entwicklung strategischer Projekte als besonders bedeutsam eingeschätzt. Es wird von der Annahme ausgegangen, dass EU1 seine Leistungsdefizite verbessern kann und wird, sobald eine strategische Partnerschaft gestartet wurde.

Betrachtet man die Lieferantenbewertung etwas genauer, so fällt insbesondere die schlechte Bewertung im Bereich Einkauf auf (64 %). Dieser Wert ergibt sich insbesondere aus einem leicht überdurchschnittlichen Preisniveau, einer geringen Preistransparenz und der mangelnden Bereitschaft zu Kostensenkungsmaßnahmen. Die Performance im Bereich Qualität, Logistik und Technologie sind gut. Eine leichte Schwäche sind Transportschäden, insbesondere Verschmutzungen, die gelegentlich auftreten. Diese Schäden können zwar im Hause behoben werden, sind aber mit Zeit und Aufwand verbunden. Die damit verbundenen Kosten können nur zum Teil geltend gemacht werden. Die gute Logistikperformance wird ein wenig durch zu lange Lieferzeiten und etwas zu geringe Flexibilität in der Auslieferung getrübt. Die Produkt- und die Prozesstechnologie werden als führend in der Branche eingestuft. Allerdings könnte im Bereich der Technologie die Zusammenarbeit etwas kooperativer sein.

Prägend für die Beziehung zu EU1 sind die langjährigen Kontakte zwischen den jeweiligen Fachabteilungen der beiden Unternehmen. Der dafür eher geringe Grad an Zusammenarbeit resultiert zum Teil auch daher, dass bisher nur wenig unternommen wurde, um die Partnerschaft zu intensivieren.

2 Strategic Material Segment Guide bei Siemens AG Automation and Drives

Von Reinhold Schindler und Matthias Schuster

Mit dem Strategic Material Segment Guide wird bei Siemens Automation and Drives (A&D) die strategische Ausrichtung ausgewählter Materialfelder in den Bündelungsgremien des Bereiches umfassend und nachhaltig unterstützt. Der Bündelung der Beschaffungsaktivitäten kommt bei Siemens wegen der dezentralen Einkaufsverantwortung in den Geschäftsgebieten besondere Bedeutung zu. Mit Strategy Maps werden die gemeinsamen strategischen Orientierungen im Materialfeld weltweit in Aktion gesetzt. Umfassend wird die Kommunikation der beteiligten Personen gefördert.

2.1 Global Procurement bei Siemens A&D

Siemens Automation and Drives ist einer der größten und erfolgreichsten Bereiche der Siemens AG. Als einziger Hersteller stellt Siemens A&D ein komplettes und durchgängiges Spektrum an Produkten, Systemen und Lösungen für die Fertigungs- und Prozessautomatisierung sowie für die Gebäudetechnik zur Verfügung – abgerundet durch ein innovatives Serviceangebot. Insgesamt werden über 137.000 Produkte für die Automatisierungs-, Antriebs- und Elektroinstallationstechnik angeboten. Über 70.000 Mitarbeiter erwirtschafteten im Jahr 2006 einen Umsatz von 12,8 Mrd. €. Produziert wird weltweit verteilt an 79 Fertigungsstandorten.

Der Bereichseinkauf A&D ist für die Steuerung und Koordination des gesamten Einkaufsgeschehens innerhalb von Siemens A&D verantwortlich. Diese Funktion wird durch A&D Global Procurement wahrgenommen. A&D Global Procurement ist in Zusammenarbeit mit den Geschäftsgebieten, Regionen und Fachabteilungen weltweit verantwortlich für das gesamte Einkaufsvolumen von Siemens A&D sowie für die Organisation effizienter Einkaufsprozesse und –strukturen. Dabei sind auf Bereichsebene sämtliche Materialien und Dienstleistungen der A&D-Fachabteilungen flächendeckend den entsprechenden mandatierten Organisationseinheiten in einer Einkaufslandkarte verantwortlich zugeordnet. A&D Global Procurement trägt die Verantwortung für die Einhaltung gesetzlicher und firmenspezifischer Regelungen in seinem Verantwortungsbereich und stellt deren Umsetzung sicher.

Neben der Verantwortung für das A&D-GG-Ergebnis ist jedes der elf Geschäftsgebiete des Bereichs A&D (siehe Abbildung 2-1) für sein Einkaufsergebnis verantwortlich. So verfügt jedes Geschäftsgebiet über einen strategischen Einkauf und operative Einkaufsabteilungen in den Werken. Die cross-funktionale Abstimmung mit der Logistik, der Qualitätssicherung und der Technik bilden die Grundlage des gesamten Lieferantenmanagements.

Abbildung 2-1: *Geschäftsgebiete bei Siemens A&D*

AS Industrial Automation Systems	CD Low-Voltage Controls and Distribution	EA Electronics Assembly Systems	ET Electrical Installation Technology
LD Large Drives	MC Motion Control Systems	MD Mechanical Drives	PL UGS PLM Software
SC Sensors and Communication	SD Standard Drives	SE Systems Engineering	

A&D Global Procurement schafft durch das „gemeinsame Einkaufen" die Voraussetzungen, dass alle Einkaufseinheiten zu optimalen Konditionen und Gesamtkosten direktes, indirektes Material und Investitionsbedarf einkaufen und damit den erforderlichen Beitrag des Einkaufs zum Geschäftserfolg von Siemens A&D leisten. Es besitzt die Richtlinienkompetenz im strategischen Einkaufsprozess innerhalb des A&D-Einkaufsnetzwerkes (vgl. Abbildung 2-2).

Abbildung 2-2: *Richtlinienkompetenz von A&D Global Procurement*

Im Rahmen der Richtlinienkompetenz zur Steuerung und Koordination des weltweiten Einkaufsgeschehens nimmt A&D Global Procurement folgende Aufgaben wahr:

- Weltweite Bedarfsbündelung innerhalb Siemens A&D von direktem und indirektem Material sowie Investitionsbedarf
- Definition von bereichsweiten bzw. –übergreifenden Einkaufsstrategien
- Koordination des Lieferantenmanagements und Umsetzung für ausgewählte gebündelte Bereichslieferanten
- Durchführung von Top-Management-Meetings mit ausgewählten Lieferanten
- Planung, Controlling und Berichterstattung von Einkaufsaktivitäten für den Bereich A&D
- Bereitstellung und Pflege Siemens-A&D-einkaufsrelevanter Informationen in den relevanten Informationssystemen

- Unterstützung bei Entwicklung, Bereitstellung und Implementierung von standardisierten Informationssystemen und Werkzeugen
- Definition und Unterstützung bei der Implementierung gemeinsamer Einkaufsprozesse
- Mitwirkung an der Besetzung strategischer Einkaufsfunktionen in Abstimmung mit den Geschäftsgebieten und jeweiligen Personalabteilungen
- Weiterentwicklung der Einkaufsfunktion durch Umsetzung und Controlling siemensweiter Einkaufsprogramme
- Schaffung einer weltweiten Einkaufskultur von Siemens A&D

In diesem Rahmen kommt den bereichsweiten Bündelungsgremien, den sogenannten A&D Convoys (ADCs), eine herausragende Bedeutung zu. Besonderes Augenmerk liegt in den ADCs beispielsweise auf

- Informations- und Know-how-Sharing,
- der Formulierung gemeinsamer Einkaufsziele und Supply-Strategien,
- der Bündelung von Einkaufsvolumina,
- auf gemeinsamen Vertragsverhandlungen mit ausgewählten Lieferanten und
- einem abgestimmten Lieferantenmanagement.

Im ADC arbeiten alle Geschäftsgebiete zusammen, die im Materialfeld wesentliche Bedarfe bzw. Einkaufsaktivitäten haben. Ein Corporate Commodity Manager (CCM) koordiniert und treibt die Aktivitäten und vertritt den ADC nach außen, z.B. gegenüber den Top-Lieferanten, und nach innen, z.B. gegenüber den Einkaufsleitern, Q-Vertretern und zur Technik/Entwicklung.

ADCs gibt es für alle wesentlichen mechanischen, elektromechanischen und elektronischen Materialgruppen. Abbildung 2-3 (auf der folgenden Seite) gibt einen Überblick über die definierten ADCs.

2.2 Ziel und Aufbau des Strategic Material Segment Guide

Der Strategic Material Segment Guide bündelt in den einzelnen Commodities die dezentralen Aktivitäten und Verantwortlichkeiten zu einer gemeinsamen strategischen Ausrichtung. Systematisch wird eine integrierte Supply-Marktstrategie entwickelt, in der gemeinsame Vorgehensweisen für Handlungsfelder mit wesentlichem Synergiepotenzial festgelegt werden. Die anderen Handlungsfelder werden – bis auf weiteres – nicht gebündelt. Beispielsweise werden in einem Commodity Vorzugslieferanten definiert, mit denen das gemeinsame Volumen und eine integrierte Lieferantenstrategie verhandelt werden. Die Erschließung neuer regionaler Beschaffungsmärkte, z.B. in Südamerika oder China erfolgt abgestimmt. Hingegen bleiben Standardisierungsbemühungen oder die Definition von Vorzugsmaterialien (vorläufig) im Ermessen der einzelnen geschäftsführenden Einheiten.

***Abbildung* 2-3:**   *Materialfelder mit Bündelungsgremien bei A&D*

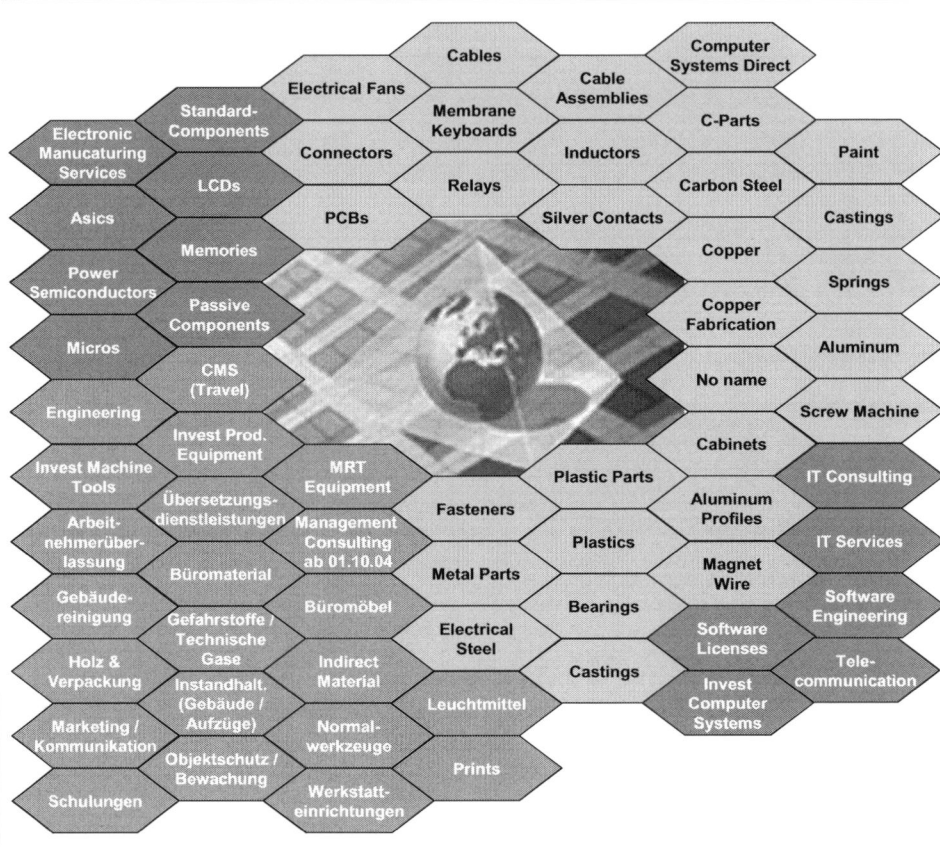

Konkret ist der Strategic Material Segment Guide ein strukturierter Foliensatz mit Templates. Im Sinne eines Leitfadens orientieren sich die Anwender bei der Entwicklung ihrer Supply-Marktstrategie an diesen Templates. Im Ausfüllen des Foliensatzes werden die Anwender bei der Strategieentwicklung angeleitet bzw. unterstützt. Ferner dient der Foliensatz zur Dokumentation und zur Präsentation der Strategie. So einfach diese Vorgehensweise klingt, so schwierig waren die Anforderungen an die Templates zu erfüllen:

▓ **Systematisch und umfassend:** Eine einfache und intuitiv verständliche Struktur ermöglicht eine systematische Ableitung der Strategie ohne langwierige Erläuterungen. Abbildung 2-4 veranschaulicht den Aufbau des Leitfadens: (1) Definition und Strukturierung des Marktes (2) Analyse der Marktsituation und deren Entwicklung (3) Zielsetzungen im Materialfeld (4) Analyse der Handlungsfelder (5) Strategy Map und Maßnahmen. Trotz der sehr unterschiedlichen Situation in den einzelnen Commodities werden umfassend alle denkbaren Handlungsfelder im Template berücksichtigt. Die Systematik orientiert sich an der 15M-Architektur der Supply-Strategie® nach Heß, insbesondere Strategiebaustein 2, Supply-Marktstrategie (vgl. Module 5 bis 8).

Abbildung 2-4: Struktur des Strategic Material Segment Guide

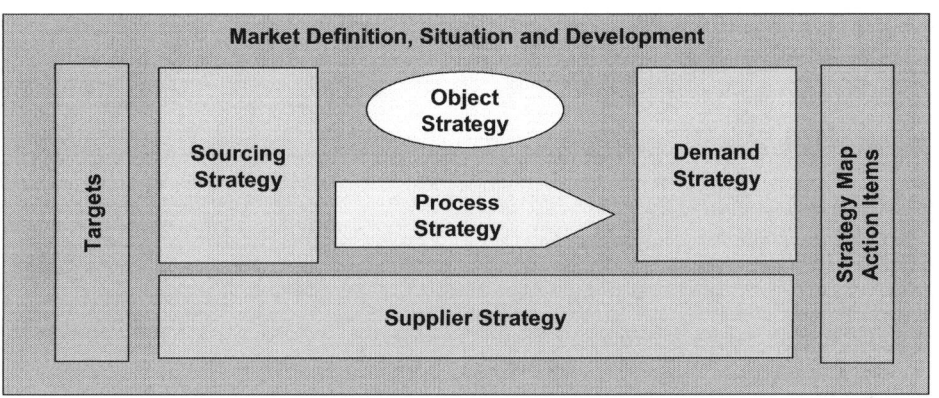

▓ **Flexibel und einheitlich:** Der Aufbau und die Themen des Leitfadens sind verbindlich, da eine einheitliche Vorgehensweise erhebliche Vorteile mit sich bringt (siehe unten). In den einzelnen Themen werden jedoch umfangreiche Freiheitsgrade eingeräumt, damit der Leitfaden den spezifischen Anforderungen der einzelnen Materialfelder gerecht wird. Darüber hinaus werden – im eingeschränkten Umfang – Zusatzseiten zugelassen.

▓ **Integriert:** Zu verschiedenen strategischen Fragestellungen sind bei Siemens bereits umfangreiche strategische Projekte und eine sehr differenzierte Tool-Landschaft vorhanden. So gibt es beispielsweise Tools zum strategischen Einkaufscontrolling und zum Lieferantenmanagement oder strategische Projekte zum Global Sourcing oder zum Risikomanagement. Strategie ist nun ihrer Idee nach gerade um einen ganzheitlichen und integrierten Blickwinkel bemüht. In diesem Rahmen ist es natürlich dringend geboten, die bestehenden Aktivitäten zu berücksichtigen und „nicht das Rad nochmals zu erfinden".

▨ **Effizient und einfach:** Die Anwendung des Leitfadens muss einfach sein. Die strategischen Einkäufer dürfen nicht mit neuen komplexen Planungsaktivitäten belastet werden. Insbesondere muss beachtet werden, dass die ADC-Mitglieder räumlich weit verstreut sein können und sich die Abstimmungsprozesse somit schwierig gestalten können. Vor diesem Hintergrund wurde der Foliensatz auf zehn Pflichtfolien beschränkt. Experimente mit umfangreichen Foliensätzen im Sinne einer umfänglichen Dokumentation des Materialfeldes haben sich eher nicht bewährt. Ebenso auf Basis umfangreicher Tests hat man sich für das Powerpoint-Format mit integrierten Exceltableaus entschieden. Ein erfahrener Corporate Commodity Manager, der im Rahmen der Übergabe seiner Aufgabe an einen Nachfolger den Strategieleitfaden eigenständig erstellt hat, konnte das Papier in hoher Qualität in weniger als einem Tag ausfüllen.

Mit dem Leitfaden wird eine geschlossene Argumentationskette aufgebaut (vgl. Abbildung 2-4). Aus der Markt- und Unternehmenssituation, über die verfolgten Zielsetzungen und einer präzisen Analyse der Handlungsoptionen erfolgt die Ableitung der zentralen strategischen Stoßrichtungen, die über Strategy Map in einen Aktionsplan heruntergebrochen wird. Im Detail gliedert sich der Leitfaden in die folgenden zehn Pflichtfolien (Executive-Charts). In den Abbildungen 2-5 bis 2-7 finden sich drei Beispiele, die inhaltlich anonymisiert und verfremdet wurden, aber einen Eindruck vom Charakter des Leitfadens vermitteln sollen.

1. **Market Definition, Segmentation and Development** (Abbildung 2-5): Neben der Definition des Marktes und seiner Segmente werden grundsätzliche Entwicklungen der Technologie oder marktlicher Aspekte aufgezeigt. Darüber hinaus werden wesentliche Marktzahlen aufbereitet. Zu beachten ist insbesondere die Halbwertszeit der Gültigkeit der Aussagen. Aktuelle Trends, die voraussichtlich nach wenigen Wochen veraltet sind, sollten eher nicht aufgenommen werden, da das Strategiepapier bestenfalls halbjährlich aktualisiert wird.

2. **Targets:** Neben den strategischen Stoßrichtungen (siehe Strategy Map in Folie 9) werden die Financial Targets und die Performance Targets im Materialfeld dargestellt. Bezüglich der finanziellen Targets verfügt Siemens über ein ausdifferenziertes Controllingsystem, so dass im Leitfaden nur eine knappe Zusammenfassung übernommen wird. Bei den Performance Targets führte die sehr heterogene Geschäftssituation in den verschiedenen Geschäftseinheiten dazu, dass die einzelnen Leistungsziele sehr unterschiedlich zu messen sind. Man denke beispielsweise nur an die Messung von Fehlerraten einerseits bei Großserien und andererseits im Großgerätebau. Über die Auswertung der Lieferantenbewertung der ADC-Lieferanten konnten materialfeldbezogene Leistungsziele formuliert werden.

Abbildung 2-5: *Strategic Material Segment Guide: Market Definition*

SMS-Guide

Automation and Drives

ADC xyz

Market Definition, Segmentation and Development

Executive-Chart 1

Market	Mechanical Parts XY	ESN	Siemens Schlüssel
Segments	CNC manufactured parts	Regions	Europe
	Tool bound manufactured parts		North America
			Far East

| CCM | Hr. Name | GCM | Hr. Name | Coach | Hr. Name |

Market Situation & Development:Technical Trends; Capacity & Prices

Technical Issues and Trends
Innovation cycles are long. Indicators are: higher ... and speed .... Automation increases: In-process quality measurement and testing; material transport etc.

Capacity Utilization
Europe: Production of xyz industry is growing. Shortages in capacity at single locations may occur, but can be overcome in mid-run. Investments are high. Further positive trend in business expected.

Price Development and Price Elasticity
Cost structure: Main driver is price of raw material (30–70% of production cost). Raw material: ...

Raw material: Price development, market structure, capacity in Europe, North America and China: see PuC xyz. data provided by CSP and "Branchenbrief" from A&D GP.

Others: Cost for labor, energy are rising but usually should be compensated by productivity.

Overall market estimation FY08:
Price level will remain high – overall – x% expected.

Market Analysis by Industries

In Mio. €	2005	2006	2007	growth
Total				
Automotive				
Communication				
Electrical Ind.				
Others				

Market Analysis by Suppliers

In Mio. €	2005	2006	2007	growth
Total				
Supplier 1				
Supplier 2				
Supplier 3				
Supplier 4				

Market Analysis by Regions

In Mio. €	2005	2006	2007	growth
Total				
Europe				
North America				
Far East				
Others				

Market Analysis by Segments

In Mio. €	2005	2006	2007	growth
Total				
Segment 1				
Segment 2				
Segment 3				
Segment 4				

Purpose and Strucure

Market Definition / Market Development

Targets

Demand and Object

Sourcing

Process

Supplier

Strategy

A&D GP Mar-08 Folie 2

3. **Demand and Object Strategy** (Abbildung 2-6): In den Charts 3 bis 8 werden die strategischen Handlungsoptionen analysiert. In der Demand Strategy wird die Zusammenarbeit mit weiteren Geschäftseinheiten und Regionen vorangetrieben. In der Objektstrategie wird geprüft, inwieweit über die Geschäftseinheiten hinweg abgestimmte Designstrategien verfolgt werden sollen. Am Chart 3 in Abbildung 2-6 wird deutlich, dass neben einer quantitativen Betrachtung auch besonderer

Wert auf eine qualitative Analyse und insbesondere auf die Formulierung der strategischen Optionen gelegt wird. Die Kastengrößen innerhalb des Charts sind flexibel.

Abbildung 2-6: *Strategic Material Segment Guide: Market Definition*

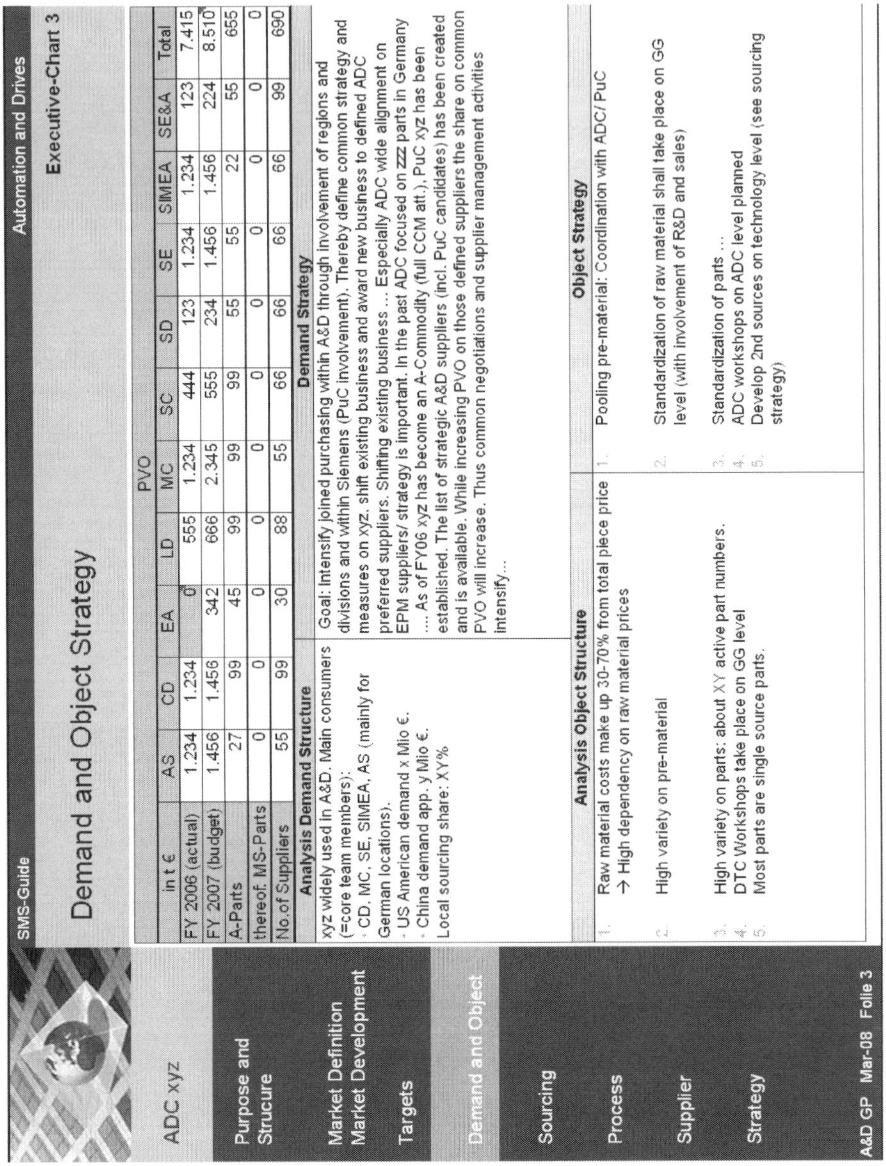

SMS-Guide

Automation and Drives

Executive-Chart 3

Demand and Object Strategy

ADC xyz

in t €	AS	CD	EA	LD	PVO MC	SC	SD	SE	SIMEA	SE&A	Total
FY 2006 (actual)	1.234	1.234	0	555	1.234	444	123	1.234	1.234	123	7.415
FY 2007 (budget)	1.456	1.456	342	666	2.345	555	234	1.456	1.456	224	8.510
A-Parts	27	99	45	99	99	99	55	55	22	55	655
thereof. MS-Parts	0	0	0	0	0	0	0	0	0	0	0
No. of Suppliers	55	99	30	88	55	66	66	66	66	99	690

Analysis Demand Structure

xyz widely used in A&D. Main consumers (=core team members):
- CD, MC, SE, SIMEA, AS (mainly for German locations).
- US American demand x Mio €.
- China demand app. y Mio €.
- Local sourcing share: XY%

Demand Strategy

Goal: Intensify joined purchasing within A&D through involvement of regions and divisions and within Siemens (PuC involvement). Thereby define common strategy and measures on xyz. shift existing business and award new business to defined ADC preferred suppliers. Shifting existing business ... Especially ADC wide alignment on EPM suppliers/ strategy is important. In the past ADC focused on zzz parts in Germany .... As of FY06 xyz has become an A-Commodity (full CCM att.). PuC xyz has been established. The list of strategic A&D suppliers (incl. PuC candidates) has been created and is available. While increasing PVO on those defined suppliers the share on common PVO will increase. Thus common negotiations and supplier management activities intensify....

Analysis Object Structure

1. Raw material costs make up 30-70% from total of piece price
   → High dependency on raw material prices
2. High variety on pre-material
3. High variety on parts: about XY active part numbers.
4. DTC Workshops take place on GG level
5. Most parts are single source parts.

Object Strategy

1. Pooling pre-material: Coordination with ADC/ PuC
2. Standardization of raw material shall take place on GG level (with involvement of R&D and sales)
3. Standardization of parts ....
4. ADC workshops on ADC level planned
5. Develop 2nd sources on technology level (see sourcing strategy)

Purpose and Strucure

Market Definition
Market Development

Targets

Demand and Object

Sourcing

Process

Supplier

Strategy

A&D GP   Mar-08   Folie 3

4. **Supplier Structure:** Neben einem Überblick über die wesentlichen Lieferanten und deren Liefervolumen bei den einzelnen geschäftsführenden Einheiten wird insbesondere untersucht und geplant, mit welcher Intensität die Beschaffungsaktivitäten im ADC gebündelt werden.

5. **Sourcing Strategy:** Auf dieser Folie wird die ideale Lieferantenzahl im Materialfeld diskutiert und geplant. In diesem Rahmen spielt die „Balance of Power" eine besondere Rolle. Zur Analyse des Mächtegleichgewichtes gibt es bei Siemens ein erprobtes Tool, das an dieser Stelle in den Leitfaden eingebunden wurde.

6. **Global Sourcing:** Beschrieben werden die internationale Verteilung der Sourcing-Aktivitäten im Materialfeld und die wesentlichen strategischen Stoßrichtungen in Bezug auf weitere Internationalisierung, z.B. welche Volumensverlagerungen angestrebt werden bzw. welche Zielländer aktuell im Fokus sind.

7. **Processes, Partnership and Supplier Status:** Welche strategischen Prozessverbesserungen werden im Rahmen des Materialfeldes angestrebt? Beispiele hierfür können die Einführung einer Kanban-Belieferung oder die Durchführung von e-Auctions sein. Da wesentliche Prozessverbesserungen häufig mit der partnerschaftlichen Einbindung von Lieferanten verbunden sind, wurden die Prozessanalyse und die Analyse der Lieferantenbeziehungen zusammengefasst. Der Supplier Status ist ein Siemens-Tool im Lieferantenmanagement zur strategischen Positionierung von Lieferanten.

8. **Supplier Strategy:** In Folie 8 wird die Strategie der Lieferanten näher ausgeführt, die im Supplier Status bewertet werden. Insbesondere werden überblicksartig die Ergebnisse der Lieferantenbewertung, der strategischen Analyse der Lieferanten und die Konsequenzen in Form einer Lieferantenstrategie betrachtet.

9. **Strategic Issues und Strategy Map** (Abbildung 2-7): Die grundlegende Strategie wird in Form von ein bis drei Strategic Issues (= strategische Stoßrichtungen) und einer Strategy Map formuliert. In Abbildung 2-7 findet sich eine Strategy Map für das vorgestellte Materialfeld.

Abbildung 2-7:   *Strategic Material Segment Guide: Strategy Map*

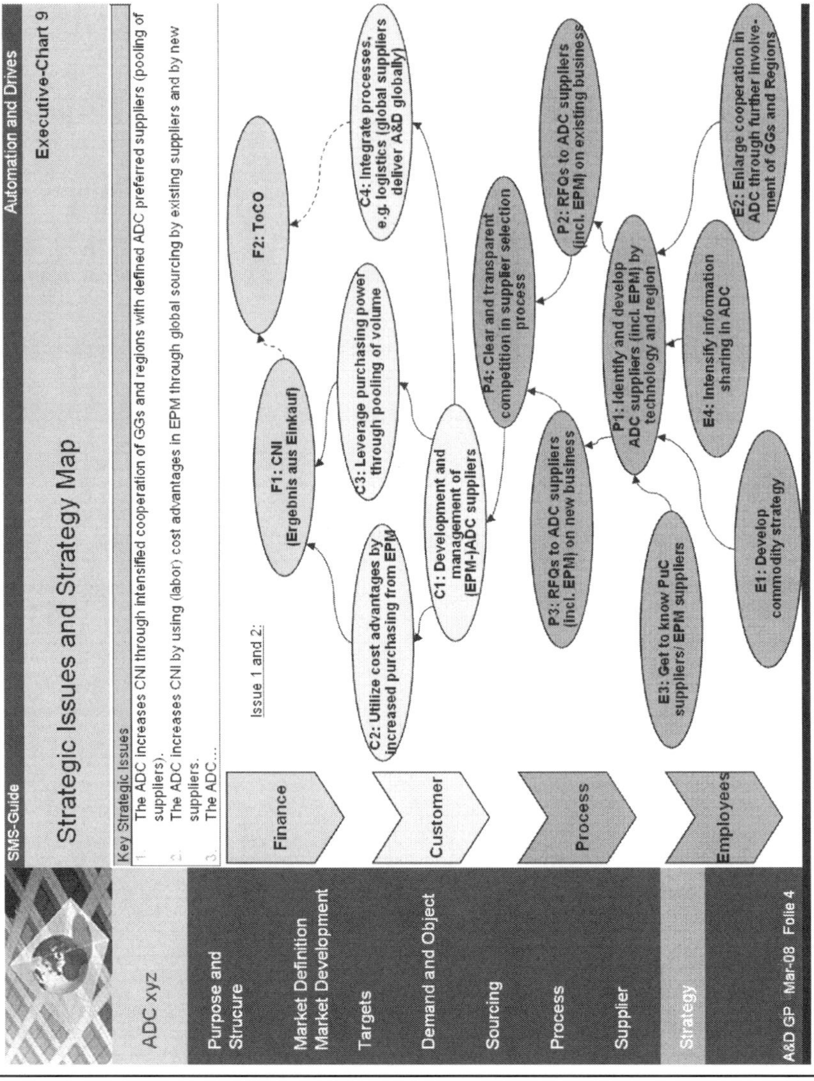

10. **Action Items and Highlights/Lowlights:** Strategie muss in Aktion gesetzt werden. Deshalb werden die strategischen Ziele aus der Strategy Map in konkrete Maßnahmen übersetzt. Wie für Maßnahmenpläne üblich werden die finanzielle Wirkung, der Erfüllungstermin sowie die Verantwortlichkeiten mit angegeben. In den Highlights und Lowlights werden die wesentlichen Erfolge und Misserfolge der vergangenen Jahre berichtet.

Neben diesen zehn Pflichtfolien besteht die Möglichkeit (wenige) weitere Zusatzfolien einzubinden. Im betrachteten Materialfeld wurden beispielsweise folgende zusätzliche Charts erstellt: (1) Übersicht über die ADC-Teamstruktur; (2) Tasks and Rules, die im ADC vereinbart waren; (3) ausführliche Beschreibung der Materialsegmente; (4) graphische Veranschaulichungen zu Einkaufsvolumina; (5) wichtige Links. Zu Präsentationszwecken können diese Folien beliebig ein- oder ausgeblendet werden.

2.3 Nutzeffekte beim Führen mit dem Strategic Material Segment Guide

Der Strategic Material Segment Guide hilft, die Beschaffungsaktivitäten in einzelnen Supply-Märkten bereichsweit strategisch auszurichten. Er wird vom Corporate Commodity Manager in enger Abstimmung mit den jeweiligen strategischen Einkäufern in den relevanten Geschäftseinheiten erstellt und je nach Dynamik der Marktentwicklung ein- bis zweimal jährlich aktualisiert. Auf Basis des Guides kann die Commodity-Strategie im Kreis der Einkaufsleiter der Geschäftseinheiten ein- bis zweimal jährlich vorgestellt und diskutiert werden. Im Einzelnen ergeben sich folgende Nutzeffekte:

- **Systematische Entwicklung der Supply-Marktstrategie:** Die Erfahrung zeigt, dass einige Commodity Manager zu einseitig auf einzelne strategische Hebel in ihrem Materialfeld fixiert sind. Weitere bedeutsame Ansatzpunkte einer Supply-Marktstrategie bleiben leicht ungenutzt. Insbesondere neue Trends werden eventuell erst spät wahrgenommen. Mit Hilfe des Leitfadens werden alle potenziellen Hebel im Materialfeld in Hinblick auf ihre strategische Relevanz regelmäßig überprüft und – falls interessant – näher analysiert.

  „Das Strategische der Strategie" wird durch die strategischen Stoßrichtungen und die Strategy Map herausgearbeitet. Das Tagesgeschäft eines „strategischen Einkäufers" ist streckenweise sehr operativ geprägt. Die strategische Ausrichtung erfolgt eher implizit über eine Vielzahl strategischer Einzelmaßnahmen. Die grundlegende Strategie gerät damit leicht aus dem Blick. Mit der Formulierung der strategischen Stoßrichtungen ergibt sich der heilsame Zwang zur Priorisierung und mit der Strategy Map der Zwang, den Pfad der Strategieumsetzung zu konkretisieren.

- **Strategie in Aktion setzen und strategisches Controlling:** Wie oben bereits ausgeführt wird im Leitfaden eine geschlossene Argumentationskette aufgebaut. Aus der Markt- und Unternehmenssituation, über die verfolgten Zielsetzungen und einer präzisen Analyse der Handlungsoptionen erfolgt die Ableitung der zentralen strategischen Stoßrichtungen, die über eine Strategy Map in einen Aktionsplan heruntergebrochen wird. Damit wird die Verknüpfung zwischen Strategie und Aktion für jeden Beteiligten transparent. Sehr frühzeitig kann der Strategieerfolg beurteilt werden. Bei Bedarf kann die Strategie bzw. der Aktionsplan nachjustiert werden. Insgesamt ergibt sich ein strategisches Controlling, mit dem die Strategieumsetzung gesteuert und der strategische Erfolg nachgewiesen werden kann.

▪ **Kommunikation zur Entwicklung und Umsetzung der Strategie:** Mit dem Leitfaden entsteht eine gemeinsame Sprache, die die umfangreiche Kommunikation zur Entwicklung und Umsetzung einer Supply-Marktstrategie stark vereinfacht. Die Einkaufsleiter profitieren durch die oben beschriebene Argumentationskette, weil damit die Logik der Strategie und die Qualität der Strategieumsetzung nachvollziehbar werden. Die einheitliche Struktur vereinfacht das Hineinfinden in die Strategie. Dies ist ein wesentlicher Vorteil, wenn man bedenkt, dass an einem Tag üblicherweise mehrere Supply-Marktstrategien diskutiert werden.

Ebenso wird die Kommunikation innerhalb des ADCs – wie bereits ausgeführt – stark unterstützt. Darüber hinaus hilft der Leitfaden bei der weiterführenden Kommunikation in den Geschäftseinheiten. Die einzelnen Commodity Manager müssen innerhalb ihrer Einheit die Strategie abstimmen und kommunizieren, beispielsweise mit Einkäufern in den Fertigungsstandorten bzw. cross-funktional mit der Logistik oder dem Qualitätswesen. Hier hilft schon allein die Existenz eines weitergabefähigen und weitgehend selbsterklärenden Dokuments. Da Schnittstellenpartner, z.B. in der Logistik oder in der Technik, leicht mit mehreren Commodities betraut sind, ist der identische Aufbau des Strategic Material Segment Guide in den verschiedenen Commodities als wesentlicher Vorteil anzusehen.

▪ **Integrative Sicht:** Aktuelle Themen, wie z.B. Intensivierung von Global Sourcing oder der Einsatz elektronischer Prozesse im Einkauf, werden bei Siemens üblicherweise konzernweit intensiv mit hervorragenden Instrumenten vorangetrieben. So sinnvoll dieser Ansatz ist, müssen in den einzelnen Materialfeldern die Querbeziehungen zu den anderen Hebeln der Supply-Marktstrategie hergestellt werden. Diese integrative Sicht wird durch den Leitfaden intensiv unterstützt.

▪ **Nachhaltige Optimierung:** Strategien müssen nachhaltig über längere Zeit fortentwickelt werden. Aufgrund der Langfristigkeit und der Komplexität der Aufgabenstellung gelingt es kaum, in einem Schritt die volle Wirkung der Strategie zu entfalten. Beispielsweise ist es nicht damit getan, im Rahmen einer Global Sourcing-Strategie ein gewisses Volumen nach China zu verlagern. Vielmehr ist es unter anderem notwendig, langfristig internationale Lieferantenbeziehungen zu entwickeln, die Standortfrage nachzujustieren oder die internationalen Prozesse und Steuerungsinstrumente zu optimieren. Auf Basis der regelmäßigen Überprüfung der Strategie und der transparenten Dokumentation wird die nachhaltige Entwicklung stark gefördert. Letztlich werden damit die Total Cost optimiert.

▪ **Personelle Nutzeffekte:** Zwei weitere Nutzeffekte, die sich als sehr bedeutsam herausgestellt haben, sind im personellen Umfeld zu sehen. Mit dem Strategic Material Segment Guide werden die strategische Analyse und die Strategie im Supply-Markt detailliert dokumentiert. Dies erleichtert den Übergang von einem Corporate Commodity Manager auf seinen Nachfolger. Das grundlegende Wissen zur Supply-Markstrategie ist im Unternehmen gesichert und die Übergabegespräche können sehr gezielt und effizient geführt gehen.

Zum zweiten bietet der Guide neuen Mitarbeitern, die noch keine Erfahrung im Materialfeld besitzen, eine hervorragende Systematik, um sich in das Materialfeld einzuarbeiten. Letztlich kann der neue Mitarbeiter nach und nach die einzelnen Themenblöcken im Guide für sich erarbeiten und lernt so das Materialfeld im Detail kennen.

Redaktionsschluss: 31. Juli 2007

Zu den Autoren:

Reinhold Schindler ist als Global Commodity Manager Mechanics im Global Procurement bei Siemens AG Automation and Drives für die globale Bündelung der Materialsegmente der Mechanik und den damit verbundenen Sourcing-Strategien verantwortlich.

Matthias Schuster ist als Corporate Commodity Manager für ein strategisches Materialfeld bei Siemens AG Automation and Drives zuständig. Er absolvierte nach Abschluss seines Studiums zum Diplom-Wirtschaftsingenieur das Siemens Graduate Program und war seitdem in verschiedenen Einkaufsfunktionen tätig.

3 Supply-Marktstrategien im Supply-Bereich Kunststoff bei Cherry GmbH

Von Thomas Hümmer

Eingabegeräte von Cherry sind jedermann/jederfrau bekannt. Als Mechatronik-Spezialist ist Cherry aber auch mit vielfältigen Anwendungen beispielsweise in der Automobil- und in der Hausgerätebranche erfolgreich. Im Supply-Bereich Kunststoffe werden die Entwicklung einer Hauptlieferantenstrategie und die Globalisierung mit Hilfe von Supply-Marktstrategien und von Lieferantenstrategien systematisch unterstützt. Die Vorgehensweise basiert auf der 15M-Architektur der Supply-Strategie® von Heß. Im Artikel werden erste Erfahrungen bei der Entwicklung einer Supply-Strategie beschrieben.

3.1 Cherry GmbH Auerbach

Die Cherry Corporation mit Hauptsitz in Pleasant Prairie, Illinois, USA, zählt zu den weltweit führenden Herstellern von Computer Eingabegeräten sowie Komponenten für Anwendungen in den Bereichen Automotive, Industrie und Weiße Ware. Seit der Gründung durch Walter Cherry im Jahr 1953 ist die Cherry Corporation zu einer weltweit agierenden Unternehmensgruppe mit derzeit 3000 Mitarbeitern und Produktionsstätten in Europa, USA und Asien angewachsen.

Die Cherry GmbH wurde 1963 als Tochtergesellschaft der Cherry Corporation in Auerbach in der Oberpfalz gegründet und fungiert heute als europäische Hauptniederlassung und Entwicklungszentrale.

Die über 2000 Mitarbeiter der Cherry GmbH in Auerbach, Bayreuth und Klasterec in Tschechien erwirtschafteten im Jahr 2006 einen Umsatz von ca. 200 Mio. €. Cherry verfügt als Mechatronik-Spezialist gleichermaßen über Kernkompetenzen in Mechanik, Kunststofftechnik, Elektronik und Hard- und Software. Cherry ist in den drei folgenden Geschäftsfeldern aktiv (vgl. Abbildung 3-1):

Computer Eingabegeräte: Seit 1967 entwickelt und produziert die Cherry GmbH Tastaturen und ist damit der weltweit älteste Tastaturhersteller. Der Marktführer im Bereich der kabelgebundenen Standardtastaturen entwickelt und produziert Lösungen sowohl für den Business-Bereich als auch für den Endkundenmarkt. Neben den so genannten Standardtastaturen zählen auch designstarke Consumerprodukte, sowie Produktlösungen (beispielsweise Chip- und Magnetkartenleser) für den Bereich IT-Security und Gesundheitswesen zu dem umfangreichen Produktportfolio.

Automotive: Cherry steht für weltweite Mechatronik-Entwicklungskompetenz zur Steigerung von Komfort und Sicherheit im Automobil und arbeitet meist als Entwicklungspartner mit Tier 1-Lieferanten zusammen. Schalter, Sensoren, Bedienelemente oder Steuerungen von Cherry finden sich in vielfältigen Applikationen, im Antriebsstrang, in der Karosserie, im Interieur oder in Komponenten der passiven Sicherheit. Mittlerweile finden sich Cherry-Produkte in vier von fünf Neuwagen in Europa.

Schalter & Steuerungen: Im Bereich Schalter, Steuerungen und Sensoren bietet Cherry ein breites Spektrum kundenspezifischer Industrie- und Hausgeräte-Anwendungen, die sich von millionenfach bewährten Miniaturschaltern, über Steuerung von Kochfeldern bis hin zu magnetischen Näherungs- und Geschwindigkeitssensoren erstrecken.

Abbildung 3-1: *Geschäftsfelder der Cherry GmbH*

Computer-Eingabegeräte   **Automotive**   **Schalter & Steuerungen**

Kundenspezifische Lösungen, Produktmodifikationen oder -neuentwicklungen erfordern heute vor allem eines: Eine flexible Produktion, die allen Maßstäben an Effizienz genügt. Denn nur dann kann man kundengerecht und zugleich wirtschaftlich produzieren. Dies erfordert einen hohen Automatisierungsgrad, neueste Technologien und motivierte und verantwortungsbewusste Mitarbeiter. Im Jahr 2005 wurde Cherry zur „Besten Fabrik" gekürt, dem renommierten Preis, der jährlich u.a. vom Magazin „Wirtschaftswoche" verliehen wird. In diesem Rahmen wird nicht nur die beste Fertigung, sondern die gesamte Supply Chain vom Lieferanten bis hin zum Endkunden bewertet. Die folgend geschilderte Formulierung einer Supply-Strategie erfolgt also im Umfeld eines anspruchsvollen und bereits gut entwickelten Supply Managements.

3.2 Ausgangssituation der Kunststoffmarkt-strategien

Kunststoffe sind neben Elektronik, Elektromechanik, Metalle und Logistikleistungen einer der großen Supply-Bereiche bei Cherry und vereinen ca. 25 % des Einkaufsvolumens auf sich. Einerseits werden Kunststoffteile und –komponenten bei mittelständig geprägten Lieferanten und andererseits Granulate bei den bekannten Chemiekonzernen beschafft. Insgesamt sind fünf Einkäufer im Kunststoffbereich aktiv. Aufgrund seiner Bedeutung wurde der Kunststoffbereich als „Pilot" zur Entwicklung von Supply-Marktstrategien und von Lieferantenstrategien gewählt. Im Projekt wurden zunächst Marktstrategien und in Folge Lieferantenstrategien entwickelt.

Basisstrategie definieren: Zu Beginn des Projektes wurde zunächst der strategische Rahmen der Supply-Marktstrategien in einem Workshop geklärt. Als wesentliche Vorgaben aus der Unternehmensstrategie wurden für die Supply-Marktstrategien folgende Basisstrategien definiert (vgl. 15M-Architektur®, Modul 1):

- Identifizieren und Überwindung von wachstumslimitierenden Bedingungen im Beschaffungsmarkt

- Neue Technologien für neue Applikationen bereitstellen

- Kostenoptimierung, insbesondere durch (intensivere) Globalisierung

- Intensivere Einbindung der Lieferanten in die Innovationsprozesse zur Optimierung des Innovationsmanagements

Strategische Konsequenzen für den Kunststoffmarkt: Neben der Intensivierung von Global Sourcing wurde die Form der Lieferanteneinbindung als die bedeutendste Konsequenz der Basisstrategien für die Kunststoffmärkte gesehen. Dabei ist zu beachten, dass das Geschäft von Cherry stark projektgetrieben ist. Im Rahmen eines Kunden- bzw. eines Eigenprojektes werden jeweils die Lieferantenaufträge meist als Rahmenvertrag für die gesamte Projektlaufzeit vergeben. Das Zusammenspiel von Fach- und Projekteinkauf gehört somit zu den besonderen Stärken von Cherry. Eine projektweise Optimierung der Lieferantenauswahl behindert allerdings eine mittel- bis langfristige Lieferantenentwicklung, da letztlich die Stetigkeit in der Zusammenarbeit fehlt. Damit ergeben sich Schwierigkeiten in der Projektabwicklung, die zu Prozesskosten in Einkauf, Logistik und Qualitätsmanagement führen. Darüber hinaus kann Kontinuität die Zusammenarbeit mit Lieferanten im Entwicklungsprozess vereinfachen. Aus diesen Überlegungen heraus wurde der Vorteil einer Hauptlieferantenstrategie identifiziert. Mit den besten Lieferanten (= Hauptlieferanten) soll (möglichst) langfristig zusammengearbeitet werden, so dass auch die gemeinsamen Prozesse in Entwicklung, Einkauf, Qualität und Logistik langfristig optimiert werden können.

3.3   Strategische Optionen analysieren

Märkte definieren und segmentieren (vgl. 15M-Architektur®, Module 4 und 5): Auf Basis dieser strategischen Vororientierung musste im nächsten Schritt der Supply-Bereich Kunststoffe in Märkte und Marktsegmente marktorientiert strukturiert werden. Diese Struktur ist schon allein deshalb wichtig, da sich ja die bevorzugte Zusammenarbeit mit Hauptlieferanten jeweils auf einzelne Marktsegmente bezieht. Dieser Schritt stellte sich als nicht trivial heraus. Letztlich ergaben sich vier für Cherry wesentliche Kunststoffmärkte:

- Thermoplastische Kunststoffteile

- Kunststoffgranulate

- Silikon- und Elastomerteile

- Druckguss

Der Markt für thermoplastische Kunststoffteile stellte sich als intern inhomogen heraus, so dass er in Nicht-Sichtteile, Insert Molding, Sichteile, Mehrfachkomponenten und kunststoffeingebundene oder umspritzte Magnete segmentiert wurde.

Steckbrief zu Supply-Märkten: Im Markt für thermoplastische Kunststoffteile, dem Kunststoffmarkt mit dem größten Einkaufsvolumen, wurde ein Supply-Marktsteckbrief erarbeitet. Die Aussagen wurden nach den Segmenten differenziert. Der Steckbrief strukturiert sich in folgende Abschnitte (vgl. 15M-Architektur®, Module 5 bis 8):

- Marktanalyse mit Definition der Marktsegmente, Marktentwicklung, technologische Trends, Allokationsgefahren, Preisentwicklung und Sonstiges

- Gestaltungsdimensionen: Analyse und strategische Handlungsoptionen

- Strategische Stoßrichtungen (siehe unten)

- Sourcing-Strategie (siehe unten)

3.4   Strategien ableiten

Strategische Stoßrichtungen: Strategische Stoßrichtungen beschreiben die strategische Ausrichtung im Supply-Markt (vgl. 15M-Architektur® Modul 8). Für den Markt für thermoplastische Kunststoffteile wurden beispielsweise folgende strategische Stoßrichtungen formuliert: Entwicklung und Umsetzung der Lieferantenstrategien in Bezug auf Haupt- und Potenziallieferanten. Die anderen Stoßrichtungen beziehen sich auf die Entwicklung unterbesetzter Segmente, die Intensivierung der Globalisierung mit Schwerpunkt Osteuropa und die Lieferantenfrüheinbindung.

Sourcing-Strategie: Als besonders bedeutsam hat sich die Formulierung der Sourcing-Strategie und darin insbesondere die Frage nach der optimalen Lieferantenzahl herausgestellt, so dass hierauf am Beispiel thermoplastischer Kunststoffteile näher eingegangen werden soll. Abbildung 3-2 zeigt die Vorgehensweise, jedoch etwas verkürzt und um die aktuellen Zahlenwerte bereinigt. Schrittweise wird nach der richtigen Lieferantenzahl gefragt:

1. Wie viele Lieferanten werden in den einzelnen Marktsegmenten benötigt, um bei den Lieferanten jeweils möglichst zu den Top 5-Kunden zu gehören?

2. Wie viele Lieferanten werden in den einzelnen Marktsegmenten benötigt, um einen ausreichenden Wettbewerb sicherzustellen?

3. Als besondere Herausforderung hat sich die Beurteilung der technischen Spezialisierungen herausgestellt. Mittelfristig sollten alle technischen Spezialisierungen im Marktsegment durch die Hauptlieferanten abgedeckt werden. In der Ausgangssituation musste allerdings sehr darauf geachtet werden, dass alle technischen Spezialisierungen überhaupt mit hervorragenden Lieferanten bedient werden konnten.

4. Die Global Sourcing-Ziele wurden berücksichtigt.

5. Zukünftige Wachstumsengpässe wurden geprüft, aber nicht festgestellt.

Abbildung 3-2: *Analyse der Lieferantenzahl und Entwicklung einer Sourcing-Strategie (stark modifiziert, nur zur beispielhaften Darstellung)*

Kriterien zur Identifikation der Sourcing-Strategie	Analyseergebnis im Supply-Markt für Thermoplaste
Abschätzung der Lieferantenzahl nach Lieferantenvolumen (Bündelung und Risiko) (min. x %, max. y % Volumen eines Lieferanten, wir wollen möglichst unter den Top 5 sein.)	EKV für Thermoplaste ca. a Mio €: typisches Umsatzvolumen der Lieferanten ca. b Mio €: Konsequenz mindestens c Lieferanten Aufteilung in weitere Einzelsegmente: EKV Segment 1: ca. d Mio €; analog e Lieferanten EKV Segment 2: ca. f Mio €; analog g Lieferanten EKV Segment 3: ca. h Mio €; analog i Lieferanten EKV Segment 4: ca. j Mio €; analog k Lieferanten
Notwendige Lieferantenzahl zur Intensivierung oder Aufrechterhaltung des Wettbewerbs oder zur Entwicklung von Partnerschaft im Supply Marktsegment	Segment 1: (e+x) Lieferanten Segment 2: (g + x) Lieferanten Segment 3: ca. i Lieferant Segment 4: ca. k Lieferant
Technologische Spezialisten im Segment: Lieferanten mit Spezialkompetenzen	x Lieferanten für Mikrospritzgießen; x Lieferanten für Multikavitäten … …. (weitere Kompetenzen siehe Beschaffungsmarkt-Steckbrief)
Global Sourcing Strategie im Supply-Marktsegment	Beschaffung auf Basis einer Total Cost Analyse in den neuen Beschaffungsmärkten, z.B. in Asien und in Osteuropa
Wachstumsengpässe betrachten	Im Markt und bei Lieferanten nicht zu beobachten

Um den Handlungsbedarf bei der Umsetzung der Sourcing-Strategie zu identifizieren, wurden im nächsten Schritt die aktuellen Lieferanten beurteilt und klassifiziert (vgl. 15M-Architektur®, Modul 9). Die Beurteilung erfolgte nach folgenden Dimensionen:

- Bewertung der Ergebnisse aus der Leistungsbewertung und der Qualitätsleistung

- Bewertung des Leistungspotenzials hinsichtlich der Entwicklungsleistung, der Qualitätsleistung und der Logistik

▨ Bewertung der Risiken, z.B. Nachfolgeregelung, Insolvenzrisiko, Risiken des Herkunftslandes

Zunächst wurde das zukünftige Entwicklungspotenzial der Lieferanten beurteilt, indem die beiden Dimensionen „Leistungspotenzial" und „Lieferantenrisiko" mit Hilfe eines Portfolios zu vier Kategorien zusammengefasst wurden:

▨ **Leader** sind Lieferanten, die beide Kategorien sehr gut erfüllen.

▨ **Granit** sind Lieferanten mit mittlerem Leistungspotenzial und niedrigem Risiko.

▨ **Rocket** sind Lieferanten mit hohem Leistungspotenzial und mittlerem Risiko.

▨ **On Hold** sind alle anderen Lieferanten.

In der Lieferantenbeuteilung wurde die Einschätzung zum Entwicklungspotenzial der Lieferanten mit deren Leistungsbewertung in der Vergangenheit kombiniert. Entsprechend Abbildung 3-3 erfolgte eine Klassifizierung nach Hauptlieferanten und Potenziallieferanten, denen das Potenzial zu Hauptlieferanten zugetraut wird. Die übrigen Lieferanten wurden als Standardlieferanten eingeordnet, mit denen fallweise zusammengearbeitet werden soll.

Im nächsten Schritt wurden die Haupt-, Potenzial- und Standardlieferanten den Marktsegmenten und den technischen Spezialisierungen zugeordnet. Damit ergibt sich zum einen eine Bidderlist, in der definiert wird, welche Lieferanten bei welchen Bedarfen angefragt werden dürfen. Zum zweiten können die Segmente und die technischen Spezialisierungen danach beurteilt werden, ob die bestehenden Lieferanten entwickelt oder neue Lieferanten identifiziert werden müssen.

Abbildung 3-3: *Lieferantenbeurteilung im Markt für thermoplastische Kunststoffteile (stark modifiziert, nur zur beispielhaften Darstellung)*

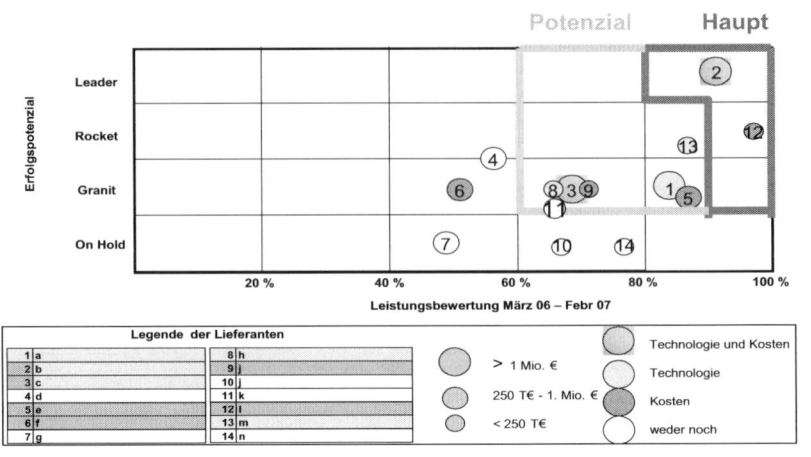

Interne Lieferantenstrategien definieren: Zu den Haupt- und Potenziallieferanten wurden Lieferantenstrategien entwickelt (vgl. 15M-Architektur®, Modul 10). Auf Basis der oben beschriebenen Bewertungen der Lieferanten sollen in Workshops gemeinsam mit den cross-funktionalen Partnern Entwicklungsziele für die Zusammenarbeit mit dem Lieferanten identifiziert und priorisiert werden. Insbesondere soll geprüft werden, inwieweit hervorragende Haupt- und Potenziallieferanten mittelfristig weitere Aufgabenumfänge übernehmen können. Damit soll die Lieferantenzahl trotz Ausweitung des Geschäftes und trotz der Globalisierung in etwa auf dem aktuell erreichten Niveau verharren. Ferner wird zwischen beteiligten Abteilungen das Vorgehen gegenüber dem jeweiligen Lieferanten abgesprochen. Erste Erfahrungen mit derartigen Lieferanten-Workshops zeigen, wie fruchtbar der cross-funktionale Dialog zur Abstimmung der Interessen gegenüber Lieferanten ist.

3.5 Strategieumsetzung steuern und weiteres Vorgehen

Die Strategieumsetzung erfordert ein konsequentes und nachhaltiges Vorgehen, in dem gleichermaßen die Führungskräfte wie die Einkäufer gefordert sind (vgl. 15M-Architektur®, Modul 14). Die Tabelle 3-1 gibt einen Überblick über die geplanten Dokumente, die beabsichtigte Controllingstruktur und die damit verbundenen Verantwortlichkeiten. Dabei steht „K-Team" für die strategischen Einkäufer im Kunststoffbereich und „Supply-Team" für die cross-funktionalen Teams.

Tabelle 3-1: *Geplantes Controllingsystem zur Umsetzung der Supply-Marktstrategie*

Dokument	monatlich	quartalsweise	jährlich
Supply-Marktstrategie		Maßnahmen fortschreiben (Supply-Team)	Strategie fortschreiben (K-Team)
Lieferantenstrategie extern + intern		Maßnahmen fortschreiben (Supply-Team)	Strategie fortschreiben (K-Team)
Lieferantenbeurteilung Potenzial + Klassifizierung			neubewerten (Supply-Team)
Lieferantenbewertung	monitoren (Einkäufer)		
Action Items	monitoren + nachjustieren (Einkäufer)	fortschreiben aus strategischen Maßnahmen (Einkäufer)	
Präsentationsfoliensatz			eventuell jährlich überarbeiten

Nach einer erfolgreichen Einführung der Kunststoff-Marktstrategien sollen im nächsten Schritt die Strategien der weiteren Supply-Bereiche entwickelt werden. Wie bei jeder Entwicklung eines neuen Managementsystems bleiben im ersten Entwurf Verbesserungspotenziale, die es in den kommenden Planungsrunden zu heben gilt (vgl. 15M-Architektur®, Modul 15). Ob bzw. wann das System mit der Supply-Rahmenstrategie (vgl. 15M-Architektur®, Module 1 bis 4 und 12 bis 13) vervollständigt wird, ist noch nicht entschieden.

Mit der beschriebenen Vorgehensweise ist die Basis einer systematischen strategischen Entwicklung in den Beschaffungsmärkten sowie in der Zusammenarbeit mit den Lieferanten gelegt. Besonders positiv hat sich das vorgestellte System als Leitfaden zur nachhaltigen Strategieentwicklung erwiesen. Jedem Einkäufer ist im hektischen Alltag die strategische Ausrichtung im Kunststoffmarkt bewusst, so dass er sie zum Maßstab seines Handelns machen kann. Ferner hat sich das System als Kommunikationsinstrument im Unternehmen sehr bewährt.

Thomas Hümmer ist Leiter Einkauf Mechanik bei der Cherry GmbH in Auerbach.

4 Supply-Marktstrategie für Mineralguss bei Satisloh GmbH

Von Christian Endlicher

Die Satisloh GmbH Wetzlar ist als mittelständischer Werkzeugmaschinenhersteller mit Schwerpunkt Brillen- und Feinoptik einem globalen Technologiewettbewerb ausgesetzt. Am Beispiel der Engpass-Materialgruppe Mineralguss wird die stringente Verknüpfung der Unternehmensstrategie mit einer technologieorientierten Supply-Marktstrategie deutlich: Von der Vision über die Basisstrategie und die Supply-Marktanalyse wird eine Strategieroadmap und ein konkreter Aktionsplan für den Mineralgussmarkt abgeleitet. Mit vertretbarem Aufwand wird eine Supply-Marktstrategie entwickelt und umgesetzt. Weitere Supply-Markt- und Lieferantenstrategien können folgen. Die Entwicklung zur umfassenden Supply-Strategie kann – nach Verfügbarkeit von Ressourcen im strategischen Einkauf – schrittweise fortgesetzt werden.

4.1 Satisloh GmbH Wetzlar

Die Satisloh GmbH Wetzlar ist ein mittelständischer Werkzeugmaschinenhersteller, der seinen Kunden Komplettlösungen für die Fertigung von brillen- und feinoptischen Produkten sowie das komplette Sortiment an Hilfs- und Betriebsstoffen für die Optikfertigung bietet (vgl. Abbildung 4-1). Innovationsstärke ist die zentrale Kernkompetenz der Satisloh GmbH Wetzlar. Kein anderes Unternehmen im Optik-Maschinenbau bietet seinen Kunden die gleiche Zahl und Qualität an Innovationen an.

Die Satisloh GmbH Wetzlar ist eine rechtlich selbständige Organisationseinheit des Konzerns Schweiter Technologies AG mit Sitz in Horgen, Schweiz. Im Jahr 2006 erzielte die Satisloh GmbH Wetzlar mit rund 430 Mitarbeitern einen Umsatz in Höhe von 240 Mio. CHF.

Abbildung 4-1: *Satisloh GmbH Wetzlar: VFT-Ultra; Maschine zur Herstellung von Frei-formoberflächen in der Brillenglasfertigung*

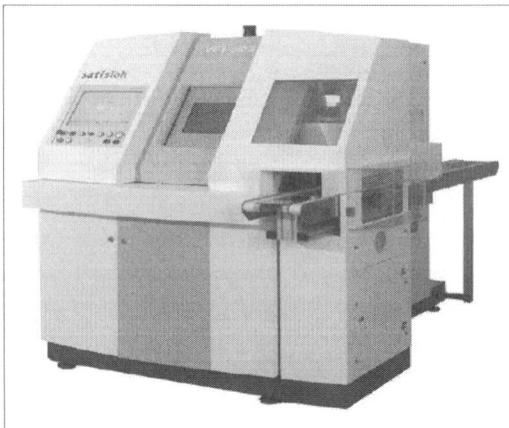

Der zentrale Standort der Satisloh GmbH befindet sich in Wetzlar mit einer der drei Hauptproduktionsstätten, der Entwicklung sowie der Ersatzteildistribution und dem Service. Das Firmennetz umfasst weltweit 31 Vertretungen (Abbildung 4-2).

Abbildung 4-2: *Standorte der Satisloh GmbH Wetzlar*

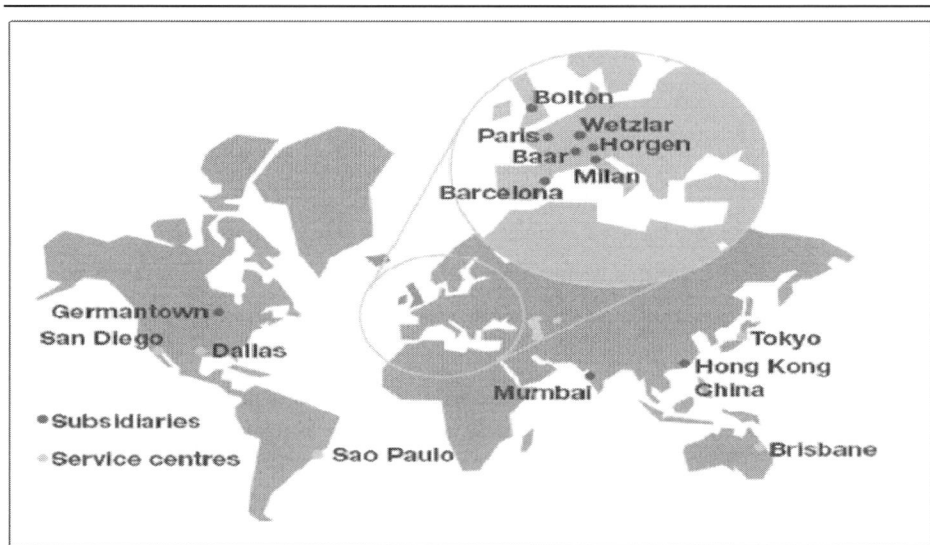

Derzeit vollziehen der Einkauf und die Beschaffung einen intensiven Wandel in Richtung Strategieorientierung, da auf Basis der Konzernstrategie die Wertschöpfungstiefe, insbesondere bei der mechanischen Fertigung, stark reduziert wird. Aktuell besteht die Einkaufsabteilung aus zwei strategischen und zwei operativen Einkäufern. Im Geschäftsjahr 2006 betrug das Einkaufsvolumen rund 45 Mio. €.

4.2 Aspekte der Supply-Rahmenstrategie

In der Brillenoptik – dem Hauptabsatzmarkt der Satisloh GmbH Wetzlar – herrscht derzeit ein intensiver Technologiewettbewerb. Die Kunden investieren insbesondere in Maschinen, die eine flexible Freiformflächenfertigung ermöglichen. Technologieführerschaft und Time-to-Market zählen zu den kritischen Erfolgsfaktoren im Markt. Verschärft wird die Wettbewerbsituation durch einen Konzentrationsprozess bei den Abnehmern mit der Konsequenz einer stark zunehmenden Nachfragebündelung bei Werkzeugmaschinen.

„We shape the future of optical manufacturing with people dedicated to the success of our customers and ourselves all over the world". Ausgehend von dieser Vision und der Strategie der Satisloh GmbH Wetzlar leiten sich folgende Basisstrategien für das Supply Management ab (vgl. Modul 1 der 15M-Architektur der Supply-Strategie® von Heß):

▓ Der Fokus der Unternehmensstrategie der Satisloh GmbH Wetzlar liegt auf Innovation und Technologieführerschaft. Entsprechend muss der Schwerpunkt im Supply Management bei der Auswahl technologisch starker und innovativer Lieferanten liegen.

▓ Aus der Konzernstrategie, sich auf ausgewählte Kernkompetenzen zu fokussieren und somit die Wertschöpfungstiefe zu reduzieren, folgt die Notwendigkeit einer aktiven Mitarbeit von Lieferanten im Entwicklungsprozess. Insbesondere ist die Einbindung der Kernkompetenzen von Lieferanten über intensive Entwicklungspartnerschaften abzusichern.

▓ Die Technologieposition muss durch Zuverlässigkeit der Produkte und der Belieferungsprozesse unterstützt werden. Insofern sind vom Supply Management eine exzellente Qualität und eine hohe Versorgungssicherheit bei Zukaufteilen zu gewährleisten.

▓ Aus den Renditezielen des Unternehmens leitet sich direkt die Bedeutung der Kostenposition auf den Beschaffungsmärkten ab. Trotzdem ist die Priorisierung eindeutig: Technologie und Qualität vor Kosten.

Das Beschaffungsspektrum der Satisloh GmbH Wetzlar unterteilt sich in die Bereiche Rotationsteile, kubische Teile und Werkzeugfertigung und wurde im Jahr 2002 in

22 Hauptwarengruppen untergliedert. Derzeit sind rund 8.000 technologisch überwiegend anspruchsvolle Teile aktiv. Die Losgrößen liegen meist nur zwischen 5 und 100 Stück. Abbildung 4-3 zeigt einen Auszug aus dem Supply-Marktportfolio der Satisloh GmbH Wetzlar (vgl. Modul 4 der 15M-Architektur®).

Abbildung 4-3:   *Supply-Marktportfolio der Satisloh GmbH Wetzlar*

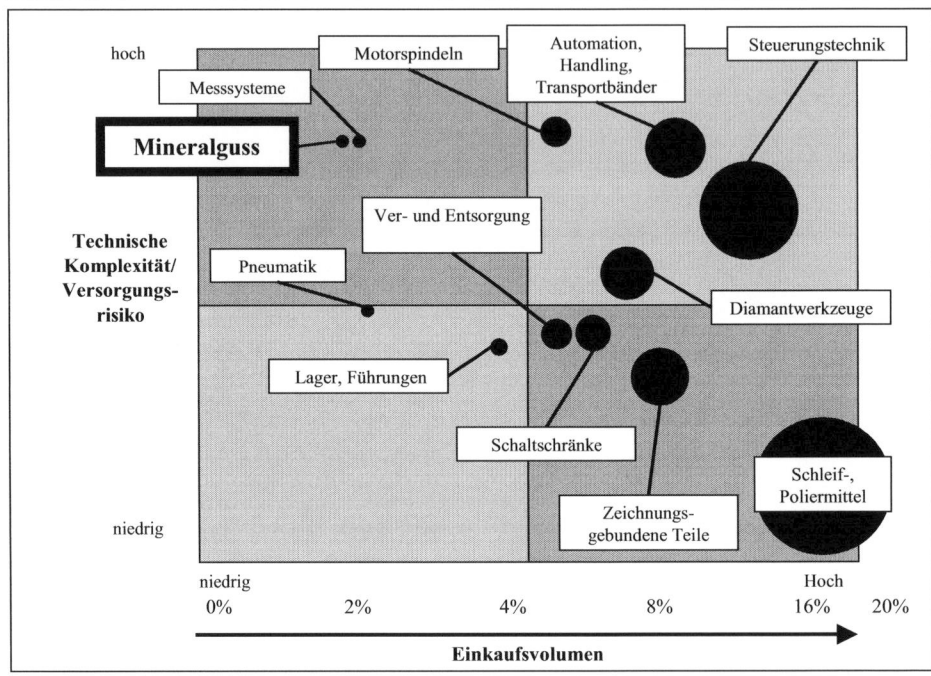

Die Warengruppe Mineralguss, deren Supply-Marktstrategie im Folgenden näher betrachtet werden soll, ist als „Engpassmaterial" eingeordnet. Dem eher geringen Einkaufsvolumen stehen sowohl eine hohe technische Komplexität als auch ein hohes Versorgungsrisiko gegenüber. Aus dieser Einordnung folgt die Normstrategie, die „Risiken zu minimieren und die Versorgung zu sichern".

4.3 Marktanalyse und Ziele für Mineralguss

Seit dem Jahr 2000 verwendet die Satisloh GmbH Wetzlar Mineralguss als Werkstoff bei Maschinenbetten. Es handelt sich um zeichnungs- und formgebundene Teile. Die Marktanalyse zeigt folgendes Bild (vgl. Modul 5 der 15M-Architektur®):

Technologie und Technologieentwicklung: Gegenüber dem herkömmlichen Eisenguss bietet der Werkstoff Mineralguss erhebliche Vorteile:

- Bis zu zehnmal bessere Schwingungsdämpfung: Dies ist bei sehr dynamischen Bearbeitungsprozessen von großem Vorteil.

- Die hohe spezifische Wärmekapazität und niedrige Wärmeleitfähigkeit bewirken ein träges Verhalten von Mineralguss gegenüber kurzzeitigen Temperatureinflüssen und Raumtemperaturschwankungen. Daraus resultieren kleinere temperaturabhängige Verformungen des Gestelles und damit höhere Genauigkeiten.

- Hoher Integrationsgrad führt zur Einsparung bei Montagestunden: Aufgrund niedriger Verarbeitungstemperaturen können Rohrleitungen, Kabel, Schläuche usw. direkt in das Material eingegossen werden.

- Durch die Herstellung endgenauer Montageflächen können die Kosten für eine mechanische Bearbeitung des Mineralgussproduktes entfallen.

- Mineralguss ist problemlos zu recyceln sowie zu entsorgen.

Aufgrund dieser positiven Eigenschaften hat sich Mineralguss als Werkstoff durchgesetzt. Es wird mit einer weiteren dynamischen Entwicklung der Technologie gerechnet.

Markt und Preisentwicklung: Der europäische Markt für Mineralguss ist derzeit noch klein und mit insgesamt sieben ernstzunehmenden Lieferanten überschaubar. Aufgrund der positiven Materialeigenschaften wird mit einer dynamischen Marktentwicklung gerechnet. Allerdings werden keine Allokationsphasen befürchtet. Die Preisschwankungen im Markt rühren von den Vormaterialen her, sind jedoch moderater als bei Alternativmaterialien.

Ziele: Die Ziele der Satisloh GmbH Wetzlar im Mineralgussmarkt leiten sich aus der Basisstrategie ab und wurden in einem Workshop priorisiert (vgl. Modul 6 der 15M-Architektur®):

- Versorgungssicherheit in Bezug auf die Lieferquellen und den Belieferungsprozess

- Erfüllung der Qualitätsanforderungen bei den Maschinenbetten

- Technische Optimierung der Maschinenbetten in der Konzeptphase (durch Lieferantenpartnerschaften): Über die technische Gestaltung sollen Wettbewerbsvorteile im Absatzmarkt entwickelt werden, insbesondere auch indem branchenbezogene Exklusivitätsvereinbarungen geschlossen werden.

- Beitrag zur Beschleunigung der Produktdefinition und der Produkteinführung (durch Einbindung der Lieferanten)

- Kostenposition auf einem angemessenen Niveau

Marktsegmentierung: Die Produkte in der Warengruppe Mineralguss sind als sehr homogen einzustufen. Eine Segmentierung über Abgussgewicht oder Abmessung und damit über die Größe der Produktionsanlagen der Lieferanten wäre zwar möglich, erscheint aber wenig zielführend, da alle Lieferanten das gesamte Produktspektrum von Satisloh GmbH Wetzlar fertigen können.

Interessante Segmentierungskriterien bleiben das Leistungsspektrum der Lieferanten in Kombination mit deren Unternehmensgröße sowie die Entfernung der Produktion. Bezüglich des Leistungsspektrums werden „Spezialisten", kleinere Unternehmen mit Konzentration auf Mineralguss, und „Integratoren", größere Unternehmen mit Potenzial zur Systemintegration, unterschieden. Aufgrund der hohen Logistikkosten und der Anforderungen an eine intensive Kommunikation im Rahmen einer Entwicklungspartnerschaft erfolgt eine Beschränkung auf den europäischen Markt: Insgesamt wurden in Europa fünf Lieferanten im Segment „Spezialisten" und zwei Lieferanten im Segment „Integratoren" identifiziert.

4.4 Gestaltungsfelder einer Mineralgussstrategie

Im Folgenden werden die Handlungsoptionen für die unterschiedlichen Gestaltungsfelder einer Supply-Marktstrategie für Mineralguss gemäß der 15M-Architektur® (vgl. Modul 7) diskutiert und anschließend die strategischen Stoßrichtungen und die Roadmap abgeleitet.

Objektstrategie: Der zentrale Vorteil einer Mineralgusskonstruktion liegt in der großen gestalterischen Freiheit des Materials. So wird bei der Konstruktion eines Mineralgussgestelles ein hoher Integrations- und Komplettierungsgrad möglich. Dies erspart mechanische Nachbearbeitungen und reduziert Durchlauf- und Montagezeiten, da viele Funktionen (Rohrleitungen, Kabel usw.) direkt in den Abguss integriert werden können. Damit ist es vorteilhaft – im Sinne des System Sourcing – komplett montierte Systeme, inklusive der Ausrichtung und Vermessung der Linearführungen und Antriebe, an einen Systemlieferanten zu vergeben. Der Systemlieferant übernimmt Verantwortung für die Systemtechnik, die Qualität, die Logistik und die Kostenposition.

Darüber hinaus wird eine skalierbare Systemplattform angestrebt, um den Grundaufbau des Produktes zu vereinfachen und eventuell zu standardisieren. Dies würde die Entwicklungszeiten reduzieren und die Kostenposition erheblich verbessern. Die

Umsetzung dieser Option erscheint allerdings schwierig, da stets die kundenindividuellen Anforderungen erfüllt sein müssen.

Sourcing-Strategie: Die Sourcing-Strategie wird durch den Zielkonflikt zwischen den Vorteilen einer engen Lieferantenpartnerschaft und den damit einhergehenden Risiken geprägt.

Bisher wurden alle Projekte in der Warengruppe Mineralguss mit dem Lieferanten A durchgeführt, der in Bezug auf den Werkstoff Mineralguss einer der Pioniere ist und über eine exzellente technologische Kompetenz, insbesondere auch im Formenbau, verfügt. Um die Gestaltung des Maschinenbettes „mineralgussgerecht" und im Formbau einfach zu halten, gibt es bereits in der Entwicklungsphase enge Kontakte zu Lieferant A. Die technische Komplexität der Produkte erfordert für den kompletten Prozess eine partnerschaftliche Lieferbeziehung.

Die partnerschaftliche Zusammenarbeit beruht auf einem umfassenden Kooperationsvertrag, in dem alle wesentlichen Aspekte der strategischen Allianz geregelt sind. Zwischen beiden Partnern besteht eine hohe wechselseitige Abhängigkeit, einerseits dadurch dass das Einkaufsvolumen von Satisloh GmbH Wetzlar einen ganz erheblichen Umsatzanteil bei Lieferant A ausmacht und andererseits durch die technologische Bedeutung der Maschinenbetten für die Satisloh GmbH Wetzlar. Ferner ist anzumerken, dass die Satisloh GmbH Wetzlar Eigentümer der Formen ist und diese mittels Werkzeugleihvertrag dem Lieferanten überstellt.

Trotz dieser Absicherungen wird das Risiko einer Single Sourcing Strategie als zu hoch eingestuft: Störungen bei Lieferant A würden sich sehr schnell auf die Montage bei Satisloh GmbH Wetzlar auswirken. Trotz Sicherheitsbeständen wäre ein Montagestop nicht auszuschließen. Dabei spielt es auch keine Rolle, ob mögliche Störungen von Lieferant A zu verantworten sind oder nicht. Beispielsweise wären die Versorgungssicherheit sowie die Fortführung der Entwicklungspartnerschaft nicht gewährleistet, sobald der Geschäftsführer als zentraler Know-how-Träger von Lieferant A in irgendeiner Weise ausfallen würde. Weitere Risiken sind beispielsweise in Problemen bei der Einführung neuer Technologien, krankheitsbedingte Ausfälle von Mitarbeitern oder nicht abgesicherte Elementarereignisse zu sehen.

Einem Strategiewechsel von Single Sourcing auf Dual Sourcing steht allerdings das eher kleine Einkaufsvolumen bei Mineralguss entgegen. Als strategischer Ausweg erscheint der Aufbau einer zweiten Lieferbeziehung mit einem Lieferanten aus dem Marktsegment „Integrator", der – wie oben beschrieben – die gesamte Systemverantwortung für seine Produkte übernehmen könnte. Damit würde sich das Einkaufsvolumen erheblich erweitern. Die nähere Analyse der Lieferantenbasis zeigt, dass einer der Lieferanten die aus einer solchen Partnerschaft resultierenden Anforderungen umfassend erfüllt. Auch bei der neuen Lieferbeziehung wird eine Partnerschaft mit branchenbezogener Exklusivität angestrebt.

Für die Beschaffungsregion ist die Handlungsempfehlung, bei der Local Sourcing-Strategie zu bleiben. Zur Entfaltung der partnerschaftlichen Zusammenarbeit in einem Materialfeld mit derartiger strategischer Bedeutung ist die lokale Nähe enorm wichtig. Nur so erscheint die intensive Zusammenarbeit und Kommunikation im Entwicklungsprozess gewährleistet zu sein. Die Anforderungen aus dem Logistikprozess, insbesondere auch das hohe Teilegewicht von 1,5 bis 5 Tonnen, sind weitere Argumente für Local Sourcing.

Die beiden letzten Gestaltungsdimensionen einer Sourcing-Strategie, Wertschöpfungsort sowie Steuerung der Netzwerkstruktur, sind im Mineralgussmarkt nicht relevant.

Prozessstrategie: Folgende Aspekte zur Optimierung der Prozesse werden gesehen:

- **Entwicklungsprozess:** Eine Intensivierung der Zusammenarbeit während der Produktdefiniton und –einführung wird angestrebt. Ein Datenaustausch zwischen den CAD-Systemen des Lieferanten und von Satisloh GmbH Wetzlar wird als unabdingbar gesehen.

- **Qualitätssicherung:** Die Qualitätsprüfung sollte auf den Lieferanten verlagert und durch Messprotokolle nachgewiesen werden. Durch „kontinuierliche Verbesserungsprozesse" (KVP) sollen die Fehlerraten reduziert werden.

- **Bestellprozess:** Um in der engen partnerschaftlichen Geschäftsbeziehung Vertrauen zu schaffen und die Einkaufspreise auf einem angemessenen Niveau zu fixieren werden transparente Preise und eine Open Book-Kalkulation angestrebt. Beiden Geschäftspartnern soll ein angemessener Anteil der Rendite zukommen.

- **Bestell- und Materialversorgungsprozess:** Der Bestell- und der Materialversorgungsprozess sollen besser synchronisiert werden. Die Bestellangaben (Artikel, Ausführung, Menge, Liefertermin usw.) werden dem Lieferanten per Telefax oder per Email übermittelt. Die Bestelltermine dienen als Grobterminierung. Die Feinabrufe zu den Bestellungen tätigt der Montageleiter tagesgenau zum gewünschten Verfügbarkeitsdatum. Eine derartige Just-in-Time-Belieferung ist aufgrund des stetigen Verbrauches und der guten Prognostizierbarkeit möglich. Sinnvoll ist sie, da es sich zum einen um teuere und zum anderen um sperrige Teile handelt. Die Möglichkeit eines Konsignationslagers soll geprüft werden. Insgesamt sollen also Terminverzögerungen und Bestandsprobleme beseitigt werden.

Nachfragestrategie: Für Bündelungen mit anderen Bedarfsträgern (im Schweiter Konzern) gibt es keine Ansatzpunkte.

4.5 Roadmap und Fazit

Für die Supply-Marktstrategie Mineralguss der Satisloh GmbH Wetzlar ergeben sich somit drei strategische Stoßrichtungen:

1. Aufbau einer zweiten strategischen Partnerschaft für Mineralguss in den Bereichen Entwicklung und Belieferung

2. Verlagerung der Systemverantwortung auf Lieferanten (= Einführung System Sourcing)

3. Einführung eines Just-in-Time-Konzeptes mit tagesgenauer Anlieferung der Teile bzw. Systeme

Roadmap: Die drei strategischen Stoßrichtungen werden mit einer Roadmap, d.h. mit wesentlichen Meilensteinen und Maßnahmen, konkretisiert. Die wesentlichen Meilensteine für die erste strategische Stoßrichtung sind:

1. Identifikation und Auswahl eines technologisch starken und innovativen Partners

2. Klärung der Vertragsbasis und Abschluss eines Kooperationsvertrages

3. Identifikation und Durchführung eines Pilotprojektes

Die Meilensteine werden im Rahmen der Umsetzung schrittweise ausgearbeitet. Es erfolgt ein striktes Umsetzungscontrolling.

Fazit: Mit der Betrachtung aller relevanten Einflussgrößen in der Warengruppe Mineralguss konnte eine umfassende Bewertung der Handlungsoptionen erfolgen und damit eine ganzheitliche Mineralgussstrategie formuliert werden. Insbesondere gelingt es, den strategisch bedeutsamen Innovationsprozess zu stärken und die Versorgungsrisiken stark zu reduzieren.

Je nach Bedarf und verfügbarer zeitlicher Ressourcen können weitere Supply-Marktstrategien mit der gleichen Systematik entwickelt werden und sich somit eine umfassende Supply-Strategie entfalten.

Zum Autor:

Christian Endlicher, 29 Jahre, ist nach Ausbildung zum Industriemechaniker und absolviertem Studium des Wirtschaftsingenieurwesens seit 3 Jahren im Unternehmen Satisloh GmbH Wetzlar tätig. Seit 2007 leitet er den Einkauf für das Produktionsmaterial der Satisloh GmbH Wetzlar. Der Kontakt zum Herausgeber ist durch das berufsbegleitende Weiterbildungsprogramm „Beschaffung und Supply Chain Management" am Georg-Simon-Ohm Management Institut der Ohm-Hochschule Nürnberg zu Stande gekommen.

5 Supply-Strategie als Roadmap bei „Dust GmbH"

Die folgenden Ausführungen zur Firma „Dust" basieren auf einem realen Fall, der allerdings grundsätzlich anonymisiert wurde. Insbesondere wurden die Branche, alle inhaltlichen Aspekte der Supply-Strategie sowie alle Zahlenangaben verändert.

Im Mittelpunkt des Interesses steht die Methodik zur Entwicklung einer Supply-Strategie in einem kleinen Unternehmen mit nur ein bis zwei strategischen Einkäufern. Die Berücksichtigung von Kapazitätsrestriktionen im strategischen Einkauf ist insbesondere im Mittelstand ein kritischer Erfolgsfaktor der Strategieimplementierung.

Zunächst formulierte die „Dust GmbH" eine systematische Roadmap zur strategischen Entwicklung der Supply-Strategie. Hierin wurden auf Basis der 15M-Architektur der Supply-Strategie® die Ausgangslage und strategische Entwicklungsprojekte im Supply Management beschrieben und priorisiert. An dieser Roadmap orientiert sich nun die Umsetzung der Strategie. Alle zwei Jahre soll ein Review erfolgen. So kann die Strategieimplementierung – je nach verfügbarer Kapazität – phasenweise mehr oder weniger intensiv vorangetrieben werden, ohne ihre systematische Ausrichtung zu verlieren.

5.1 Die Firma „Dust" GmbH

Die Firma „Dust" ist Hersteller chemischer Grundstoffe, die als Markenartikel über den Groß- und Einzelhandel an die Endverbraucher verkauft werden. „Dust" ist seit Jahren sehr erfolgreich. Dies wird gleichermaßen an hohen Umsatzzuwächsen und an einer „traumhaften" Rendite deutlich. Dabei findet das Umsatzwachstum weitestgehend außerhalb von Deutschland statt. Der Firmensitz und der größte Produktionsstandort sind in Deutschland. Während der Vertrieb direkt oder indirekt bereits in ca. 95 Ländern der Erde aktiv ist, ist die Supply Chain mit weltweit drei Produktionsstandorten noch wenig globalisiert und zudem auch nur wenig integriert. Der Kontakt zwischen den strategischen Einkäufern beschränkte sich bisher auf ein bis zwei jährliche Treffen. Aufgrund der großen Wertschöpfungstiefe, insbesondere aufgrund hoher Entwicklungs- und Marketingaufwendungen, beträgt das Einkaufsvolumen nur 21 Mio. €, das sind ca. 20 % des Umsatzes.

5.2 Ausgangssituation und Zielsetzung

Der strategische Einkauf von „Dust" verantwortet in Zusammenarbeit mit der Planung, der Produktion und der Qualitätssicherung den gesamten Ausschreibungsprozess für alle definierten Materialien, insbesondere für direkte und indirekte Materialien, die Lohnfertigung, Dienstleistungen, Investitionen und Energie. Diese Aufgabe umfasst unter anderem die Durchführung von Anfragen und Angebotsvergleichen, die Vertragsgestaltung mit Preis- und Konditionsverhandlungen, die Kontraktüberwachung, QS- und Logistikvereinbarungen und die Reklamationsbearbeitung. Darüber hinaus ist der strategische Einkauf für folgende weitere Aufgaben zuständig:

■ Supply-Strategie

■ Lieferantenmanagement

■ Koordination der globalen Zusammenarbeit über die Standorte hinweg (bisher wenig implementiert)

■ Implementierung werksübergreifender Beschaffungsprozesse (bisher wenig implementiert)

■ Budgetverantwortung für ausgewählte Materialien

■ Umfassende Informationspflichten über die Beschaffungsmärkte

Dieses umfangreiche Aufgabenspektrum ist von der Einkaufsleitung mit einem weiteren strategischen Einkäufer und Sekretariat zu bewältigen. Damit werden die zeitlichen Restriktionen bei der Entwicklung der Supply-Strategie sehr deutlich. Trotz der eindeutigen Zuständigkeit des strategischen Einkaufs für die Formulierung und Implementierung der Beschaffungsstrategie, fehlt die Zeit, sich „ruhig" zurückzulehnen und Strategien zu definieren. Letztlich wurde die folgend ausgeführte Supply-Strategie vom Einkaufsleiter unter zeitlich beschränkter Mitwirkung eines externen Beraters neben dem „strategischen Tagesgeschäft" entwickelt. Der Gesamtaufwand (intern und extern zusammen) belief sich – verteilt auf vier Monate – auf weniger als 14 Manntage.

Im ersten Schritt „Formulierung der Supply-Strategie" (im Jahr 2005) wurden folgende konkrete Zielsetzungen verfolgt:

■ Aufbau einer Roadmap, in der die strategischen Handlungsfelder zur Entwicklung des Supply Managements bei „Dust" systematisch beschrieben und priorisiert sind. Dazu sollten auch die strategische Ausgangslage sowie erste Konkretisierungen zu den einzelnen strategischen Projekten ausgeführt werden (Module 1 bis 4 und 12 bis 15 der 15M-Architektur®).

■ Definition von Supply-Marktstrategien mit Maßnahmen für die elf wichtigsten Supply-Märkte (Module 5 bis 8 der 15M-Architektur®)

▦ Unternehmensweite Kommunikation und Abstimmung der Supply-Strategie, insbesondere gegenüber der Geschäftsleitung, anderen Fachbereichen im Unternehmen und den Einkaufsverantwortlichen der anderen Produktionsstandorte (Modul 14 der 15M-Architektur®)

5.3 Entwicklung der Supply-Strategie als Roadmap

Die Supply-Strategie wurde in Form eines umfangreichen Power Point-Foliensatzes dokumentiert. Nur eine schriftliche Fixierung der Strategie ermöglicht eine stringente Strategieimplementierung, die sich über mehrere Jahre erstreckt und phasenweise im „strategischen" Tagesgeschäft unterzugehen droht. Ohne eine entsprechende Dokumentation ist es wohl kaum möglich, nach mehreren Wochen „Strategiepause" wieder den Faden aufzunehmen und konsequent die Strategieentwicklung weiter voranzutreiben. Auch die kontinuierliche Fortentwicklung der Supply-Strategie, die aufgrund von strategierelevanten Entwicklungen im Unternehmen und im Umfeld notwendig wird, wird durch das Strategiepapier stark unterstützt. Ferner diente das Strategiepapier als Basis für die angestrebte unternehmensinterne Kommunikation. Insofern wurden im Strategiepapier auch Folien zur Vorgehensweise und zur Methodik mit aufgenommen.

Der Aufbau des Strategiepapiers und eine Kurzbeschreibung der behandelten Themen finden sich in Tabelle 5-1 am Ende dieses Kapitels. Die folgenden Ausführungen konzentrieren sich auf drei Themen: Die Formulierung der Strategy Map und von Supply-Marktstrategien sowie das Lieferantenmanagement.

Formulierung der Strategy Map

Besonderer Wert wurde bei der Strategieformulierung auf die Durchgängigkeit von der Unternehmensstrategie über die Supply-Strategie hin zur Roadmap gelegt. So wurden einkaufsrelevante Trends in der Branche identifiziert und aus der Unternehmensstrategie Basisstrategien abgeleitet, d.h. grundlegende Orientierungen im Einkauf, die sich unmittelbar aus der Unternehmensstrategie ergeben:

▦ **Basisstrategie 1: Qualität und Kostenposition sichern**: Die Qualität der Produkte und damit die Qualität der Einsatzstoffe und einzukaufenden Materialien haben bei „Dust" erste Priorität. Dies wird insbesondere durch die umfassenden Registrierungs- und Zulassungsprozesse der Endprodukte sowie durch die Lieferantenfreigabe sichergestellt. Das Qualitätsziel ist heute auf hohem Niveau realisiert. Die Renditeforderung der Unternehmensstrategie bedeutet für den Einkauf, die Supply-Strategie auf Kostenoptimierung auszurichten. Dabei dürfen allerdings keine Einbußen oder Risiken in Bezug auf die Qualität akzeptiert werden.

▓ **Basisstrategie 2: Wachstum absichern**: Das hohe Wachstumsziel von „Dust" muss bei kritischen Rohstoffen und Produktionsmaterialien abgesichert werden. Hierbei sind lange Zulassungsprozesse zu beachten. Gleichzeitig ergeben sich Chancen für neuartige Sourcing-Strategien.

▓ **Basisstrategie 3: Internationalisierung begleiten:** Im Zuge des geplanten internationalen Wachstums von „Dust" ist der Einkauf in den einzelnen Materialgruppen zu globalisieren und die Einkaufsprozesse zu internationalisieren. Auch im Rahmen der Globalisierung ist das Primat der Qualität zu beachten.

Im nächsten Schritt wurden auf Basis dieser Voraussetzungen und weiterer strategischer Analysen vier strategische Stoßrichtungen formuliert, in denen die grundlegende strategische Ausrichtung des Einkaufs „kommunizierbar" beschrieben wird:

▓ **Strategische Stoßrichtung 1: Versorgung durch Aufbau von Second Sources absichern:** Zur Realisierung von Bündelungsvorteilen und von Prozessoptimierungen wird bei direkten Materialien bereits intensiv mit Lieferantenpartnerschaften, teils in Single Sourcing, gearbeitet. Sich hieraus ergebende Risiken werden überprüft und ggf. über Lieferantenmanagement, Risikomanagement und insbesondere über den Aufbau von Second Sources abgesichert.

▓ **Strategische Stoßrichtung 2: Einkaufspotenzial indirekter Materialien und Leistungen heben:** Während bei direkten Materialien bereits erhebliche Optimierungen durchgeführt wurden, wurden die indirekten Materialien bisher einkäuferisch zu wenig beachtet. Aufgrund des relativ großen Volumens bei den sonstigen Warengruppen erscheint das Verbesserungspotenzial ganz erheblich.

▓ **Strategische Stoßrichtung 3: Global Sourcing und internationale Bündelung intensivieren:** Die Global Sourcing-Strategie soll insbesondere über eine weltweite Bündelung von Bedarfen und eine Beschaffung beim weltbesten Lieferanten vorangetrieben werden. Zu beachten sind allerdings starke Restriktionen, die sich insbesondere aus der Forderung nach absoluter Qualität ergeben.

▓ **Strategische Stoßrichtung 4: Die Supply Chain durch neue logistische Konzepte optimieren:** Während eine partnerschaftliche Zusammenarbeit in Einkauf und Entwicklung sehr weit umgesetzt ist, sind Verbesserungspotenziale durch die Implementierung neuer partnerschaftlicher Logistikkonzepte zu erkennen.

Die vier strategischen Stoßrichtungen wurden in einer Strategy Map konkretisiert und in übersichtlicher Weise visualisiert (vgl. Abbildung 5-1).

Abbildung 5-1: *Strategy Map im Einkauf bei „Dust"*

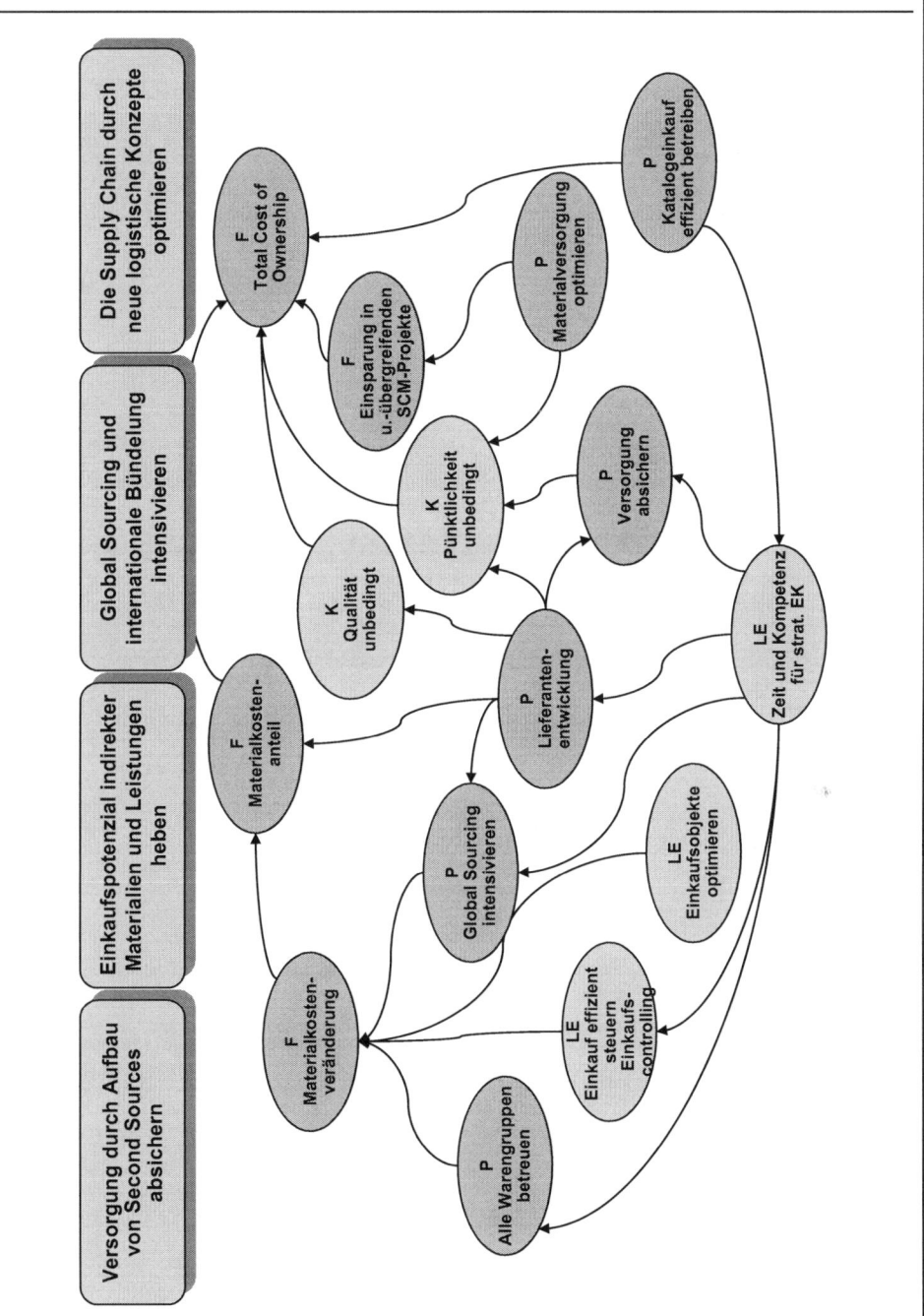

Die Umsetzung der strategischen Ziele in der Strategy Map erfolgt – ganz im Sinne der Balanced Scorecard Systematik – über strategische Programme. Diese wurden innerhalb des Strategiepapiers knapp beschrieben. Von einer weiterführenden Konkretisierung der strategischen Ziele mit Kennzahlen wurde aus Aufwandsgesichtspunkten bisher noch abgesehen. Die folgende Aufzählung zeigt Beispiele von strategischen Programmen:

- Verbreiterung der Lieferantenbewertung und Einführung von Lieferantenstrategien
- Intensivierung von Global Sourcing
- Einkäuferische Optimierung bei indirekten Materialien
- Entwicklung eines strategischen Einkaufscontrollings
- Einführung von E-Katalogen

Es sei an dieser Stelle nochmals darauf hingewiesen, dass mit der Strategy Map und den strategischen Programmen eine langfristige Roadmap definiert wurde. Ziel sollte es sein, ein bis zwei Projekte jährlich anzugehen und umzusetzen. Die anderen Ziele und Programme wurden (nur) implizit gefördert. Insbesondere bei der Beurteilung von Maßnahmen sollte auf deren Zukunftsfähigkeit geachtet werden, d.h. darauf dass sie nicht in Konflikt mit zukünftigen Programmen stehen.

Formulierung der Supply-Marktstrategien

Besondere Aufmerksamkeit wurde auch auf die Formulierung der Supply-Marktstrategien gelegt. Zunächst wurde die Warengruppensystematik marktorientiert überarbeitet. Mit wesentlichen Kennzahlen und der Ableitung des Einkaufsportfolios wurden die Warengruppen näher charakterisiert. Auf dieser Basis wurde dann für die neun wichtigsten Supply-Märkte je ein Supply-Marktsteckbrief mit folgender Struktur erstellt:

- 1. Seite: Einschätzung zur Marktentwicklung, Kennzahlen zur Warengruppe und Übersicht zu den wesentlichen Lieferanten von „Dust" in der Warengruppe mit wesentlichen Kennzahlen
- 2. Seite: Analyse und strategische Handlungsoptionen zu den Gestaltungsfeldern einer Supply-Marktstrategie gemäß der Systematik in Modul 7 der 15M-Architektur®
- 3. Seite: Roadmap und Maßnahmen zur Vorgehensweise im Supply-Markt

Die Analyseergebnisse wurden mit den Normstrategien des Einkaufsportfolios verglichen und bei Abweichungen näher überprüft.

Obwohl der Aufwand bei der Erstellung der Supply-Marktstrategien durch die nur dreiseitige, formalisierte Struktur schon stark reduziert wurde, explodierte bei den ersten Marktstrategien der benötigte Zeitaufwand. Insbesondere stellten sich die Marktrecherchen als sehr zeitintensiv heraus. Vor diesem Hintergrund wurde die Vorgehensweise geändert. Es wurde zunächst im Rahmen des Strategieprojektes für jede Warengruppe eine Strategie auf Basis der verfügbaren bzw. leicht recherchierbaren Informationen erstellt. Im Vorfeld zu den jährlichen Lieferantenbesuchen sollte die Strategie der jeweiligen Warengruppe präzisiert und überarbeitet werden. Damit wurden die Recherchen im Rahmen der Vorbereitung auf anstehende Lieferantengespräche durchgeführt und der Aufwand für die Strategieformulierung verteilte sich auf einen erheblich längeren Zeitraum.

In der folgenden Tabelle 5-1 findet sich der Aufbau der Supply-Rahmenstrategie von „Dust" im Überblick.

Tabelle 5-1: Aufbau Supply-Rahmenstrategie von „Dust"

Thema (Umfang in Folien)	Kurzbeschreibung
Titel / Gliederung (2 Seiten)	
Strategische Stoßrichtungen (7 Seiten)	▓ Trends in der Branche und ihre Konsequenz für die Beschaffung
	▓ Gestaltungsfelder im Einkauf (Theorie & Anwendung)
	▓ Basisstrategien im Einkauf bei „Dust"
	▓ Strategische Stoßrichtungen im Einkauf bei „Dust"
Ziele (2 Seiten)	▓ Vereinbarte Ziele im Einkauf bei „Dust"
Supply-Marktstrategien a) Rahmendaten (6 Seiten)	▓ Definition der Supply-Bereiche und der Supply-Märkte
	▓ Kennzahlen zu den Warengruppen
b) Einkaufsportfolio (4 Seiten)	▓ Darstellung des Einkaufsportfolios
	▓ Theorie zum Einkaufsportfolio
c) Übersicht über die Supply-Markstrategien (7 Seiten)	▓ Übersicht über Supply-Markstrategien (direkte Materialien) (= Zusammenfassung der Supply-Marktsteckbriefe)
	▓ Übersicht über ausgewählte Supply-Märkte indirekter Materialien
	▓ Weitere Schritte bei indirekten Materialien
Global Sourcing (3 Seiten)	▓ Aktuelle Situation und erste Ideen zum weiteren Vorgehen

Logistikkonzepte (3 Seiten)	▦ Handlungsbedarf und erste Ideen zum weiteren Vorgehen
Lieferantenmanagement (5 Seiten)	▦ Ideen zur Methodik
DV-Projekte und Prozesse (2 Seiten)	▦ Übersicht über laufende und geplante Projekte
Organisation und Aufgaben des strategischen Einkaufs (8 Seiten)	▦ Aufgaben ▦ Organigramm ▦ Entwicklungen
Balanced Scorecard und Roadmap (11 Seiten)	▦ Strategy Map ▦ Strategische Programme im Überblick ▦ Beschreibung der strategischen Programme ▦ Kennzahlenverfolgung (Theorie)
Anhang: Supply-Marktsteckbriefe zu 9 Supply-Märkten	jeweils: ▦ Marktanalyse (wenige Sätze) ▦ Kennzahlen zur Warengruppe ▦ Lieferantenübersicht mit Kennzahlen ▦ Analyse und strategische Optionen zu den Gestaltungsfeldern der Supply-Marktstrategie ▦ Roadmap und Maßnahmen

5.4 Aufbau des Lieferantenmanagements

Das Lieferantenmanagement (Module 9 bis 11 der 15M-Architektur®) wurde zunächst nur implizit im Rahmen der Supply-Marktstrategien behandelt und als ein geplantes Projekt in der Roadmap beschrieben. Eine intensive Berücksichtigung war in der ersten Phase des Strategieprojektes angesichts der aktuell vorhandenen Kapazität nicht möglich. Darüber hinaus stellte gerade die hervorragende Lieferantenbasis eine besondere Stärke im Supply Management von „Dust" dar. So wurde erst ein Jahr nach der Entwicklung der Supply-Rahmenstrategie und der Supply-Marktstrategien mit der systematischen Fortentwicklung des bestehenden Lieferantenmanagements begonnen.

Zunächst wurde die vorhandene vergangenheitsorientierte Leistungsbewertung fortentwickelt, indem zusätzlich die Leistungspotenziale je Lieferant beurteilt wurden.

Die Systematik orientiert sich an der Lieferantenbewertung in der 15M-Architektur®
(Modul 9). Ein einfaches Exceltool unterstützt die Bewertung. Die wesentlichen Bewertungskriterien finden sich in Tabelle 5-2.

Tabelle 5-2: *Leistungsbewertung bei „Dust"*

Thema	Kategorie	Bewertungskriterien (Auswahl)
Leistungs-bewertung	Entgeltleistung	Materialkostenveränderung, Initiative zur Kostensenkung, Transparenz und Verständlichkeit
	Qualitätsleistung	Anzahl Reklamationen, Reaktionsgeschwindigkeit bei Reklamationen, Bewertung der Lieferantenaudits ...
	Logistikleistung	Termintreue, Mengentreue, Mindestabnahmemengen, Logistikservice, ...
	Kooperationsleistung	Qualität der Zusammenarbeit, Bereitschaft zur Zusammenarbeit, Erreichbarkeit, ...
Entwicklungs-potenzial	Leistungspotenzial	Zugang zu neuen Technologien, Innovationsstärke, Faktorkosten, Fertigungs-Know-how ...
	Risiko	Fähigkeit des Managements, Nachfolgeregelungen, Insolvenzrisiko, Investitionsrisiko, ...

Die Lieferantenbeurteilung stellt die Basis für die Lieferantengespräche und für Lieferantenstrategien dar. Während die Lieferantenbewertung für alle relevanten Lieferanten en block durchgeführt wurde und einmal jährlich wiederholt werden soll, werden die Lieferantenstrategien fallweise nach Bedarf und verfügbarer Kapazität angegangen.

5.5 Fazit

Bei „Dust" wird nun seit etwa zwei Jahren der Einkauf mit einer Supply-Strategie gesteuert. Folgende Vorteile haben sich als zentral erwiesen:

- Innerhalb des „strategischen Tagesgeschäftes" gibt es eine klare Orientierung zur strategischen Entwicklung des Supply Managements. Damit werden auch die Aktionen innerhalb des strategischen Tagesgeschäftes teils neu bewertet.

- Schrittweise konnten die Supply-Marktstrategien aufgebaut werden. Mittlerweile gibt es für jede strategische Warengruppe eine fundierte Marktstrategie, die verfolgt wird.

- Die Zusammenarbeit mit den Lieferanten konnte auf Basis der Lieferantenbewertung systematisch diskutiert und fortentwickelt werden. Für ausgewählte Lieferanten konnten erste Strategien entwickelt werden.

Literaturverzeichnis

Appelfeller, W., Buchholz, W.: Supplier Relationship Management – Strategie, Organisation und IT des modernen Beschaffungsmanagements, Wiesbaden 2005.

Andreßen, T.: System Sourcing – Erfolgspotenziale der Systembeschaffung – Management und Controlling von Kooperationen, Wiesbaden 2006.

Arnold, U.: Beschaffungsmanagement, Stuttgart 1995a.

Arnold, U.: Sourcing-Konzepte, in: Kern, Schröder, Weber, J. 1995b, Sp. 1861 ff.

Arnold, U.: Strategisches Beschaffungsmanagement, in: Arnold, Kasulke 2007, S. 13 ff.

Arnold, U., Eßig, M.: Einkaufskooperationen in der Industrie, Stuttgart 1997.

Arnold, U., Eßig, M.: Sourcing-Konzepte als Grundelemente der Beschaffungsstrategie, in: WiSt (2000) H3, S. 122.

Arnold, U., Kasulke, G. (Hrsg.): Praxishandbuch innovative Beschaffung, Weinheim 2007.

Arnolds, H., Heege, F., Tussing, W.: Materialwirtschaft und Einkauf – Praxisorientiertes Lehrbuch, 10. Aufl., Wiesbaden 1999.

Arnolds, H., Heege, F., Röh, C., Tussing, W.: Materialwirtschaft und Einkauf – Grundlagen – Spezialthemen – Übungen, 11. Aufl. Wiesbaden 2010.

Aßländer, M., Roloff, J.: Die Krise in der Krise – Der Überlebenskampf europäischer Autozulieferer, in: Forum Wirtschaftsethik, (2009) H4, S. 6 ff.

Bacher, A.: Instrumente des Supply Chain Controlling – Theoretische Herleitung und Überprüfbarkeit der Anwendbarkeit in der Unternehmenspraxis, Wiesbaden 2004.

Bartelt, A.: Vertrauen in Zuliefernetzwerken – Eine theoretische und empirische Analyse am Beispiel der Automobilindustrie, Wiesbaden 2002.

Becker, T.: Konzeption von Entwicklungspfaden für Zulieferparks in der Automobilindustrie, Kassel 2005.

Belz, C., Mühlmeyer, J. (Hrsg.): Key Supplier Management, St. Gallen 2001.

Bogaschewsky, R. (Hrsg.): Integrated Supply Management – Einkauf und Beschaffung, München u.a. 2003.

Boutellier, R., Locker, A.: Beschaffungslogistik – Mit praxiserprobten Konzepten zum Erfolg, München Wien 1998.

Boutellier, R., Wagner, S., Wehrli, H. P. (Hrsg.): Handbuch Beschaffung – Strategien Methoden Umsetzung, München 2003.

Boutellier, R. Zagler, M.: Materialgruppenmanagement und Einkaufskooperationen, München Wien 2000.

Bradler, J.: SAP Supplier Relationship Management, Bonn 2010.

Braun, M., Dittrich, J.: Einkaufsoptimierung durch Spend Management – Einsparpotenziale erkennen und realisieren, Stuttgart 2007.

Brenner, W., Wenger, R. (Hrsg.) Elektronische Beschaffung – Stand und Entwicklungstendenzen, Berlin, Heidelberg, New York 2007.

Brodersen, K.: Beschaffungsmarktauswahl, Köln 2000.

Brodersen, K.: Es muss nicht immer global sein!, in: Beschaffung aktuell (2003) H5, S. 34 ff.

Bronner, A., Herr, S.: Vereinfachte Wertanalyse – Mit Formularen und CD-ROM, 4. Aufl., Berlin u.a. 2006.

Bundesverband für Materialwirtschaft, Einkauf und Logistk (Hrsg.): Best Practice in Einkauf und Logistik, 2. Aufl., Wiesbaden 2008.

Bungard, W., Kohnke, O. (Hrsg.): Zielvereinbarungen erfolgreich umsetzen – Konzepte, Ideen und Praxisbeispiele auf Gruppen- und Organisationsebene, 2. Aufl., Wiesbaden 2002.

Burghardt, M.: Projektmanagement – Leitfaden für die Planung, Überwachung und Steuerung von Entwicklungsprojekten, 7. Aufl., Berlin München 2006.

Büsch, M.: Praxishandbuch Strategischer Einkauf – Methoden, Verfahren, Arbeitsblätter für professionelles Beschaffungsmanagement, Wiesbaden 2007.

Cavinato, J.: Supply Management: ISM's Leadership View, in: Cavinato, Flynn, Kauffman, R. 2006, S. 3 ff.

Cavinato, J., Flynn, A., Kauffman, R. (Eds.): The Supply Management Handbook – Seventh Edition, New York u.a. 2006.

Chopra, S., Meindl, P.: Supply Chain Management – Strategy, Planning, and Operations, 3. Aufl., Upper Saddle River 2006.

Cohen, S., Roussel, J.: Strategic Supply Chain Management – The Five Disciplines for Top Performance, New York u.a. 2005.

Corsten, H.: Beschaffungsmanagement, in: Corsten, Reiß 1995, S. 575 ff.

Corsten, H., Reiß, M. (Hrsg.): Handbuch der Unternehmensführung – Konzepte – Instrumente – Schnittstellen, Wiesbaden 1995.

Denk, R., Exner-Merkelt, K. (Hrsg.): Corporate Risk Management – Unternehmensweites Risikomanagement als Führungsaufgabe, Wien 2005.

Deutsche Telekom: Unser Code of Conduct, pdf-Dokument www.telekom3.de, Abrufdatum 11. April 2007.

Diller, H., Ivens, B.: Beziehungsstile im Business-to-Business-Geschäft, in: Zeitschrift für Betriebswirtschaft 74 (2004) H3, S. 249 ff.

Disselkamp, M., Schüller, R.: Lieferantenrating – Instrumente, Kriterien, Checklisten, Wiesbaden 2004.

Djabarian, E.: Die strategische Gestaltung der Fertigungstiefe – Ein systemorientierter Ansatz am Beispiel der Automobilindustrie, Wiesbaden 2002.

Dressler, S.: Shared Services, Business Process Outsourcing and Offshoring – Die moderne Ausgestaltung des Back Office, Wiesbaden 2007.

Eichler, b.: Beschaffungsmarketing und –logistik – Strategische Tendenzen der Beschaffung Prozessphasen und Methoden Organisation und Controlling, Herne Berlin 2003.

Ellram, L.: Total Cost of Ownership, in: Hahn, Kaufmann 2002, S. 659 ff.

Engelhardt, C.: Balanced Scorecard in der Beschaffung – Erfolg durch Kennzahlen, München 2001.

Engelhardt, C.: Balanced Scorecard in der Praxis, in: Boutellier, Wagner, Wehrli 2003, S. 411 ff.

Eßig, M.: Cooperative Sourcing, in: Hahn, Kaufmann 2002, S. 263 ff.

Eßig, M. (Hrsg.): Perspektiven des Supply Management – Konzepte und Anwendungen, Berlin Heidelberg 2005.

Eßig, M.: Beschaffungskooperation, in: Arnold, Kasulke 2007, S. 101 ff.

Ford, D. (Ed.): Understanding Business Marketing and Purchasing – An interaction approach, 3. Aufl., London 2002.

Freudenberg, T.: Zulieferstrukturen im 21. Jahrhundert, in: Hahn, Kaufmann 2002, S. 153 ff.

444

Füchtenbusch, M.: Differenziertes Sourcing für Unternehmen mit hohem Innovationsanspruch als Ergänzung zum klassischen Global Sourcing Ansatz, veröffentlicht auf www.competence-site.de, 2005

Gabath, C.: Gewinngarant Einkauf – Nachhaltige Kostensenkung ohne Personalabbau, Wiesbaden 2007.

Gabath, C.: Risiko- und Krisenmanagement im Einkauf – Methoden zur aktiven Kostensenkung, Wiesbaden 2010.

Gadde, L.-E., Håkansson, H.: Supply Network Strategies, Chichester u.a. 2001.

Gälweiler, A.: Unternehmensplanung – Grundlagen und Praxis, Frankfurt 1986.

Gareis, Karin: Das Konzept Industriepark aus dynamischer Sicht – Theoretische Fundierung, empirische Ergebnisse, Gestaltungsempfehlungen, Wiesbaden 2002.

Gietl, G., Lobinger, W.: Risikomanagement für Geschäftsprozesse – Leitfaden zur Einführung eines Risikomanagementsystems, München 2006.

Glantsching, E.: Merkmalsgestützte Lieferantenbewertung, Düsseldorf 1994.

Hahn, D., Kaufmann, L. (Hrsg.): Handbuch industrielles Beschaffungsmanagement, 2. Aufl., Wiesbaden 2002.

Hamel, G., Prahalad, C.K.: Wettlauf um die Zukunft - Wie Sie mit bahnbrechenden Strategien die Kontrolle über Ihre Branche gewinnen und die Märkte von morgen schaffen, Wien 1997.

Harting, D.: Lieferanten-Wertanalyse – Ein Arbeitshandbuch mit Checklisten und Arbeitsblättern für die Auswahl, Bewertung und Kontrolle von Zulieferern, 2. Aufl., Stuttgart 1994.

Hartmann, H.: Lieferantenmanagement – Gestaltungsfelder, Methoden, Instrumente mit Beispielen aus der Praxis, Gernsbach 2004.

Hartmann, H., Orths, H., Pahl, H.-J.: Lieferantenbewertung – aber wie? – Lösungsansätze und erprobte Verfahren, 3. Aufl., Gernsbach 2004.

Hengstmann, R., Seidel, St.: Banzer Gespräche als internationales Dialogforum etabliert, in: Forum Wirtschaftsethik (2005) H4, S 6 ff.

Heß, G.: Prozessansatz zur Formulierung von Beschaffungs- und Materialfeldstrategien – Basiskonzept und Forschungsleitfragen, Sonderveröffentlichung der Georg-Simon-Ohm Fachhochschule Nürnberg 2004.

Heß, G.: Das Netz beherrschen, in: Beschaffung aktuell (2006) H9, S. 76 f.

Heß, G.: Logistik-Controlling, in: Koether 2008, S. 375 ff.

Heß, G., Ettinger, A., Wesp, R.: Strategisches Supplier Relatioinship Management mit System – Best Practice und Realistic Vision, Nürnberg 2010.

Heß, G., Lammer, T., Knorr, W.: RoW- Return on Weiterbildung, in: Beschaffnug aktuell (2007) H6, S. 62 f.

Hildebrandt, A.: Handel fair – Handel ethisch, in: Forum Wirtschaftsethik (2006) H3, S. 30 ff.

Hildebrandt, H., Koppelmann, U. (Hrsg.): Beziehungsmanagement mit Lieferanten – Konzepte, Instrumente, Erfolgsnachweise, Stuttgart 2000.

Hofbauer, G., Bauer, C.: Integriertes Beschaffungsmarketing – Der systematische Ansatz im Wertschöpfungsprozess, München 2004.

Hofer, C. W., Schendel, D.: Strategy Formulation – Analytical Concepts, St. Paul u.a. 1978.

Hoffmann, R., Lumbe, H.-J.: Lieferantenbewertung bei der Siemens AG – Grundlagen für das Lieferantenmanagement, in: Hahn, Kaufmann 2002, S. 629 ff.

Homburg, C.: Bestimmung der optimalen Lieferantenzahl für Beschaffungsobjekte – Konzeptionelle Überlegungen und empirische Befunde, in: Hahn, Kaufmann 2002, S. 181 ff.

Horváth & Partners (Hrsg.): Balanced Scorecard umsetzen, 4. Aufl., Stuttgart 2007.

Hungenberg, H.: Strategisches Management in Unternehmen – Ziele, Prozesse, Verfahren, Wiesbaden 2000.

Ihme, J.: Logistik im Automobilbau – Logistikkomponenten und Logistiksysteme im Fahrzeugbau, München Wien 2006.
IMP-Group: An Interaction Approach, abgedruckt in: Ford (Ed.) 2002, S. 19 ff.

Jahns, C.: Paradigmenwechsel vom Einkauf zum Supply Management, in: Beschaffung aktuell (2003) H4, S. 32 ff.
Jahns, C.: Entwicklung der Supply Vision, in: Beschaffung aktuell (2003) H5, S. 28 ff.
Jüttner, U.: Risiko- und Krisenmanagement in der Supply Chain, in: Boutellier, Wagner, Wehrli 2003, S. 775 ff.

Kalbfuss, W., Materialgruppenmanagement (MGM), in: Boutellier, Wagner, Wehrli 2003, S. 835 ff.
Kaplan, R., Norton, D.: Balanced Scorecard – Strategien erfolgreich umsetzen, Stuttgart 1997.
Kaplan, R., Norton, D.: Die strategiefokussierte Organisation – Führen mit der Balanced Scorecard, Stuttgart 2001.
Kaplan, R., Norton. D.: Strategy Maps – Der Weg von immateriellen Werten zum materiellen Erfolg, Stuttgart 2004.
Kaplan, R., Norton, D.: Alignment – Mit der Balanced Scorecard Synergien schaffen, Stuttgart 2006.
Kaufmann, L.: Internationales Beschaffungsmanagement – Gestaltung strategischer Gesamtsysteme und Management einzelner Transaktionen, Wiesbaden 2001.
Kaufmann, L.: Purchasing and Supply Management – A conceptual Framework, in: Hahn, Kaufmann 2002, S. 3 ff.
Kern, W., Schröder, H., Weber, J.(Hrsg.): Handwörterbuch der Produktionswirtschaft, 2. Aufl., Stuttgart 1995.
Klaus, P., Stabenhofer, F., Rothböck, M. (Hrsg.): Steuerung von Supply Chains – Strategien – Methoden – Beispiele, Wiesbaden 2007.
Kleemann, F.: Global Sourcing – Allgemeine Grundlagen internationales Beschaffungscontrolling Spend Management, Saarbrücken 2006.
Kless, T.: Beherrschung der Unternehmensrisiken – Aufgaben und Prozesse eines Risikomanagements, in: DStR (1998) H3, S. 93 ff.
Koether, R. (Hrsg.): Taschenbuch der Logistik, 3. Aufl., München 2008.
Kohnke, O.: Die Anwendung der Zielsetzungstheorie zur Mitarbeitermotivation und –steuerung, in: Bungard, Kohnke 2002, S. 38 ff.
Koontz, H., O`Donnell, C.: Principles of Management – An Analysis of Management Functions, New York 1955.
Koppelmann, U.: Beschaffungsmarketing, 4. Aufl., Berlin u.a. 2004.
Kraljic, P.: Versorgungsmanagement statt Einkauf in: Harvard manager (1985) H1, S. 6 ff.
Krampf, P.: Strategisches Beschaffungsmanagement in industriellen Großunternehmen – Ein hierarchisches Konzept am Beispiel der Automobilindustrie, Lohmar Köln 2000.
Kreuzpointner, A., Reißer, R.: Praxishandbuch Beschaffungsmanagement, Wiesbaden 2006.
Krokowski, W. (Hrsg.): Globalisierung des Einkaufs – Leitfaden für den internationalen Einkäufer, Berlin u.a. 1998.
Krokowski, W.: Grundlagen des Global Sourcing, in: Arnold, Kasulke 2007, S. 441 ff.
Krokowski, W.: Global Sourcing und Qualitätsmanagement – Strategien in der internationalen Beschaffung, Gernsbach 2009.

446

Kuhn, A., Hellingrath, H.: Supply Chain Management – Optimierte Zusammenarbeit in der Wertschöpfungskette, Berlin u.a. 2002.

Large, R.: Zentralisation der Beschaffung in Industrieunternehmen – Ergebnisse einer empirischen Untersuchung, in: Zeitschrift Führung und Organisation (2000) H5, S. 289 ff.
Large, R.: Strategisches Beschaffungsmanagement – Eine praxisorientierte Einführung mit Fallstudien, 4. Aufl., Wiesbaden 2009.
Laseter, T.: Balanced Sourcing – Cooperation and Competition in Supplier Relationships, San Francisco 1998.
Leenders, M. R., Blenkhorn, D. L.: Reverse Marketing, Ontario 1988.
Lieberum, J.: Das 4-Ebenen-Modell der Beschaffungsstrategie, Göttingen 2002.
Locke, D.: Global Supply Management – A Guide to International Purchasing, Boston u.a. 1996.

Männel, W.: Die Wahl zwischen Eigenfertigung und Fremdbezug – Theoretische Grundlagen, Praktische Fälle, 2. Aufl., Stuttgart 1981.
Marbacher, A.: Demand & Supply Chain Management, Bern 2001.
Maus, T.: Minimierung von Energiepreisrisiken durch Hedging, Vortrag auf dem BME-Symposium am 14.11.2007, Berlin 2007.
Merck, J.: Sozialverantwortung im Handel: Der SA 8000 als Element der Strategie des Otto Versand, in: Forum Wirtschaftsethik (1998) H4, S. 7 ff.
Melzer-Ridinger, R.: Supply Chain Management – Prozess- und unternehmensübergreifendes Management von Qualität, Kosten und Liefertreue, Oldenburg 2007.
Melzer-Ridinger, R.: Materialwirtschaft und Einkauf – Beschaffungsmangement, 5. Aufl., Oldenburg 2008.
Menze, T.: Strategisches Beschaffungsmarketing, Stuttgart 1993.
Moder, M.: Supply Frühwarnsysteme – Die Identifikation und Analyse von Risiken in Einkauf und Supply Management, Wiesbaden 2008.
Moore, R.: The Science of High-Performance Supplier Management – A Systematic Approach to Improving Procurement Costs, Quality, and Relationships, New York u.a. 2002.
Müller, E.: Milliardengrab Einkauf, in: Manager Magazin (2004) H8, S. 54 ff.
Müller, H., Prangenberg, A.: Outsourcing-Management – Handlungsspielräume bei Ausgliederung und Fremdvergabe, Köln 1997.
Müller-Stewens, G., Lechner, C.: Strategisches Management – Wie strategische Initiativen zum Wandel führen, Stuttgart 2001.

Oberbörsch, A.: Ausprägung einer Warengruppenverschlüsselung, in: Arnold, Kasulke 2007, S. 357 ff.
O`Brien, J.: Category Management in Purchasing – A strategic approach to maximize business profitability, London Philadelphia 2009.
o.V.: Gewaltiger Hebel, in: Wirtschaftswoche (2002) vom 1.8. 2002.
o.V.: Making a Long Distance Relationship Work, in: European Leaders in Procurement (2007) H11, S. 47 f.

Picot, A.: Ein neuer Ansatz zur Gestaltung der Leistungstiefe, in: Zeitschrift für betriebswirtschaftliche Forschung, (1991) H4, S. 336 ff.
Porter, M. E.: Wettbewerbsstrategie – Methoden zur Analyse von Branchen und Konkurrenten, Frankfurt a.M. 1983.
Porter, M. E.: Wettbewerbsvorteile – Spitzenleistungen erreichen und behaupten, Frankfurt a.M. 1986.

Prahalad, C.K., Hamel. G.: The Core competence of Corporation, in: Harvard Business Review, (1990) H3, S. 79 ff.

Quervain, M.; Wagner, S.: Von der Strategiefindung zur Strategieumsetzung, in: Boutellier, Wagner, Wehrli 2003, S. 99 ff.

Remer, D.: Einführen der Prozesskostenrechnung – Grundlagen, Methodik, Einführung und Anwendung der verursachungsgerechten Gemeinkostenzurechnung, 2. Aufl., Stuttgart 2005.

Richert, J.: Performance Measurement in Supply Chains – Balanced Scorecard in Wertschöpfungsnetzwerken, Wiesbaden 2006.

Rinehart, L. u.a.: An Assessment of Supplier-Customer Relationships, in: Journal of Business Logistics 25 (2004) H1, S. 25 ff.

Rudnitzki, J.: TANDEM – Die Lieferantenkooperation von DaimlerChrysler, in: Hahn, Kaufmann 2002, S. 613 ff.

Rüdrich, G., Kalbfuß, W., Weißer, K. (Hrsg.): Materialgruppenmanagement – Quantensprung in der Beschaffung, 2. Aufl., Wiesbaden 2004.

Sackstetter, H., Schottermüller, R.: C-Teilemanagement – Umsetzung von C-Teile-Management-Projekten – Beispiele aus der Praxis, Gernsbach 2001.

Schiele, H.: Der Standort-Faktor – Wie Unternehmen durch regionale Cluster ihre Produktivität und Innovationskraft steigern, Weinheim 2003.

Schimanek, C.: Prozesskosten, in: Boutellier, Wagner, Wehrli 2003, S. 389 ff.

Schütz, M.: Werte – Risiko – Verantwortung – Dimensionen des Value Management, München 1999.

Schuh, C., Kromoser, R., Strohmer, M., Roero Pérez, R., Triplat, A.: Das Einkaufsschachbrett – Mit 64 Ansätzen Materialkosten senken und Wert schaffen, Wiesbaden 2010.

Schulte, C.: Logistik – Wege zur Optimierung der Supply Chain, 4. Aufl., München 2005.

Schweiger, J., Ortner, W., Busse, K., Dieringer, T.: Roadmap to Procurement Excellence - Potenzialbetrachtung von SRM-Portalen für ganzheitliche Beschaffungslösungen, Wien 2009.

Schweiger, J., Ortner, W., Tschandl, M., Busse, K.: Supplier Relationship Management - Betrachtung und Auswahl von SRM-Portallösungen, Wien 2009.

Seidenschwarz, W.: Target Costing – Marktorientiertes Zielkostenmanagement, München 1993.

Springer, G. u.a.: Fachkunde Elektrotechnik, 19. Aufl., Haan-Grünen 1990.

Steele, P. T., Court, B. H.: Profitable Purchasing Strategies – A Manger`s Guide for Improving Organizational Competitiveness through the Skills of Purchasing, London u.a. 1996.

Steinmann, H., Schreyögg, G.: Management – Grundlagen der Unternehmensführung, 6. Aufl., Wiesbaden 2005.

Stölzle, W.: Industrial Relationships, München Wien 1999.

Stölzle, W.: Beziehungsmanagement mit Lieferanten, in: Arnold, Kasluke 2007, S. 149 ff.

Stölzle, W., Otto, A. (Hrsg.): Supply Chain Controlling in Theorie und Praxis – Aktuelle Konzepte und Unternehmensbeispiele, Wiesbaden 2003.

Sydow, J., Möllering, G.: Produktion in Netzwerken – Make, Buy & Cooperate, München 2004.

Sydow, J. (Hrsg.): Management von Netzwerkorganisationen – Beiträge aus der „Managementforschung", 4. Aufl., Wiesbaden 2006.

Voegele, A., Zeuch, M. (Hrsg.): Supply Network Management – Mit Best Practice der Konkurrenz voraus, Wiesbaden 2002.

Wagner, S.: Strategisches Lieferantenmanagement in Industrieunternehmen – Eine empirische Untersuchung von Gestaltungskonzepten, Frankfurt a.M u.a. 2001.

Wagner, S.: Management der Lieferantenbasis, in: Boutellier, Wagner, Wehrli 2003, 691 ff.

Wagner, S., ten Hoevel, S.: Umsetzung von Projekten zur Lieferantenförderung bei DaimlerChrysler, in: Boutellier, Wagner, Wehrli 2003, S. 1023 ff.

Wagner, S. M., Weber, J.: Beschaffungscontrolling – Den Wertbeitrag der Beschaffung messen und optimieren, Weinheim 2007.

Weber, J.: Logistik- und Supply Chain Controlling, 5. Aufl., Stuttgart 2002.

Werner, H.: Supply Chain Management – Grundlagen, Strategien, Instrumente und Controlling, 3. Aufl., Wiesbaden 2008.

Wildemann, H.: Das Konzept der Einkaufspotenzialanalyse – Bausteine und Umsetzungsstrategien, in: Hahn, Kaufmann 2002, S. 543 ff.

Wildemann, H.: Einkaufspotenzialanalyse – Programme zur partnerschaftlichen Erschließung von Rationalisierungspotenzialen, 2. Aufl., München 2008.

Williamson, O. E.: Markets and Hierarchies: Analysis and Antitrust Implications – A Study in the Economics of Internal Organizations, New York 1975.

Williamson, O. E.: Comparative Economic Organization: The Analysis of Discrete Structural Alternatives, in: Administrative Science Quarterly (1991) H2, S. 269 ff.

Wolters, P.: Forward Sourcing – Entwicklungsbegleitende Lieferantenauswahl, in : Hahn, Kaufmann 2002, S. 337.

Zimmermann, K.: Supply Chain Balanced Scorecard – Unternehmensübergreifendes Management von Wertschöpfungsketten, Wiesbaden 2003.

Stichwortverzeichnis

Mehr wissen – weiter kommen
↗

Logistik verständlich und interessant

Die Beherrschung logistischer Prozesse entwickelt sich zunehmend zum entscheidenden Wettbewerbsfaktor. Ausgehend von Methoden zur Analyse des Ist-Zustandes und zur Definition von Zielsystemen werden in diesem didaktisch gut konzipierten Lehrbuch alle wichtigen Konzepte des Logistikmanagements konkret, ausführlich und leicht verständlich erklärt. Die 4. Auflage wurde aktualisiert und überarbeitet.

Holger Arndt
Supply Chain Management
Optimierung logistischer Prozesse
4., akt. u. überarb. Aufl. 2008
XVI, 264 S. Mit 83 Abb. u. 13 Tab.
Br., EUR 24,90
ISBN 978-3-8349-0794-3

Verknüpfung von logistischem Grundlagenwissen mit praxisrelevanten Fallbeispielen

Dieses Buch ist ein auf die Bachelor-Ausbildung abgestimmtes und leicht verständliches Basiswerk sowie Arbeitsbuch zur Logistik. Es stellt die logistischen Grundlagen und die wichtigen Teilgebiete modular und anschaulich dar. Jedes Kapitel enthält Lernziele sowie zahlreiche Fallbeispiele, die das jeweilige Themengebiet mit Praxisfällen ergänzen. Im Anhang werden kurze Lösungsskizzen vorgestellt.

Harald Gleißner /
J. Christian Femerling
Logistik
Grundlagen – Übungen –
Fallbeispiele
2008, XVIII, 306 S.
Mit 134 Abb. u. 25 Tab.
Br., EUR 24,90
ISBN 978-3-8349-0296-2

Optimierung von Logistiknetzwerken

Die methodische Unterstützung von Entscheidungen hinsichtlich Standortwahl, Güterflüssen und Tourenplanung ist ein wichtiger Baustein zum Erhalt der Wettbewerbsfähigkeit in komplexen Wertschöpfungsnetzwerken. Dieses Buch beschreibt Modelle zur Planung von Logistiknetzwerken und stellt praxisrelevante Lösungsmethoden vor. Zahlreiche Beispiele und Aufgaben ergänzen die Ausführungen.

Richard Vahrenkamp /
Dirk C. Mattfeld
Logistiknetzwerke
Modelle für Standortwahl und
Tourenplanung
2008, X, 337 S.
Br., EUR 26,90
ISBN 978-3-8349-0541-3

Änderungen vorbehalten. Stand: Februar 2010.
Erhältlich im Buchhandel oder beim Verlag

Gabler Verlag . Abraham-Lincoln-Str. 46 . 65189 Wiesbaden . www.gabler.de

GABLER

Printed in Germany
by Amazon Distribution
GmbH, Leipzig